数 字 艺 术 精 品 课 程 培 训 教 材

中文版 Cinema 4D 基础培训教程

数字艺术教育研究室 刘丰源 编著

人 民 邮 电 出 版 社

北 京

图书在版编目（CIP）数据

中文版Cinema 4D基础培训教程 / 刘丰源编著. -- 北京 : 人民邮电出版社, 2023.10
ISBN 978-7-115-62234-1

Ⅰ. ①中… Ⅱ. ①刘… Ⅲ. ①三维动画软件－教材 Ⅳ. ①TP391.414

中国国家版本馆CIP数据核字(2023)第137742号

内 容 提 要

本书全面、系统地介绍Cinema 4D的基本操作技巧和核心功能，包括初识Cinema 4D、Cinema 4D基础知识、Cinema 4D建模技术、Cinema 4D灯光技术、Cinema 4D材质技术、Cinema 4D毛发技术、Cinema 4D渲染技术、Cinema 4D运动图形、Cinema 4D动力学技术、Cinema 4D粒子技术、Cinema 4D动画技术和商业案例实训等内容。

本书主体部分以课堂案例为主线，讲解每个案例的详细操作步骤，可以帮助读者快速熟悉软件功能并领会设计思路。书中的软件功能解析部分使读者能够深入学习软件的特色功能。第3～12章还安排了课堂练习和课后习题，可以拓展读者对软件的实际应用能力。商业案例实训可以帮助读者快速地掌握商业图像、动画的设计理念和设计元素，顺利达到实战水平。

本书可作为高等院校艺术类数字媒体专业相关课程的教材，也可供初学者自学参考。

◆ 编　　著　数字艺术教育研究室　刘丰源
责任编辑　张丹丹
责任印制　马振武

◆ 人民邮电出版社出版发行　北京市丰台区成寿寺路11号
邮编　100164　电子邮件　315@ptpress.com.cn
网址　https://www.ptpress.com.cn
北京九州迅驰传媒文化有限公司印刷

◆ 开本：775×1092　1/16
印张：15.5　2023年10月第1版
字数：393千字　2025年1月北京第7次印刷

定价：59.80元

读者服务热线：(010)81055410　印装质量热线：(010)81055316
反盗版热线：(010)81055315
广告经营许可证：京东市监广登字20170147号

前　言

Preface

软件简介

Cinema 4D是一款可以进行建模、动画制作、模拟以及渲染的专业软件。它在平面设计、包装设计、电商设计、UI设计、工业设计、游戏设计、建筑设计、动画设计、栏目包装、影视特效等领域有广泛的应用。Cinema 4D功能强大、高效灵活，深受3D设计人员的喜爱。

为了广大读者能更好地学习Cinema 4D软件，数字艺术教育研究室根据多年的做书经验编写了针对这一软件的基础教程书。本书全面贯彻党的二十大精神，以社会主义核心价值观为引领，传承中华优秀传统文化，坚定文化自信，使内容更好体现时代性、把握规律性、富于创造性。

如何使用本书

01

精选基础知识，快速了解 Cinema 4D

软件介绍

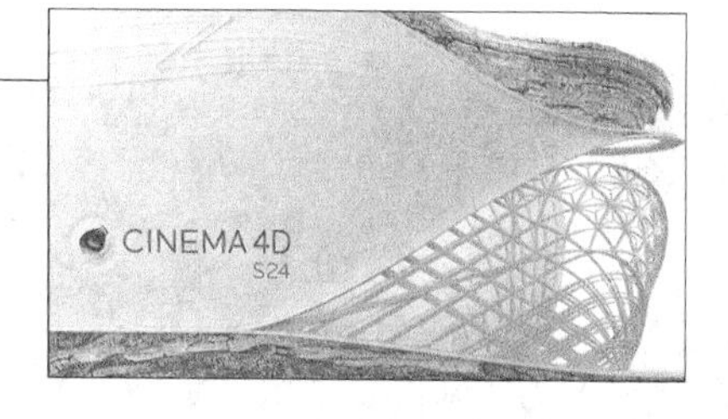

应用效果

设计过程图

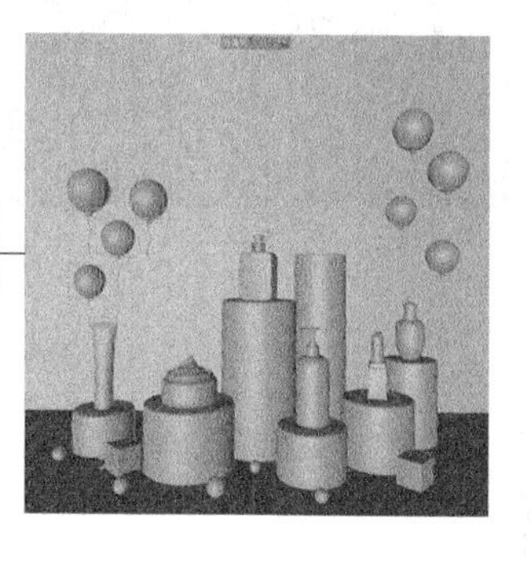

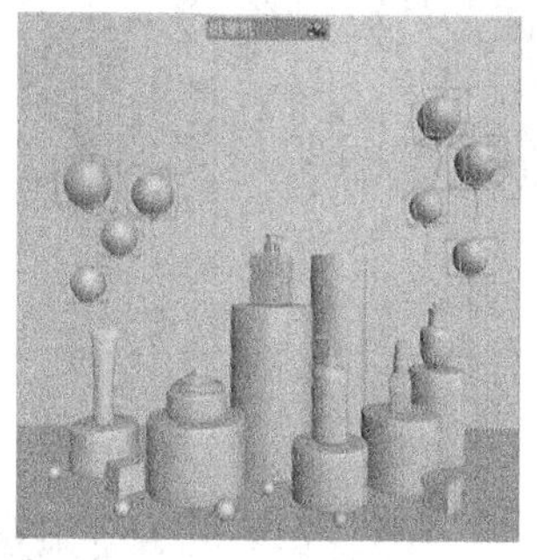

02 课堂案例 + 软件功能解析，边做边学软件功能，熟悉设计思路

精选典型商业案例

6.7.1 课堂案例——添加人物头发材质

了解学习目标和知识要点

案例学习目标 能够使用“材质”面板调节头发材质。

案例知识要点 使用“属性”面板调整材质属性，使用“物理天空”工具创建物理天空。最终效果如图6-72所示。

效果所在位置 学习资源\Ch06\添加人物头发材质\工程文件.c4d。

图6-72

01 启动Cinema 4D。单击“编辑渲染设置”按钮，弹出“渲染设置”面板。在“输出”设置区域中设置“宽度”为750像素、“高度”为1624像素，单击“关闭”按钮，关闭面板。

02 选择“文件 > 合并项目”命令，在弹出的“打开文件”对话框中选择学习资源中的“Ch06 > 制作人物头发 > 素材 > 01.c4d”文件，单击“打开”按钮，将选中的文件导入，“对象”面板如图6-73所示。视图窗口中的效果如图6-74所示。

03 在“材质”面板中双击“毛发材质”材质球，弹出“材质编辑器”面板。在左侧列表中选择“颜色”选项，切换到相应的设置区域。双击“颜色”左侧的“色标.1”按钮，弹出“渐变色标设置”对话框，设置“H”为225°、“S”为87%、“V”为70%，如图6-75所示。单击“确定”按钮，返回“材质编辑器”面板。

6.7.4 粗细

在“材质编辑器”面板的左侧列表中选择“粗细”选项，如图6-85所示。相应的设置区域主要用于设置毛发发根和发梢的粗细，还可以设置“曲线”选项来调整发根到发梢的粗细渐变。

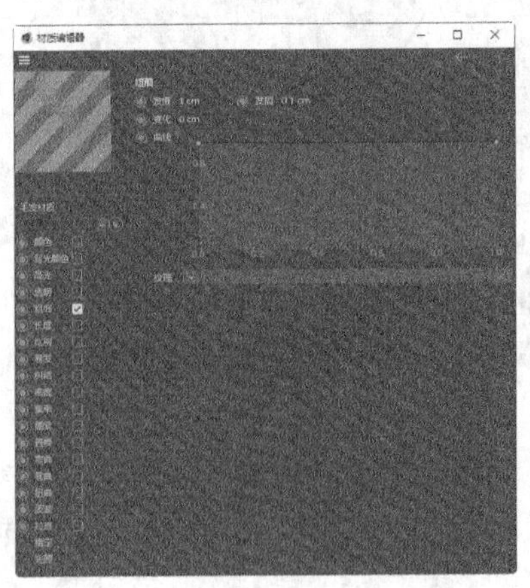
图6-85

6.7.5 长度

在“材质编辑器”面板的左侧列表中选择“长度”选项，如图6-86所示。相应的设置区域主要用于设置毛发的长短及随机长短，还可以添加贴图纹理。

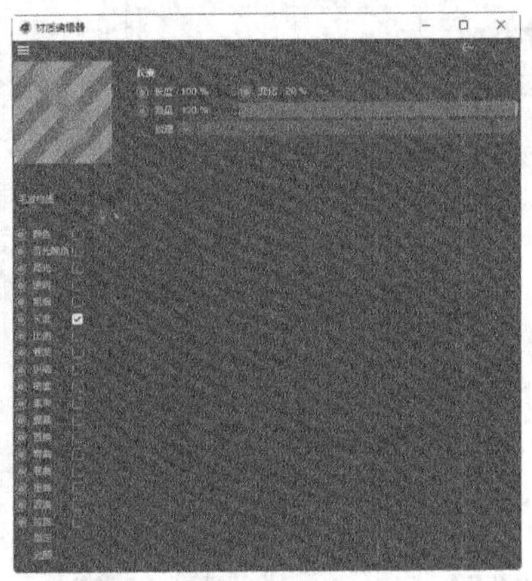
图6-86

完成案例后深入学习软件功能和特色

03 课堂练习 + 课后习题，拓展实际应用能力

更多商业案例

课堂练习——制作地面动画

练习知识要点 使用“破碎（Voronoi）”工具和“简易”工具制作动画效果，使用“线性域”命令添加关键帧，使用“时间线”面板调节动画效果，使用“编辑渲染设置”按钮和“渲染到图像查看器”按钮渲染动画效果。最终效果如图8-68所示。

效果所在位置 学习资源\Ch08\制作地面动画\工程文件.c4d。

图8-68

巩固本章所学知识

课后习题——制作文字动画

习题知识要点 使用“破碎（Voronoi）”工具和“简易”工具制作动画效果，使用“线性域”命令添加关键帧，使用“时间线”面板调节动画效果，使用“编辑渲染设置”按钮和“渲染到图像查看器”按钮渲染动画效果。最终效果如图8-69所示。

效果所在位置 学习资源\Ch08\制作文字动画\工程文件.c4d。

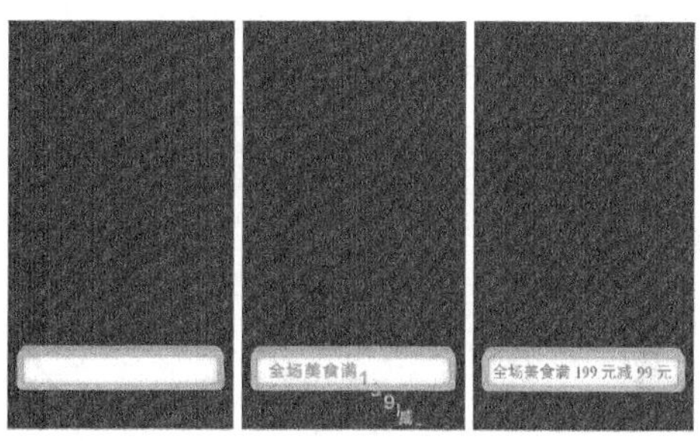

图8-69

04 商业案例实训，演练商业项目制作过程

海报设计

电商设计

UI 设计

动画设计

教学指导

本书的参考学时为64学时，其中实训环节为36学时，各章的参考学时可以参见下面的学时分配表。

章序	课程内容	学时分配	
		讲授	实训
第 1 章	初识 Cinema 4D	2	—
第 2 章	Cinema 4D 基础知识	2	2
第 3 章	Cinema 4D 建模技术	4	8
第 4 章	Cinema 4D 灯光技术	2	2
第 5 章	Cinema 4D 材质技术	3	2
第 6 章	Cinema 4D 毛发技术	2	4
第 7 章	Cinema 4D 渲染技术	2	2
第 8 章	Cinema 4D 运动图形	2	2
第 9 章	Cinema 4D 动力学技术	2	2
第 10 章	Cinema 4D 粒子技术	2	2
第 11 章	Cinema 4D 动画技术	3	2
第 12 章	商业案例实训	2	8
学时总计		28	36

配套资源

●学习资源

案例素材文件　最终效果文件　在线教学视频

●教辅资源

教学大纲　授课计划　电子教案　PPT 课件

教学案例　实训项目　教学视频

这些配套资源文件均可在线获取，扫描“资源获取”二维码，关注我们的微信公众号，即可得到资源文件获取方式，并且可以通过该方式获得“在线视频”的观看地址。如需资源获取技术支持，请致函szys@ptpress.com.cn。

提示：微信扫描二维码关注公众号后，输入51页左下角的5位数字，获得资源获取帮助。

资源获取

教辅资源表

本书提供的教辅资源可参见下面的教辅资源表。

教辅资源类型	数量	教辅资源类型	数量
教学大纲	1 套	课堂案例	31 个
电子教案	12 单元	课堂练习	13 个
PPT 课件	12 个	课后习题	13 个

与我们联系

我们的联系邮箱是 szys@ptpress.com.cn。如果您对本书有任何疑问或建议，请您发邮件给我们，并请在邮件标题中注明本书书名及ISBN，以便我们更高效地做出反馈。

如果您有兴趣出版图书、录制教学课程，或者参与技术审校等工作，可以发邮件给我们。如果学校、培训机构或企业想批量购买本书或"数艺设"出版的其他图书，也可以发邮件联系我们。

关于"数艺设"

人民邮电出版社有限公司旗下品牌"数艺设"，专注于专业艺术设计类图书出版，为艺术设计从业者提供专业的图书、视频电子书、课程等教育产品。出版领域涉及平面、三维、影视、摄影与后期等数字艺术门类，字体设计、品牌设计、色彩设计等设计理论与应用门类，UI设计、电商设计、新媒体设计、游戏设计、交互设计、原型设计等互联网设计门类，环艺设计手绘、插画设计手绘、工业设计手绘等设计手绘门类。更多服务请访问"数艺设"社区平台www.shuyishe.com。我们将提供及时、准确、专业的学习服务。

目 录

Contents

第4章 Cinema 4D灯光技术

第5章 Cinema 4D材质技术

第6章 Cinema 4D毛发技术

第7章 Cinema 4D渲染技术

第8章 Cinema 4D运动图形

第9章 Cinema 4D动力学技术

第10章 Cinema 4D粒子技术

第11章 Cinema 4D动画技术

第12章 商业案例实训

第 1 章

初识Cinema 4D

本章介绍

Cinema 4D作为一款强大的三维模型设计和动画软件，已成为当下设计师设计制作中应用广泛的软件之一。本章将对Cinema 4D的基本情况、应用领域及工作流程进行简单讲解。通过本章的学习，读者可以对Cinema 4D有一个基本的认识，有助于后续高效、便利地使用Cinema 4D。

学习目标

- 了解Cinema 4D软件。
- 熟悉Cinema 4D的应用领域。
- 掌握Cinema 4D的工作流程。

1.1 Cinema 4D的基本概述

Cinema 4D（缩写为C4D）是一款可以进行建模、动画制作、模拟以及渲染的专业软件，其启动界面如图1-1所示。Cinema 4D在1993年由其前身FastRay正式更名为Cinema 4D 1.0。截至2023年，Cinema 4D已经发展到了2023版本，更加注重工作流程的便捷和高效，即便是新用户，也能在较短的时间内入门。

图1-1

1.2 Cinema 4D的应用领域

随着功能的不断加强和更新，Cinema 4D的应用领域也越发广泛，包括平面设计、包装设计、电商设计、UI设计、工业设计、游戏设计、建筑设计、动画设计、栏目包装、影视特效制作等多个领域。在这些领域中，通过结合使用Cinema 4D和其他软件创作出来的设计作品常常带来“惊艳”的视觉感受，如图1-2所示。

图1-2

1.3 Cinema 4D的工作流程

Cinema 4D的工作流程包括建立模型、设置摄像机、设置灯光、赋予材质、制作动画、渲染和输出六大步骤，如图1-3所示。

1.建立模型

运用Cinema 4D进行项目制作时，首先要建立模型。在Cinema 4D中，可以通过参数化对象、生成器和变形器进行基础建模，同时还可以通过多边形建模、体积建模及雕刻建模创建复杂模型。

2.设置摄像机

在Cinema 4D中建立模型后，需要设置摄像机，以固定模型的角度与位置，便于渲染出合适的效果图，同时，使用Cinema 4D中的摄像机也可以制作一些基础动画。

3.设置灯光

Cinema 4D拥有强大的照明系统，具备丰富的灯光和阴影效果。通过调整Cinema 4D中灯光和阴影的属性，能够为模型制作出真实的照明效果，满足众多复杂场景的渲染需求。

4.赋予材质

设置灯光后，需要为模型赋予材质。在Cinema 4D中，使用“材质”面板创建材质球后，通过“材质编辑器”面板选择相关通道，即可对材质球进行调节，为模型赋予不同的材质。

5.制作动画

不需要进行动画制作的项目可以直接渲染输出。而对于需要加入动画的项目，则需要运用Cinema 4D为设置好材质的模型制作动画。在Cinema 4D中，既可以制作基础动画，也可以制作高级的角色动画。

6.渲染和输出

将制作完成的项目在Cinema 4D中进行渲染和输出，以查看最终的效果。在渲染和输出之前，还可以根据渲染需求添加地板、天空等环境。

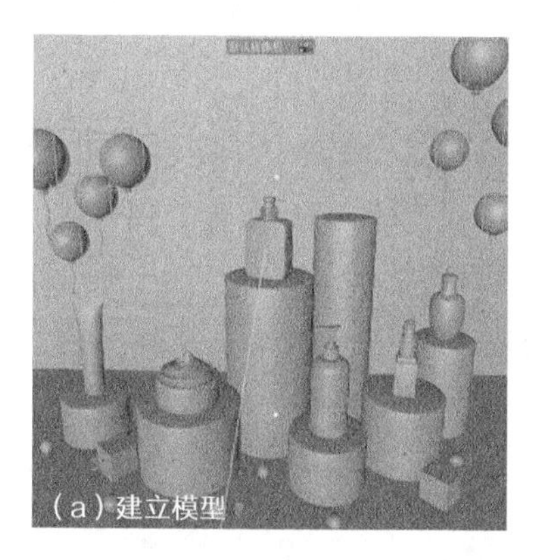
（a）建立模型

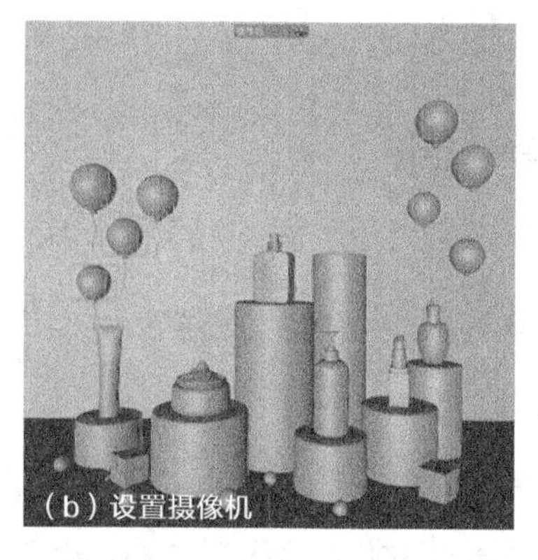
（b）设置摄像机

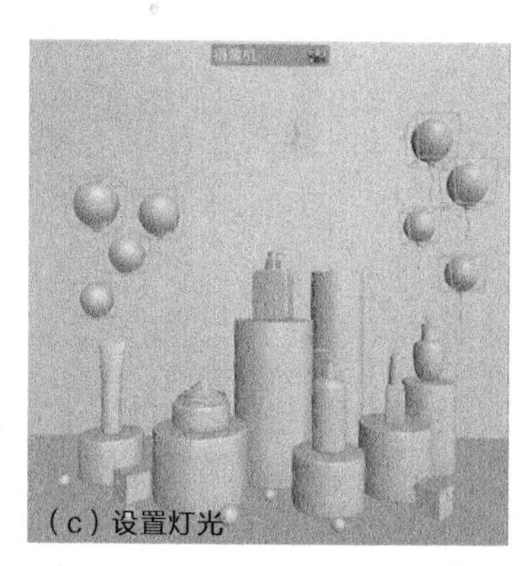
（c）设置灯光

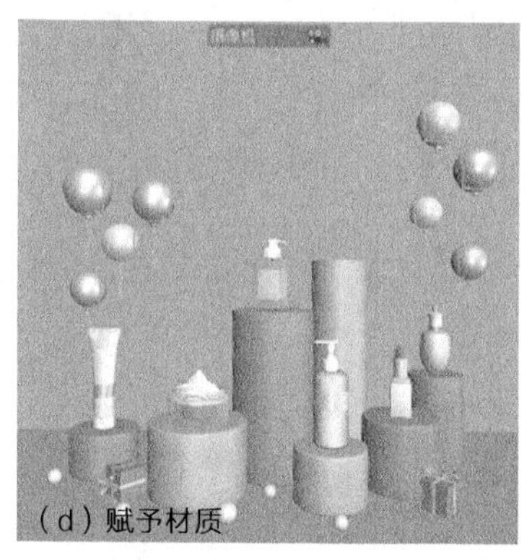
（d）赋予材质

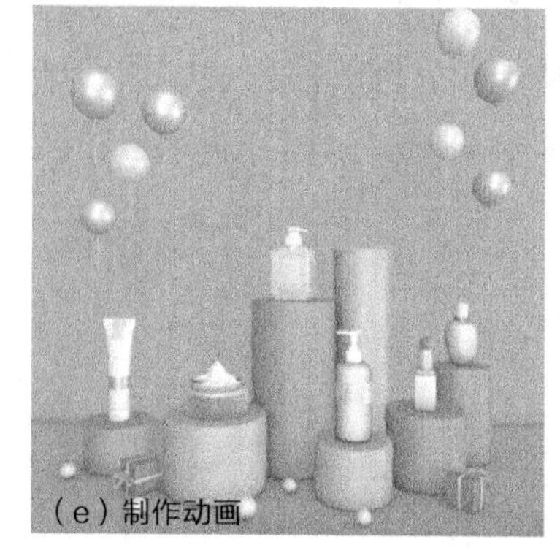
（e）制作动画

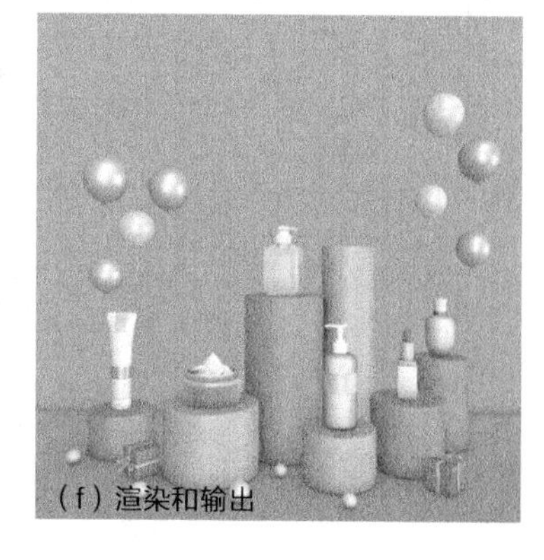
（f）渲染和输出

图1-3

第 2 章

Cinema 4D基础知识

本章介绍

想要快速上手并学好Cinema 4D，掌握Cinema 4D的基础工具和基本操作是很有必要的。本章将对Cinema 4D的工作界面以及文件操作进行系统讲解。通过本章的学习，读者可以对Cinema 4D的操作有一个基本的认识，为之后的深入学习打下坚实的基础。

学习目标

●了解Cinema 4D的工作界面。

●熟悉Cinema 4D的文件操作。

技能目标

●掌握文件的新建、打开方法。

●掌握文件的合并、保存方法。

●掌握保存工程文件、导出文件的方法。

2.1 Cinema 4D的工作界面

Cinema 4D的工作界面分为10个部分，分别是标题栏、菜单栏、工具栏、模式工具栏、视图窗口、“对象”面板、“属性”面板、“时间线”面板、“材质”面板和“坐标”面板，如图2-1所示。

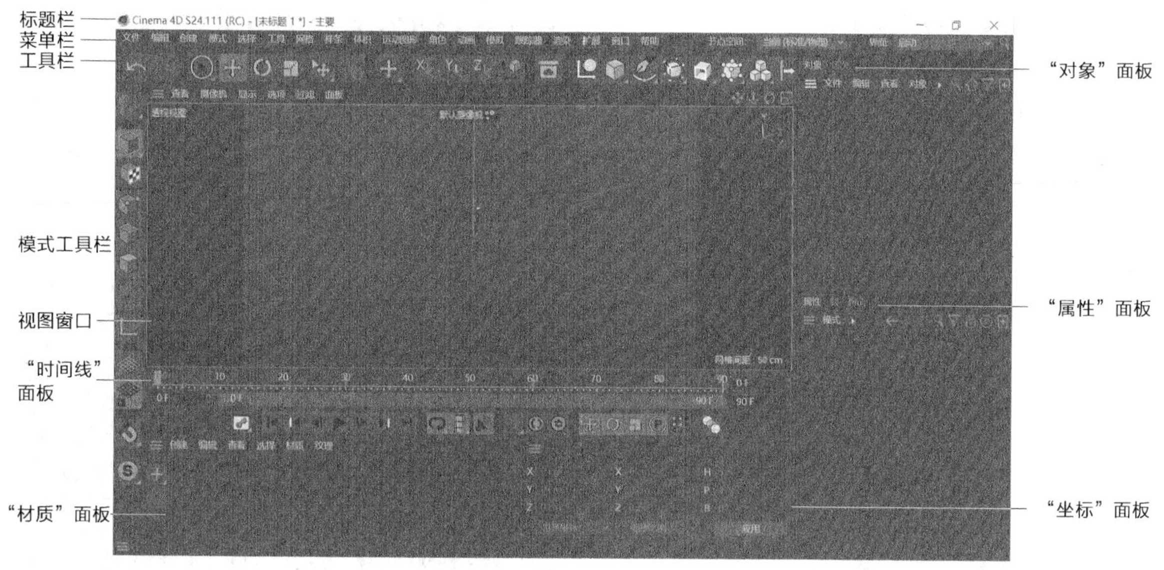

图2-1

2.1.1 标题栏

标题栏位于工作界面顶端，用于显示软件版本信息和当前工程项目名称，如图2-2所示。

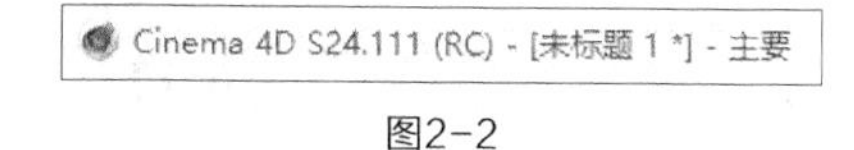

图2-2

2.1.2 菜单栏

菜单栏位于标题栏下方，包含Cinema 4D的大部分功能和命令，如图2-3所示。

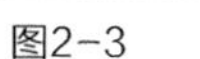

图2-3

2.1.3 工具栏

工具栏位于菜单栏下方，是菜单栏中使用频率较高的功能的分类集合，如图2-4所示。

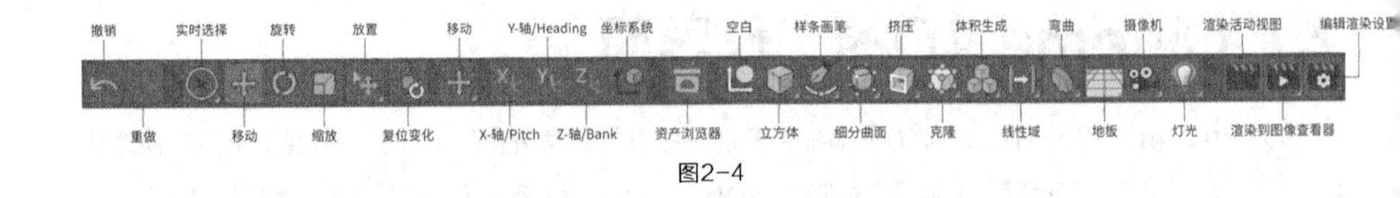

图2-4

2.1.4 模式工具栏

模式工具栏位于工作界面左侧，与工具栏的作用相同，集合了一些常用命令和工具的快捷方式，如图2-5所示。

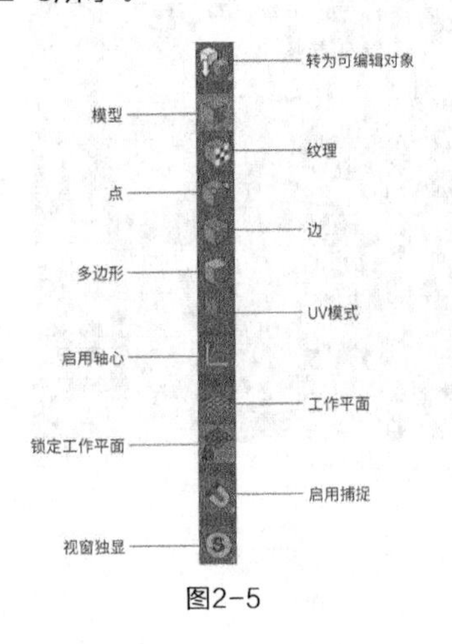

图2-5

2.1.5 视图窗口

视图窗口位于工作界面正中间，用于进行模型的编辑与观察，默认为“透视视图”，如图2-6所示。

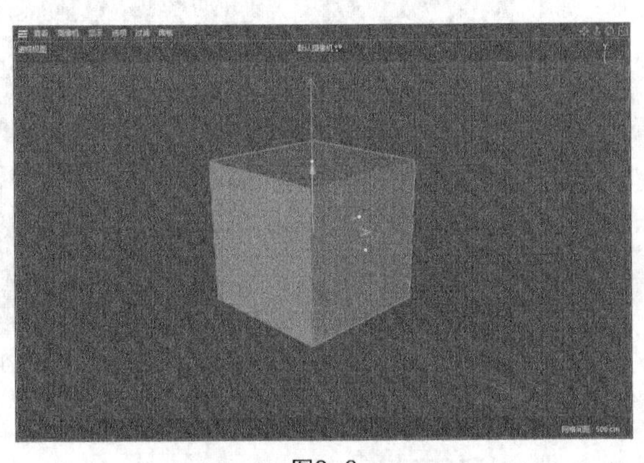

图2-6

2.1.6 “对象”面板

“对象”面板位于工作界面右侧上部，用于显示所有的对象及对象之间的层级关系，如图2-7所示。

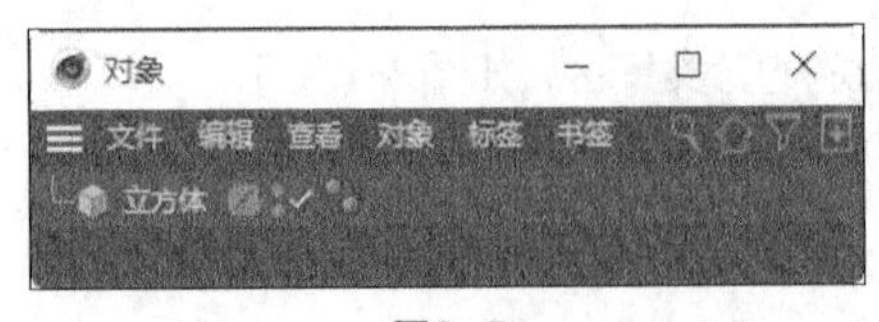

图2-7

2.1.7 “属性”面板

“属性”面板位于工作界面右侧下部，用于调节所有对象、工具和命令的参数，如图2-8所示。

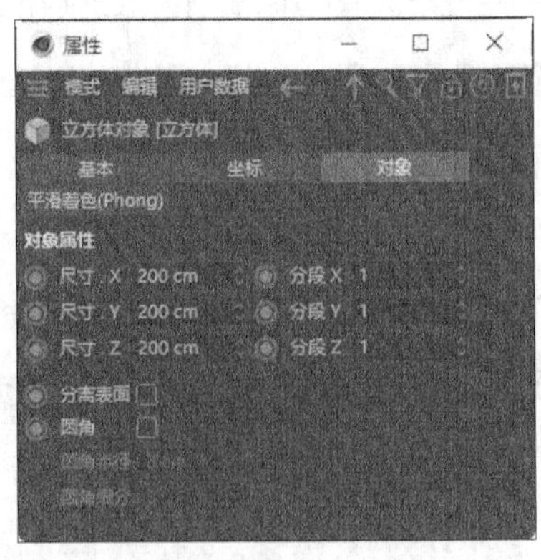

图2-8

2.1.8 “时间线”面板

“时间线”面板位于视图窗口的下方，用于调节动画效果，如图2-9所示。

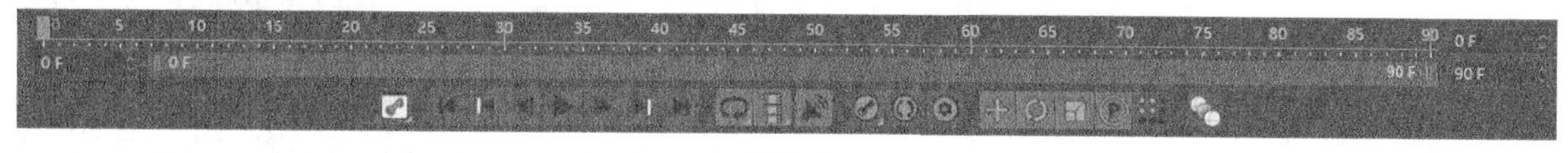

图2-9

2.1.9 “材质”面板

“材质”面板位于界面底部左侧，用于管理场景材质，双击“材质”面板的空白区域，可以创建材质，如图2-10所示。双击材质图标，弹出“材质编辑器”面板，在该面板中可以调节材质的属性，如图2-11所示。

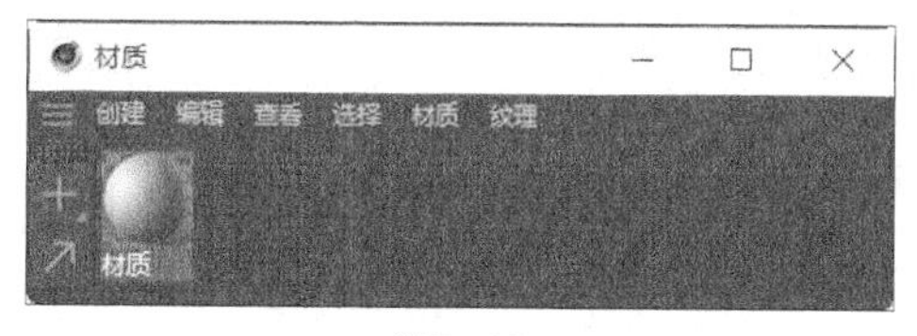

图2-10

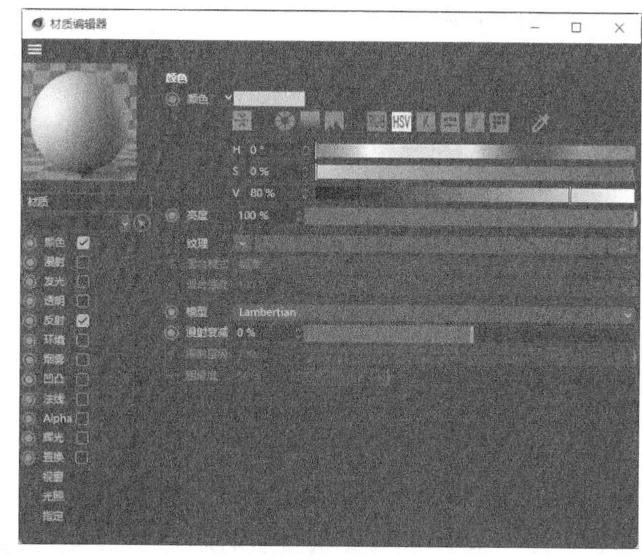

图2-11

2.1.10 “坐标”面板

“坐标”面板位于“时间线”面板下方右侧，用于调节所有模型在三维空间中的位置、尺寸和旋转的参数，如图2-12所示。

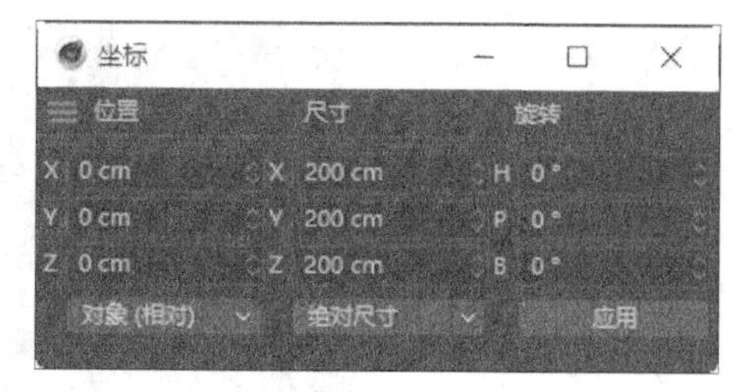

图2-12

2.2 Cinema 4D的文件操作

在Cinema 4D中，通常使用的文件操作命令基本集中于“文件”菜单，如图2-13所示，下面将具体介绍几种常用的文件操作。

2.2.1 新建文件

新建文件是Cinema 4D最基本的操作之一，是进行设计的第一步。选择“文件 > 新建项目”命令，或按Ctrl+N快捷键，即可新建一个文件，默认文件名为“未标题1”。

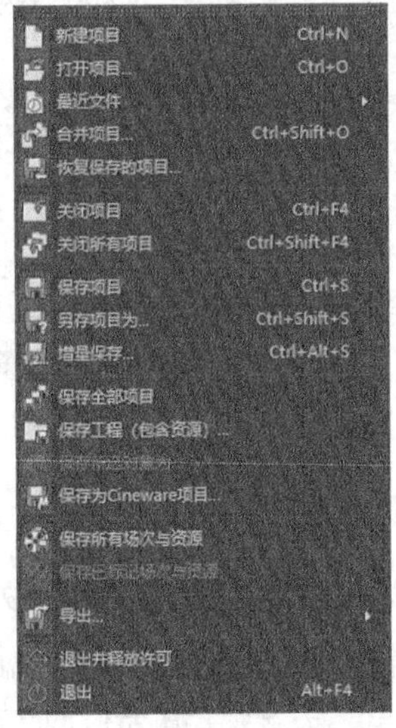

图2-13

2.2.2 打开文件

如果要对文件进行修改，就要先在Cinema 4D中打开需要的文件。

选择“文件 > 打开项目”命令，或按Ctrl+O快捷键，弹出“打开文件”对话框，在对话框中选择需要的文件，确认文件类型，如图2-14所示，单击“打开”按钮，或直接双击需要的文件，即可打开指定的文件。

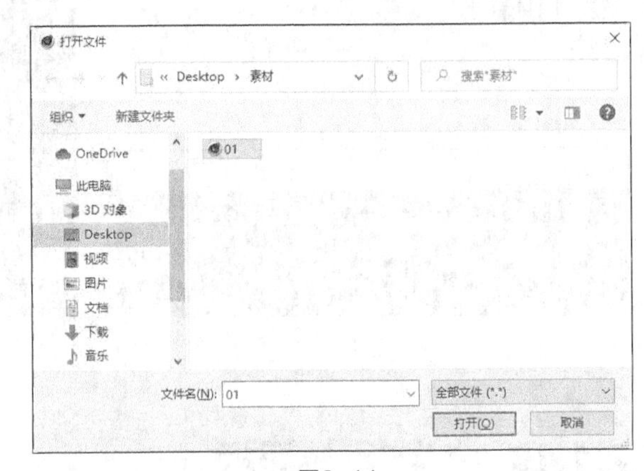

图2-14

2.2.3 合并文件

Cinema 4D的工作界面中只能显示单个文件，因此当打开多个文件时，若要浏览其他文件，则需要在“窗口”菜单的底端进行切换，如图2-15所示。

选择“文件 > 合并项目”命令，或按Ctrl+Shift+O快捷键，弹出“打开文件”对话框，在对话框中选择需要合并的文件，单击“打开”按钮，即可将所选文件合并到当前的场景中，如图2-16所示。

图2-15

图2-16

2.2.4 保存文件

完成文件编辑后，需要将文件保存，以便下次打开继续操作。

选择“文件 > 保存项目”命令，或按Ctrl+S快捷键，可以存储文件。当对完成编辑的文件进行第一次存储时，会弹出“保存文件”对话框，如图2-17所示，单击“保存”按钮，即可将文件保存。当对已经存储过的文件进行编辑操作后，选择“文件>保存项目”命令，不会弹出“保存文件”对话框，计算机会直接保存最终确认的结果，并覆盖原始文件。

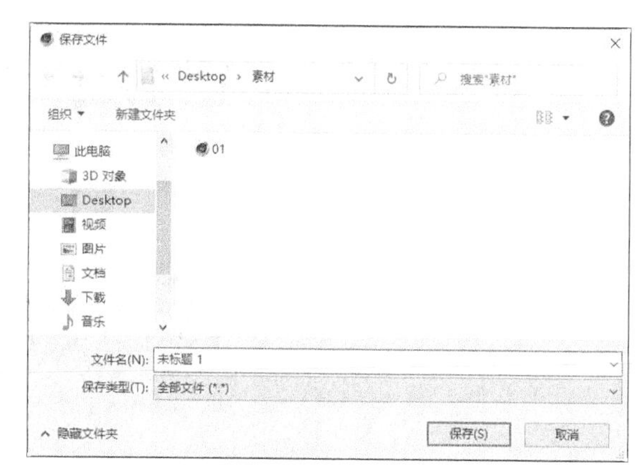

图2-17

2.2.5 保存工程文件

编辑完成包含贴图素材的文件后，需要将文件保存为工程文件，以免贴图素材丢失。

选择“文件 > 保存工程（包含资源）”命令，可以将文件保存为工程文件，文件中用到的贴图素材也将被保存到工程文件夹中，如图2-18所示。

2.2.6 导出文件

在Cinema 4D中可以将文件导出为.3ds、.xml、.dxf、.obj等格式文件，可与其他软件结合使用。

选择“文件 > 导出”命令，在弹出的菜单中选择需要的文件格式，如图2-19所示。在弹出的对话框中单击“确定”按钮，弹出“保存文件”对话框，单击“保存”按钮，即可将文件导出。

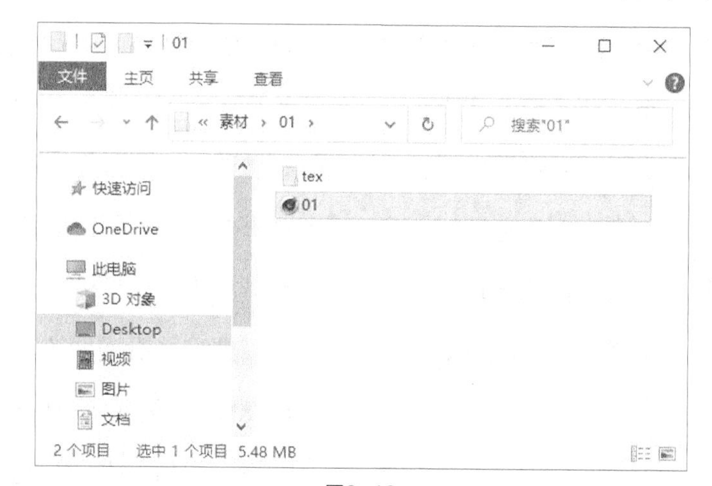

图2-18

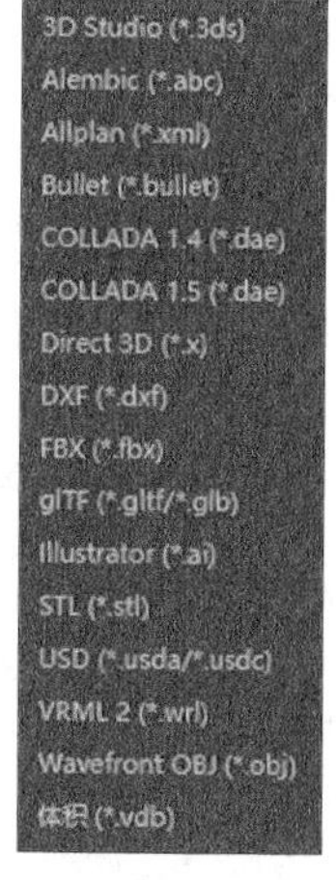

图2-19

第 3 章

Cinema 4D建模技术

本章介绍

在Cinema 4D中建模，即在其视图窗口中创建三维模型，三维建模是三维设计的第一步，所有的效果都是在模型的基础上进行表现的。本章将对Cinema 4D的参数化对象建模、生成器建模、变形器建模、多边形建模、体积建模以及雕刻建模等建模技术进行系统讲解。通过本章的学习，读者可以对Cinema 4D的建模技术有一个全面的认识，并能快速掌握常用模型的制作技术与技巧。

学习目标

- 掌握参数化对象建模。
- 掌握生成器建模。
- 掌握变形器建模。
- 掌握多边形建模。
- 掌握体积建模。
- 掌握雕刻建模。

技能目标

- 掌握气球模型的制作方法。
- 掌握室内场景模型的制作方法。
- 掌握饮料瓶模型的制作方法。
- 掌握沙发模型的制作方法。
- 掌握纽带模型的制作方法。
- 掌握吹风机模型的制作方法。
- 掌握小熊模型的制作方法。
- 掌握甜甜圈模型的制作方法。

3.1 参数化对象建模

使用Cinema 4D的参数化对象建模，可以随时调整场景和对象，使建模过程变得灵活可控。同时，Cinema 4D也提供了大量参数化模型选项，便于用户建模。

3.1.1 课堂案例——制作气球模型

案例学习目标 使用参数化工具制作气球模型。

案例知识要点 使用“球体”工具和“圆环面”工具制作气球主体，使用“样条画笔”工具、“圆环”工具和“扫描”工具制作气球线。最终效果如图3-1所示。

效果所在位置 学习资源\Ch03\制作气球模型\工程文件.c4d。

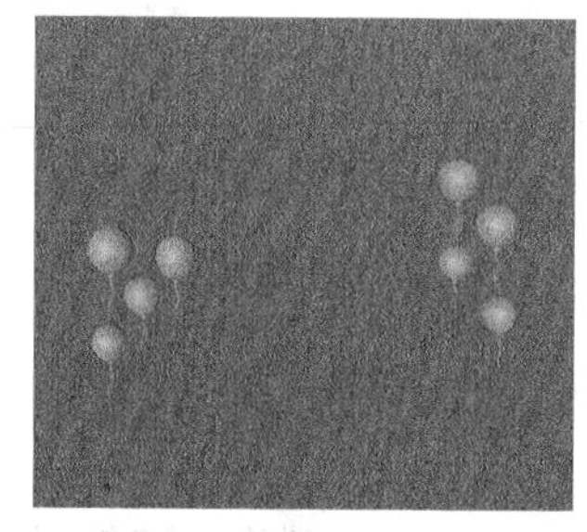

图3-1

01 启动Cinema 4D。单击“编辑渲染设置”按钮，弹出“渲染设置”面板，在“输出”设置区域中设置“宽度”为800像素、“高度”为800像素，单击“关闭”按钮，关闭面板。

02 选择“球体”工具，在“对象”面板中生成一个“球体”对象。在“属性”面板“对象”选项卡中，设置“半径”为24cm、“分段”为24，如图3-2所示。在“坐标”面板“位置”选项组中，设置“X”为0cm、“Y”为395cm、“Z”为-317cm，如图3-3所示。

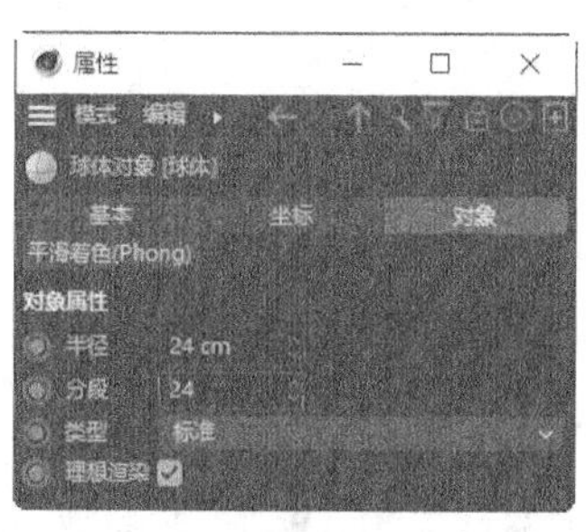

图3-2

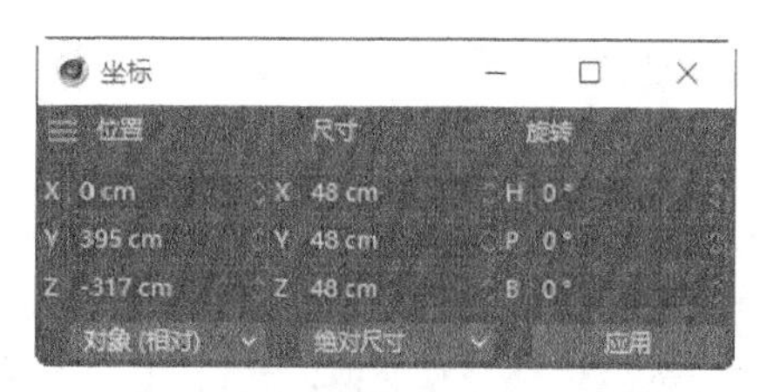

图3-3

03 按住Shift键的同时，选择“锥化”工具，为“球体”对象添加锥化效果，如图3-4所示。在“对象”面板中，选中“锥化”对象，在“属性”面板“对象”选项卡中，设置“强度”为11%，如图3-5所示。

图3-4

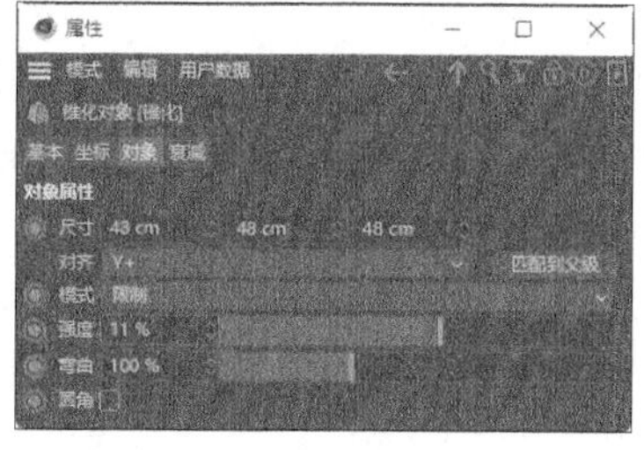

图3-5

04 在“坐标”面板“旋转”选项组中，设置“B”为180°，如图3-6所示。视图窗口中的效果如图3-7所示。

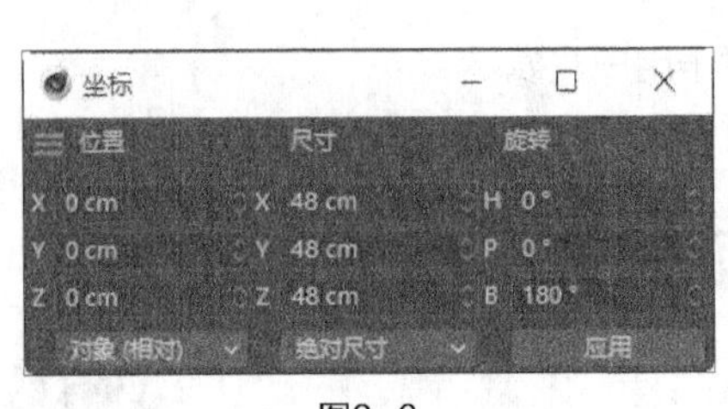

图3-6

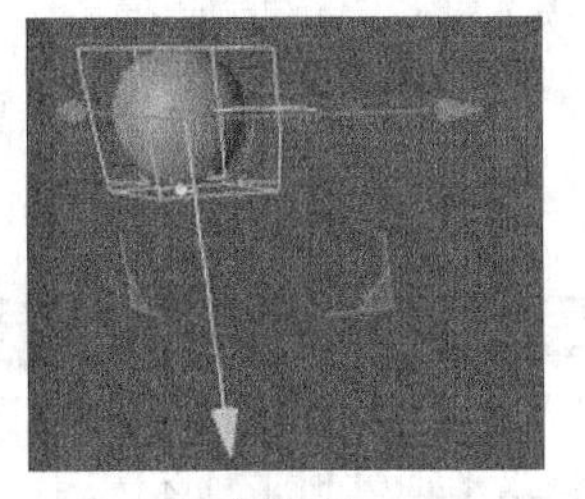

图3-7

05 选择“圆环面”工具，在“对象”面板中生成一个“圆环面”对象。在“属性”面板“对象”选项卡中，设置“圆环半径”为2cm、“导管半径”为1cm，如图3-8所示。在“坐标”面板“位置”选项组中，设置“X”为0cm、“Y”为371cm、“Z”为-317cm，如图3-9所示。

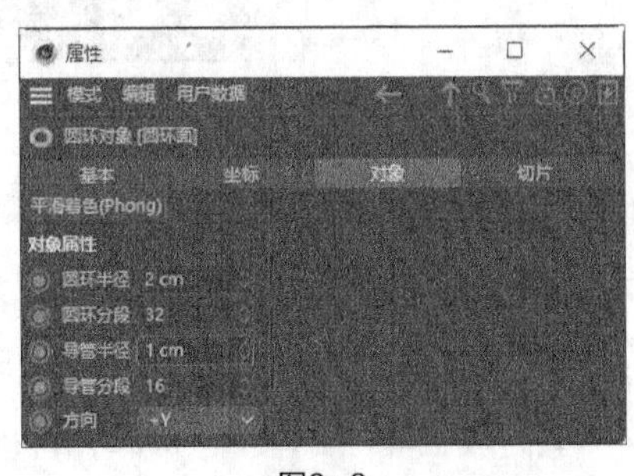

图3-8

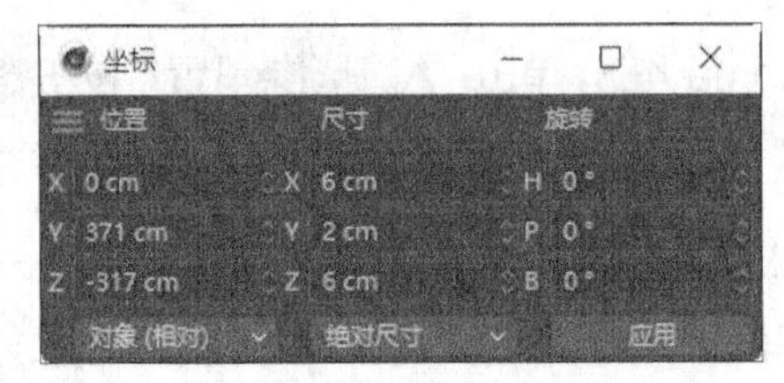

图3-9

06 选择“圆环面”工具，在“对象”面板中生成一个“圆环面.1”对象。在“属性”面板“对象”选项卡中，设置“圆环半径”为3cm、“导管半径”为1cm，如图3-10所示。在“坐标”面板“位置”选项组中，设置“X”为0cm、“Y”为369cm、“Z”为-317cm，如图3-11所示。

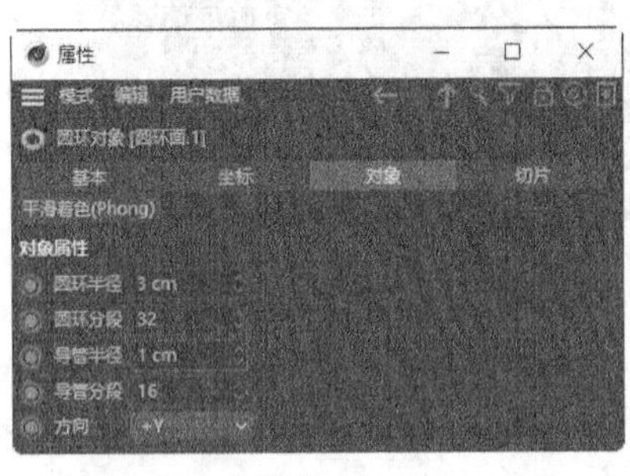

图3-10

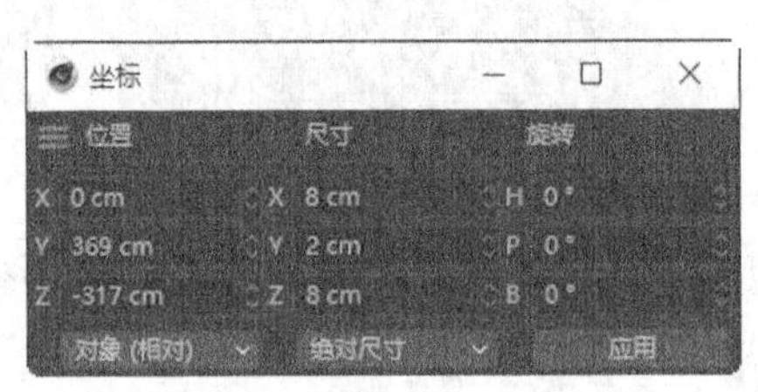

图3-11

07 按F4键，切换至“正视图”窗口。选择“样条画笔”工具，在视图窗口中绘制出图3-12所示的效果。按F1键，切换至“透视视图”窗口。单击“模型”按钮，切换为模型模式。选中“样条”对象，在“坐标”面板“位置”选项组中，设置“Z”为-317cm，如图3-13所示。视图窗口中的效果如图3-14所示。

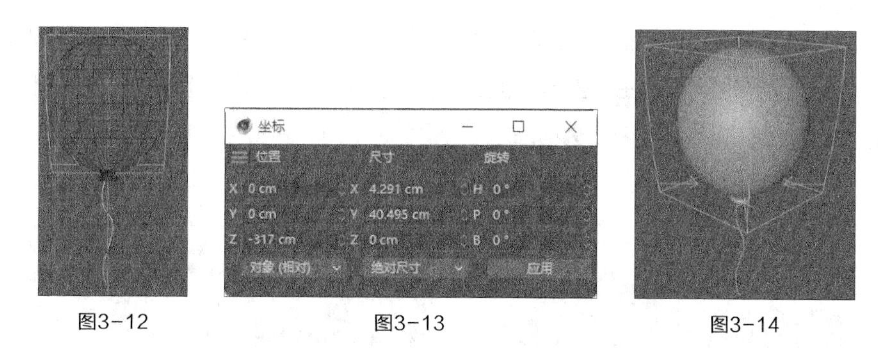

图3-12　　图3-13　　图3-14

08 选择“圆环”工具，在“对象”面板中生成一个“圆环”对象。在“属性”面板“对象”选项卡中，设置“半径”为0.5cm，如图3-15所示。选择“扫描”工具，在“对象”面板中添加一个“扫描”对象。

09 选中“圆环”对象和“样条”对象，并将它们拖入“扫描”对象的下层，如图3-16所示。折叠“扫描”对象组。

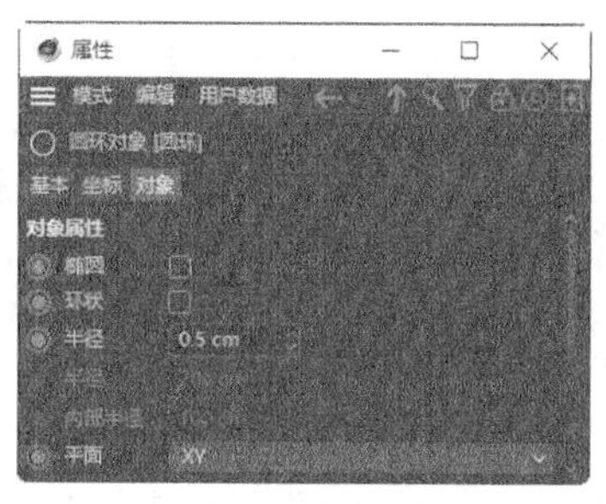

图3-15

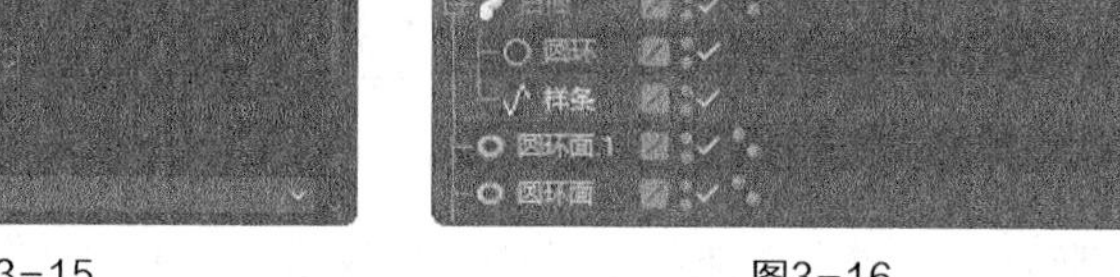

图3-16

10 选择“空白”工具，在“对象”面板中生成一个“空白”对象，并将其重命名为“气球”。选中需要的对象及对象组，如图3-17所示。将选中的对象及对象组拖入“气球”对象的下层，如图3-18所示。折叠“气球”对象组。

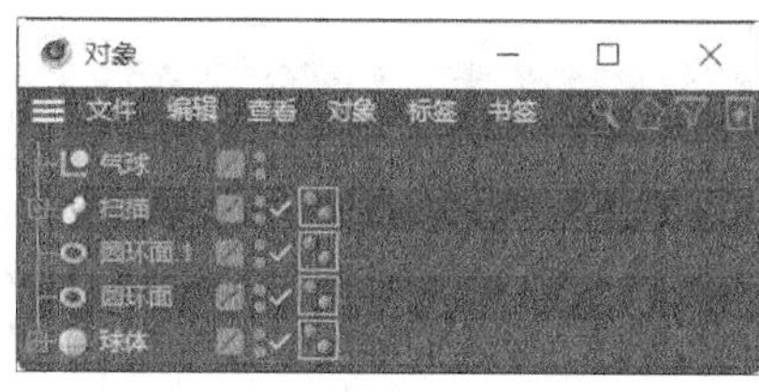

图3-17

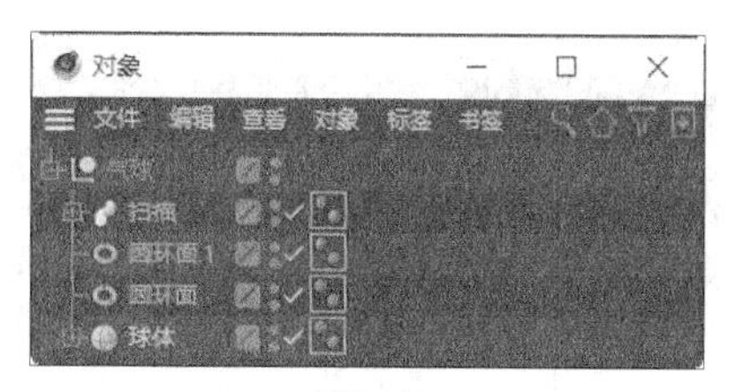

图3-18

11 选中“气球”对象组，在“坐标”面板“位置”选项组中，设置“X”为-184cm、“Y”为-84cm、“Z”为50cm，如图3-19所示。视图窗口中的效果如图3-20所示。

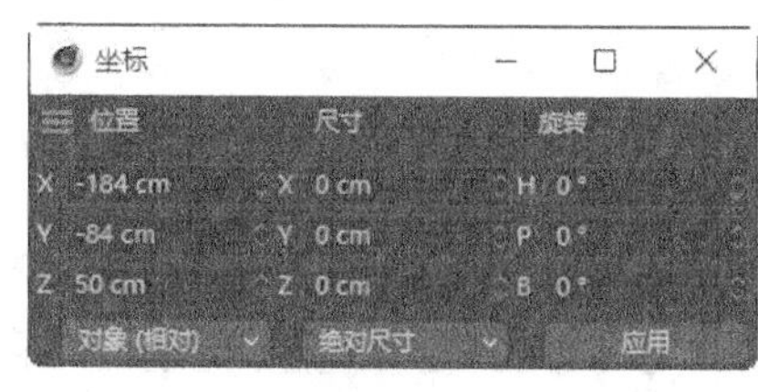

图3-19

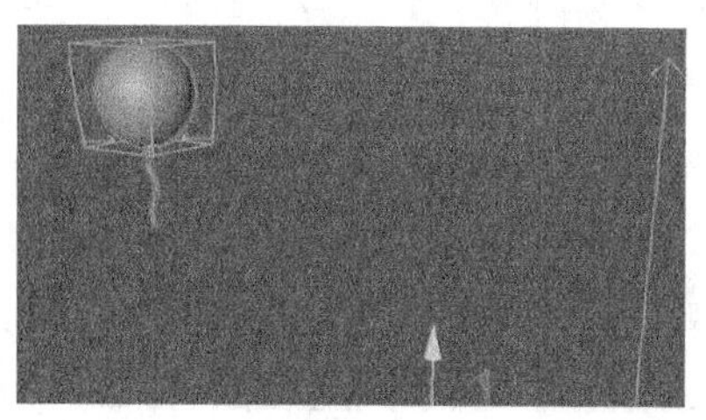

图3-20

12 按住Ctrl键的同时，向上拖曳鼠标，复制“气球”对象组，自动生成“气球.1”对象组，如图3-21所示。选中“气球.1”对象组，在“坐标”面板“位置”选项组中，设置“X”为-246cm、“Y”为-184cm、“Z”为226cm，如图3-22所示。

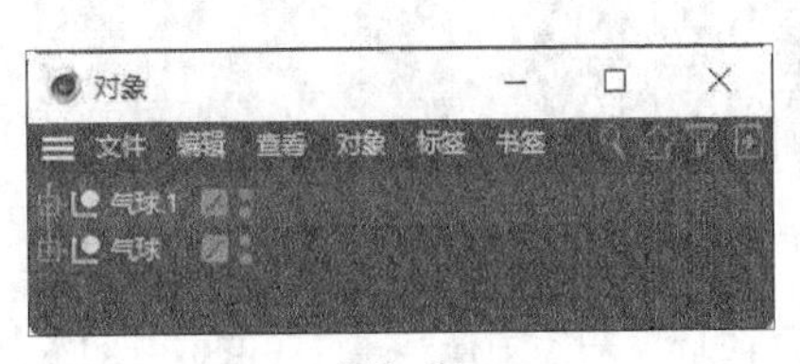

图3-21

图3-22

13 选中“气球”对象组，按住Ctrl键的同时，向上拖曳鼠标，复制“气球”对象组，自动生成“气球.2”对象组，如图3-23所示。选中“气球.2”对象组，在“坐标”面板“位置”选项组中，设置“X”为-190cm、“Y”为-125cm、“Z”为180cm，如图3-24所示。

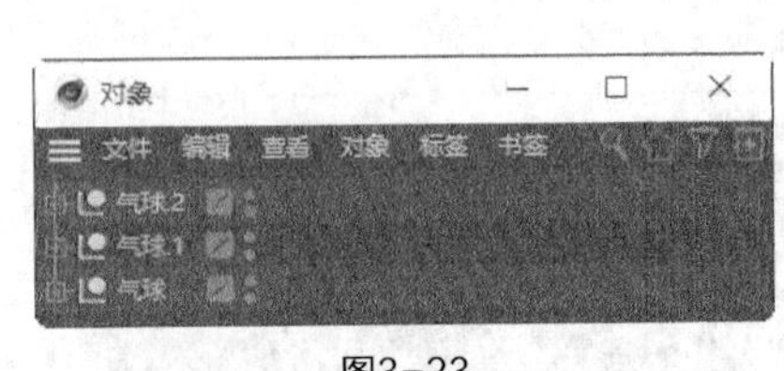

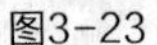
图3-23

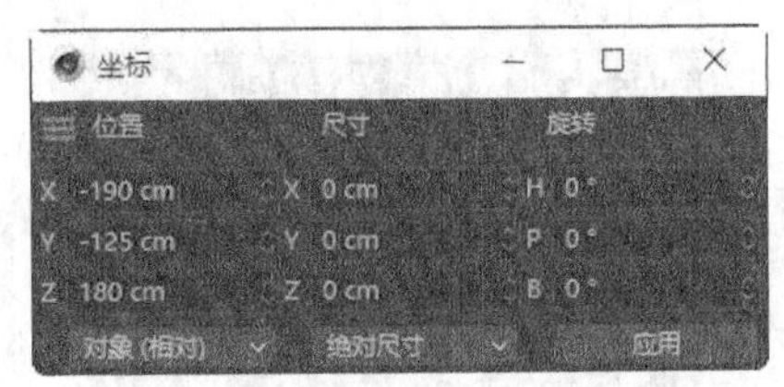

图3-24

14 用上述方法再复制5次“气球”对象组。选中“气球.3”对象组，在“坐标”面板“位置”选项组中，设置“X”为-129cm、“Y”为-86cm、“Z”为99cm，如图3-25所示。选中“气球.4”对象组，在“坐标”面板“位置”选项组中，设置“X”为190cm、“Y”为-1cm、“Z”为99cm，如图3-26所示。

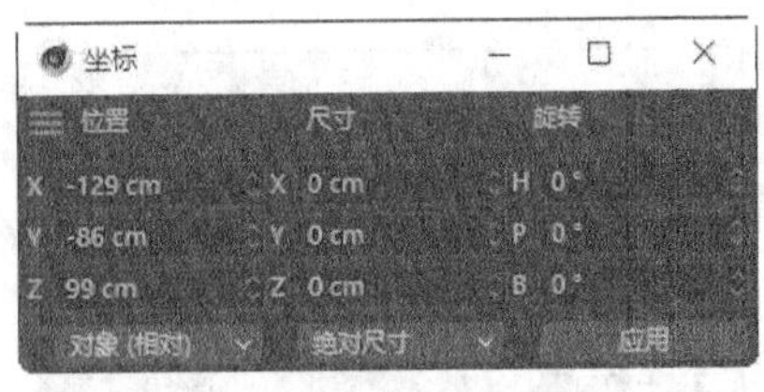

图3-25

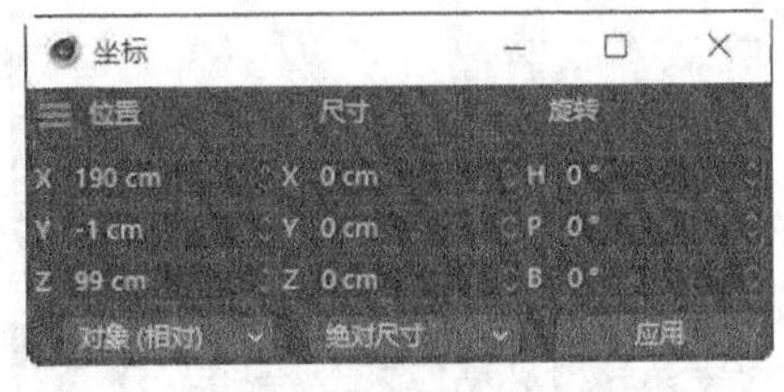

图3-26

15 选中“气球.5”对象组，在“坐标”面板“位置”选项组中，设置“X”为232cm、“Y”为-50cm、“Z”为99cm，如图3-27所示。选中“气球.6”对象组，在“坐标”面板“位置”选项组中，设置“X”为228cm、“Y”为-75cm、“Z”为265cm，如图3-28所示。

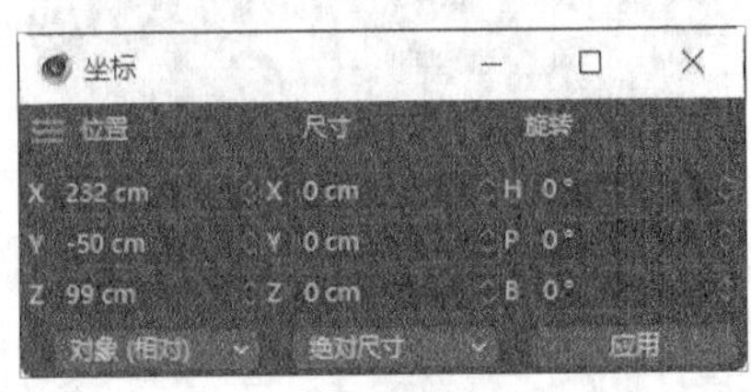

图3-27

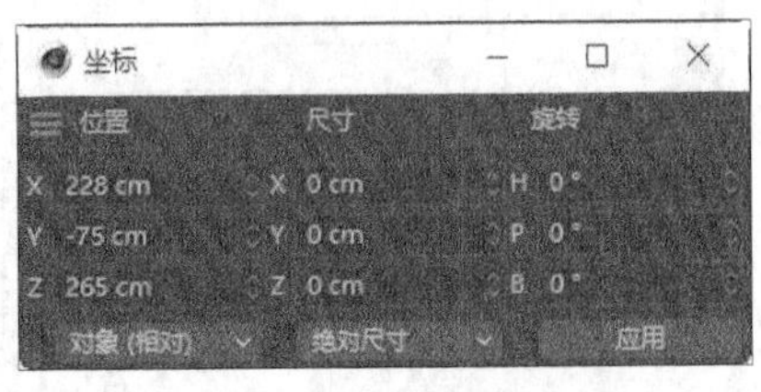

图3-28

16 选中“气球.7”对象组，在“坐标”面板“位置”选项组中，设置“X”为272cm、“Y”为-145cm、“Z”为215cm，如图3-29所示，视图窗口中的效果如图3-30所示。

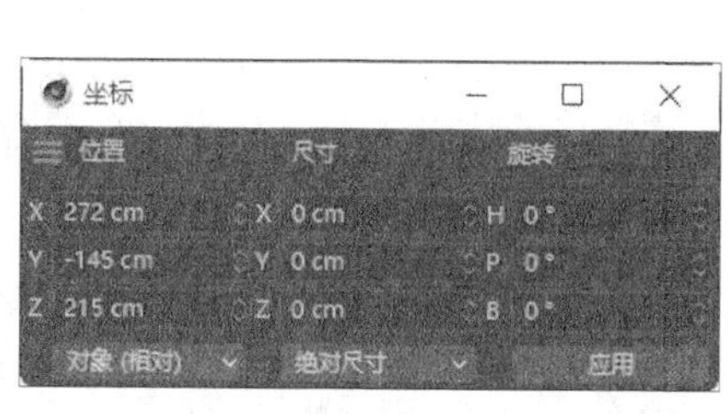

图3-29

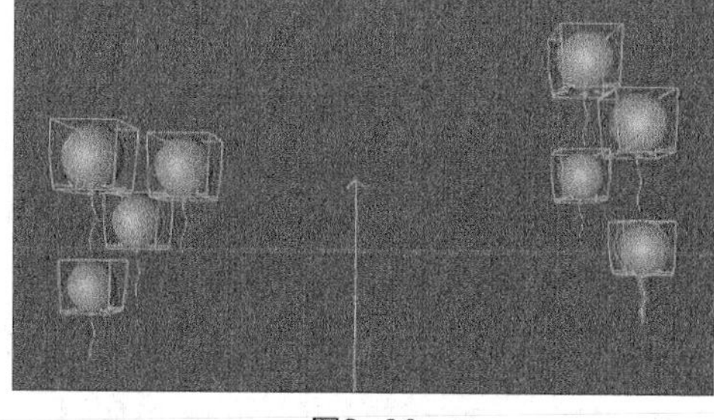

图3-30

17 选择“空白”工具，在“对象”面板中生成一个“空白”对象，并将其重命名为“气球”。选中需要的对象组，如图3-31所示。将选中的对象组拖入“气球”对象的下层，并折叠“气球”对象组，如图3-32所示。气球模型制作完成。

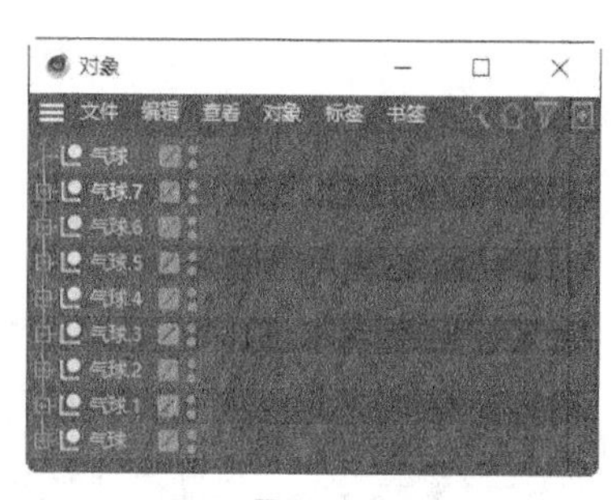

图3-31

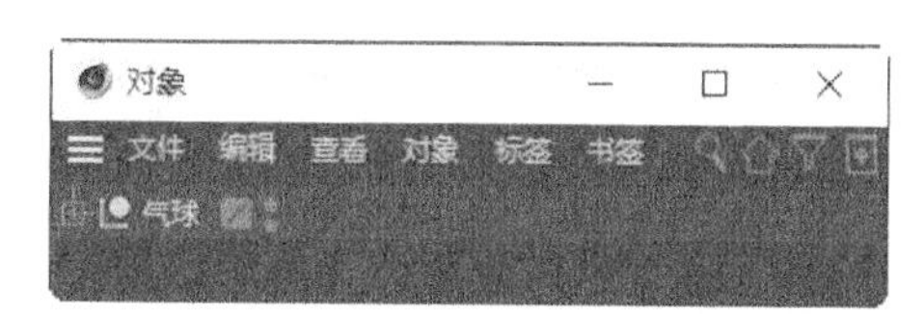

图3-32

3.1.2 参数化对象

参数化对象是Cinema 4D中默认的基本几何体模型，可以直接创建，用户可以在“属性”面板中调整参数来改变几何体模型的属性。

按住工具栏中的“立方体”按钮，弹出参数化对象的列表，如图3-33所示。或选择“创建 > 参数对象”命令，弹出参数化对象的列表，如图3-34所示。在列表中选择需要的几何体创建工具，即可在视图窗口中创建相应的几何体模型。

图3-34

1.立方体

“立方体”工具是参数化对象建模中常用的几何体创建工具之一，同时，立方体可以用作多边形建模的基础物体。在场景中创建立方体后，“属性”面板中会显示该立方体对象的参数设置，如图3-35所示。

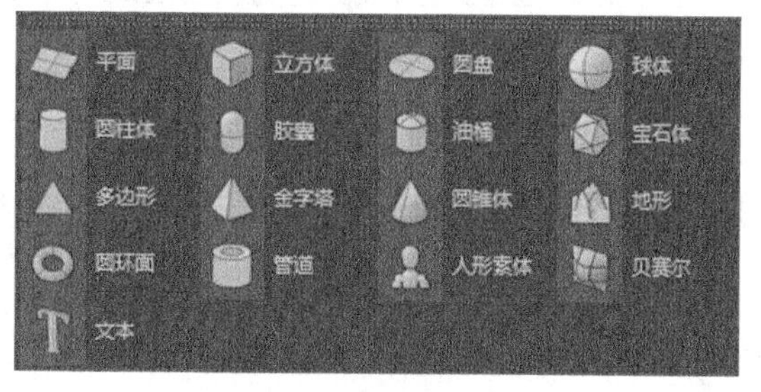

图3-33

2.圆柱体

“圆柱体”工具同样是参数化对象建模中常用的几何体创建工具之一。在场景中创建圆柱体后，“属性”面板中会显示该圆柱体对象的参数设置，如图3-36所示。圆柱体对象常用的参数设置包含“对象”“封顶”“切片”这3个选项卡。

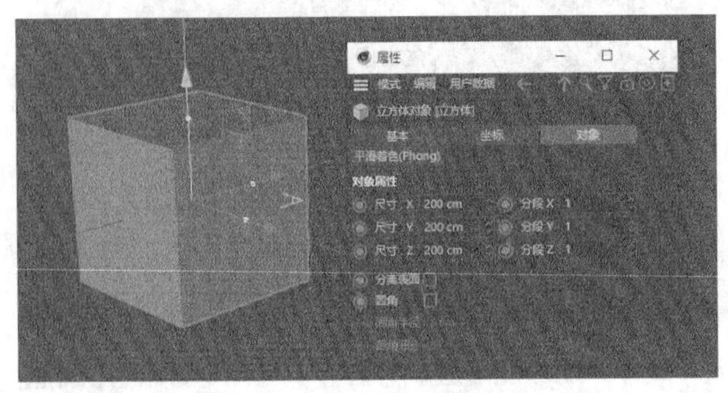

图3-35

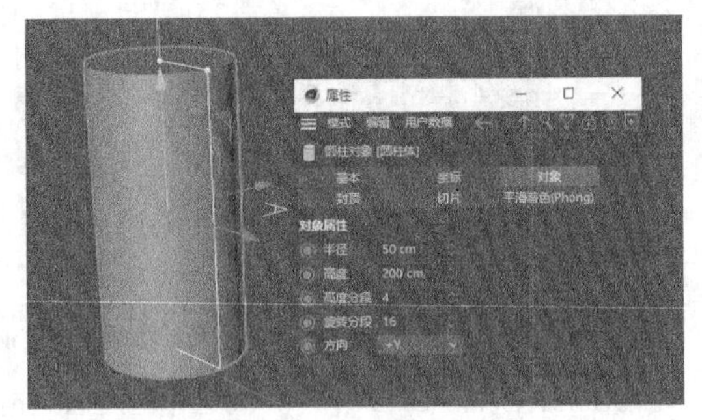

图3-36

3.圆盘

“圆盘”工具通常用于建立地面或反光板。在场景中创建圆盘后，“属性”面板中会显示该圆盘对象的参数设置，如图3-37所示，可以从中调节圆盘的内部半径、外部半径及分段等。

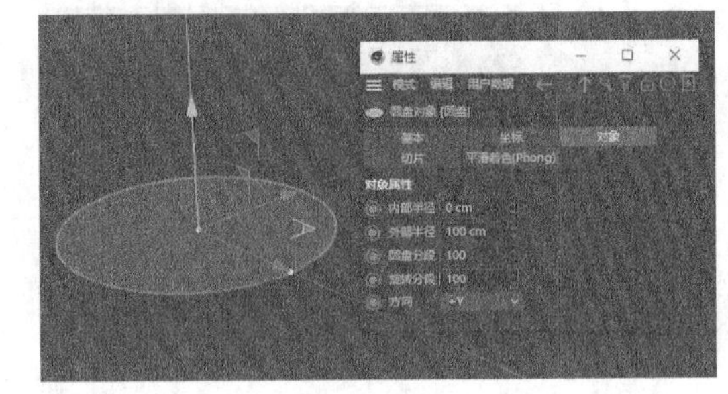

图3-37

4.平面

“平面”工具的应用非常广泛，通常用于建立地面和墙面。在场景中创建平面后，“属性”面板中会显示该平面对象的参数设置，如图3-38所示，可以从中调节平面的宽度、高度及分段等。

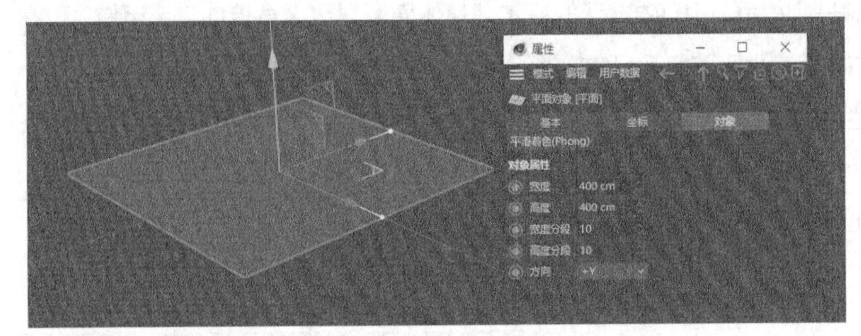

图3-38

5.球体

“球体”工具也是参数化对象建模中常用的几何体创建工具之一。在场景中创建球体后，“属性”面板中会显示该球体对象的参数设置，如图3-39所示，在“类型”下拉列表中选择需要的球体类型时，既可以选择创建完整球体，也可以选择创建半球体或球体的某个部分。

6.胶囊

胶囊对象的外观等同于顶面和底面为半球体的圆柱。使用“胶囊”工具在场景中创建胶囊后，“属性”面板中会显示该胶囊对象的参数设置，如图3-40所示，可以从中调节“半径”“高度”等选项。

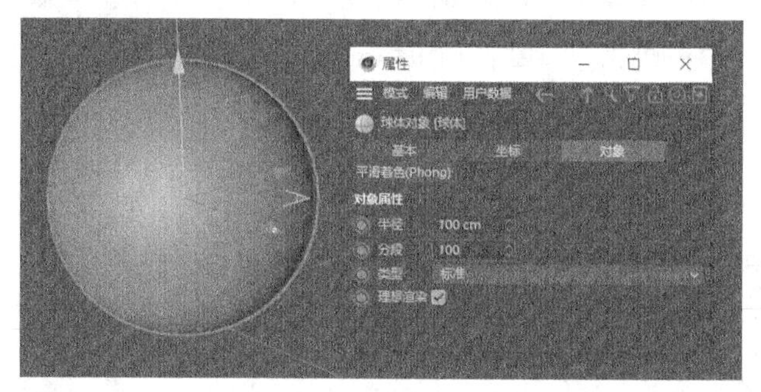

图3-39

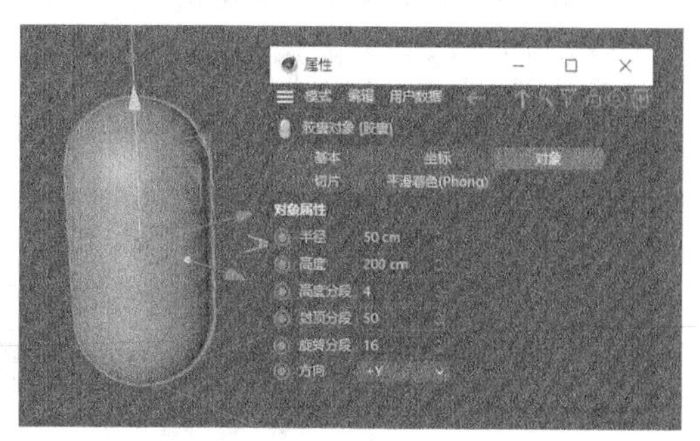

图3-40

7.圆锥体

圆锥造型的物品在生活中很常见。使用“圆锥体”工具在场景中创建圆锥体后，“属性”面板中会显示该圆锥体对象的参数设置，如图3-41所示，圆锥体常用的参数设置与圆柱体基本相同。另外，也可以在视图窗口中拖曳对象上的控制点来改变对象参数，其他参数化对象同理。

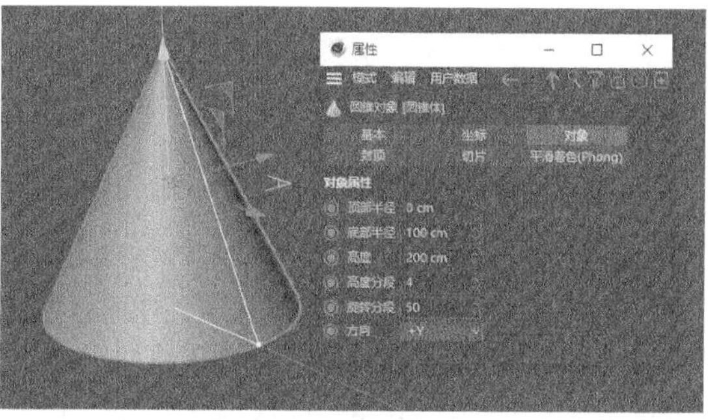

图3-41

8.宝石体

使用“宝石体”工具可以创建出多种类型的多面体对象。在场景中创建宝石体后，“属性”面板中会显示该宝石体对象的参数设置，如图3-42所示，调节“半径”选项，可以改变宝石体对象的大小。

9.管道

管道的外观与圆柱体类似，区别在于管道是空心的，具有内部半径和外部半径。使用“管道”工具在场景中创建管道后，“属性”面板中会显示该管道对象的参数设置，如图3-43所示。管道对象常用的参数设置由“对象”和“切片”两个选项卡组成。

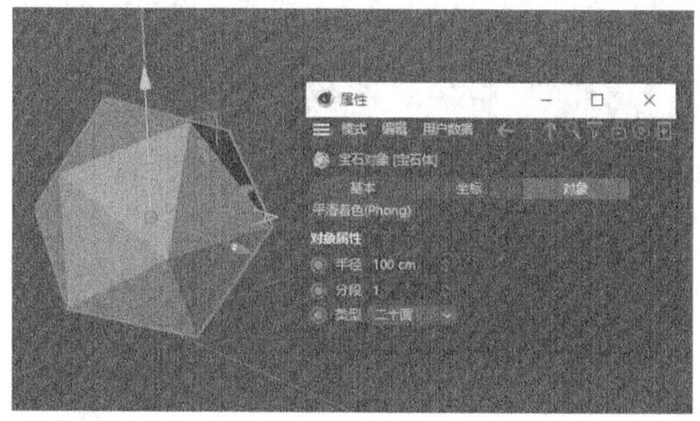

图3-42

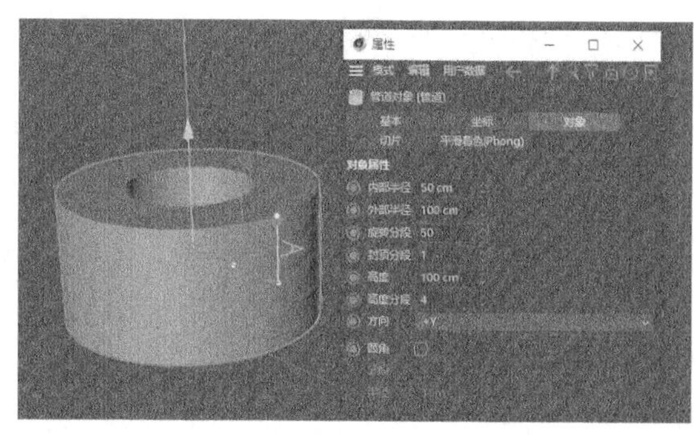

图3-43

3.1.3 样条

样条是Cinema 4D中默认的二维图形，可以通过样条画笔绘制线条，也可以直接创建出预置的图形。绘制出的样条结合其他命令的使用可以生成三维模型，这是一种基础的建模方法。

按住工具栏中的“样条画笔”按钮，弹出样条的列表，如图3-44所示。或选择“创建 > 样条”命令，弹出样条的列表，如图3-45所示。在列表中选择需要的样条创建工具，即可在视图窗口中绘制或创建样条。

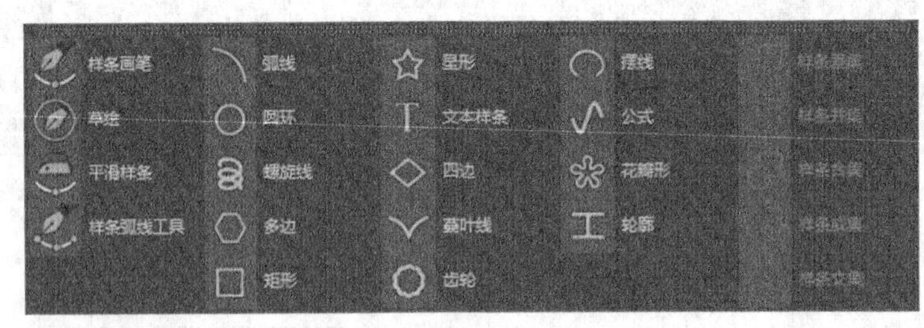

图3-44

图3-45

1.样条画笔

“样条画笔”工具是Cinema 4D中绘制曲线的常用工具之一，其能绘制5种类型的曲线，分别为“线性”“立方”“Akima”“B-样条”“贝塞尔”，如图3-46所示。

系统默认曲线类型为“贝塞尔”。在场景中绘制出一条曲线后，“属性”面板中会显示该曲线对象的参数设置，如图3-47所示。

图3-46

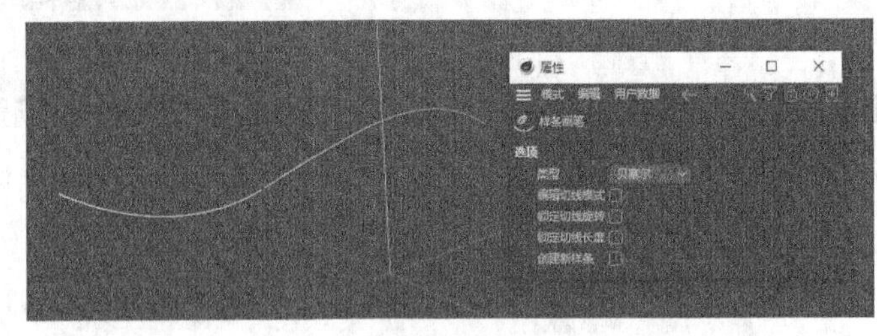

图3-47

2.圆环

“圆环”工具可用于绘制不同类型的圆环形样条。在场景中创建圆环后，“属性”面板中会显示该圆环对象的参数设置，如图3-48所示。

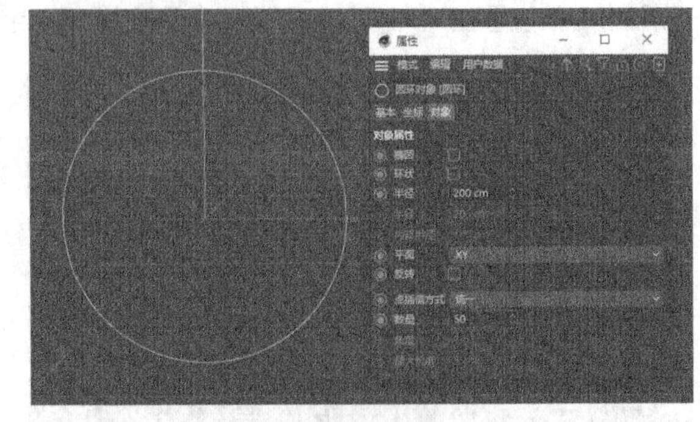

图3-48

3.矩形

使用“矩形”工具 矩形 可以创建出多种尺寸的矩形样条。在场景中创建矩形后，“属性”面板中会显示该矩形样条的参数设置，如图3-49所示，调节“宽度”“高度”等选项，可以改变样条的大小。

4.公式

使用“公式”工具 公式 可以通过在“属性”面板中输入公式数值来改变样条形状。在场景中创建公式后，“属性”面板中会显示该公式样条的参数设置，如图3-50所示。

图3-49

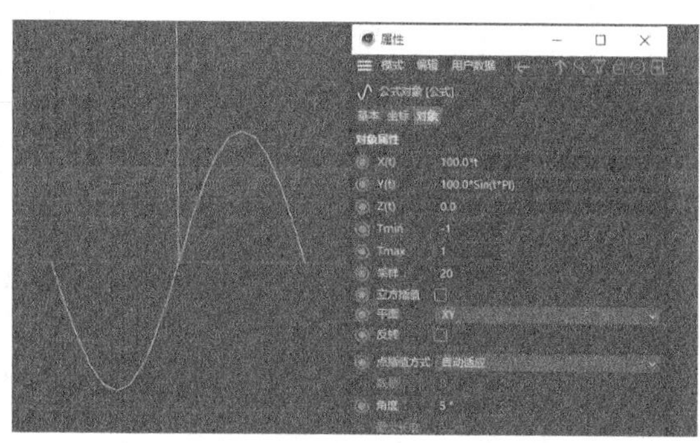

图3-50

3.2 生成器建模

Cinema 4D中的生成器由两部分组成，由于这两部分的工具都是绿色图标，并且都位于父层级，所以合称为“生成器”。

按住工具栏中的“细分曲面”按钮 细分曲面，弹出生成器列表，如图3-51所示，此列表中的工具用于对参数化对象进行形态上的调整。按住工具栏中的“挤压”按钮 挤压，弹出生成器列表，如图3-52所示，此列表中的工具用于对样条进行形态上的调整。

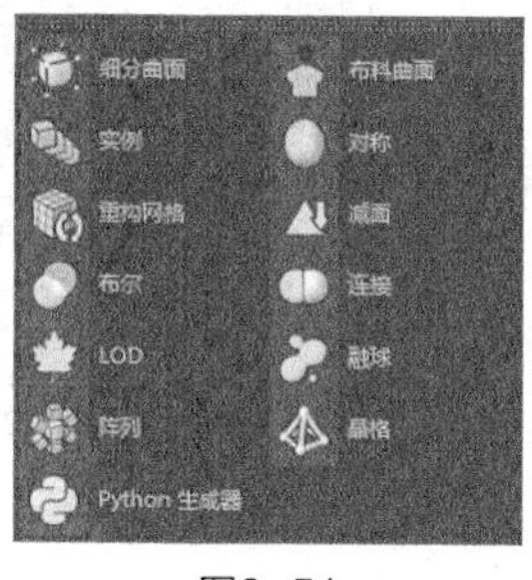

图3-51

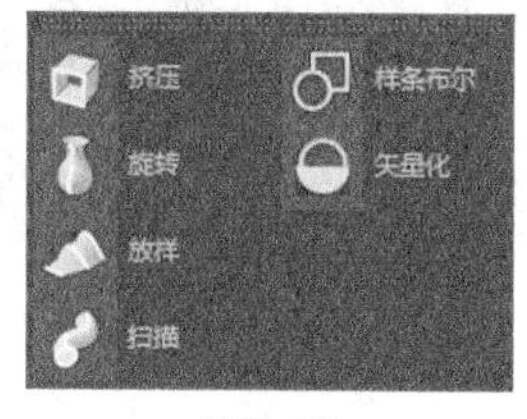

图3-52

3.2.1 课堂案例——制作室内场景模型

案例学习目标 能够使用生成器建模工具制作场景模型。

案例知识要点 使用“平面”工具制作地面，使用“立方体”工具、“胶囊”工具和“布尔”工具制作墙体，使用“圆柱体”工具和“圆锥体”工具制作装饰和树，使用“球体”工具和“融球”工具制作云朵。最终效果如图3-53所示。

效果所在位置 学习资源\Ch03\制作室内场景模型\工程文件.c4d。

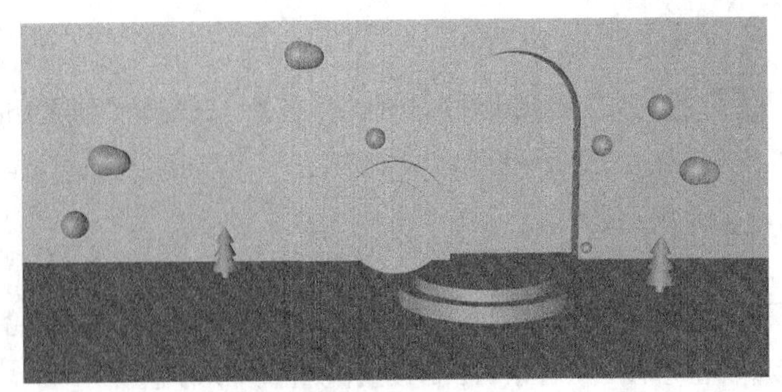

图3-53

01 启动Cinema 4D。单击“编辑渲染设置”按钮，弹出“渲染设置”面板，在“输出”设置区域中设置“宽度”为1920像素、“高度”为900像素，单击“关闭”按钮，关闭对话框。

02 选择“平面”工具，在“对象”面板中生成一个“平面”对象，并将其重命名为“地面”。在“属性”面板“对象”选项卡中，设置“宽度”为900cm、“高度”为1400cm、“宽度分段”为10、“高度分段”为10，如图3-54所示。

03 选择“立方体”工具，在“对象”面板中生成一个“立方体”对象，并将其重命名为“前墙”。在“属性”面板“对象”选项卡中，设置“尺寸.X”为19cm、“尺寸.Y”为500cm、“尺寸.Z”为1200cm，如图3-55所示。在“坐标”面板“位置”选项组中，设置“Y”为116cm，如图3-56所示。

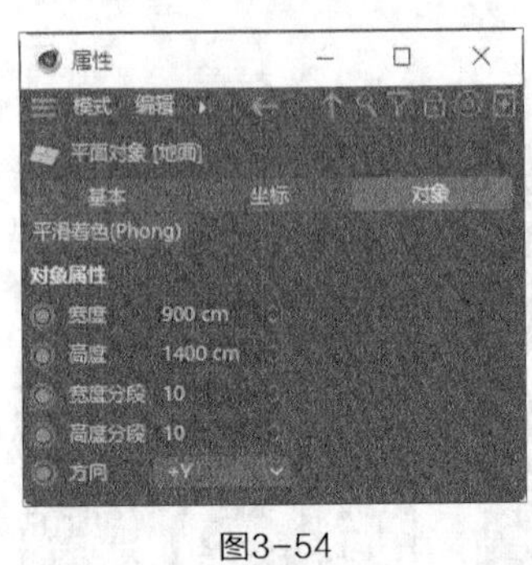

图3-54

图3-55

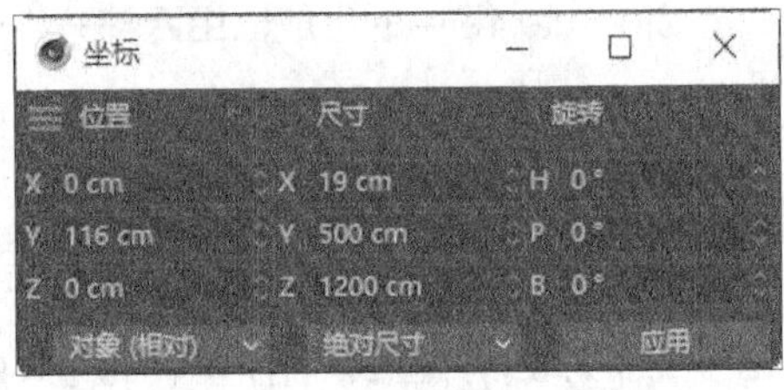

图3-56

04 选择“胶囊”工具，在“对象”面板中生成一个“胶囊”对象，并将其重命名为“洞”。在“属性”面板“对象”选项卡中，设置“半径”为40cm、“高度”为200cm、“高度分段”为4、“封顶分段”为8、“旋转分段”为16，如图3-57所示。在“坐标”面板“位置”选项组中，设置“X”为0cm、“Y”为20cm、“Z”为120cm，如图3-58所示。

图3-57

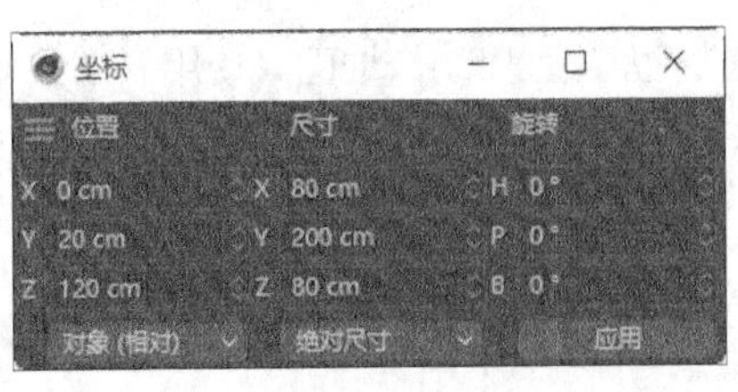

图3-58

05 选择“布尔”工具，在“对象”面板中生成一个“布尔”对象，并将其重命名为“墙洞”。将“前墙”对象和“洞”对象拖入“墙洞”对象的下层，如图3-59所示。视图窗口中的效果如图3-60所示。

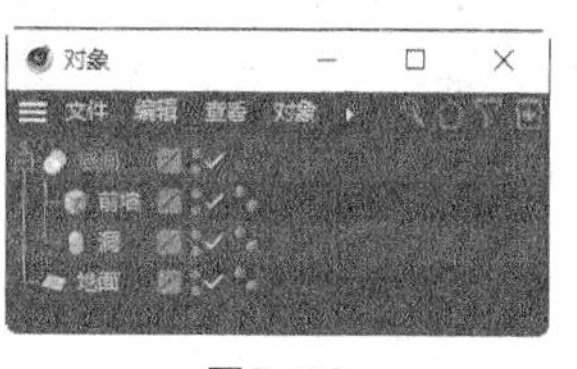

图3-59

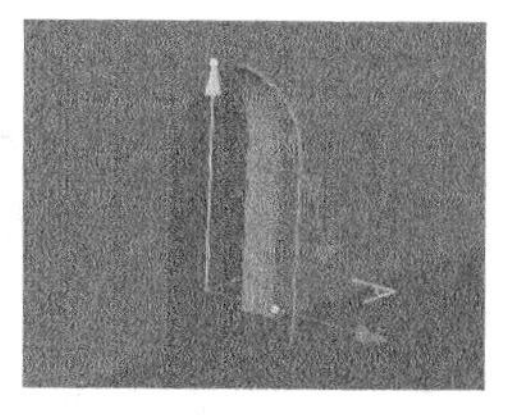

图3-60

06 选择“立方体”工具，在“对象”面板中生成一个“立方体”对象，并将其重命名为“后墙”。在“坐标”面板“位置”选项组中，设置“X”为-20cm、“Y”为116cm，如图3-61所示。在“属性”面板“对象”选项卡中，设置“尺寸.X”为19cm、“尺寸.Y”为500cm、“尺寸.Z”为1200cm，如图3-62所示。

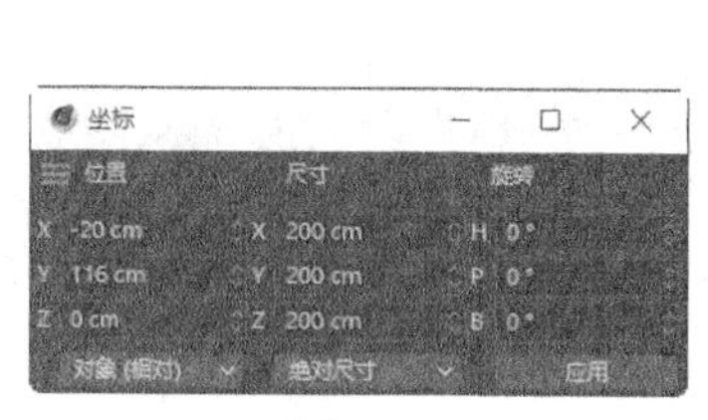

图3-61

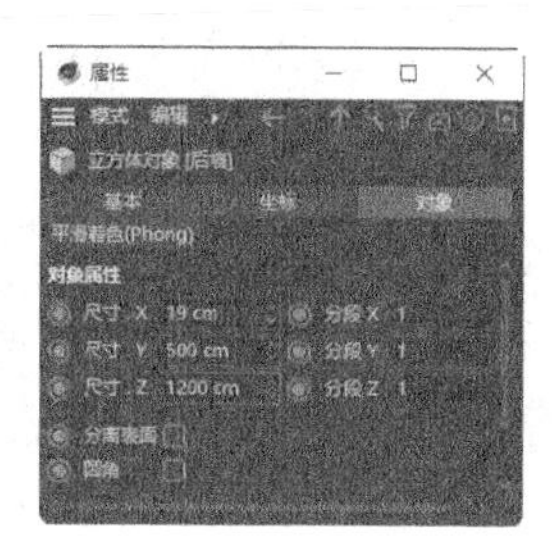

图3-62

07 选择“圆柱体”工具，在“对象”面板中生成一个“圆柱体”对象，并将其重命名为“平圆盘大”。在“属性”面板“对象”选项卡中，设置“半径”为40cm、“高度”为10cm、“高度分段”为4、“旋转分段”为32，如图3-63所示。在“坐标”面板“位置”选项组中，设置“X”为100cm、“Y”为2cm、“Z”为92cm，如图3-64所示。

图3-63

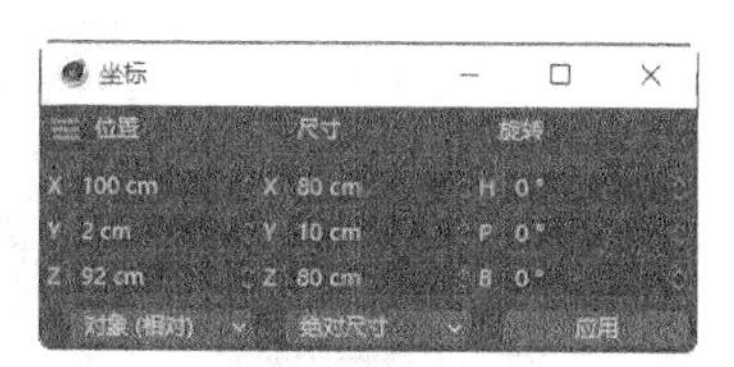

图3-64

08 选择“圆柱体”工具，在“对象”面板中生成一个“圆柱体”对象，并将其重命名为“平圆盘小”。在“属性”面板“对象”选项卡中，设置“半径”为32cm、“高度”为10cm、“高度分段”为4、“旋转分段”为32。在“坐标”面板“位置”选项组中，设置“X”为100cm、“Y”为7cm、“Z”为92cm，如图3-65所示。视图窗口中的效果如图3-66所示。

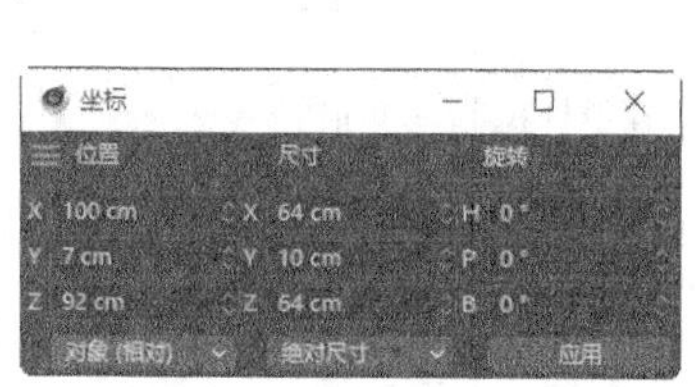

图3-65

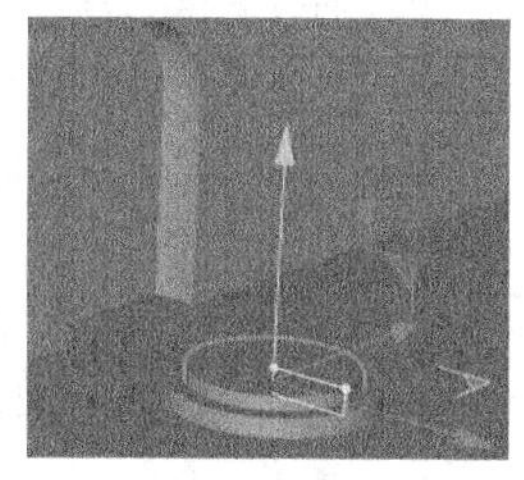

图3-66

09 选择“圆柱体”工具，在“对象”面板中生成一个“圆柱体”对象，并将其重命名为“竖圆盘大”。在“属性”面板“对象”选项卡中，设置“半径”为30cm、“高度”为10cm、“高度分段”为4、“旋转分段”为32。在“坐标”面板“位置”选项组中，设置“X”为40cm、“Y”为30cm、“Z”为50cm；在“旋转”选项组中，设置“B”为90°，如图3-67所示。视图窗口中的效果如图3-68所示。

10 选择“圆柱体”工具，在“对象”面板中生成一个“圆柱体”对象，并将其重命名为“竖圆盘小”。在“属性”面板“对象”选项卡中，设置“半径”为20cm、“高度”为6cm、“高度分段”为4、“旋转分段”为32。在“坐标”面板“位置”选项组中，设置“X”为44cm、“Y”为30cm、“Z”为50cm；在“旋转”选项组中，设置“B”为90°，如图3-69所示。视图窗口中的效果如图3-70所示。

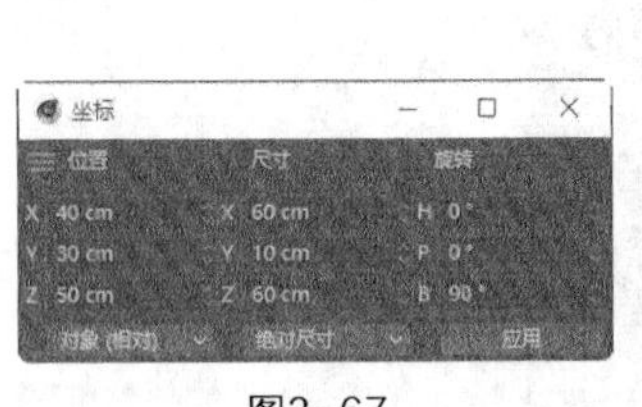

图3-67

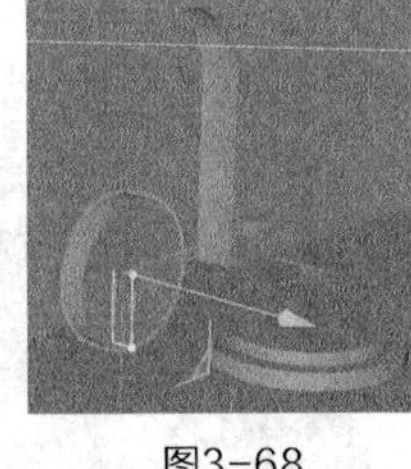

图3-68

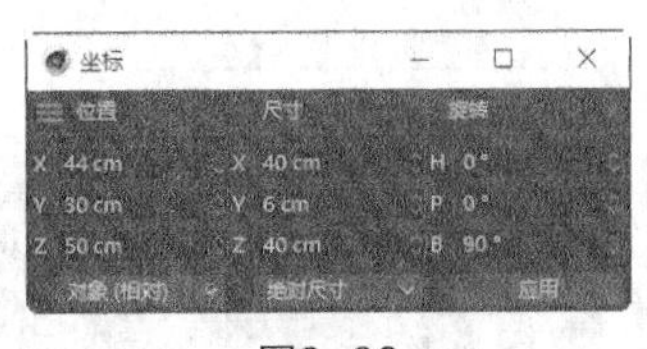

图3-69

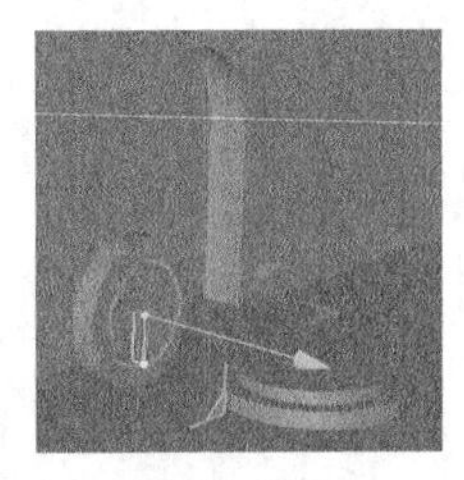

图3-70

11 选择“空白”工具，在“对象”面板中生成一个“空白”对象，并将其重命名为“圆盘”。在“对象”面板中选中需要的对象，如图3-71所示。将选中的对象拖入“圆盘”对象的下层，如图3-72所示。折叠“圆盘”对象组。

12 选择“球体”工具，在“对象”面板中生成一个“球体”对象，并将其重命名为“左球”。在“属性”面板“对象”选项卡中，设置“半径”为6cm，如图3-73所示。在“坐标”面板“位置”选项组中，设置“X”为125cm、“Y”为40cm、“Z”为-90cm，如图3-74所示。

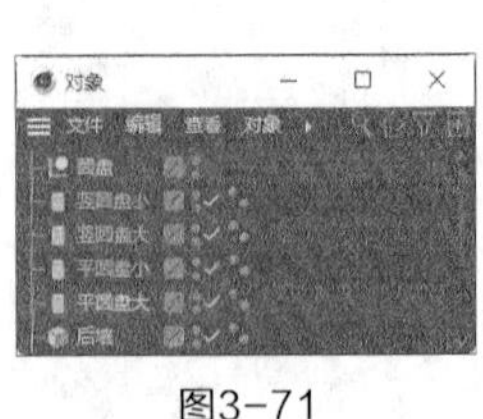

图3-71

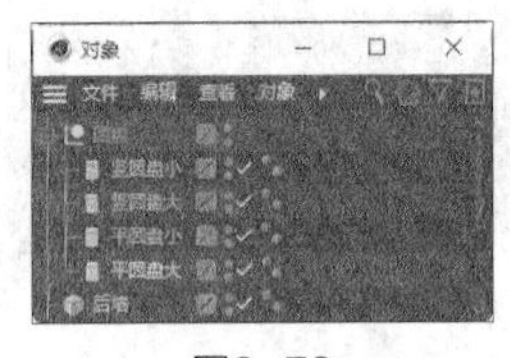

图3-72

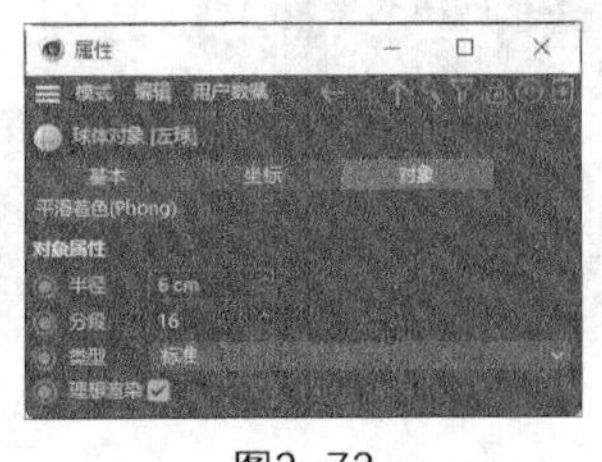

图3-73

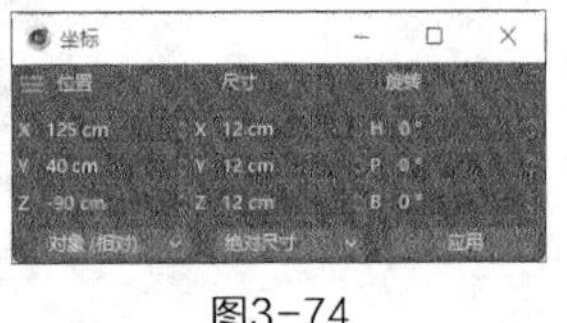

图3-74

13 选择“球体”工具，在“对象”面板中生成一个“球体”对象，并将其重命名为“中球”。在“属性”面板“对象”选项卡中，设置“半径”为5cm。在“坐标”面板“位置”选项组中，设置“X”为85cm、“Y”为74cm、“Z”为41cm。视图窗口中的效果如图3-75所示。

14 选择“球体”工具，在“对象”面板中生成一个“球体”对象，并将其重命名为“下球”。在“属性”面板“对象”选项卡中，设置“半径”为2cm。在“坐标”面板“位置”选项组中，设置“X”为185cm、“Y”为40cm、“Z”为120cm。视图窗口中的效果如图3-76所示。

15 选择“球体”工具，在“对象”面板中生成一个“球体”对象，并将其重命名为“右中球”。在“属性”面板“对象”选项卡中，设置“半径”为5cm。在“坐标”面板“位置”选项组中，设置“X”为88cm、“Y”为70cm、“Z”为150cm。视图窗口中的效果如图3-77所示。

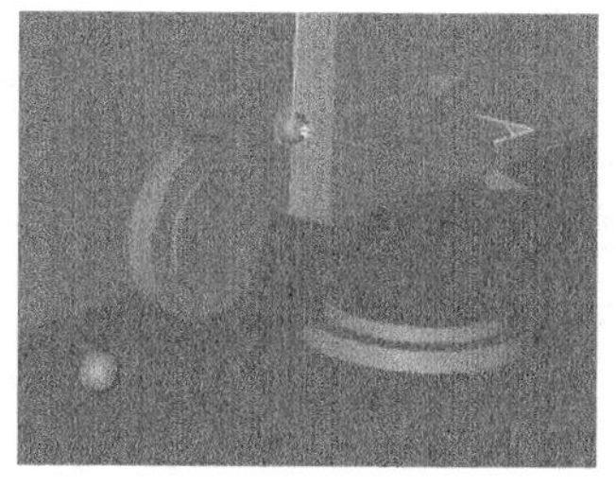

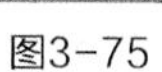

图3-75

图3-76

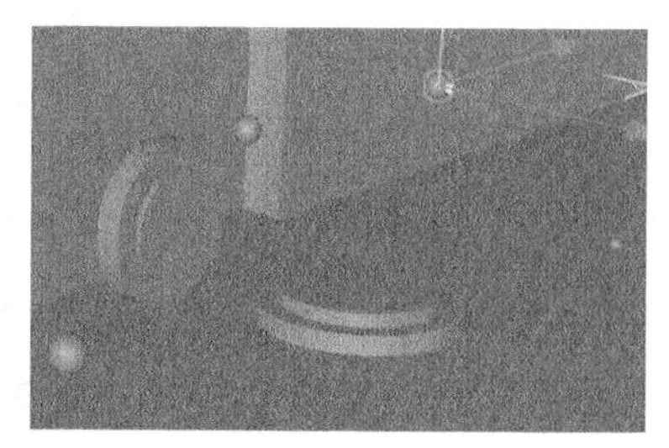

图3-77

16 选择“球体”工具，在“对象”面板中生成一个“球体”对象，并将其重命名为“右球”。在“属性”面板“对象”选项卡中，设置“半径”为5cm。在“坐标”面板“位置”选项组中，设置“X”为144cm、“Y”为88cm、“Z”为158cm。视图窗口中的效果如图3-78所示。

17 选择“空白”工具，在“对象”面板中生成一个“空白”对象，并将其重命名为“小球”。在“对象”面板中选中需要的对象，如图3-79所示。将选中的对象拖入“小球”对象的下层，如图3-80所示。折叠“小球”对象组。

图3-78

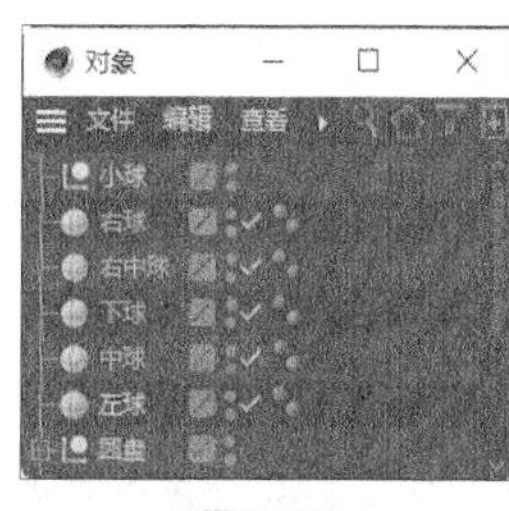

图3-79

图3-80

18 选择“圆柱体”工具，在“对象”面板中生成一个“圆柱体”对象，并将其重命名为“树干”。在“属性”面板“对象”选项卡中，设置“半径”为2cm、“高度”为9cm、“高度分段”为4、“旋转分段”为16，如图3-81所示。在“坐标”面板“位置”选项组中，设置“X”为50cm、“Y”为1cm、“Z”为-42cm，如图3-82所示。

19 选择“圆锥体”工具，在“对象”面板中生成一个“圆锥体”对象，并将其重命名为“下树冠”。在“属性”面板“对象”选项卡中，设置“底部半径”为7cm、“高度”为14cm，如图3-83所示。在“坐标”面板“位置”选项组中，设置“X”为50cm、“Y”为11cm、“Z”为-42cm，如图3-84所示。

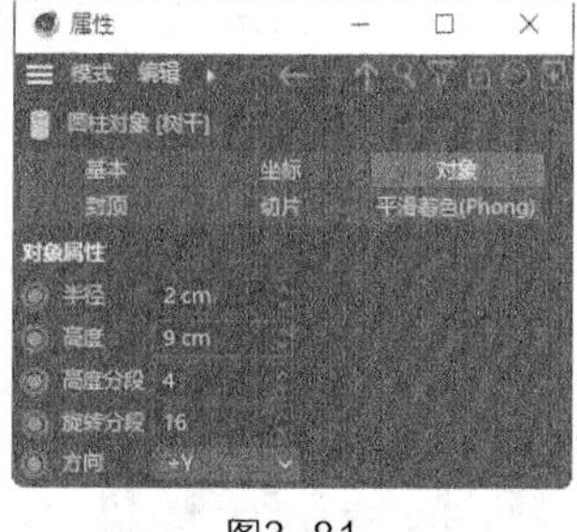

图3-81

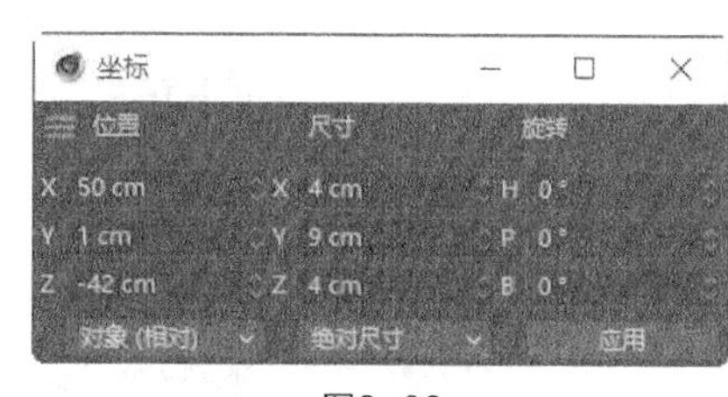

图3-82

图3-83

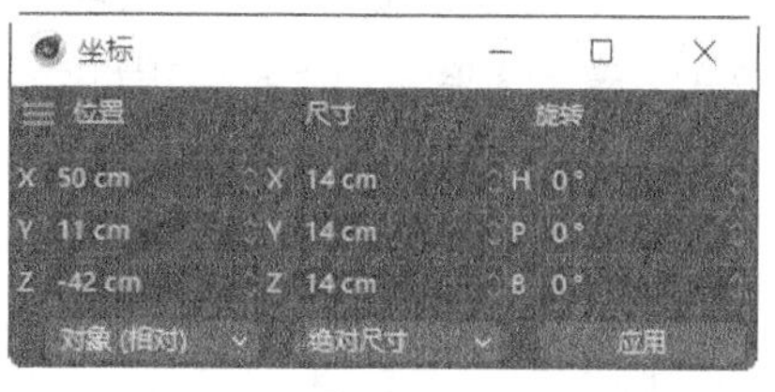

图3-84

20 选择“圆锥体”工具，在“对象”面板中生成一个“圆锥体”对象，并将其重命名为“中树冠”。在“属性”面板“对象”选项卡中，设置“底部半径”为6cm、“高度”为11cm。在“坐标”面板“位置”选项组中，设置“X”为50cm、“Y”为17cm、“Z”为-42cm。视图窗口中的效果如图3-85所示。

21 选择“圆锥体”工具，在“对象”面板中生成一个“圆锥体”对象，并将其重命名为“上树冠”。在“属性”面板“对象”选项卡中，设置“底部半径”为5cm、“高度”为9cm。在“坐标”面板“位置”选项组中，设置“X”为50cm、“Y”为23cm、“Z”为-42cm。视图窗口中的效果如图3-86所示。

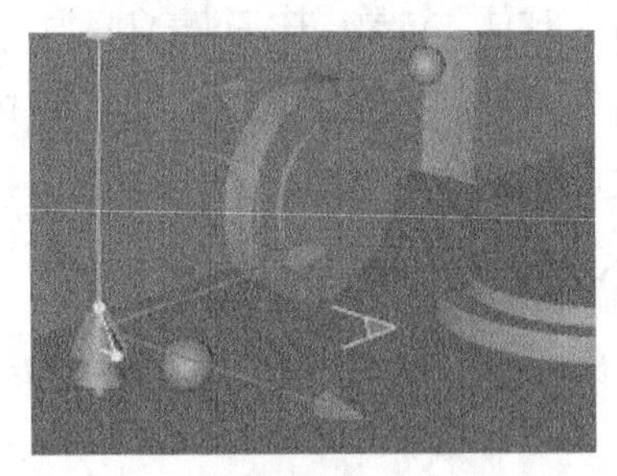

图3-85

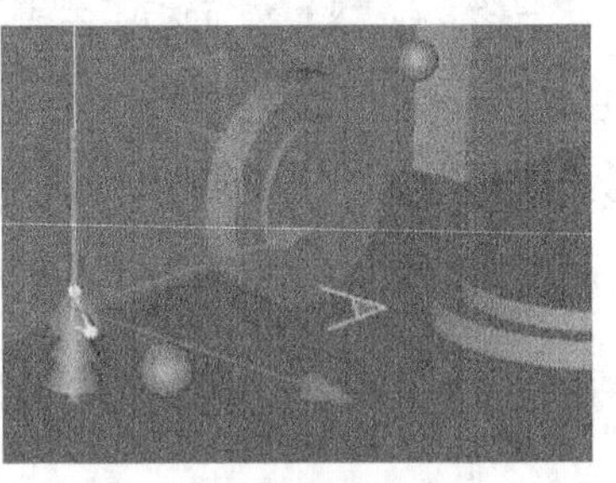

图3-86

22 选择“空白”工具，在“对象”面板中生成一个“空白”对象，并将其重命名为“左松树”。在“对象”面板中选中需要的对象，如图3-87所示。将选中的对象拖入“左松树”对象的下层，如图3-88所示。折叠“左松树”对象组。

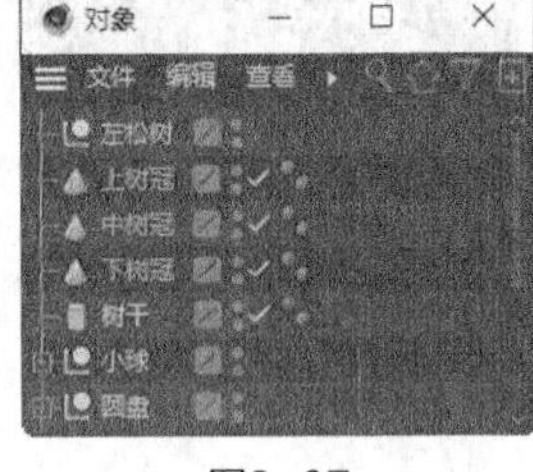

图3-87

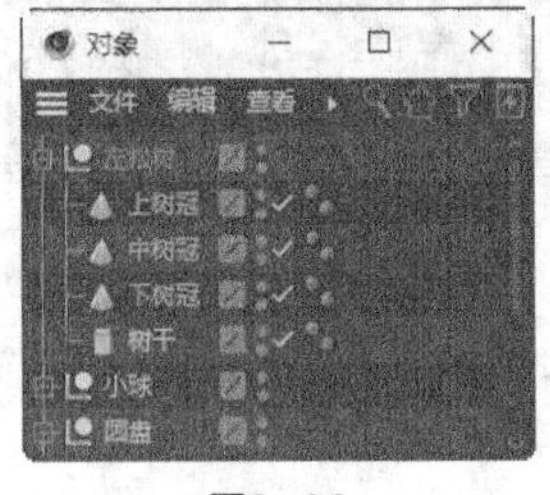

图3-88

23 在“对象”面板中，按住Ctrl键的同时向上拖曳“左松树”对象组，如图3-89所示；松开鼠标，生成一个“左松树.1”对象组，如图3-90所示。将“左松树.1”对象组重命名为“右松树”，如图3-91所示。

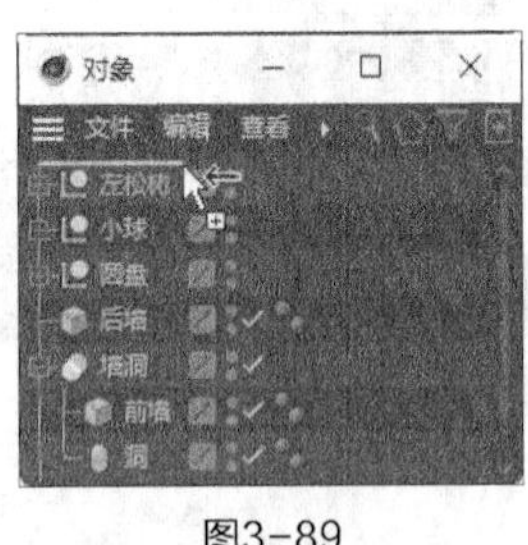

图3-89

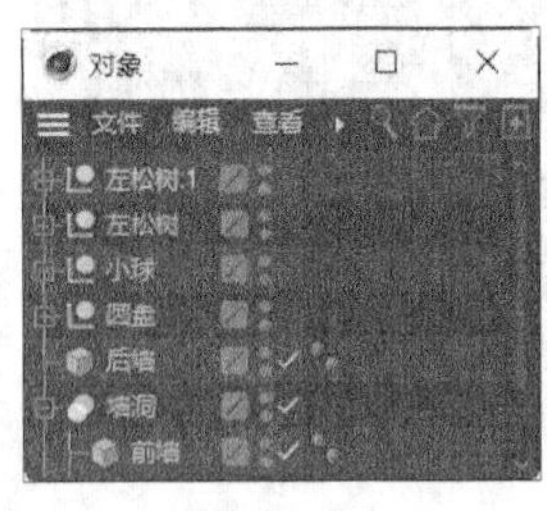

图3-90

图3-91

24 在“坐标”面板“位置”选项组中，设置“X”为37cm、“Y”为0cm、“Z”为222cm，如图3-92所示。视图窗口中的效果如图3-93所示。

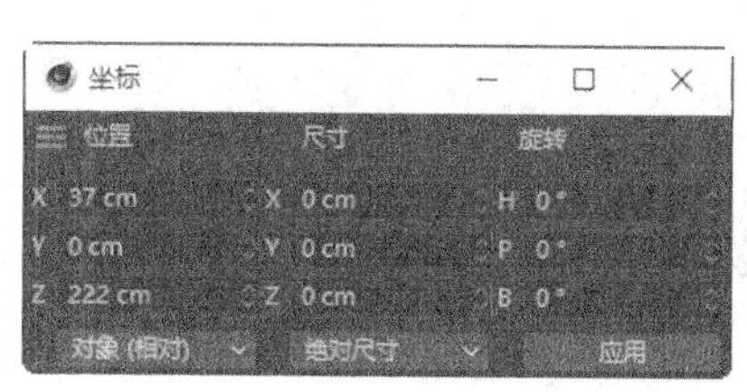

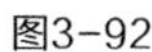
图3-92

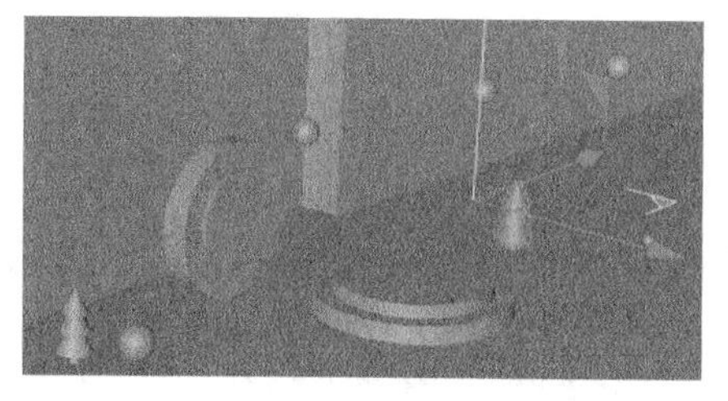

图3-93

25 选择“球体”工具，在“对象”面板中生成一个“球体”对象。在“属性”面板“对象”选项卡中，设置“半径”为9cm。在“坐标”面板“位置”选项组中，设置“X”为100cm、“Y”为66cm、“Z”为-86cm。视图窗口中的效果如图3-94所示。

26 选择“球体”工具，在“对象”面板中生成一个“球体.1”对象。在“属性”面板“对象”选项卡中，设置“半径”为6cm。在“坐标”面板“位置”选项组中，设置“X”为100cm、“Y”为65cm、“Z”为-78cm。视图窗口中的效果如图3-95所示。

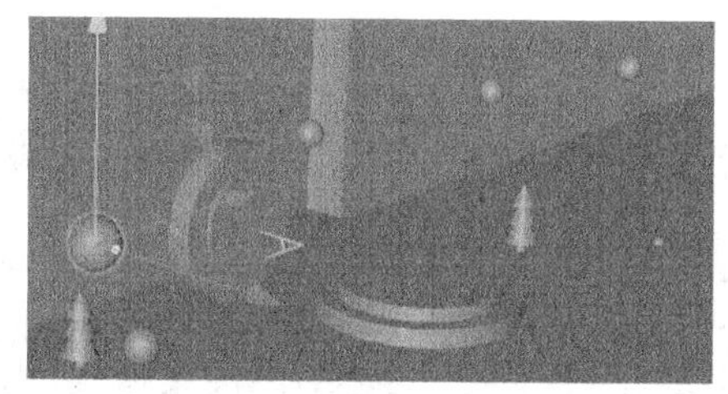

图3-94

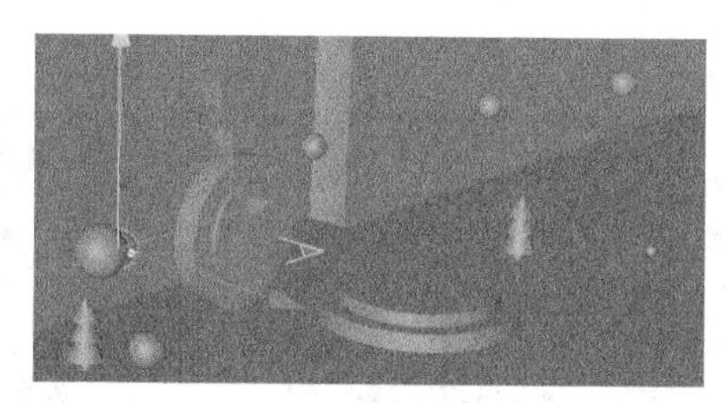

图3-95

27 选择“融球”工具，在“对象”面板中生成一个“融球”对象。将“球体.1”对象和“球体”对象拖入“融球”对象的下层，如图3-96所示。选中“融球”对象组，在“属性”面板“对象”选项卡中，设置“外壳数值”为200%、“编辑器细分”为1cm、“渲染器细分”为1cm，如图3-97所示。将“融球”选项组重命名为“左云朵”，并将其折叠，如图3-98所示。

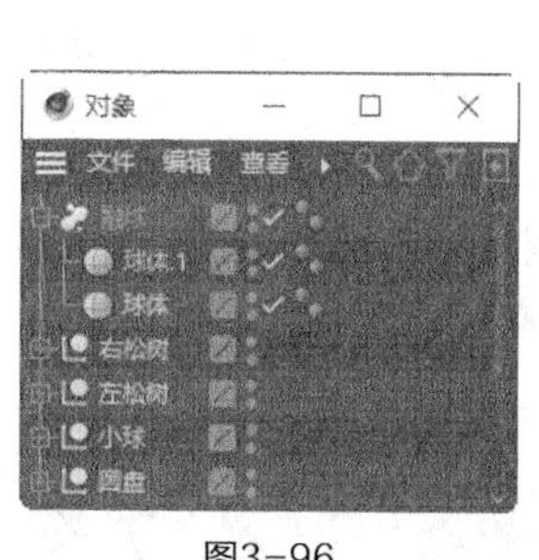

图3-96

图3-97

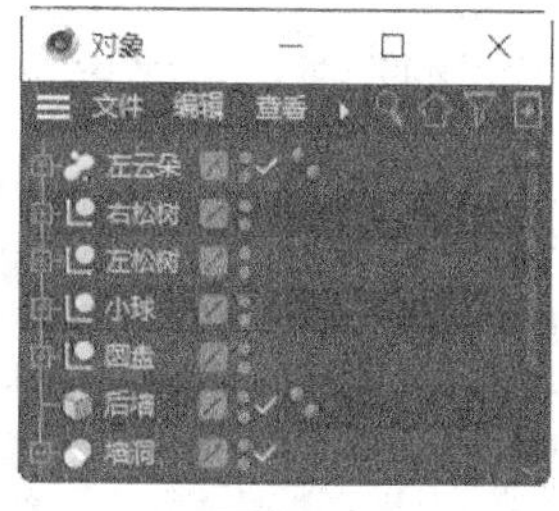

图3-98

28 复制“左云朵”对象组，生成“左云朵.1”对象组，并将其重命名为“中云朵”。在“坐标”面板“位置”选项组中，设置“X”为-33cm、“Y”为48cm、“Z”为88cm。视图窗口中的效果如图3-99所示。

29 复制“左云朵”对象组，生成“左云朵.1”对象组，并将其重命名为“右云朵”。在“坐标”面板“位置”选项组中，设置“X”为-33cm、“Y”为-10cm、“Z”为288cm。视图窗口中的效果如图3-100所示。

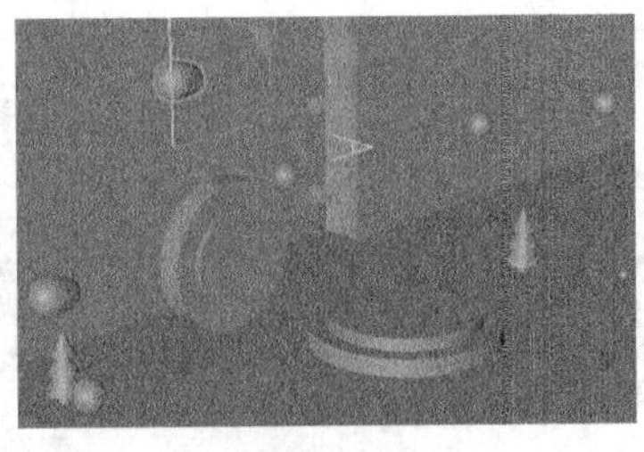

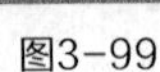

图3-99

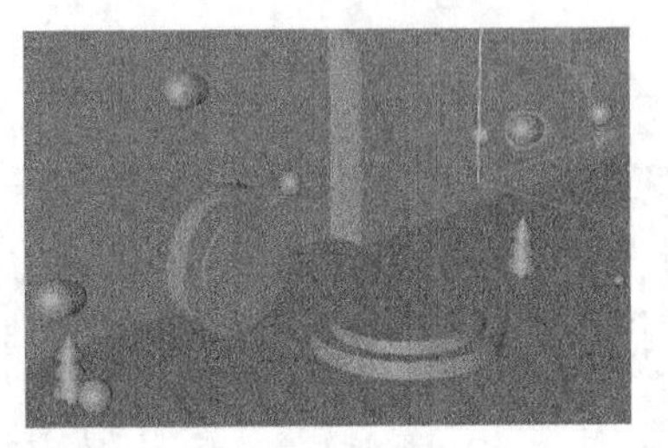

图3-100

30 选择“空白”工具，在“对象”面板中生成一个“空白”对象，并将其重命名为“云朵”。在“对象”面板中选中需要的对象，如图3-101所示。将选中的对象拖入“云朵”对象的下层，如图3-102所示。折叠“云朵”对象组。

31 选择“空白”工具，在“对象”面板中生成一个“空白”对象，并将其重命名为“场景”。在“对象”面板中选中所有对象及对象组，将选中的对象及对象组拖入“场景”对象的下层，如图3-103所示。折叠“场景”对象组。室内场景模型制作完成。

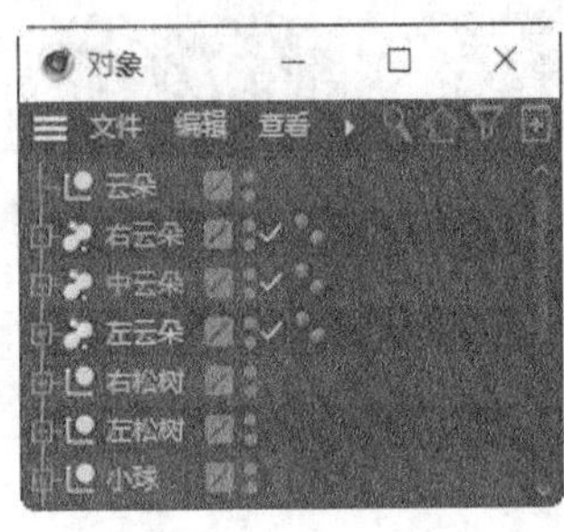

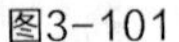

图3-101

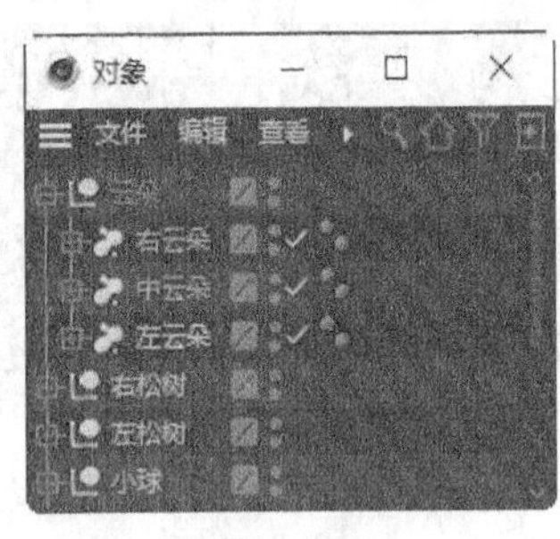

图3-102

图3-103

3.2.2 细分曲面

“细分曲面”生成器是常用的三维设计雕刻工具之一，通过对对象的点、线、面增加权重，以及对表面进行细分，能够将对象的锐利边缘变得圆滑，如图3-104所示。在“对象”面板中，需要把要细分的对象作为“细分曲面”生成器的子对象，这样对象表面就会被细分。

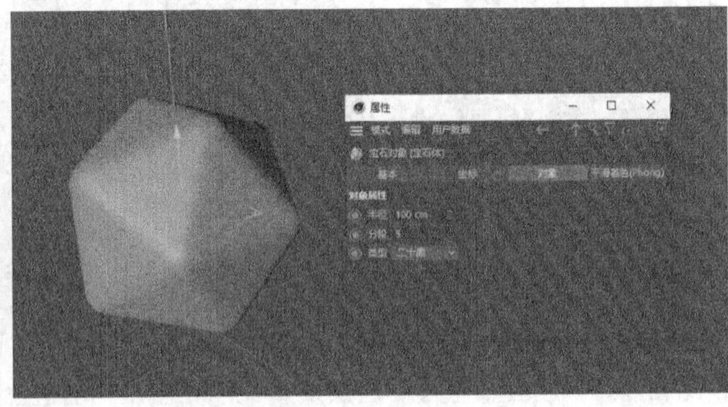

图3-104

3.2.3 布尔

“布尔”生成器 布尔 用于对绘制的两个参数化对象进行布尔运算，如图3-105所示。“属性”面板中会显示布尔对象的参数设置，常用的参数设置位于“对象”选项卡。在“对象”面板中，需要把要参与布尔运算的两个对象作为“布尔”生成器的子对象，这样对象之间就会进行布尔运算。布尔运算包括相加、相减、交集和补集，在“属性”面板的“对象”选项卡中，默认的布尔类型为“A减B”。

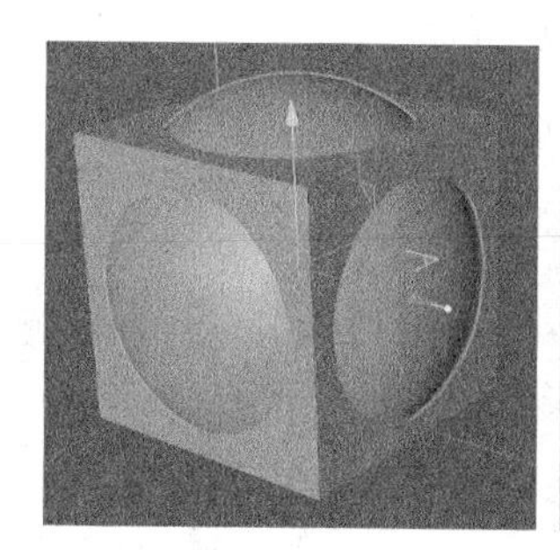
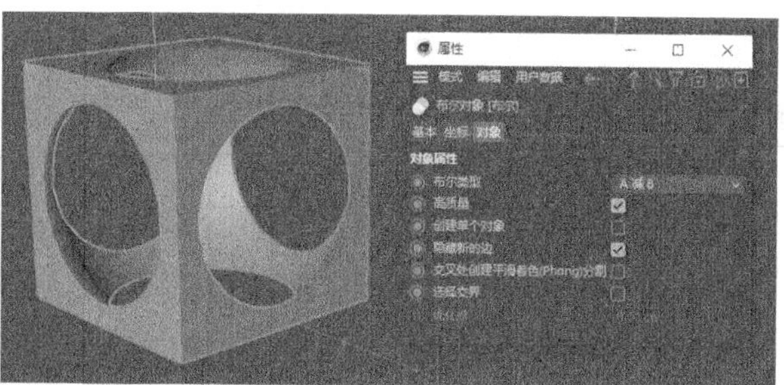

图3-105

3.2.4 对称

“对称”生成器 对称 用于将绘制的参数化对象进行镜像复制，新复制的对象会继承原对象的所有属性，如图3-106所示。“属性”面板中会显示对称对象的参数设置，常用的参数设置位于“对象”选项卡。在“对象”面板中，需要把要镜像的对象作为“对称”生成器的子对象，这样就可以镜像对象生成对称效果。

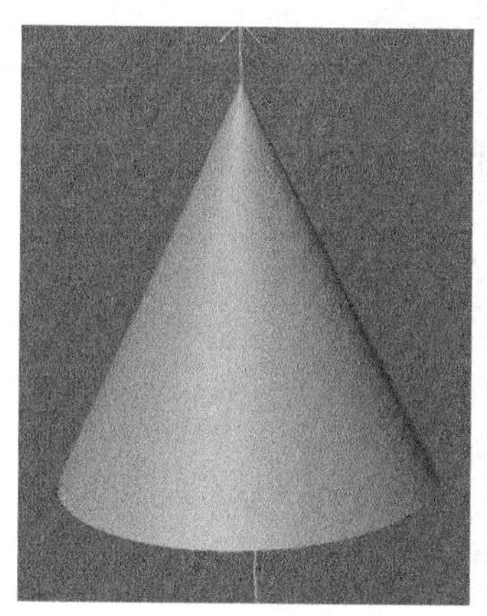
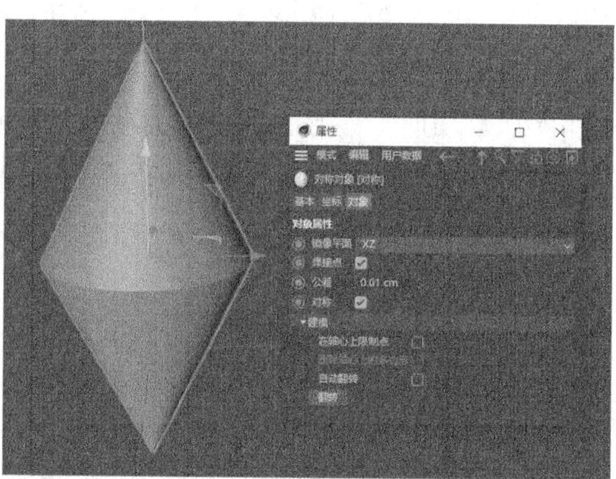

图3-106

3.2.5 融球

“融球”生成器 融球 可以将绘制的多个参数化对象融合在一起，形成粘连效果，如图3-107所示。“属性”面板中会显示融球对象的参数设置，常用的参数设置由“对象”“基本”“坐标”这3个选项卡组成。在“对象”面板中，需要把要挤压的对象作为“挤压”生成器的子对象，这样对象表面就会被挤压。

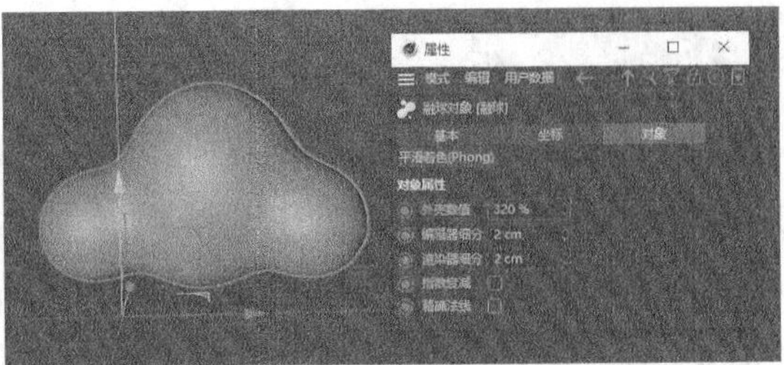

图3-107

3.2.6 课堂案例——制作饮料瓶模型

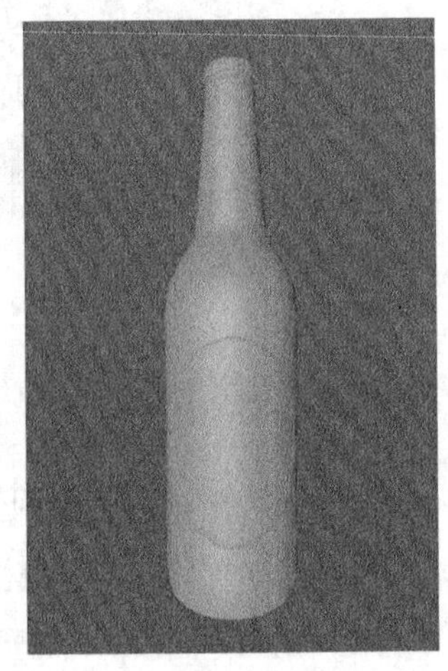

图3-108

案例学习目标 能够使用生成器建模工具制作饮料瓶模型。

案例知识要点 使用“样条画笔”工具绘制饮料瓶轮廓，使用“旋转”工具使饮料瓶立体化，使用“缩放”命令复制并缩放对象，使用“焊接”命令焊接对象，使用“框选”工具选中并修改点的位置，使用“平面”工具、“对称”工具和“细分曲面”工具制作饮料瓶贴图，使用“收缩包裹”工具制作包裹效果，使用“圆柱体”工具、“挤压”命令、“内部挤压”命令和“循环/路径切割”命令制作瓶盖。最终效果如图3-108所示。

效果所在位置 学习资源\Ch03\制作饮料瓶模型\工程文件.c4d。

01 启动Cinema 4D。单击“编辑渲染设置”按钮，弹出“渲染设置”面板。在“输出”设置区域中设置“宽度”为750像素、“高度”为1106像素，如图3-109所示，单击“关闭”按钮，关闭面板。

02 按F4键，切换到“正视图”窗口。选择“样条画笔”工具，在视图窗口中适当的位置分别单击，创建19个节点，按Esc键确定操作，如图3-110所示，“对象”面板中会生成一个“样条”对象，如图3-111所示。

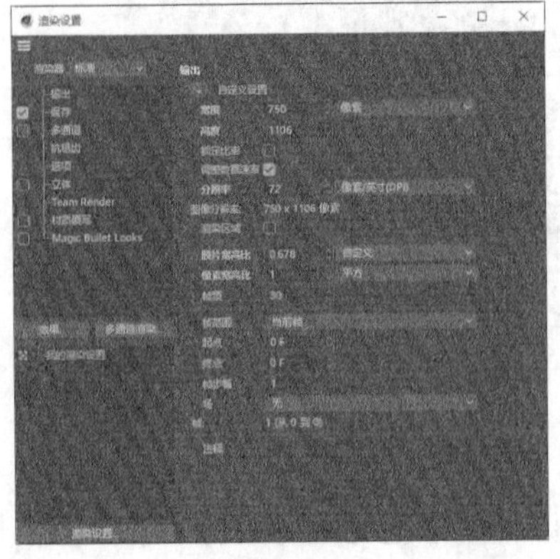

图3-109

图3-110

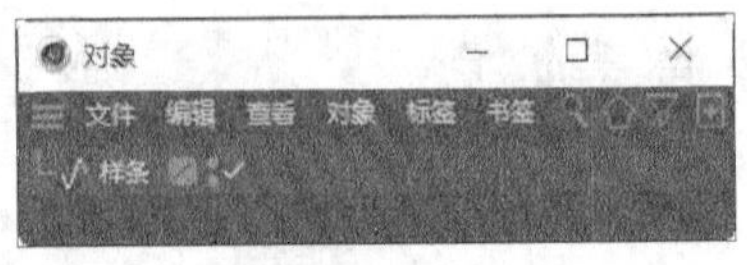

图3-111

03 单击“点”按钮，切换为点模式。选择“实时选择”工具，在视图窗口中选中需要的点，如图3-112所示。在“坐标”面板“位置”选项组中，设置“X”为-103cm、“Y”为143.6cm、“Z”为0cm，如图3-113所示。视图窗口中的效果如图3-114所示。

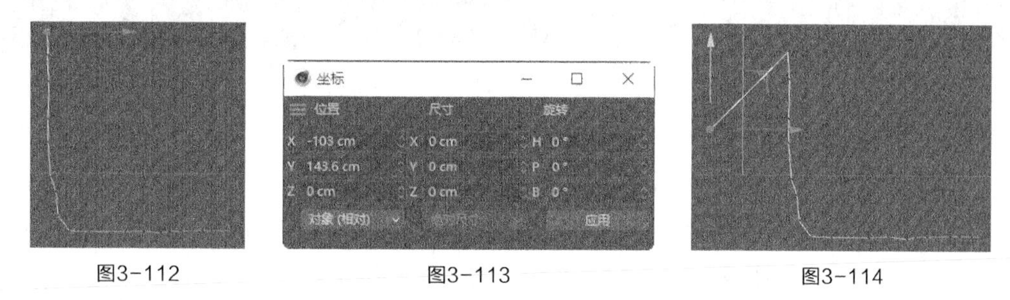

图3-112　　图3-113　　图3-114

04 在视图窗口中选中需要的点，如图3-115所示。在“坐标”面板“位置”选项组中，设置“X”为-104.4cm、“Y”为142.1cm、“Z”为0cm，如图3-116所示。视图窗口中的效果如图3-117所示。

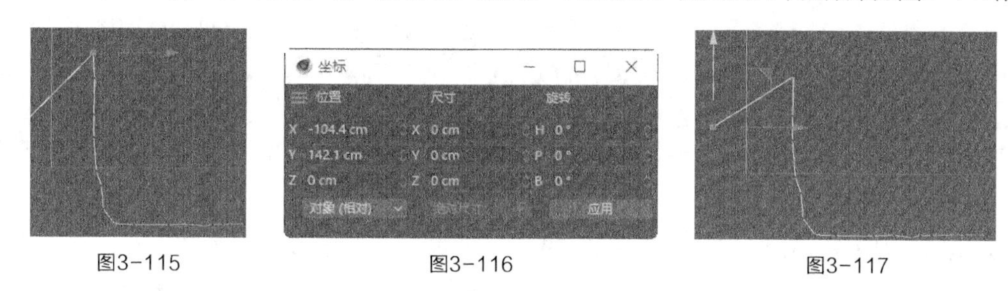

图3-115　　图3-116　　图3-117

05 在视图窗口中选中需要的点，在“坐标”面板“位置”选项组中，设置“X”为-104.5cm、“Y”为140.4cm、“Z”为0cm，如图3-118所示。在视图窗口中选中需要的点，在“坐标”面板“位置”选项组中，设置“X”为-103.6cm、“Y”为138.8cm、“Z”为0cm，如图3-119所示。在视图窗口中选中需要的点，在“坐标”面板“位置”选项组中，设置“X”为-104.2cm、“Y”为137cm、“Z”为0cm，如图3-120所示。

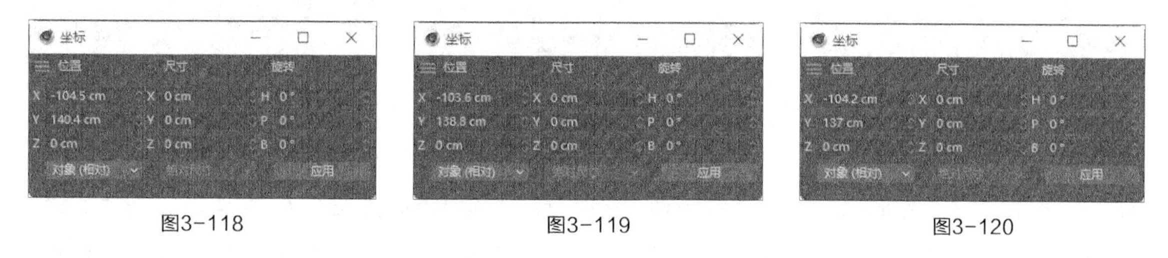

图3-118　　图3-119　　图3-120

06 在视图窗口中选中需要的点，在“坐标”面板“位置”选项组中，设置“X”为-104.7cm、“Y”为135.3cm、“Z”为0cm，如图3-121所示。在视图窗口中选中需要的点，在“坐标”面板“位置”选项组中，设置“X”为-104cm、“Y”为133.6cm、“Z”为0cm，如图3-122所示。在视图窗口中选中需要的点，在“坐标”面板“位置”选项组中，设置“X”为-108.6cm、“Y”为80cm、“Z”为0cm，如图3-123所示。

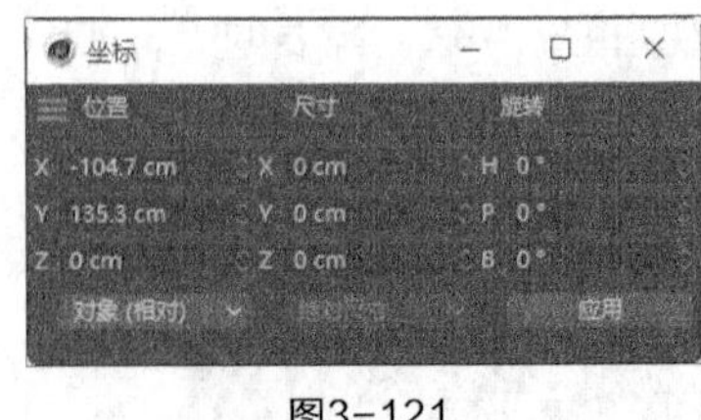

图3-121

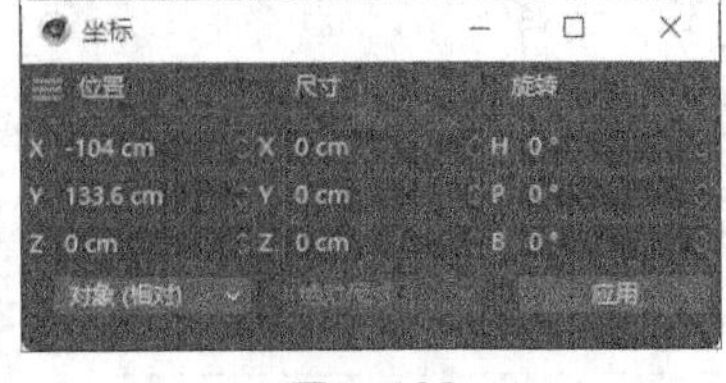

图3-122

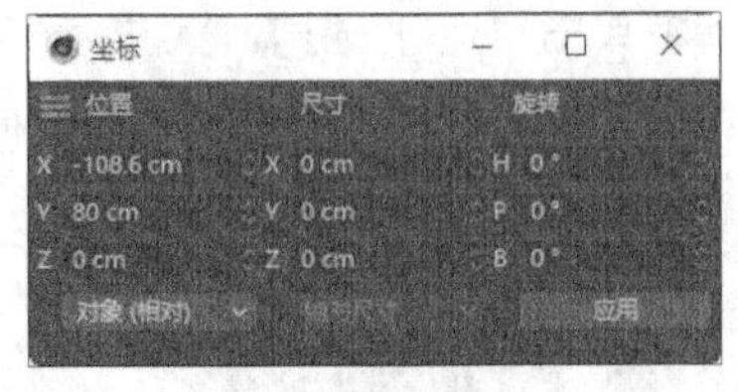

图3-123

07 在视图窗口中选中需要的点，在“坐标”面板“位置”选项组中，设置“X”为-109.6cm、“Y”为76.2cm、“Z”为0cm，如图3-124所示。在视图窗口中选中需要的点，在“坐标”面板“位置”选项组中，设置“X”为-114.7cm、“Y”为68cm、“Z”为0cm，如图3-125所示。在视图窗口中选中需要的点，在“坐标”面板“位置”选项组中，设置“X”为-120cm、“Y”为57cm、“Z”为0cm，如图3-126所示。

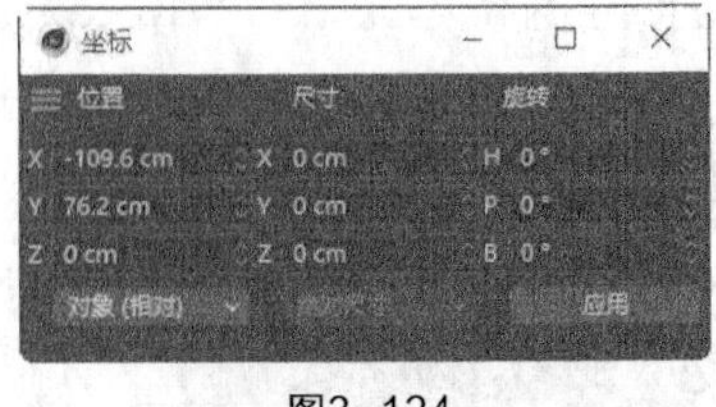

图3-124

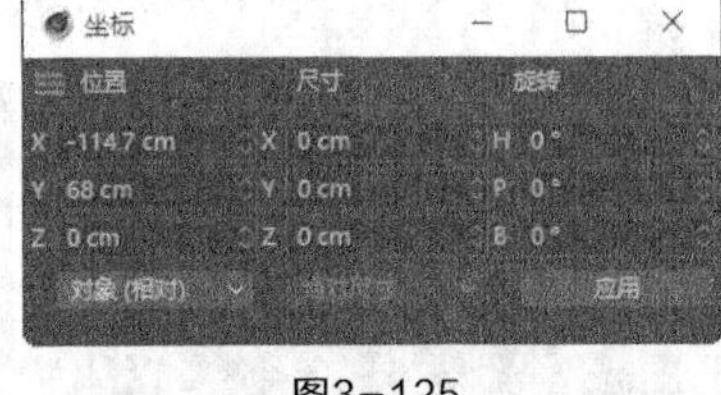

图3-125

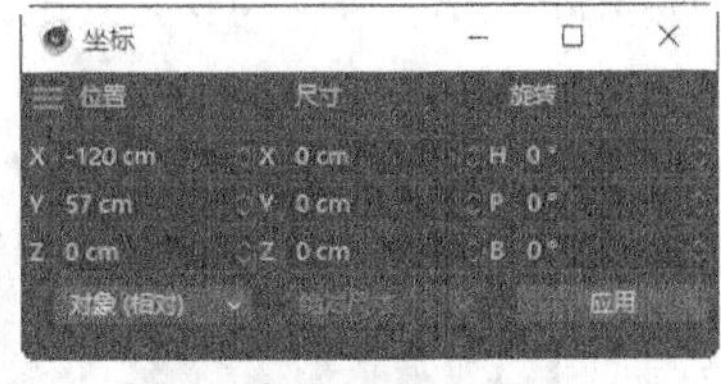

图3-126

08 在视图窗口中选中需要的点，在“坐标”面板“位置”选项组中，设置“X”为-121.5cm、“Y”为45cm、“Z”为0cm，如图3-127所示。在视图窗口中选中需要的点，在“坐标”面板“位置”选项组中，设置“X”为-121.3cm、“Y”为-49cm、“Z”为0cm，如图3-128所示。在视图窗口中选中需要的点，在“坐标”面板“位置”选项组中，设置“X”为-121.4cm、“Y”为-50cm、“Z”为0cm，如图3-129所示。

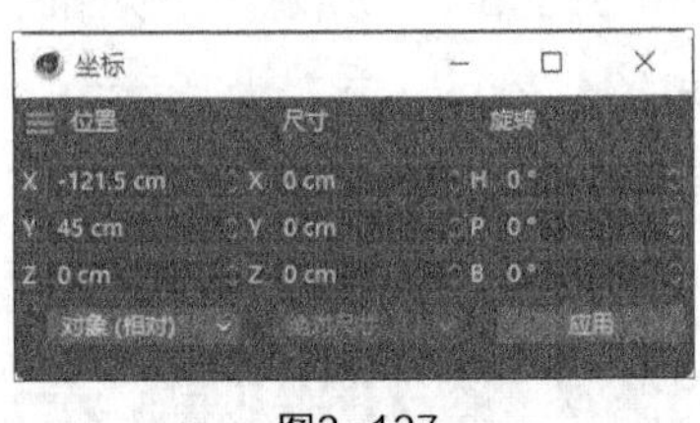

图3-127

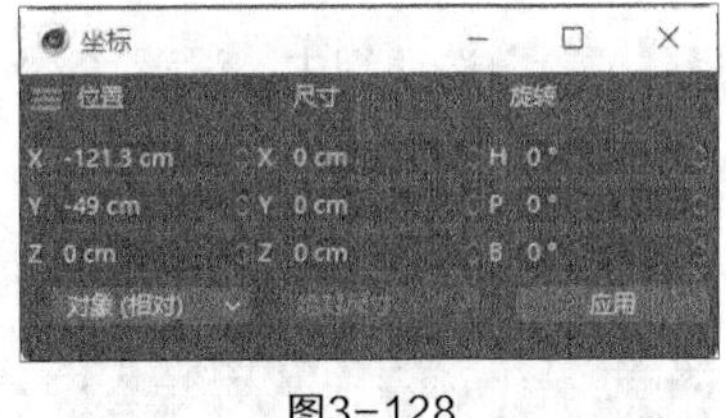

图3-128

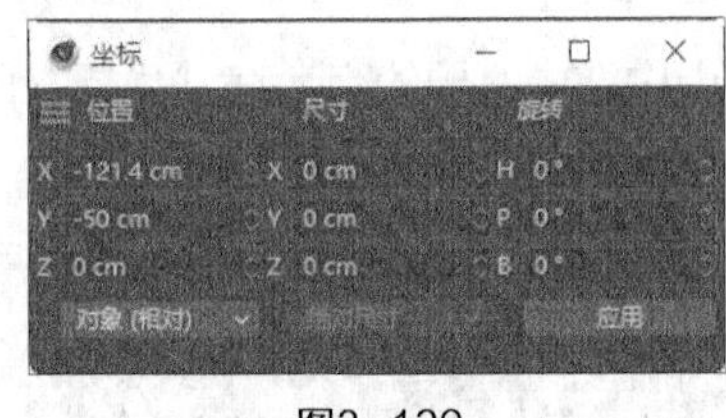

图3-129

09 在视图窗口中选中需要的点，在“坐标”面板“位置”选项组中，设置“X”为-121.4cm、“Y”为-55.5cm、“Z”为0cm，如图3-130所示。在视图窗口中选中需要的点，在“坐标”面板“位置”选项组中，设置“X”为-120.6cm、“Y”为-61.4cm、“Z”为0cm，如图3-131所示。在视图窗口中选中需要的点，在“坐标”面板“位置”选项组中，设置“X”为-119.6cm、“Y”为-64cm、“Z”为0cm，如图3-132所示。

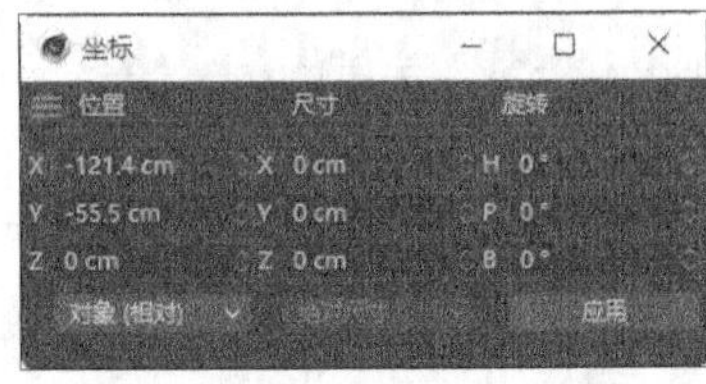

图3-130

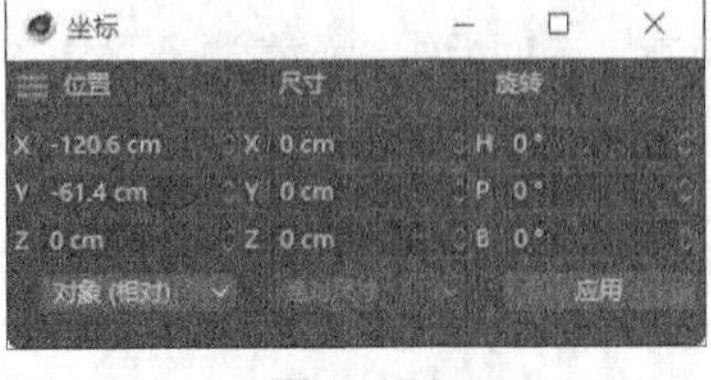

图3-131

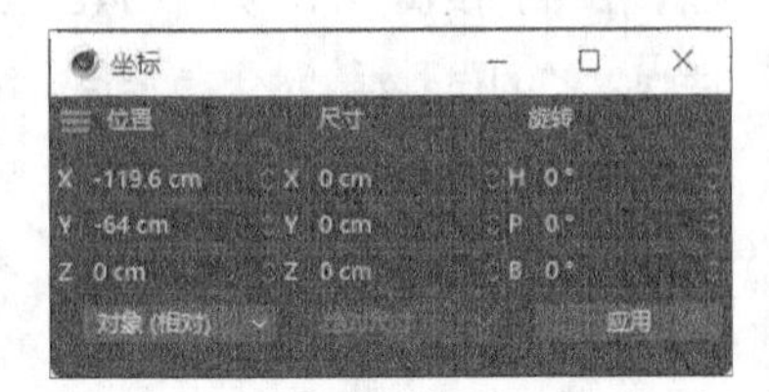

图3-132

10 在视图窗口中选中需要的点，在“坐标”面板“位置”选项组中，设置“X”为-117cm、“Y”为-65cm、“Z”为0cm，如图3-133所示。在视图窗口中选中需要的点，在“坐标”面板“位置”选项组中，设置“X”为-94cm、“Y”为-65cm、“Z”为0cm，如图3-134所示。视图窗口中的效果如图3-135所示。按Ctrl+A快捷键，全选节点，如图3-136所示。在节点上单击鼠标右键，在弹出的快捷菜单中选择“柔性差值”命令，效果如图3-137所示。

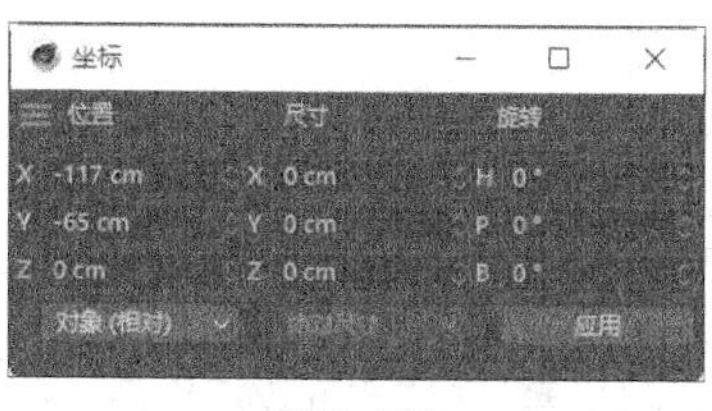

图3-133

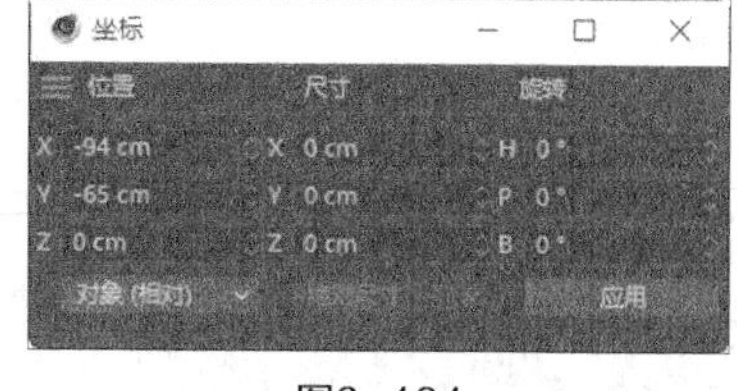

图3-134

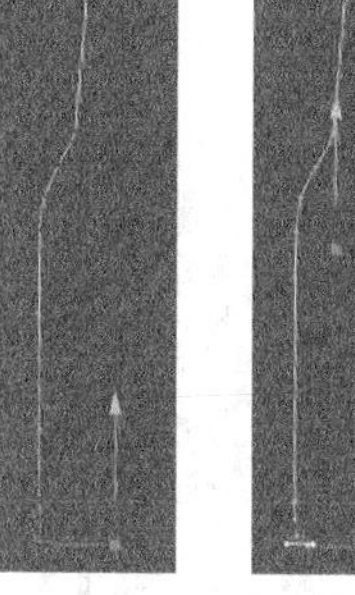
图3-135　图3-136

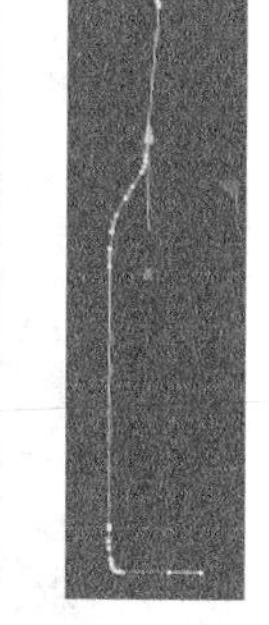
图3-137

11 选择“旋转”工具，在“对象”面板中生成一个“旋转”对象。将“样条”对象拖入“旋转”对象的下层，如图3-138所示。视图窗口中的效果如图3-139所示。水平向右拖曳*x*轴到适当的位置，制作出图3-140所示的效果。

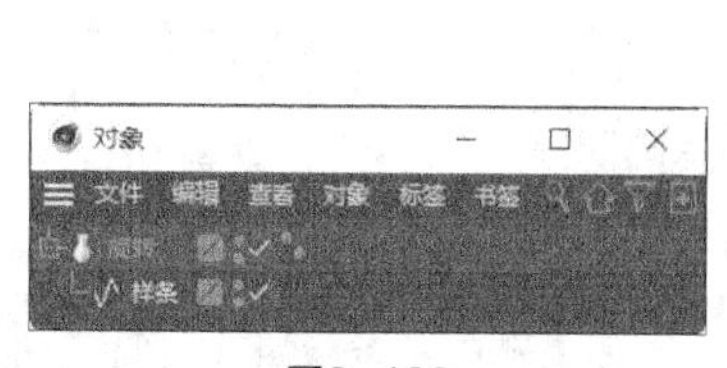

图3-138

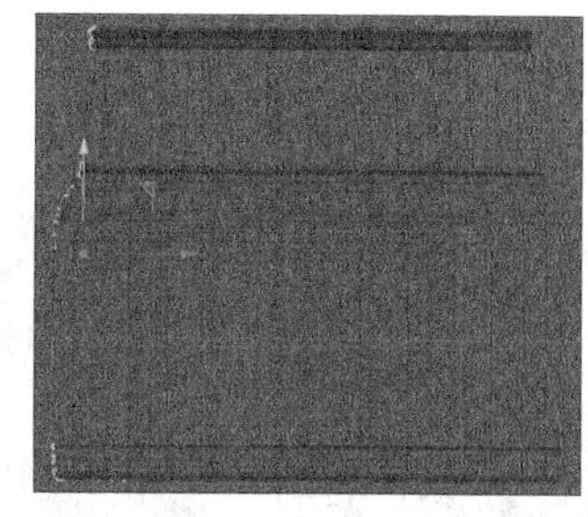
图3-139

图3-140

12 在“对象”面板中选中“旋转”对象组，单击鼠标右键，在弹出的快捷菜单中选择“连接对象+删除”命令，将该组中的对象连接，并将该对象组重命名为“瓶身”，如图3-141所示。按住Ctrl键的同时向上拖曳“瓶身”对象，松开鼠标，复制对象，自动生成一个“瓶身.1”对象，并将其重命名为“饮料”，如图3-142所示。

13 单击“模型”按钮，切换为模型模式。选择“移动”工具，选择“网格 > 轴心 > 轴对齐”命令，弹出“轴对齐”面板，勾选“点中心”“包括子级”“使用所有对象”“自动更新”复选框，如图3-143所示，单击“执行”按钮，将对象与轴居中对齐。

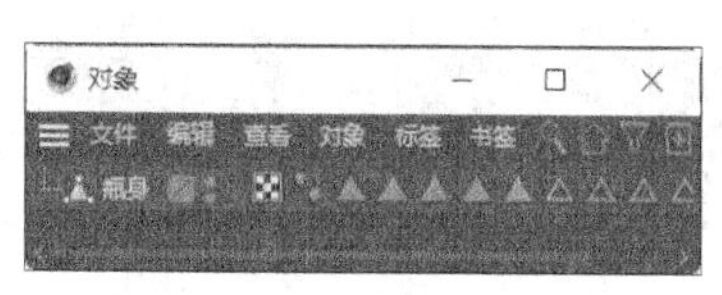

图3-141

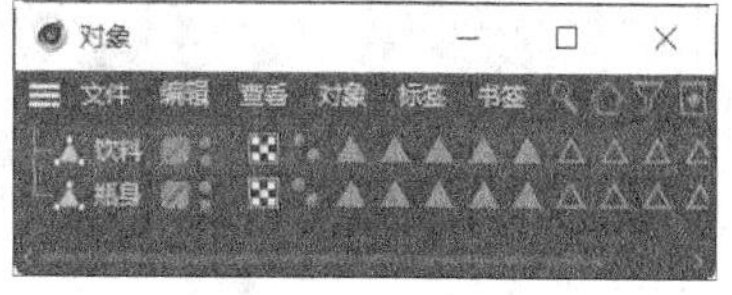

图3-142

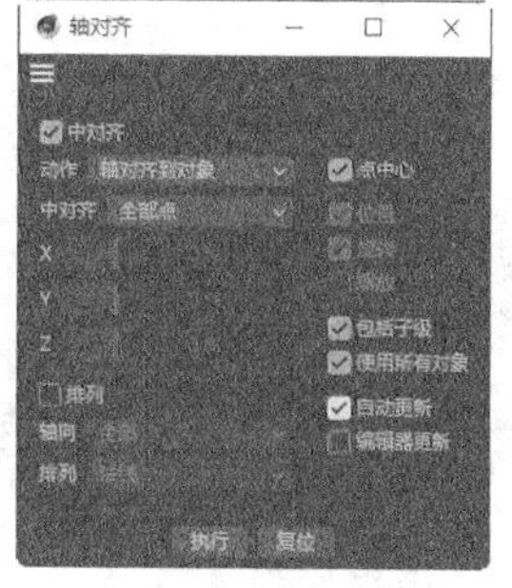

图3-143

14 选择“缩放”工具，拖曳对象，将其缩放到85%的比例，如图3-144所示。选择“框选”工具，垂直向下拖曳*y*轴到适当的位置，制作出图3-145所示的效果。

15 单击“点”按钮，切换为点模式。在视图窗口中单击鼠标右键，在弹出的快捷菜单中选择“循环/路径切割”命令，在视图窗口中单击，切割需要的面，在“属性”面板中设置“偏移”为98%，如图3-146所示。视图窗口中的效果如图3-147所示。

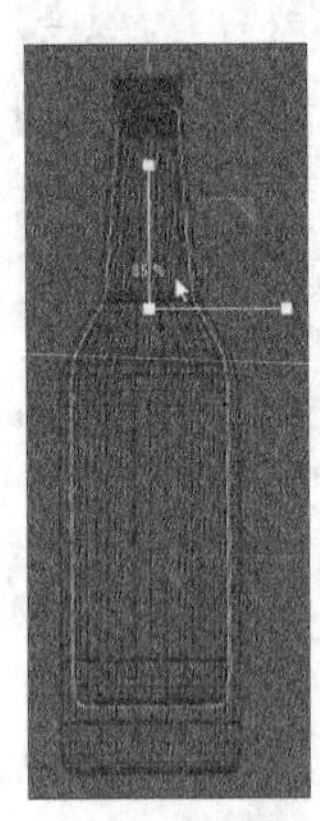

图3-144

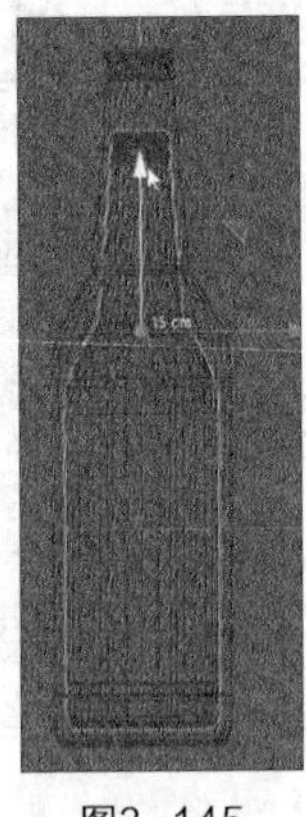

图3-145

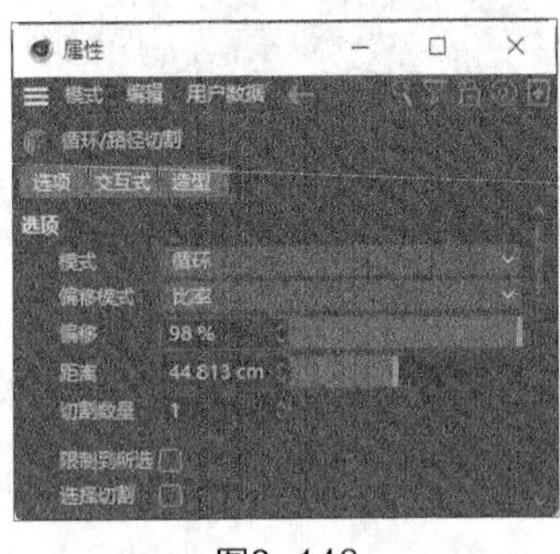

图3-146

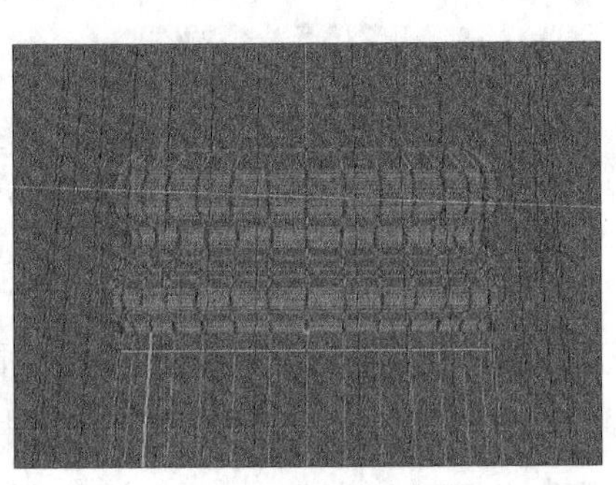

图3-147

16 在视图窗口中选中需要的点，如图3-148所示；按Delete键，将选中的点删除，如图3-149所示。再次选中需要的点，如图3-150所示；垂直向上拖曳*y*轴到适当的位置，制作出图3-151所示的效果。

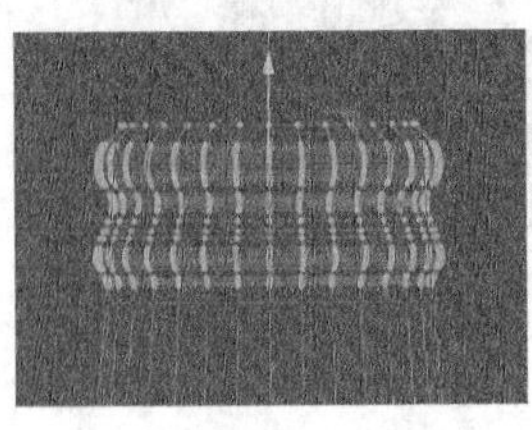

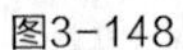

图3-148

图3-149

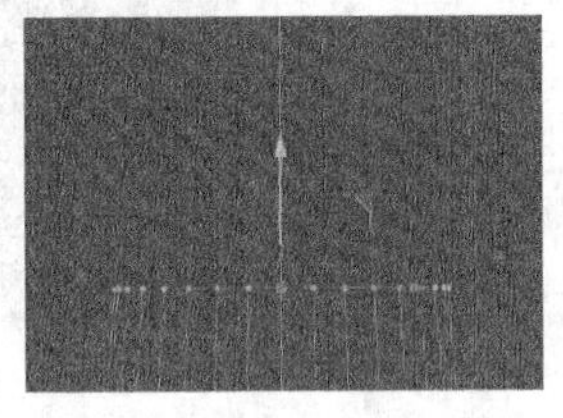

图3-150

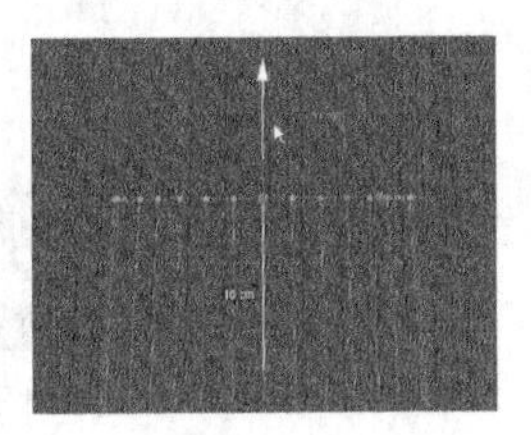

图3-151

17 单击“边”按钮，切换为边模式。按F1键，切换到“透视视图”窗口，如图3-152所示。选中需要的边，选择“缩放”工具，按住Ctrl键的同时进行拖曳，复制并缩放选中的边，如图3-153所示。

18 单击“点”按钮，切换为点模式。在视图窗口中单击鼠标右键，在弹出的快捷菜单中选择“焊接”命令，在适当的位置单击，焊接对象，视图窗口中的效果如图3-154所示。选择“平面”工具，在“对象”面板中生成一个“平面”对象，如图3-155所示。

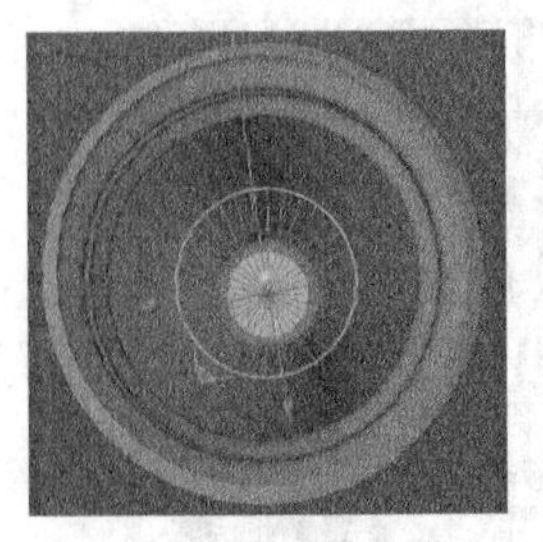

图3-152

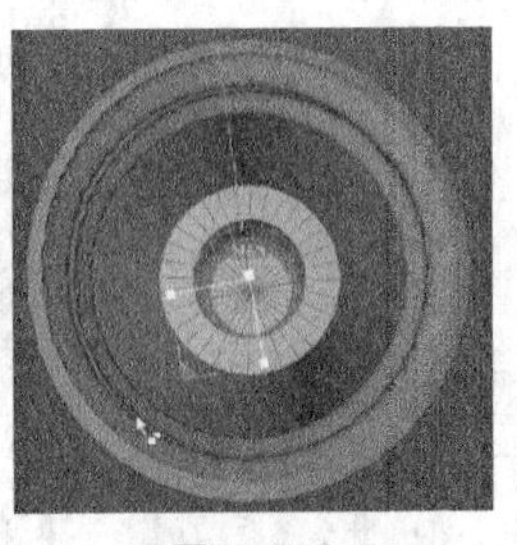

图3-153

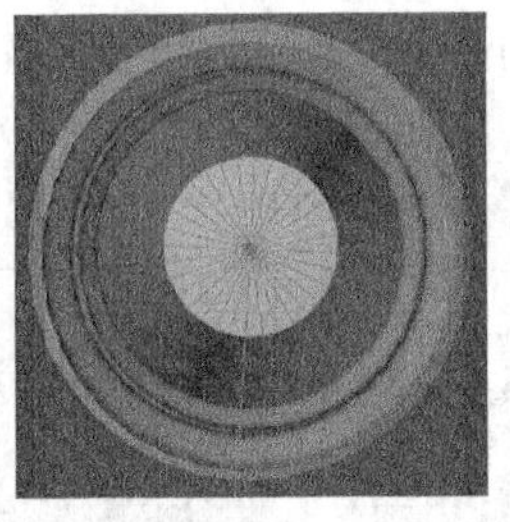

图3-154

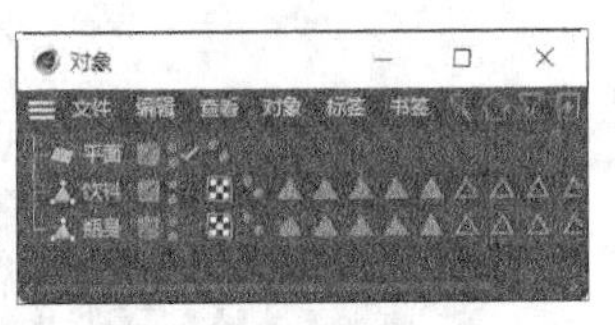

图3-155

19 在“属性”面板“对象”选项卡中设置“宽度”为54.3cm、“高度”为78.2cm、“宽度分段”为2、“高度分段”为2，如图3-156所示；在“坐标”选项卡中，设置“P.X”为0cm、“P.Y”为-1.6cm、“P.Z”为-40.2cm，“R.H”为0°、“R.P”为90°、“R.B”为0°，如图3-157所示。视图窗口中的效果如图3-158所示。

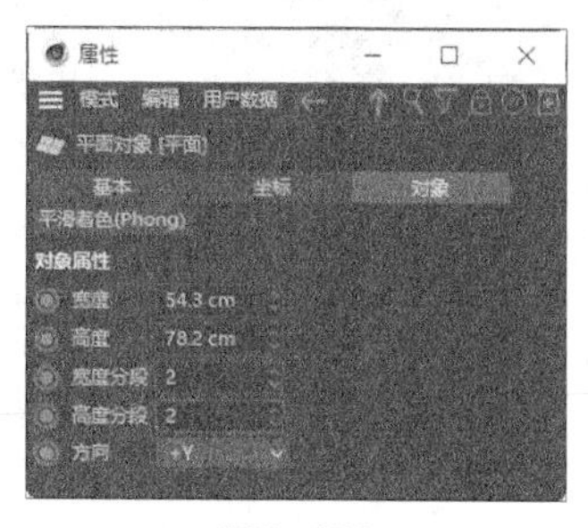

图3-156

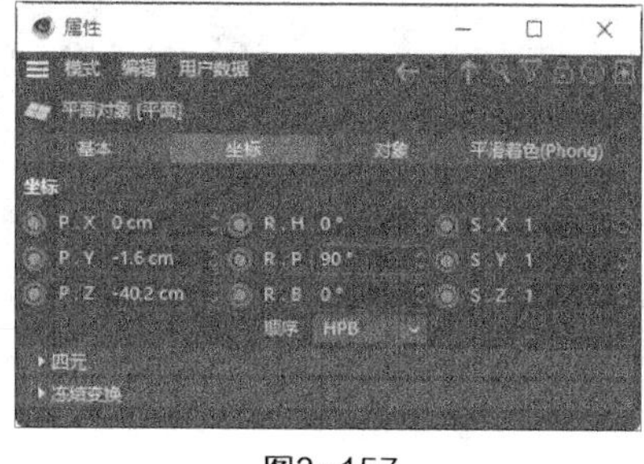

图3-157

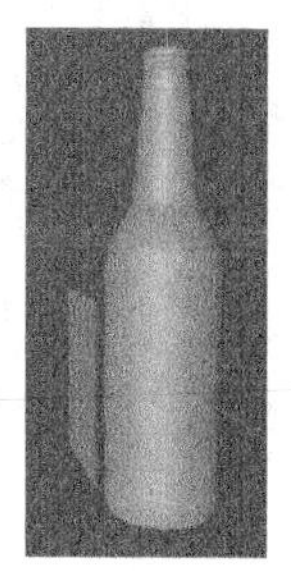

图3-158

20 用鼠标右键单击“对象”面板中的“平面”对象，在弹出的快捷菜单中选择“转为可编辑对象”命令，将其转为可编辑对象，如图3-159所示。按F4键，切换到“正视图”窗口。选择“框选”工具，按住Shift键的同时在视图窗口中框选需要的点，如图3-160所示；按Delete键，将选中的点删除，如图3-161所示。

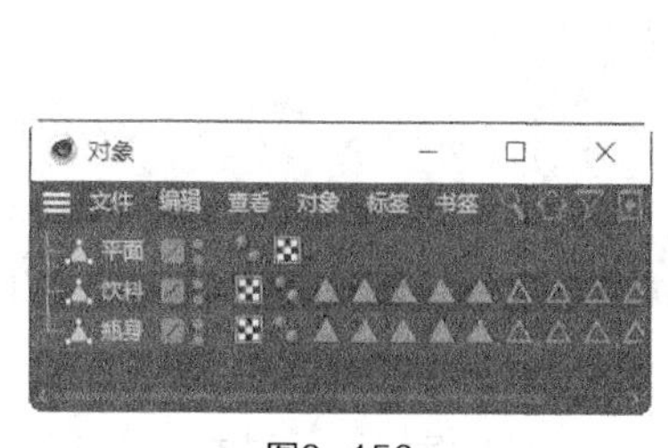

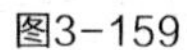

图3-159

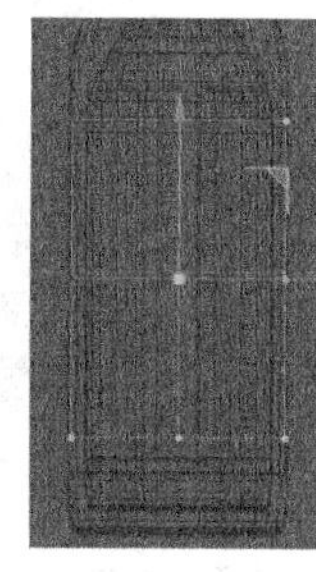

图3-160

图3-161

21 选择“对称”工具，在“对象”面板中生成一个“对称”对象。将“平面”对象拖入“对称”对象的下层，如图3-162所示。再次选择“对称”工具，在“对象”面板中生成一个“对称.1”对象。将“对称”对象组拖入“对称.1”对象的下层，如图3-163所示。选中“对称.1”对象组，在“属性”面板“对象”选项卡中，设置“镜像平面”为XZ、“公差”为2cm，如图3-164所示。选中“对称”对象，在“属性”面板“对象”选项卡中设置“公差”为2cm。

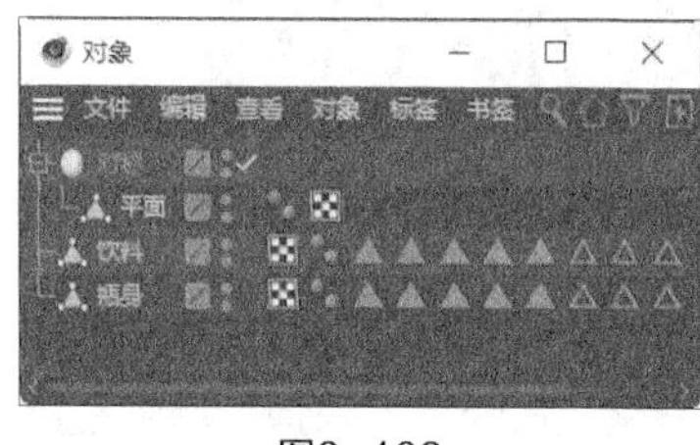

图3-162

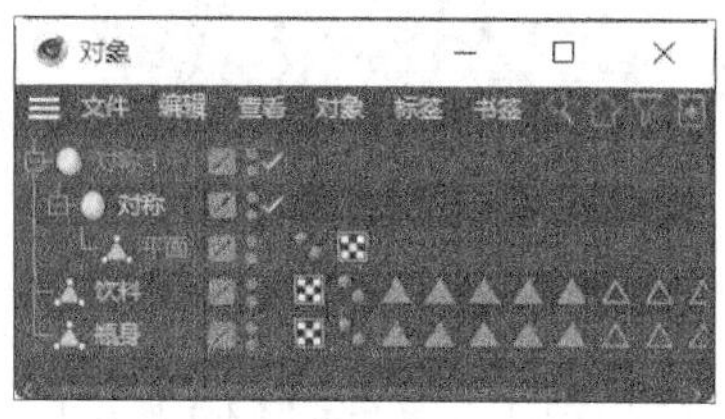

图3-163

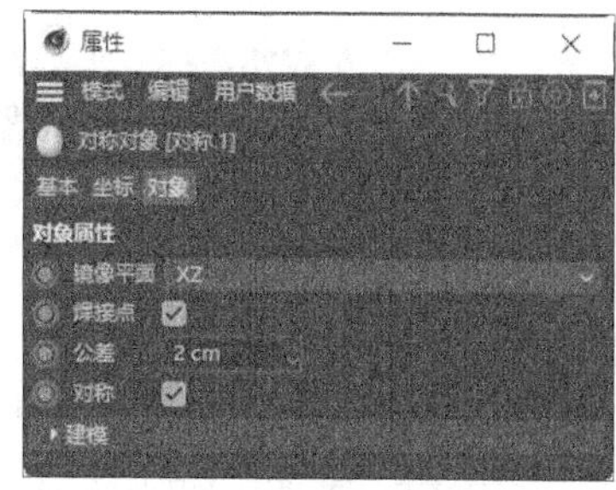

图3-164

22 在“对象”面板中选中“平面”对象，选择“框选”工具，选中需要的点，如图3-165所示，垂直向下拖曳*y*轴到适当的位置，如图3-166所示。使用相同的方法，水平向右拖曳*x*轴到适当的位置，如图3-167所示。选中需要的点，如图3-168所示。垂直向上拖曳*y*轴到适当的位置，如图3-169所示。

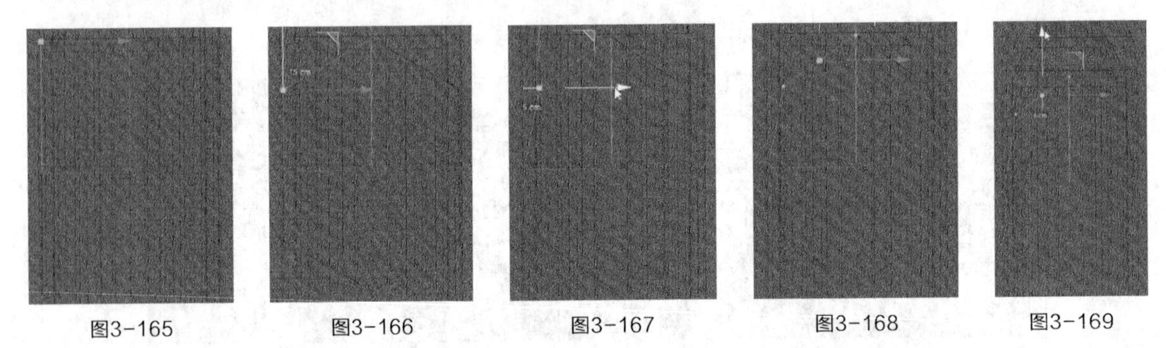

图3-165　图3-166　图3-167　图3-168　图3-169

23 选择“细分曲面”工具，在“对象”面板中生成一个“细分曲面”对象。将“对称.1”对象组拖入“细分曲面”对象的下层，如图3-170所示。视图窗口中的效果如图3-171所示。选中“细分曲面”对象组，在该对象组上单击鼠标右键，在弹出的快捷菜单中选择“连接对象+删除”命令，将该组中的对象连接，并将该对象组重命名为“贴图”，如图3-172所示。

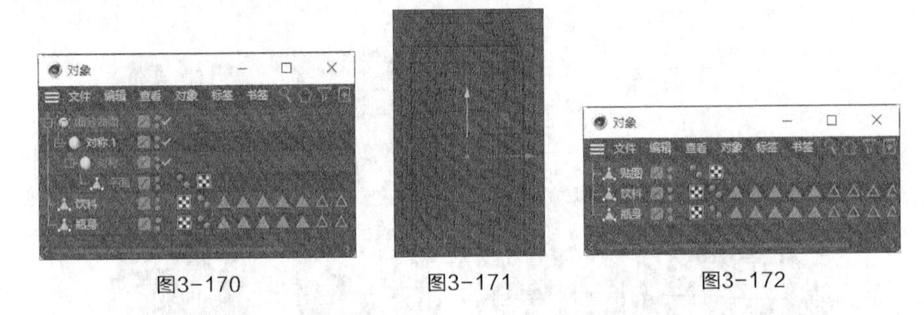

图3-170　图3-171　图3-172

24 选择“收缩包裹”工具，在“对象”面板中生成一个“收缩包裹”对象。将“收缩包裹”对象拖入“贴图”对象的下层，如图3-173所示。将“对象”面板中的“瓶身”对象拖入“属性”面板“对象”选项卡的“目标对象”选项中，如图3-174所示。

25 选中“贴图”对象组，在该对象组上单击鼠标右键，在弹出的快捷菜单中选择“当前状态转对象”命令。按Delete键，删除对象组，“对象”面板如图3-175所示。

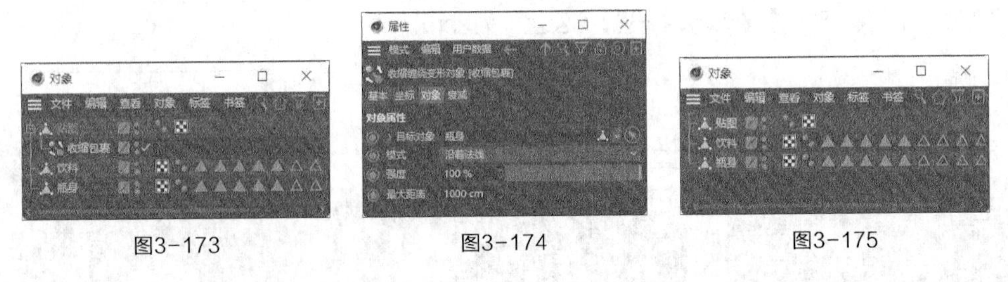

图3-173　图3-174　图3-175

26 按F1键，切换到“透视视图”窗口，如图3-176所示。单击“多边形”按钮，切换为多边形模式。按Ctrl+A快捷键全选面，如图3-177所示。在视图窗口中单击鼠标右键，在弹出的快捷菜单中选择“挤压”命令，在“属性”面板中设置“偏移”为1.1cm，如图3-178所示，效果如图3-179所示。

图3-176

图3-177

图3-178

图3-179

27 选择“细分曲面”工具，在“对象”面板中生成一个“细分曲面”对象，并将其重命名为“贴图”。将“贴图”对象拖入“贴图”对象的下层，如图3-180所示。视图窗口中的效果如图3-181所示。

28 选择“圆柱体”工具，在“对象”面板中生成一个“圆柱体”对象，如图3-182所示。在“属性”面板“对象”选项卡中，设置“半径”为10.8cm、“高度”为6cm、“高度分段”为1、“旋转分段”为64，如图3-183所示。

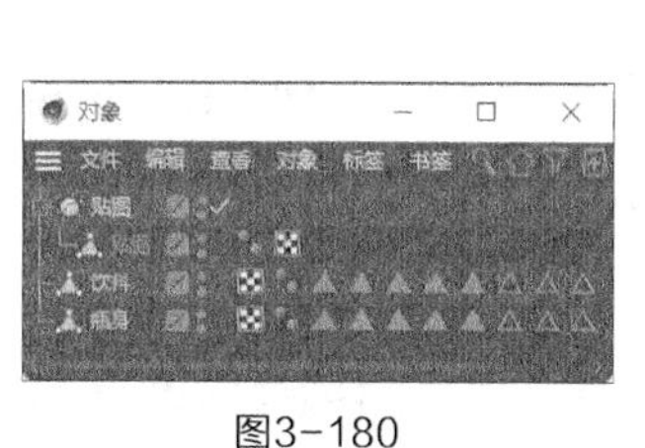

图3-180

图3-181

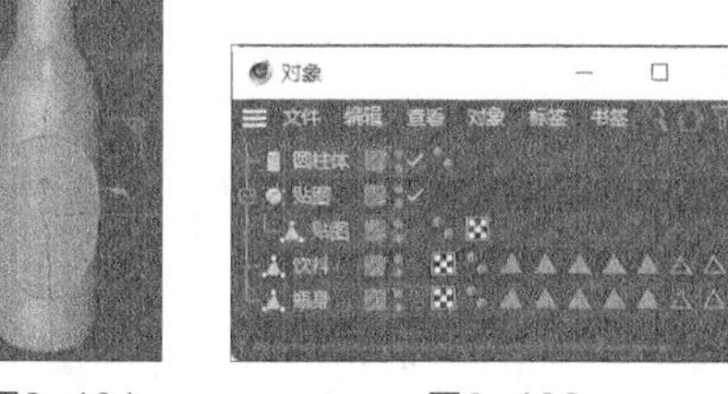

图3-182

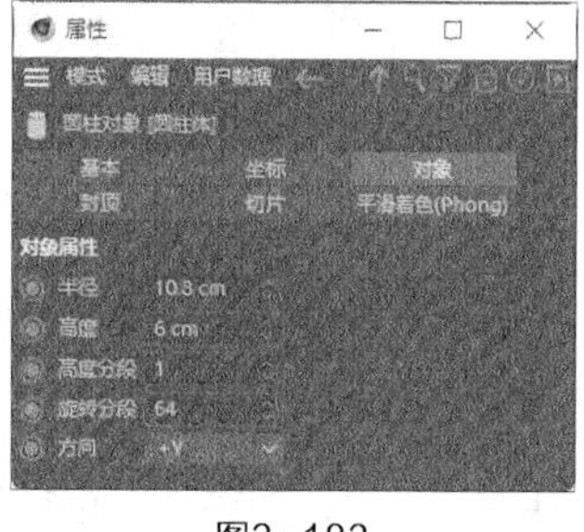

图3-183

29 单击“视窗独显”按钮，在视图窗口中独显对象，如图3-184所示。用鼠标右键单击“对象”面板中的“圆柱体”对象，在弹出的快捷菜单中选择“转为可编辑对象”命令，将其转为可编辑对象，如图3-185所示。

30 选择“实时选择”工具，在视图窗口中选中圆柱体底部的面，如图3-186所示。在视图窗口中单击鼠标右键，在弹出的快捷菜单中选择“内部挤压”命令，在“属性”面板中设置“偏移”为0.3cm，如图3-187所示。

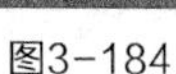

图3-184

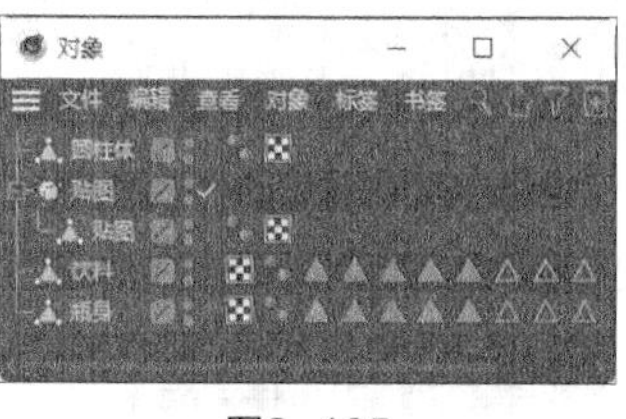

图3-185

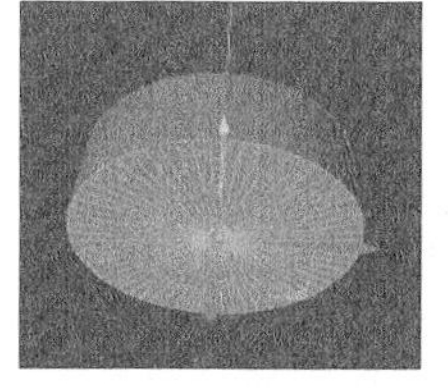

图3-186

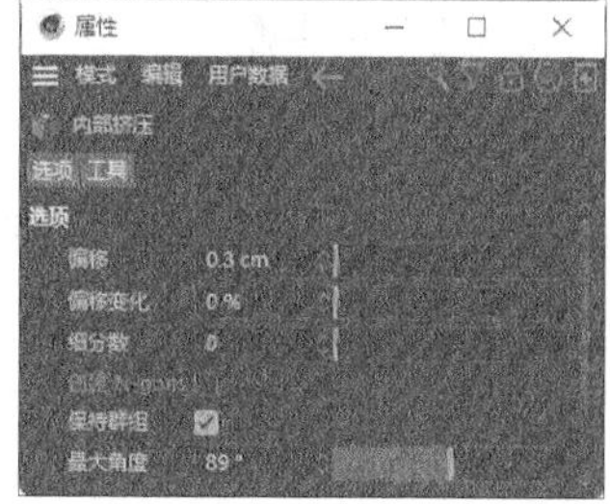

图3-187

31 在视图窗口中单击鼠标右键，在弹出的快捷菜单中选择“挤压”命令，在“属性”面板中设置“偏移”为-5cm，如图3-188所示。视图窗口中的效果如图3-189所示。按F4键，切换到“正视图”窗口，如图3-190所示。

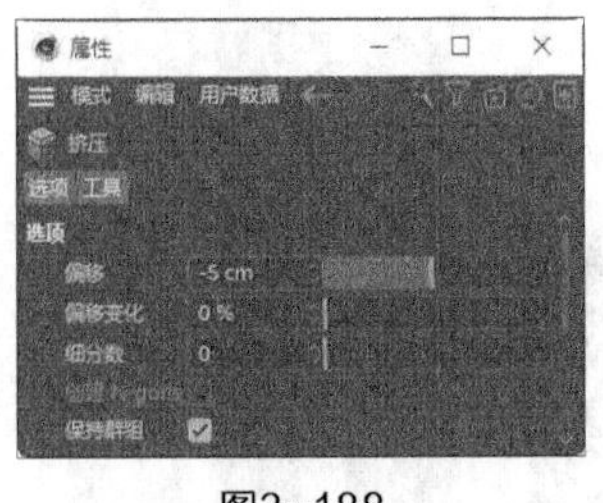

图3-188

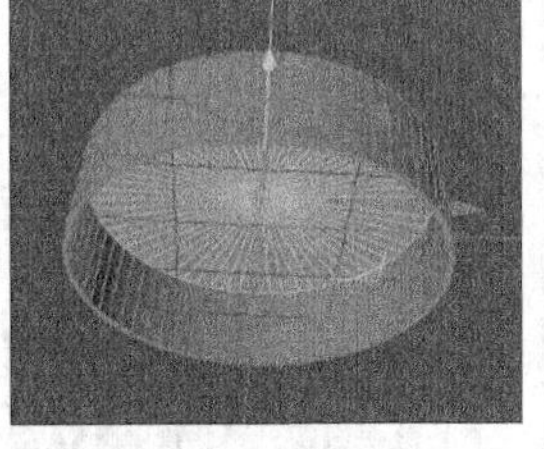
图3-189

图3-190

32 在视图窗口中单击鼠标右键，在弹出的快捷菜单中选择“挤压”命令，在“属性”面板中设置“偏移”为-0.6cm，如图3-191所示。视图窗口中的效果如图3-192所示。选择“缩放”工具，拖曳鼠标缩放选中的边，如图3-193所示。

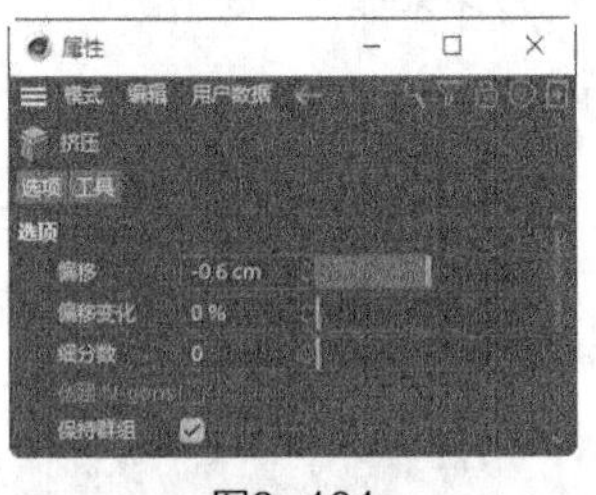

图3-191

图3-192

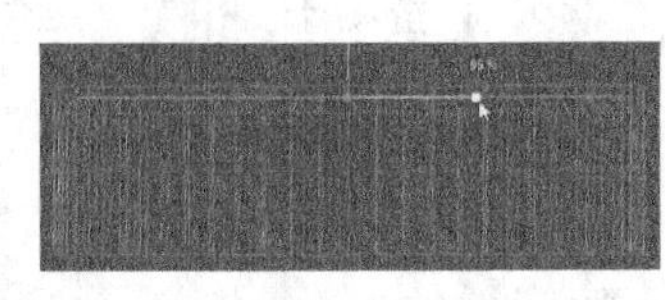
图3-193

33 在视图窗口中单击鼠标右键，在弹出的快捷菜单中选择“循环/路径切割”命令，在视图窗口中单击，切割需要的面，在“属性”面板中设置“偏移”为17%，如图3-194所示。视图窗口中的效果如图3-195所示。

34 按F1键，切换到“透视视图”窗口。选择“实时选择”工具，在视图窗口中选中圆柱体顶部的面，如图3-196所示。选择“缩放”工具，拖曳鼠标缩放选中的面，如图3-197所示。

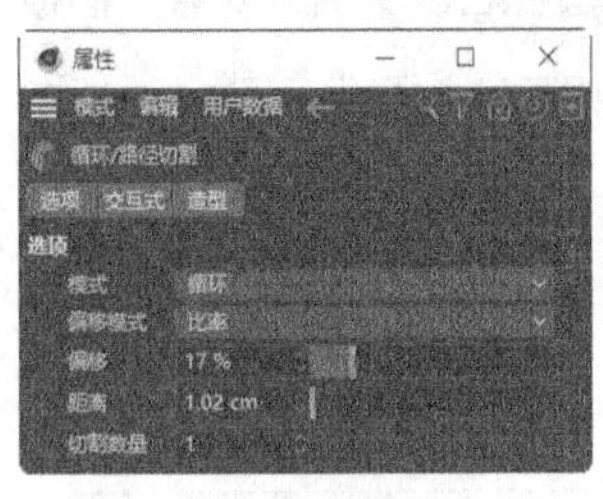

图3-194

图3-195

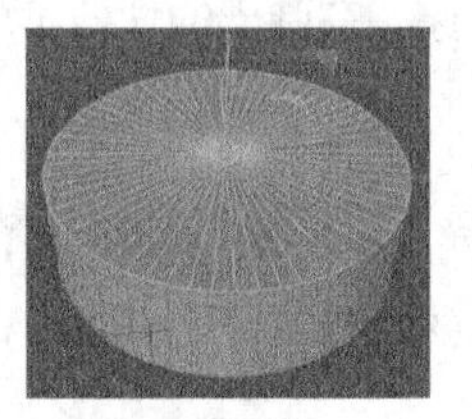
图3-196

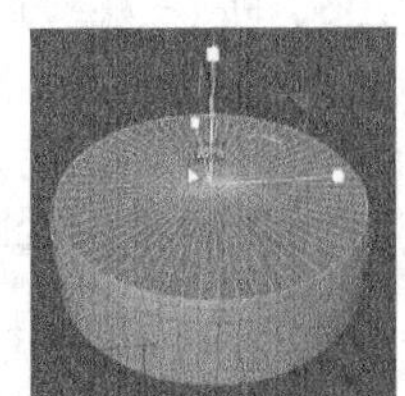
图3-197

35 单击“点”按钮，切换为点模式。选择“实时选择”工具，在圆柱体底部选中需要的点，如图3-198所示。选择“缩放”工具，拖曳鼠标制作出图3-199所示的效果。

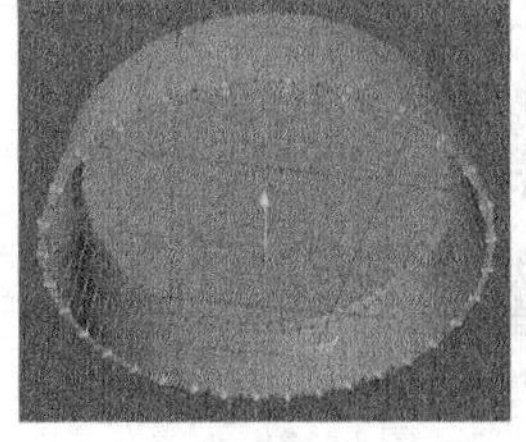
图3-198

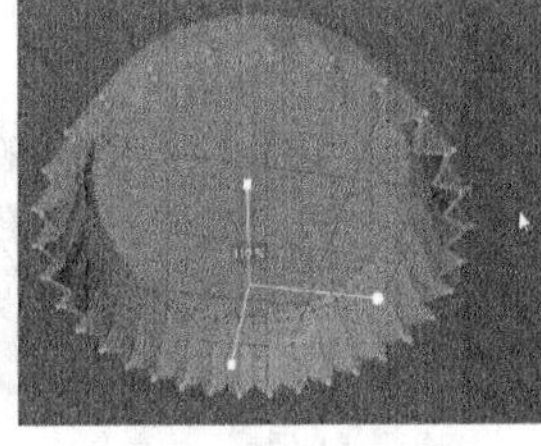
图3-199

36 在视图窗口中单击鼠标右键，在弹出的快捷菜单中选择“循环/路径切割”命令，在视图窗口中单击，切割需要的面，在“属性”面板中设置“偏移”为5%，如图3-200所示。视图窗口中的效果如图3-201所示。

37 单击“模型”按钮，切换为模型模式。选择“实时选择”工具，在“对象”面板中选中“圆柱体”对象。在“坐标”面板“位置”选项组中，设置“X”为0cm、“Y”为142cm、“Z”为0cm，如图3-202所示。

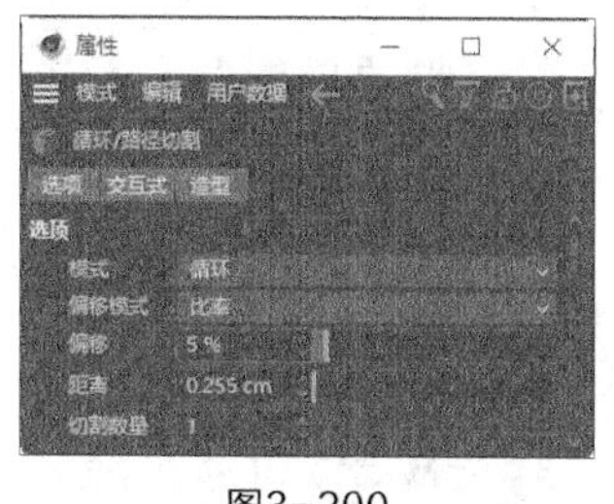

图3-200

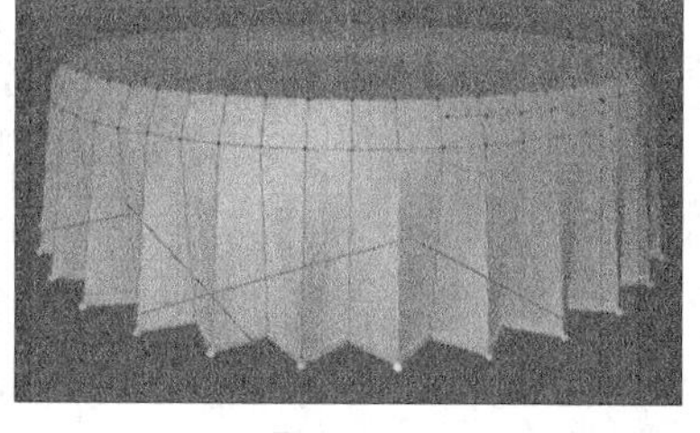
图3-201

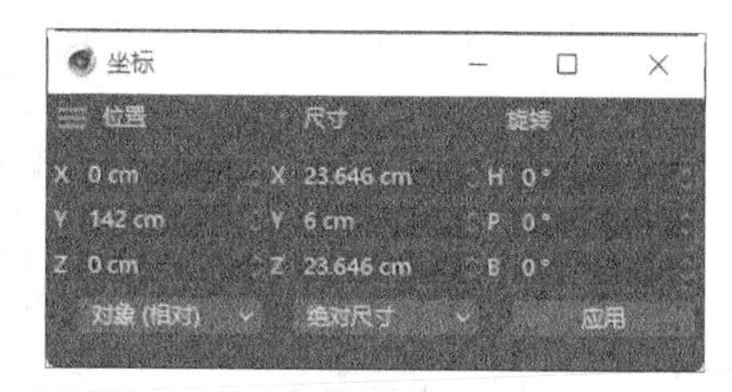

图3-202

38 单击“视窗独显”按钮，取消独显效果，视图窗口中的效果如图3-203所示。选择“细分曲面”工具，在“对象”面板中生成一个“细分曲面”对象，并将其重命名为“瓶盖”。将“圆柱体”对象拖入“瓶盖”对象的下层，如图3-204所示。视图窗口中的效果如图3-205所示。

39 使用框选的方法将“对象”面板中的对象全部选中，按Alt+G快捷键，将选中的对象编组，并重命名为“饮品”，如图3-206所示。饮料瓶模型制作完成。

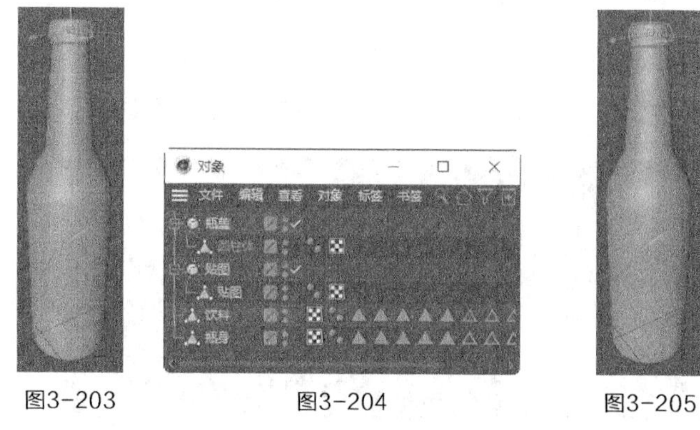

图3-203　　图3-204

图3-205

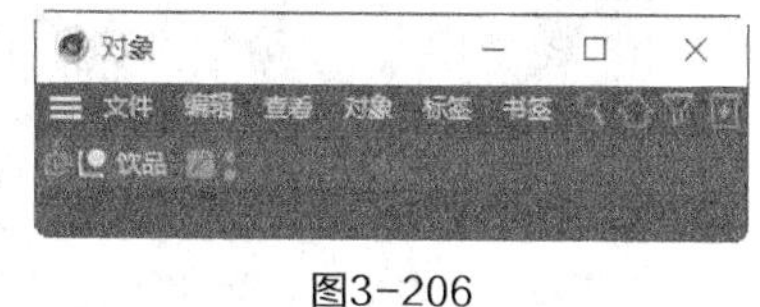

图3-206

3.2.7 挤压

使用“挤压”生成器可以将绘制的参数化样条转换为三维模型，使平面的样条曲线具有厚度，如图3-207所示。“属性”面板中会显示挤压对象的参数设置，常用的参数设置由“对象”“封盖”“选集”这3个选项卡组成。在“对象”面板中，需要把要挤压的对象作为“挤压”生成器的子对象，这样对象表面就会被挤压。

图3-207

3.2.8 旋转

使用“旋转”生成器可以将绘制的样条围绕y轴旋转任意角度，转换为三维模型，如图3-208所示。“属性”面板中会显示旋转对象的参数设置，常用的参数设置由“对象”“封盖”“选集”这3个选项卡组成。在“对象”面板中，需要把旋转的样条作为“旋转”生成器的子对象，这样该样条就会围绕y轴旋转，生成三维模型。

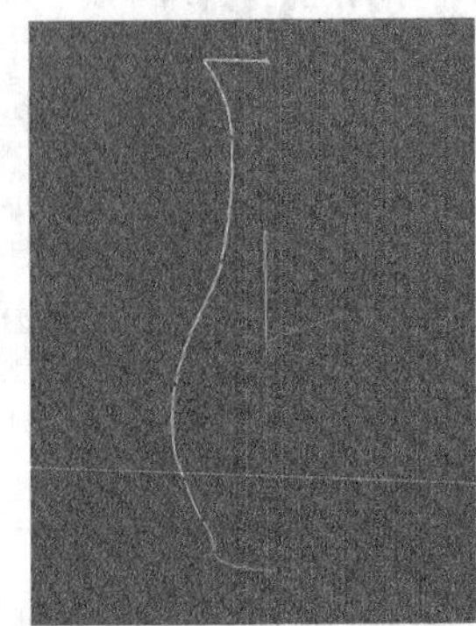

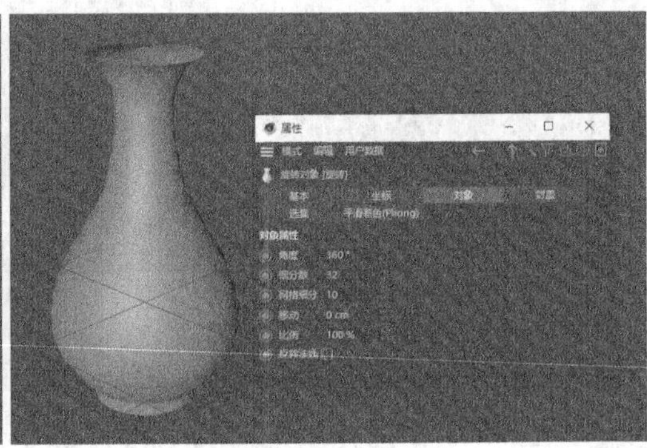

图3-208

3.2.9 放样

使用“放样”生成器可以将多个样条进行连接，生成三维模型，如图3-209所示。“属性”面板中会显示放样对象的参数设置，常用的参数设置由“对象”“封盖”“选集”这3个选项卡组成。在“对象”面板中，需要把放样的样条作为“放样”生成器的子对象，这样样条之间就会被连接。

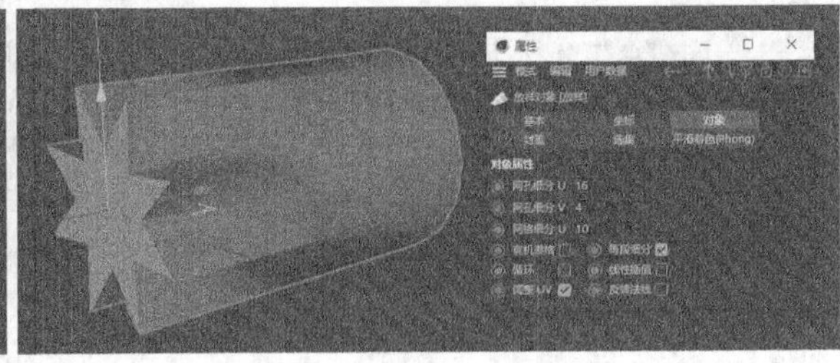

图3-209

3.2.10 扫描

使用“扫描”生成器可以使一个样条按照另一个样条的路径进行扫描，生成三维模型，如图3-210所示。“属性”面板中会显示扫描对象的参数设置，常用的参数设置由“对象”“封盖”“选集”这3个选项卡组成。在“对象”面板中，需要把扫描的样条作为“扫描”生成器的子对象，这样对象表面就会被扫描。

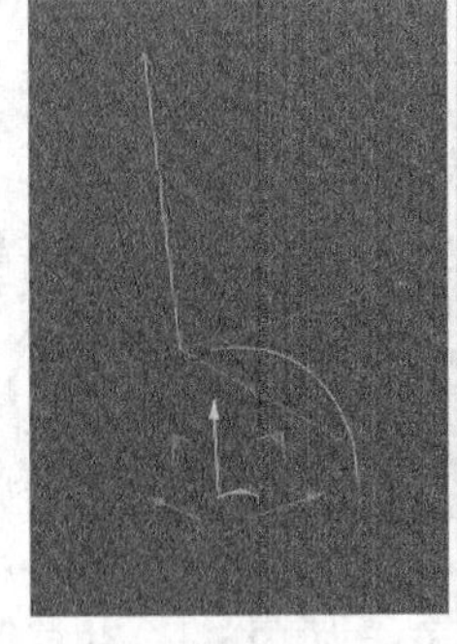

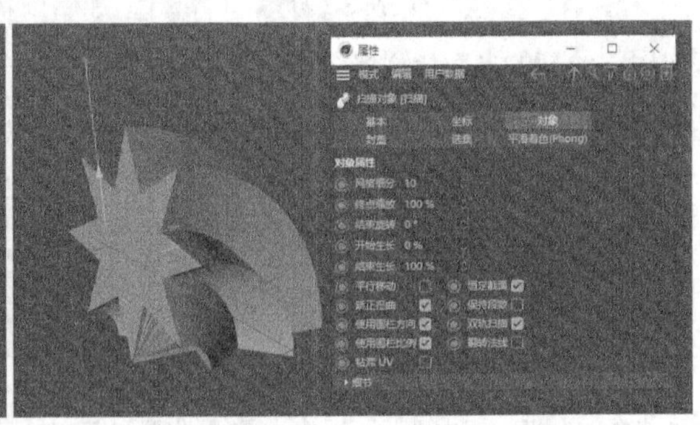

图3-210

3.2.11 样条布尔

“样条布尔”生成器的使用方法与“布尔”工具一样，它们都可对多个样条进行布尔运算，如图3-211所示。在“对象”面板中，需要把样条作为“样条布尔”生成器的子对象，这样多个样条间就可以进行布尔运算了。

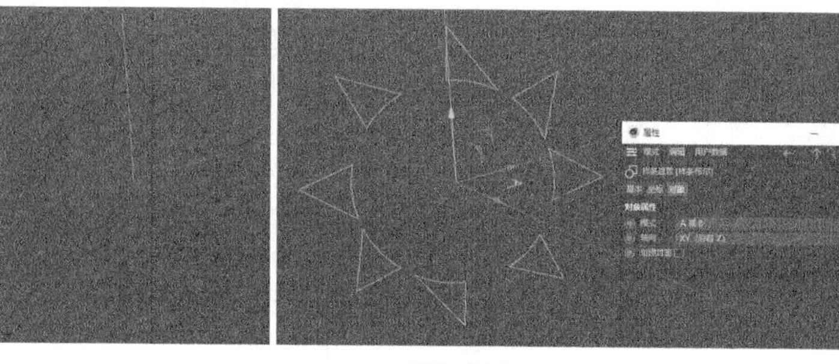

图3-211

3.3 变形器建模

Cinema 4D中的变形器通常位于对象的子层级或平级。使用此类工具可以对三维对象进行扭曲、倾斜以及旋转等变形操作，具有出错小、速度快的特点。

按住工具栏中的“弯曲”按钮，弹出变形器的列表，如图3-212所示。或选择“创建 > 变形器”命令，弹出变形器的列表，如图3-213所示。在列表中选择需要的工具，即可创建相应变形器。

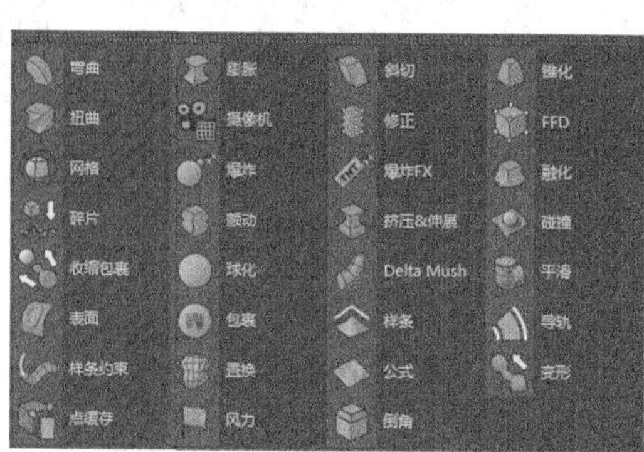

图3-212

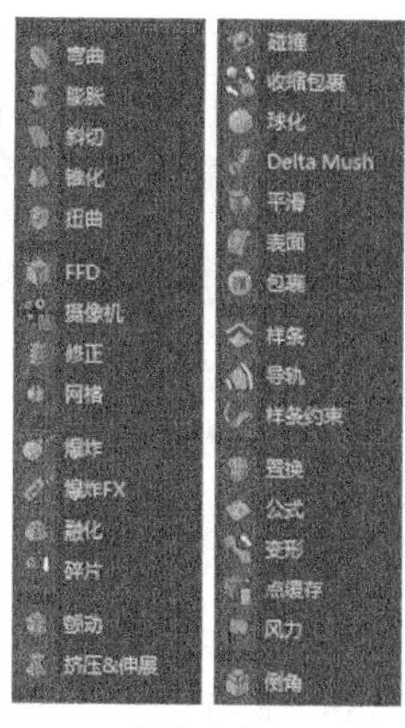

图3-213

3.3.1 课堂案例——制作沙发模型

案例学习目标 能够使用变形器建模工具制作沙发模型。

案例知识要点 使用“立方体”工具和“FFD”工具制作沙发坐垫和沙发靠背，使用“膨胀”工具制作沙发扶手，使用“对称”工具使沙发对称。最终效果如图3-214所示。

效果所在位置 学习资源\Ch03\制作沙发模型\工程文件.c4d。

图3-214

01 启动Cinema 4D。单击“编辑渲染设置”按钮，弹出“渲染设置”面板，在“输出”设置区域中设置“宽度”为1400像素、“高度”为1064像素，单击“关闭”按钮，关闭面板。选择“文件 > 合并项目”命令，在弹出的“打开文件”对话框中，选择学习资源中的“Ch03 > 制作沙发模型 > 素材 > 01.c4d”文件，单击“打开”按钮，打开文件，“对象”面板如图3-215所示。视图窗口中的效果如图3-216所示。

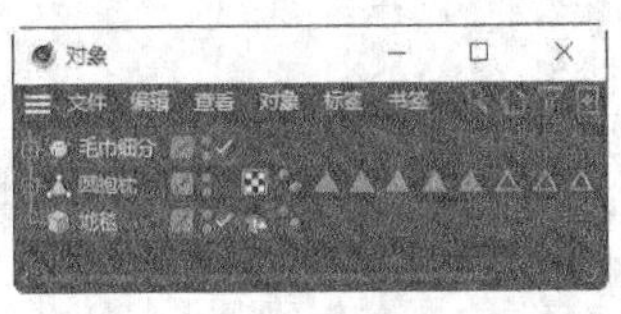

图3-215

图3-216

02 选择“立方体”工具，在“对象”面板中生成一个“立方体”对象，并将其重命名为“沙发底”，如图3-217所示。在“属性”面板“对象”选项卡中，设置“尺寸.X”为188cm、“尺寸.Y”为17cm、“尺寸.Z”为80cm，勾选“圆角”复选框，设置“圆角半径”为1cm，如图3-218所示；在“坐标”选项卡中，设置“P.X”为-150cm、“P.Y”为-5cm、“P.Z”为182cm，如图3-219所示。

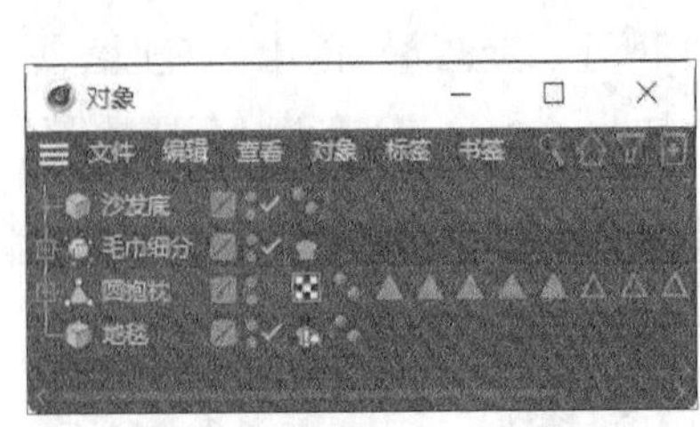

图3-217

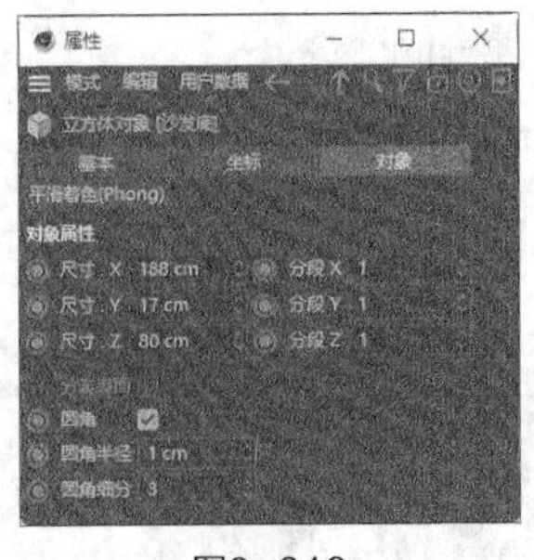

图3-218

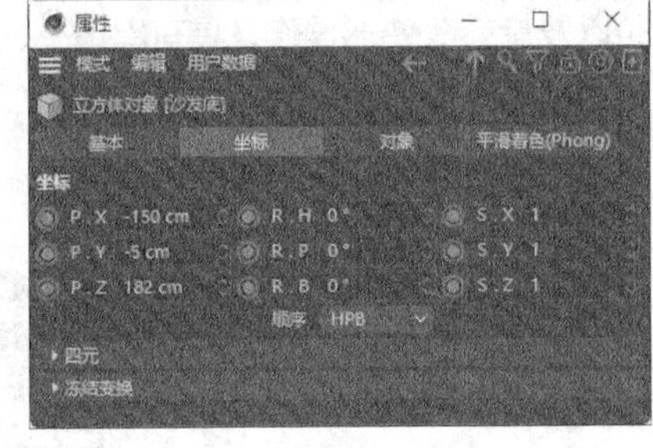

图3-219

03 选择“立方体”工具，在“对象”面板中生成一个“立方体”对象，并将其重命名为“沙发坐垫”，如图3-220所示。在“属性”面板“对象”选项卡中，设置“尺寸.X”为94cm、“尺寸.Y”为17cm、“尺寸.Z”为80cm，“分段X”为3、“分段Y”为1、“分段Z”为3，勾选“圆角”复选框，设置“圆角半径”为3cm、“圆角细分”为5，如图3-221所示；在“坐标”选项卡中，设置“P.X”为-195cm、“P.Y”为12cm、“P.Z”为178cm，如图3-222所示。选择视图窗口中的“显示 > 光影着色(线条)”命令。

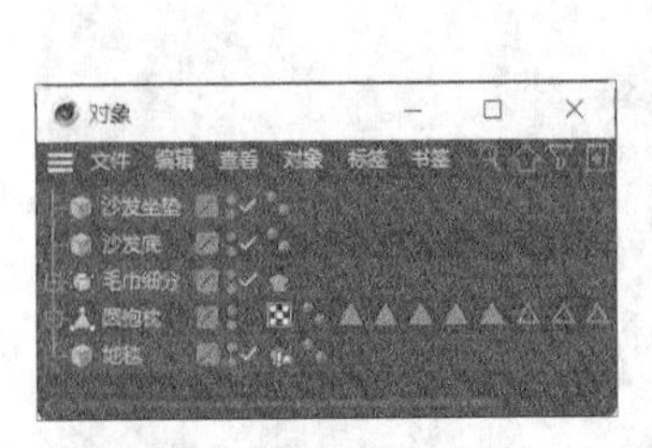

图3-220

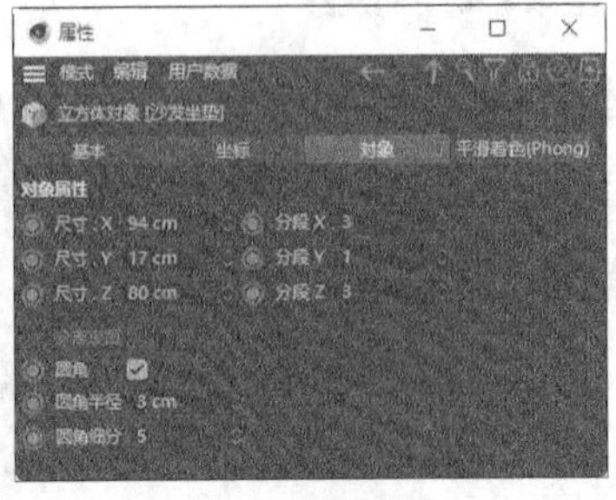

图3-221

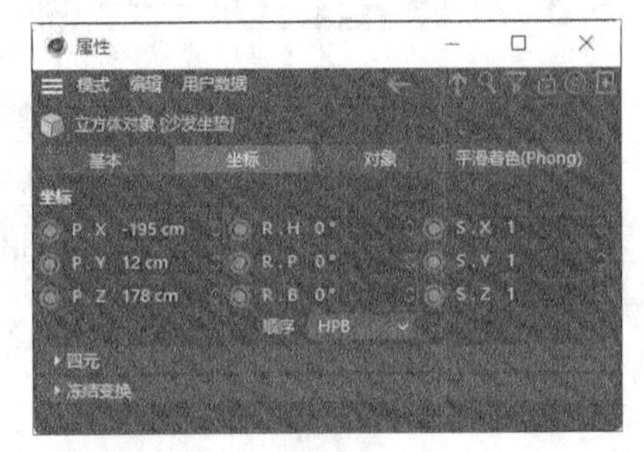

图3-222

04 按住Shift键的同时选择“FFD”工具，在“沙发坐垫”对象的下方生成一个“FFD”子级对象，如图3-223所示。单击“点”按钮，切换为点模式。选择“移动”工具，在视图窗口中选中需要的点，如图3-224所示。

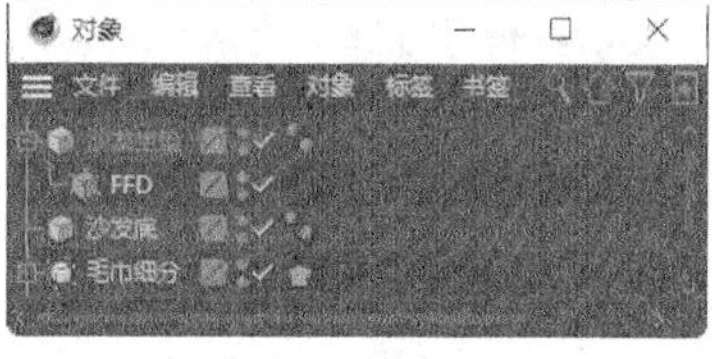

图3-223

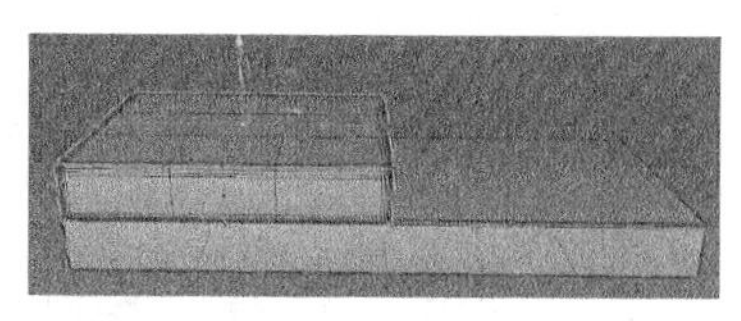
图3-224

05 在“坐标”面板“位置”选项组中，设置“X”为0cm、“Y”为32cm、“Z”为0cm，如图3-225所示。视图窗口中的效果如图3-226所示。

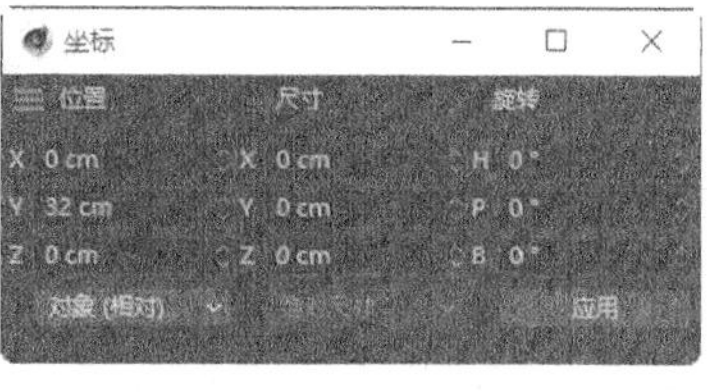

图3-225

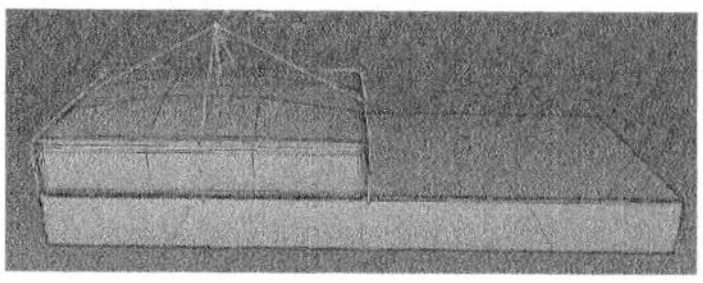

图3-226

06 按住Shift键的同时在视图窗口中选中需要的点，如图3-227所示。在“坐标”面板“位置”选项组中，设置“X”为0cm、“Y”为13cm、“Z”为0cm，如图3-228所示。视图窗口中的效果如图3-229所示。

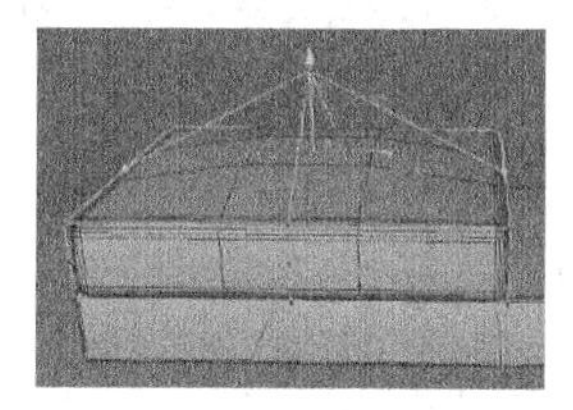
图3-227

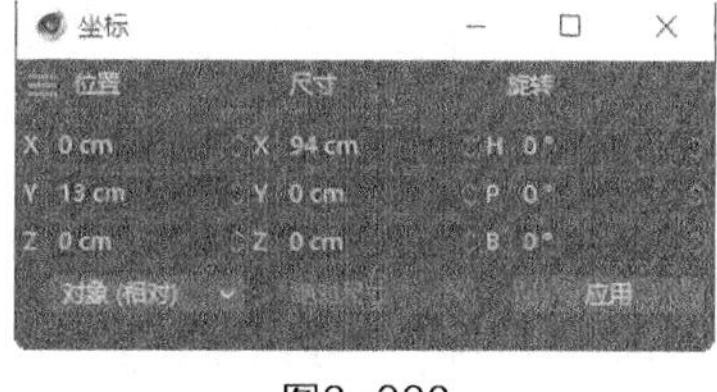

图3-228

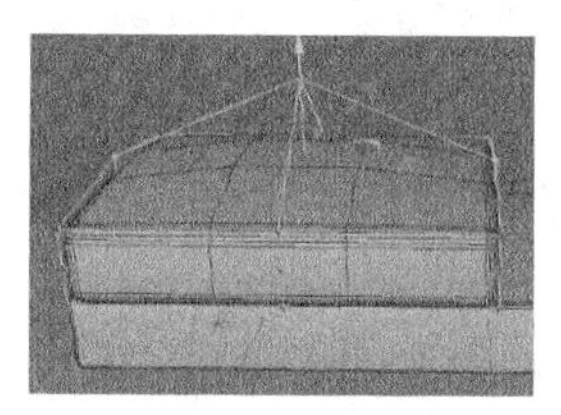
图3-229

07 按住Shift键的同时在视图窗口中选中需要的点，如图3-230所示。在“坐标”面板“位置”选项组中，设置“X”为0cm、“Y”为6.5cm、“Z”为0cm，如图3-231所示。视图窗口中的效果如图3-232所示。折叠“沙发坐垫”对象组。

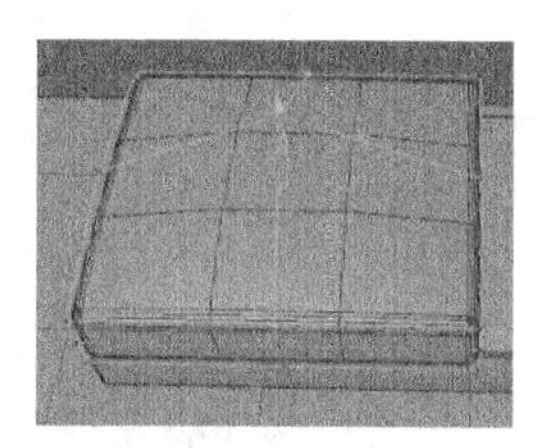
图3-230

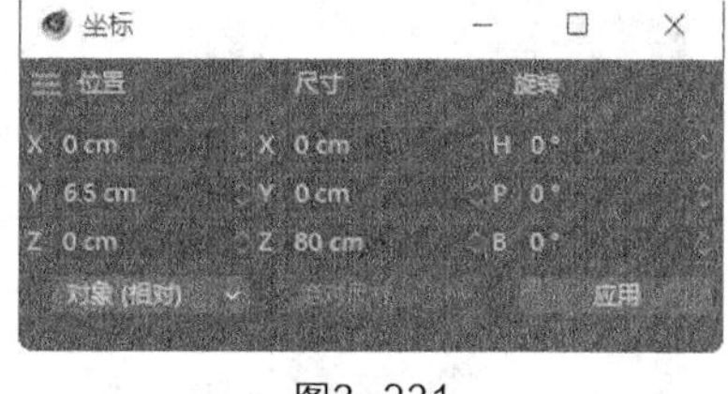

图3-231

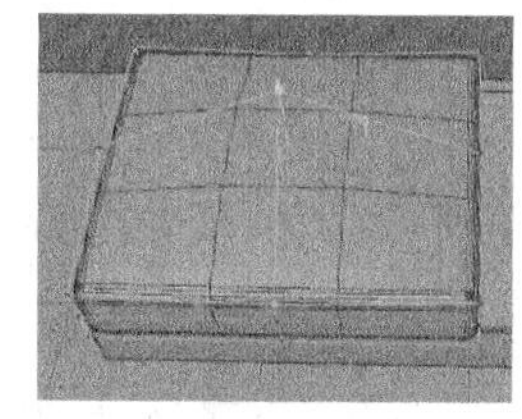
图3-232

08 选择“立方体”工具，在“对象”面板中生成一个“立方体”对象，并将其重命名为“沙发扶手”，如图3-233所示。在“属性”面板“对象”选项卡中，设置“尺寸.X”为16cm、“尺寸.Y”为70cm、“尺寸.Z”为80cm，“分段X”为1、“分段Y”为10、“分段Z”为1，勾选“圆角”复选框，设置“圆角半径”为4cm、“圆角细分”为6，如图3-234所示；在“坐标”选项卡中，设置“P.X”为-252cm、“P.Y”为18cm、“P.Z”为182cm，如图3-235所示。

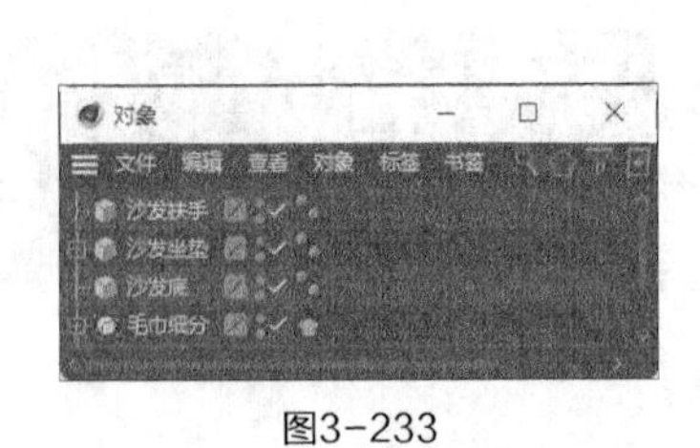

图3-233

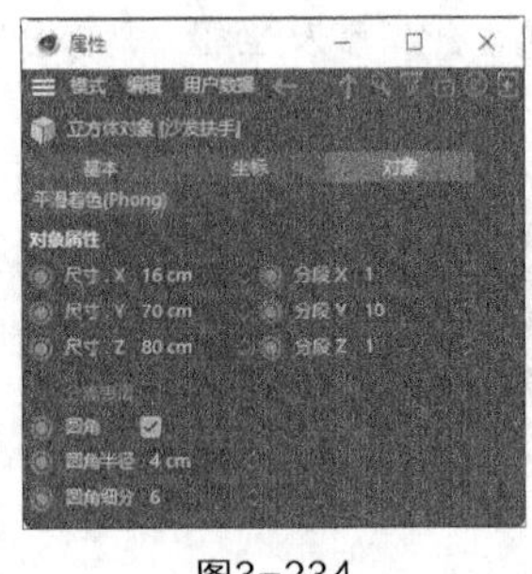

图3-234

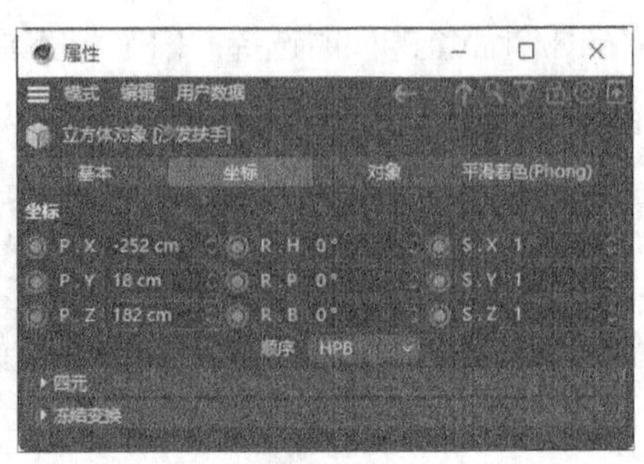

图3-235

09 按住Shift键的同时选择“膨胀”工具，在“沙发扶手”对象的下方生成一个“膨胀”子级对象，如图3-236所示。在“属性”面板“对象”选项卡中，设置“强度”为6%，如图3-237所示。视图窗口中的效果如图3-238所示。折叠“沙发扶手”对象组。

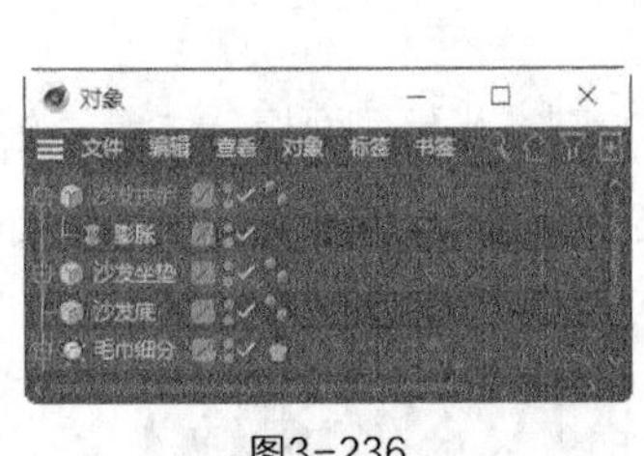

图3-236

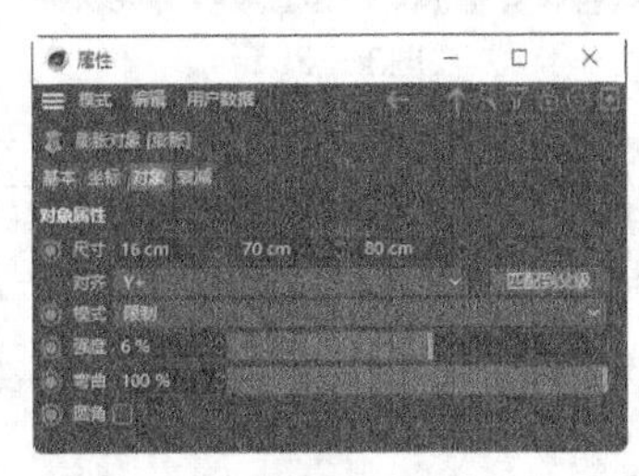

图3-237

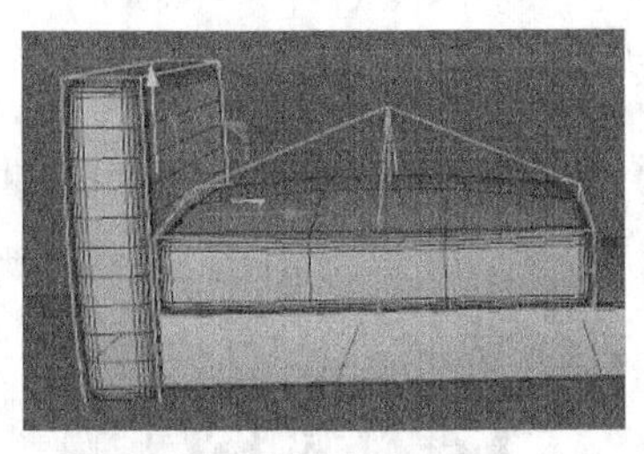
图3-238

10 选择“立方体”工具，在“对象”面板中生成一个“立方体”对象，并将其重命名为“沙发靠背”，如图3-239所示。在“属性”面板“对象”选项卡中，设置“尺寸.X”为18cm、“尺寸.Y”为59cm、“尺寸.Z”为94cm，“分段X”为1、“分段Y”为10、“分段Z”为10，勾选“圆角”复选框，设置“圆角半径”为4cm、“圆角细分”为6，如图3-240所示；在“坐标”选项卡中，设置“P.X”为-196cm、“P.Y”为51.5cm、“P.Z”为213cm，“R.H”为-90°、“R.P”为0°、“R.B”为-15°，如图3-241所示。

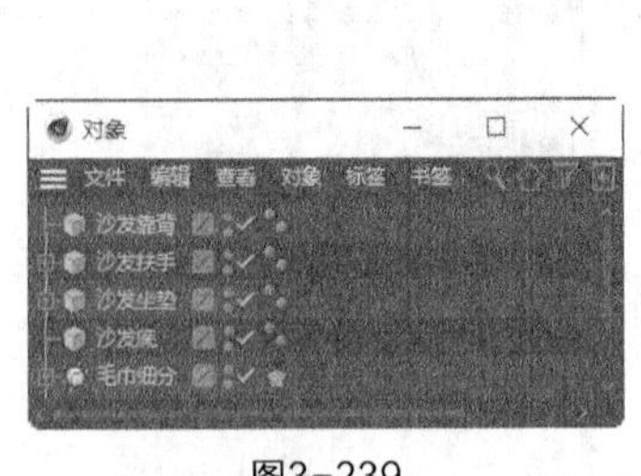

图3-239

图3-240

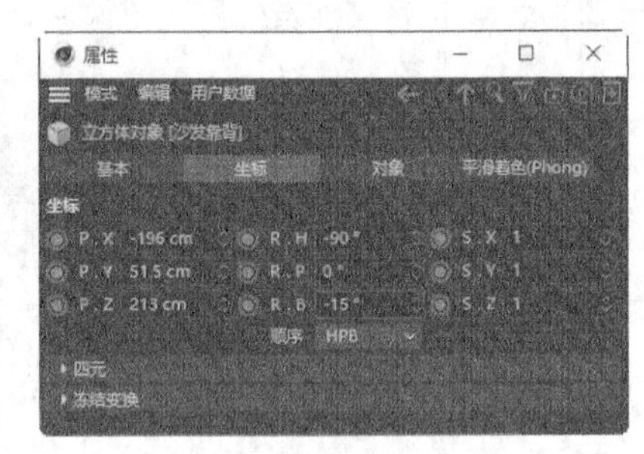

图3-241

11 按住Shift键的同时选择“FFD”工具，在“沙发靠背”对象的下方生成一个“FFD”子级对象，如图3-242所示。单击“点”按钮，切换为点模式。选择“移动”工具，在视图窗口中选中需要的点，如图3-243所示。在“坐标”面板“位置”选项组中，设置“X”为30cm、“Y”为0cm、“Z”为0cm，如图3-244所示。

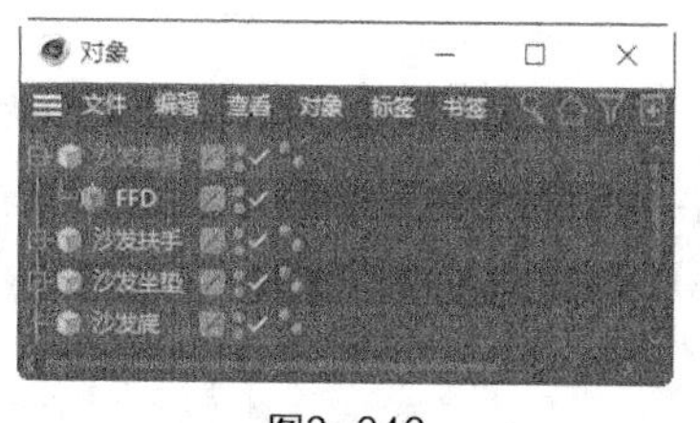

图3-242

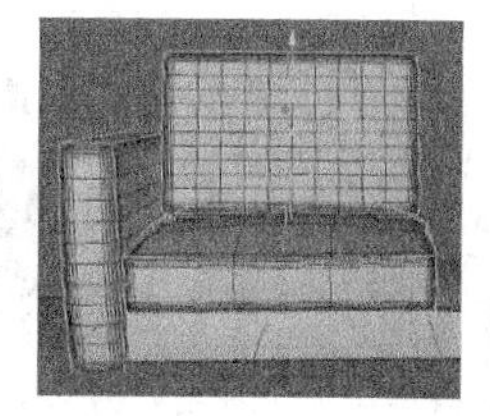
图3-243

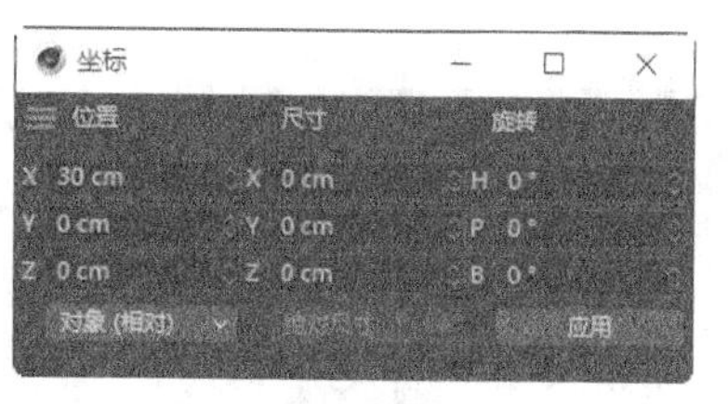

图3-244

12 在视图窗口中选中需要的点，如图3-245所示。在“坐标”面板“位置”选项组中，设置“X”为9cm、“Y”为-28cm、“Z”为0cm，如图3-246所示。视图窗口中的效果如图3-247所示。

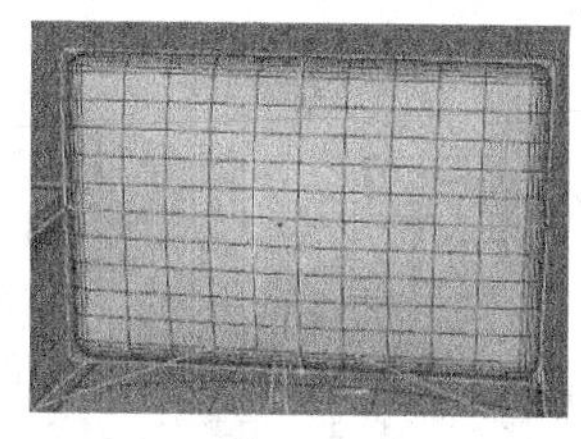
图3-245

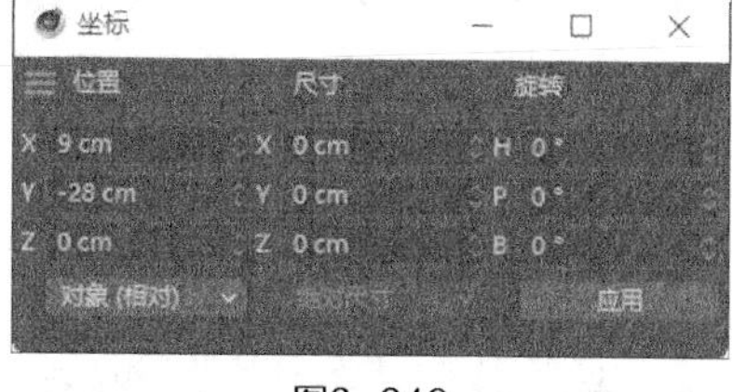

图3-246

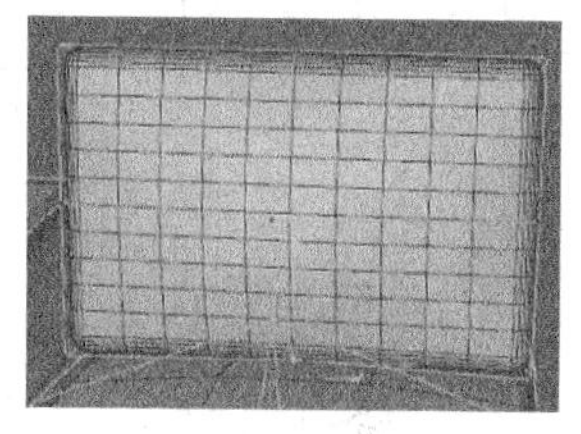
图3-247

13 在视图窗口中选中需要的点，如图3-248所示。在“坐标”面板“位置”选项组中，设置“X”为9cm、“Y”为0cm、“Z”为49cm，如图3-249所示。视图窗口中的效果如图3-250所示。

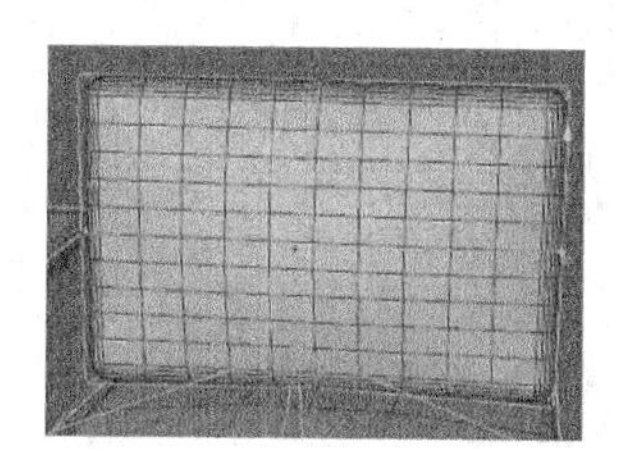
图3-248

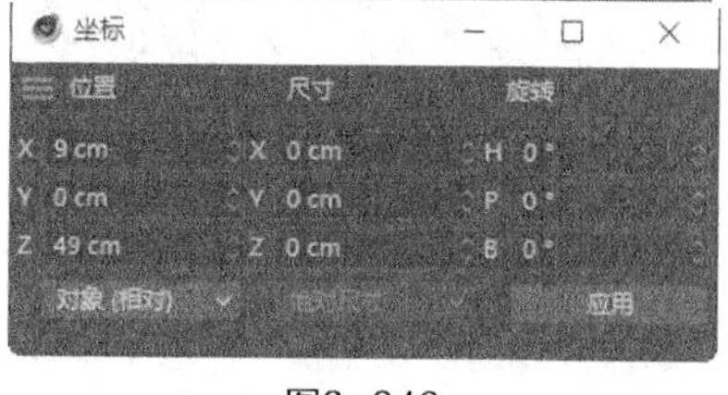

图3-249

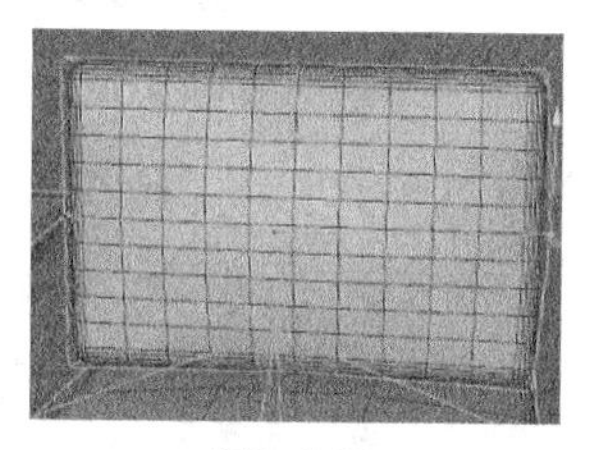
图3-250

14 在视图窗口中选中需要的点，如图3-251所示。在“坐标”面板“位置”选项组中，设置“X”为9cm、“Y”为0cm、“Z”为-49cm，如图3-252所示。视图窗口中的效果如图3-253所示。

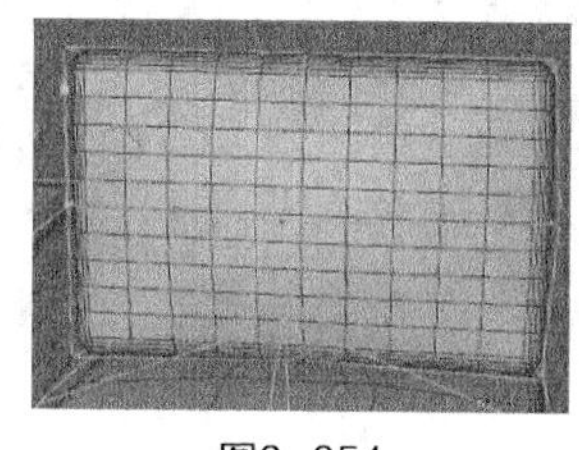
图3-251

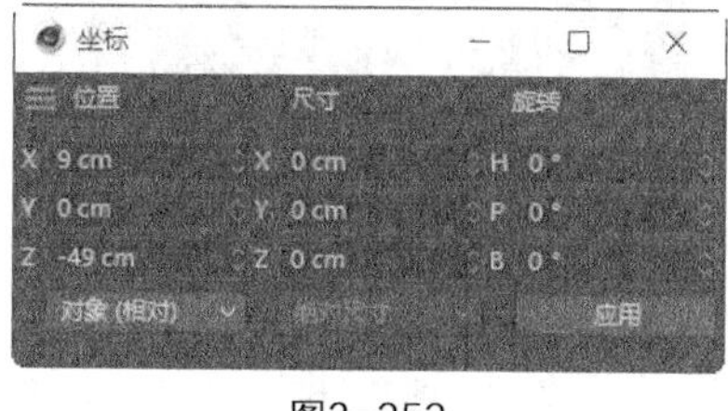

图3-252

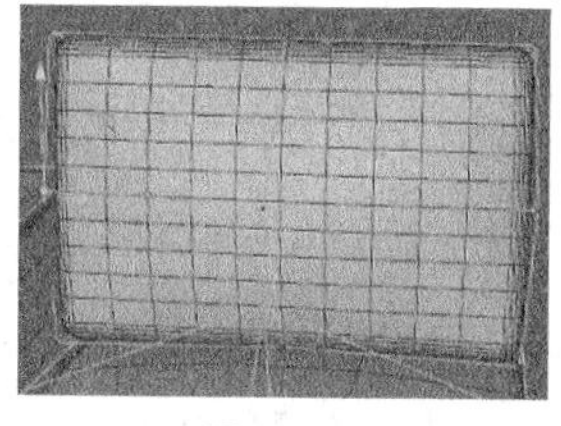
图3-253

15 在“对象”面板中，按住Alt键的同时分别双击“沙发靠背”对象组中的“FFD”对象、“沙发扶手”对象组中的“膨胀”对象和“沙发坐垫”对象组中的“FFD”对象右侧的按钮，隐藏这些对象，“对象”面板如图3-254所示。分别折叠对象组，然后选中需要的对象组，如图3-255所示。按Alt+G快捷键将选中的对象组编组，并命名为“沙发顶”，如图3-256所示。

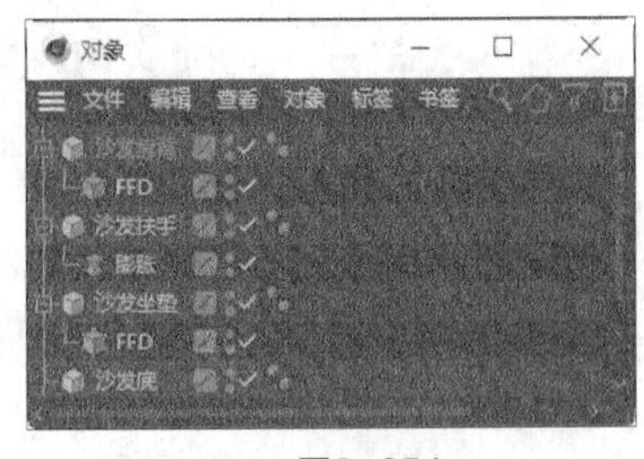

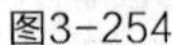
图3-254

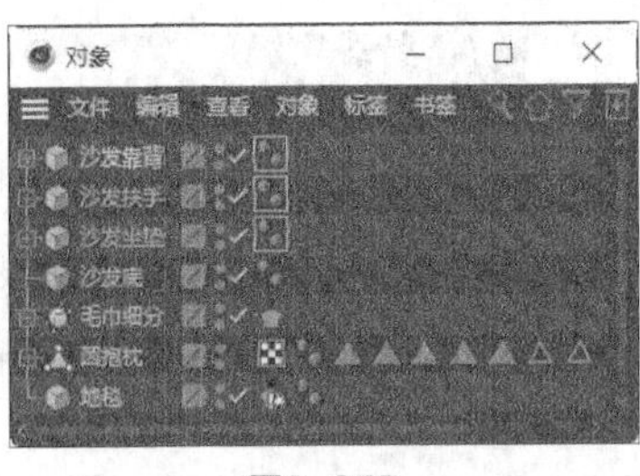

图3-255

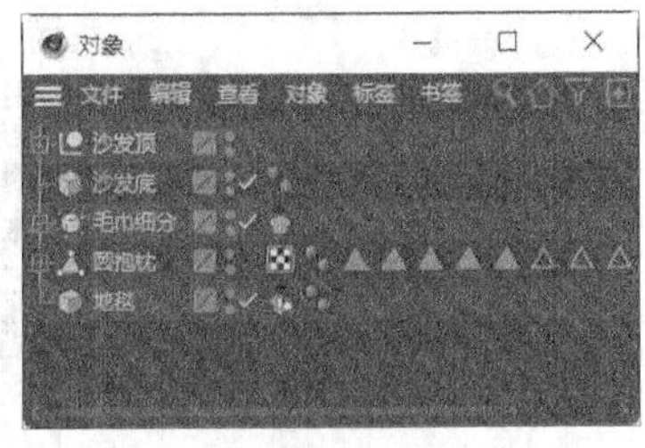

图3-256

16 选择“对称”工具，在“对象”面板中生成一个“对称”对象。将“沙发顶”对象组拖入“对称”对象的下层，并将“对称”对象组重命名为“沙发对称”对象组，如图3-257所示。选中“沙发顶”对象组，在“属性”面板“坐标”选项卡中，设置“P.X”为-66cm、“P.Y”为45cm、“P.Z”为153cm，如图3-258所示。

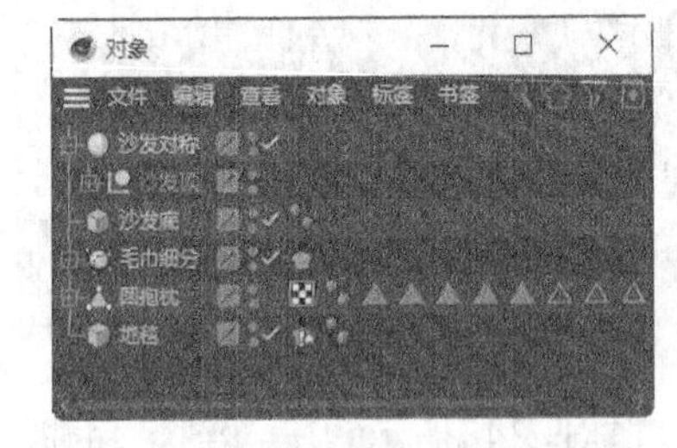

图3-257

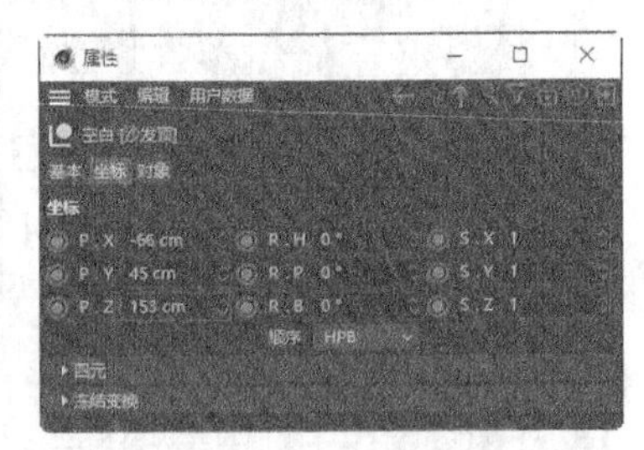

图3-258

17 选中“沙发对称”对象组，在“属性”面板“坐标”选项卡中，设置“P.X”为-149cm、“P.Y”为-17cm、“P.Z”为36cm，如图3-259所示。视图中的效果如图3-260所示。折叠“沙发对称”对象组。

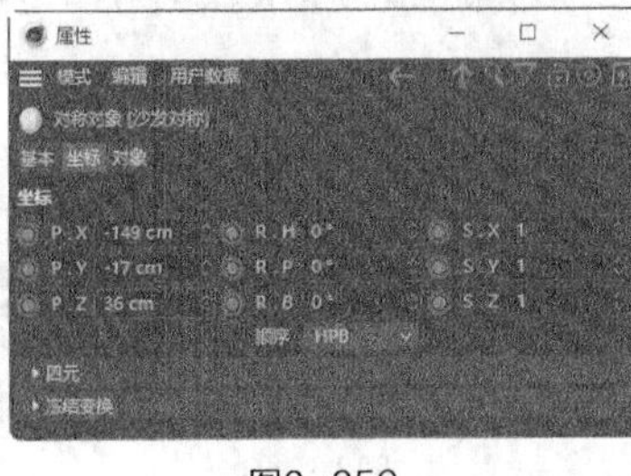

图3-259

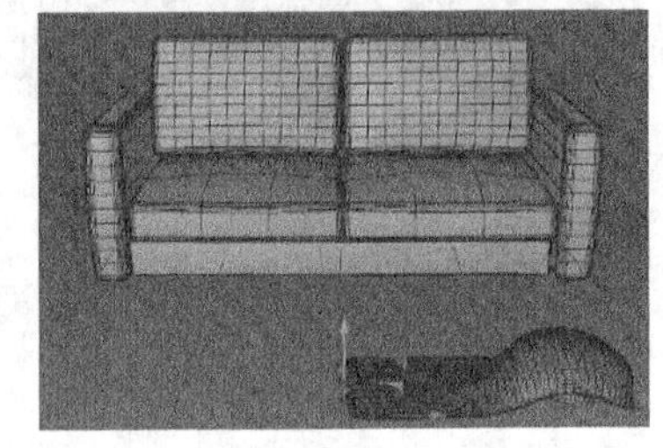
图3-260

18 选择视图窗口中的“显示 > 光影着色”命令。选择“文件 > 合并项目”命令，在弹出的“打开文件”对话框中，选择学习资源中的“Ch03 > 制作沙发模型 > 素材 > 02.c4d”文件，单击“打开”按钮，将选中的文件导入，“对象”面板如图3-261所示。视图窗口中的效果如图3-262所示。

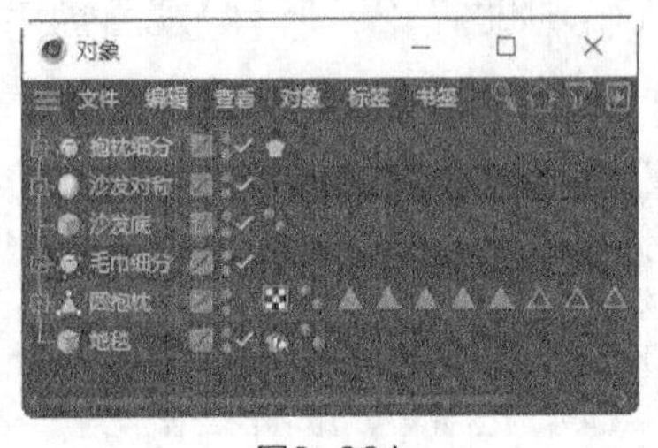

图3-261

图3-262

19 在“对象”面板中，按Ctrl+A快捷键将对象及对象组全部选中。按Alt+G快捷键将选中的对象及对象组编组，并命名为“沙发”，如图3-263所示。沙发模型制作完成。

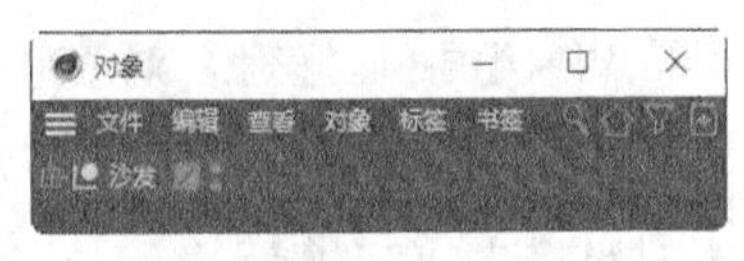

图3-263

3.3.2 弯曲

使用“弯曲”变形器可以对绘制的参数化对象进行弯曲变形。“属性”面板中会显示弯曲对象的参数设置，在该面板中可以调整对象弯曲的弧度和角度，常用的参数设置由“对象”“衰减”两个选项卡组成。在“对象”面板中，需要把“弯曲”变形器作为参数化对象的子对象，这样就可以对参数化对象进行弯曲操作，弯曲前后的效果对比如图3-264和图3-265所示。

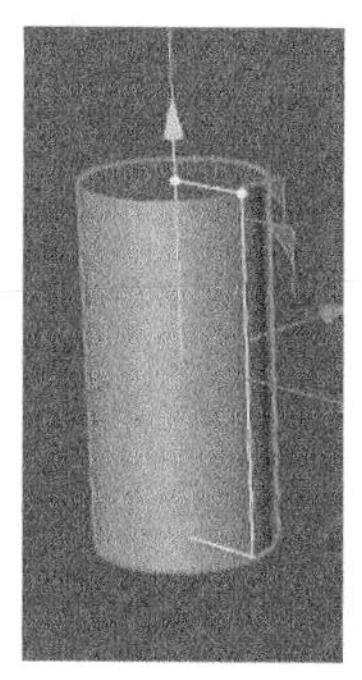

图3-264

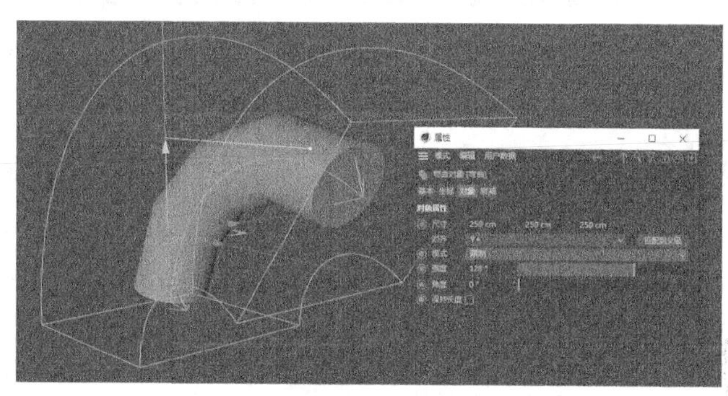

图3-265

3.3.3 膨胀

使用“膨胀”变形器可以对绘制的参数化对象进行局部放大或局部缩小。“属性”面板中会显示膨胀对象的参数设置，常用的参数设置由“对象”“衰减”两个选项卡组成。在“对象”面板中，需要把“膨胀”变形器作为参数化对象的子对象，这样就可以对参数化对象进行膨胀操作，膨胀前后的效果对比如图3-266和图3-267所示。

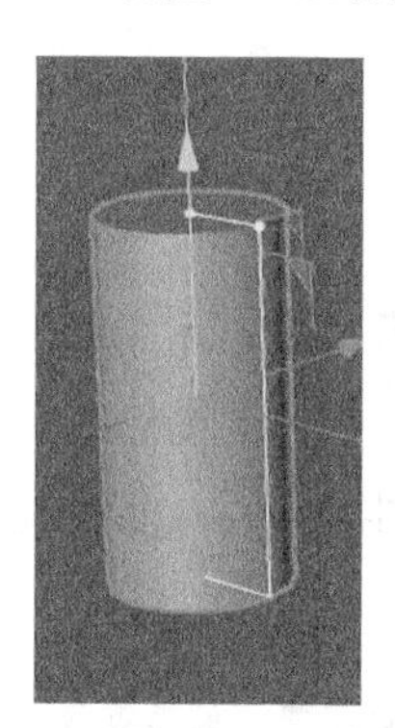

图3-266

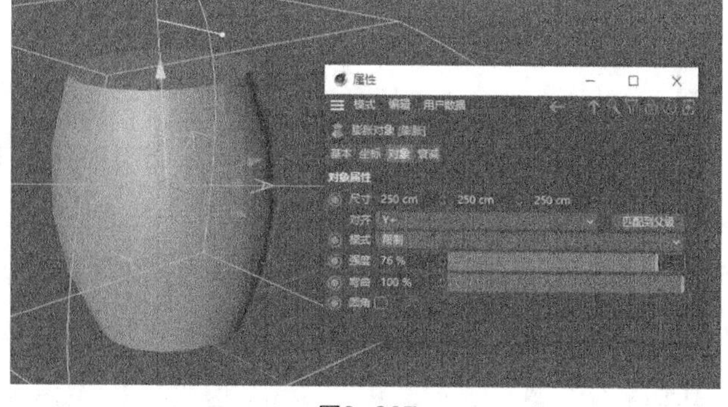

图3-267

3.3.4 锥化

使用“锥化”变形器可以对绘制的参数化对象进行锥化变形，使其部分缩小。“属性”面板中会显示锥化对象的参数设置，常用的参数设置由“对象”“衰减”两个选项卡组成。在“对象”面板中，需要把“锥化”变形器作为参数化对象的子对象，这样就可以对参数化对象进行锥化操作，锥化前后的效果对比如图3-268和图3-269所示。

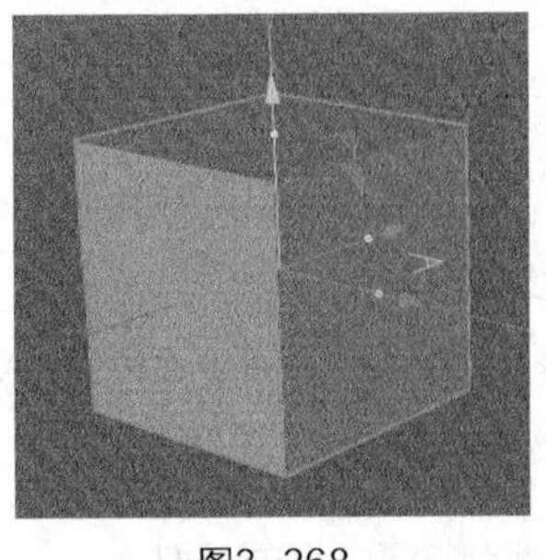

图3-268

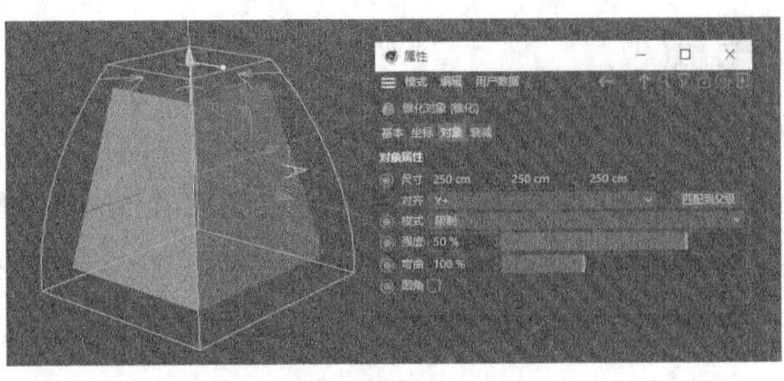

图3-269

3.3.5 扭曲

使用“扭曲”变形器可以对绘制的参数化对象进行扭曲变形，使其扭曲需要的角度。“属性”面板中会显示扭曲对象的参数设置，常用的参数设置由“对象”“衰减”两个选项卡组成。在“对象”面板中，需要把“扭曲”变形器作为参数化对象的子对象，这样就可以对参数化对象进行扭曲操作，扭曲前后的效果对比如图3-270和图3-271所示。

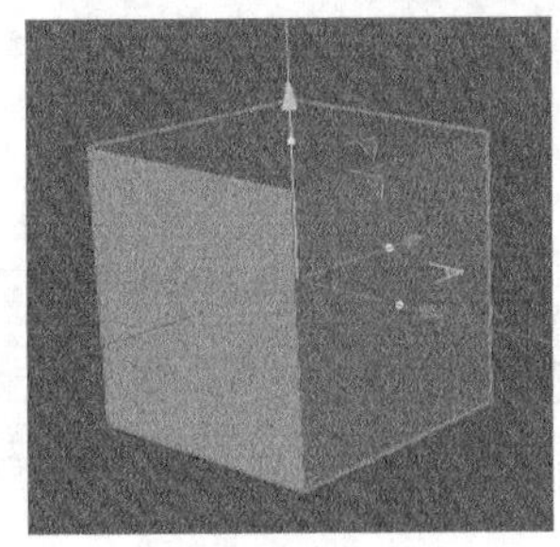

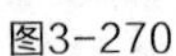

图3-270

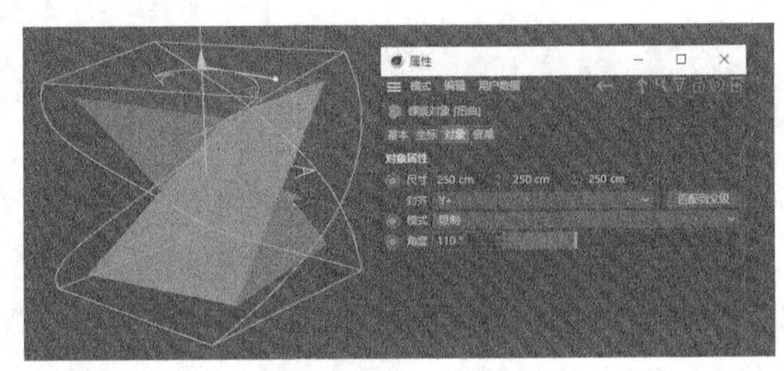

图3-271

3.3.6 FFD

使用“FFD”变形器可以在绘制的参数化对象外部形成晶格，在点模式下，通过调整晶格上的控制点，可以调整对象的形状。“属性”面板中会显示晶格的参数设置，常用的参数设置位于“对象”选项卡。在“对象”面板中，需要把“FFD”变形器作为参数化对象的子对象，这样就可以对参数化对象进行变形操作，变形前后的效果对比如图3-272和图3-273所示。

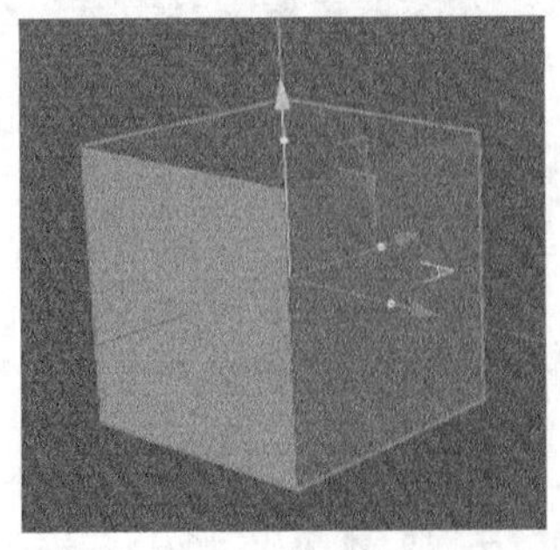

图3-272

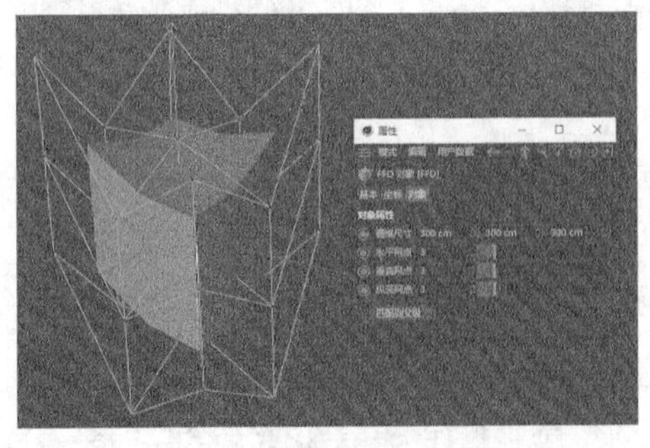

图3-273

3.3.7 包裹

使用“包裹”变形器可以将绘制的参数化对象的平面弯曲成柱状或球状。“属性”面板中会显示包裹对象的参数设置，在该面板中可以调整包裹的起始位置和结束位置，常用的参数设置由“对象”“衰减”两个选项卡组成。在“对象”面板中，需要把“包裹”变形器作为参数化对象的子对象，这样就可以对参数化对象进行变形操作，变形前后的效果对比如图3-274和图3-275所示。

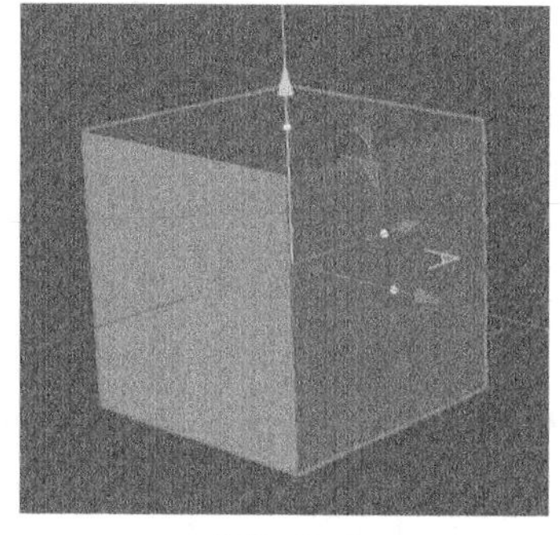

图3-274

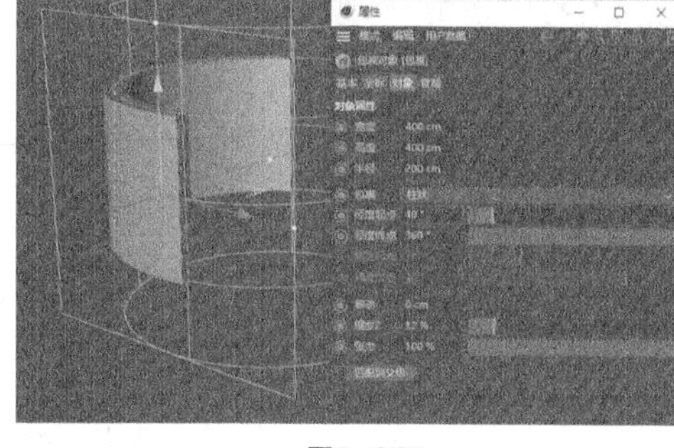

图3-275

3.3.8 课堂案例——制作纽带模型

案例学习目标 能够使用变形器建模工具制作纽带模型。

案例知识要点 使用“样条画笔”工具绘制路径，使用“地形”工具创建纹理，使用“样条约束”工具和“细分曲面”工具制作纽带效果。最终效果如图3-276所示。

效果所在位置 学习资源\Ch03\制作纽带模型\工程文件.c4d。

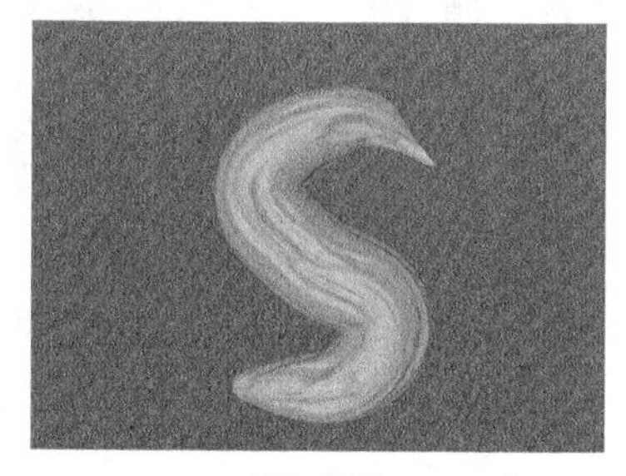

图3-276

01 启动Cinema 4D。单击“编辑渲染设置”按钮，弹出“渲染设置”面板。在“输出”设置区域中设置“宽度”为50厘米、“高度”为35厘米、“分辨率”为300像素/英寸（DPI），如图3-277所示，单击“关闭”按钮，关闭面板。

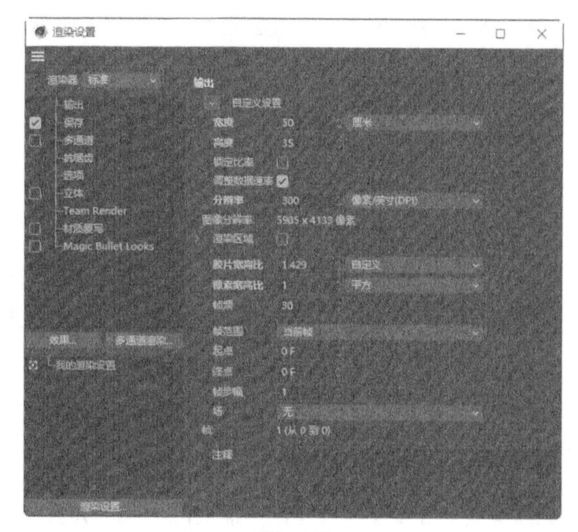

图3-277

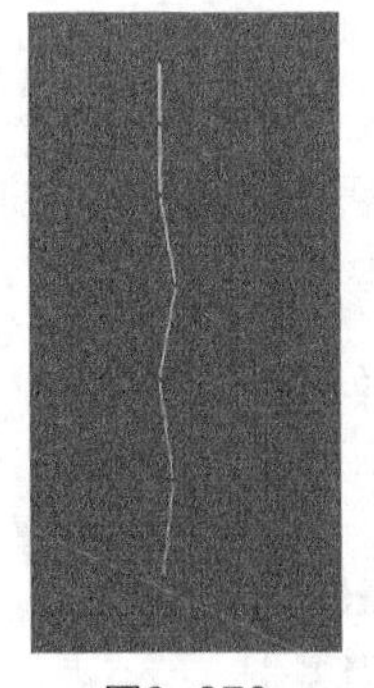

图3-278

02 选择“样条画笔”工具，在视图窗口中适当的位置分别单击，创建7个节点，如图3-278所示。在绘制的样条上单击鼠标右键，在弹出的快捷菜单中选择“断开点连接”命令。“对象”面板中会生成一个“样条”对象，如图3-279所示。

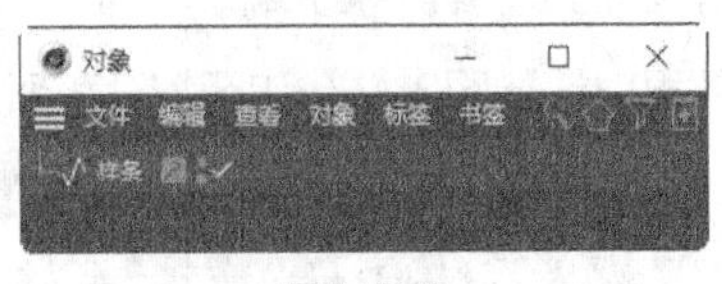

图3-279

03 选择“实时选择”工具，在视图窗口中选中需要的节点，如图3-280所示。在“坐标”面板“位置”选项组中，设置“X”为-94cm、“Y”为293.5cm、“Z”为0cm，如图3-281所示，确定节点的具体位置。在视图窗口中选中需要的节点，如图3-282所示。在“坐标”面板“位置”选项组中，设置“X”为-128cm、“Y”为314cm、“Z”为0cm，如图3-283所示，确定节点的具体位置。

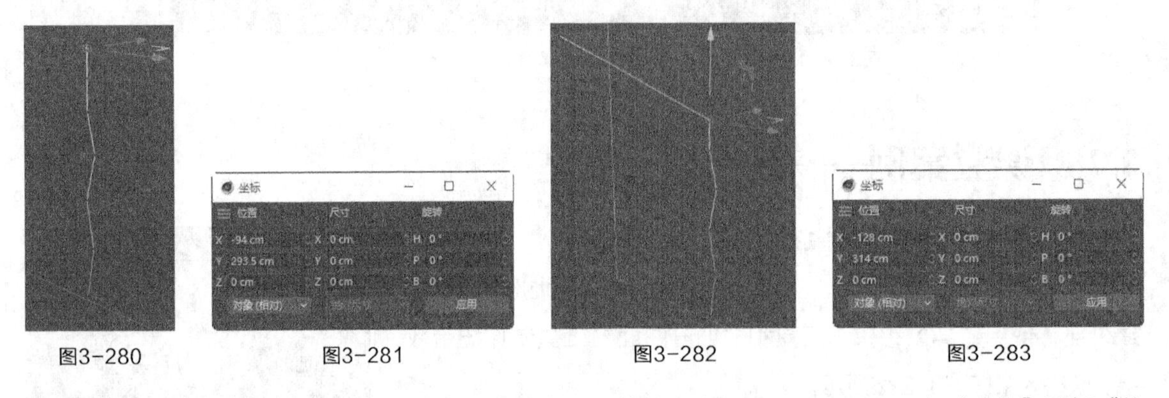

图3-280 图3-281 图3-282 图3-283

04 选择“实时选择”工具，在视图窗口中选中需要的节点，如图3-284所示。在“坐标”面板“位置”选项组中，设置“X”为-174cm、“Y”为288cm、“Z”为0cm，如图3-285所示，确定节点的具体位置。在视图窗口中选中需要的节点，如图3-286所示。在“坐标”面板“位置”选项组中，设置“X”为-148cm、“Y”为252cm、“Z”为0cm，如图3-287所示，确定节点的具体位置。

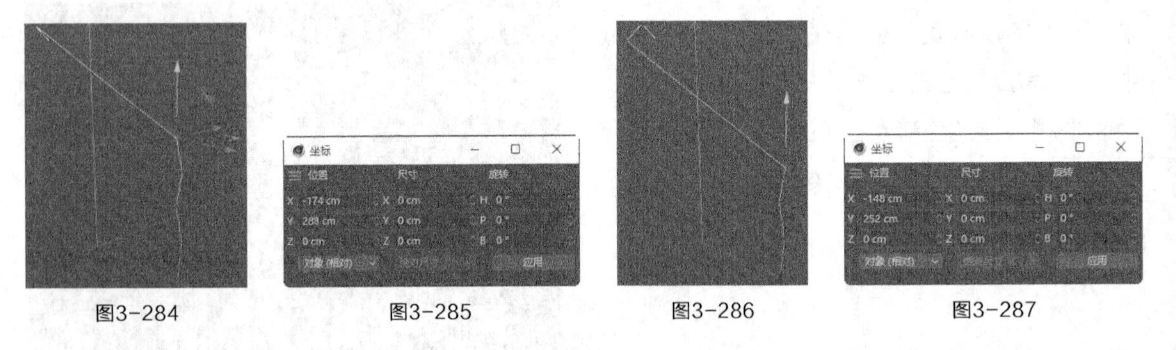

图3-284 图3-285 图3-286 图3-287

05 选择“实时选择”工具，在视图窗口中选中需要的节点，如图3-288所示。在“坐标”面板“位置”选项组中，设置“X”为-114cm、“Y”为228cm、“Z”为0cm，如图3-289所示，确定节点的具体位置。在视图窗口中选中需要的节点，如图3-290所示。在“坐标”面板“位置”选项组中，设置“X”为-138.5cm、“Y”为198cm、“Z”为0cm，如图3-291所示，确定节点的具体位置。

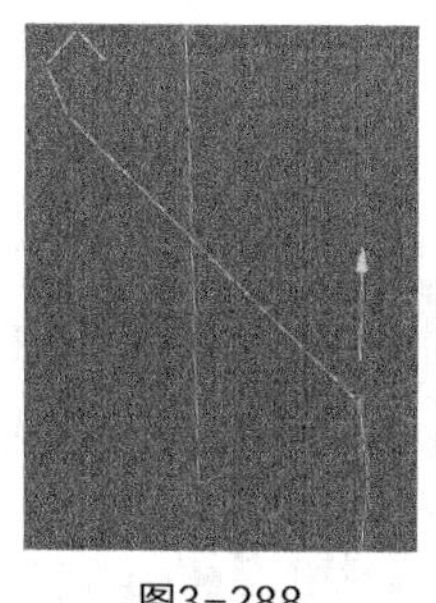
图3-288

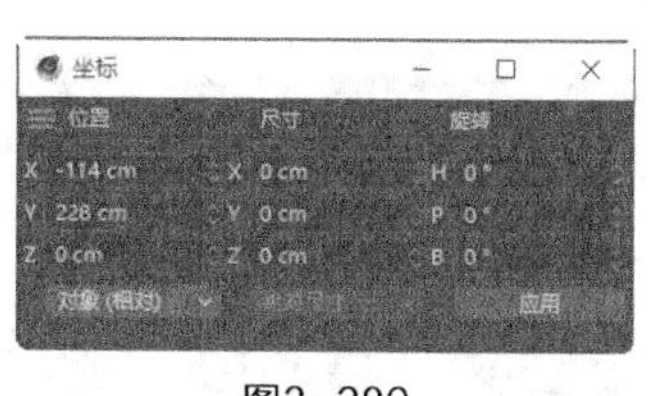

图3-289

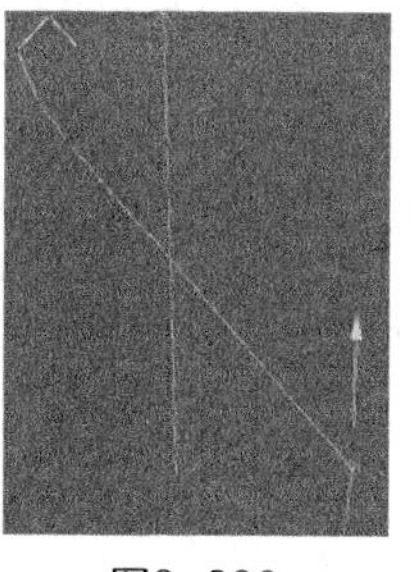
图3-290

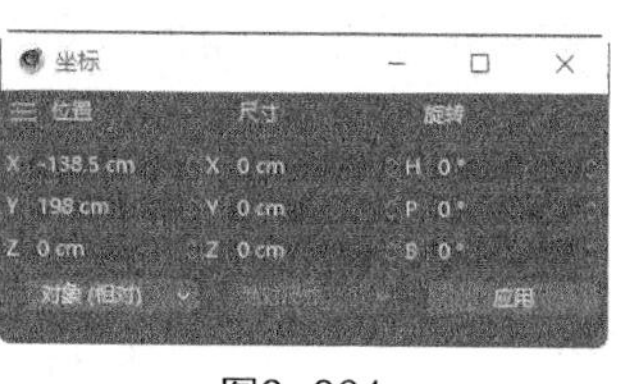

图3-291

06 在视图窗口中选中需要的节点，如图3-292所示。在“坐标”面板“位置”选项组中，设置“X”为-190cm、“Y”为197cm、“Z”为0cm，如图3-293所示，确定节点的具体位置。视图窗口中的效果如图3-294所示。

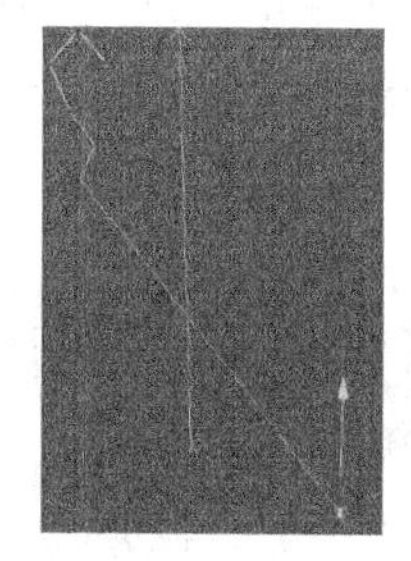
图3-292

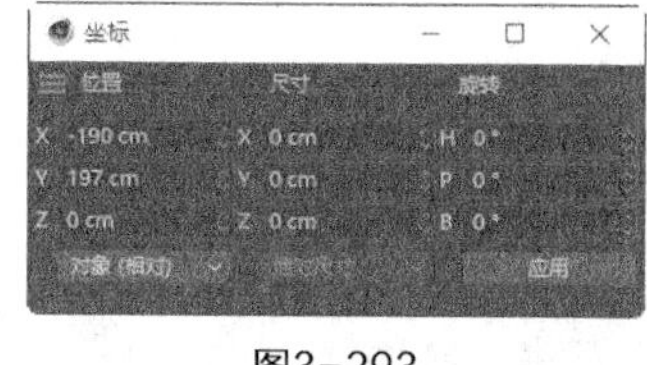

图3-293

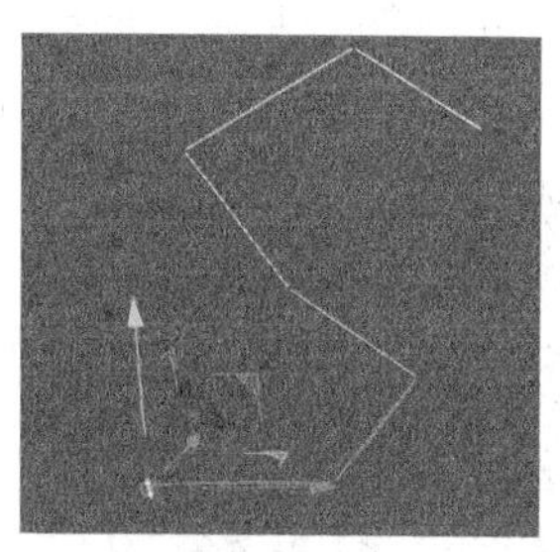
图3-294

07 按Ctrl+A快捷键将样条的节点全部选中，如图3-295所示。在视图窗口中单击鼠标右键，在弹出的快捷菜单中选择“柔性差值”命令，效果如图3-296所示。选择“样条画笔”工具，在视图窗口中分别拖曳各节点的控制手柄到适当的位置，效果如图3-297所示。

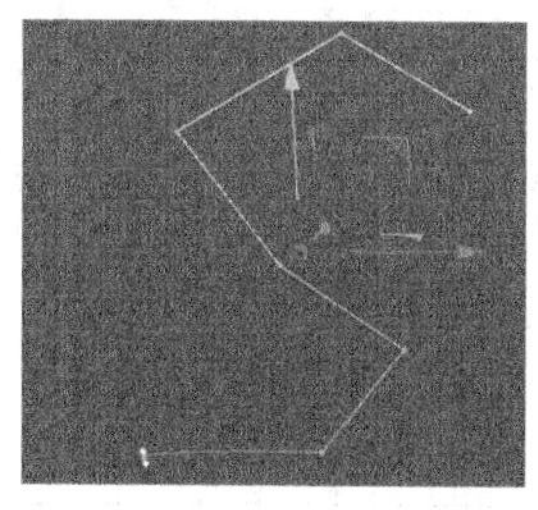
图3-295

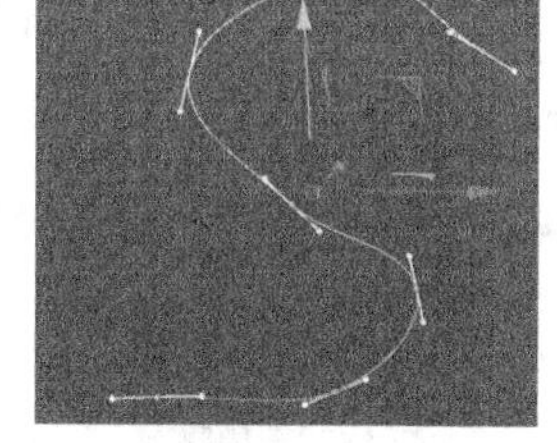
图3-296

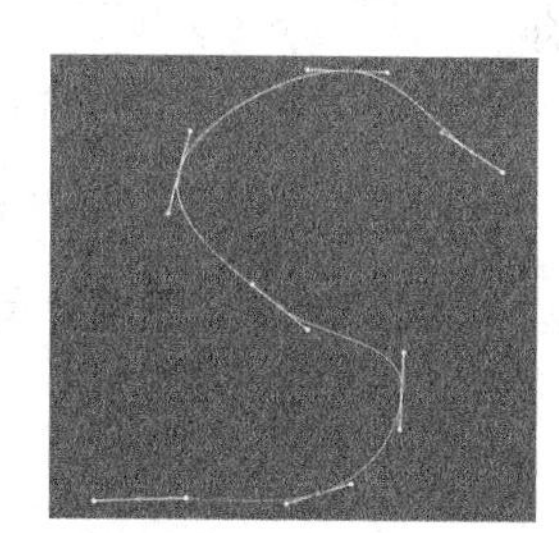
图3-297

08 选择“地形”工具，在“对象”面板中生成一个“地形”对象，如图3-298所示。在“属性”面板“对象”选项卡中，设置“尺寸”为34cm、4.25cm、510cm，“地平面”为76%，“随机”为1，勾选“球状”复选框，如图3-299所示。视图窗口中的效果如图3-300所示。

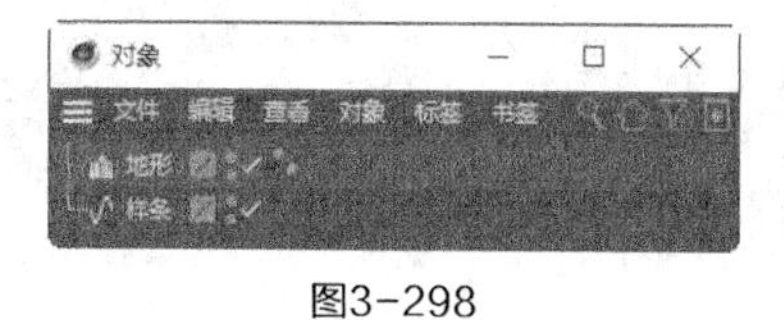

图3-298

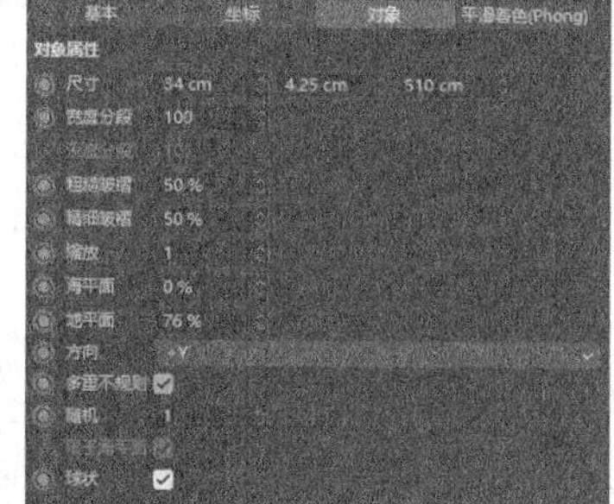

图3-299

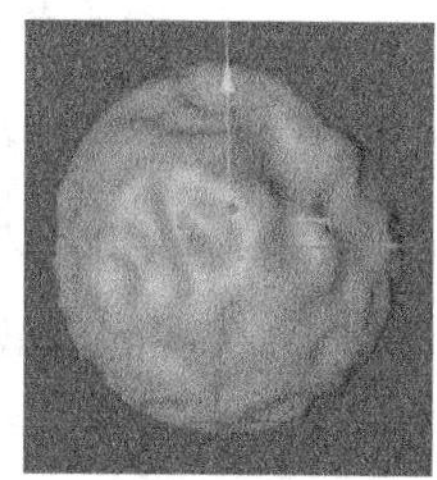
图3-300

09 选择“样条约束”工具，在“对象”面板中生成一个“样条约束”对象，将“样条约束”对象拖入“地形”对象下层，如图3-301所示。选择“对象”面板中的“样条”对象，将其拖曳到“属性”面板“对象”选项卡中的“样条”选项中，设置“轴向”为-X，如图3-302所示。展开“尺寸”选项组，按住Ctrl键的同时在x轴上单击，添加节点，如图3-303所示。

图3-301

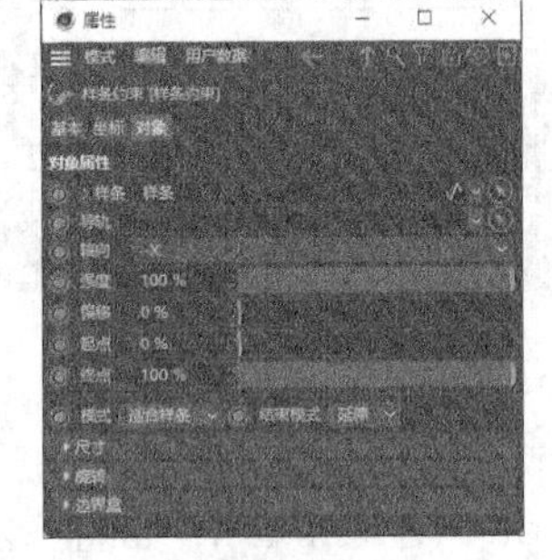

图3-302

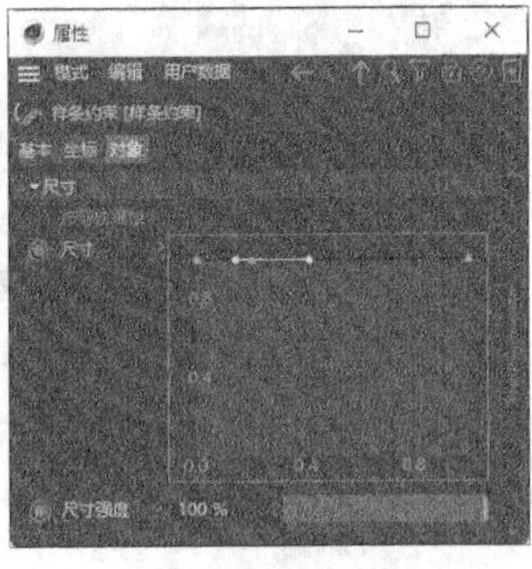

图3-303

10 双击左侧节点，在弹出的文本框中输入0.4，如图3-304所示，调整节点的位置。分别拖曳各节点的控制手柄到适当的位置，如图3-305所示，调整形状粗细。视图窗口中的效果如图3-306所示。折叠“地形”对象组。

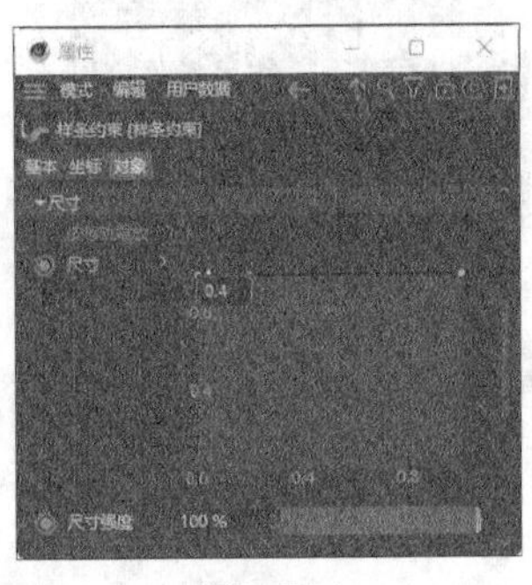

图3-304

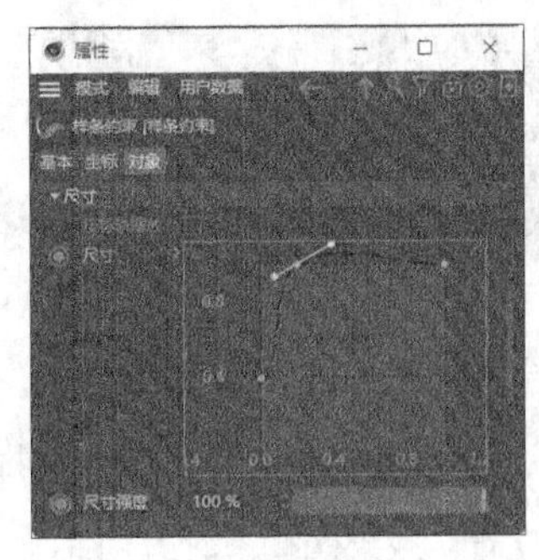

图3-305

图3-306

11 选择“细分曲面”工具，在“对象”面板中生成一个“细分曲面”对象。将“地形”对象组拖入“细分曲面”对象下层，如图3-307所示。视图窗口中的效果如图3-308所示。在“对象”面板中选中所有的对象及对象组，如图3-309所示。

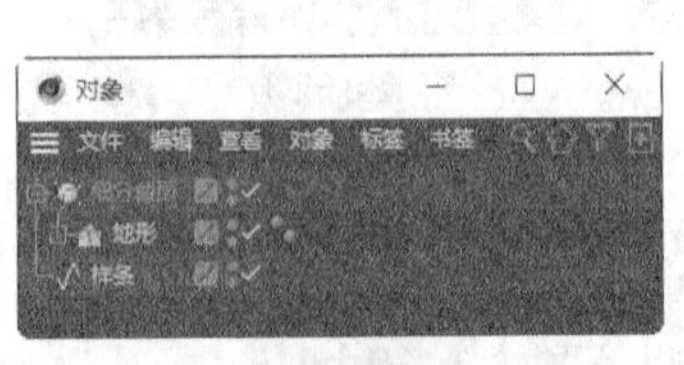

图3-307

图3-308

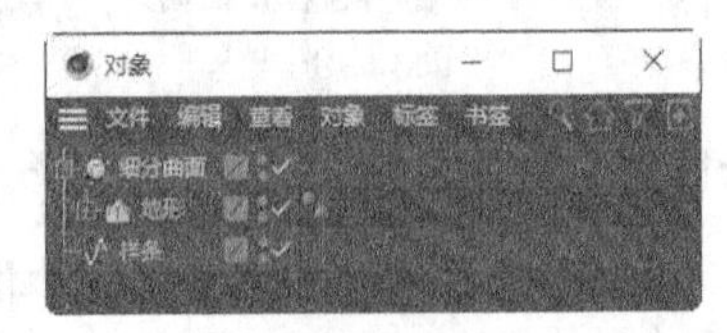

图3-309

12 按Alt+G快捷键将选中的对象及对象组编组，并命名为“S”，如图3-310所示。在“坐标”面板“位置”选项组中，设置“X”为545cm、“Y”为-105cm、“Z”为0cm，如图3-311所示。纽带模型制作完成。

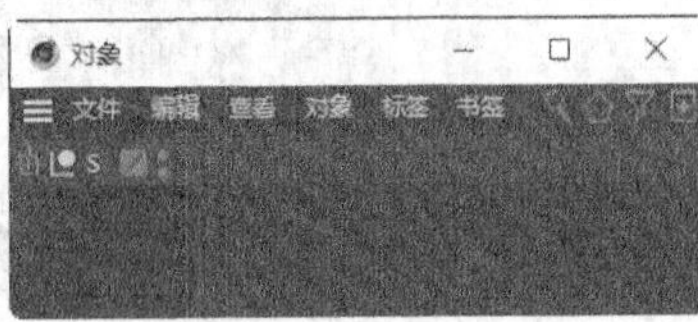

图3-310

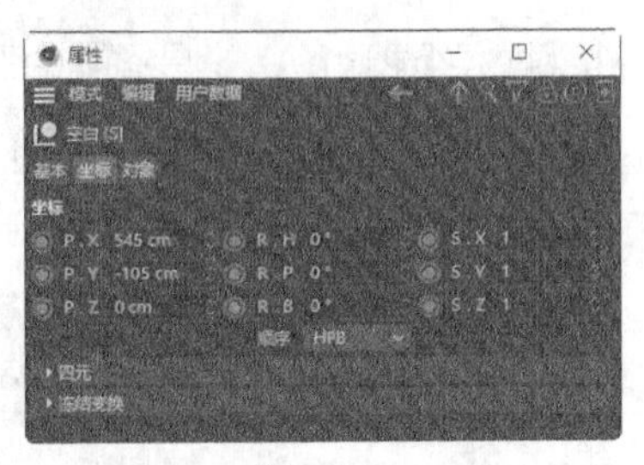

图3-311

3.3.9 样条约束

“样条约束”变形器是常用的变形器之一，使用它可以将参数化对象约束到参数化样条上，从而制作路径动画效果。

在场景中创建一个“样条约束”变形器。创建一个样条对象和一个胶囊对象，并分别在“属性”面板中进行设置，如图3-312所示，效果如图3-313所示。

在“对象”面板中，将“样条约束”变形器作为胶囊对象的子对象，如图3-314所示。将“样条”对象拖曳到“样条约束”变形器“属性”面板“对象”选项卡的“样条”选项中，如图3-315所示，效果如图3-316所示。

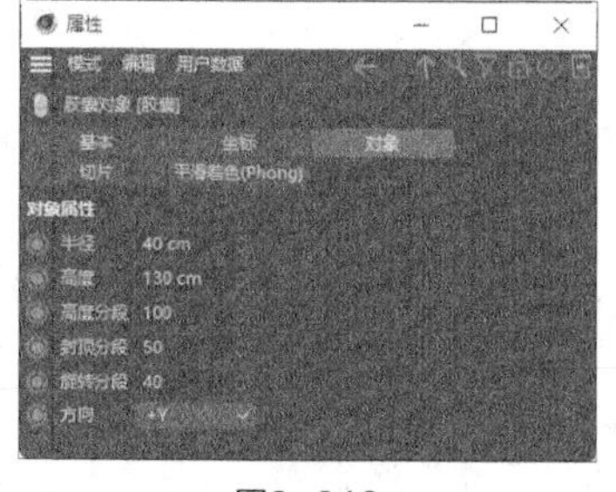

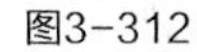

图3-312

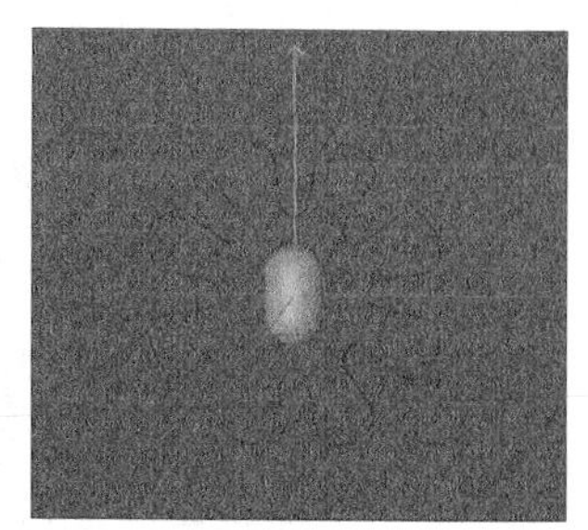

图3-313

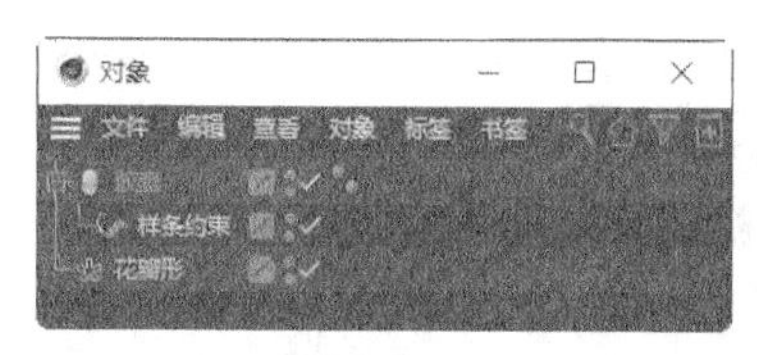

图3-314

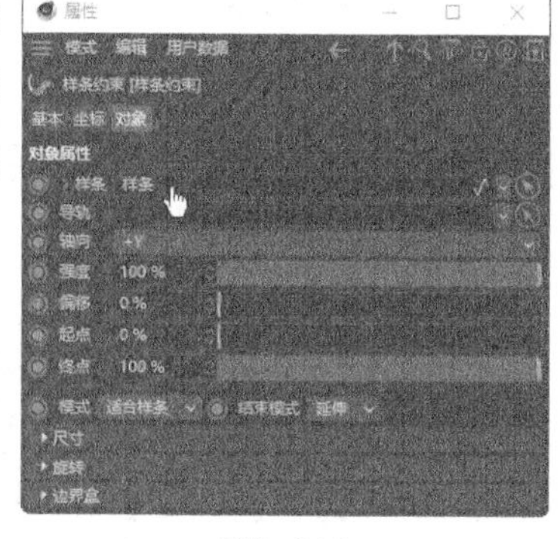

图3-315

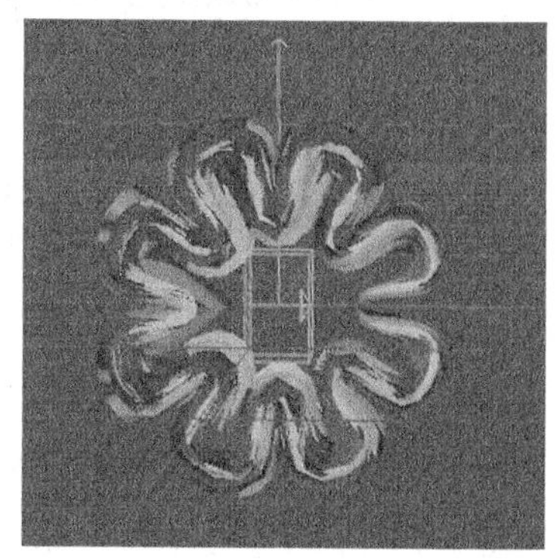

图3-316

3.3.10 置换

使用“置换”变形器可以在“属性”面板中为“着色器”选项添加贴图，从而对绘制的参数化对象进行变形操作。“属性”面板中会显示相应的参数设置，常用的参数设置由“对象”“着色”“衰减”“刷新”这4个选项卡组成。在“对象”面板中，需要把“置换”变形器作为参数化对象的子对象，这样就可以对参数化对象进行变形操作，变形前后的效果对比如图3-317和图3-318所示。

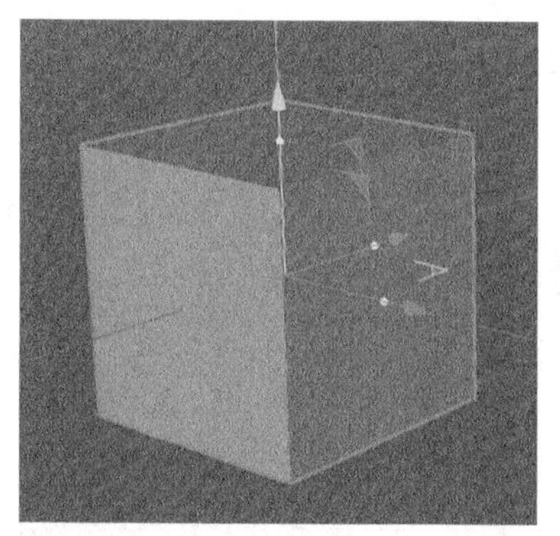

图3-317

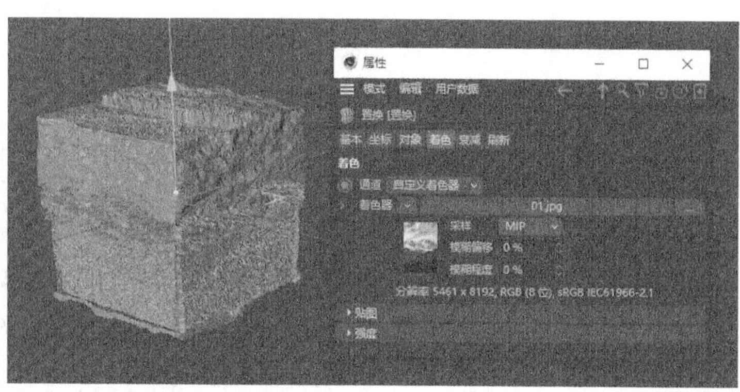

图3-318

3.4 多边形建模

在Cinema 4D中，如果想对建立的参数化对象进行编辑，需要先将三维对象转换为可编辑对象。选中需要编辑的对象，单击模式工具栏中的“转为可编辑对象”按钮，即可将参数化对象转换为可编辑对象。可编辑对象有3种编辑模式，分别为点模式、边模式、多边形模式，如图3-319所示。

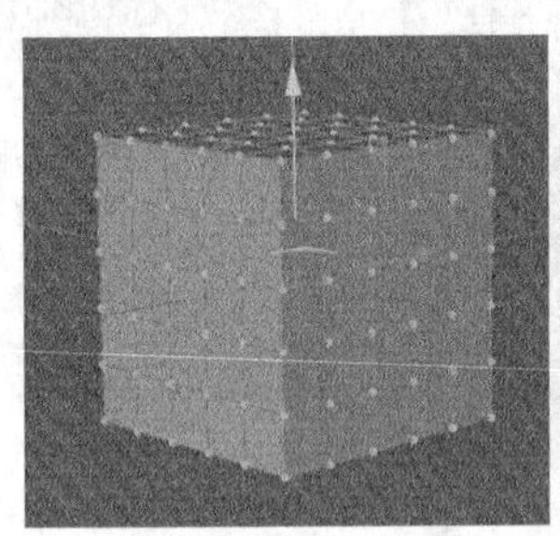
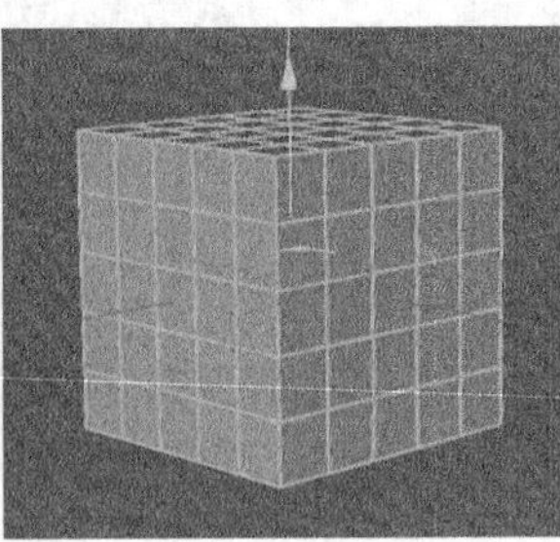
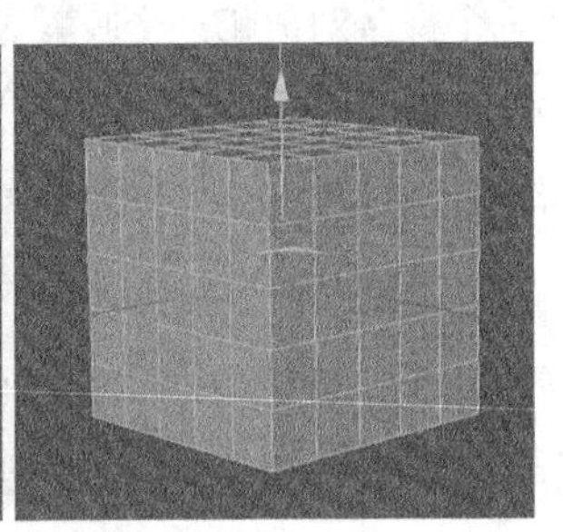

图3-319

3.4.1 课堂案例——制作吹风机模型

案例学习目标 能够使用多边形建模工具制作吹风机模型。

案例知识要点 使用“圆柱体”工具、“消除”命令、“循环/路径切割”命令、“线性切割”命令、“倒角”命令、“挤压”命令、“内部挤压”命令和“布尔”工具制作吹风机机身，使用“管道”工具、“立方体”工具和“细分曲面”工具制作按钮和网格，使用“样条画笔”工具、“圆环”工具和“扫描”工具制作电线。最终效果如图3-320所示。

效果所在位置 学习资源\Ch03\制作吹风机模型\工程文件.c4d。

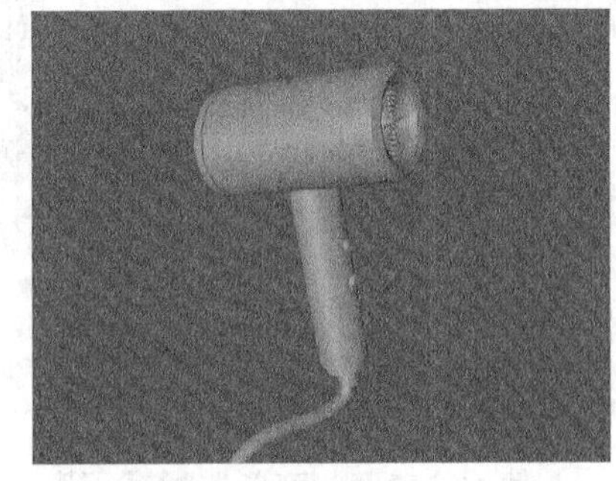

图3-320

1. 制作吹风机机身

01 单击“编辑渲染设置”按钮，弹出“渲染设置”面板，在“输出”设置区域中设置“宽度”为1920像素、“高度”为900像素，单击“关闭”按钮，关闭面板。

02 选择“圆柱体”工具，在“对象”面板中生成一个“圆柱体”对象，并将其重命名为“吹风机”。在“属性”面板“对象”选项卡中，设置“半径”为11cm、“高度”为38cm、“高度分段”为4、“旋转分段”为32、“方向”为“+Z”，如图3-321所示；在“封顶”选项卡中，取消勾选“封顶”复选框，如图3-322所示。

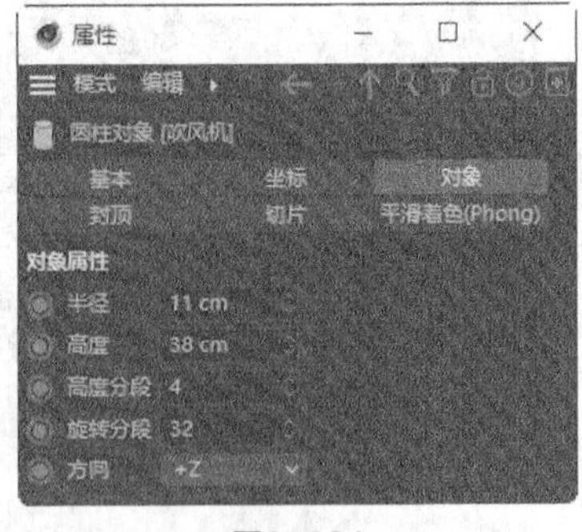

图3-321

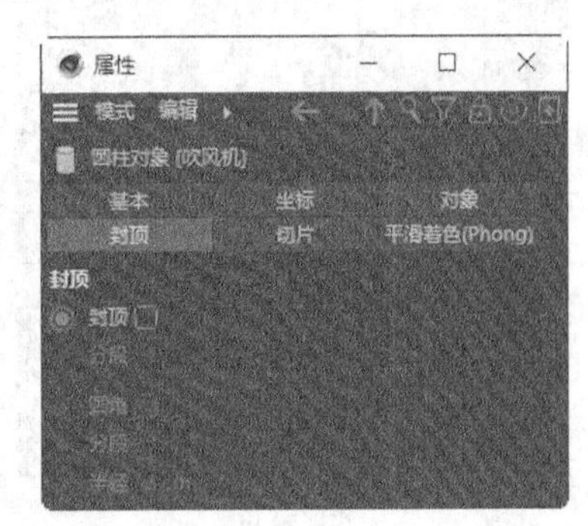

图3-322

03 在“坐标”面板“位置”选项组中，设置“X”为164cm、“Y”为72cm、“Z”为72cm，如图3-323所示。视图窗口中的效果如图3-324所示。将“吹风机”对象转为可编辑对象。

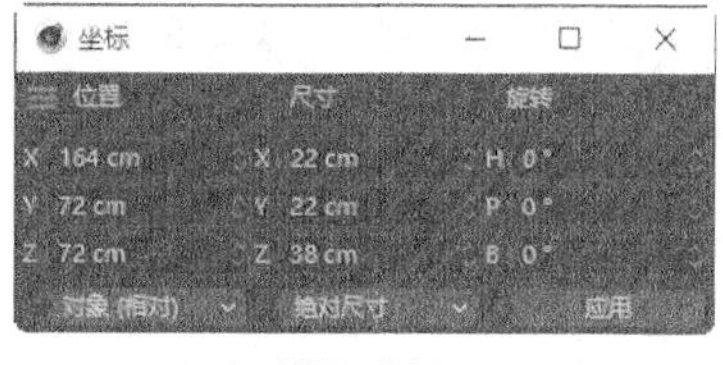

图3-323

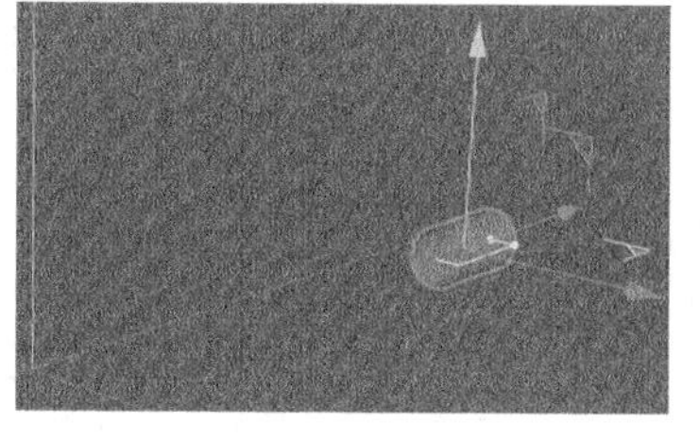

图3-324

04 单击“边”按钮，切换为边模式。选择“选择 > 循环选择”命令，在视图窗口中选中需要的边，如图3-325所示。在视图窗口中单击鼠标右键，在弹出的快捷菜单中选择“消除”命令，消除选中的边，如图3-326所示。

05 在视图窗口中单击鼠标右键，在弹出的快捷菜单中选择“循环/路径切割”命令，在视图窗口中选择要切割的边，如图3-327所示。

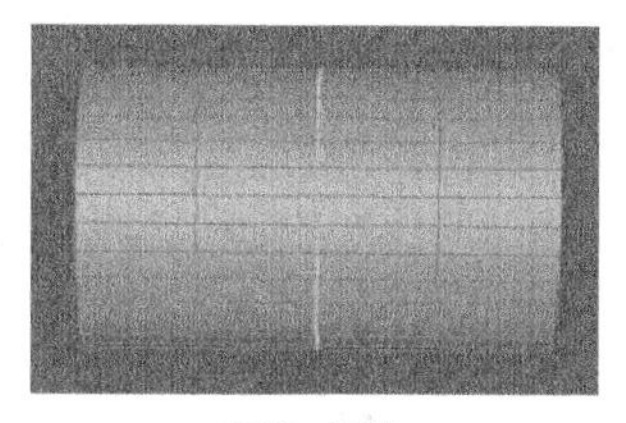

图3-325

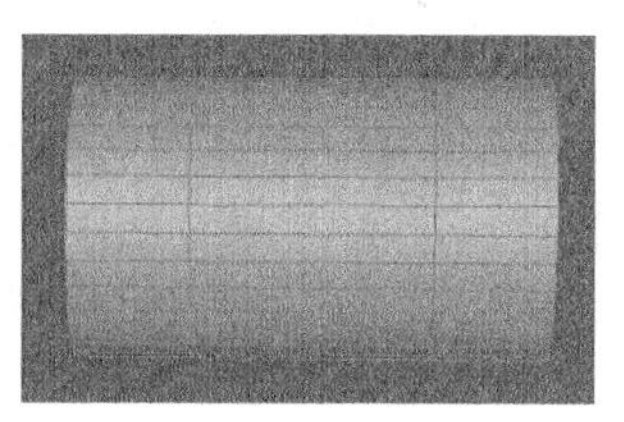

图3-326

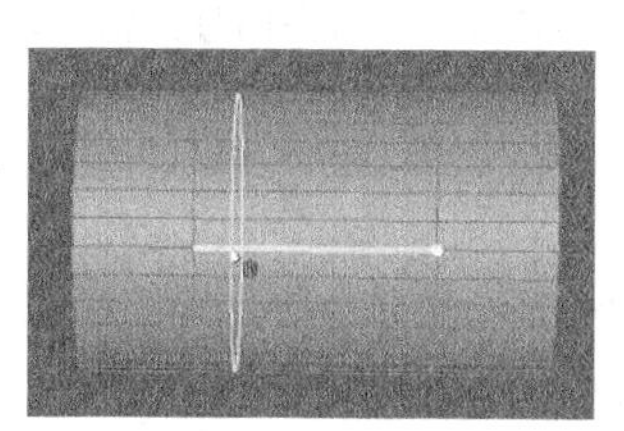

图3-327

06 在“属性”面板中，设置“偏移”为40%，效果如图3-328所示。再次在视图窗口中选择要切割的边，如图3-329所示。在“属性”面板中，设置“偏移”为50%，效果如图3-330所示。

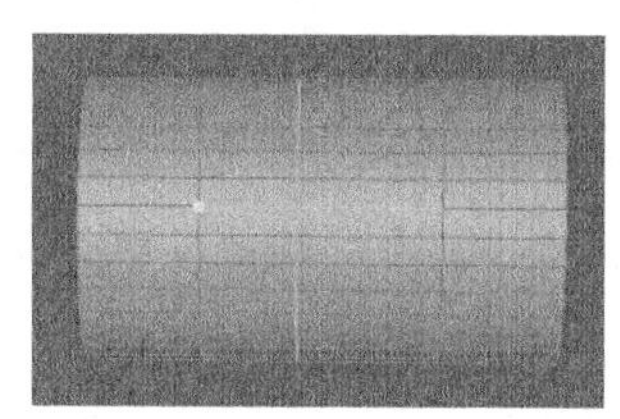

图3-328

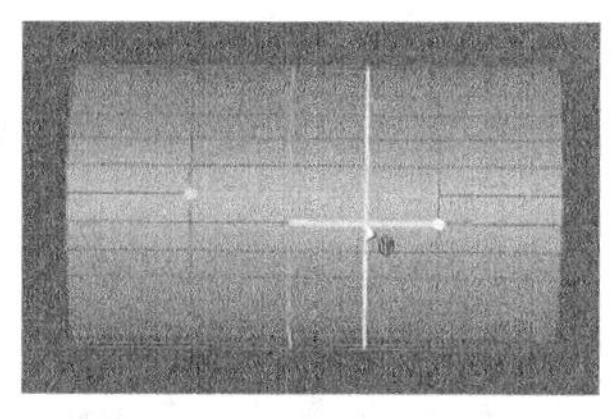

图3-329

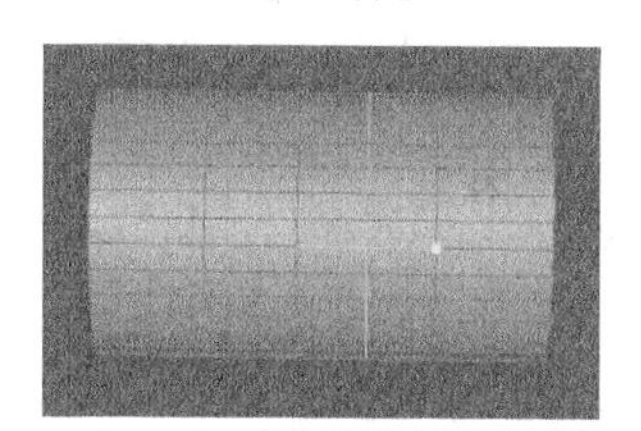

图3-330

07 选择“圆柱体”工具，在“对象”面板中生成一个“圆柱体”对象。在“属性”面板“对象”选项卡中，设置“半径”为5cm、“高度”为20cm、“高度分段”为4、“旋转分段”为16、“方向”为“+Y”，如图3-331所示。

08 单击“模型”按钮，切换为模型模式。在“坐标”面板“位置”选项组中，设置“X”为164cm、“Y”为53cm、“Z”为75.8cm，如图3-332所示。视图窗口中的效果如图3-333所示。

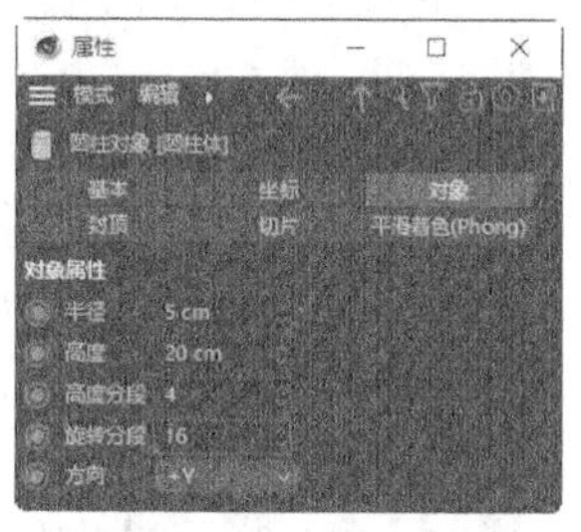

图3-331

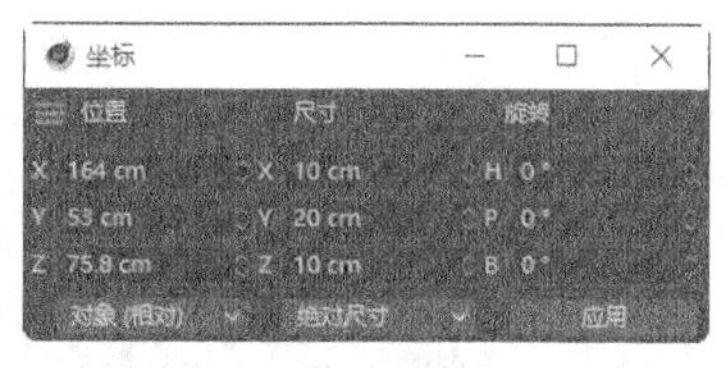

图3-332

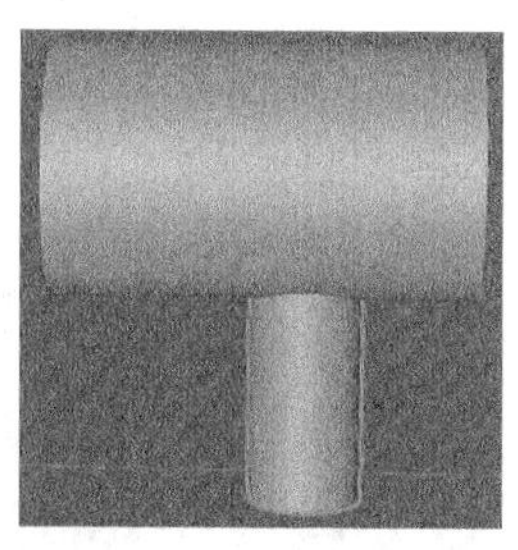

图3-333

09 选择“布尔”工具，在“对象”面板中生成一个“布尔”对象，如图3-334所示。将“吹风机”对象和“圆柱体”对象拖入“布尔”对象的下层，如图3-335所示。用鼠标中键在“布尔”对象组上单击，将该组中的对象全部选中，并在该对象组上单击鼠标右键，在弹出的快捷菜单中选择“连接对象+删除”命令，将该组中的对象连接，如图3-336所示。

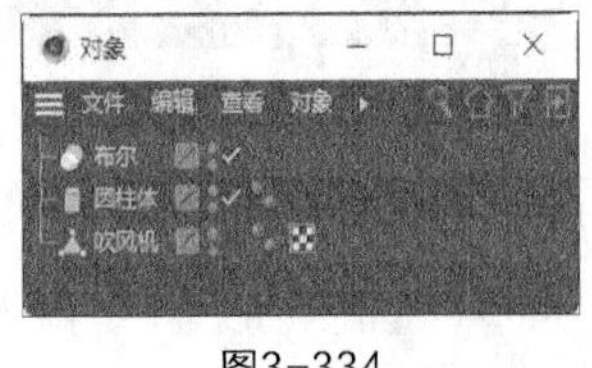

图3-334

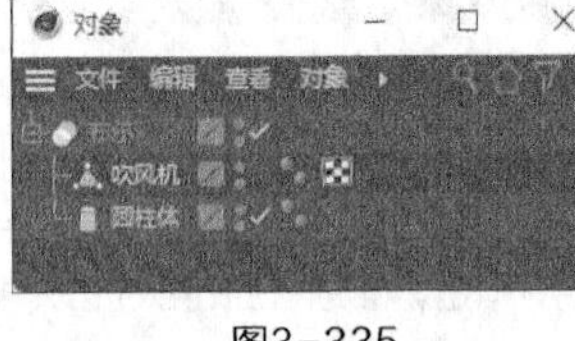

图3-335

图3-336

10 单击“多边形”按钮，切换为多边形模式。选择“实时选择”工具，在视图窗口中选中需要的面，如图3-337所示。选择“选择 > 循环选择”命令，按住Shift键的同时选择需要的面，如图3-338所示。按Delete键，将选中的面删除，效果如图3-339所示。

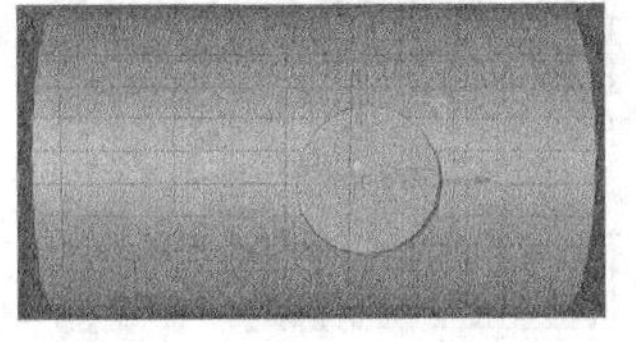
图3-337

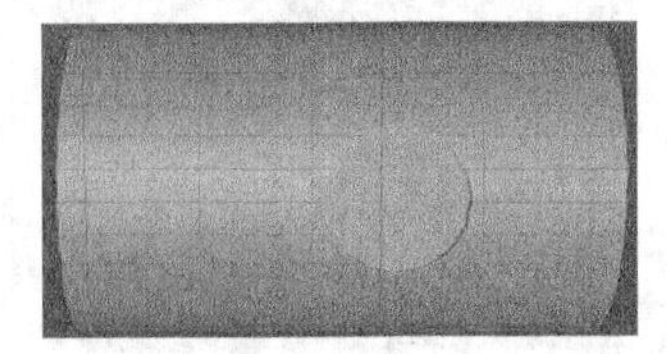
图3-338

图3-339

11 单击“边”按钮，切换为边模式。选择“移动”工具，按住Shift键的同时在视图窗口中选中需要的边，如图3-340所示。在视图窗口中单击鼠标右键，在弹出的快捷菜单中选择“消除”命令，将选中的边消除，效果如图3-341所示。

12 在视图窗口中单击鼠标右键，在弹出的快捷菜单中选择“线性切割”命令，在视图窗口中进行切割，效果如图3-342所示。在“对象”面板中将“布尔”对象重命名为“吹风机”。选择“选择 > 循环选择”命令，在视图窗口中选中需要的边，如图3-343所示。

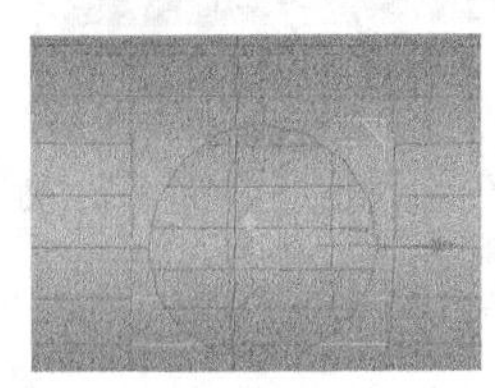
图3-340

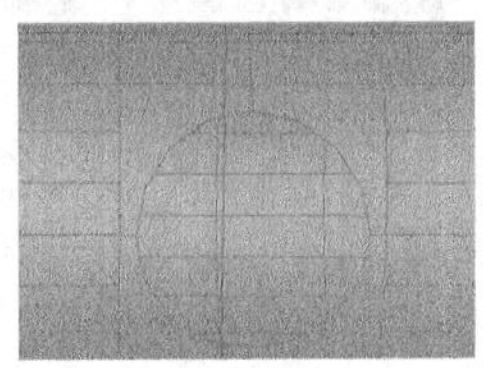
图3-341

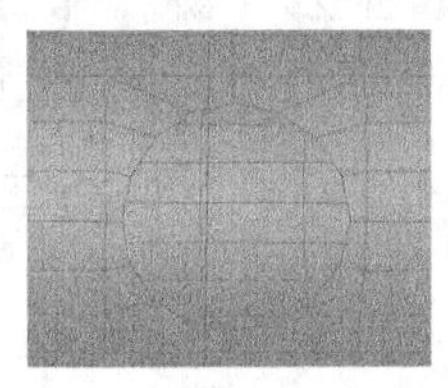
图3-342

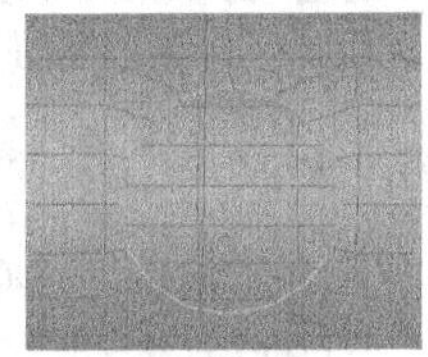
图3-343

13 选择“移动”工具，按住Ctrl键的同时拖曳*y*轴，如图3-344所示。在“坐标”面板“位置”选项组中，设置坐标为“世界坐标”，“Y”为20cm；在“尺寸”选项组中，设置“Y”为0cm，如图3-345所示。视图窗口中的效果如图3-346所示。

图3-344

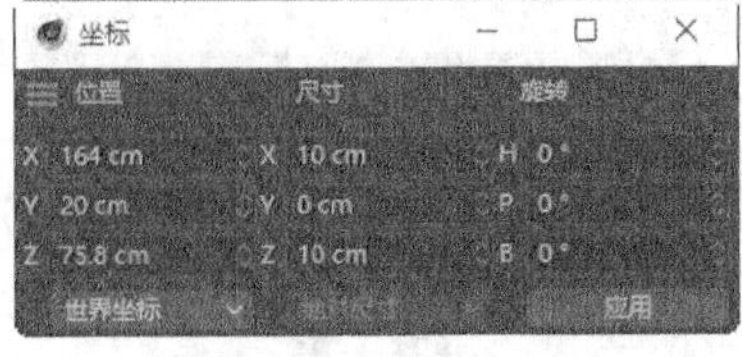

图3-345

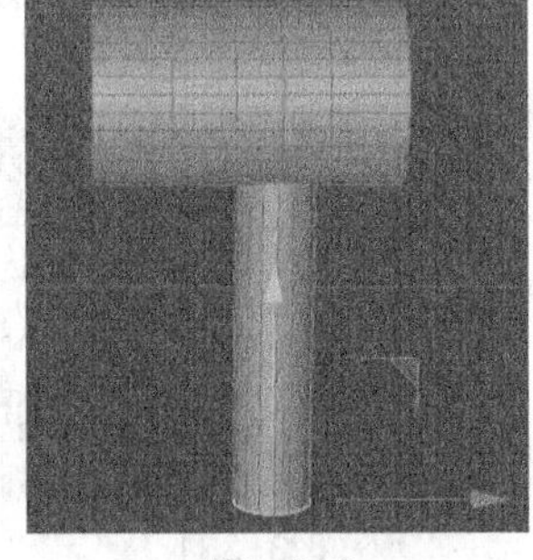
图3-346

14 选择“选择 > 循环选择”命令，在视图窗口中选中需要的边，如图3-347所示。在视图窗口中单击鼠标右键，在弹出的快捷菜单中选择“倒角”命令，在“属性”面板“工具选项”选项卡中设置“偏移”为0.3cm、“细分”为1，效果如图3-348所示。

15 选择“选择 > 循环选择”命令，在视图窗口中选中需要的边，如图3-349所示。在视图窗口中单击鼠标右键，在弹出的快捷菜单中选择“挤压”命令，在“属性”面板中设置“偏移”为0.5cm、“旋转”为90°；在“工具”选项卡中，单击“新的变换”按钮，效果如图3-350所示。

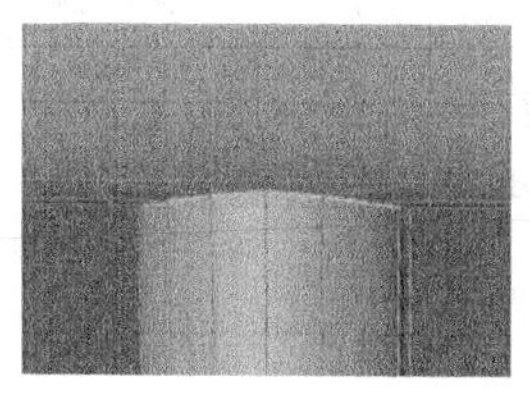
图3-347

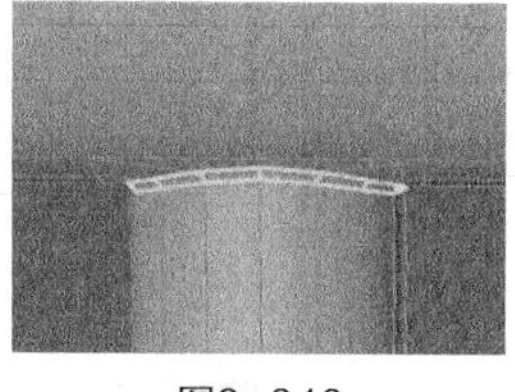
图3-348

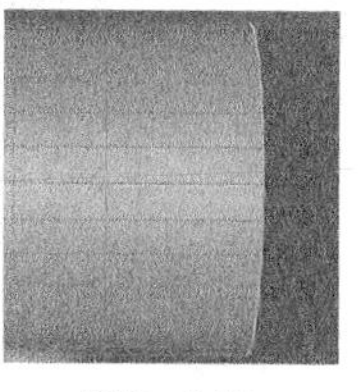
图3-349

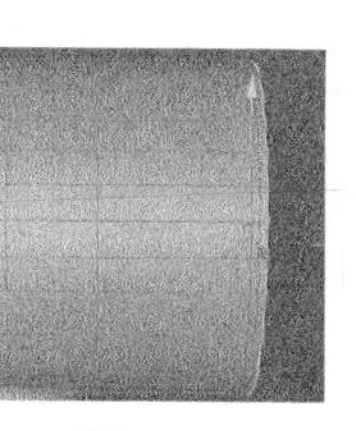
图3-350

16 在“选项”选项卡中，设置“偏移”为2cm；在“工具”选项卡中，单击“新的变换”按钮，效果如图3-351所示。在“选项”选项卡中，设置“偏移”为3cm、“旋转”为-180°；在“工具”选项卡中，单击“新的变换”按钮，效果如图3-352所示。在“选项”选项卡中，设置“偏移”为12cm，效果如图3-353所示。

17 选择“选择 > 循环选择”命令，在视图窗口中选中需要的边，如图3-354所示。按住Shift键的同时选择需要的边，如图3-355所示。

图3-351

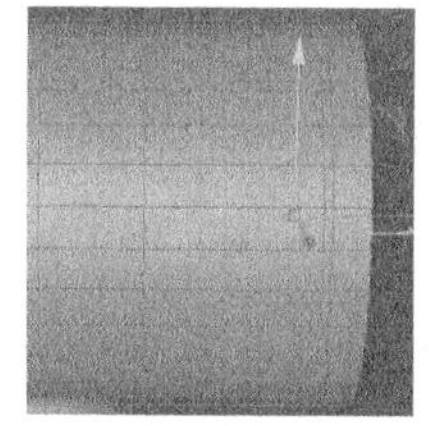
图3-352

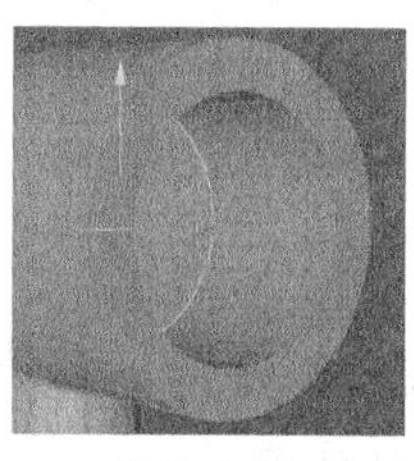
图3-353

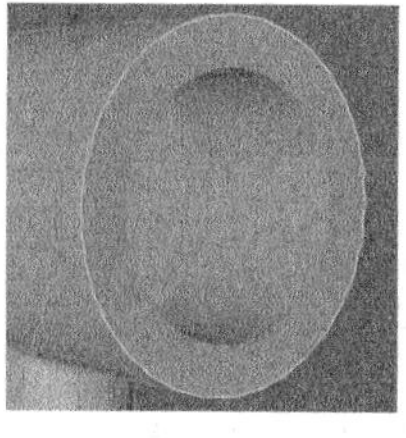
图3-354

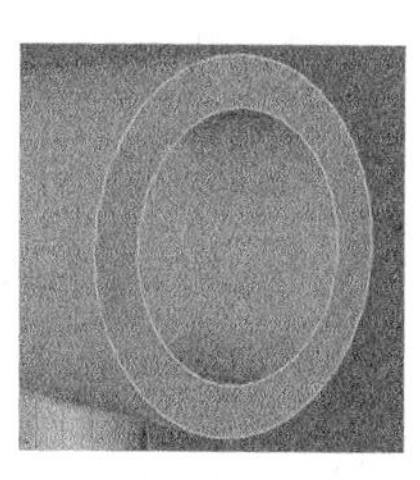
图3-355

18 在视图窗口中单击鼠标右键，在弹出的快捷菜单中选择“倒角”命令，在“属性”面板“工具选项”选项卡中设置“偏移”为1cm、“细分”为3，效果如图3-356所示。

19 单击“多边形”按钮，切换为多边形模式。选择“选择 > 循环选择”命令，在视图窗口中选中需要的面，如图3-357所示。在视图窗口中单击鼠标右键，在弹出的快捷菜单中选择“内部挤压”命令，在“属性”面板中设置“偏移”为0.09cm，效果如图3-358所示。

20 在视图窗口中单击鼠标右键，在弹出的快捷菜单中选择“挤压”命令，在“属性”面板中设置“偏移”为-1cm，效果如图3-359所示。

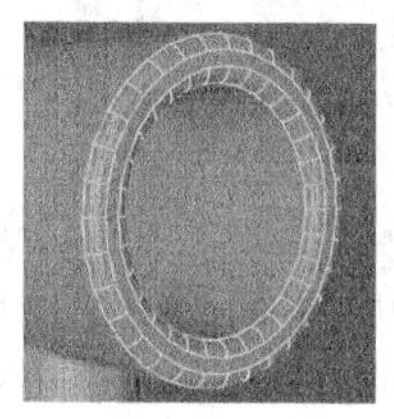
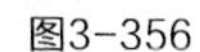
图3-356

图3-357

图3-358

图3-359

21 单击“边”按钮，切换为边模式。选择“选择 > 循环选择”命令，在视图窗口中选中需要的边，如图3-360所示。在“坐标”面板“位置”选项组中，设置“Z”为56cm，效果如图3-361所示。

22 在视图窗口中单击鼠标右键，在弹出的快捷菜单中选择“挤压”命令，在“属性”面板中设置“偏移”为2cm、“旋转”为145°；在“工具”选项卡中，单击3次“新的变换”按钮，效果如图3-362所示。

23 选择“选择 > 循环选择”命令，在视图窗口中选中需要的边，如图3-363所示。按住Shift键的同时选中需要的边，如图3-364所示。在视图窗口中单击鼠标右键，在弹出的快捷菜单中选择“倒角”命令，在“属性”面板“工具选项”选项卡中设置“偏移”为0.2cm、“细分”为1，效果如图3-365所示。

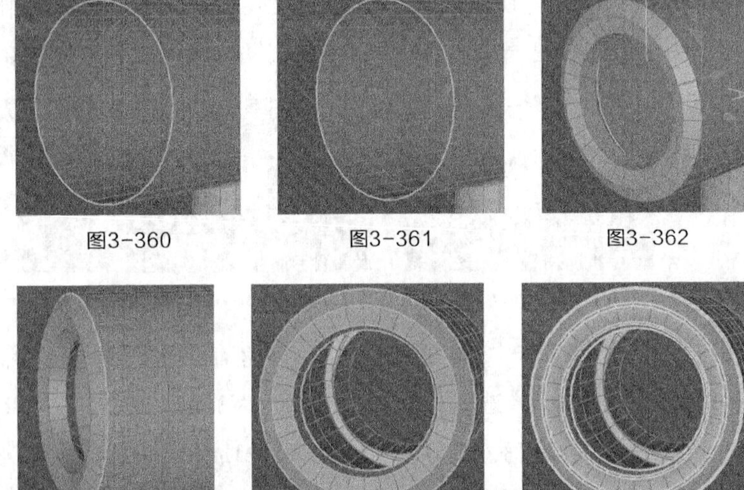

图3-360 图3-361 图3-362

图3-363 图3-364 图3-365

2. 制作按钮

01 在视图窗口中单击鼠标右键，在弹出的快捷菜单中选择“循环/路径切割”命令，在视图窗口中选择要切割的边，如图3-366所示。在“属性”面板中，设置“偏移”为95%，效果如图3-367所示。

02 选择“选择 > 循环选择”命令，在视图窗口中选中需要的边，如图3-368所示。在“坐标”面板“尺寸”选项组中，设置“Y”为0cm，效果如图3-369所示。

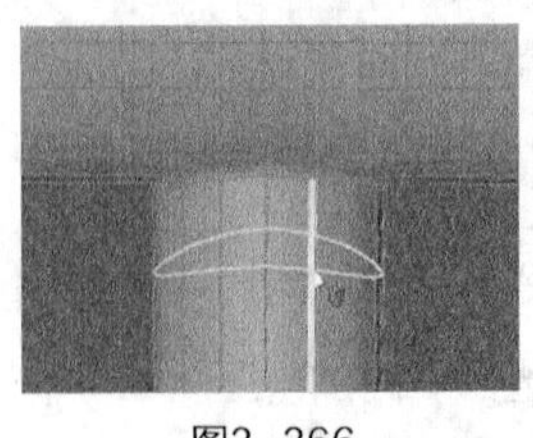

图3-366

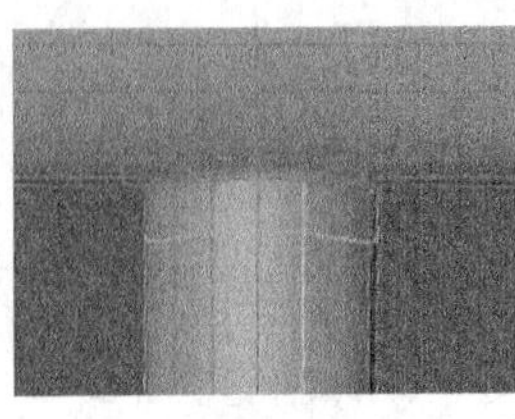

图3-367

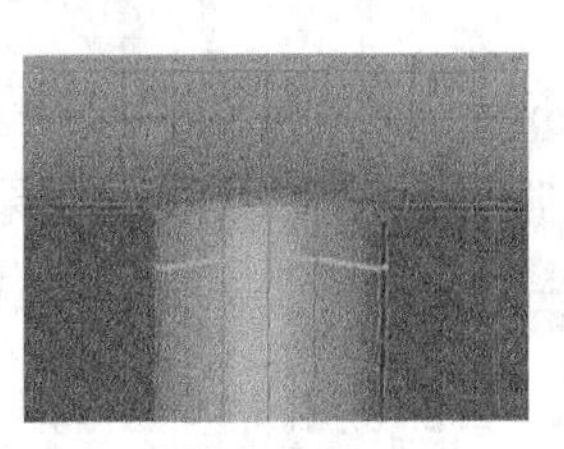

图3-368

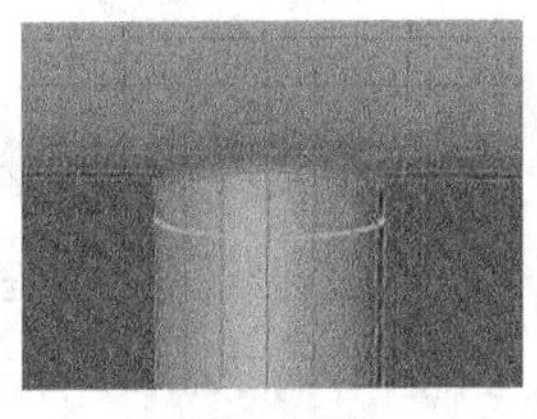

图3-369

03 在视图窗口中单击鼠标右键，在弹出的快捷菜单中选择“循环/路径切割”命令，在视图窗口中选择要切割的边，如图3-370所示。在“属性”面板中，设置“偏移”为80%，效果如图3-371所示。选择要切割的边，在“属性”面板中设置“偏移”为15%，效果如图3-372所示。

图3-370

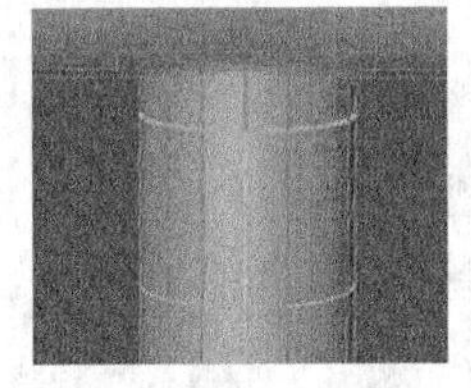

图3-371

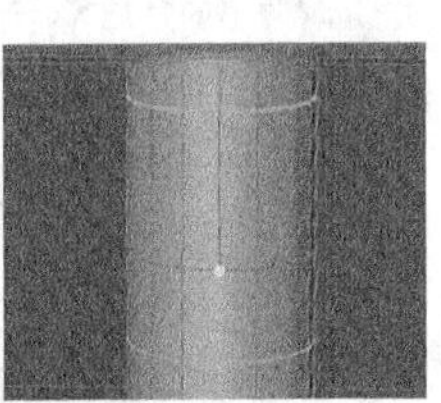

图3-372

04 选择要切割的边，在“属性”面板中设置“偏移”为10%，效果如图3-373所示。选择要切割的边，在“属性”面板中设置“偏移”为20%，效果如图3-374所示。选择要切割的边，在“属性”面板中设置“偏移”为50%，效果如图3-375所示。

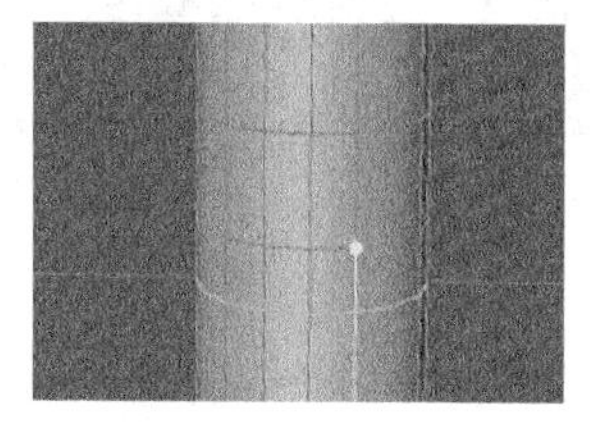
图3-373

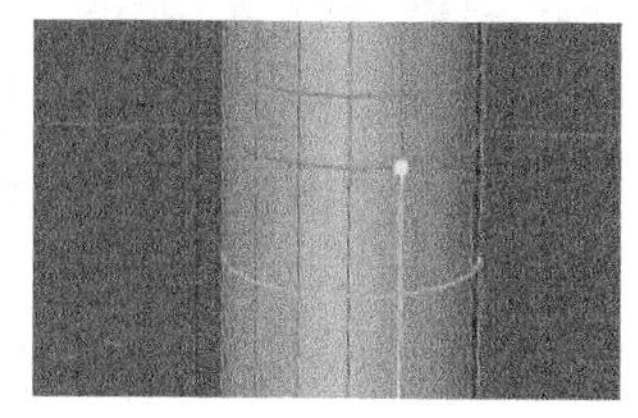
图3-374

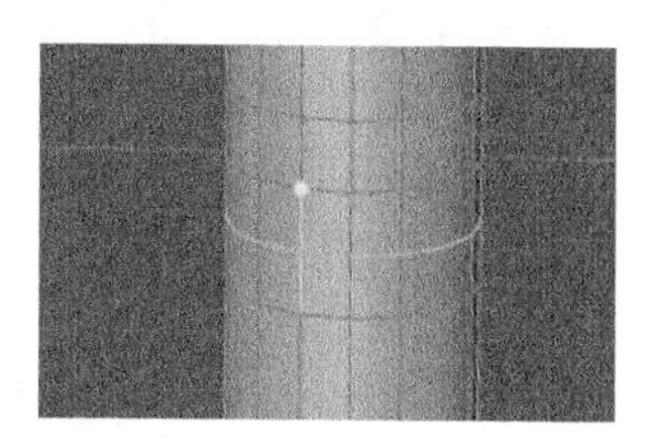
图3-375

05 选择要切割的边，在“属性”面板中设置“偏移”为50%，效果如图3-376所示。单击“点”按钮，切换为点模式。按住Shift键的同时在视图窗口中选中需要的点，如图3-377所示。

06 在视图窗口中单击鼠标右键，在弹出的快捷菜单中选择“倒角”命令，在“属性”面板“工具选项”选项卡中设置“偏移”为1.5cm、“深度”为-100，效果如图3-378所示。

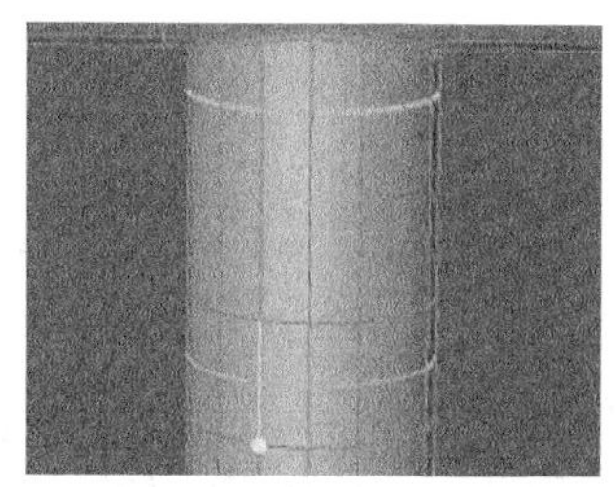
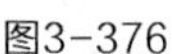
图3-376

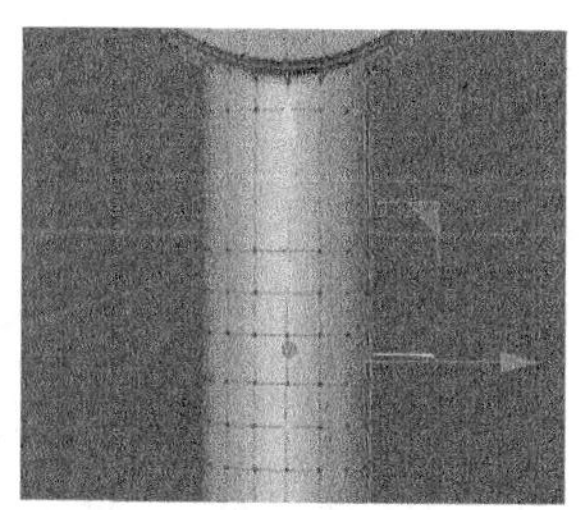
图3-377

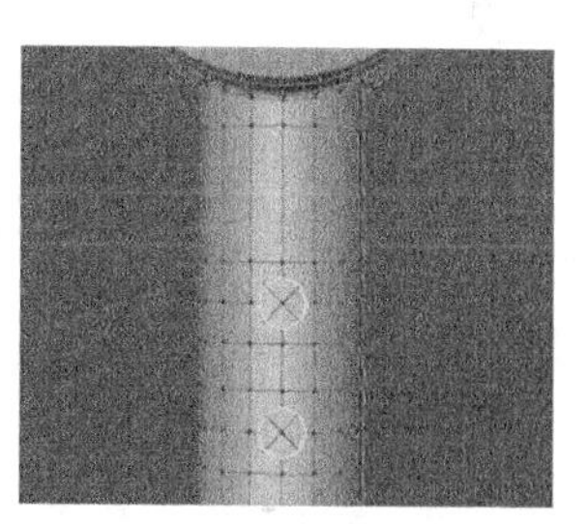
图3-378

07 在视图窗口中单击鼠标右键，在弹出的快捷菜单中选择“线性切割”命令，在视图窗口中切割对象，如图3-379所示。单击“多边形”按钮，切换为多边形模式。选择“实时选择”工具，按住Shift键的同时选中需要的面，如图3-380所示。

08 在视图窗口中单击鼠标右键，在弹出的快捷菜单中选择“内部挤压”命令，在“属性”面板中设置“偏移”为0.1cm，效果如图3-381所示。

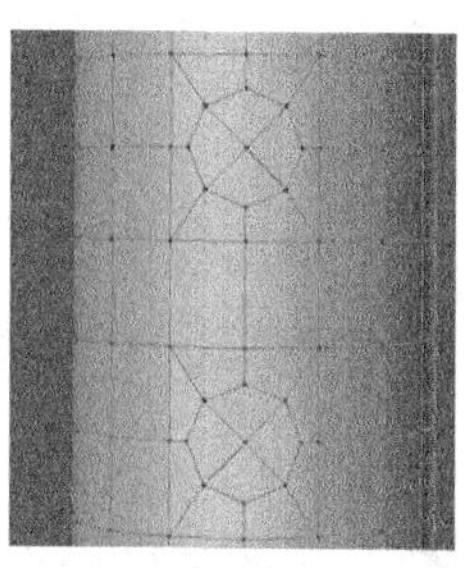
图3-379

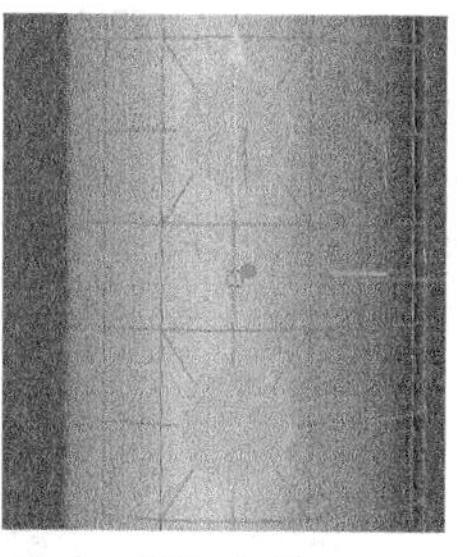
图3-380

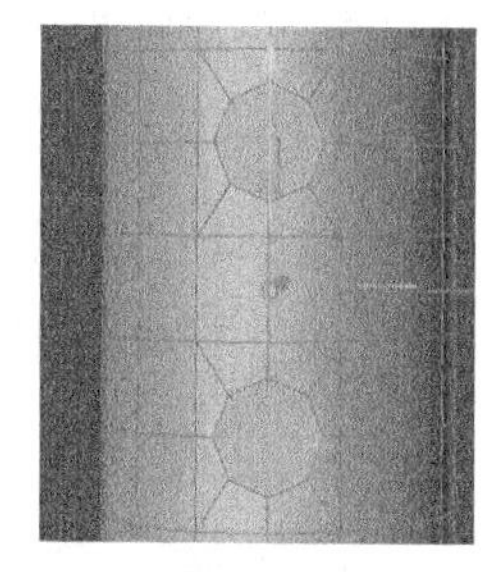
图3-381

09 选择“实时选择”工具，在视图窗口中选中需要的面，如图3-382所示。在视图窗口中单击鼠标右键，在弹出的快捷菜单中选择“挤压”命令，在“属性”面板中设置“偏移”为1cm，效果如图3-383所示。

10 选择“实时选择”工具，在视图窗口中选中需要的面，如图3-384所示。在视图窗口中单击鼠标右键，在弹出的快捷菜单中选择“挤压”命令，在“属性”面板中设置“偏移”为1cm，效果如图3-385所示。

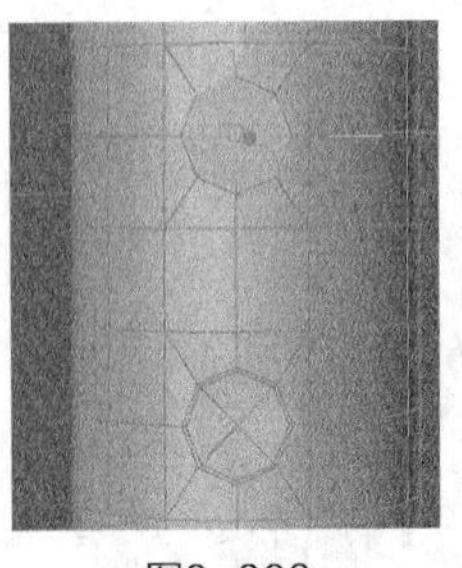
图3-382

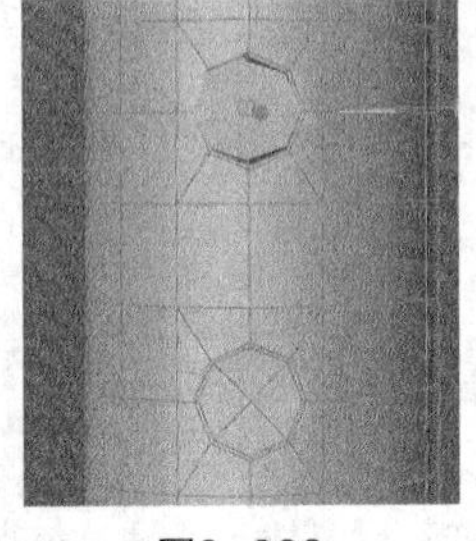
图3-383

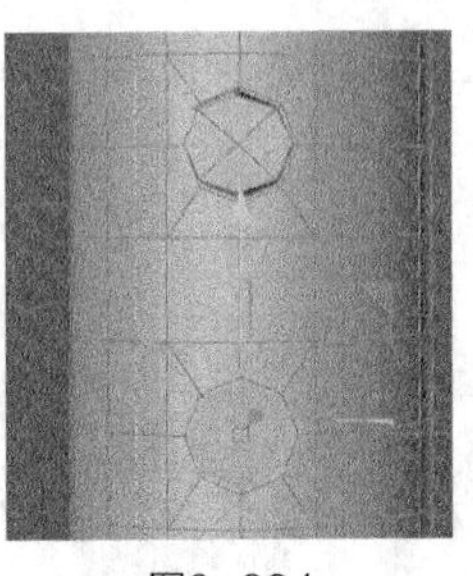
图3-384

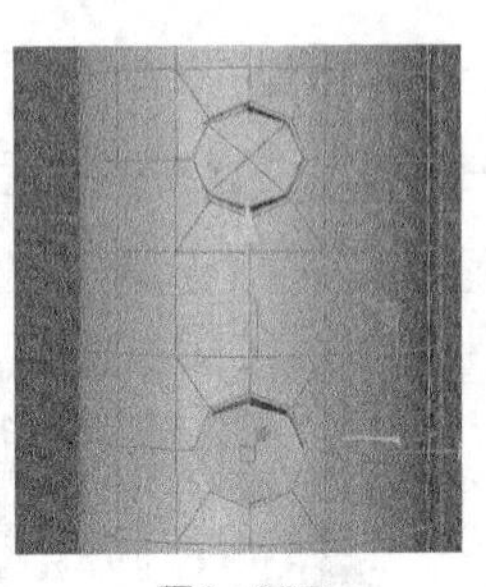
图3-385

11 单击“边”按钮，切换为边模式。选择“选择 > 循环选择”命令，按住Shift键的同时在视图窗口中选中需要的边，如图3-386所示。在视图窗口中单击鼠标右键，在弹出的快捷菜单中选择“倒角”命令，在“属性”面板“工具选项”选项卡中设置“偏移”为0.1cm、“深度”为100%，效果如图3-387所示。

12 选择“选择 > 循环选择”命令，在视图窗口中选中需要的边，如图3-388所示。在“坐标”面板“位置”选项卡中，设置“Y”为25cm，效果如图3-389所示。

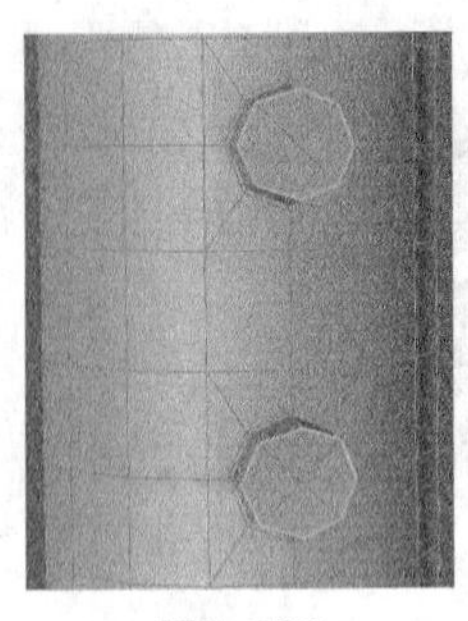
图3-386

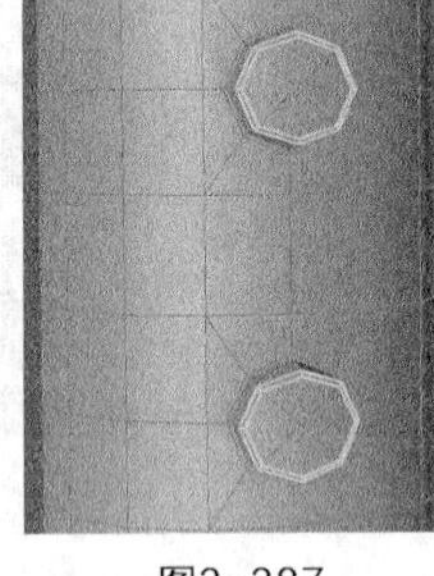
图3-387

图3-388

图3-389

13 在视图窗口中单击鼠标右键，在弹出的快捷菜单中选择“挤压”命令，在“属性”面板中设置“偏移”为1cm、“旋转”为180°；单击“工具”选项卡中的“新的变换”按钮，效果如图3-390所示。在“选项”选项卡中，设置“偏移”为2cm、“旋转”为0°；单击“工具”选项卡中的“新的变换”按钮，效果如图3-391所示。

14 在“选项”选项卡中，设置“偏移”为2cm、“旋转”为180°；单击“工具”选项卡中的“新的变换”按钮，效果如图3-392所示。在“选项”选项卡中，设置“偏移”为4cm、“旋转”为0°，效果如图3-393所示。

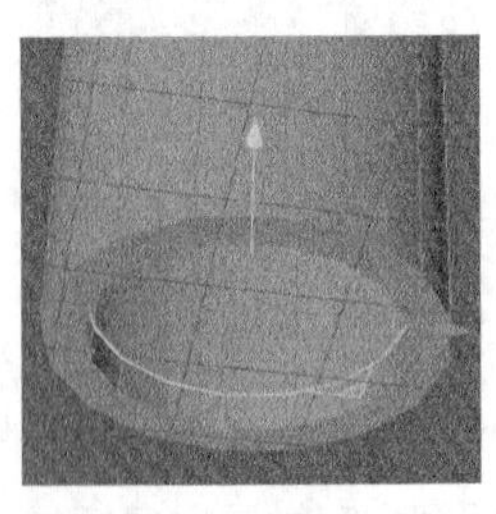
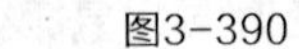
图3-390

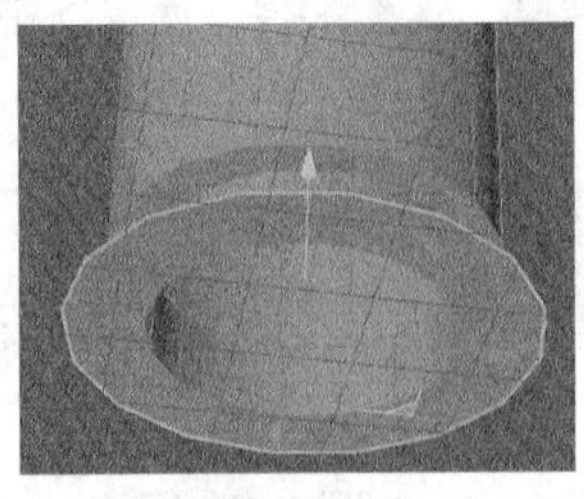
图3-391

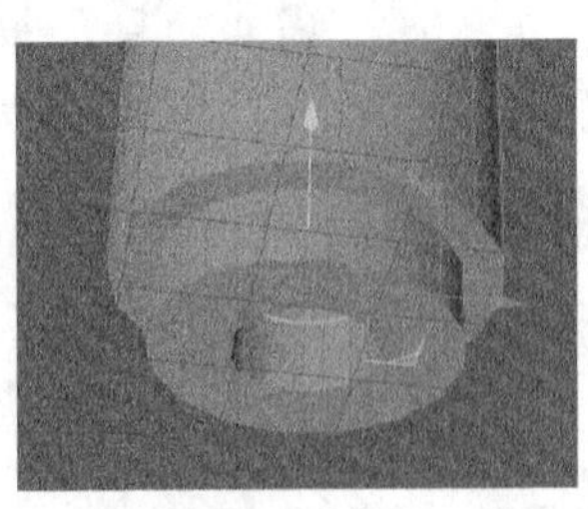
图3-392

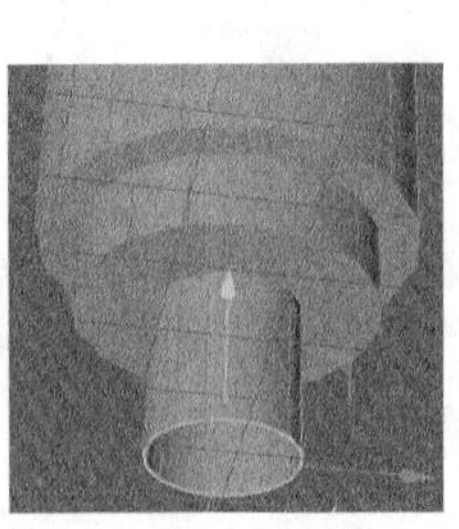
图3-393

15 选择“选择 > 循环选择”命令，按住Shift键的同时在视图窗口中选中需要的边，如图3-394所示。在视图窗口中单击鼠标右键，在弹出的快捷菜单中选择“倒角”命令，在“属性”面板“工具选项”选项卡中设置“偏移”为0.2cm、“深度”为100%，效果如图3-395所示。

16 在“对象”面板中选中“吹风机”对象。单击“模型”按钮，切换为模型模式。选择“网格 > 轴心 > 轴居中到对象”命令，调整轴的对齐方式。在“坐标”面板“位置”选项卡中，设置“X”为104cm、“Y”为55cm、“Z”为97cm，效果如图3-396所示。

图3-394

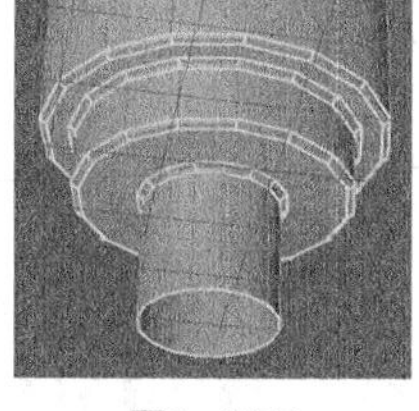

图3-395

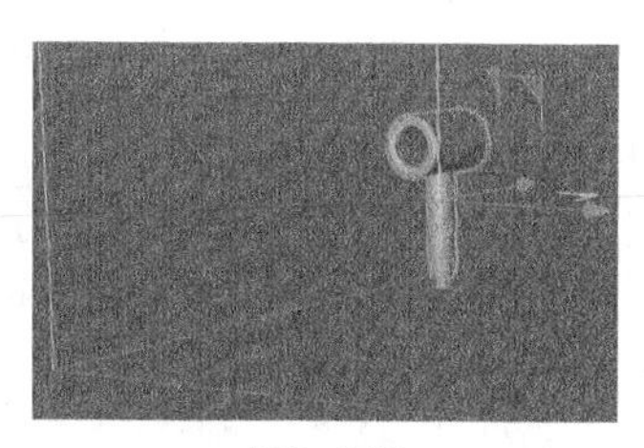

图3-396

3. 制作网格

01 选择“管道”工具，在“对象”面板中生成一个“管道”对象。在“属性”面板“对象”选项卡中，设置“内部半径”为7cm、“外部半径”为8cm、“旋转分段”为32、“高度”为1cm、“高度分段”为1、“方向”为“+Z”，如图3-397所示。在“坐标”面板“位置”选项组中，设置“X”为104cm、“Y”为76cm、“Z”为80cm，如图3-398所示。视图窗口中的效果如图3-399所示。

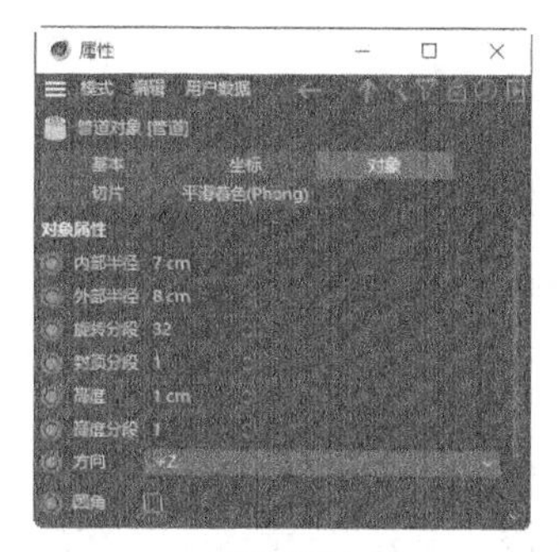

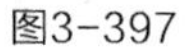

图3-397

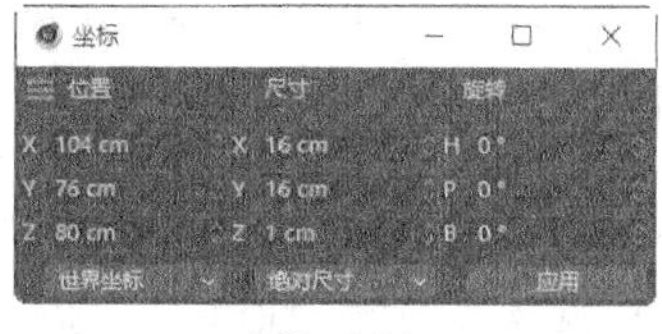

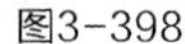

图3-398

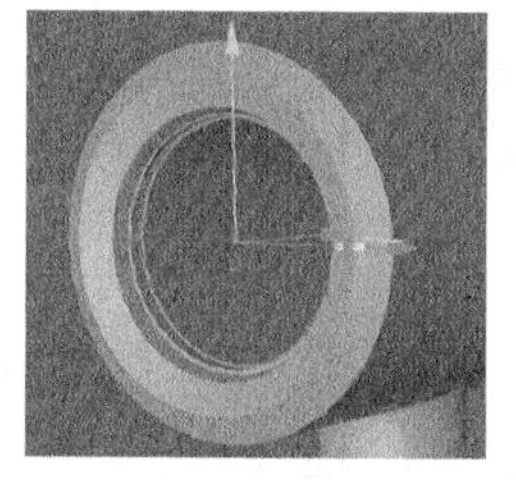

图3-399

02 选择“管道”工具，在“对象”面板中生成一个“管道.1”对象。在“属性”面板“对象”选项卡中，设置“内部半径”为6cm、“外部半径”为6.5cm、“旋转分段”为32、“高度”为1cm、“高度分段”为1、“方向”为“+Z”。在“坐标”面板“位置”选项组中，设置“X”为104cm、“Y”为76cm、“Z”为80cm。视图窗口中的效果如图3-400所示。

03 选择“管道”工具，在“对象”面板中生成一个“管道.2”对象。在“属性”面板“对象”选项卡中，设置“内部半径”为5cm、“外部半径”为5.5cm、“旋转分段”为32、“高度”为1cm、“高度分段”为1、“方向”为“+Z”。在“坐标”面板“位置”选项组中，设置“X”为104cm、“Y”为76cm、“Z”为80cm。视图窗口中的效果如图3-401所示。

04 选择“管道”工具，在“对象”面板中生成一个“管道.3”对象。在“属性”面板“对象”选项卡中，设置“内部半径”为4cm、“外部半径”为4.5cm、“旋转分段”为32、“高度”为1cm、“高度分段”为1、“方向”为“+Z”。在“坐标”面板“位置”选项组中，设置“X”为104cm、“Y”为76cm、“Z”为80cm。视图窗口中的效果如图3-402所示。

05 选择“管道”工具，在“对象”面板中生成一个“管道.4”对象。在“属性”面板“对象”选项卡中，设置“内部半径”为3cm、“外部半径”为3.5cm、“旋转分段”为32、“高度”为1cm、“高度分段”为1、“方向”为“+Z”。在“坐标”面板“位置”选项组中，设置“X”为104cm、“Y”为76cm、“Z”为80cm。视图窗口中的效果如图3-403所示。

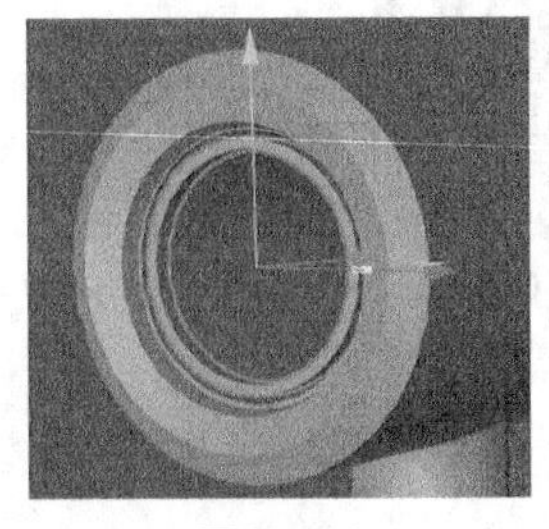

图3-400

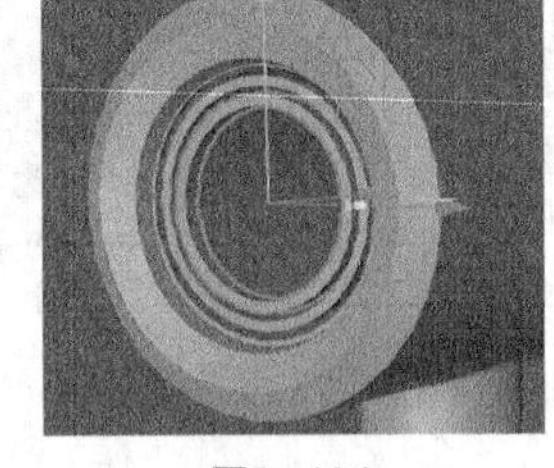

图3-401

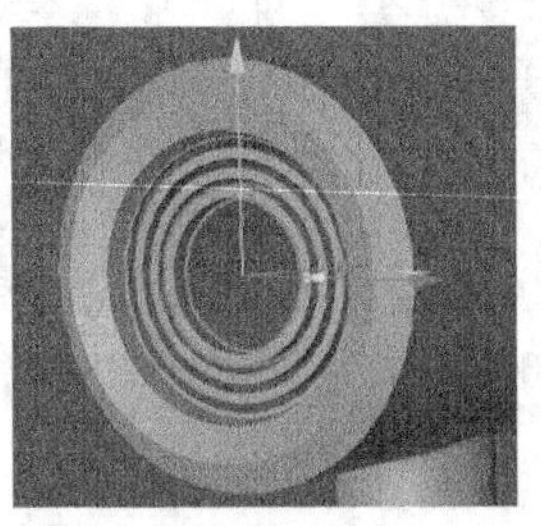

图3-402

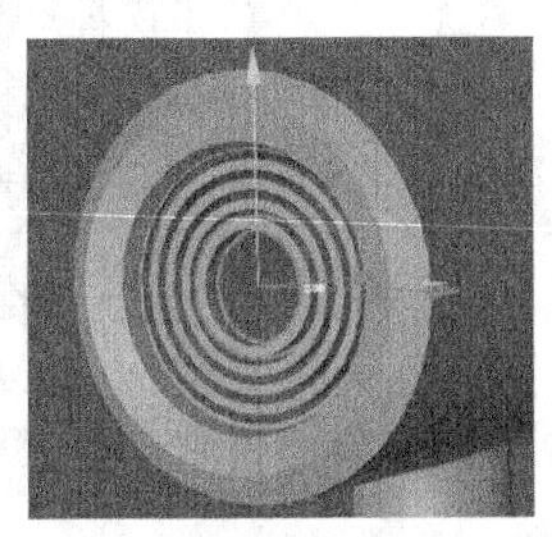

图3-403

06 选择“管道”工具，在“对象”面板中生成一个“管道.5”对象。在“属性”面板“对象”选项卡中，设置“内部半径”为2cm、“外部半径”为2.5cm、“旋转分段”为32、“高度”为1cm、“高度分段”为1、“方向”为“+Z”。在“坐标”面板“位置”选项组中，设置“X”为104cm、“Y”为76cm、“Z”为80cm。视图窗口中的效果如图3-404所示。

07 选择“管道”工具，在“对象”面板中生成一个“管道.6”对象。在“属性”面板“对象”选项卡中，设置“内部半径”为1cm、“外部半径”为1.5cm、“旋转分段”为32、“高度”为1cm、“高度分段”为1、“方向”为“+Z”。在“坐标”面板“位置”选项组中，设置“X”为104cm、“Y”为76cm、“Z”为80cm。视图窗口中的效果如图3-405所示。

08 选择“管道”工具，在“对象”面板中生成一个“管道.7”对象。在“属性”面板“对象”选项卡中，设置“内部半径”为0cm、“外部半径”为0.5cm、“旋转分段”为32、“高度”为1cm、“高度分段”为1、“方向”为“+Z”。在“坐标”面板“位置”选项组中，设置“X”为104cm、“Y”为76cm、“Z”为80cm。视图窗口中的效果如图3-406所示。

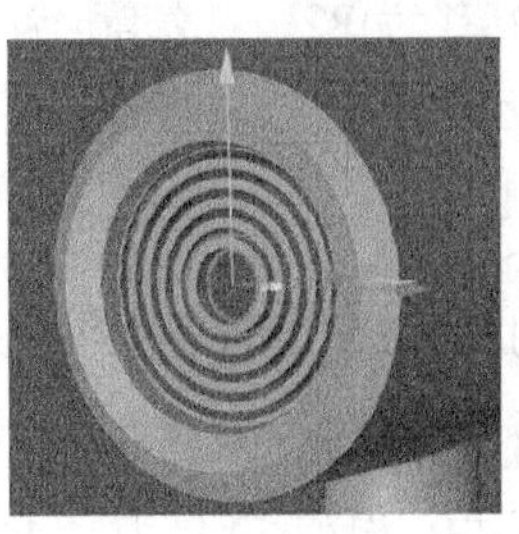

图3-404

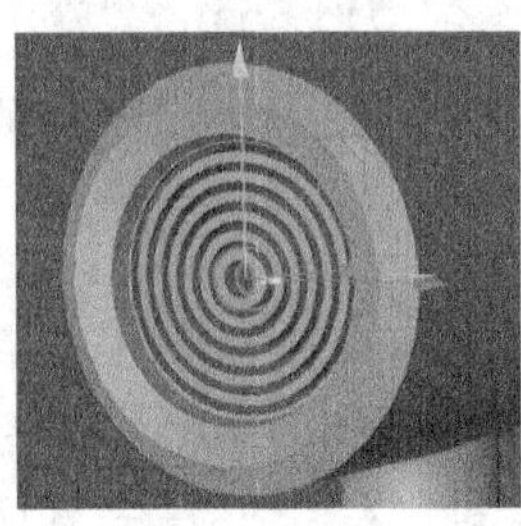

图3-405

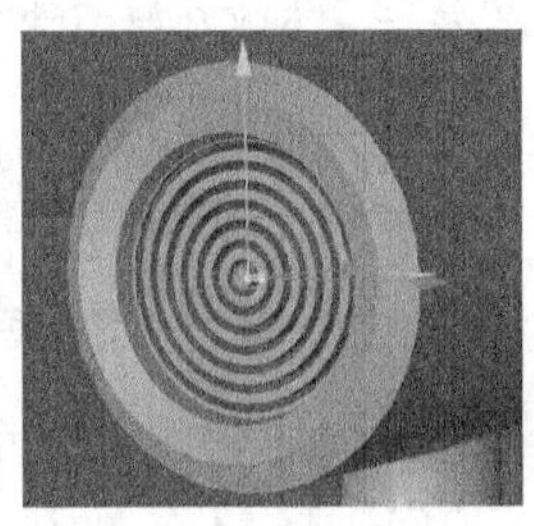

图3-406

09 选择“空白”工具，在“对象”面板中生成一个“空白”对象，并将其重命名为“网格”。在“对象”面板中选中需要的对象，如图3-407所示。将选中的对象拖入“网格”对象的下层，如图3-408所示。折叠“网格”对象组。

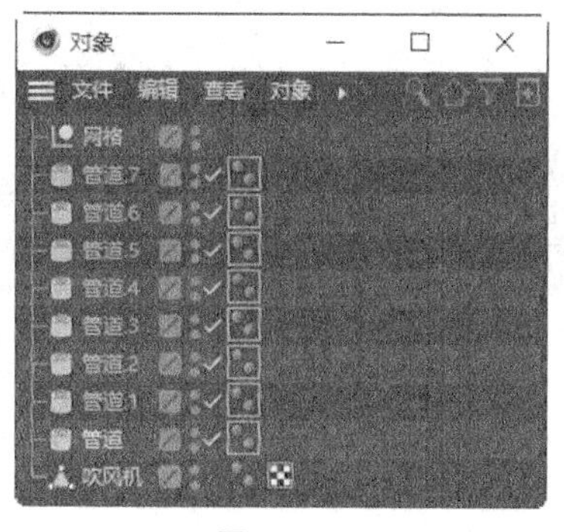

图3-407

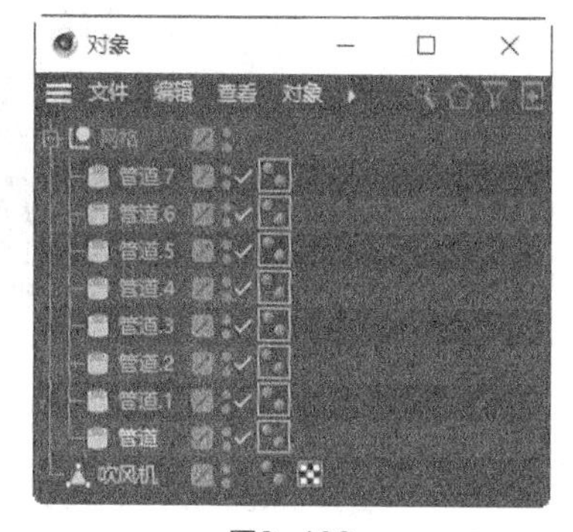

图3-408

10 选择“立方体”工具，在“对象”面板中生成一个“立方体”对象。在“属性”面板“对象”选项卡中，设置“尺寸.X”为16cm、“尺寸.Y”为1cm、“尺寸.Z”为1cm。在“坐标”面板“位置”选项组中，设置“X”为104cm、“Y”为76cm、“Z”为80cm。视图窗口中的效果如图3-409所示。

11 选择“立方体”工具，在“对象”面板中生成一个“立方体.1”对象。在“属性”面板“对象”选项卡中，设置“尺寸.X”为16cm、“尺寸.Y”为1cm、“尺寸.Z”为1cm。在“坐标”面板“位置”选项组中，设置“X”为104cm、“Y”为76cm、“Z”为80cm；在“旋转”选项组中，设置“B”为90°。视图窗口中的效果如图3-410所示。

12 选择“空白”工具，在“对象”面板中生成一个“空白”对象，并将其重命名为“网横格”。将“立方体”对象和“立方体.1”对象拖入“网横格”对象的下层，如图3-411所示。折叠“网横格”对象组。

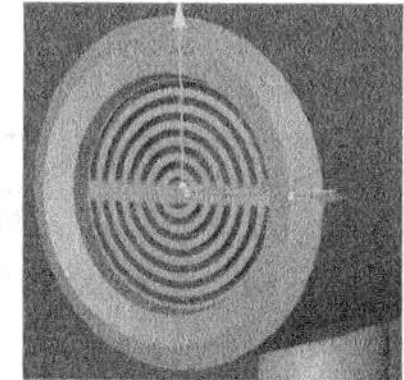

图3-409

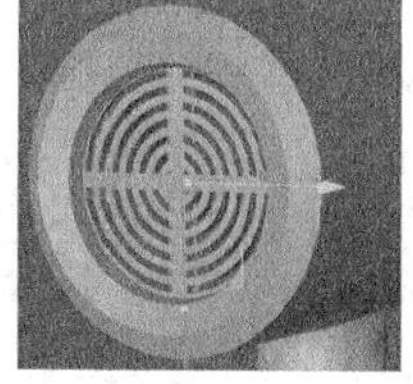

图3-410

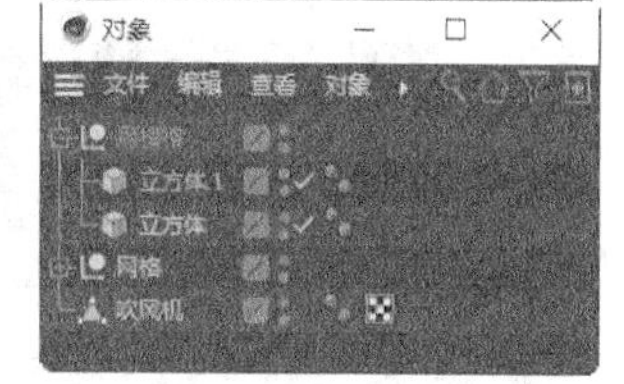

图3-411

13 选择“空白”工具，在“对象”面板中生成一个“空白”对象，并将其重命名为“机身”。将“网格”对象组、“网横格”对象组和“吹风机”对象拖入“机身”对象的下层，如图3-412所示。折叠“机身”对象组。

14 在“对象”面板中选中“机身”对象组，并在该对象组上单击鼠标右键，在弹出的快捷菜单中选择“连接对象+删除”命令，将该对象组中的对象连接，如图3-413所示。

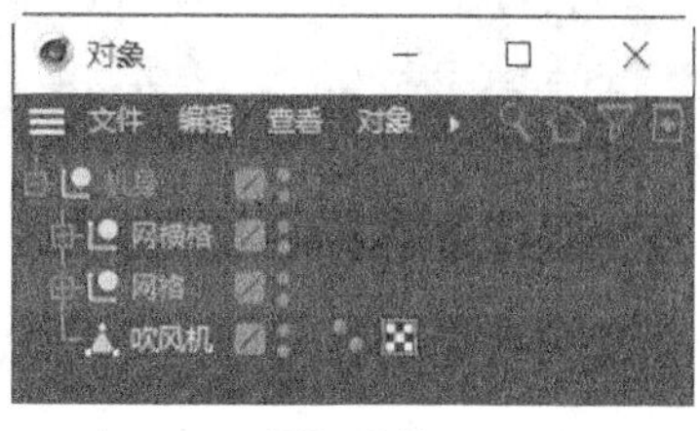

图3-412

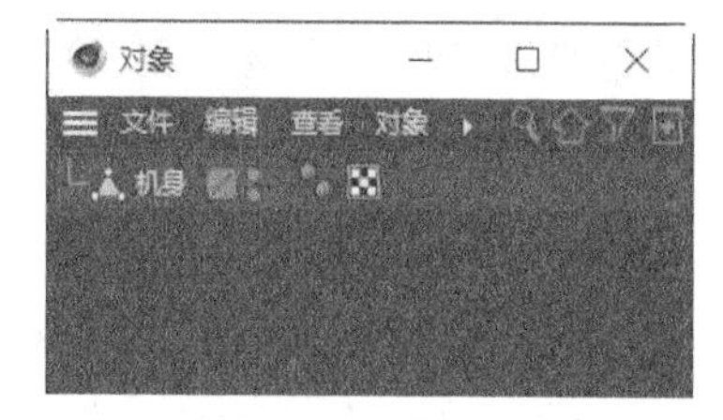

图3-413

15 选择“网格 > 轴心 > 轴居中到对象”命令，调整轴的对齐方式。在“坐标”面板“位置”选项卡中，设置“X”为100cm、“Y”为64cm、“Z”为97cm；在“尺寸”选项组中，设置“X”为40cm、“Y”为90cm、“Z”为55cm；在“旋转”选项组中，设置“H”为19°、“P”为-11°、“B”为0°，如图3-414所示。视图窗口中的效果如图3-415所示。

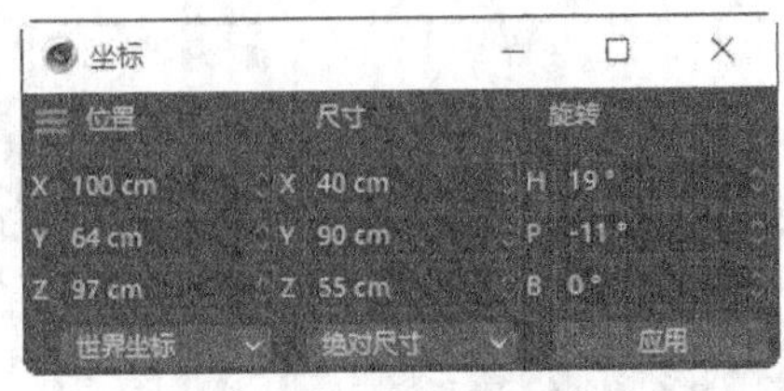

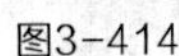
图3-414

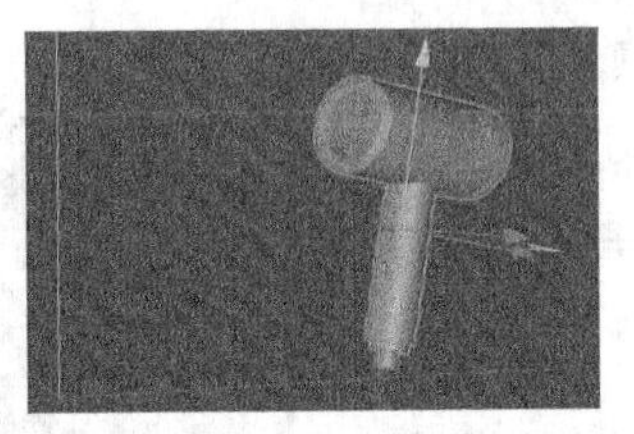
图3-415

16 按住Alt键的同时选择“细分曲面”工具，在“对象”面板中生成一个“细分曲面”对象，如图3-416所示。视图窗口中的效果如图3-417所示。折叠“细分曲面”对象组。

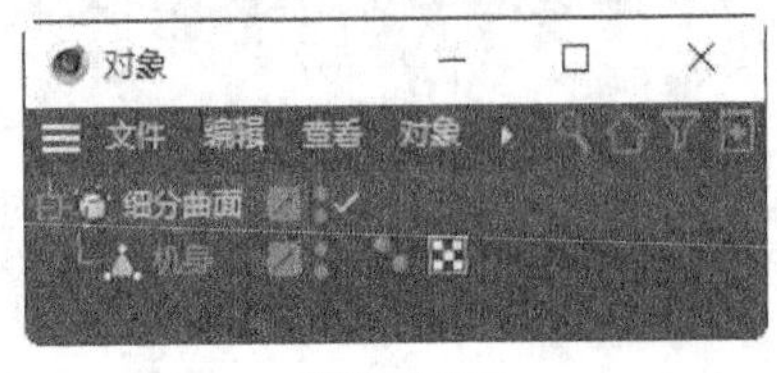

图3-416

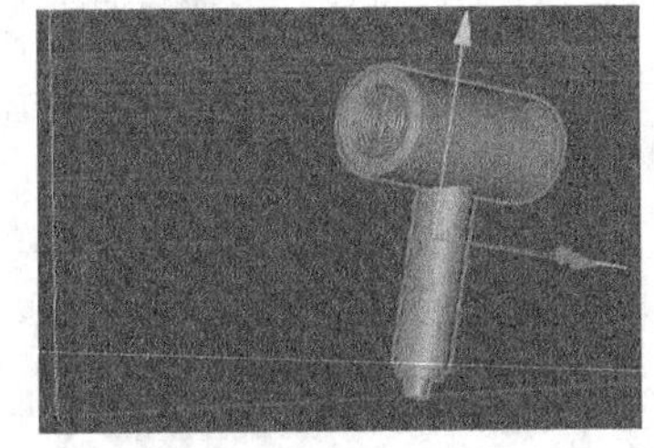
图3-417

4. 制作电线

01 按F4键，切换到“正视图”窗口。选择“样条画笔”工具，在视图窗口中绘制出图3-418所示的效果。选择“圆环”工具，在“对象”面板中生成一个“圆环”对象。在“属性”面板“对象”选项卡中，设置“半径”为2cm。

02 选择“扫描”工具，在“对象”面板中添加一个“扫描”对象。将“圆环”对象和“样条”对象拖入“扫描”对象的下层，并将该对象组重命名为“电线”，如图3-419所示。视图窗口中的效果如图3-420所示。

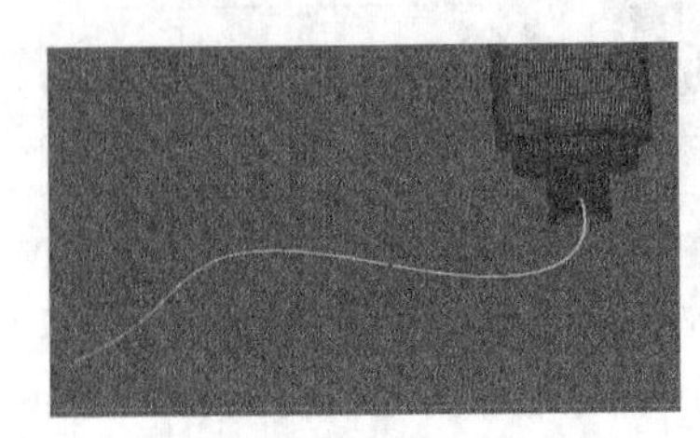
图3-418

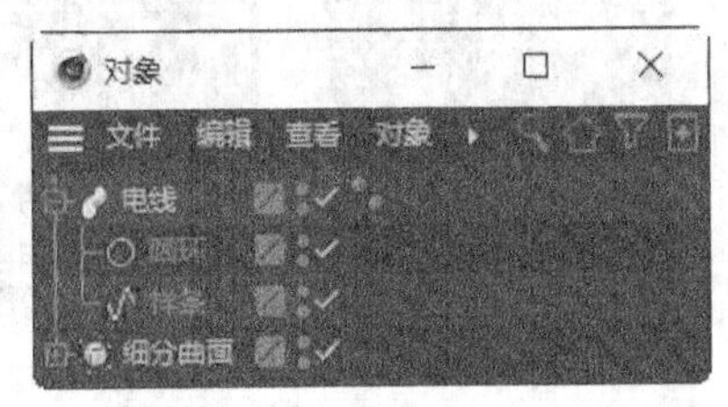

图3-419

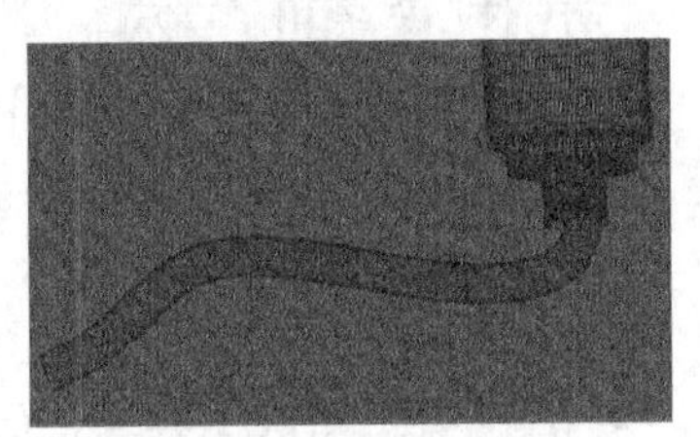
图3-420

03 单击“模型”按钮，切换为模型模式。在“坐标”面板“位置”选项卡中，设置“Z”为91cm，如图3-421所示。视图窗口中的效果如图3-422所示。

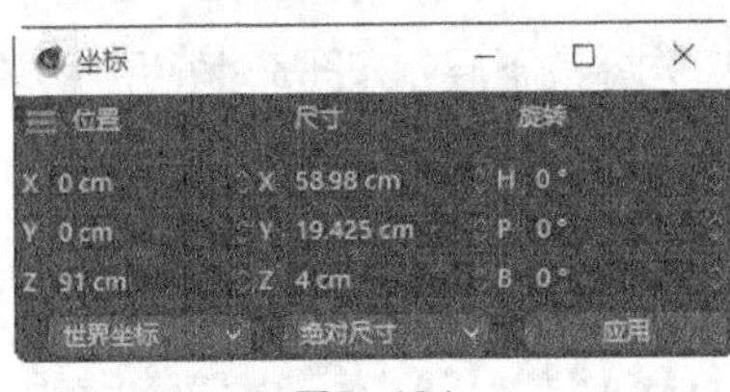

图3-421

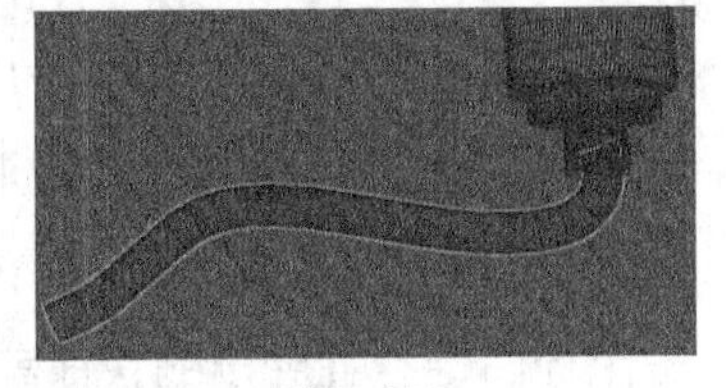
图3-422

04 按F1键，切换到“透视视图”窗口。选择“空白”工具，在“对象”面板中生成一个“空白”对象，并将其重命名为“吹风机”，如图3-423所示。将“电线”对象组和“细分曲面”对象组拖入“吹风机”对象的下层，如图3-424所示。折叠“吹风机”对象组。吹风机模型制作完成。

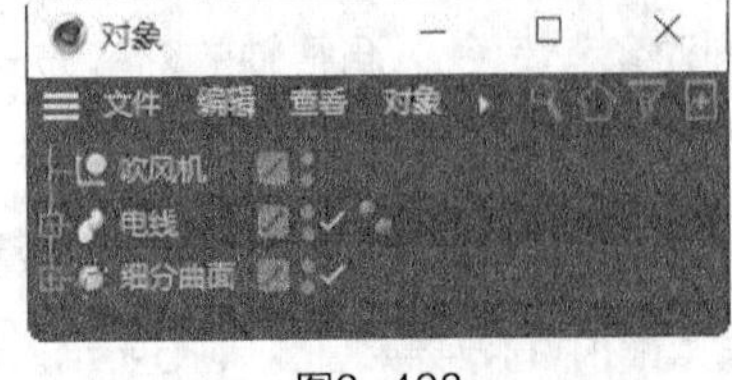

图3-423

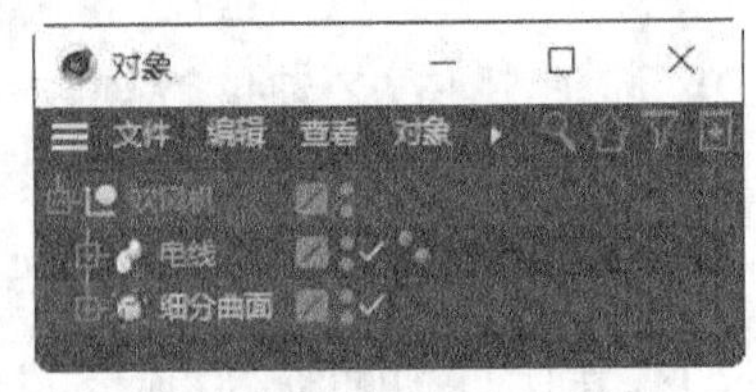

图3-424

3.4.2 点模式

将需要编辑的参数化对象转换为可编辑对象。在点模式下，选中对象并单击鼠标右键，会弹出图3-425所示的快捷菜单。

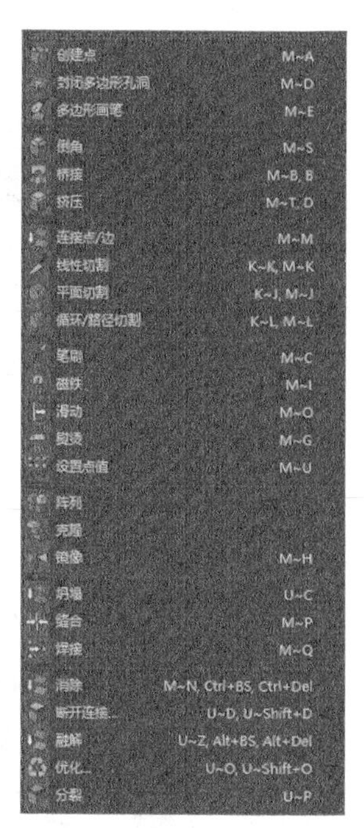

图3-425

1. 封闭多边形孔洞

“封闭多边形孔洞”命令通常用于点模式、边模式及多边形模式下。使用该命令可以对参数化对象中的孔洞进行封闭操作。在“属性”面板中可以设置封闭多边形孔洞的参数，如图3-426所示。

2.多边形画笔

“多边形画笔”命令通常用于点模式、边模式及多边形模式下。使用该命令不仅可以在多边形上连接任意的点、线和多边形，还可以绘制多边形。在“属性”面板中可以设置多边形画笔的参数，如图3-427所示。

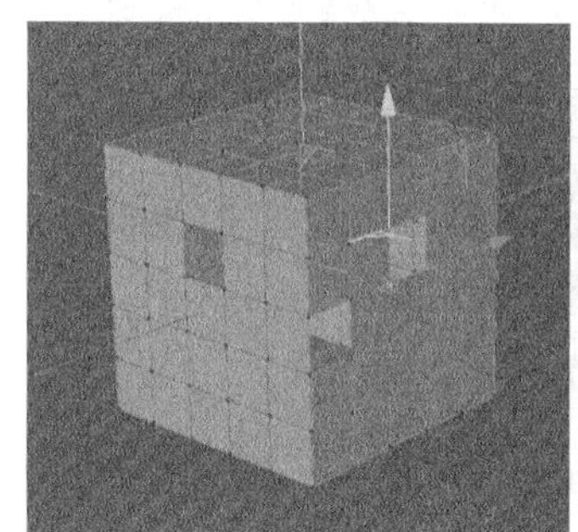
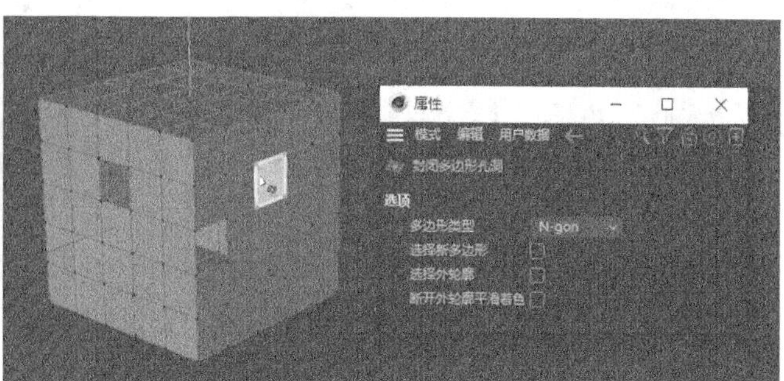

图3-426

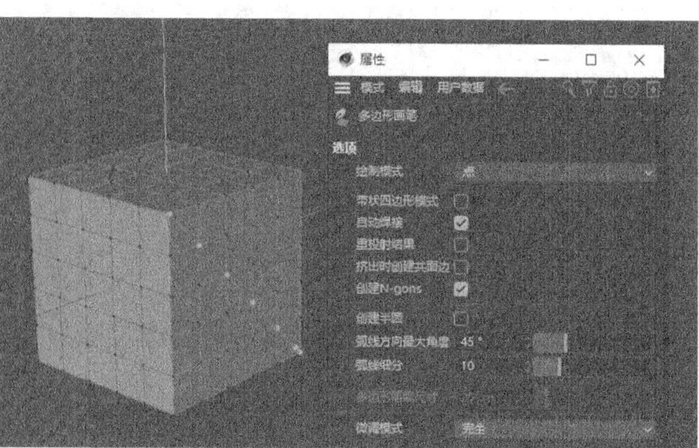

图3-427

3.倒角

“倒角”命令是多边形建模中常用的命令之一。使用该命令可以对选中的点进行倒角操作，从而生成新的边。在“属性”面板中可以设置倒角的参数，如图3-428所示。

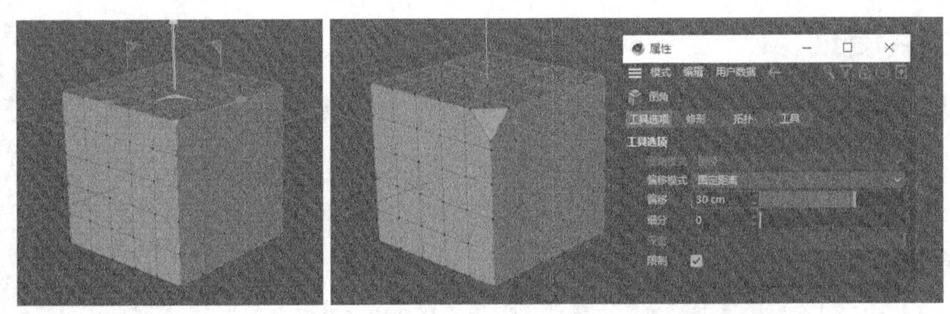

图3-428

4. 线性切割

“线性切割”命令通常用于点模式、边模式及多边形模式下。选择该命令后，拖曳切割线，可以在参数化对象上分割出新的边。在“属性”面板中可以设置线性切割的参数，如图3-429所示。

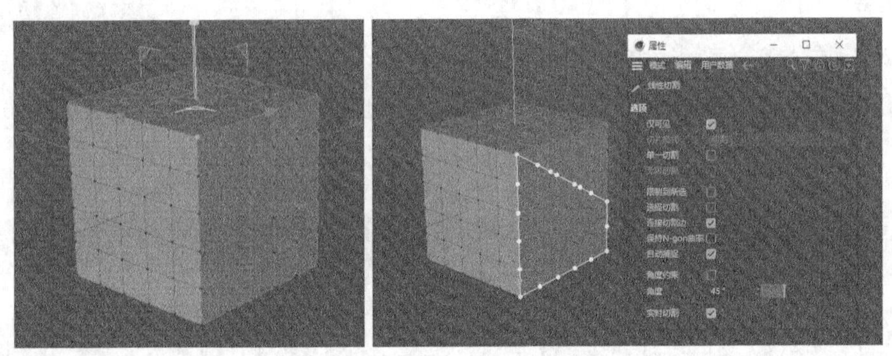

图3-429

5.循环/路径切割

“循环/路径切割”命令通常用于对循环封闭的对象表面进行切割。使用该命令可以沿着选中的点或边添加新的循环边。在“属性”面板中可以设置循环/路径切割的参数，如图3-430所示。

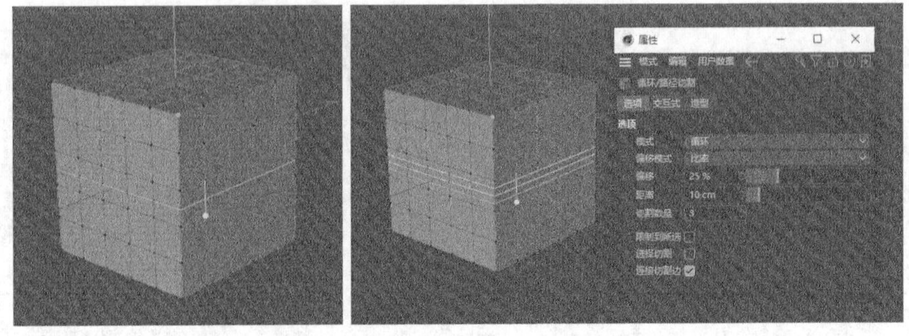

图3-430

6.笔刷

“笔刷”命令通常用于点模式、边模式及多边形模式下。使用该命令可以对参数化对象上选中的点进行涂抹。在“属性”面板中可以设置笔刷的参数，如图3-431所示。

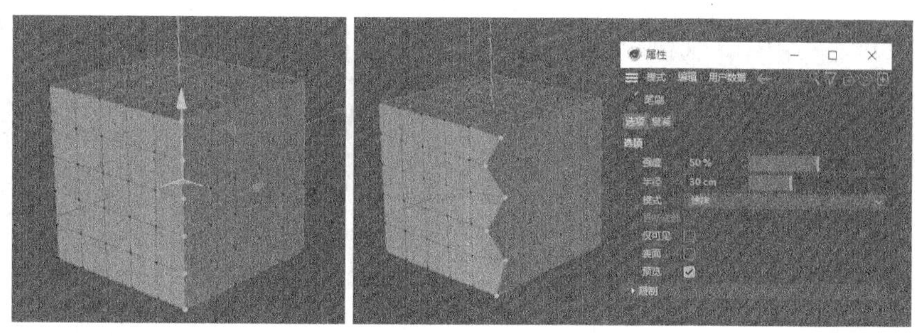

图3-431

7. 滑动

在点模式下，使用“滑动”命令只能对参数化对象上单个的点进行操作，在“属性”面板中可以设置滑动的参数，如图3-432所示。在边模式下则可对多条边同时进行操作，并增加了边层级滑动相关的参数设置。

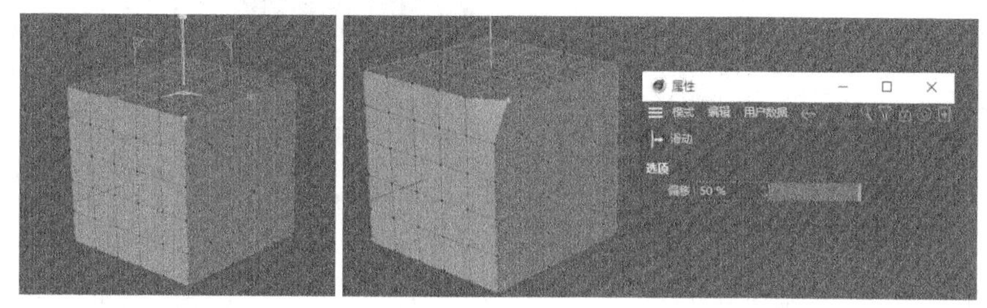

图3-432

8. 克隆

“克隆”命令通常用于点模式及多边形模式下。使用该命令可以复制所选的点或面。在“属性”面板中可以设置克隆的参数，如图3-433所示。

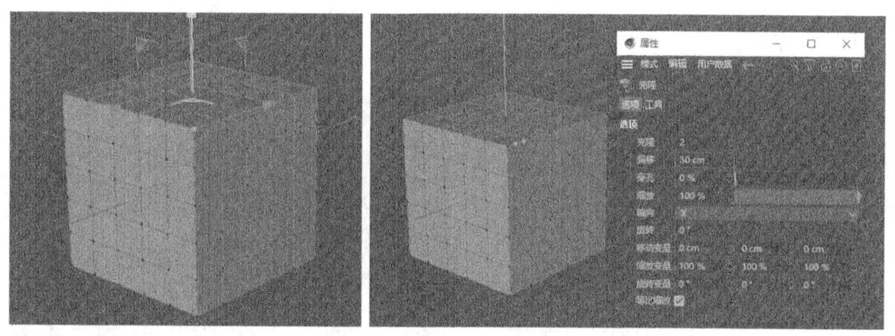

图3-433

9. 缝合

“缝合”命令通常用于点模式、边模式及多边形模式下。使用该命令可以实现参数化对象中点与点、边与边以及面与面的连接，如图3-434所示。

10.焊接

“焊接”命令通常用于点模式、边模式及多边形模式下。使用该命令可以将参数化对象中多个点、边和面合并在指定的一个点上，如图3-435所示。

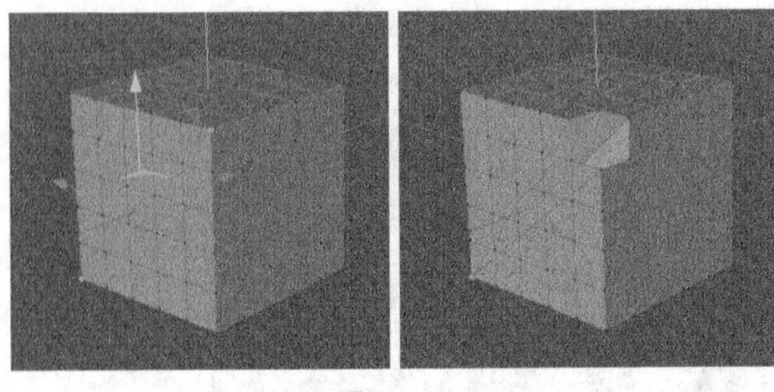

图3-434

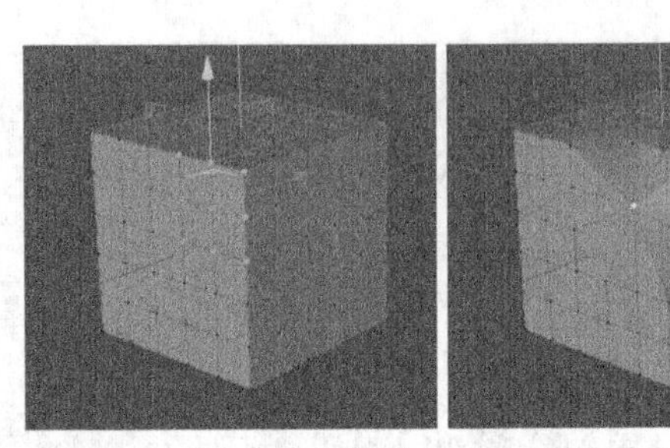

图3-435

11. 消除

“消除”命令通常用于点模式、边模式及多边形模式下。使用该命令可以将参数化对象中不需要的点、边和面移除，形成新的多边形拓扑结构，如图3-436所示。消除不同于删除，不会使参数化对象产生孔洞。

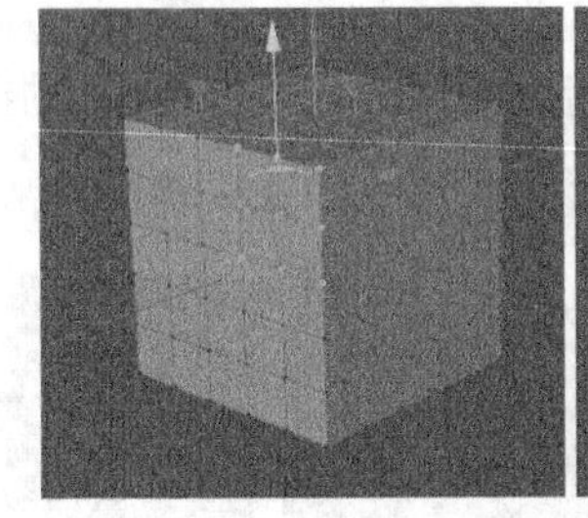

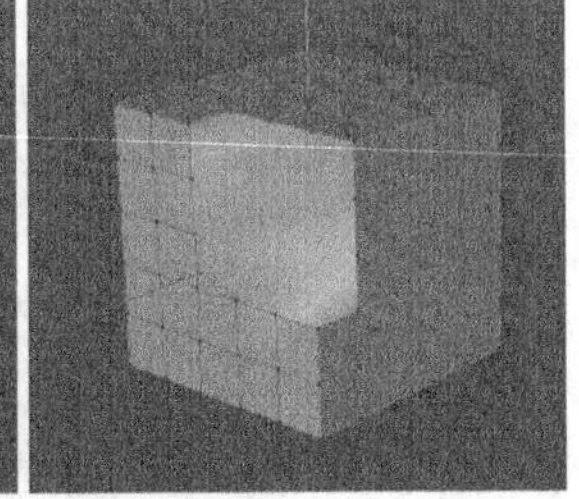

图3-436

12. 优化

“优化”命令通常用于点模式、边模式及多边形模式下。使用该命令可以优化参数化对象，合并邻近但未焊接的点，也可以消除残余的空闲点。另外，还可以通过设置优化公差来控制焊接范围。

3.4.3 边模式

将需要编辑的参数化对象转换为可编辑对象。在边模式下，选中对象并单击鼠标右键，会弹出图3-437所示的快捷菜单。

1.提取样条

“提取样条”命令是多边形建模中常用的命令之一。在场景中选中需要的边，执行该命令可以把选中的边提取出来，变成新的样条曲线，如图3-438所示。

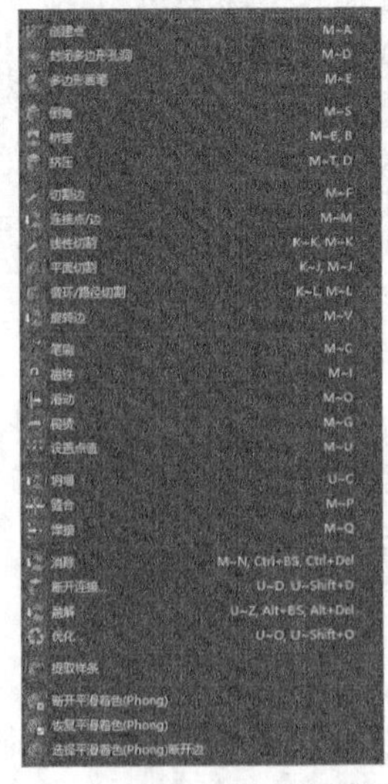

图3-437

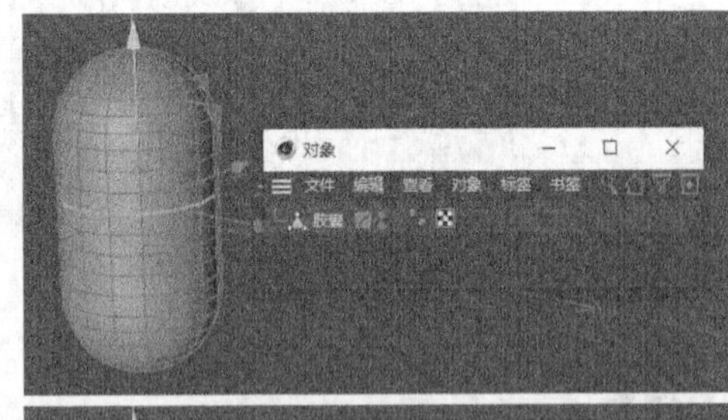

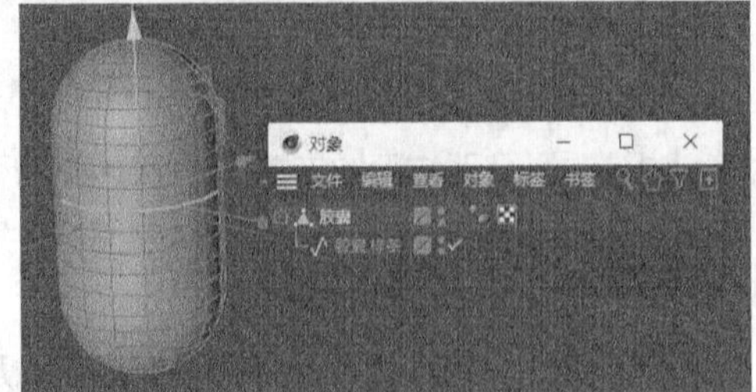

图3-438

2. 选择平滑着色（Phong）断开边

“选择平滑着色（Phong）断开边”命令仅在边模式下可用。使用该命令可以选中已经断开平滑着色的边，如图3-439所示。

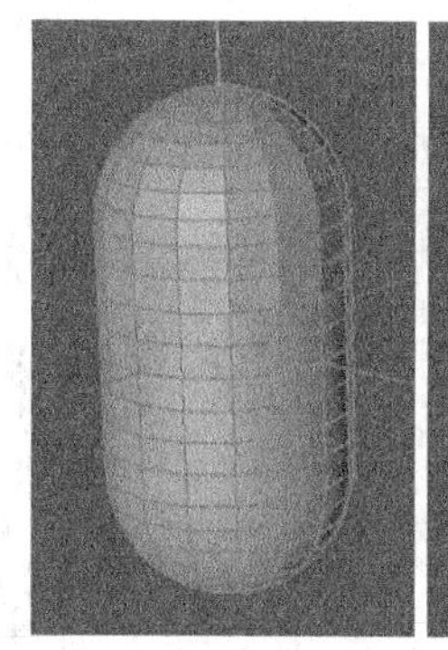
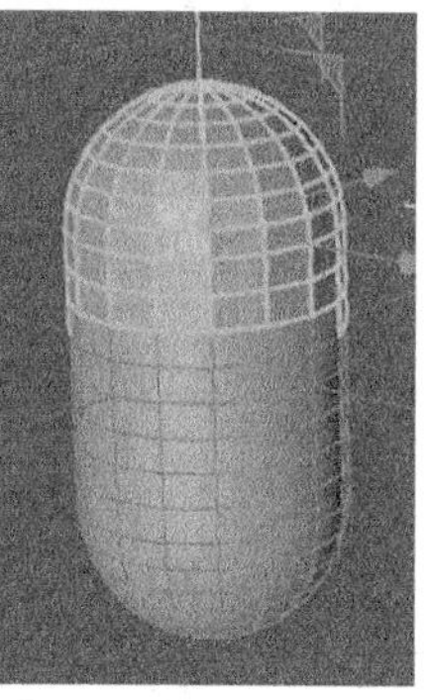

图3-439

3.4.4 多边形模式

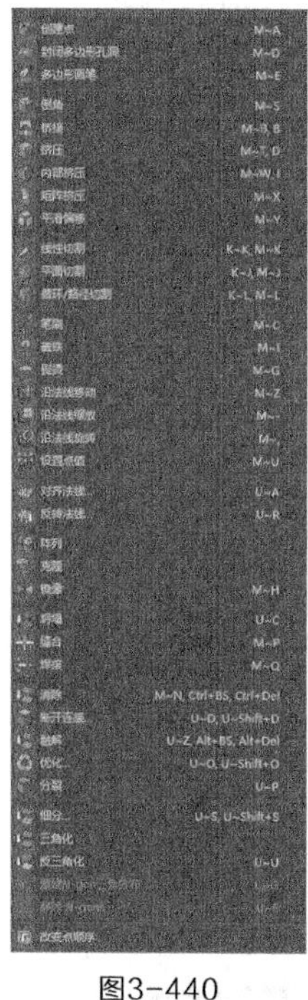

图3-440

将需要编辑的参数化对象转换为可编辑对象。在多边形模式下，选中对象并单击鼠标右键，会弹出图3-440所示的快捷菜单。

1.挤压

“挤压”命令是多边形建模中常用的命令之一，可以在点模式、边模式及多边形模式下使用，但通常应用于多边形模式下。使用该命令可以将选中的面挤出或压缩。在“属性”面板中可以设置挤压的参数，如图3-441所示。

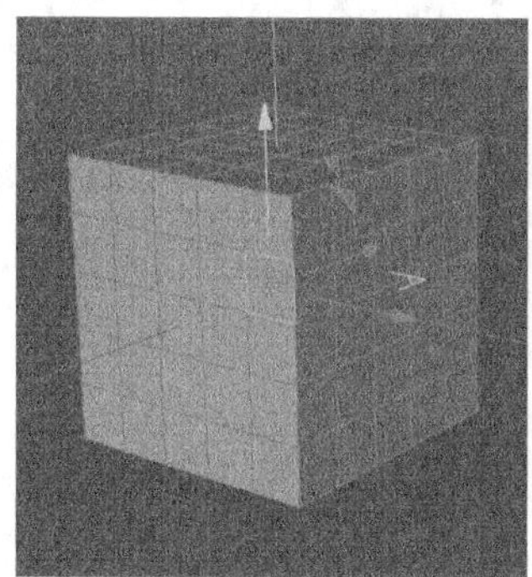

图3-441

2. 内部挤压

“内部挤压”命令同样是多边形建模中常用的命令之一，仅在多边形模式下可用。使用该命令可以将选中的面向内挤压。在“属性”面板中可以设置内部挤压的参数，如图3-442所示。

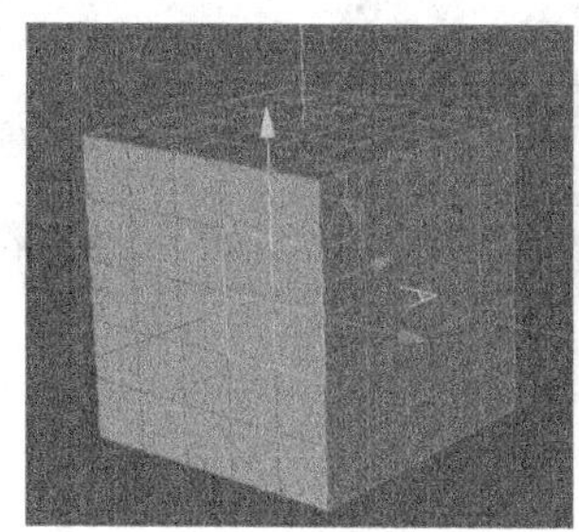
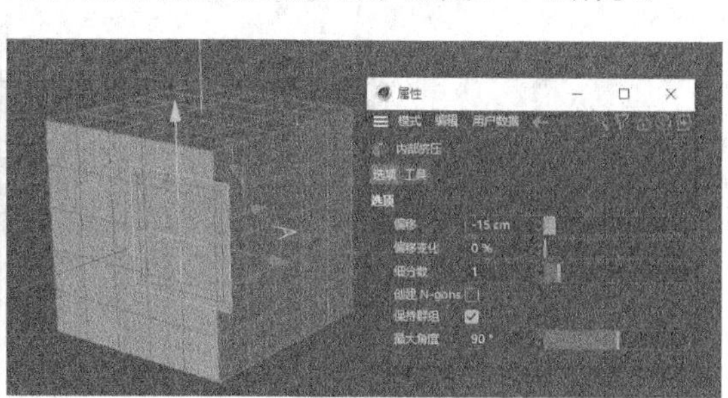

图3-442

3. 沿法线缩放

“沿法线缩放”命令仅在多边形模式下可用。使用该命令可以将选中的面在垂直于该面的法线的平面上缩放。在“属性”面板中可以设置沿法线缩放的参数，如图3-443所示。

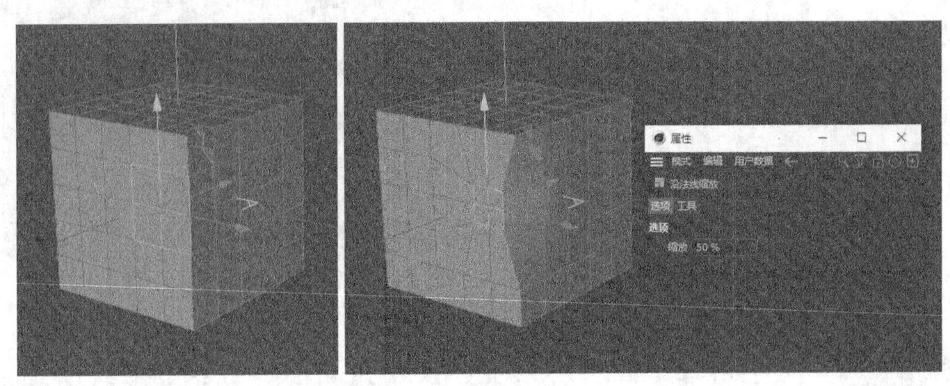

图3-443

4. 反转法线

“反转法线”命令仅在多边形模式下可用。使用该命令可以将选中面的法线反转，如图3-444所示。

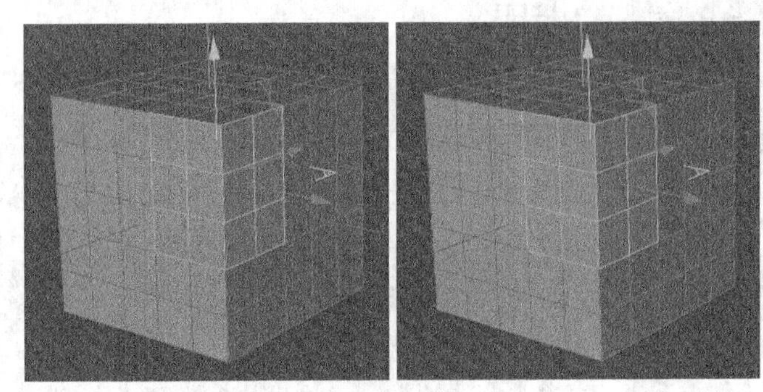

图3-444

5. 分裂

“分裂”命令仅在多边形模式下可用。使用该命令可以将选中的面分裂成一个独立的面，如图3-445所示。

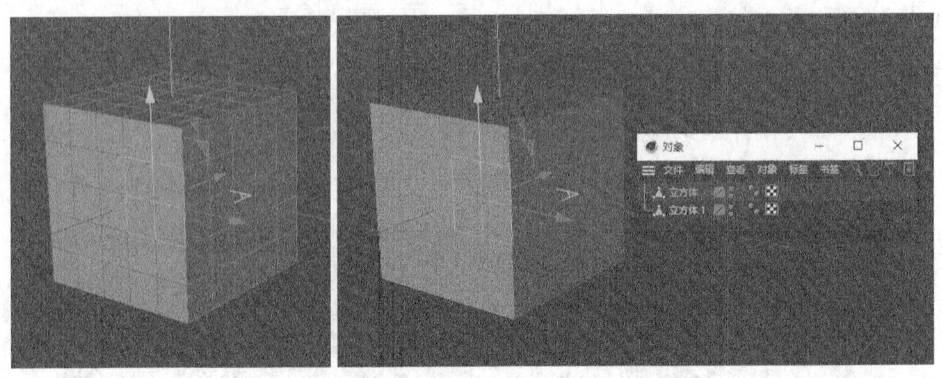

图3-445

3.5 体积建模

使用体积建模工具可以将多个参数化对象或样条对象通过布尔运算组合成一个新对象，从而产生不同的效果。在制作异形模型时，使用此方法操作较为简便。按住工具栏中的“体积生成”按钮，弹出体积建模工具的列表，如图3-446所示。

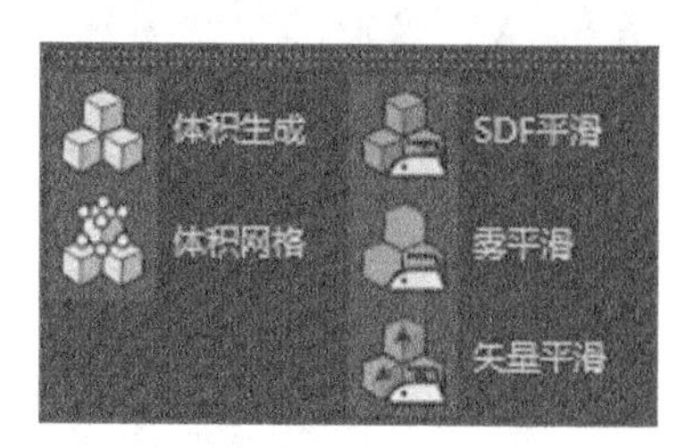

图3-446

3.5.1 课堂案例——制作小熊模型

案例学习目标 能够使用体积建模工具制作小熊模型。

案例知识要点 使用“细分曲面”工具对小熊身体进行细分，使用“体积生成”工具和“体积网格”工具使小熊身体更加平滑。最终效果如图3-447所示。

效果所在位置 学习资源\Ch03\制作小熊模型\工程文件. c4d。

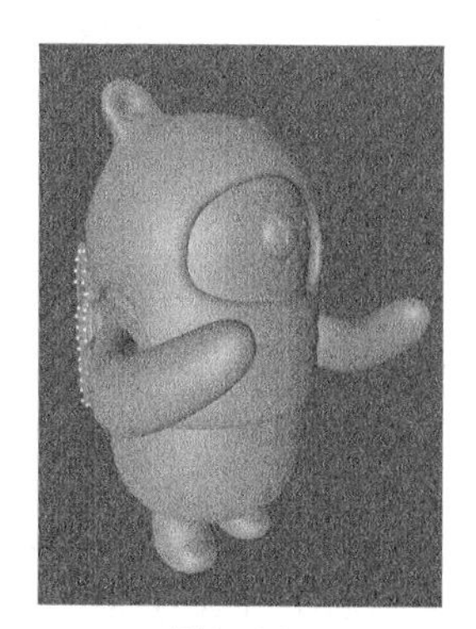

图3-447

01 启动Cinema 4D。单击“编辑渲染设置”按钮，弹出“渲染设置”面板，在“输出”设置区域中设置“宽度”为1242像素、“高度”为2208像素，单击“关闭”按钮，关闭面板。选择“文件 > 合并项目”命令，在弹出的“打开文件”对话框中选择学习资源中的“Ch03 > 制作小熊模型 > 素材 > 01.c4d”文件，单击“打开”按钮，打开文件，“对象”面板如图3-448所示。视图窗口中的效果如图3-449所示。

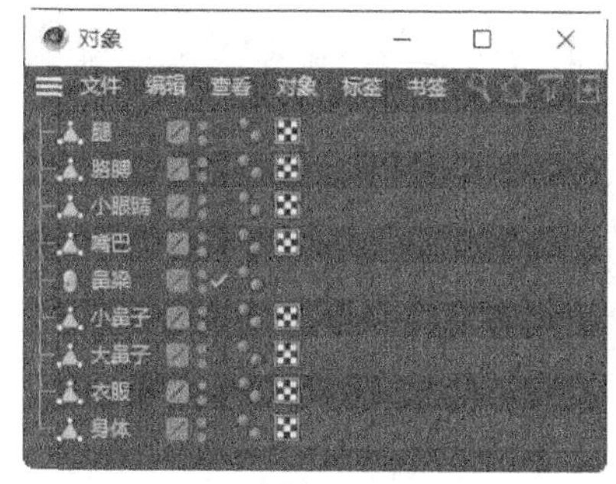

图3-448

图3-449

02 选择3次“细分曲面”工具，在“对象”面板中生成“细分曲面”对象、“细分曲面.1”对象和“细分曲面.2”对象，如图3-450所示。

03 将“胳膊”对象拖入“细分曲面”对象的下层，将“腿”对象拖入“细分曲面.1”对象的下层，将“身体”对象拖入“细分曲面.2”对象的下层，如图3-451所示。分别将“细分曲面.2”对象组、“细分曲面.1”对象组和“细分曲面”对象组重命名为“身体细分”“腿细分”“胳膊细分”，如图3-452所示。

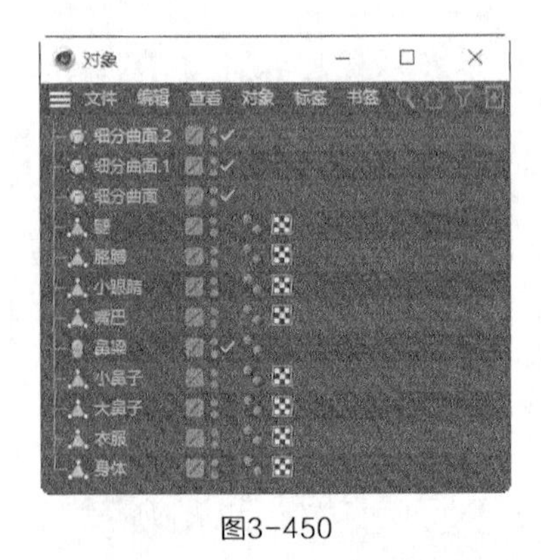

图3-450

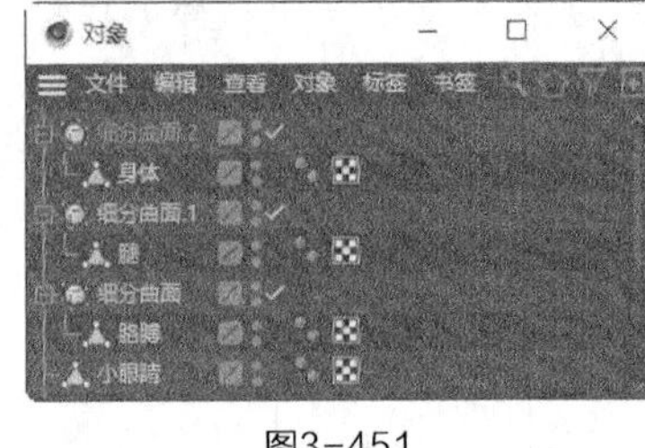

图3-451

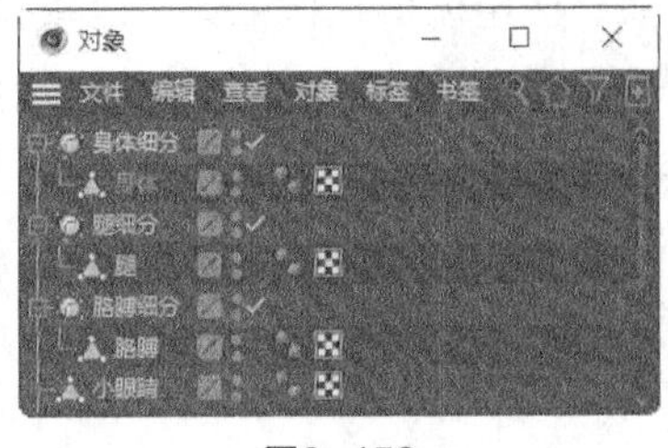

图3-452

04 选择“体积生成”工具，在“对象”面板中生成一个“体积生成”对象。将“身体细分”对象组、“腿细分”对象组和“胳膊细分”对象组拖入“体积生成”对象的下层，如图3-453所示。

05 选择“体积网格”工具，在“对象”面板中生成一个“体积网格”对象。将“体积生成”对象组拖入“体积网格”对象的下层，如图3-454所示。

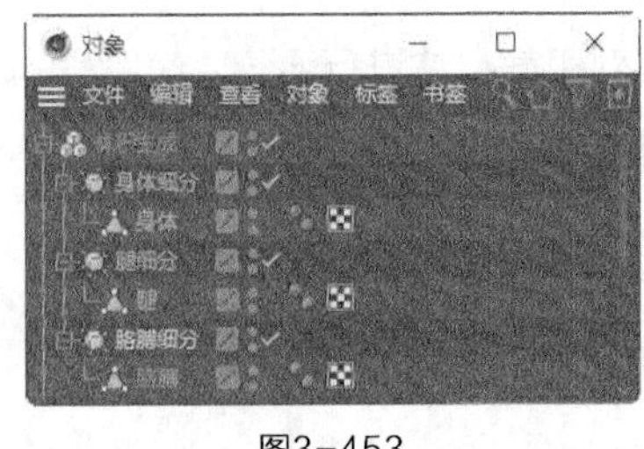

图3-453

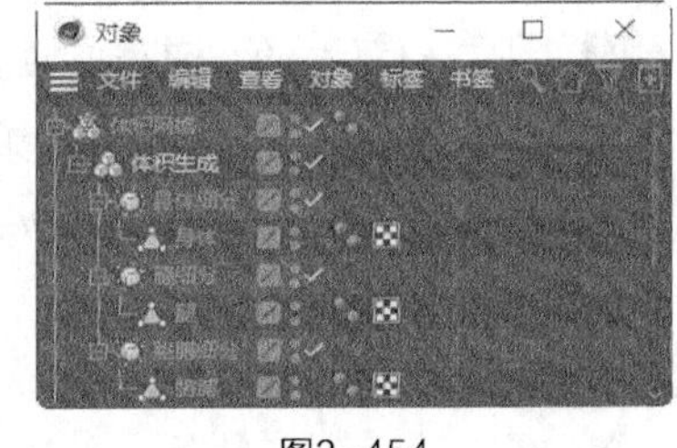

图3-454

06 选中“体积生成”对象组，在“属性”面板“对象”选项卡中，设置“体素尺寸”为2cm，在“名称”列表中选中所有对象，如图3-455所示；单击面板下方的“SDF平滑”按钮，在“名称”列表中添加一个“SDF平滑”对象，如图3-456所示。

07 在“对象”面板中将“体积网格”对象组重命名为“小熊身体”，并将其折叠，如图3-457所示。

图3-455

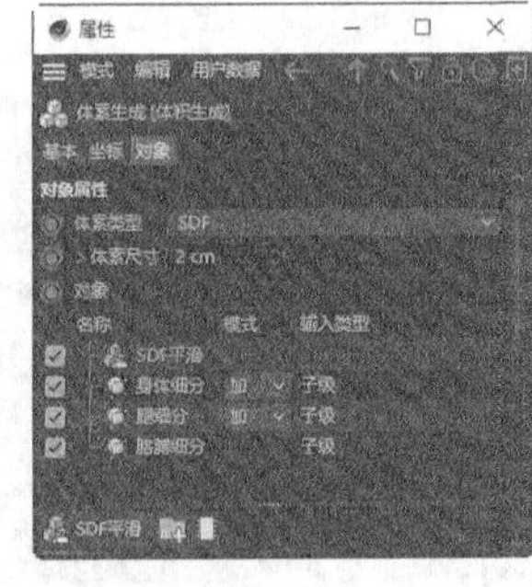

图3-456

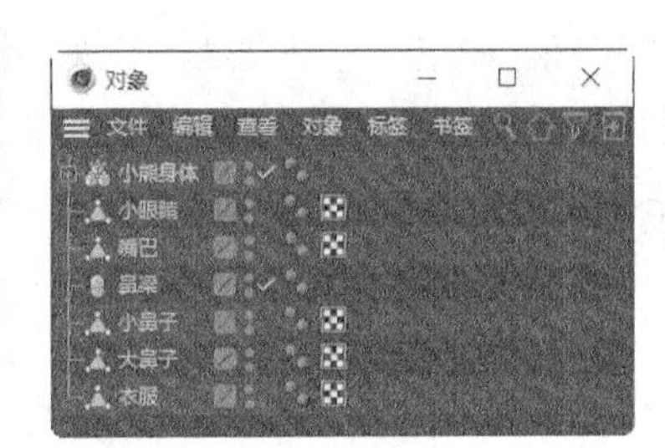

图3-457

08 选择“文件 > 合并项目”命令，在弹出的“打开文件”对话框中选择学习资源中的“Ch03 > 制作小熊模型 > 素材 > 02.c4d”文件，单击“打开”按钮，将选中的文件导入，“对象”面板如图3-458所示。视图窗口中的效果如图3-459所示。

09 在“对象”面板中，按Ctrl+A快捷键将对象及对象组全部选中。按Alt+G快捷键将选中的对象及对象组编组，并命名为“小熊”，如图3-460所示。小熊模型制作完成。

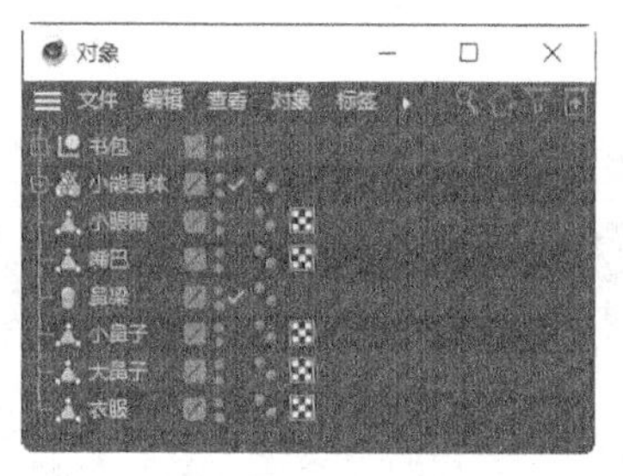
图3-458

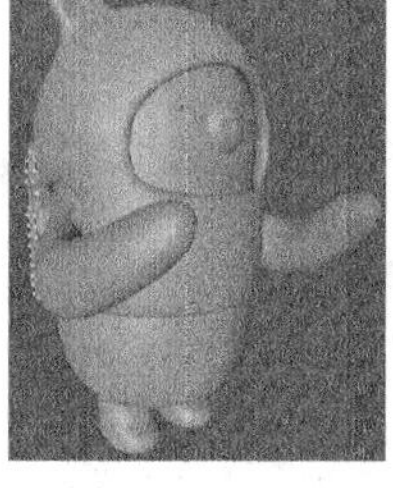
图3-459

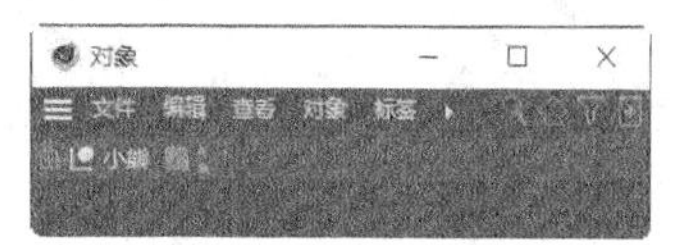
图3-460

3.5.2 体积生成

使用“体积生成”工具可以将多个对象通过“加”“减”“相交”等模式合并为一个新对象。合并得到的新对象效果更好，布线更均匀，但不能被渲染。“属性”面板中会显示该对象的参数设置，如图3-461所示。

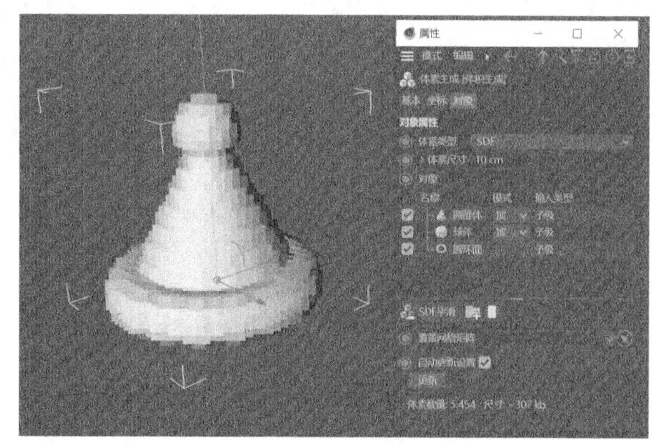
图3-461

3.5.3 体积网格

“体积网格”工具用于为使用“体积生成”工具合并的对象添加网格，使其成为实体模型。对象被添加体积网格后，即可渲染输出。“属性”面板中会显示该对象的参数设置，如图3-462所示。

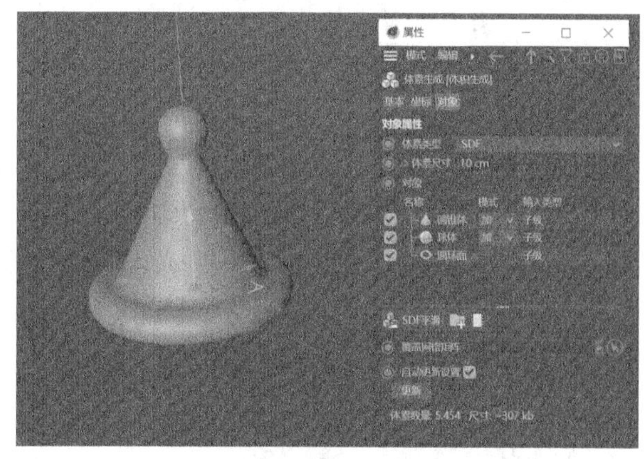
图3-462

3.6 雕刻建模

借助Cinema 4D的雕刻系统可以通过预置的多种笔刷调整参数化对象，从而制作出形态多样的模型，其中最常制作的是液态类模型。

在菜单栏中单击“界面”选项右侧的下拉按钮，在弹出的下拉列表中选择“Sculpt”选项，如图3-463所示。工作界面将切换到雕刻界面，如图3-464所示。

图3-463

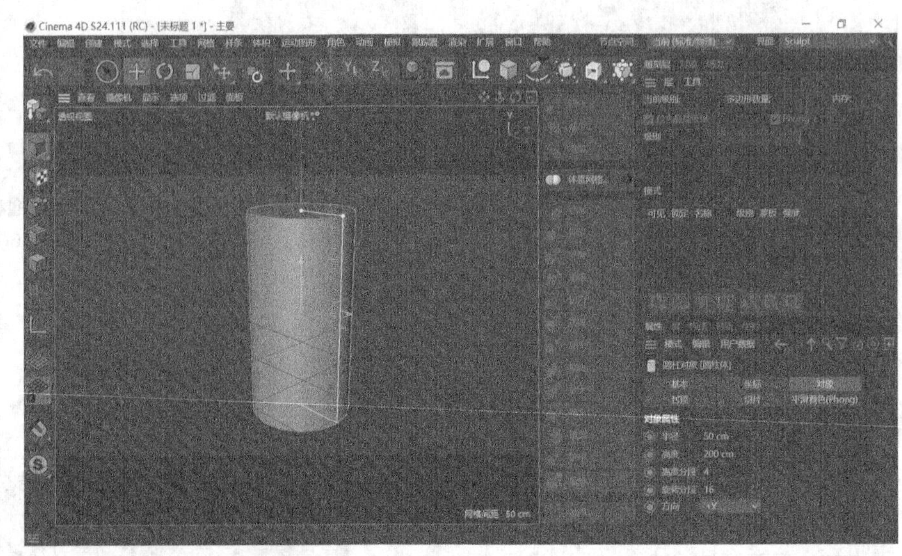

图3-464

3.6.1 课堂案例——制作甜甜圈模型

案例学习目标 能够使用笔刷类工具制作甜甜圈模型。

案例知识要点 使用“圆环面”工具、“循环选择”命令、“分裂”命令和“多边形画笔”命令制作蛋糕体，使用笔刷类工具制作奶油，使用“克隆”工具、“胶囊”工具和“随机”效果器制作碎屑。最终效果如图3-465所示。

效果所在位置 学习资源\Ch03\制作甜甜圈模型\工程文件.c4d。

图3-465

01 启动Cinema 4D。单击 “编辑渲染设置”按钮，弹出“渲染设置”面板。在“输出”设置区域中设置“宽度”为750像素、“高度”为1624像素，如图3-466所示，单击“关闭”按钮，关闭面板。

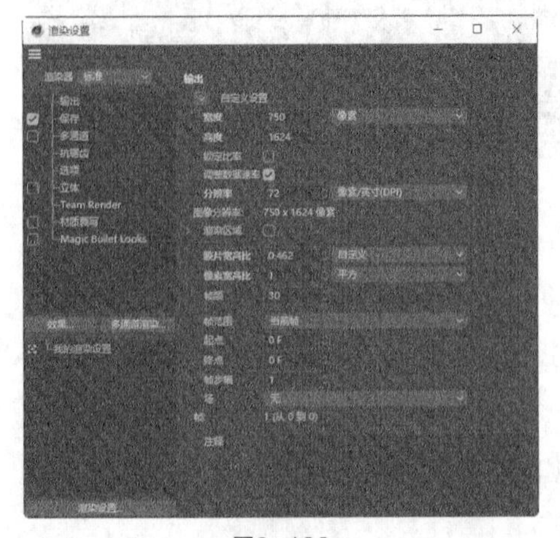

图3-466

02 选择“圆环面”工具，在“对象”面板中生成一个“圆环面”对象，并将其重命名为“蛋糕”，如图3-467所示。在“属性”面板“对象”选项卡中，设置“圆环半径”为766cm、“导管半径”为290cm，如图3-468所示。

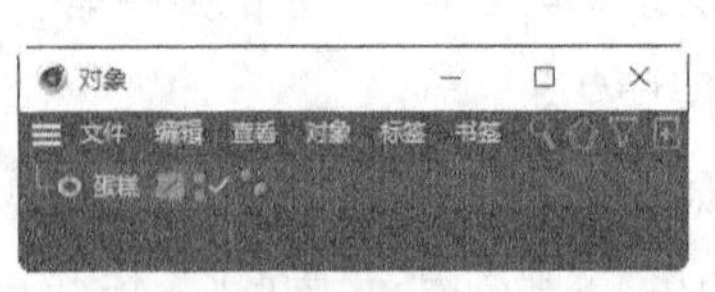

图3-467

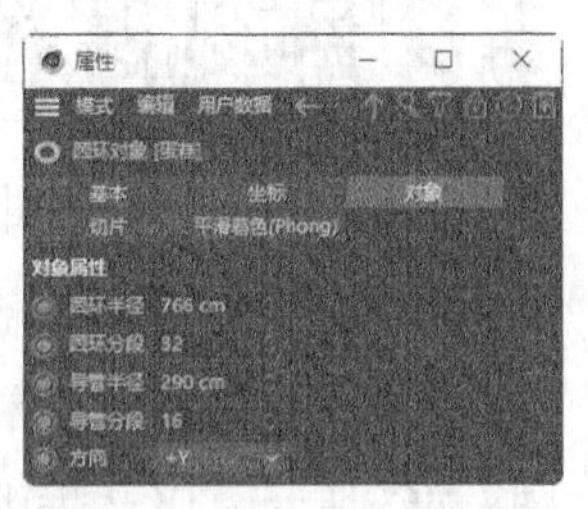

图3-468

03 在“对象”面板中，用鼠标右键单击“蛋糕”对象，在弹出的快捷菜单中选择“转为可编辑对象”命令，将其转为可编辑对象，如图3-469所示。单击“多边形”按钮，切换为多边形模式。选择“选择 > 循环选择”命令，选中需要的面，如图3-470所示。

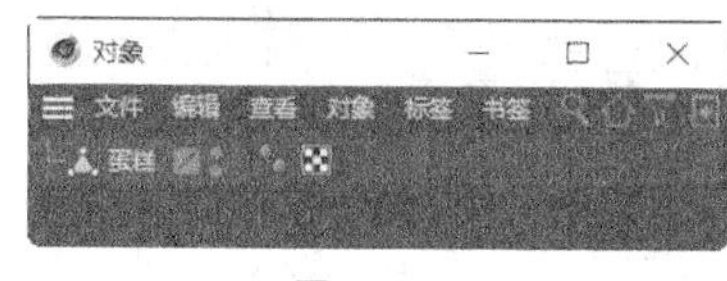

图3-469

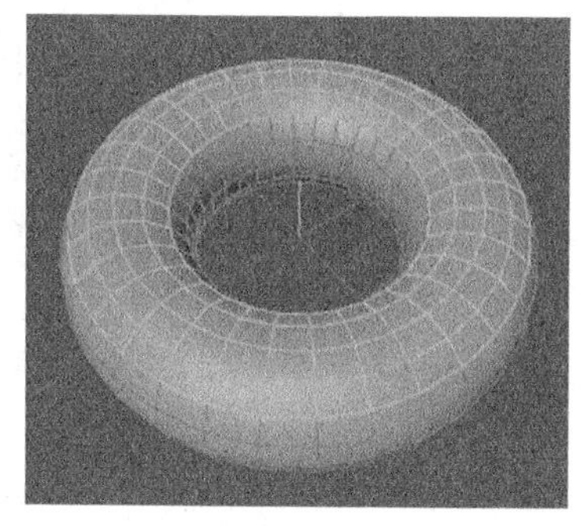

图3-470

04 在视图窗口中单击鼠标右键，在弹出的快捷菜单中选择“分裂”命令，分裂选中的面，“对象”面板中会生成一个“蛋糕.1”对象，将其重命名为“碎屑分布面”，双击“碎屑分布面”对象右侧的按钮将其隐藏，如图3-471所示。

05 在“对象”面板中选中“碎屑分布面”对象，按住Ctrl键的同时向下拖曳鼠标，当鼠标指针变为箭头时，松开鼠标复制对象，自动生成一个“碎屑分布面.1”对象，将其重命名为“奶油”，双击“奶油”对象右侧的按钮将其显示，如图3-472所示。

图3-471

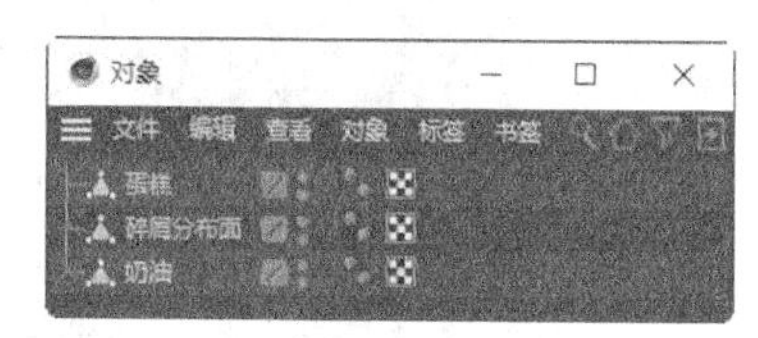

图3-472

06 在视图窗口中单击鼠标右键，在弹出的快捷菜单中选择“挤压”命令。在“属性”面板中，设置“偏移”为60cm，勾选“创建封顶”复选框，如图3-473所示。在“对象”面板中选中“碎屑分布面”对象，单击“模型”按钮，切换为模型模式。在视图窗口中拖曳*y*轴到80cm的位置，效果如图3-474所示。

07 单击“多边形”按钮，切换为多边形模式。在“对象”面板中选中“奶油”对象，选择“实时选择”工具，在视图窗口中选中需要的面，如图3-475所示，按Delete键将选中的面删除。

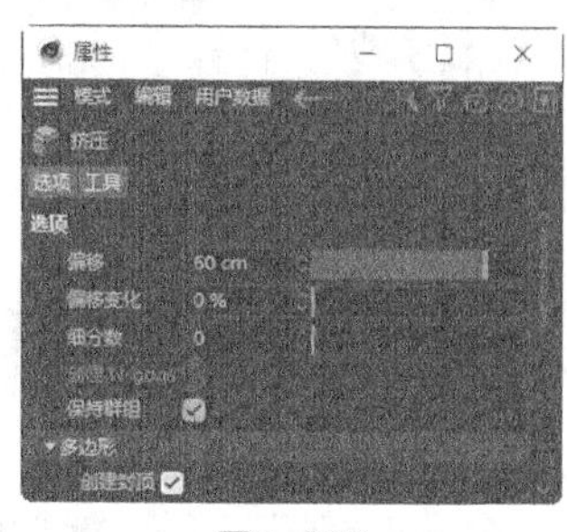

图3-473

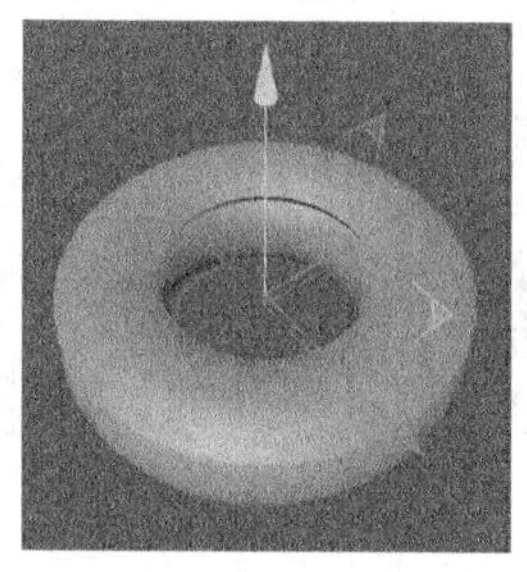

图3-474

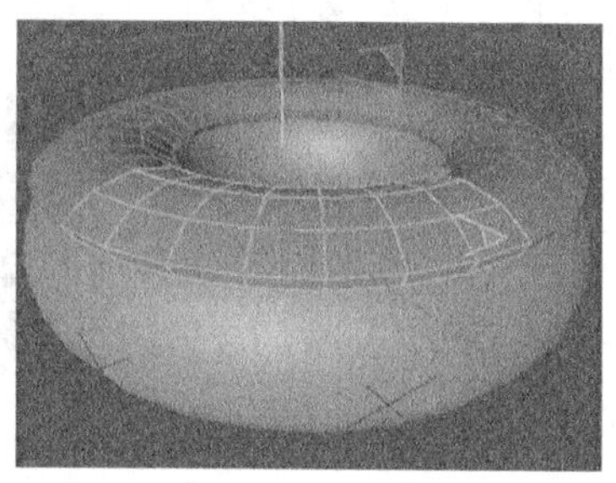

图3-475

08 在视图窗口中单击鼠标右键，在弹出的快捷菜单中选择“多边形画笔”命令。将鼠标指针定位到孔洞处并拖曳鼠标，如图3-476所示，封闭孔洞，效果如图3-477所示。使用相同的方法封闭其他孔洞，效果如图3-478所示。

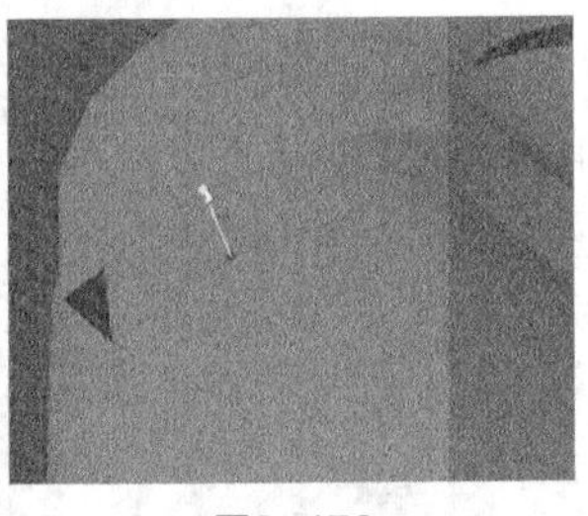
图3-476

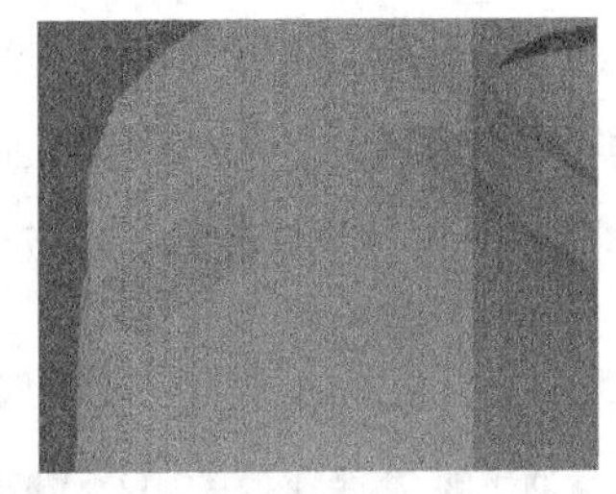
图3-477

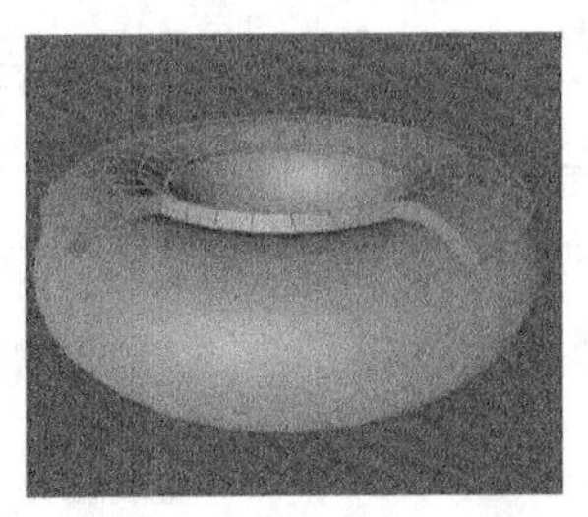
图3-478

09 单击“模型”按钮，切换为模型模式。单击“界面”选项右侧的下拉按钮，在弹出的下拉列表中选择“Sculpt”选项，切换至雕刻界面。选择“移动”工具，在视图窗口中选中需要的对象，如图3-479所示。选择3次“细分”工具，使“当前级别”为2，如图3-480所示；细分对象，效果如图3-481所示。

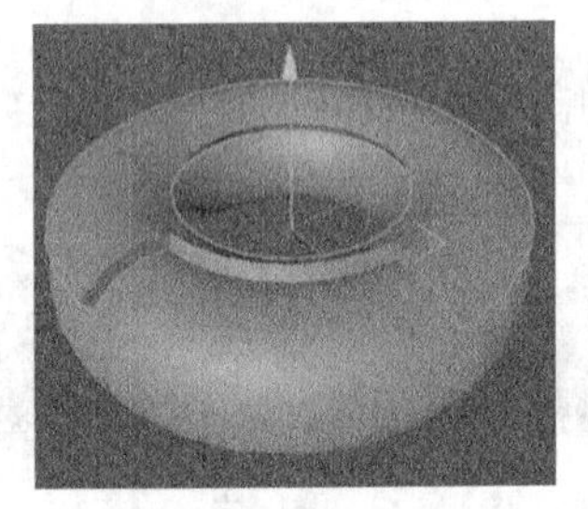
图3-479

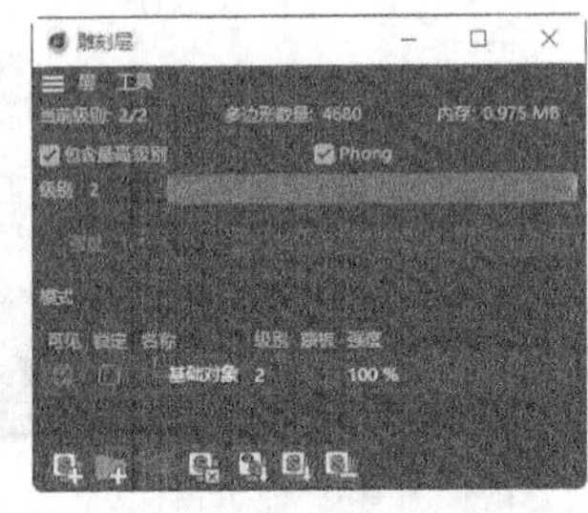

图3-480

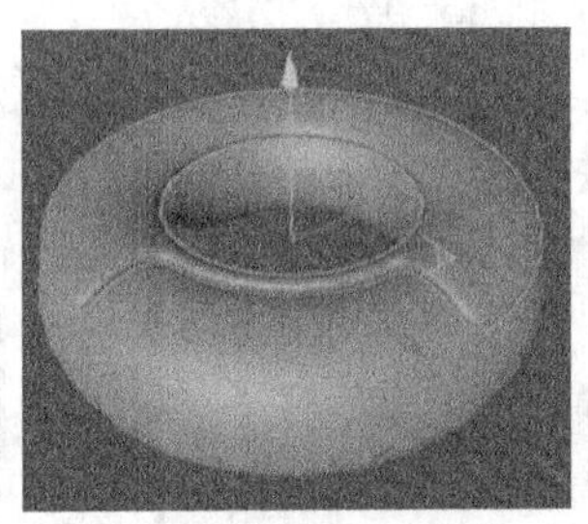
图3-481

10 选择“抓取”工具，在“属性”面板中设置“尺寸”为35，如图3-482所示。在视图窗口中拖曳出奶油下滑的效果，如图3-483所示。

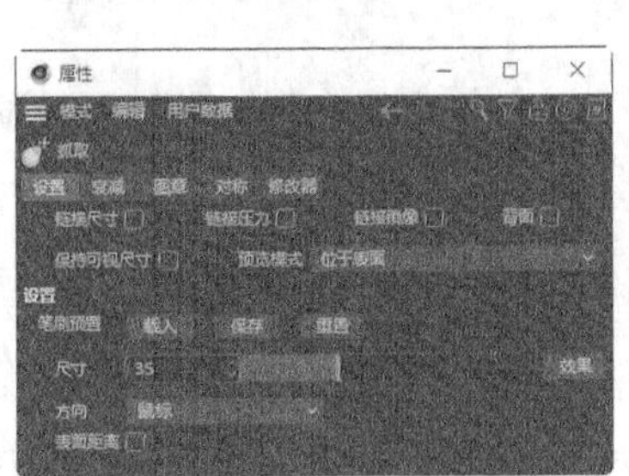

图3-482

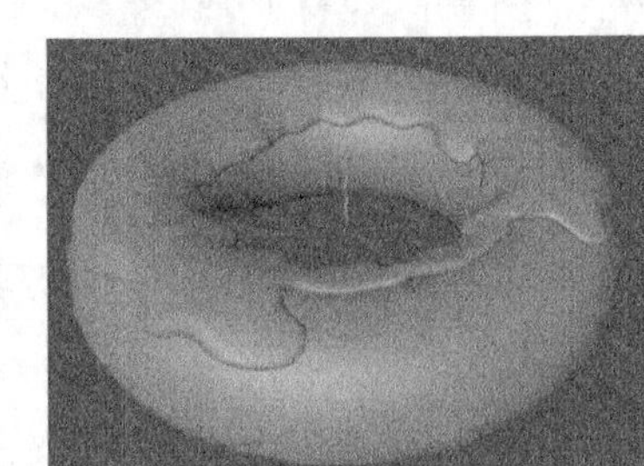
图3-483

11 选择“膨胀”工具，在“属性”面板中设置“尺寸”为40、“压力”为20%，如图3-484所示。在视图窗口中拖曳出奶油凸起的效果，如图3-485所示。

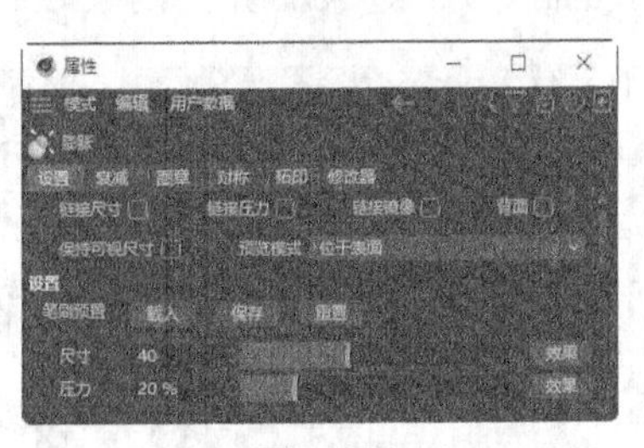

图3-484

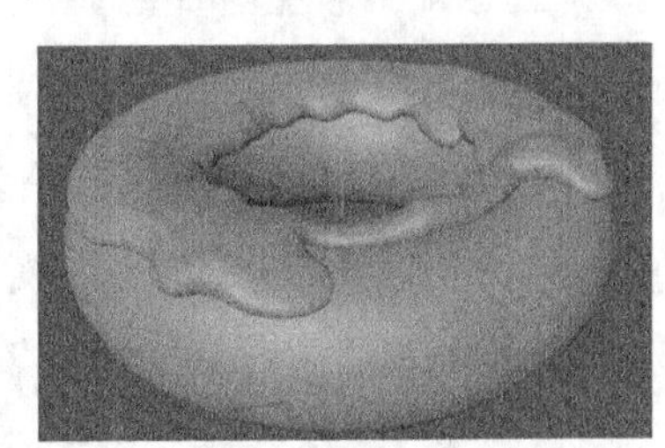
图3-485

12 选择“平滑”工具，在“属性”面板中设置“尺寸”为30、“压力”为30%，如图3-486所示。在视图窗口中拖曳出奶油表面平滑的效果。使用相同的方法再次使用上述工具微调奶油形状，效果如图3-487所示。

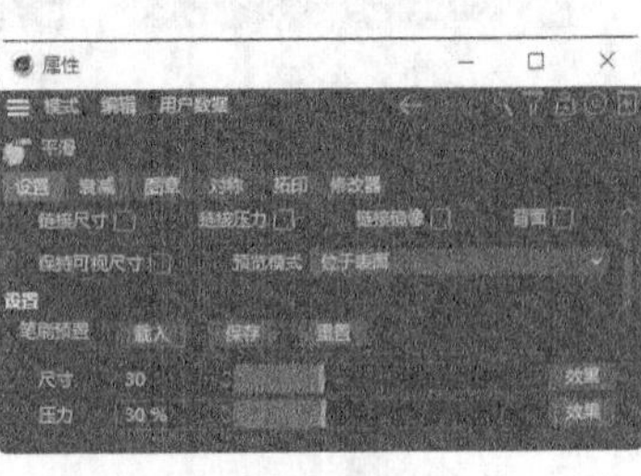

图3-486

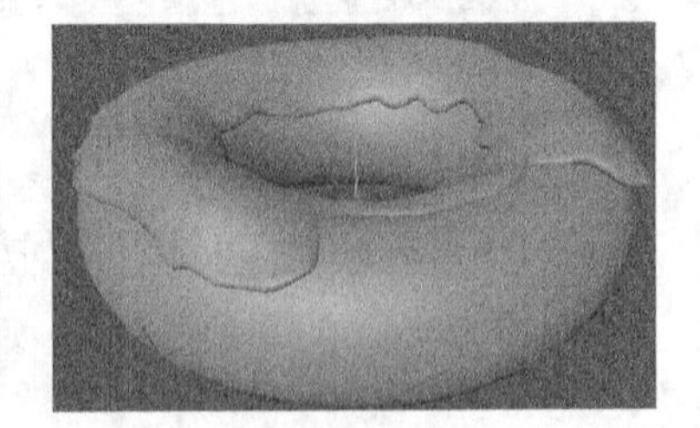
图3-487

13 选择“移动”工具，在视图窗口中选中需要的对象，如图3-488所示。选择两次“细分”工具，使“当前级别”为1，如图3-489所示；细分对象，效果如图3-490所示。

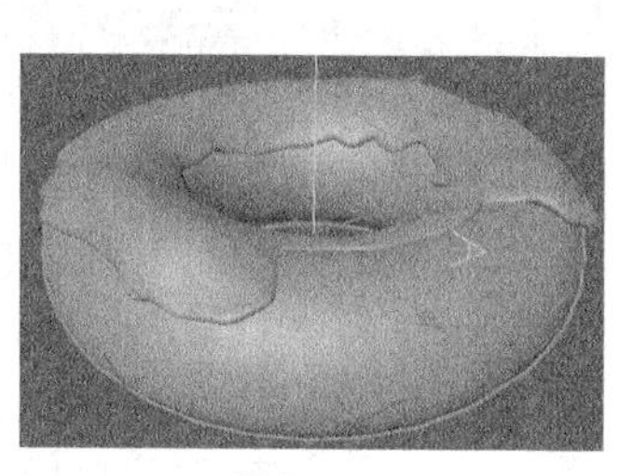
图3-488

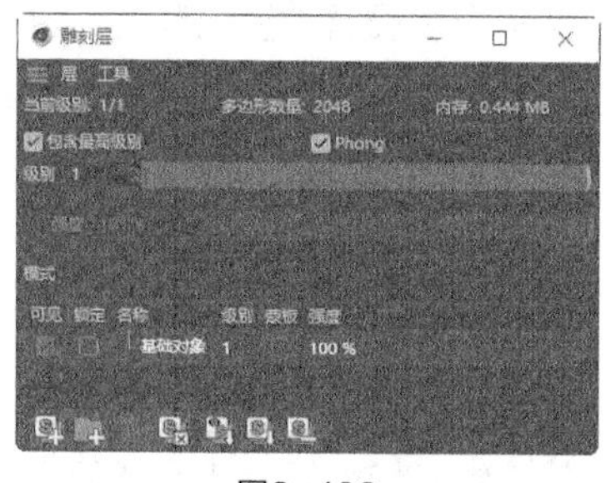

图3-489

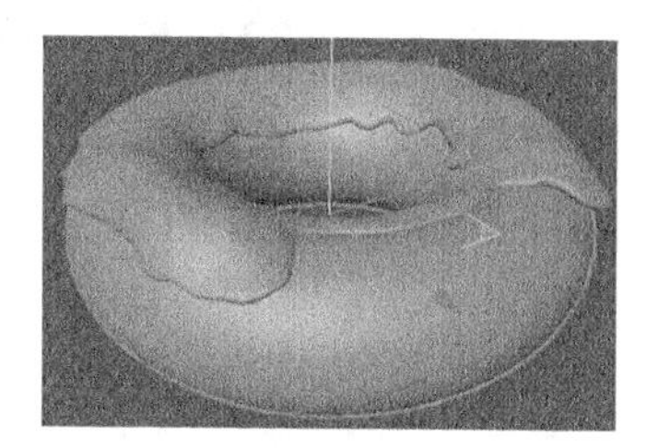
图3-490

14 选择“抓取”工具，在“属性”面板中，在视图窗口中拖曳出蛋糕凹陷的效果，如图3-491所示。选择“细分”工具，使“当前级别”为2，视图窗口中的效果如图3-492所示。分别选择“平滑”工具和“切刀”工具，对凹陷处进行细节处理。使用相同的方法，分别选择“抓取”工具、“切刀”工具、“膨胀”工具和“平滑”工具，对蛋糕和奶油进行处理，效果如图3-493所示。

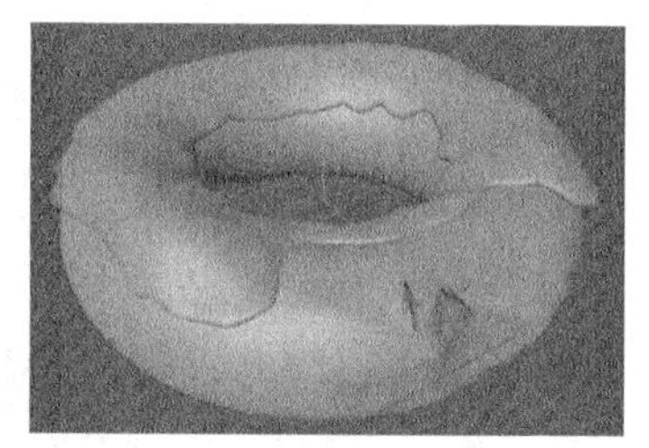
图3-491

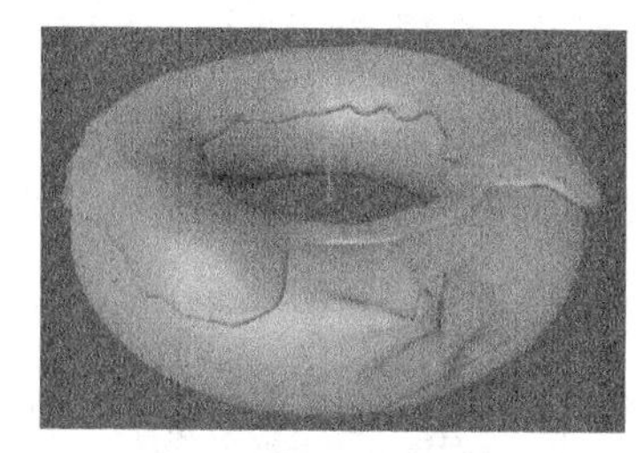
图3-492

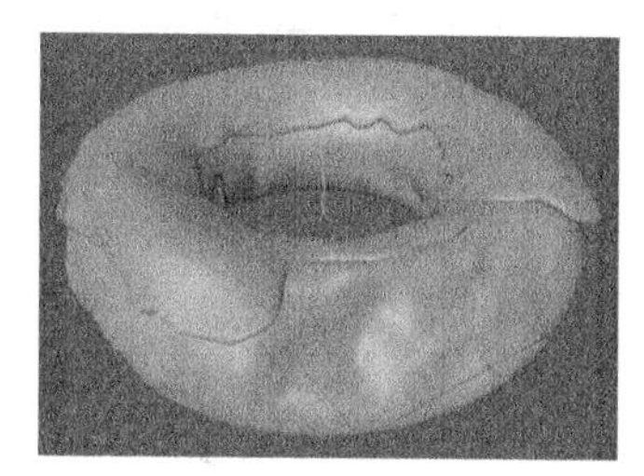
图3-493

15 单击“界面”选项右侧的下拉按钮，在弹出的下拉列表中选择“启动”选项，切换至启动界面。选择“移动”工具，在“对象”面板中选择“碎屑分布面”对象，双击其右侧的按钮将其显示，如图3-494所示，效果如图3-495所示。

16 单击“多边形”按钮，切换为多边形模式。选择“实时选择”工具，在视图窗口中选中需要的面，按Delete键将其删除，效果如图3-496所示。在“对象”面板中，双击“碎屑分布面”对象右侧的按钮将其隐藏，如图3-497所示。

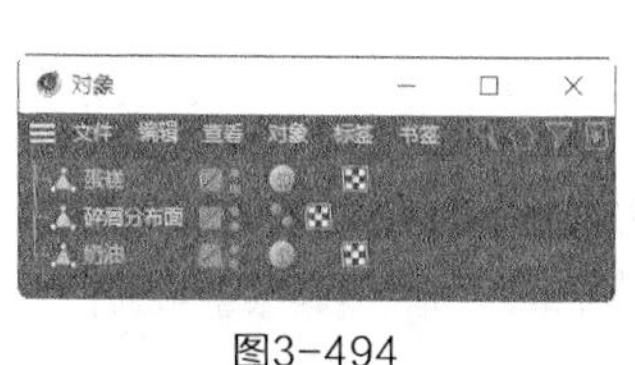

图3-494

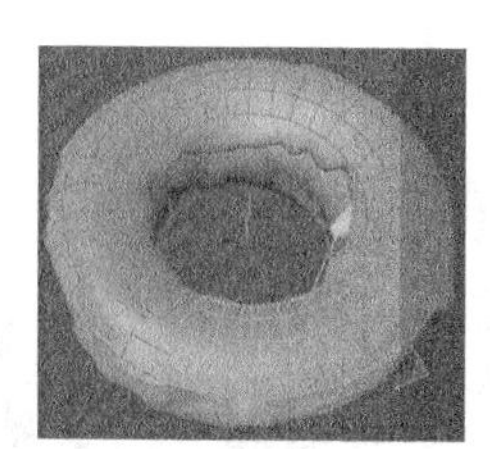
图3-495

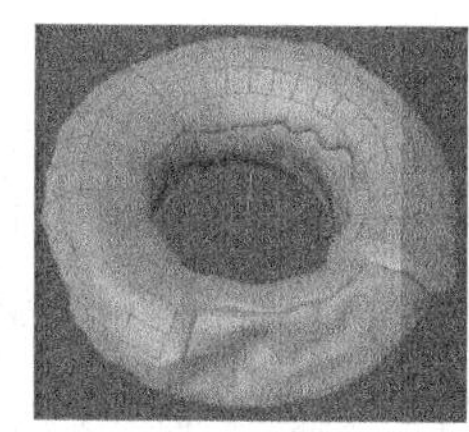
图3-496

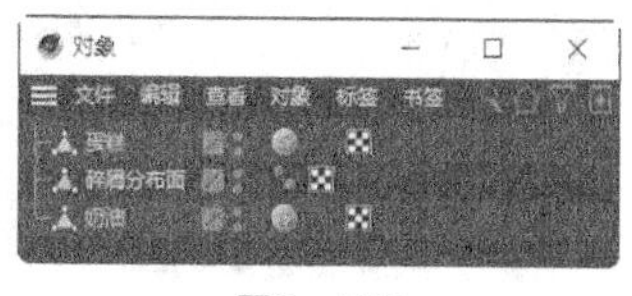

图3-497

17 选择“克隆”工具，“对象”面板中会自动生成一个“克隆”对象，将其重命名为“碎屑”。选择“胶囊”工具，“对象”面板中会自动生成一个“胶囊”对象。在“对象”面板中，将“胶囊”对象拖入“碎屑”对象的下层，如图3-498所示。

18 在“对象”面板中选中“胶囊”对象，在“属性”面板“对象”选项卡中设置“半径”为15cm、“高度”为115cm，如图3-499所示。在“对象”面板中选中“碎屑”对象，在“属性”面板“对象”选项卡中设置“模式”为“对象”、“种子”为1234579、“数量”为24。选中“碎屑分布面”对象，将其拖曳到“属性”面板“对象”选项卡的“对象”选项中，其他选项的设置如图3-500所示。

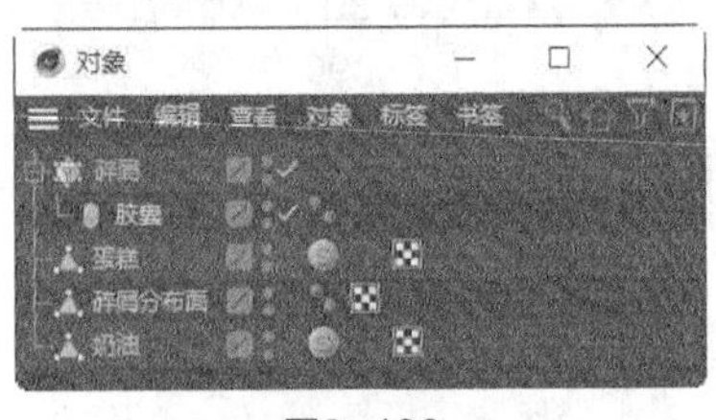

图3-498

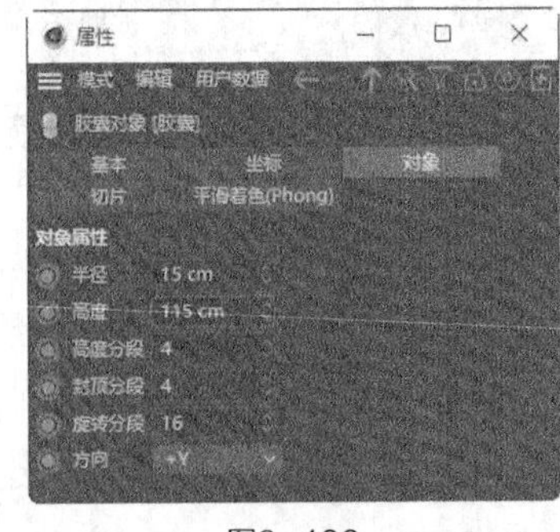

图3-499

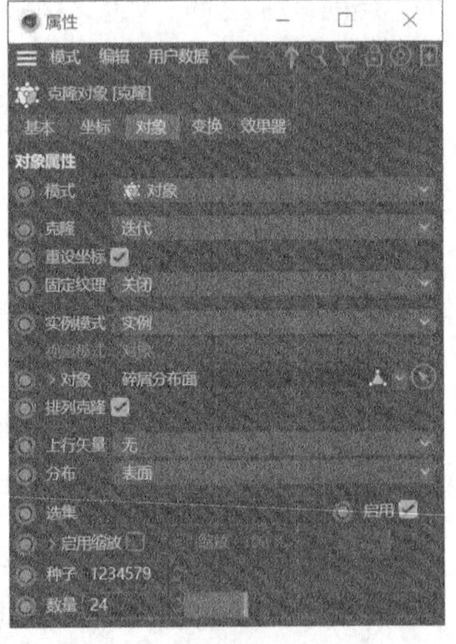

图3-500

19 在“对象”面板中选中“碎屑”对象。选择“运动图形 > 效果器 > 随机”命令，在“对象”面板中生成一个“随机”对象，如图3-501所示。在“属性”面板“参数”选项卡中，取消勾选“位置”复选框，勾选“旋转”复选框，设置“R.B”为100°，如图3-502所示。

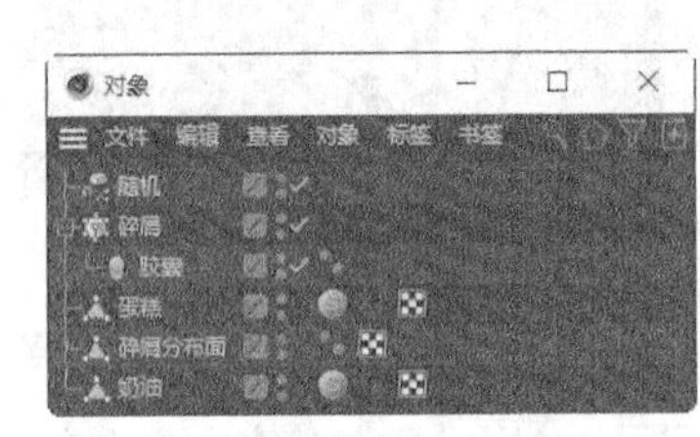

图3-501

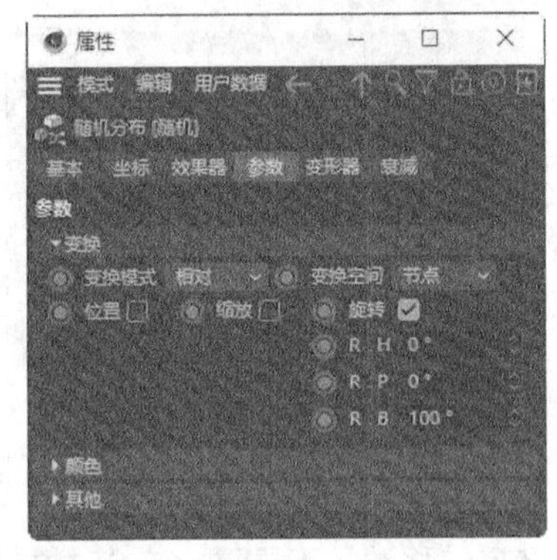

图3-502

20 在“对象”面板中，用鼠标右键单击“碎屑”对象，在弹出的快捷菜单中选择“当前状态转对象”命令，生成一个“碎屑”对象组，如图3-503所示。用框选的方法选中不需要的对象，按Delete键将其删除，如图3-504所示。用框选的方法选中所有对象，按Alt+G快捷键将其编组，并命名为“甜甜圈”，如图3-505所示。甜甜圈模型制作完成。

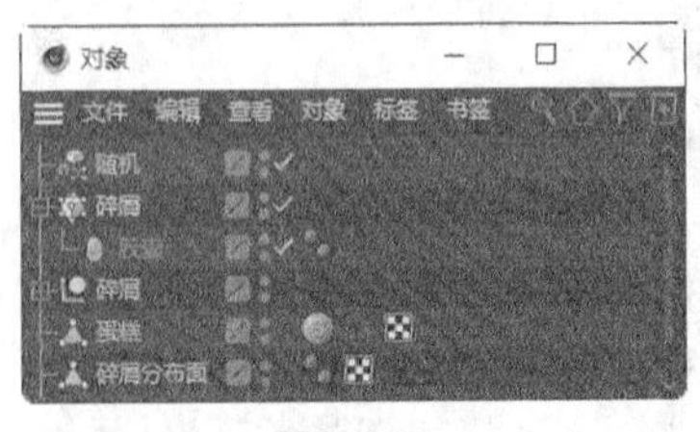

图3-503

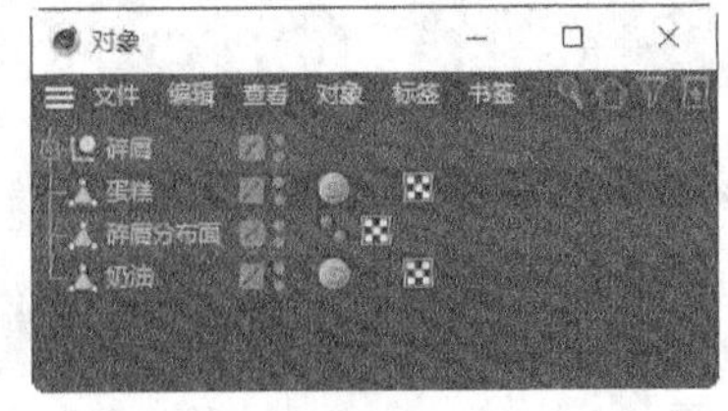

图3-504

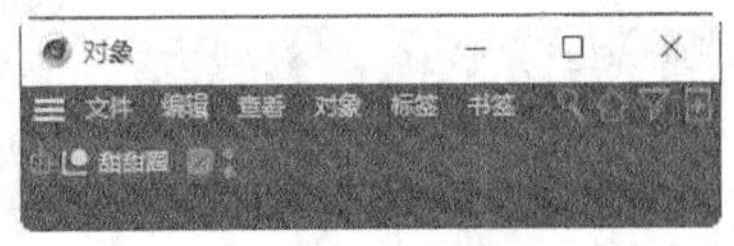

图3-505

3.6.2 笔刷

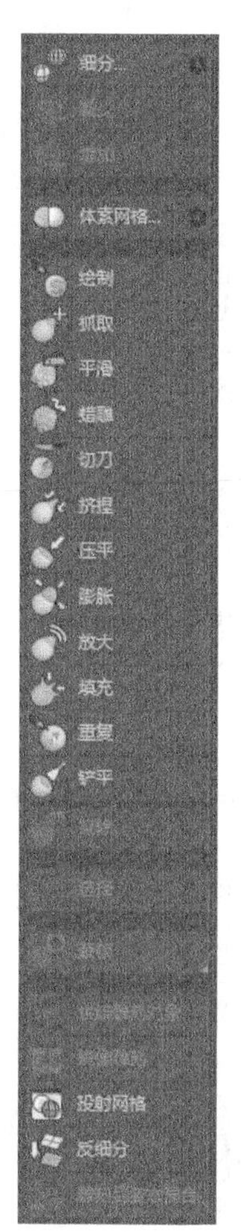

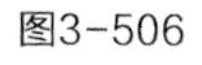
图3-506

使用Cinema 4D雕刻系统中预置的笔刷，如图3-506所示，可以对参数化对象进行多种操作。

1. 细分

设置参数化对象的细分数量，设置的数值越大，对象中的网格越多，如图3-507所示。

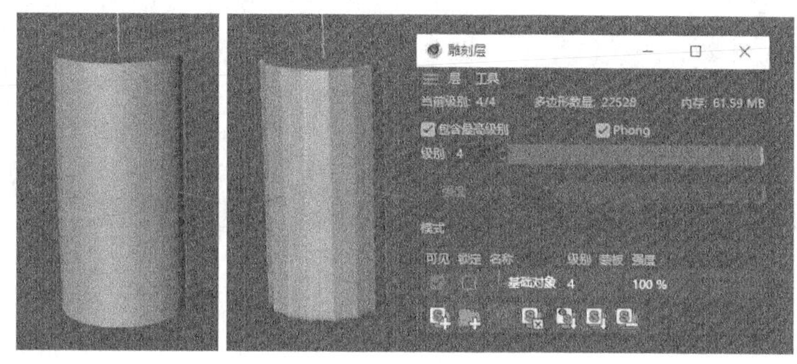

图3-507

2. 减少

减少参数化对象的网格数量，如图3-508所示。

3. 增加

增加参数化对象的网格数量，如图3-509所示。

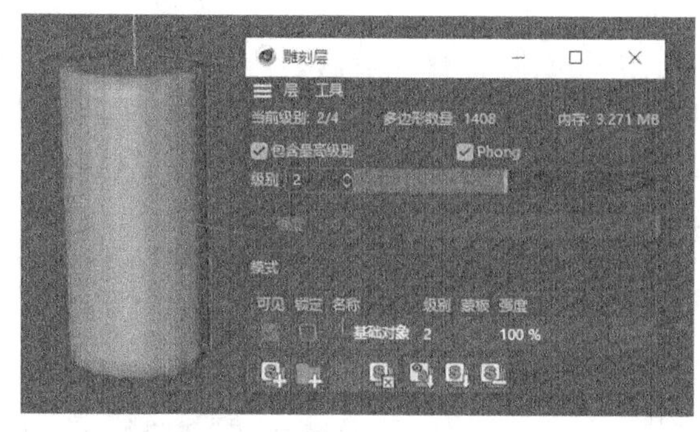

图3-508

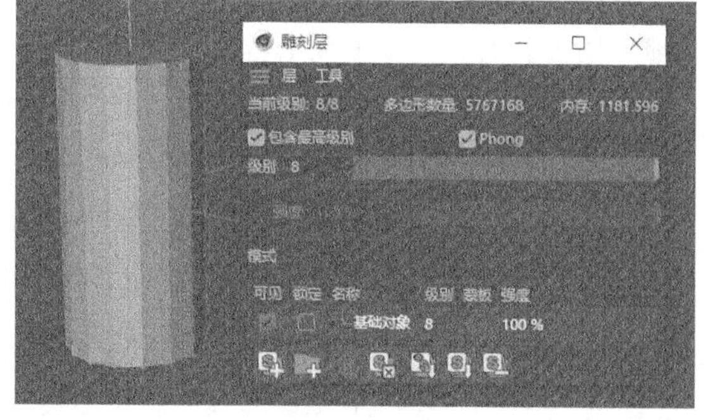

图3-509

4. 抓取

拖曳选取的对象，如图3-510所示。

5. 平滑

使选中的点变得平滑，如图3-511所示。

6. 切刀

使参数化对象表面产生细小的褶皱，如图3-512所示。

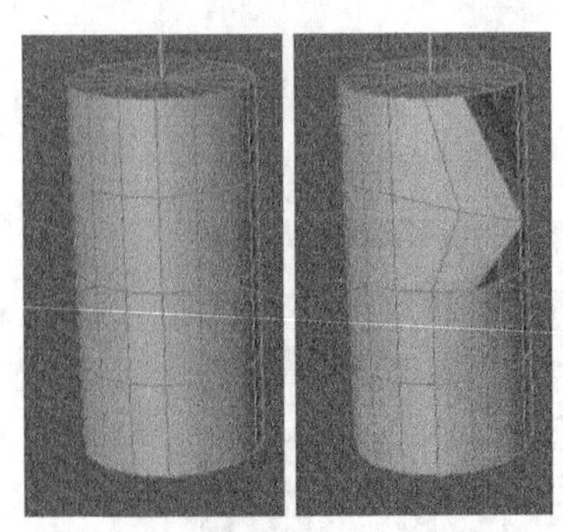
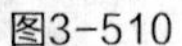
图3-510

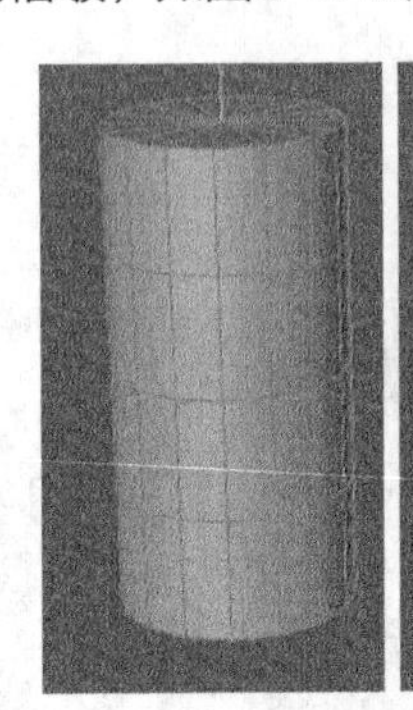
图3-511

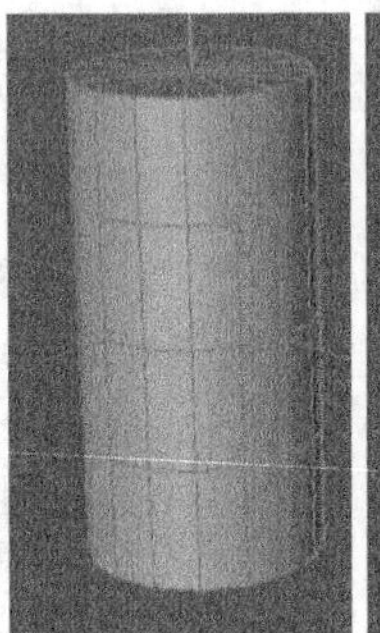
图3-512

7. 挤捏

将顶点挤捏在一起，如图3-513所示。

8. 膨胀

沿着参数化对象的法线方向移动点，如图3-514所示。

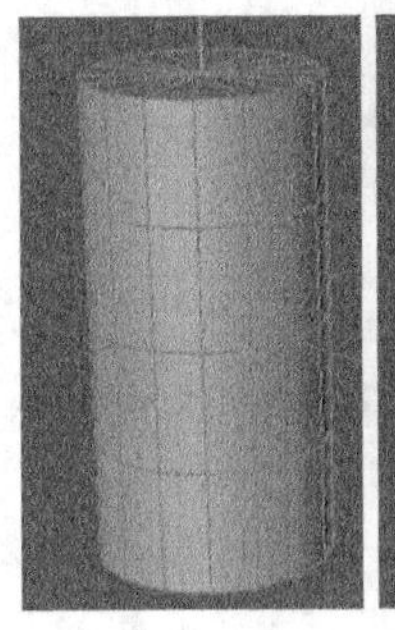
图3-513

图3-514

课堂练习——制作耳机模型

练习知识要点 使用“圆柱体”工具、“立方体”工具和“布尔”工具制作耳机，使用“封闭多边形孔洞”命令封闭多边形孔洞，使用“线性切割”命令和“循环/路径切割”命令切割面；使用“框选”工具选中需要的点，使用“焊接”命令焊接对象；使用“细分曲面”工具制作细分曲面效果，使用“圆环”工具和“放样”工具制作耳塞部分。最终效果如图3-515所示。

效果所在位置 学习资源\Ch03\制作耳机模型\工程文件.c4d。

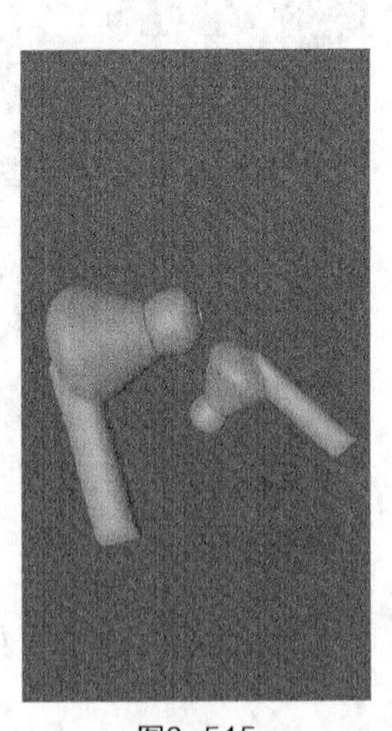
图3-515

课后习题——制作面霜模型

习题知识要点 使用“圆柱体”工具制作瓶身，使用“平面”工具、“包裹”工具和“克隆”工具制作瓶沿，使用“多边形画笔”命令、“布料曲面”工具和“细分曲面”工具调整褶皱，使用“地形”工具、“扭曲”工具、“锥化”工具、“倒角”命令、“抓取”命令和“平滑”命令制作面霜膏体。最终效果如图3-516所示。

效果所在位置 学习资源\Ch03\制作面霜模型\工程文件.c4d。

图3-516

第 4 章

Cinema 4D灯光技术

本章介绍

Cinema 4D中的灯光工具用于为已经创建好的三维模型添加合适的照明效果，设置合适的灯光可以让模型产生阴影、投影、光度等效果，从而显得更加真实生动。本章将对Cinema 4D的灯光类型、灯光参数以及灯光的使用等进行系统讲解。通过本章的学习，读者可以对Cinema 4D的灯光技术有一个全面的认识，并能快速掌握常用光影效果的制作技术与技巧。

学习目标

- 熟悉常用的灯光类型。
- 掌握常用的灯光参数。
- 掌握三点布光的方法。
- 掌握两点布光的方法。

技能目标

- 掌握运用三点布光方法照亮室内环境的方法。
- 掌握运用两点布光方法照亮吹风机的方法。

4.1 灯光类型

在Cinema 4D中可以直接创建预置的多种类型的灯光，还可以通过在“属性”面板中调整参数来改变灯光的属性。

按住工具栏中的“灯光”按钮，弹出灯光的列表，如图4-1所示。在列表中选择需要创建的灯光对应的工具，即可在视图窗口中创建相应灯光对象。

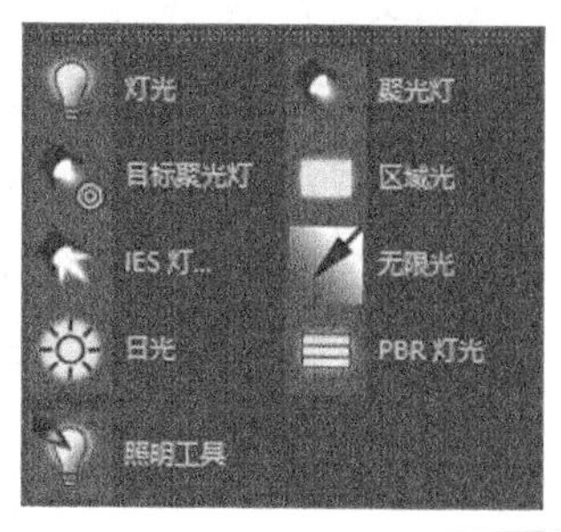

图4-1

4.1.1 灯光

“灯光”是一个点光源，是常用的灯光类型之一。其光线可以从单一的点向多个方向发射，光照效果类似于生活中的灯泡，如图4-2所示。

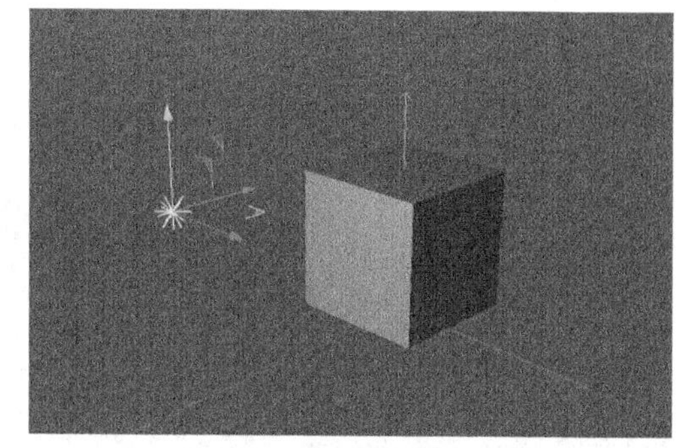

图4-2

4.1.2 聚光灯

“聚光灯”可以向一个方向发射出锥形光线区域，区域外的对象不受灯光影响，光照效果类似于生活中的探照灯，如图4-3所示。

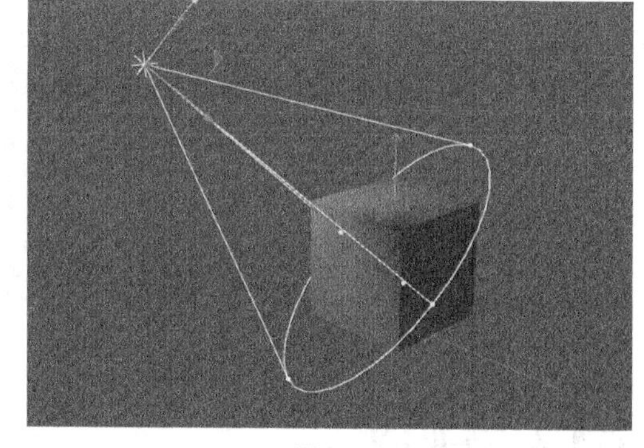

图4-3

4.1.3 目标聚光灯

“目标聚光灯”同样可以向一个方向发射出锥形光线区域，区域外的对象不受灯光影响。目标聚光灯具有一个目标点，可以调整光线照射的方向，如图4-4所示。

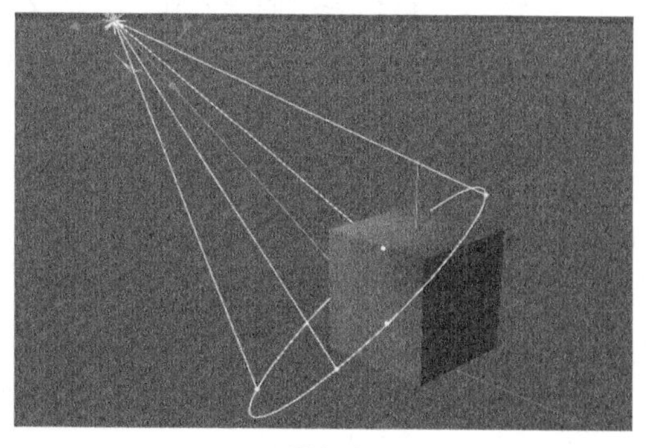

图4-4

4.1.4 区域光

“区域光”是一个面光源，其光线可以从一个区域向多个方向发射，形成一个规则的照射平面。区域光具有柔和的特点，光照效果类似于生活中的反光板折射出的光。在Cinema 4D中，默认创建的区域光是一个矩形区域，如图4-5所示。

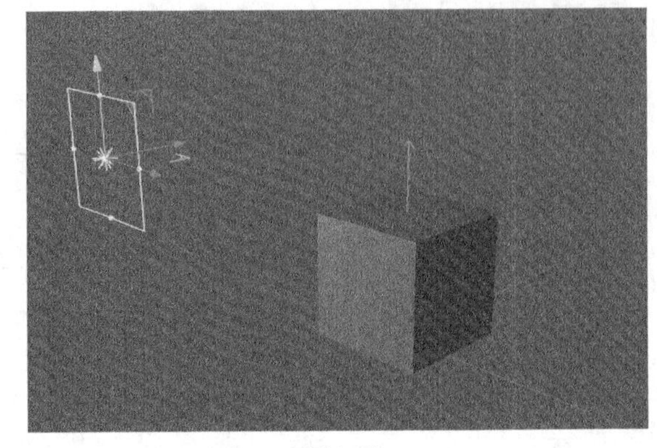

图4-5

4.1.5 IES灯光

在Cinema 4D中，可以使用预置的多种IES灯光文件产生不同的光照效果。选择“窗口 > 资产浏览器”命令，在弹出的面板中根据路径下载并选中需要的IES灯光文件，如图4-6所示。将其拖曳到视图窗口中，效果如图4-7所示。

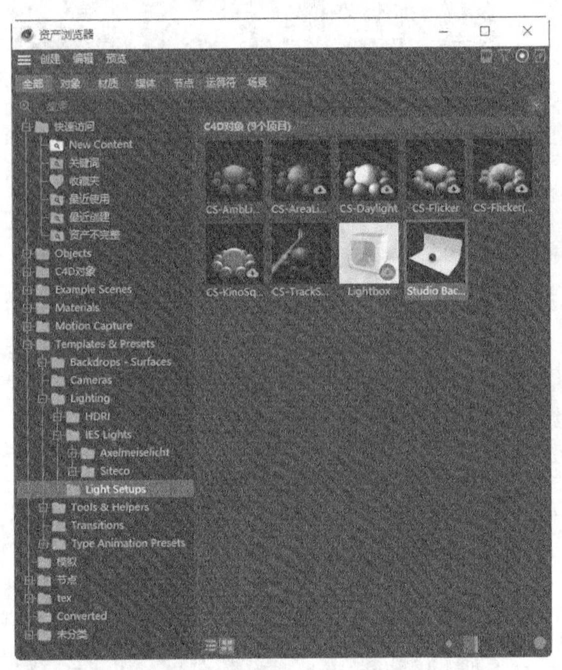

图4-6

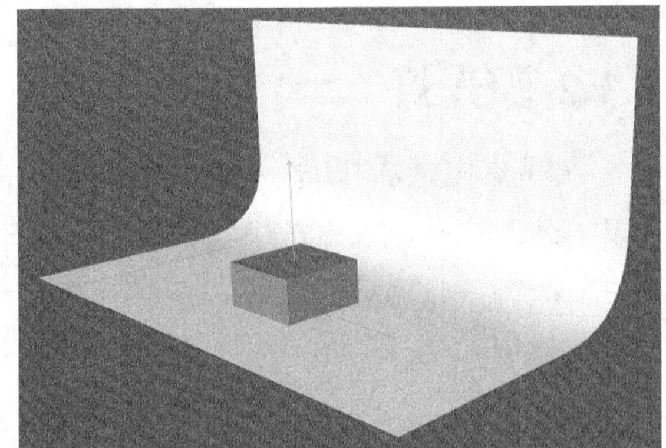

图4-7

4.1.6 无限光

“无限光”是一种具有方向性的灯光，其光线可以按照特定的方向平行传播，且没有距离的限制，光照效果类似于生活中的太阳，如图4-8所示。

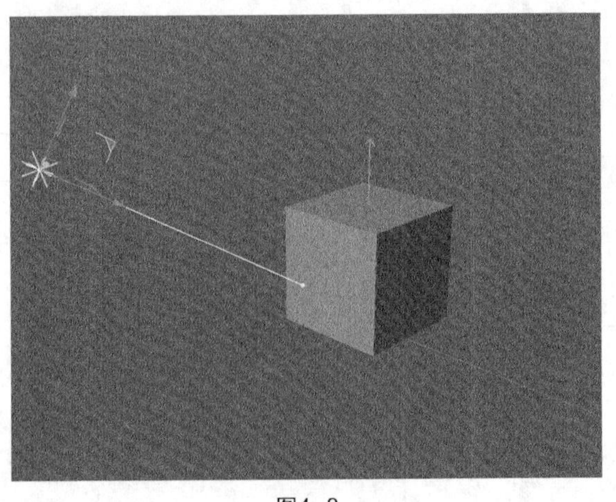

图4-8

4.1.7 日光

“日光” 同样是一种具有方向性的灯光，常用于模拟太阳光，如图4-9所示。

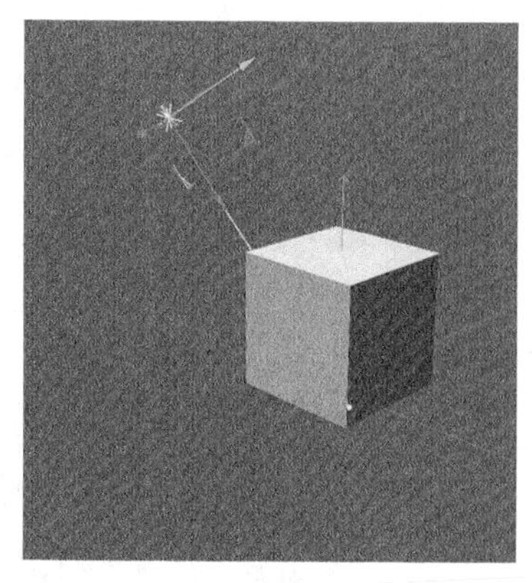

图4-9

4.2 灯光参数

在场景中创建灯光后，“属性”面板中会显示该灯光对象的参数设置，常用的参数设置由“常规”“细节”“可见”“投影”“光度”“焦散”“噪波”“镜头光晕”“工程”这9个选项卡组成。

4.2.1 常规

在场景中创建灯光后，“属性”面板中的“常规”选项卡如图4-10所示。该选项卡主要用于设置灯光对象的基本参数，包括颜色、类型和投影等。

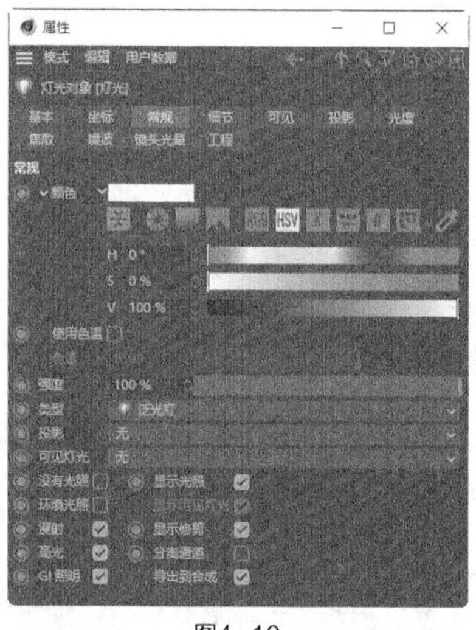

图4-10

4.2.2 细节

在场景中创建灯光后，“属性”面板中的“细节”选项卡如图4-11所示。根据创建的灯光类型的不同，该选项卡的参数也不同。除区域光之外，其他几类灯光的“细节”选项卡所包含的参数比较相似，但部分被激活的参数有些不同。该选项卡主要用于设置灯光对象的对比和投影轮廓等参数。

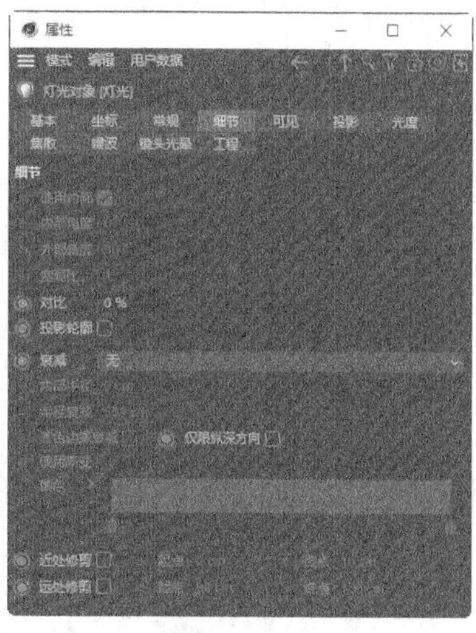

图4-11

4.2.3 细节（区域光）

在场景中创建区域光后，“属性”面板中的“细节”选项卡如图4-12所示。该选项卡主要用于设置灯光对象的形状和采样等参数。

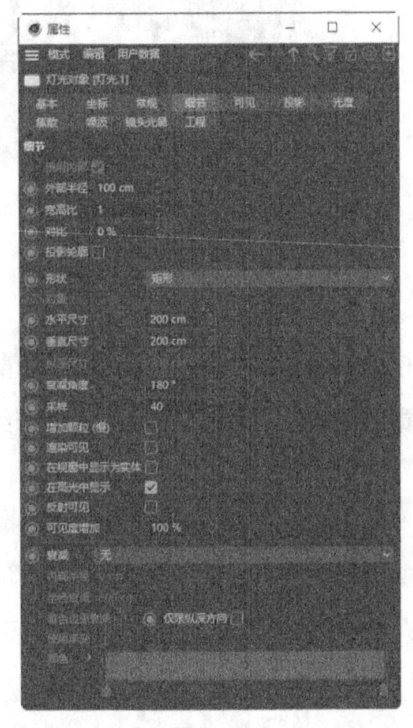

图4-12

4.2.4 可见

在场景中创建灯光后，“属性”面板中的“可见”选项卡如图4-13所示。该选项卡主要用于设置灯光对象的衰减和颜色等参数。

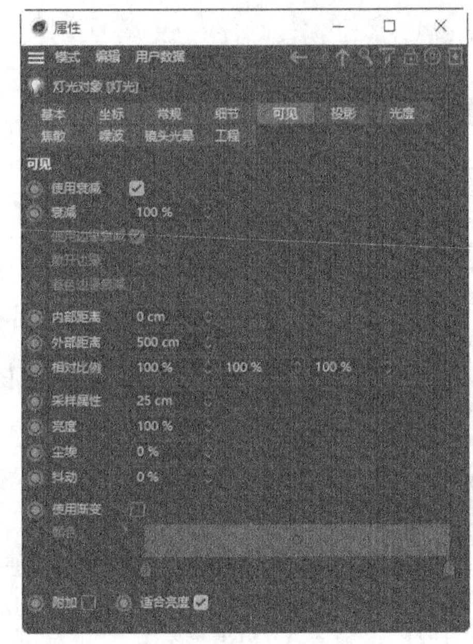

图4-13

4.2.5 投影

在场景中创建灯光后，在“属性”面板中选择“投影”选项卡。每种灯光都有4种投影方式，分别为“无”“阴影贴图（软阴影）”“光线跟踪（强烈）”“区域”，如图4-14所示。该选项卡主要用于设置灯光对象的投影参数。

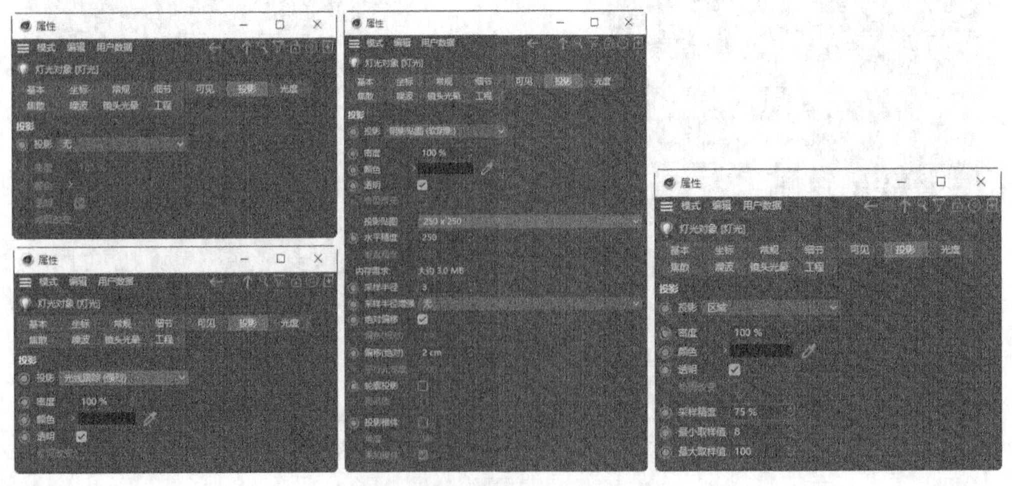

图4-14

4.2.6 光度

在场景中创建灯光后，“属性”面板中的“光度”选项卡如图4-15所示。该选项卡主要用于设置灯光对象的光度强度等参数。

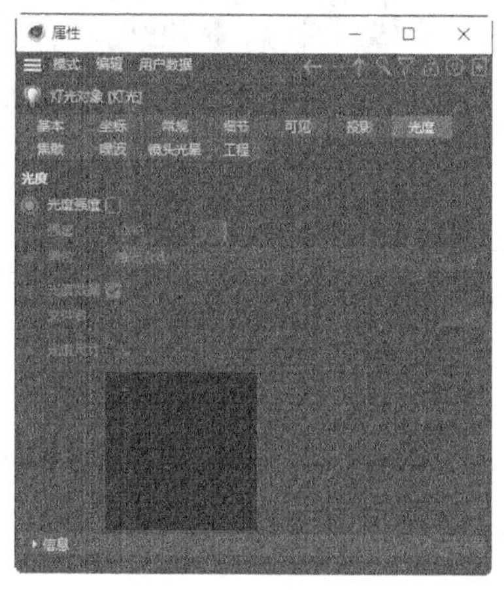

图4-15

4.2.7 焦散

在场景中创建灯光后，“属性”面板中的“焦散”选项卡如图4-16所示。该选项卡主要用于设置灯光对象的表面焦散和体积焦散等参数。

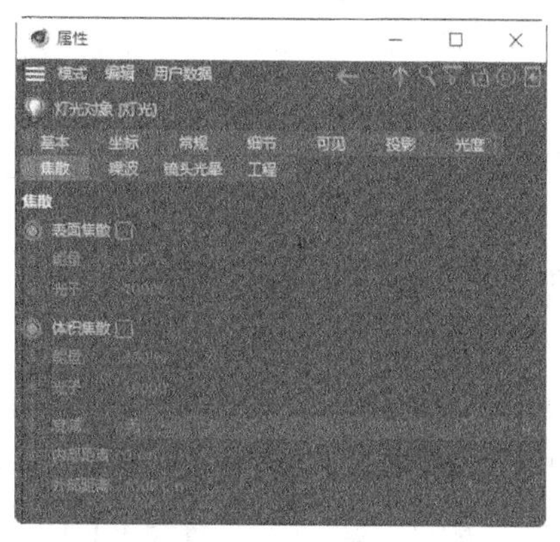

图4-16

4.2.8 噪波

在场景中创建灯光后，“属性”面板中的“噪波”选项卡如图4-17所示。该选项卡主要用于设置灯光对象的噪波参数，从而生成特殊的光照效果。

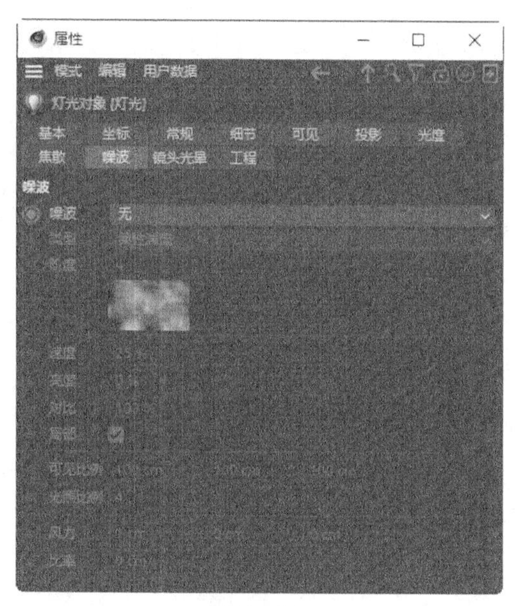

图4-17

4.2.9 镜头光晕

在场景中创建灯光后，“属性”面板中的“镜头光晕”选项卡如图4-18所示。该选项卡主要用于模拟生活中摄像机镜头拍摄时产生的光晕效果，可以增强画面的氛围感，比较适用于深色背景。

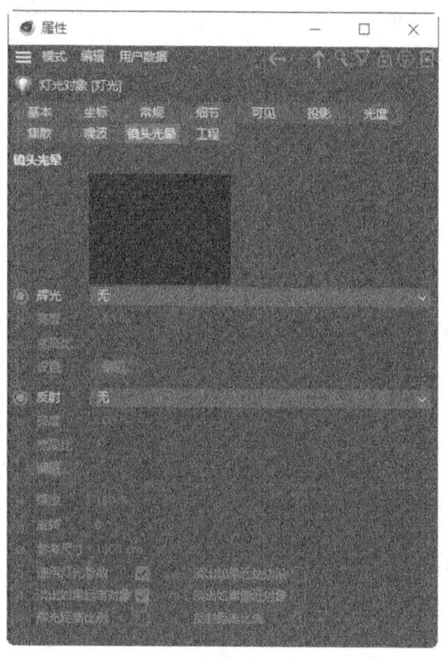

图4-18

4.2.10 工程

在场景中创建灯光后，属性面板中的“工程”选项卡如图4-19所示。该选项卡主要用于设置灯光对象的排除和包含，即可以使灯光单独照明某个对象，或排除灯光对某个对象的照明。

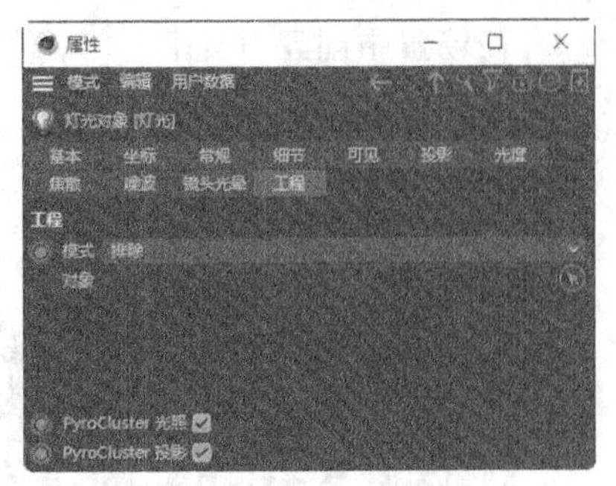

图4-19

4.3 灯光的使用

生活中的光基本为太阳光或多种照明设备产生的光。而在Cinema 4D中，灯光既可以用来照明场景，也可以用来烘托气氛，因此，灯光是表现场景效果的重要部分。在设计制作场景的过程中，可以组合使用预置的灯光来制作出丰富的效果。

4.3.1 课堂案例——运用三点布光方法照亮室内环境

案例学习目标 能够使用灯光工具制作布光效果。

案例知识要点 使用“合并项目”命令导入素材文件，使用“区域光”工具添加灯光，使用“属性”面板设置灯光参数。最终效果如图4-20所示。

效果所在位置 学习资源\Ch04\运用三点布光方法照亮室内环境\工程文件. c4d。

图4-20

01 启动Cinema 4D。单击“编辑渲染设置”按钮，弹出“渲染设置”面板。在“输出”设置区域中设置“宽度”为1400像素、“高度”为1060像素，如图4-21所示，单击“关闭”按钮，关闭面板。

02 选择“文件 > 合并项目”命令，在弹出的“打开文件”对话框中选择学习资源中的“Ch04 > 运用三点布光方法照亮室内环境 > 素材 > 01.c4d”文件，单击“打开”按钮，打开文件。在“对象”面板中，单击“摄像机”对象右侧的按钮，进入摄像机视图。视图窗口中的效果如图4-22所示。

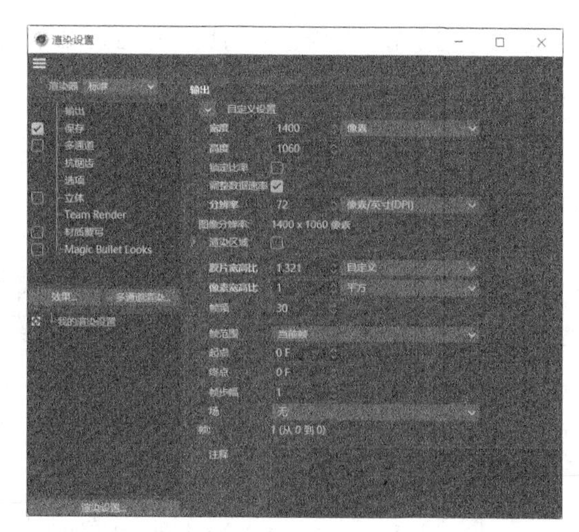
图4-21

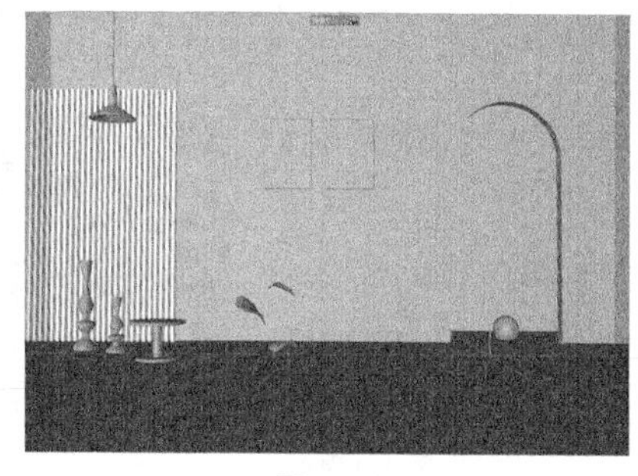
图4-22

03 选择“区域光”工具，在“对象”面板中生成一个“灯光”对象，并将其重命名为“主光源”，如图4-23所示。在“属性”面板“坐标”选项卡中，设置“P.X”为-871cm、“P.Y”为575cm、“P.Z”为-626cm，“R.H”为-56°、“R.P”为-29°、“R.B”为-3°，如图4-24所示；在“常规”选项卡中，设置“强度”为125%，如图4-25所示。

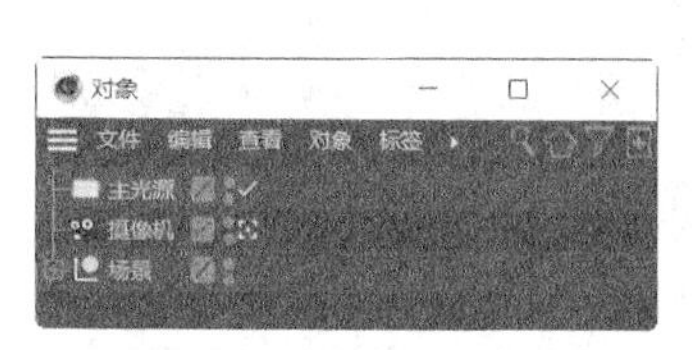
图4-23

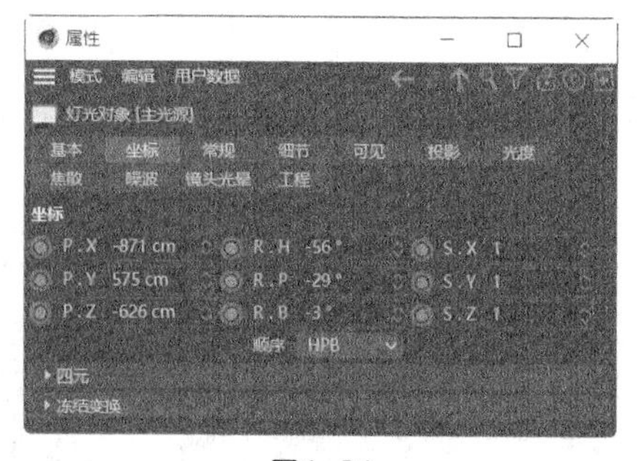
图4-24

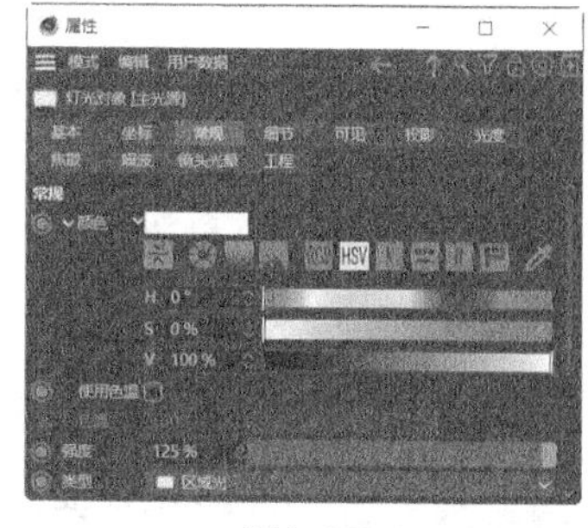
图4-25

04 在“细节”选项卡中，设置“外部半径”为262cm、“水平尺寸”为524cm、“垂直尺寸”为459cm，如图4-26所示；在“投影”选项卡中，设置“投影”为“区域”、“密度”为80%，如图4-27所示。视图窗口中的效果如图4-28所示。

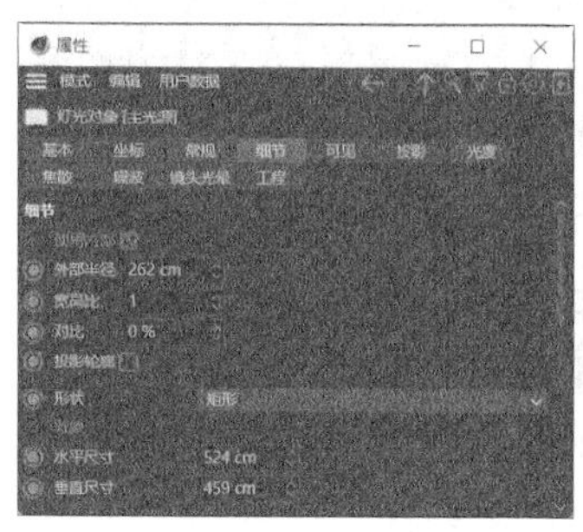
图4-26

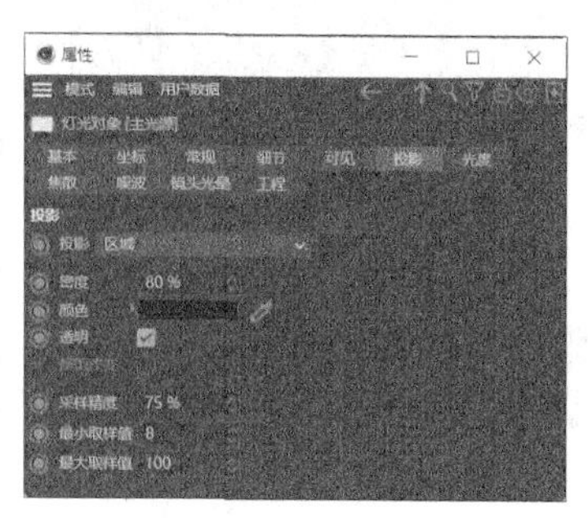
图4-27

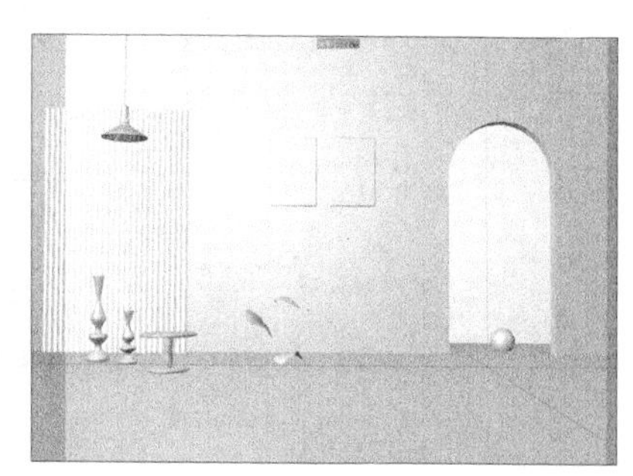
图4-28

05 选择“区域光”工具，在“对象”面板中生成一个“灯光”对象，并将其重命名为“辅光源”，如图4-29所示。在“属性”面板“坐标”选项卡中，设置“P.X”为-260cm、“P.Y”为227cm、“P.Z”为-14cm，“R.H”为-29°、“R.P”为-42°、“R.B”为-13°，如图4-30所示；在“常规”选项卡中，设置“强度”为90%，如图4-31所示。

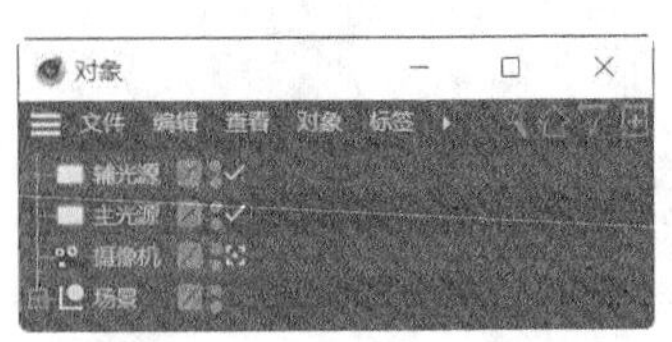

图4-29

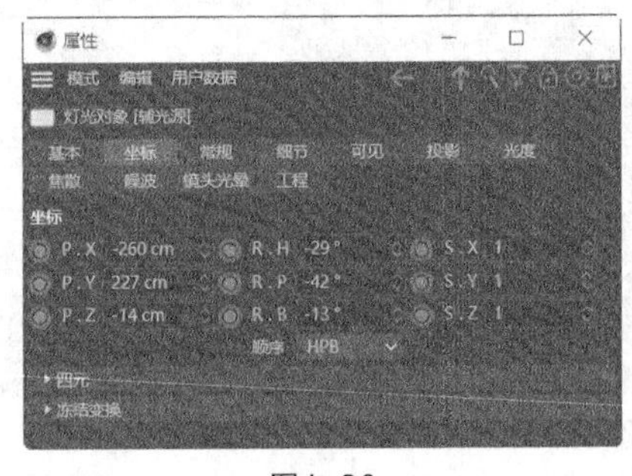

图4-30

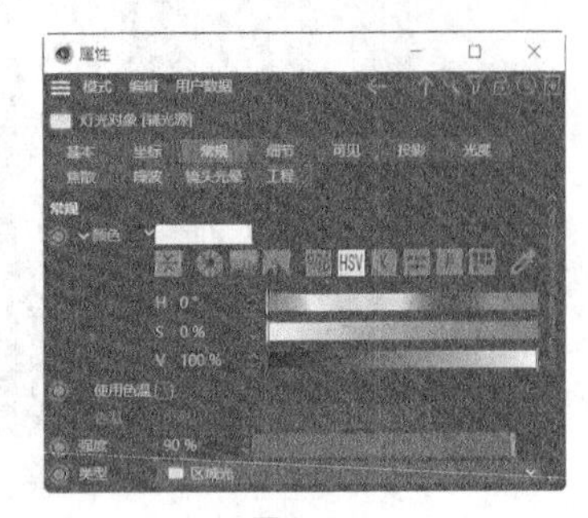

图4-31

06 在“细节”选项卡中，设置“外部半径”为68cm、“水平尺寸”为136cm、“垂直尺寸”为128cm，如图4-32所示。

07 选择“区域光”工具，在“对象”面板中生成一个“灯光”对象，并将其重命名为“背光源”，如图4-33所示。在“属性”面板“坐标”选项卡中，设置“P.X”为582cm、“P.Y”为285cm、“P.Z”为490cm，“R.H”为-58°、“R.P”为-29°、“R.B”为-5°，如图4-34所示。

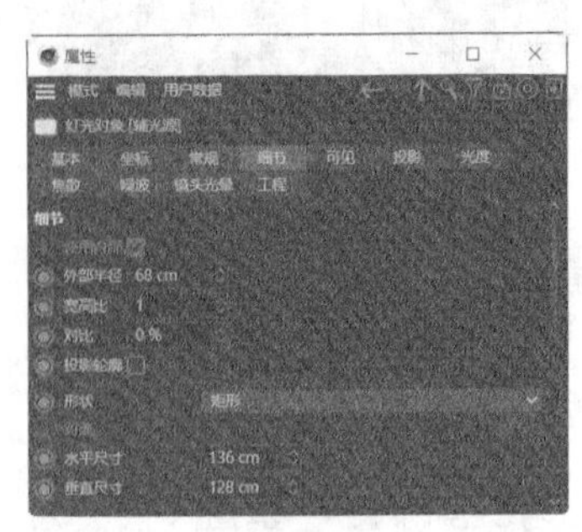

图4-32

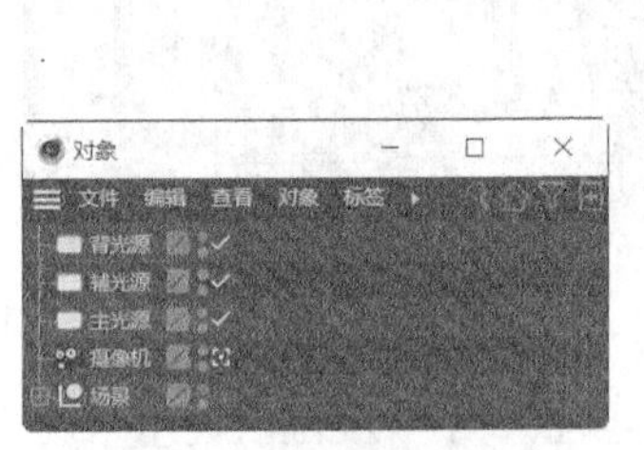

图4-33

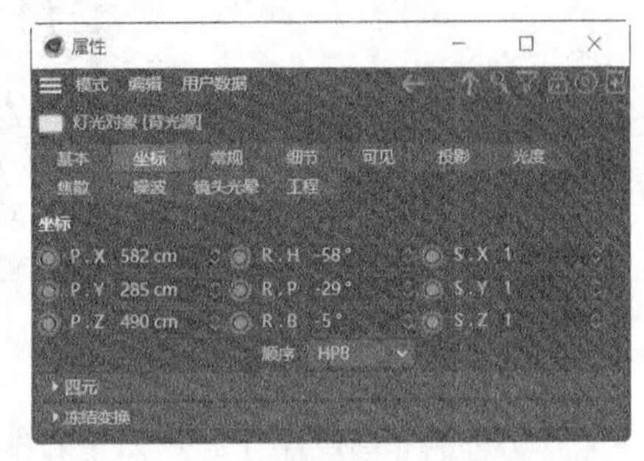

图4-34

08 在“常规”选项卡中，设置“强度”为70%，如图4-35所示。在“细节”选项卡中，设置“外部半径”为158cm、“水平尺寸”为316cm、“垂直尺寸”为533cm，如图4-36所示。

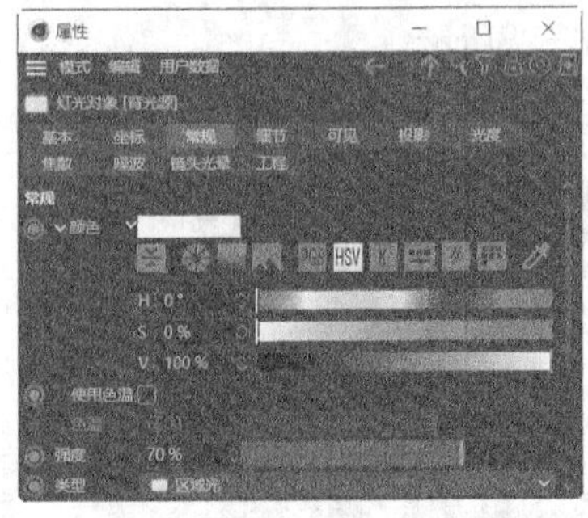

图4-35

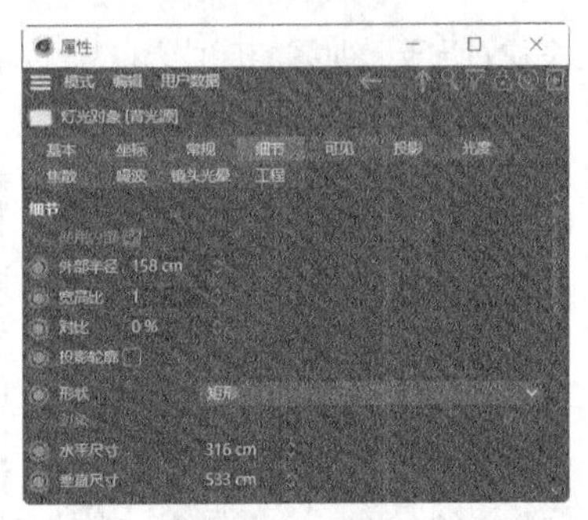

图4-36

09 视图窗口中的效果如图4-37所示。选择“空白”工具，在“对象”面板中生成一个“空白”对象，并将其重命名为“灯光”。按住Shift键的同时选中需要的“主光源”“辅光源”“背光源”对象，将它们拖入“灯光”对象的下方，并折叠“灯光”对象组，如图4-38所示。完成运用三点布光方法照亮室内环境。

图4-37

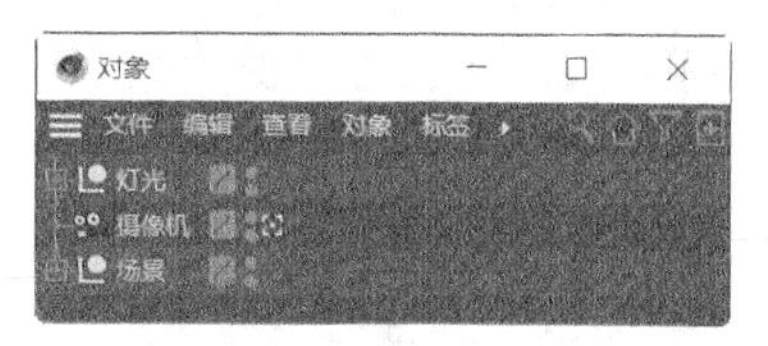

图4-38

4.3.2 三点布光方法

三点布光又称为区域照明。为了模拟现实中真实的光照效果，需要用多盏灯来照亮暗部。通常由在主体物一侧的主光源照亮场景，由对侧较弱的辅光源照亮暗部，再由更弱的背光源照亮主体物轮廓，如图4-39所示。这种布光方法适用于小范围的场景照明，如果场景很大，则需要将场景拆分为多个较小的区域进行布光。

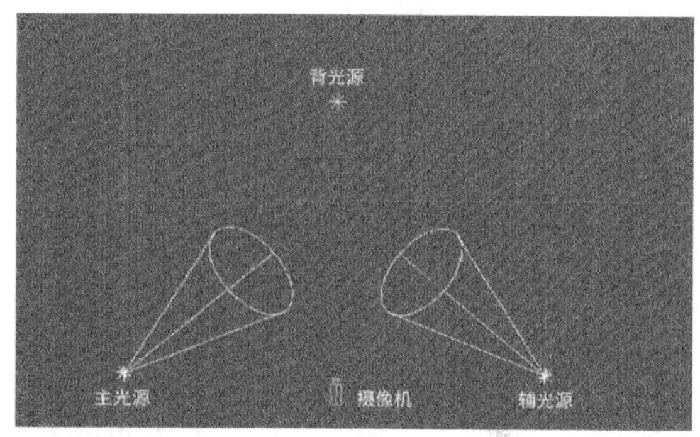

图4-39

4.3.3 课堂案例——运用两点布光方法照亮吹风机

案例学习目标 能够使用灯光工具制作布光效果。

案例知识要点 使用“合并项目”命令导入素材文件，使用“区域光”工具添加灯光，使用“属性”面板设置灯光参数。最终效果如图4-40所示。

效果所在位置 学习资源\Ch04\运用两点布光方法照亮吹风机\工程文件. c4d。

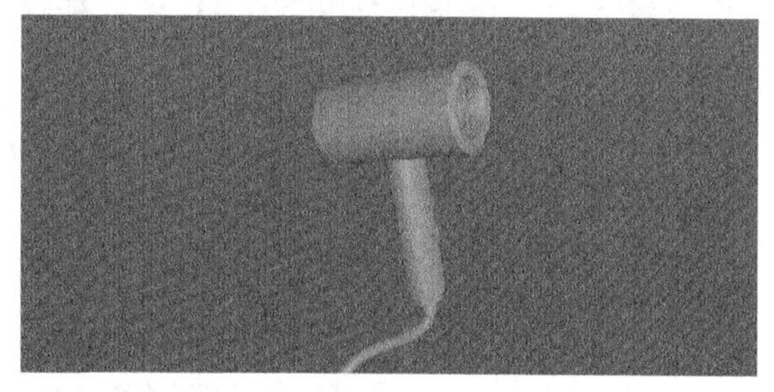

图4-40

01 启动Cinema 4D。单击“编辑渲染设置”按钮，弹出“渲染设置”面板。在“输出”设置区域中设置“宽度”为1920像素、“高度”为900像素，如图4-41所示，单击“关闭”按钮，关闭面板。

02 选择“文件 > 合并项目”命令，在弹出的“打开文件”对话框中选择学习资源中的“Ch04 > 运用两点布光方法照亮吹风机 > 素材 > 01.c4d”文件，单击“打开”按钮，打开文件。在“对象”面板中，单击“摄像机”对象右侧的■按钮，如图4-42所示，进入摄像机视图。视图窗口中的效果如图4-43所示。

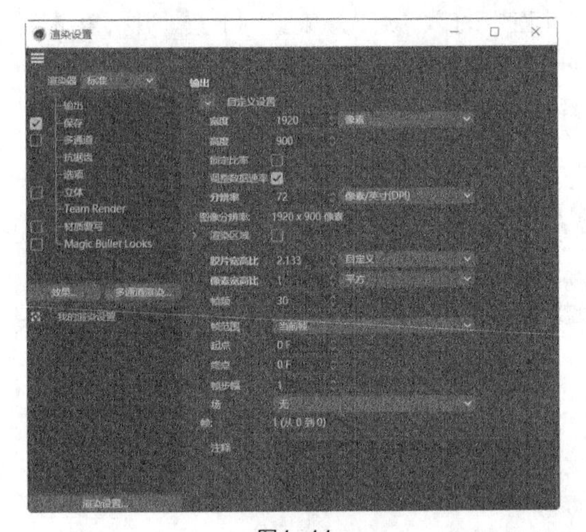

图4-41

图4-42

图4-43

03 选择“区域光”工具■，在“对象”面板中生成一个“灯光”对象，并将其重命名为“主光源”，如图4-44所示。在“属性”面板“常规”选项卡中，设置“强度”为80%，如图4-45所示；在“细节”选项卡中，设置“衰减”为“平方倒数（物理精度）”、“半径衰减”为600cm，如图4-46所示。

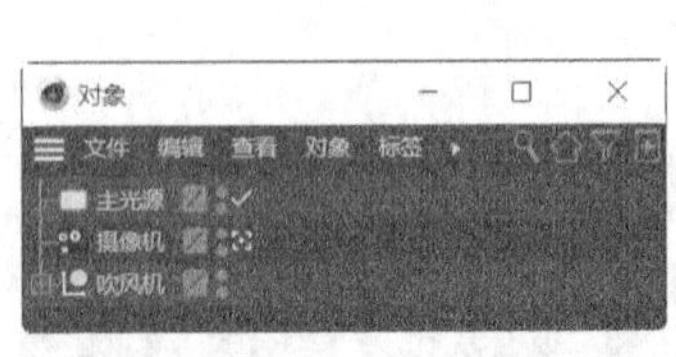

图4-44

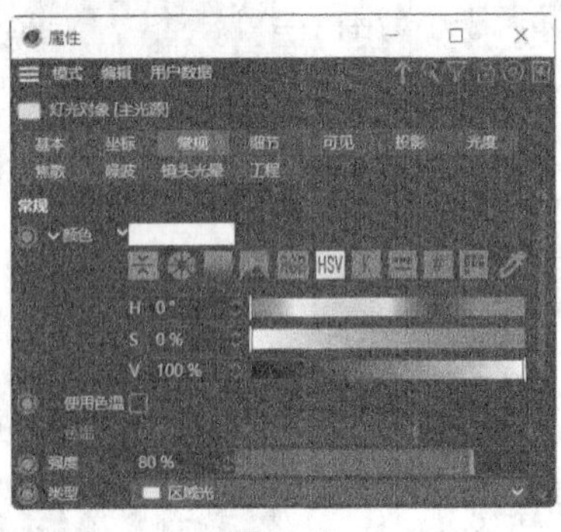

图4-45

图4-46

04 在“坐标”选项卡中，设置“P.X”为-117cm、“P.Y”为242cm、“P.Z”为-345cm，“R.H”为-19°、“R.P”为-28°、“R.B”为-12°，如图4-47所示。视图窗口中的效果如图4-48所示。

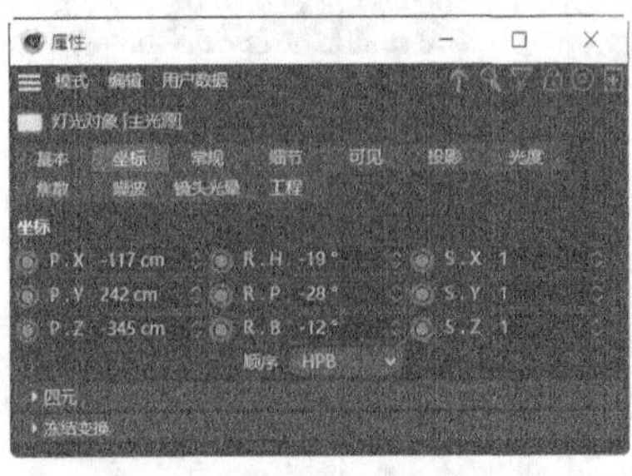

图4-47

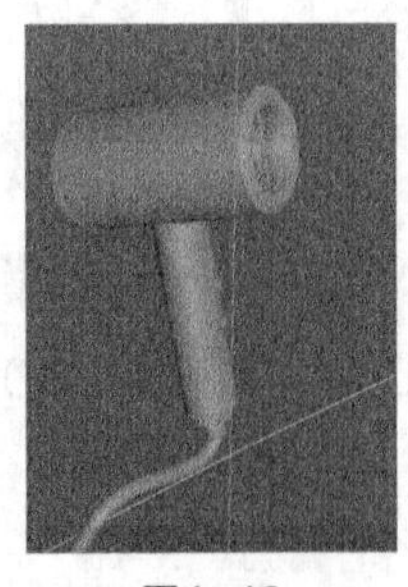

图4-48

05 选择“区域光”工具，在“对象”面板中生成一个“灯光”对象，并将其重命名为“辅光源”，如图4-49所示。在“属性”面板“坐标”选项卡中，设置“P.X”为-164cm、“P.Y”为5cm、“P.Z”为575cm，“R.H”为235°、“R.P”为-11°、“R.B”为-7°，如图4-50所示；在“常规”选项卡中，设置“强度”为40%，如图4-51所示。

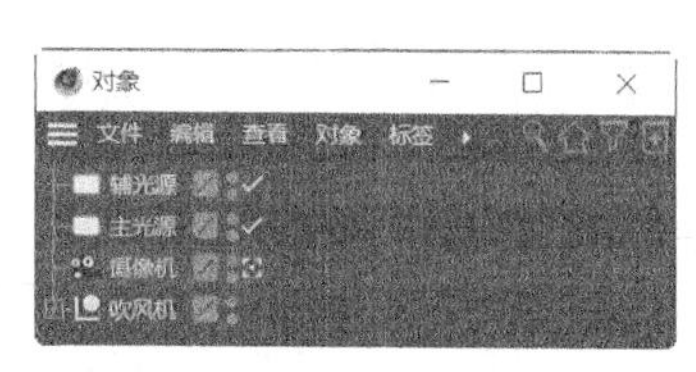

图4-49

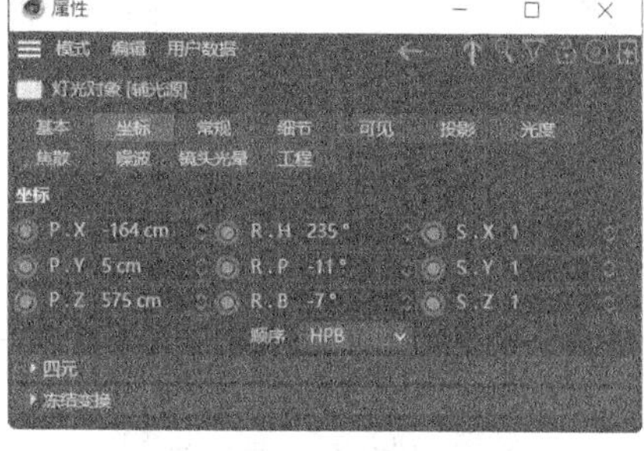

图4-50

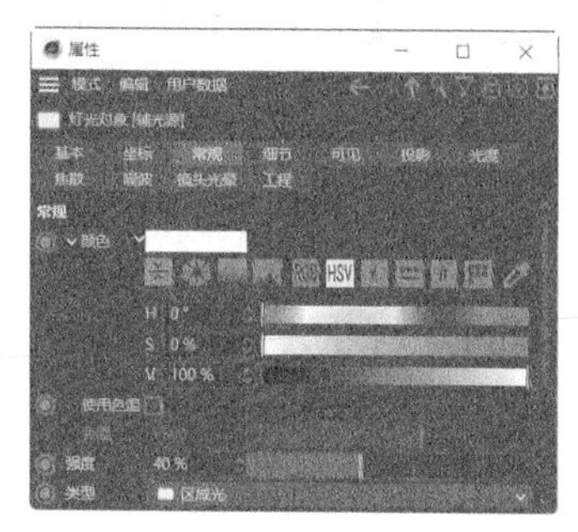

图4-51

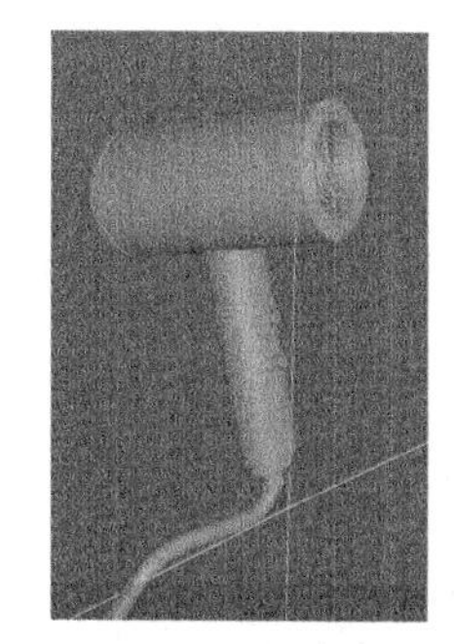

图4-52

06 视图窗口中的效果如图4-52所示。选择“空白”工具，在“对象”面板中生成一个“空白”对象，并将其重命名为“灯光”。按住Shift键的同时选中需要的“主光源”和“辅光源”对象，将其拖入“灯光”对象的下层，折叠“灯光”对象组，如图4-53所示。完成运用两点布光方法照亮吹风机。

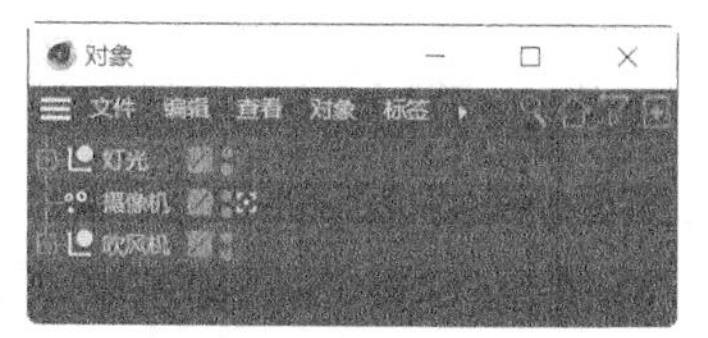

图4-53

4.3.4 两点布光方法

在Cinema 4D中，场景布光方法很多，除三点布光方法之外，也可以只用主光源和辅光源进行布光，如图4-54所示，这样可以使对象呈现更加立体的效果。另外，在布光时需要注意灯光类型、位置、角度和高度等的适当调整。

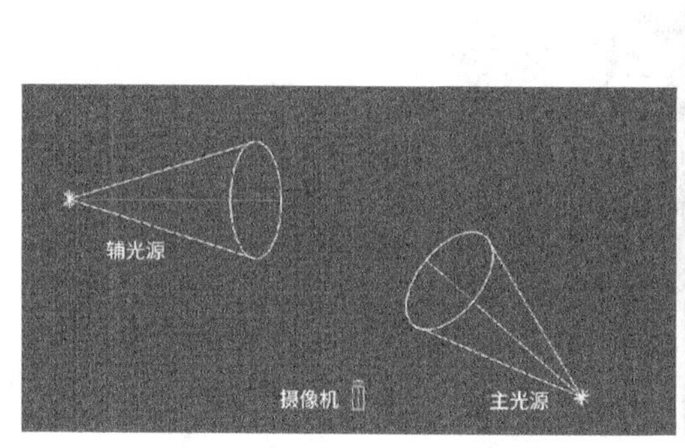

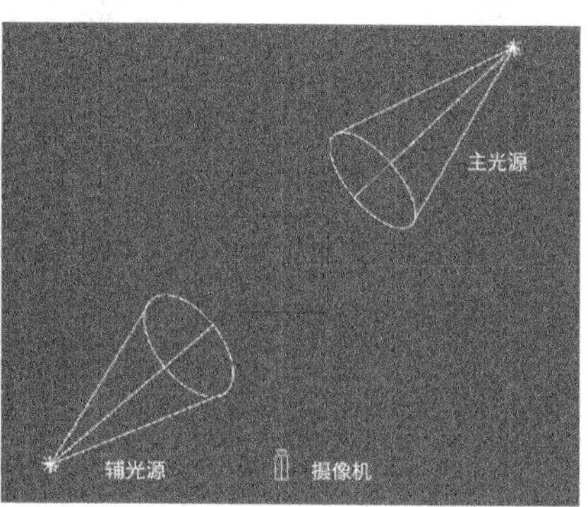

图4-54

课堂练习——运用三点布光方法照亮场景

练习知识要点 使用“合并项目”命令导入素材文件，使用“区域光”工具添加灯光，使用“属性”面板设置灯光参数。最终效果如图4-55所示。

效果所在位置 学习资源\Ch04\运用三点布光方法照亮场景\工程文件.c4d。

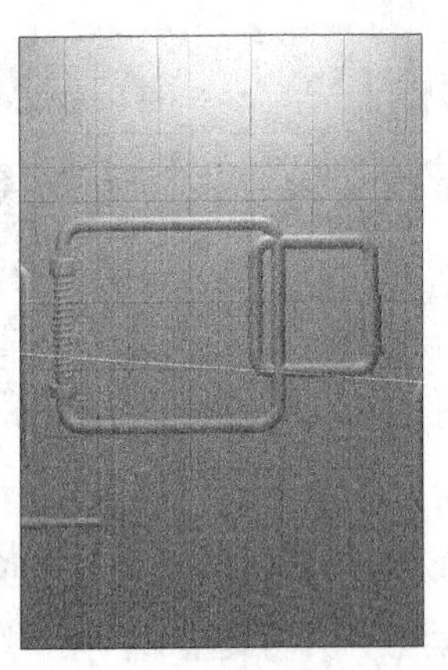

图4-55

课后习题——运用两点布光方法照亮耳机

习题知识要点 使用“合并项目”命令导入素材文件，使用“聚光灯”工具和“区域光”工具添加灯光，使用“属性”面板设置灯光参数。最终效果如图4-56所示。

效果所在位置 学习资源\Ch04\运用两点布光方法照亮耳机\工程文件.c4d。

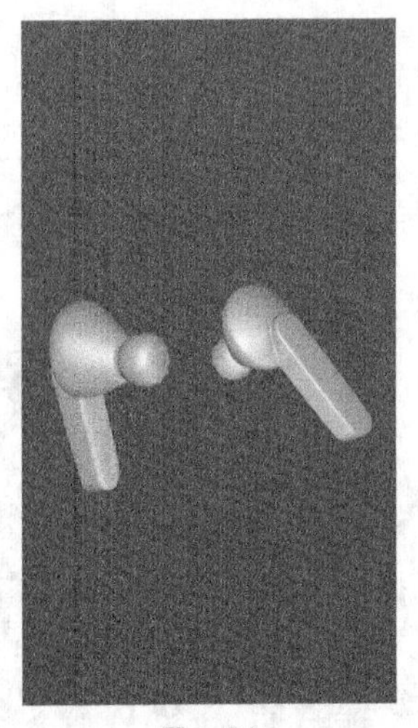

图4-56

第 5 章

Cinema 4D材质技术

本章介绍

Cinema 4D中的材质用于为已经创建好的三维模型添加合适的材质外观，如金属、塑料、玻璃及布料等。赋予模型材质会对其外观产生很大的影响，可以使渲染出的模型更美观。本章将对Cinema 4D的“材质”面板、“材质编辑器”面板及材质标签等进行系统讲解。通过本章的学习，读者可以对Cinema 4D材质技术有一个全面的认识，并能快速掌握常用材质的赋予技术与技巧。

学习目标

●掌握材质的创建与赋予方法。

●掌握“材质编辑器”面板中的常用设置。

●了解材质标签。

技能目标

●掌握陶瓷材质的吹风机的制作方法。

●掌握大理石材质的花盆的制作方法。

●掌握玻璃材质的饮料瓶的制作方法。

5.1 “材质”面板

“材质”面板位于Cinema 4D工作界面的底部左侧，用于对材质进行创建、分类、命名及预览等操作。

5.1.1 创建材质

在“材质”面板中，双击或按Ctrl+N快捷键即可创建一个新材质，默认创建的材质是Cinema 4D中的常用材质，如图5-1所示。

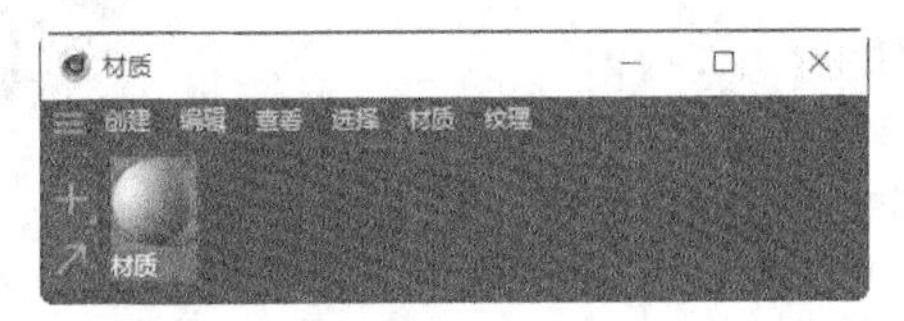

图5-1

5.1.2 赋予材质

如果想要将创建好的材质赋予参数化对象，可使用以下3种常用的方法。

- 将材质直接拖曳到视图窗口中的参数化对象上，即可赋予其材质，如图5-2所示。
- 拖曳材质到“对象”面板中的对象上，即可赋予其材质，如图5-3所示。
- 在视图窗口中，选中需要赋予材质的参数化对象。在“材质编辑器”面板中的材质图标上单击鼠标右键，在弹出的快捷菜单中选择“应用”命令，即可赋予其材质，如图5-4所示。

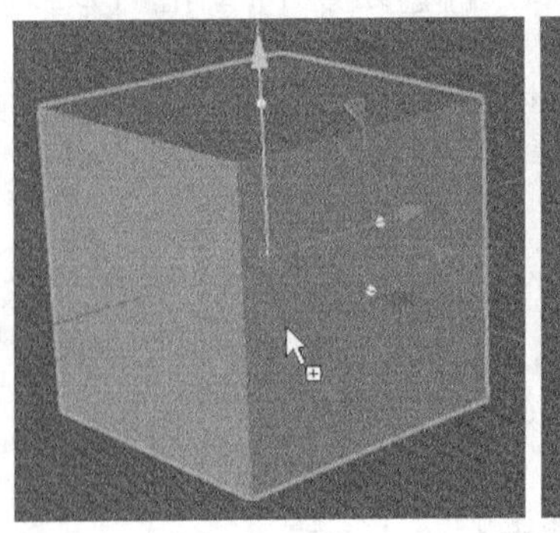
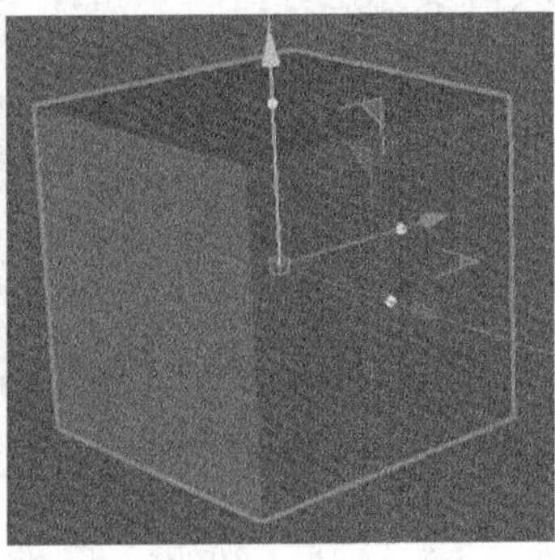

图5-2

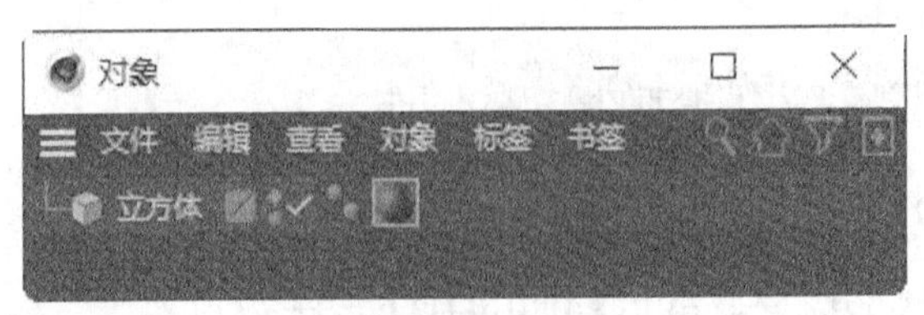

图5-3

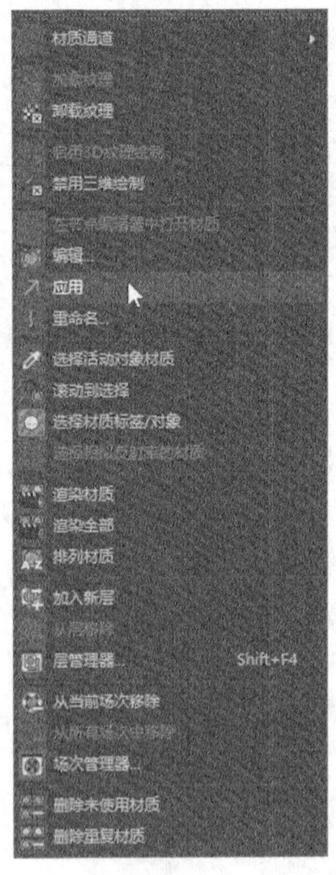

图5-4

5.2　“材质编辑器”面板

在“材质”面板中双击创建的材质的图标，弹出“材质编辑器”面板。面板的左侧为材质预览区和材质通道，包括“颜色”“漫射”“发光”“透明”等；右侧为通道属性，可以根据选择的通道调节材质的属性，如图5-5所示。

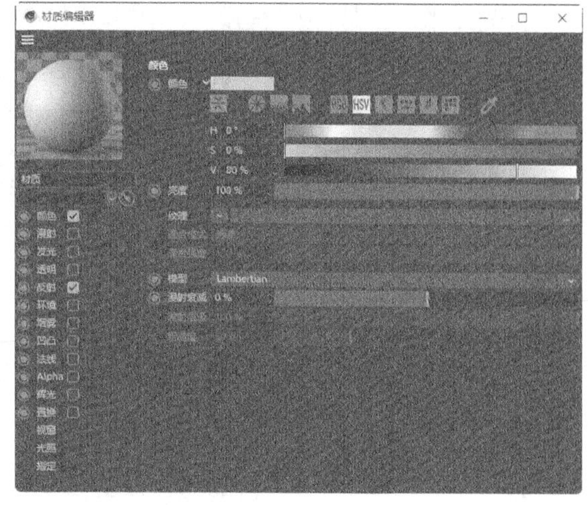

图5-5

5.2.1 课堂案例——制作陶瓷材质的吹风机

案例学习目标 能够使用“材质”面板为对象添加材质。

案例知识要点 使用“材质”面板创建材质并设置材质参数，使用“属性”面板调整材质属性。最终效果如图5-6所示。

效果所在位置 学习资源\Ch05\制作陶瓷材质的吹风机\工程文件.c4d。

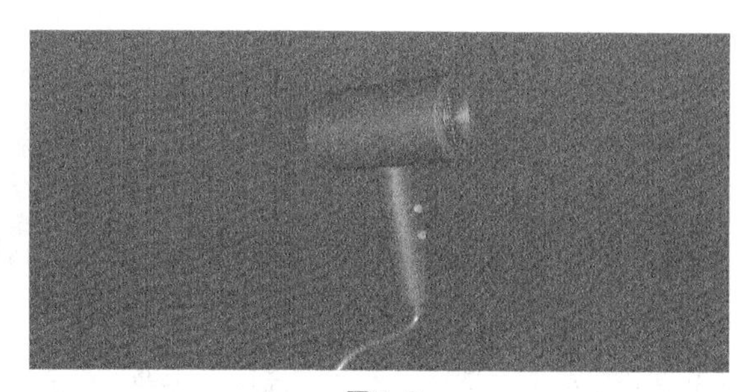

图5-6

01 启动Cinema 4D。单击“编辑渲染设置”按钮，弹出“渲染设置”面板。在“输出”设置区域中设置“宽度”为1920像素、“高度”为900像素，如图5-7所示，单击“关闭”按钮，关闭面板。

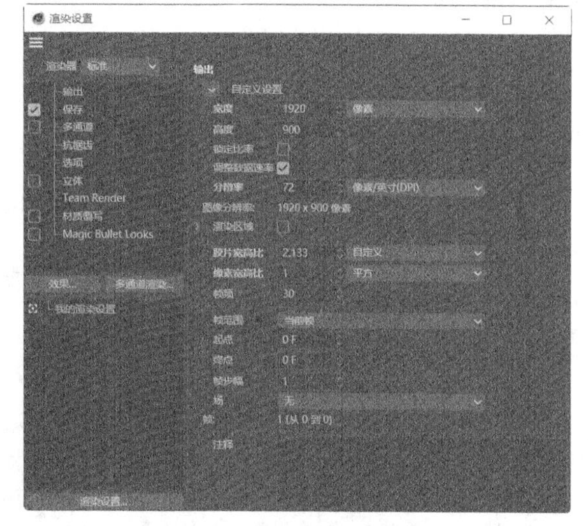

图5-7

02 选择“文件 > 合并项目”命令，在弹出的“打开文件”对话框中选择学习资源中的“Ch05 > 制作陶瓷材质的吹风机 > 素材 > 01.c4d”文件，单击“打开”按钮，打开文件。在“对象”面板中，单击“摄像机”对象右侧的按钮，如图5-8所示，进入摄像机视图。视图窗口中的效果如图5-9所示。

图5-8

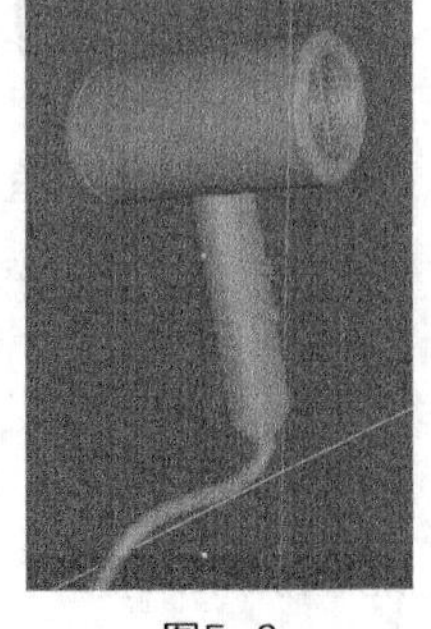

图5-9

03 在“材质”面板中双击，添加一个材质球，并将其命名为“吹风机主体”，如图5-10所示。在“对象”面板中展开“吹风机 > 细分曲面”对象组，将“材质”面板中的“吹风机主体”材质拖曳到“对象”面板中的“机身”对象上，如图5-11所示。

04 在添加的“吹风机主体”材质球上双击，弹出“材质编辑器”面板。在左侧列表中选择“颜色”选项，切换到相应的设置区域，设置“H”为160°、“S”为77%、“V”为37%，其他选项的设置如图5-12所示。

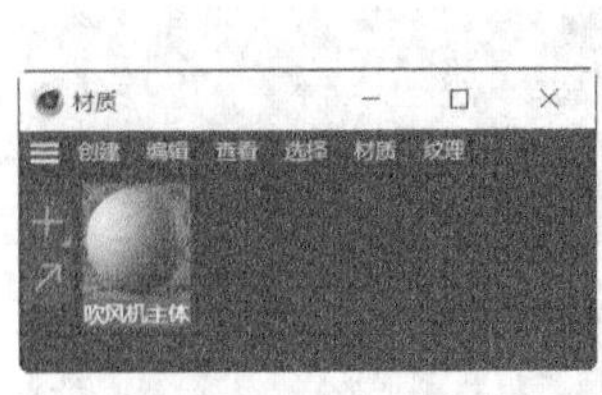

图5-10

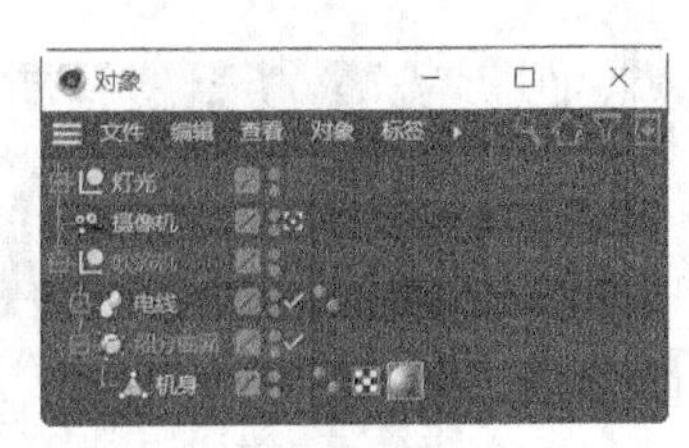

图5-11

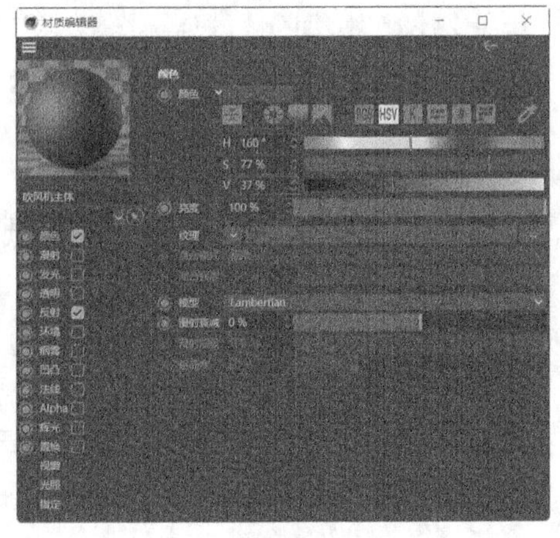

图5-12

05 在左侧列表中选择“反射”选项，切换到相应的设置区域，设置“类型”为“GGX”、“粗糙度”为63%、“高光强度”为15%，其他选项的设置如图5-13所示，单击“关闭”按钮，关闭面板。视图窗口中的效果如图5-14所示。

06 在“对象”面板中取消“细分曲面”并退出摄像机。单击“多边形”按钮，切换为多边形模式。选中“机身”对象，选择“移动”工具，按住Shift键的同时在视图窗口中选中需要的面，如图5-15所示。选择“选择 > 设置选集”命令，将选中的面设为选集。

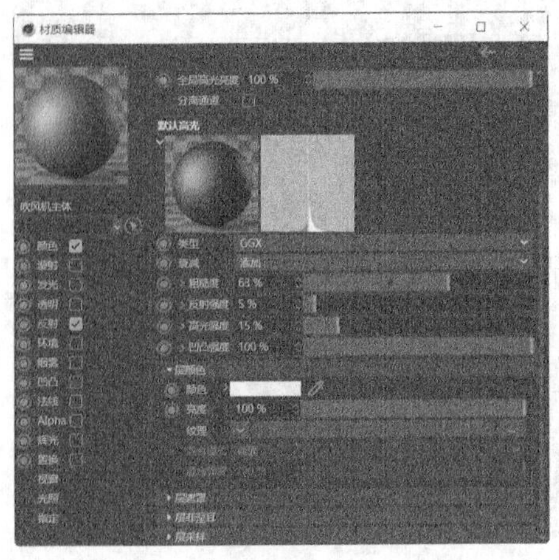

图5-13

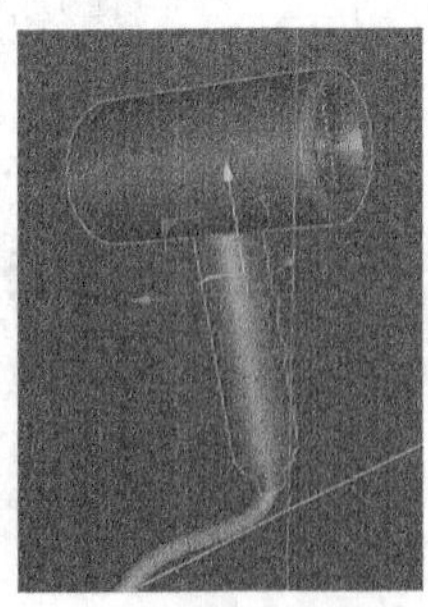

图5-14

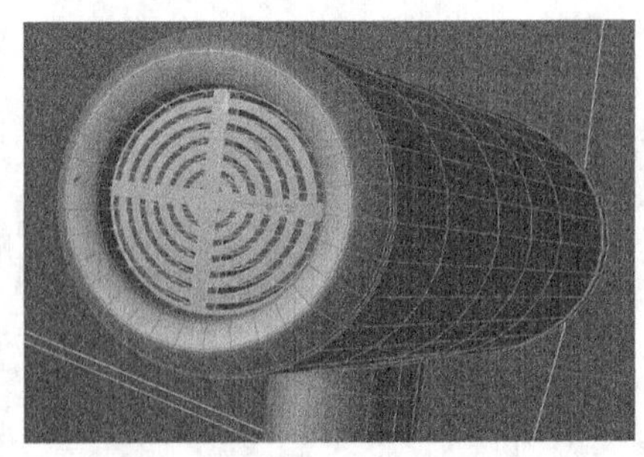

图5-15

07 在“材质”面板中双击，添加一个材质球，并将其命名为“吹风机网格”，如图5-16所示。将“材质”面板中的“吹风机网格”材质拖曳到视图窗口中选中的面上，“对象”面板如图5-17所示。

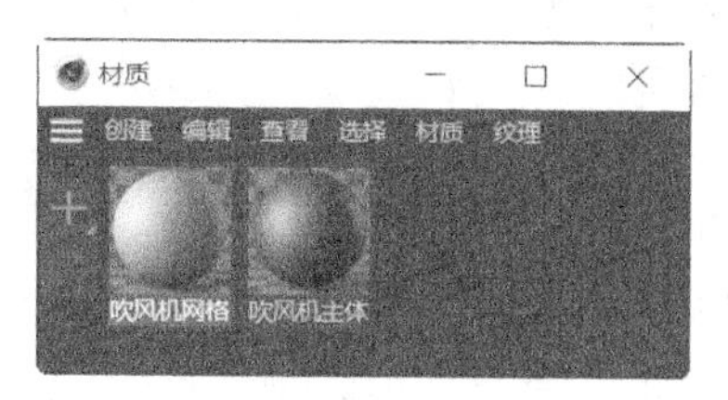

图5-16

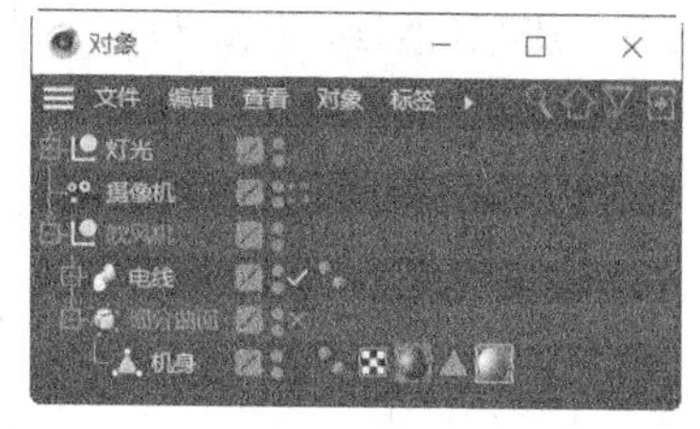

图5-17

08 在添加的“吹风机网格”材质球上双击，弹出“材质编辑器”面板。在左侧列表中选择“颜色”选项，切换到相应的设置区域，设置“H”为233°、“S”为9%、“V”为30%，其他选项的设置如图5-18所示。

09 在左侧列表中选择“反射”选项，切换到相应的设置区域，设置“类型”为“GGX”、“粗糙度”为63%、“反射强度”为5%，其他选项的设置如图5-19所示，单击“关闭”按钮，关闭面板。视图窗口中的效果如图5-20所示。

图5-18

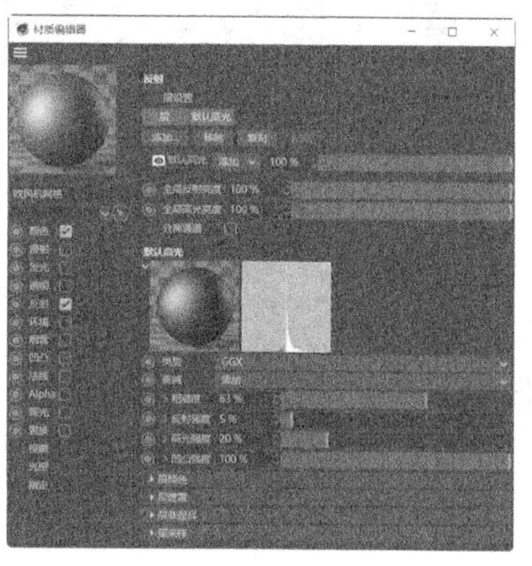

图5-19

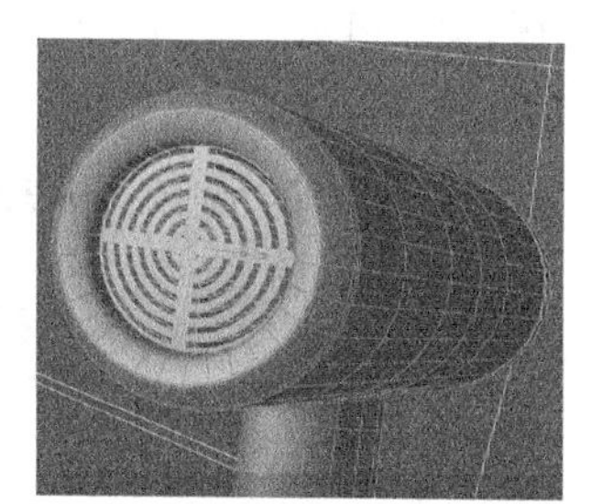

图5-20

10 选择“移动”工具，按住Shift键的同时，在视图窗口中选中需要的面，如图5-21所示。选择“选择 > 循环选择”命令，按住Shift键的同时，在视图窗口中选中需要的面，如图5-22所示。选择“选择 > 设置选集”命令，将选中的面设为选集。

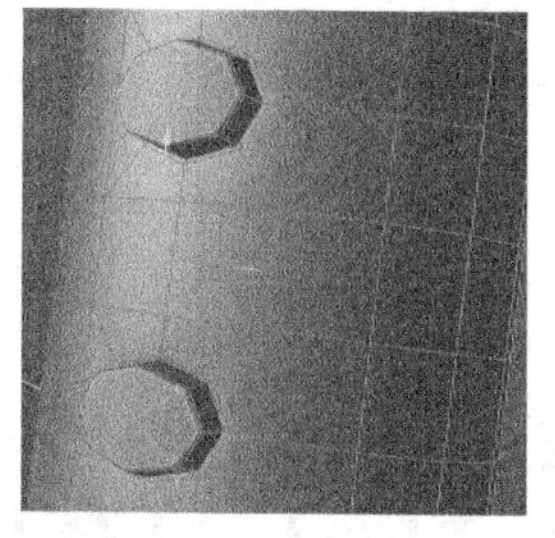

图5-21

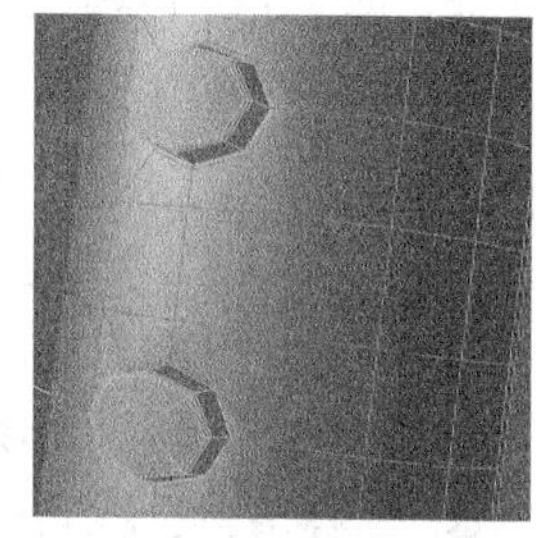

图5-22

11 在“材质”面板中双击，添加一个材质球，并将其命名为“吹风机按键”，如图5-23所示。将“材质”面板中的“吹风机按键”材质拖曳到视图窗口中选中的面上，“对象”面板如图5-24所示。

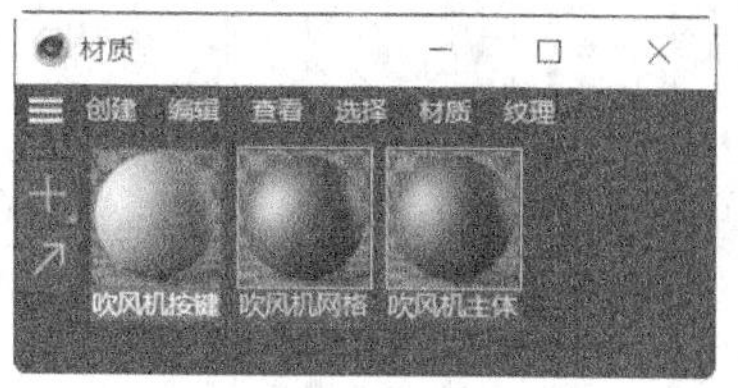

图5-23

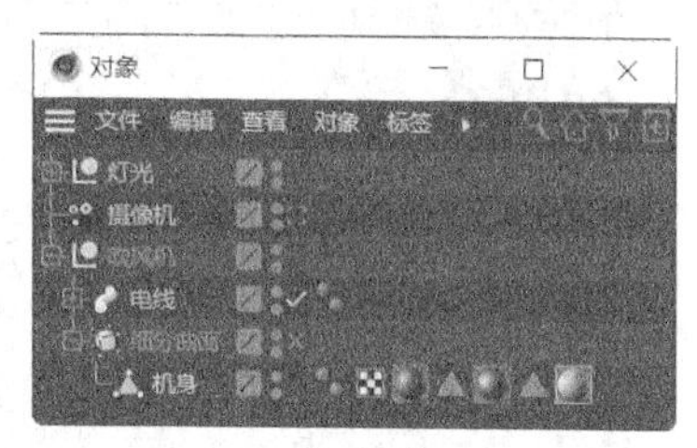

图5-24

12 在添加的“吹风机按键”材质球上双击，弹出“材质编辑器”面板。在左侧列表中选择“颜色”选项，切换到相应的设置区域，设置“H”为233°、“S”为0%、“V”为80%，其他选项的设置如图5-25所示。

13 在左侧列表中选择“反射”选项，切换到相应的设置区域，设置“类型”为“GGX”、“粗糙度”为72%、“反射强度”为4%，其他选项的设置如图5-26所示，单击“关闭”按钮，关闭面板。在“对象”面板中启用“细分曲面”和摄像机，视图窗口中的效果如图5-27所示。

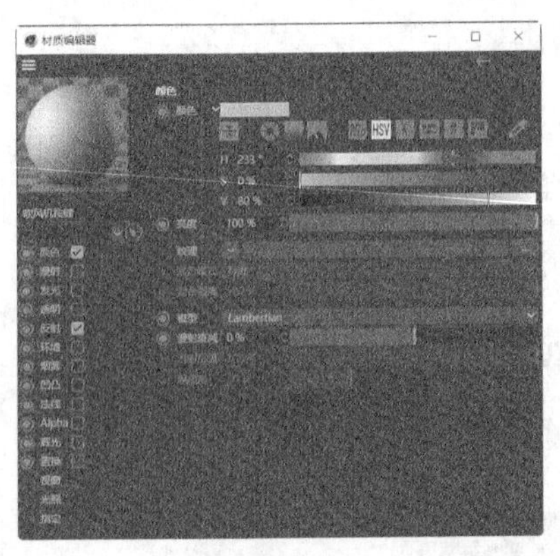

图5-25

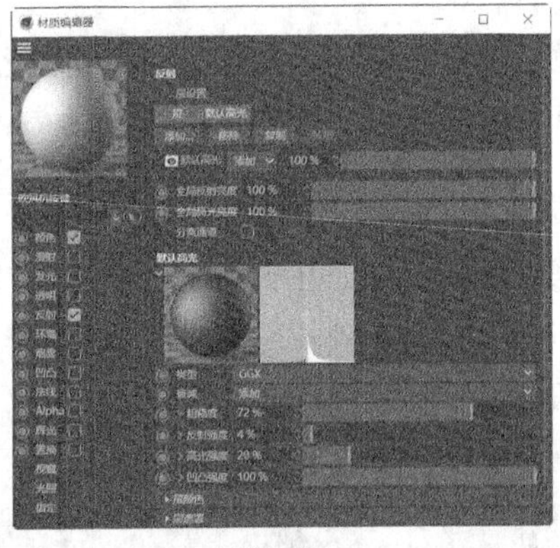

图5-26

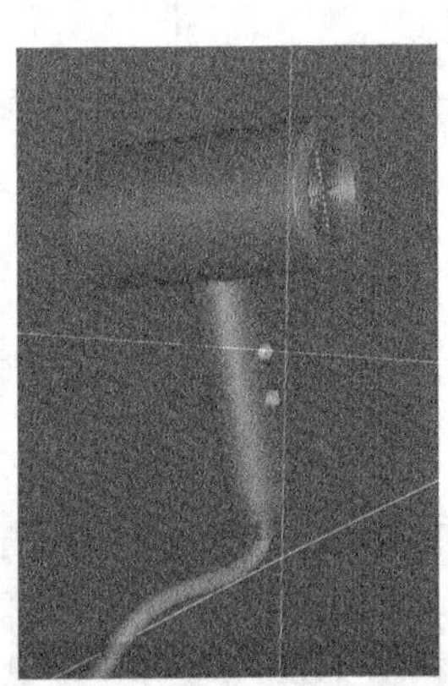

图5-27

14 在“材质”面板中双击，添加一个材质球，并将其命名为“电线”，如图5-28所示。将“材质”面板中的“电线”材质拖曳到“对象”面板中的“电线”对象组上，如图5-29所示。

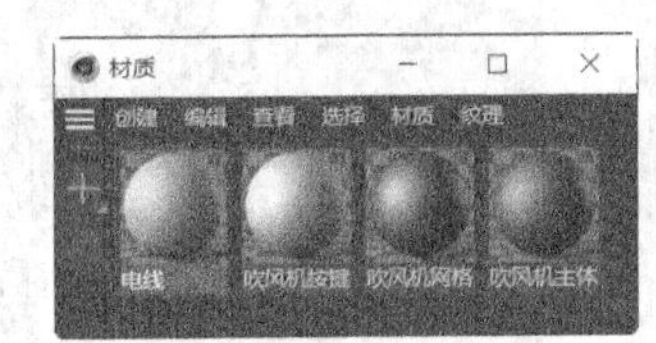

图5-28

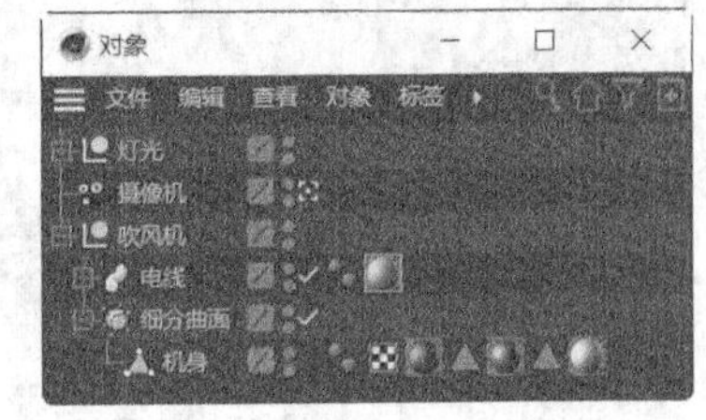

图5-29

15 在添加的“电线”材质球上双击，弹出“材质编辑器”面板。在左侧列表中选择“颜色”选项，切换到相应的设置区域，设置“H”为233°、“S”为9%、“V”为36%，其他选项的设置如图5-30所示。在左侧列表中选择“反射”选项，切换到相应的设置区域，设置“类型”为“GGX”、“粗糙度”为50%、“反射强度”为4%，其他选项的设置如图5-31所示，单击“关闭”按钮，关闭面板。视图窗口中的效果如图5-32所示。陶瓷材质的吹风机制作完成。

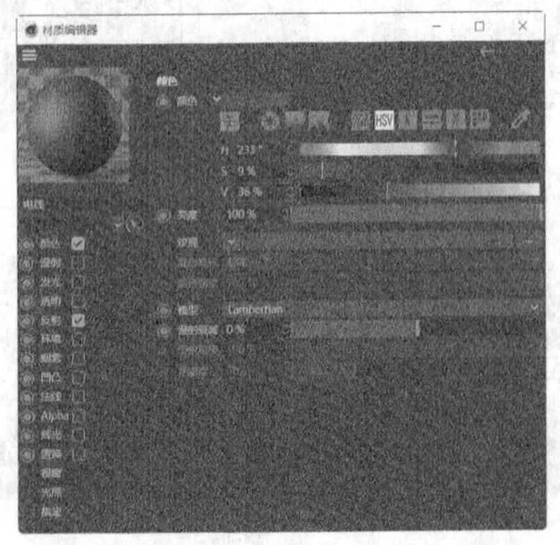

图5-30

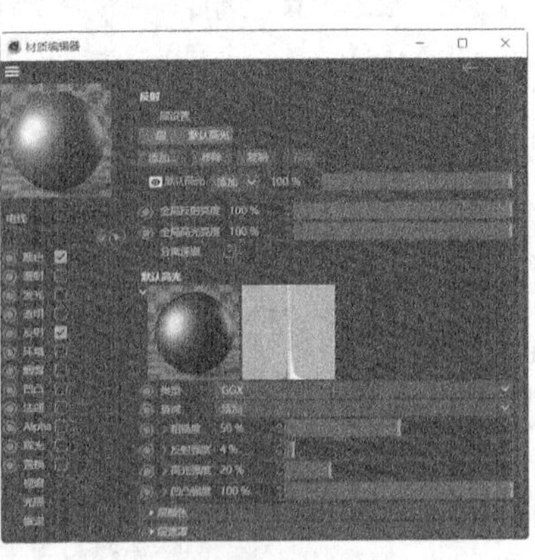

图5-31

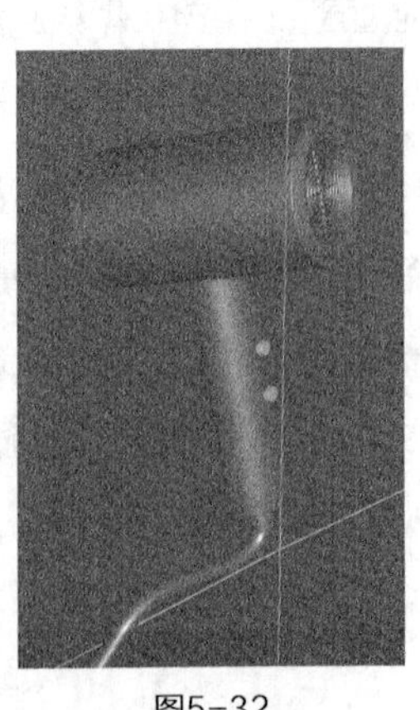

图5-32

5.2.2 颜色

在场景中创建材质后，在“材质编辑器”面板的左侧列表中选择“颜色”选项，如图5-33所示。相应的设置区域主要用于设置材质的固有色，还可以为材质添加贴图纹理。

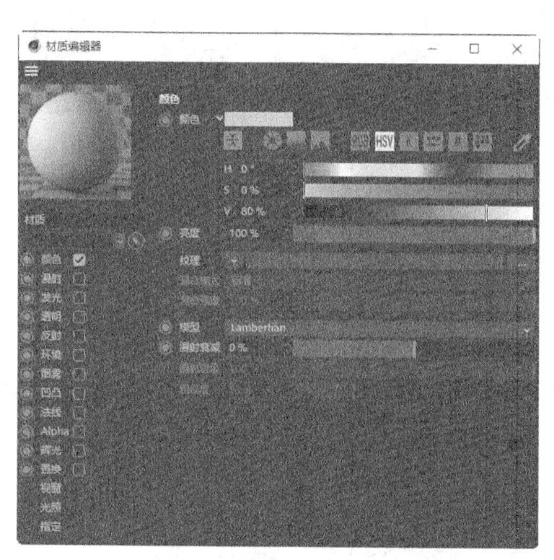

图5-33

5.2.3 反射

在场景中创建材质后，在“材质编辑器”面板的左侧列表中选择“反射”选项，如图5-34所示。相应的设置区域主要用于设置材质的反射强弱及反射效果。新版本的反射通道增加了很多功能和参数设置，并加快了渲染速度，能够更好地表现反射的细节。

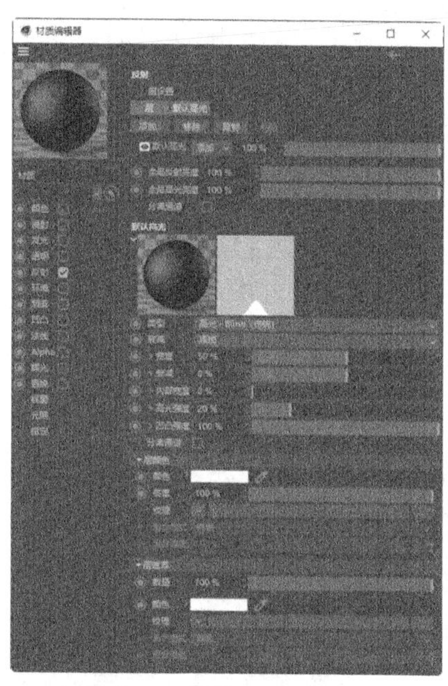

图5-34

5.2.4 课堂案例——制作大理石材质的花盆

案例学习目标 能够使用“材质”面板为对象添加材质。

案例知识要点 使用“材质”面板创建材质并设置材质参数，使用“属性”面板调整材质属性。最终效果如图5-35所示。

效果所在位置 学习资源\Ch05\制作大理石材质的花盆\工程文件.c4d。

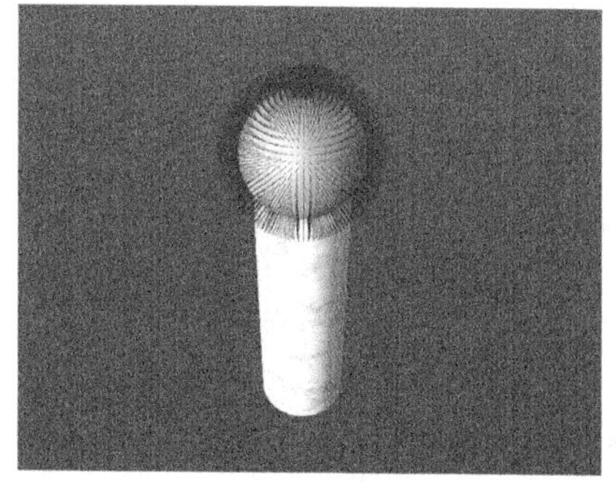

图5-35

01 启动Cinema 4D。单击“编辑渲染设置”按钮，弹出“渲染设置”面板。在“输出”设置区域中设置“宽度”为1400像素、“高度”为1064像素，如图5-36所示，单击“关闭”按钮，关闭面板。

02 选择“文件 > 合并项目”命令，在弹出的“打开文件”对话框中选择学习资源中的“Ch05 > 制作大理石材质的花盆 > 素材 > 01.c4d”文件，单击“打开”按钮，打开文件。在“对象”面板中，单击“摄像机”对象右侧的■按钮，如图5-37所示，进入摄像机视图。视图窗口中的效果如图5-38所示。

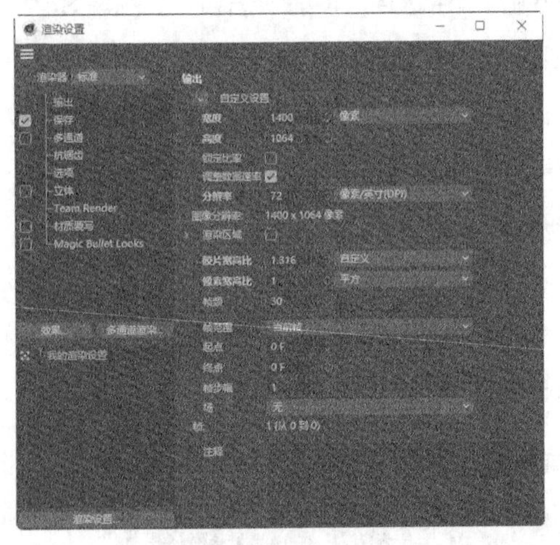

图5-36

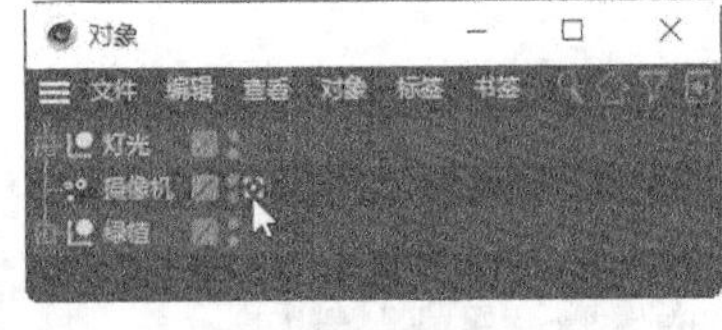

图5-37

图5-38

03 在“材质”面板中双击，添加一个材质球，并将其命名为“大理石花盆”，如图5-39所示。将“材质”面板中的“大理石花盆”材质拖曳到“对象”面板中的“花盆”对象上，如图5-40所示。

04 在添加的“大理石花盆”材质球上双击，弹出“材质编辑器”面板。在左侧列表中选择“颜色”选项，切换到相应的设置区域，单击“纹理”选项右侧的■按钮，弹出“打开文件”对话框，选择“Ch05 > 制作大理石材质的花盆 > tex > 01.png”文件，单击“打开”按钮，打开文件，如图5-41所示。

图5-39

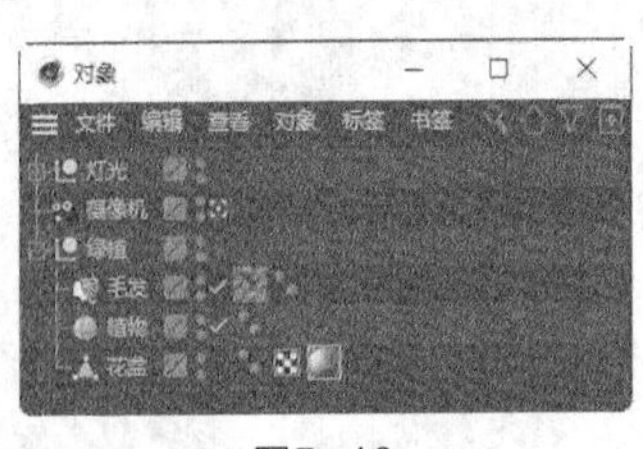

图5-40

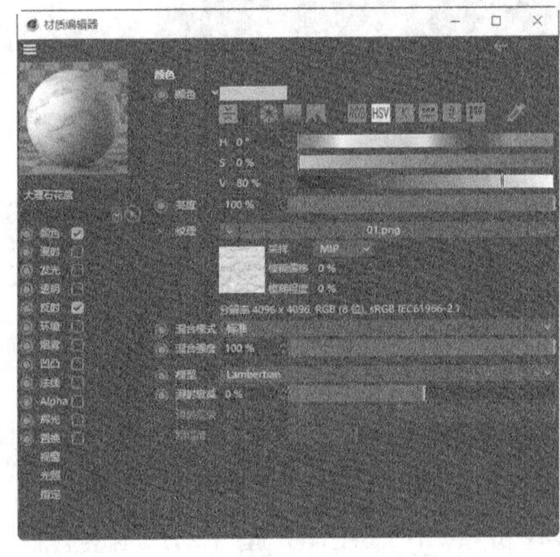

图5-41

05 在左侧列表中选择“反射”选项，切换到相应的设置区域，设置“宽度”为66%、“衰减”为-18%，“内部宽度”为5%、“高光强度”为57%，其他选项的设置如图5-42所示。单击“层设置”下方的“添加”按钮，在弹出的菜单中选择“Beckmann”命令，添加一个层，设置“粗糙度”为9%、“反射强度”为100%、“高光强度”为48%。展开“层颜色”选项组，单击“纹理”选项右侧的按钮，弹出“打开文件”对话框，选择“Ch05 > 制作大理石材质的花盆 > tex > 02.png”文件，单击“打开”按钮，打开文件，如图5-43所示。

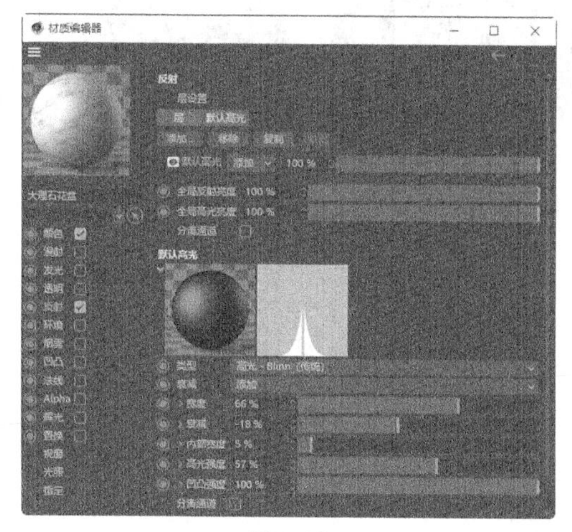

图5-42

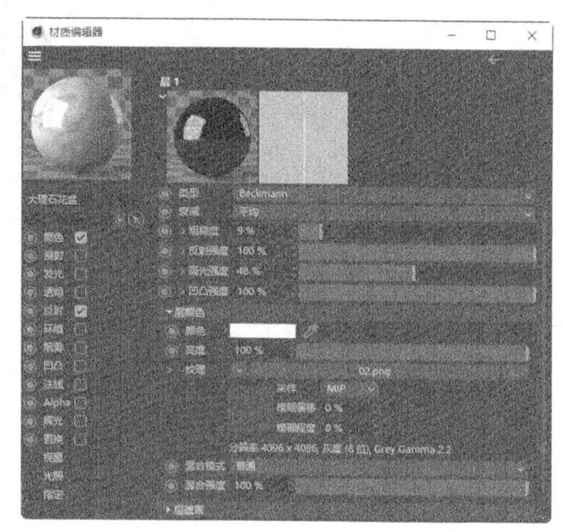

图5-43

06 在左侧列表中选择“凹凸”选项，切换到相应的设置区域，勾选“凹凸”复选框，单击“纹理”选项右侧的按钮，弹出“打开文件”对话框，选择“Ch05 > 制作大理石材质的花盆 > tex > 03.png”文件，单击“打开”按钮，打开文件，如图5-44所示。在左侧列表中选择“法线”选项，切换到相应的设置区域，勾选“法线”复选框，单击“纹理”选项右侧的按钮，弹出“打开文件”对话框，选择“Ch05 > 制作大理石材质的花盆 > tex > 04.png”文件，单击“打开”按钮，打开文件，如图5-45所示。单击“关闭”按钮，关闭面板。视图窗口中的效果如图5-46所示。

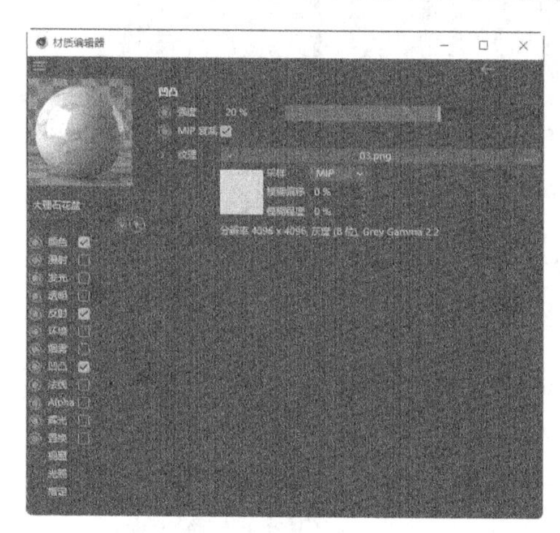

图5-44

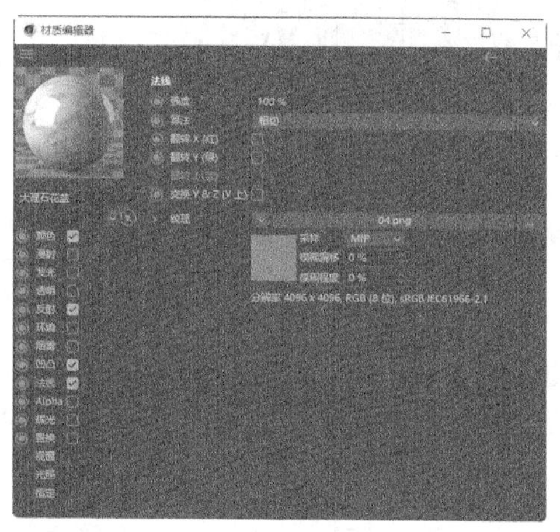

图5-45

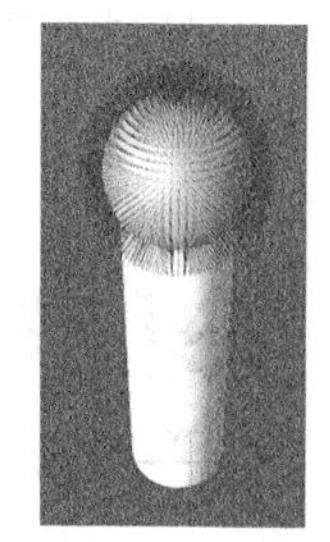

图5-46

07 在“对象”面板中单击“大理石花盆”材质，如图5-47所示。在“属性”面板中设置“投射”为“柱状”，如图5-48所示。用鼠标右键单击“对象”面板中的“大理石花盆”材质，在弹出的快捷菜单中选择“适合对象”命令，使材质适合对象。视图窗口中的效果如图5-49所示。大理石材质的花盆制作完成。

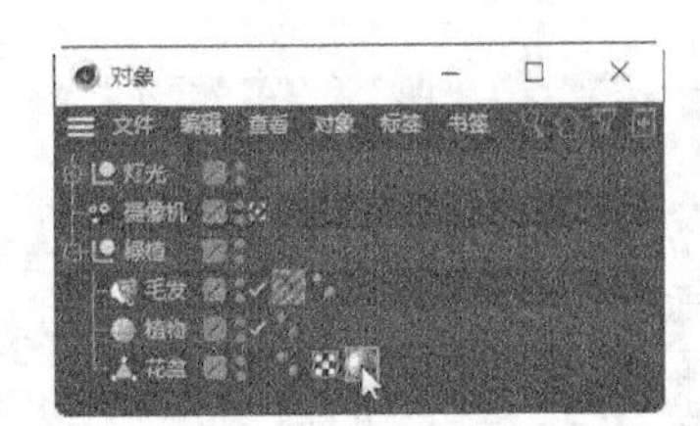

图5-47

图5-48

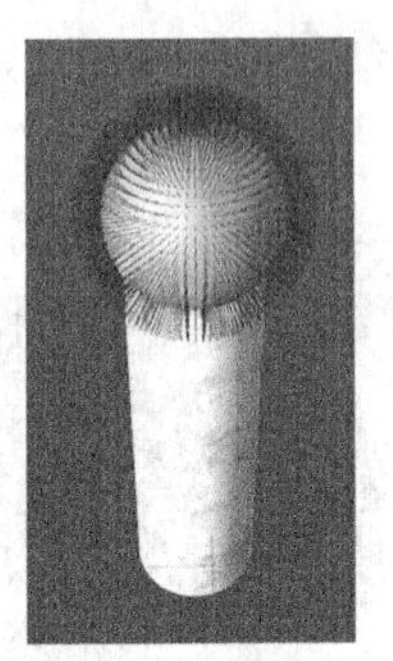
图5-49

5.2.5 凹凸

在场景中创建材质后，在“材质编辑器”面板的左侧列表中选择“凹凸”选项，如图5-50所示。相应的设置区域主要用于设置材质的凹凸纹理效果。

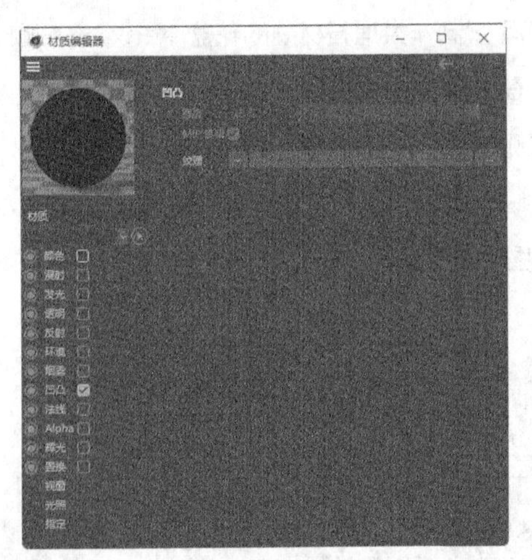

图5-50

5.2.6 法线

在场景中创建材质后，在“材质编辑器”面板设置区域中选择“法线”选项，如图5-51所示。相应的设置区域主要用于加载法线贴图，使低精度模型具有高精度模型的效果。

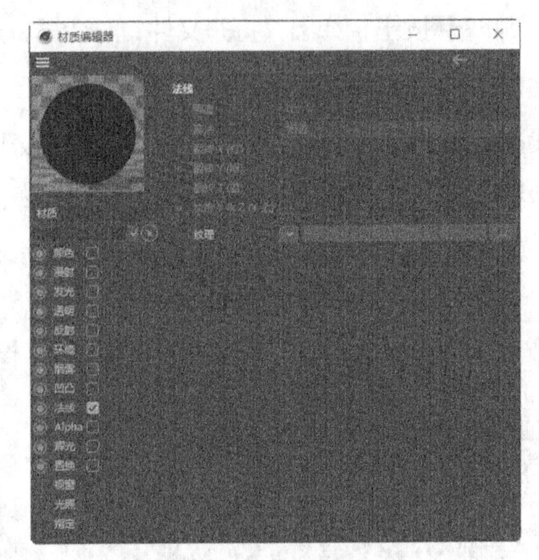

图5-51

5.2.7 课堂案例——制作玻璃材质的饮料瓶

案例学习目标 能够使用“材质”面板为对象添加材质。

案例知识要点 使用“材质”面板创建材质并设置材质参数，使用“属性”面板调整材质属性。最终效果如图5-52所示。

效果所在位置 学习资源\Ch05\制作玻璃材质的饮料瓶\工程文件.c4d。

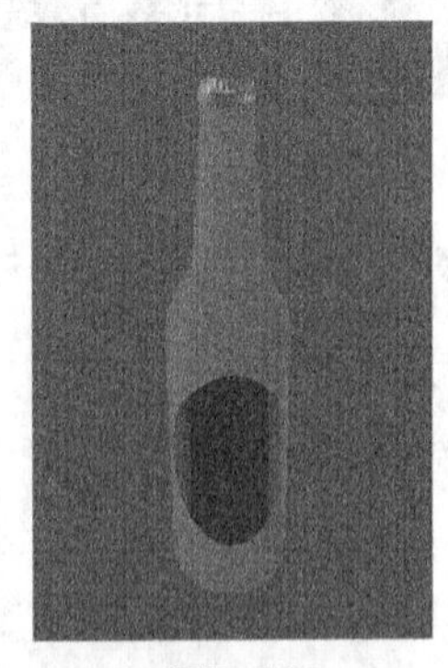
图5-52

01 启动Cinema 4D。单击“编辑渲染设置”按钮，弹出“渲染设置”面板。在“输出”设置区域中设置“宽度”为750像素、“高度”为1106像素，如图5-53所示，单击“关闭”按钮，关闭面板。

02 选择“文件 > 合并项目”命令，在弹出的“打开文件”对话框中选择学习资源中的“Ch05 > 制作玻璃材质的饮料瓶 > 素材 > 01.c4d”文件，单击“打开”按钮，打开文件。在“对象”面板中，单击“摄像机”对象右侧的按钮，如图5-54所示，进入摄像机视图。视图窗口中的效果如图5-55所示。

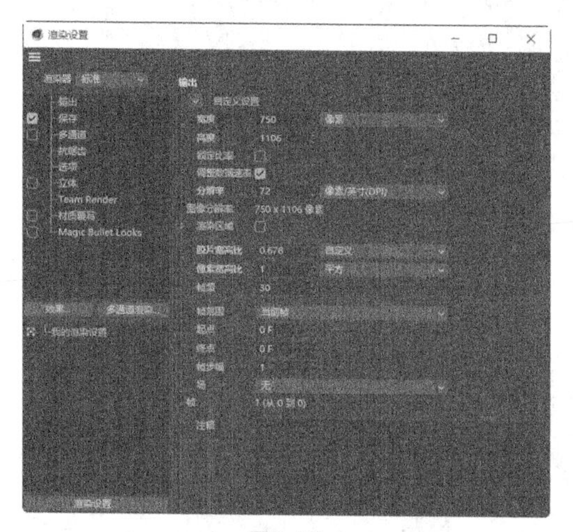

图5-53

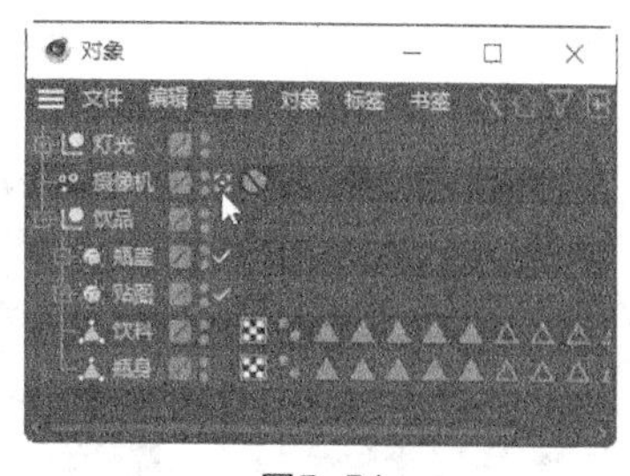

图5-54

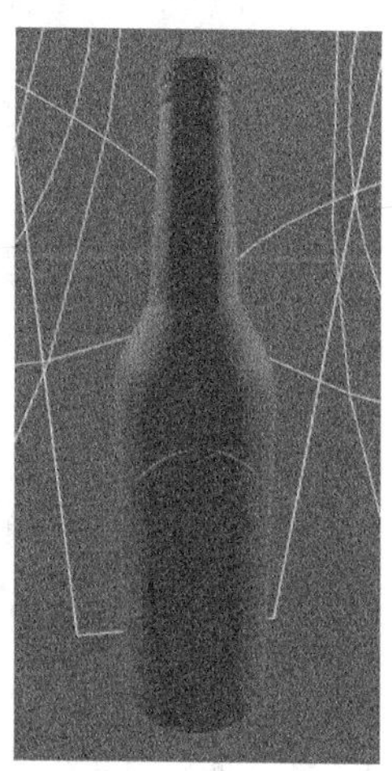

图5-55

03 在“材质”面板中双击，添加一个材质球，并将其命名为“玻璃”，如图5-56所示。将“材质”面板中的“玻璃”材质拖曳到“对象”面板中的“瓶身”对象上，如图5-57所示。

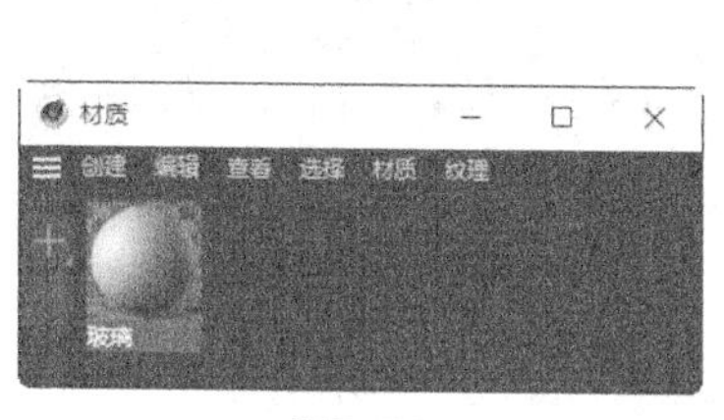

图5-56

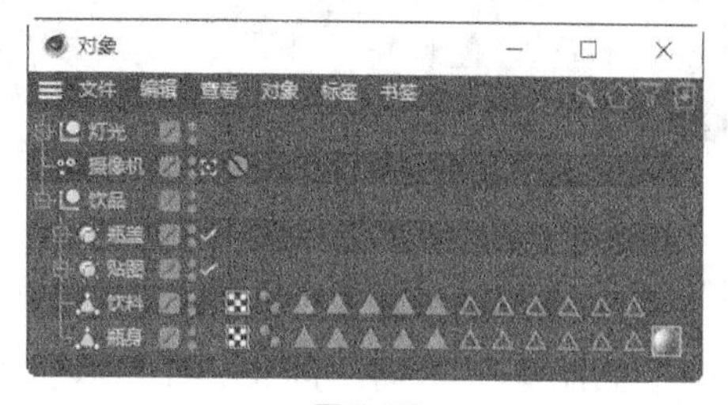

图5-57

04 在添加的“玻璃”材质球上双击，弹出“材质编辑器”面板。在左侧列表中取消勾选“颜色”复选框，分别勾选“透明”复选框和“凹凸”复选框。选择“透明”选项，切换到相应的设置区域，设置“折射率”为1.2，如图5-58所示。在左侧列表中选择“反射”选项，切换到相应的设置区域，设置“类型”为“Phong”、“粗糙度”为100%、“反射强度”为100%、“高光强度”为0%，其他选项的设置如图5-59所示。

05 在左侧列表中选择“凹凸”选项，切换到相应的设置区域，设置“强度”为2%。单击“纹理”选项右侧的下拉按钮，在弹出的下拉列表中选择“噪波”选项。单击选项下方的预览框区域，如图5-60所示。切换到相应的设置区域，设置“全局缩放”为924%，其他选项的设置如图5-61所示，单击“关闭”按钮，关闭面板。视图窗口中的效果如图5-62所示。

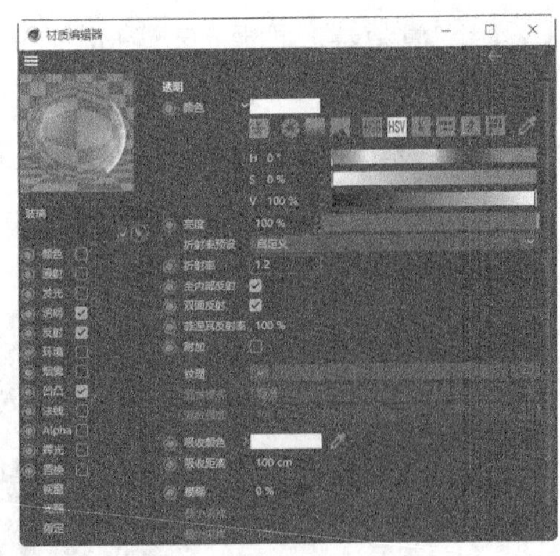

图5-58

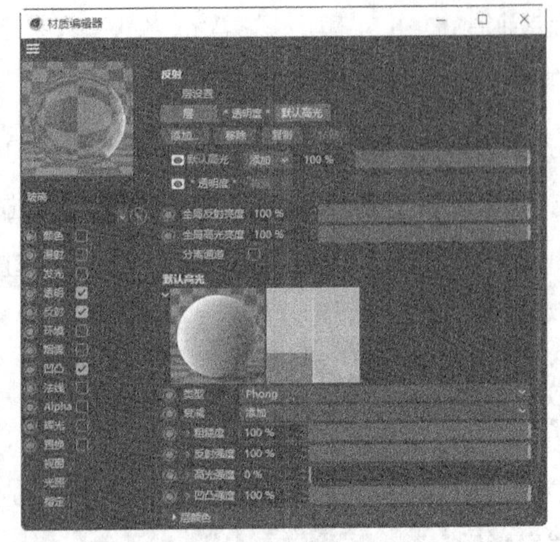

图5-59

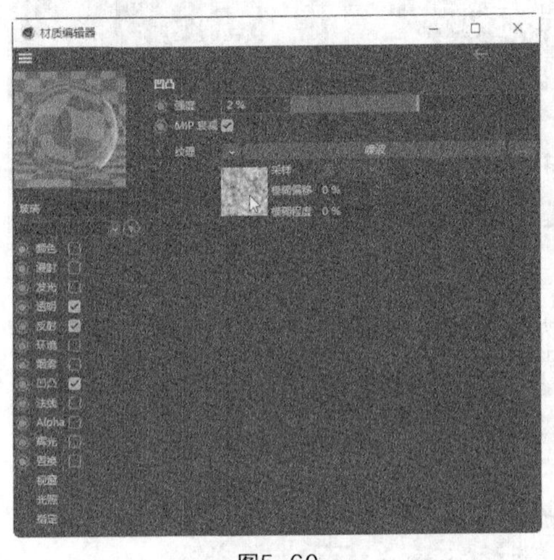

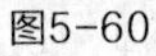

图5-60

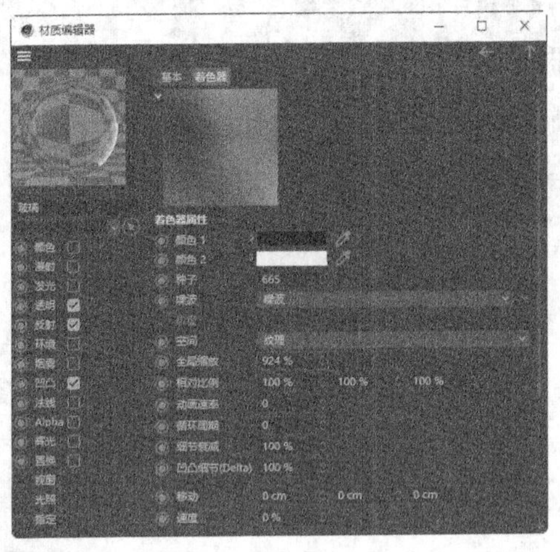

图5-61

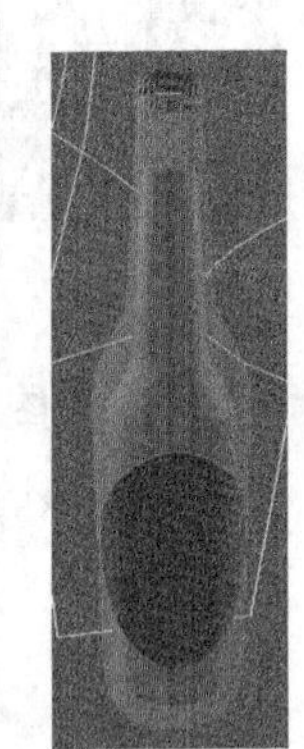

图5-62

06 在“材质”面板中双击，添加一个材质球，并将其命名为“饮料”，如图5-63所示。将“材质”面板中的“饮料”材质拖曳到“对象”面板中的“饮料”对象上，如图5-64所示。

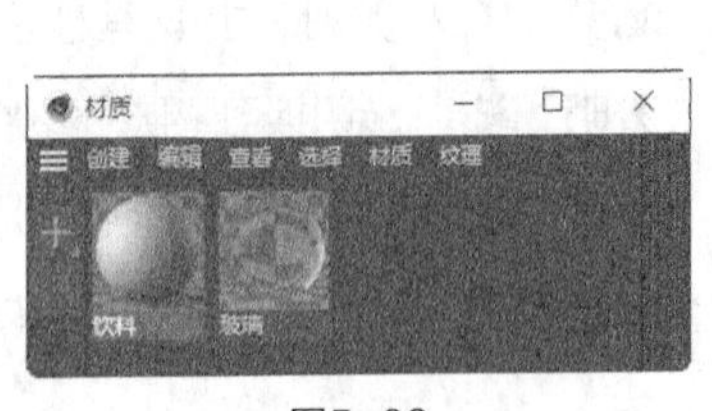

图5-63

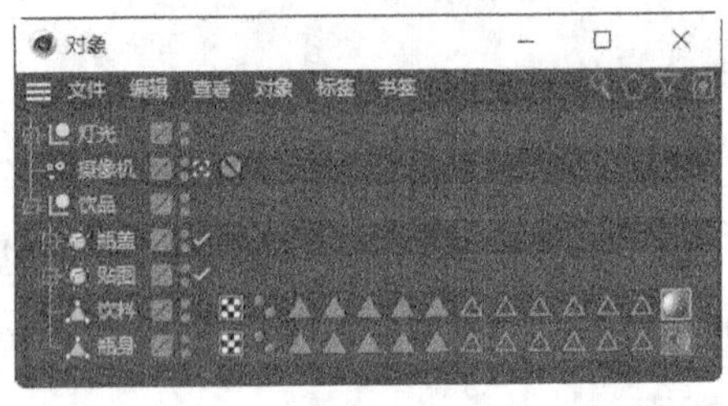

图5-64

07 在添加的“饮料”材质球上双击，弹出“材质编辑器”面板。在左侧列表中取消勾选“颜色”复选框，选择“透明”选项，切换到相应的设置区域，勾选“透明”复选框，设置“折射率”为1.5，取消勾选“全内部反射”和“双面反射”复选框，如图5-65所示。在左侧列表中选择“反射”选项，切换到相应的设置区域，设置“衰减”为22%、“内部宽度”为50%、“高光强度”为49%，其他选项的设置如图5-66所示，单击“关闭”按钮，关闭面板。视图窗口中的效果如图5-67所示。

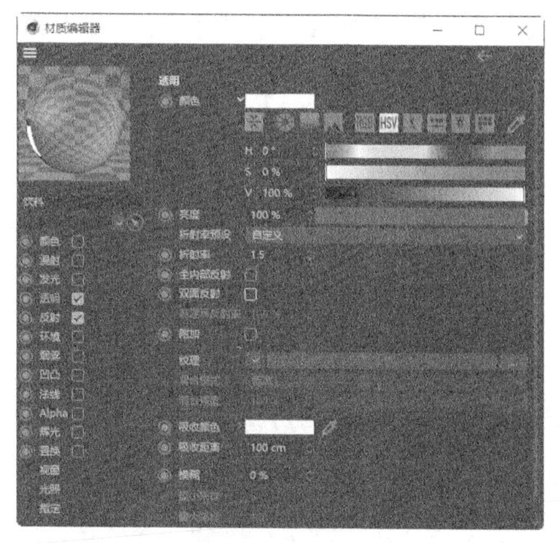

图5-65

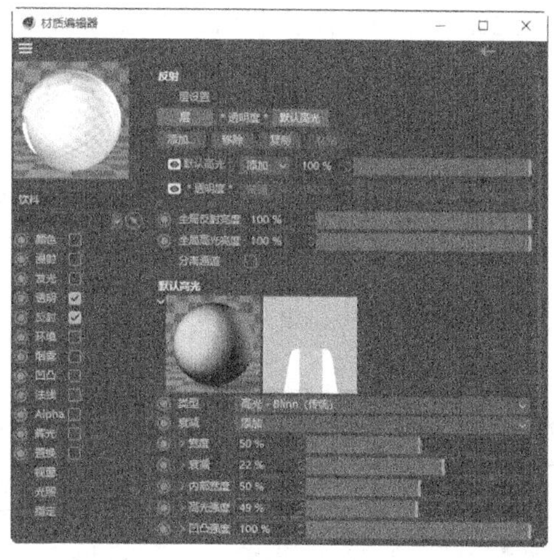

图5-66

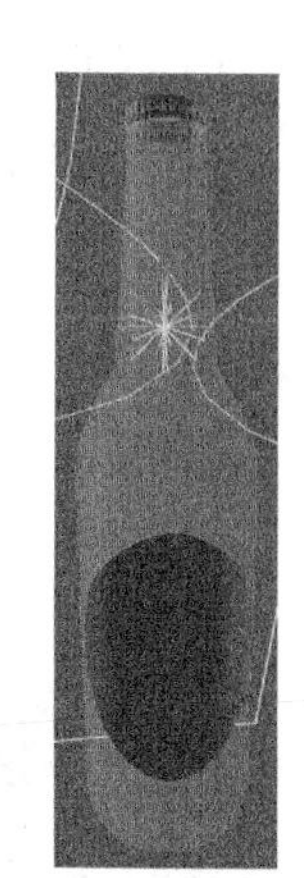

图5-67

08 在“材质”面板中双击，添加一个材质球，并将其命名为“贴图”，如图5-68所示。将“材质”面板中的“贴图”材质拖曳到“对象”面板中的“贴图”对象上，如图5-69所示。

09 在添加的“贴图”材质球上双击，弹出“材质编辑器”面板。在左侧列表中选择“颜色”选项，切换到相应的设置区域，设置“H”为333.7°、“S”为23%、“V”为88%，其他选项的设置如图5-70所示，单击“关闭”按钮，关闭面板。

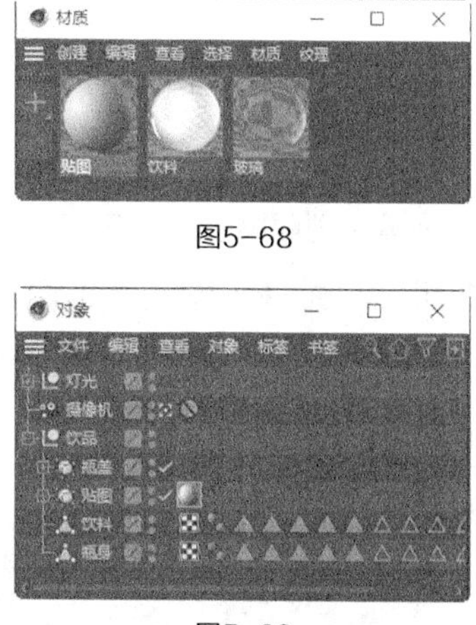

图5-68

图5-69

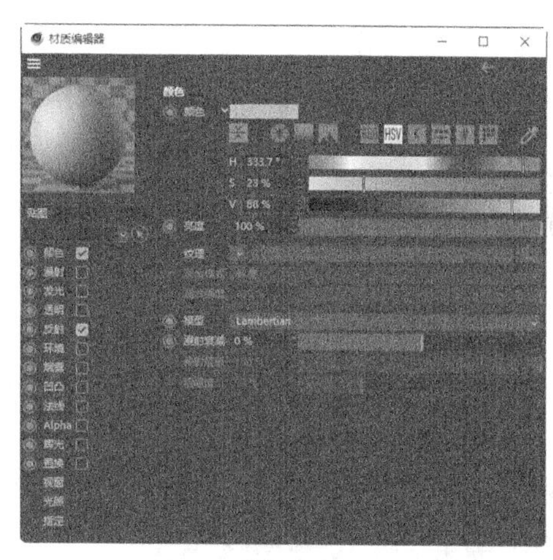

图5-70

10 在“材质”面板中双击，添加一个材质球，并将其命名为“瓶盖”，如图5-71所示。将“材质”面板中的“瓶盖”材质拖曳到“对象”面板中的“瓶盖”对象上，如图5-72所示。

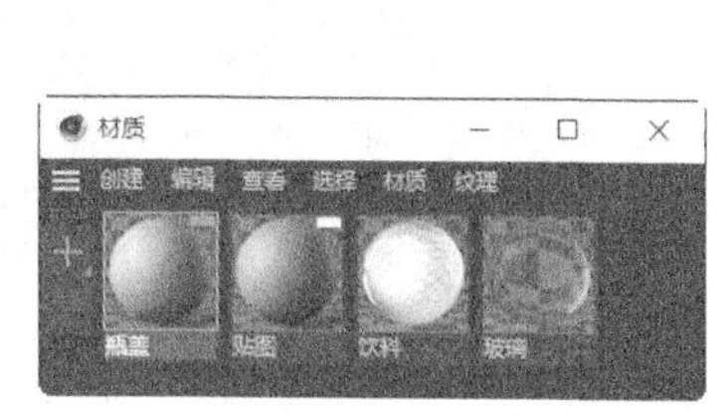

图5-71

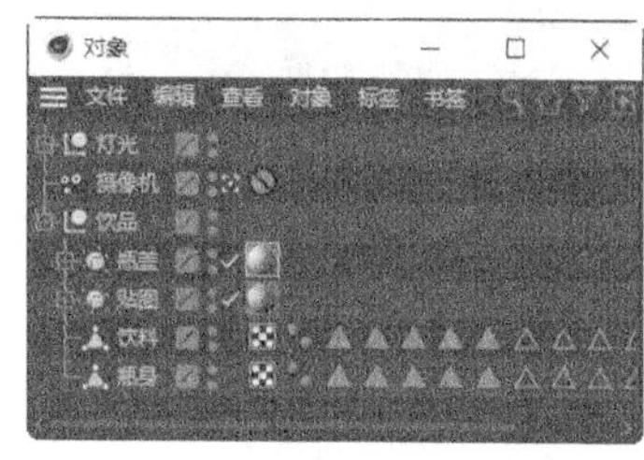

图5-72

11 在添加的“贴图”材质球上双击，弹出“材质编辑器”面板。在左侧列表中选择“颜色”选项，切换到相应的设置区域，设置“H”为30°、“S”为2.7%、“V”为86.3%，其他选项的设置如图5-73所示。在左侧列表中选择“反射”选项，切换到相应的设置区域，设置“类型”为“Phong”、“衰减”为“平均”、“粗糙度”为15%、“反射强度”为100%、“高光强度”为0%、“亮度”为40%，其他选项的设置如图5-74所示。单击“关闭”按钮，关闭面板。视图窗口中的效果如图5-75所示。玻璃材质的饮料瓶制作完成。

图5-73

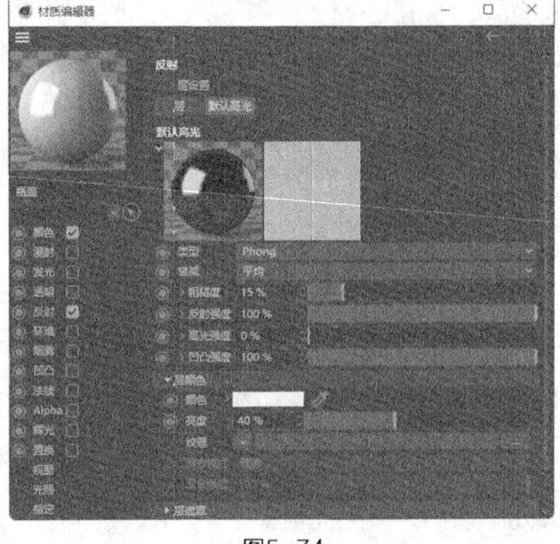

图5-74

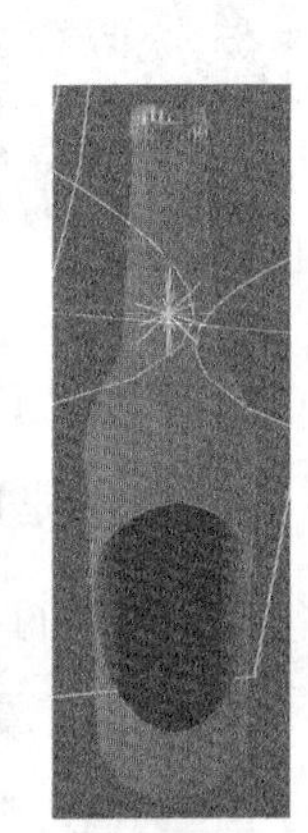

图5-75

5.2.8 发光

在场景中创建材质后，在“材质编辑器”面板的左侧列表中选择“发光”选项，如图5-76所示。相应的设置区域主要用于设置材质的自发光效果。

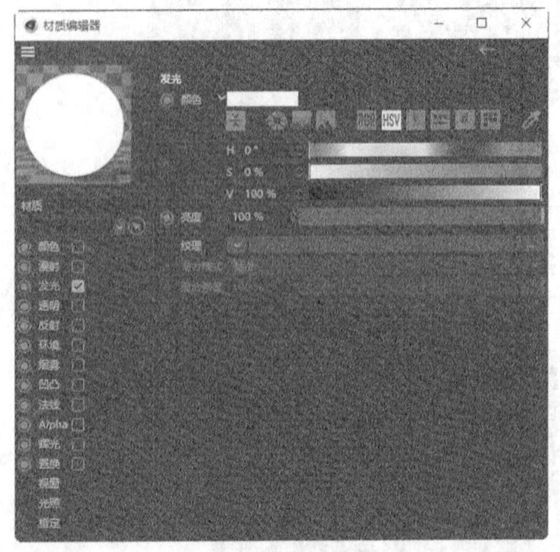

图5-76

5.2.9 透明

在场景中创建材质后，在“材质编辑器”面板的左侧列表中选择“透明”选项，如图5-77所示。相应的设置区域主要用于设置材质的透明和半透明效果。

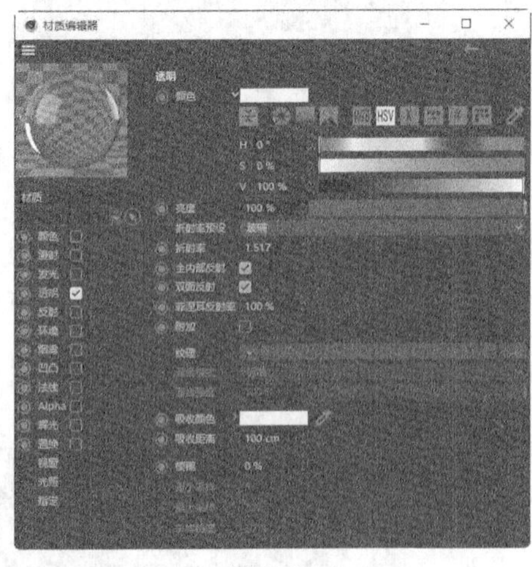

图5-77

5.3 材质标签

场景中的对象被赋予材质后，“对象”面板中会出现材质标签。如果一个对象被赋予了多个材质，将会出现多个材质标签，如图5-78所示。单击材质标签，可以打开该材质的“属性”面板，如图5-79所示。

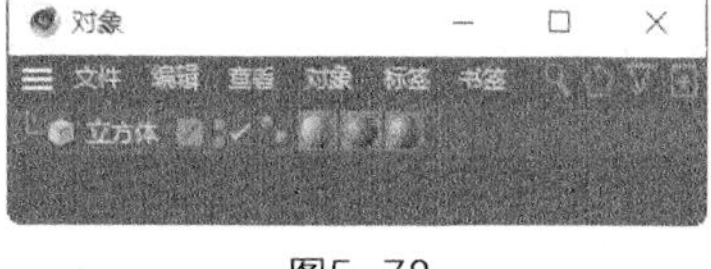

图5-78

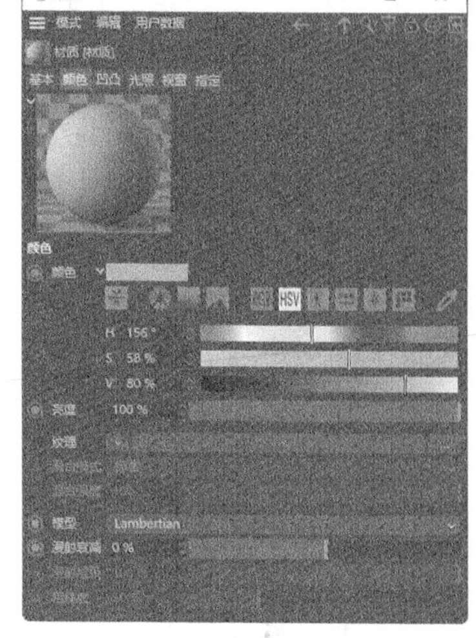

图5-79

课堂练习——制作金属材质的耳机

练习知识要点 使用“材质”面板创建材质并设置材质参数，使用“属性”面板调整材质属性。最终效果如图5-80所示。

效果所在位置 学习资源\Ch05\制作金属材质的耳机\工程文件.c4d。

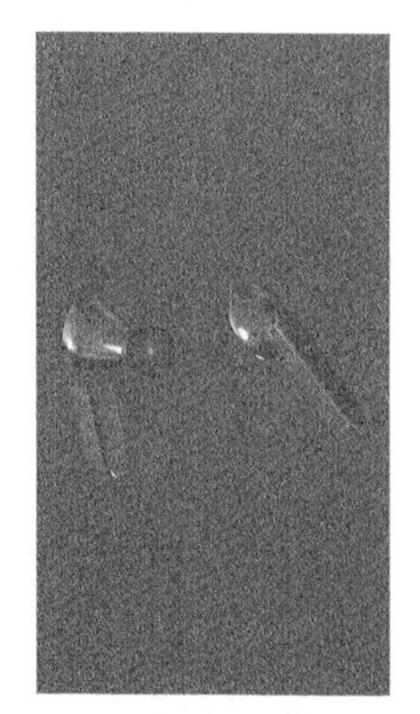

图5-80

课后习题——制作皮革材质的沙发

习题知识要点 使用“材质”面板创建材质并设置材质参数，使用“属性”面板调整材质属性。最终效果如图5-81所示。

效果所在位置 学习资源\Ch05\制作皮革材质的沙发\工程文件.c4d。

图5-81

第 6 章

Cinema 4D毛发技术

本章介绍

Cinema 4D中的毛发用于为已经创建好的三维模型添加合适的毛发外观，如头发、刷子及草坪等。赋予毛发会使相关模型更加逼真。本章将对Cinema 4D的毛发对象、毛发模式、毛发编辑、毛发选择、毛发工具、毛发选项、毛发材质及毛发标签等进行系统讲解。通过本章的学习，读者可以对Cinema 4D毛发技术有一个全面的认识，并能快速掌握常用毛发的赋予技术与技巧。

学习目标

●了解“毛发模式”命令。

●掌握“毛发编辑”命令。

●掌握“毛发选择”命令。

●掌握“毛发工具”命令。

●了解“毛发选项”命令。

●掌握毛发材质。

●了解毛发标签。

技能目标

●掌握人物头发的制作方法。

●掌握添加人物头发材质的方法。

6.1 毛发对象

在菜单栏中打开“模拟”菜单，其中包含了与毛发相关的命令，如图6-1所示。执行这些命令不仅可以创建毛发，还可以制作不同的毛发效果。

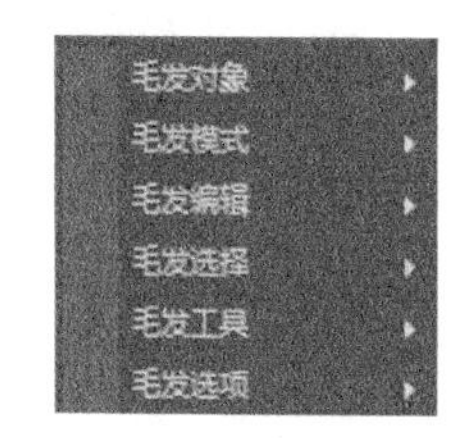

图6-1

6.1.1 课堂案例——制作人物头发

案例学习目标 能够使用“添加毛发”命令为对象添加毛发。

案例知识要点 使用“立方体”工具和“细分曲面”工具制作人物头顶，使用“添加毛发”命令制作人物头发，使用“球体”工具、“挤压”命令、“倒角”命令制作帽子，使用“循环/路径切割”命令和“分裂”命令制作装饰。最终效果如图6-2所示。

效果所在位置 学习资源\Ch06\制作人物头发\工程文件.c4d。

图6-2

01 启动Cinema 4D。单击“编辑渲染设置”按钮，弹出“渲染设置”面板。在“输出”设置区域中设置“宽度”为750像素、“高度”为1624像素，如图6-3所示，单击“关闭”按钮，关闭面板。

02 选择“文件 > 合并项目”命令，在弹出的“打开文件”对话框中选择学习资源中的“Ch06 > 制作人物头发 > 素材 > 01.c4d”文件，单击“打开”按钮，将选中的文件导入，“对象”面板如图6-4所示。视图窗口中的效果如图6-5所示。

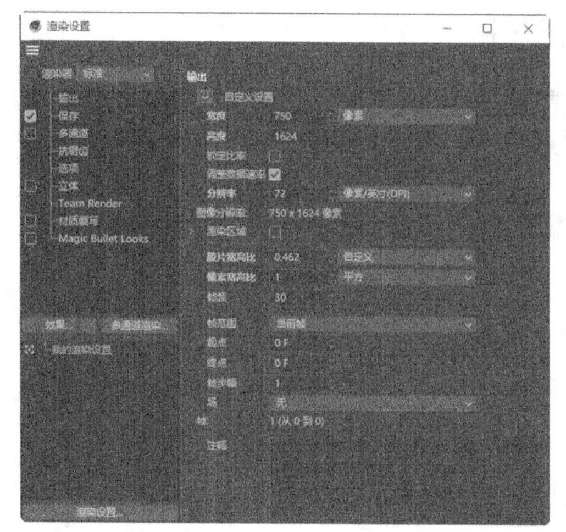

图6-3

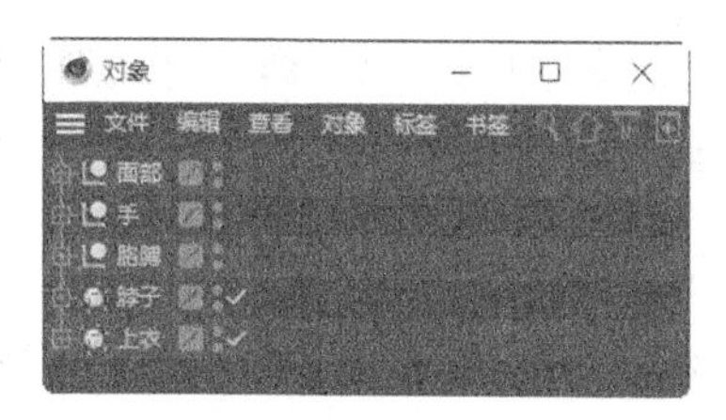

图6-4

图6-5

03 选择“立方体”工具，在“对象”面板中生成一个“立方体”对象，如图6-6所示。在“属性”面板“对象”选项卡中，设置“尺寸.X”为165cm、“尺寸.Y”为85cm、“尺寸.Z”为150cm，如图6-7所示。在“坐标”面板“位置”选项组中，设置“X”为-1cm、“Y”为97cm、“Z”为5cm；在“旋转”选项组中，设置“B”为14°，如图6-8所示。

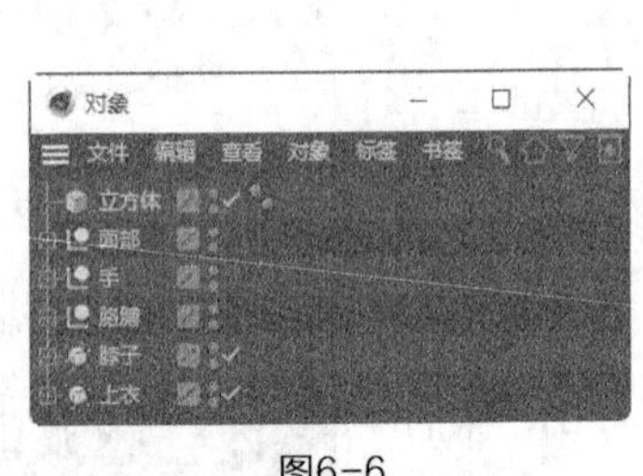

图6-6

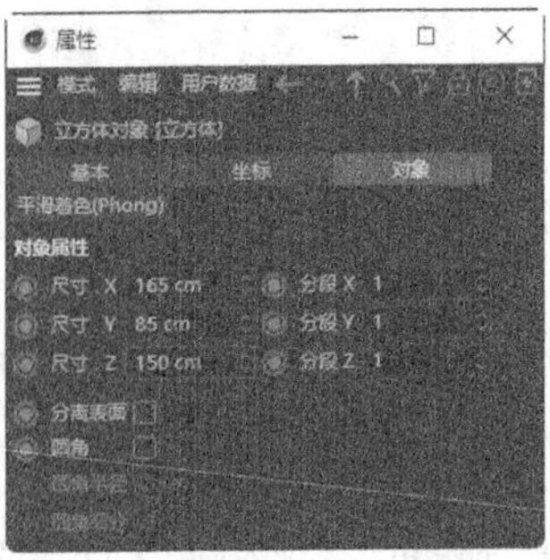

属性
模式 编辑 用户数据
立方体对象 [立方体]
基本 坐标 对象
平滑着色(Phong)
对象属性
尺寸 . X 165 cm 分段 X 1
尺寸 . Y 85 cm 分段 Y 1
尺寸 . Z 150 cm 分段 Z 1
分离表面
圆角

图6-7

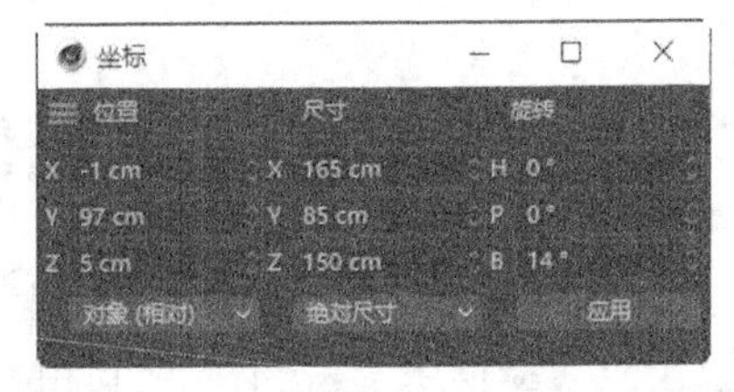

图6-8

04 按住Alt键的同时选择“细分曲面”工具，为“立方体”对象生成一个父级“细分曲面”对象，如图6-9所示。在“属性”面板“对象”选项卡中，设置“编辑器细分”为4、“渲染器细分”为4，如图6-10所示。折叠“细分曲面”对象组。

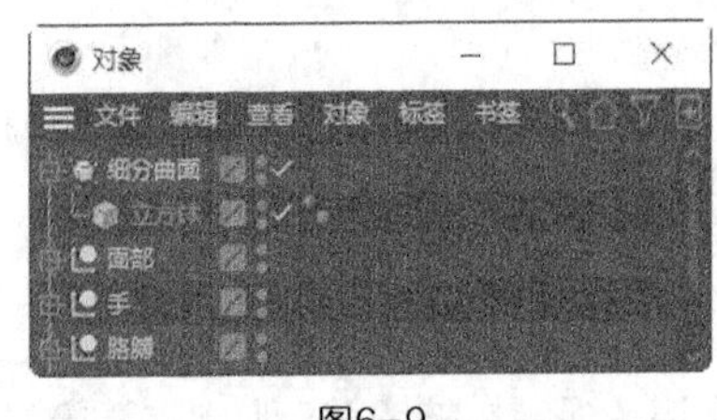

图6-9

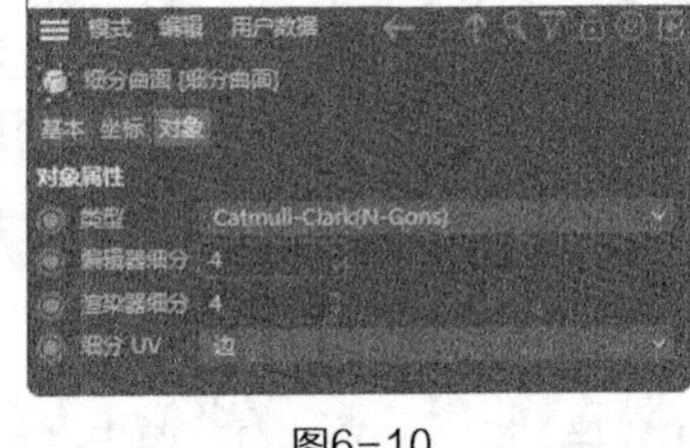

图6-10

05 选择“立方体”工具，在“对象”面板中生成一个“立方体”对象。在“属性”面板“对象”选项卡中，设置“尺寸.X”为100cm、“尺寸.Y”为90cm、“尺寸.Z”为110cm，如图6-11所示。在“坐标”面板“位置”选项组中，设置“X”为-76cm、“Y”为75cm、“Z”为10cm；在“旋转”选项组中，设置“B”为15°，如图6-12所示。

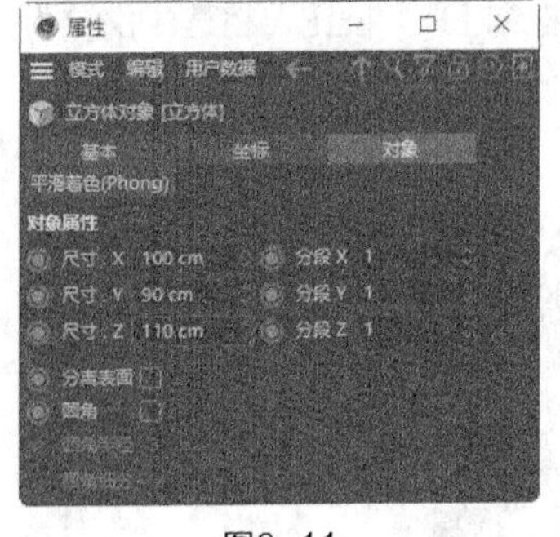

图6-11

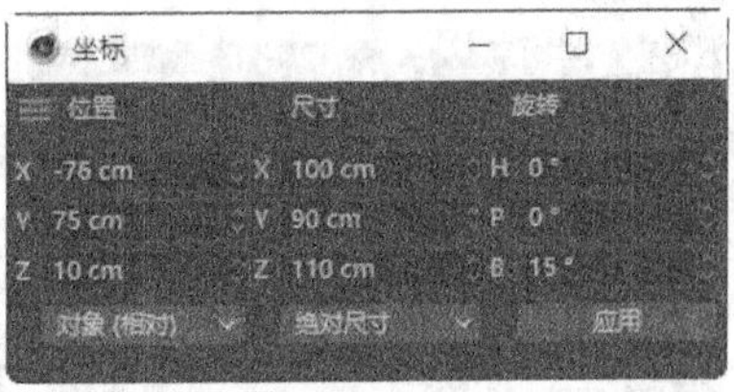

坐标
位置 尺寸 旋转
X -76 cm X 100 cm H 0°
Y 75 cm Y 90 cm P 0°
Z 10 cm Z 110 cm B 15°
对象 (相对) 绝对尺寸 应用

图6-12

06 按住Alt键的同时选择“细分曲面”工具，为“立方体”对象生成一个父级“细分曲面.1”对象，如图6-13所示。在“属性”面板“对象”选项卡中，设置“编辑器细分”为4、“渲染器细分”为4，如图6-14所示。

07 按住Shift键的同时在“对象”面板中选中“细分曲面”对象组和“细分曲面.1”对象组，单击鼠标右键，在弹出的快捷菜单中选择“连接对象+删除”命令，将两个对象组中的对象连接，并命名为“发型”，如图6-15所示。

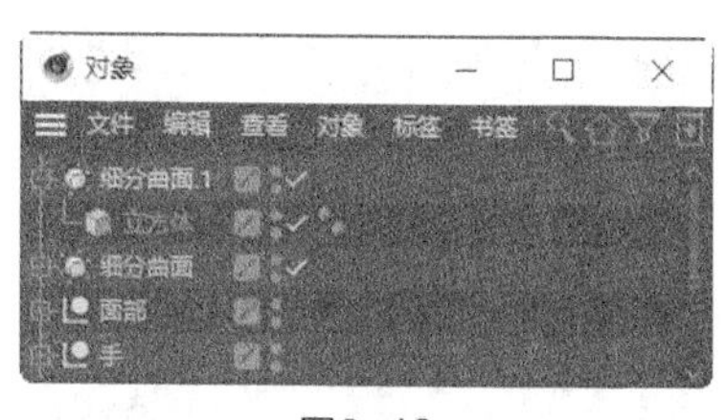

图6-13

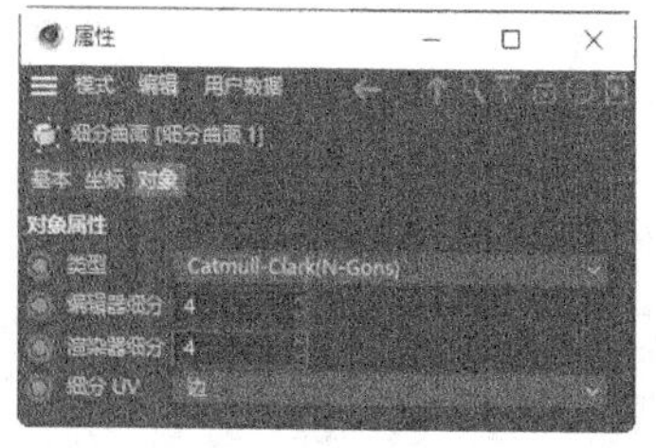

图6-14

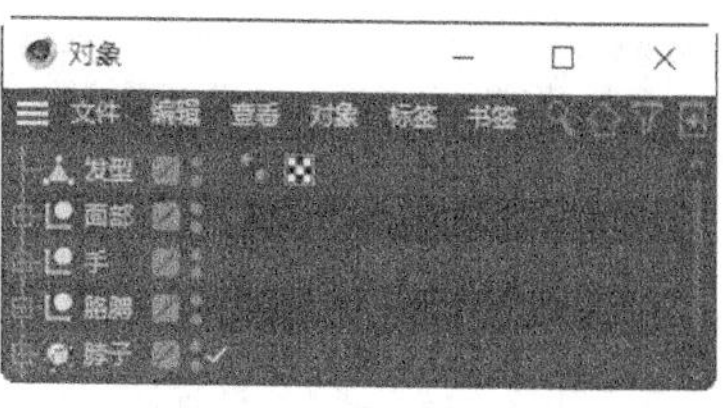

图6-15

08 在“坐标”面板“位置”选项组中，设置“Y”为131cm，如图6-16所示。视图窗口中的效果如图6-17所示。选择“模拟 > 毛发对象 > 添加毛发”命令，在“对象”面板中生成一个“毛发”对象，如图6-18所示。

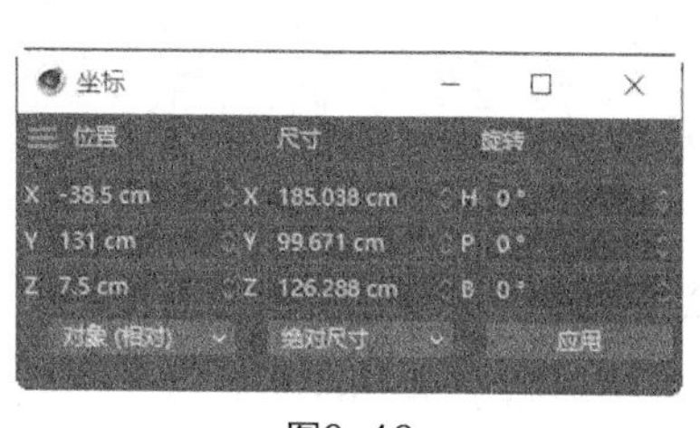

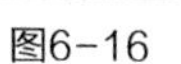
图6-16

图6-17

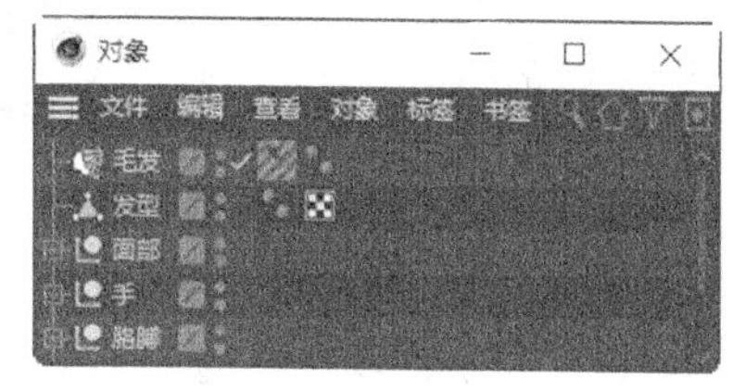

图6-18

09 在“属性”面板“引导线”选项卡中，展开“发根”选项组，设置“长度”为30cm，如图6-19所示；在“毛发”选项卡中，设置“数量”为30000，如图6-20所示。视图窗口中的效果如图6-21所示。

图6-19

图6-20

图6-21

10 选择“空白”工具，在“对象”面板中生成一个“空白”对象，并将其重命名为“头发”。选中需要的对象，将其拖入“头发”对象的下层，如图6-22所示。折叠“头发”对象组。

11 选择“球体”工具，在“对象”面板中生成一个“球体”对象，如图6-23所示。在“属性”面板“对象”选项卡中，设置“半径”为120cm、“分段”为8，如图6-24所示。

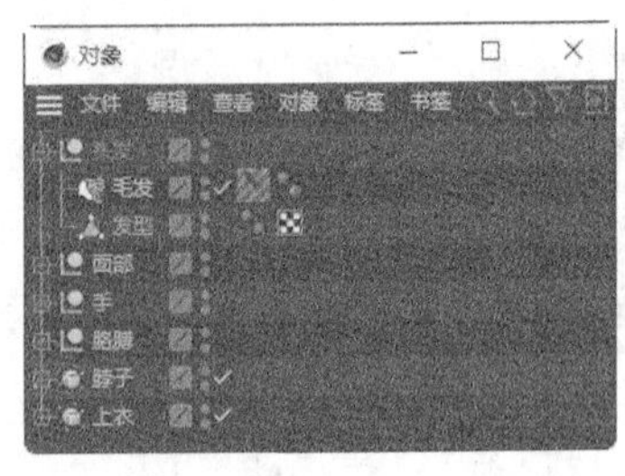

图6-22

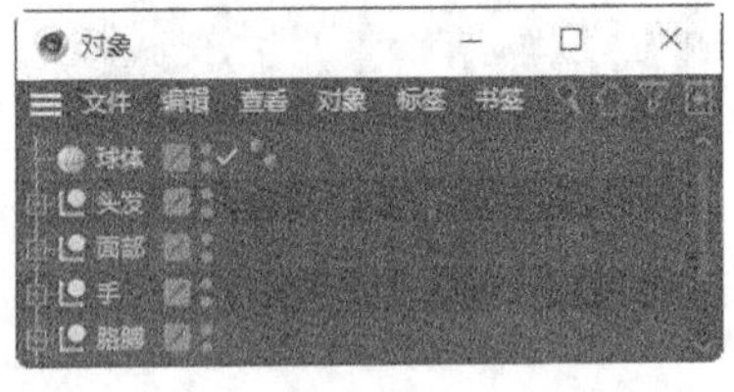

图6-23

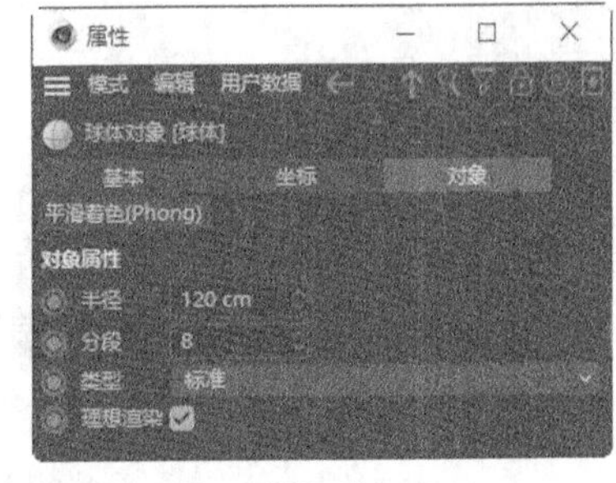

图6-24

12 在“坐标”面板“位置”选项组中，设置“X”为-35cm、“Y”为153cm、“Z”为38cm；在“旋转”选项组中，设置“H”为-1.5°、“P”为-12°、“B”为-9°，如图6-25所示。在“对象”面板中用鼠标右键单击“球体”对象，在弹出的快捷菜单中选择“转为可编辑对象”命令，将球体转为可编辑对象，如图6-26所示。

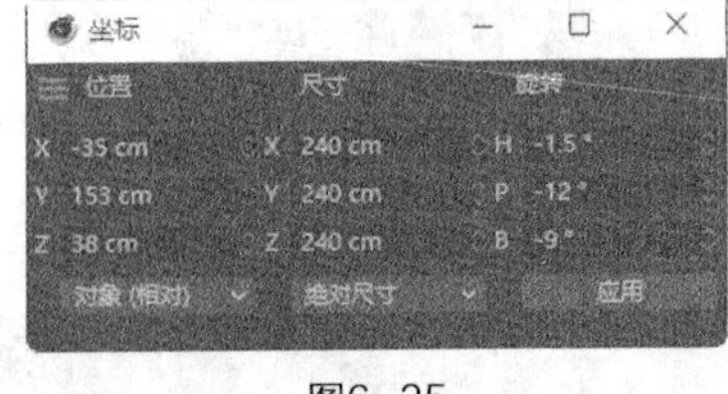

图6-25

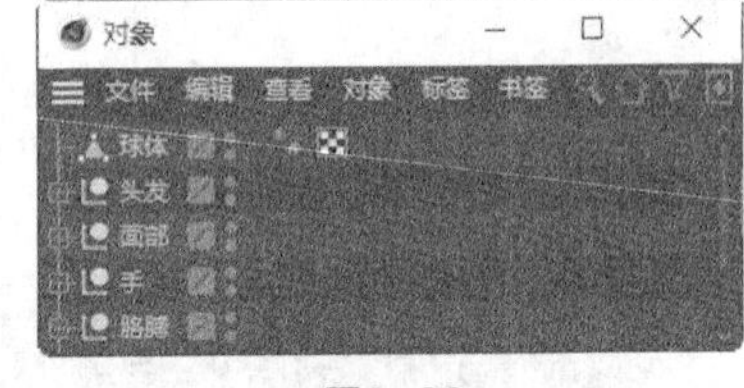

图6-26

13 单击“边”按钮，切换为边模式。选择“选择 > 循环选择”命令，在视图窗口中选中需要的边线，如图6-27所示。选择“选择 > 填充选择”命令，在视图窗口中选中需要填充的对象，如图6-28所示。按Delete键将所选的面删除，效果如图6-29所示。

14 单击“边”按钮，切换为边模式。选择“移动”工具，按住Shift键的同时在视图窗口中选中需要的边，如图6-30所示。在“坐标”面板“位置”选项组中，设置坐标为“世界坐标”。

图6-27

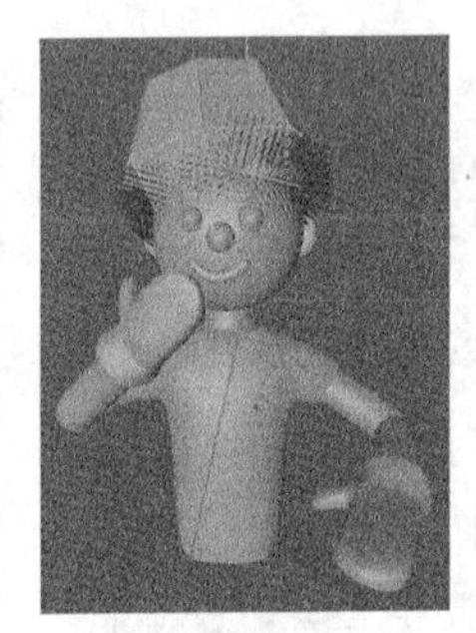
图6-28

图6-29

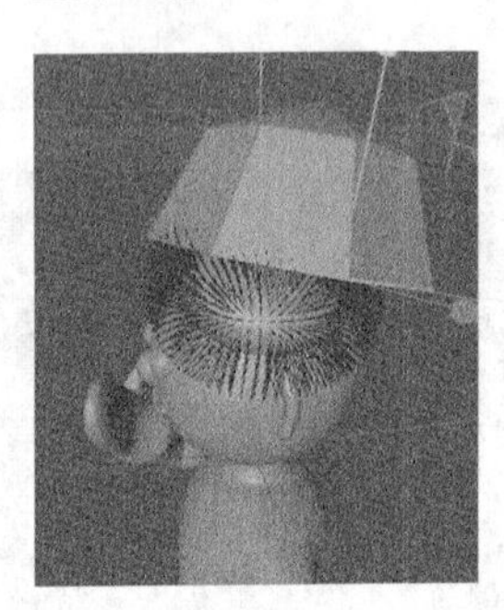
图6-30

15 在视图窗口中单击鼠标右键，在弹出的快捷菜单中选择“挤压”命令，在“属性”面板中设置“偏移”为2cm，如图6-31所示。在“坐标”面板“尺寸”选项组中，设置“X”为35cm、“Y”为35cm、“Z”为166cm；在“位置”选项组中，设置“X”为151cm、“Y”为218cm、“Z”为47cm，如图6-32所示。

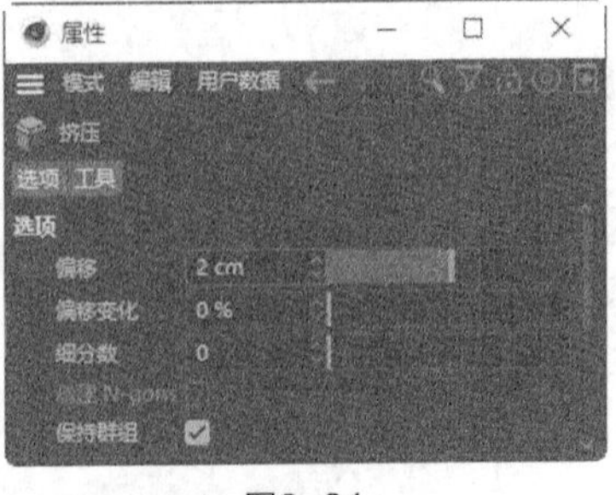

图6-31

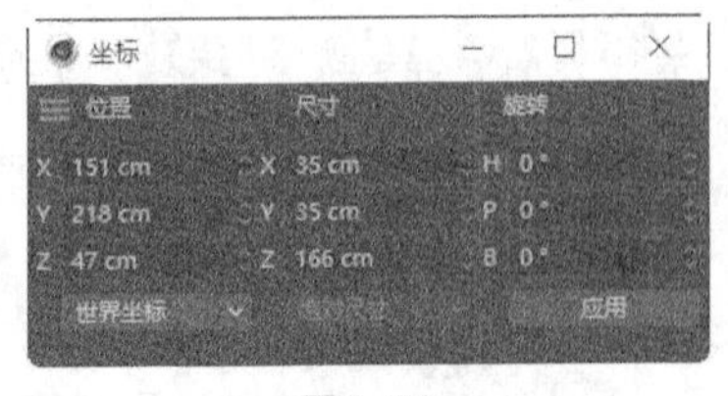

图6-32

16 单击“点”按钮，切换为点模式。在视图窗口中选中需要的点，如图6-33所示。在“坐标”面板“位置”选项组中，设置“X”为163cm、“Y”为190cm、“Z”为40cm，如图6-34所示。视图窗口中的效果如图6-35所示。

图6-33

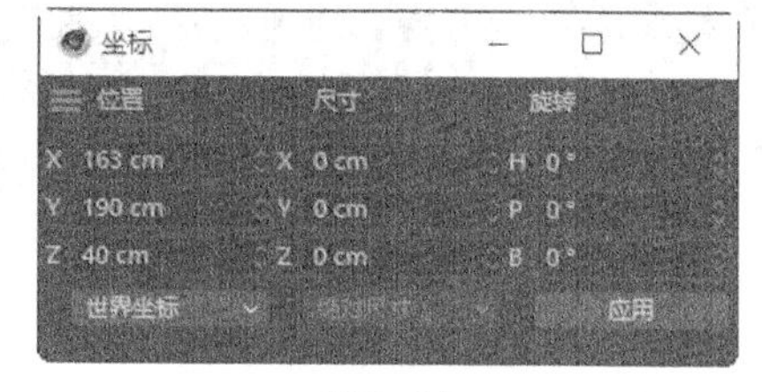

图6-34

图6-35

17 单击“边”按钮，切换为边模式。选择“选择 > 循环选择”命令，在视图窗口中选中需要的边线，如图6-36所示。在“坐标”面板“尺寸”选项组中，设置“X”为177cm、“Y”为46cm、“Z”为175cm，如图6-37所示。视图窗口中的效果如图6-38所示。

图6-36

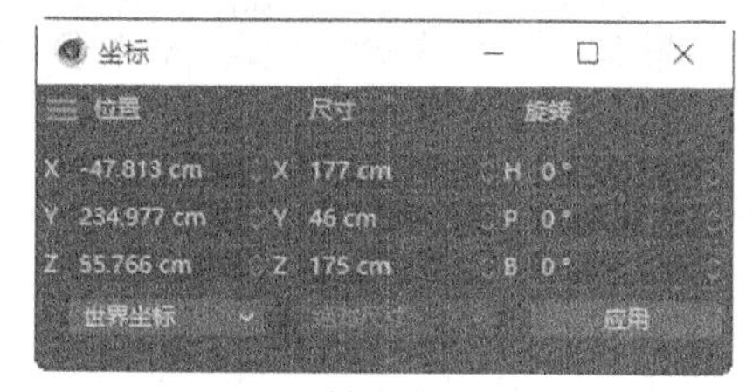

图6-37

图6-38

18 单击“多边形”按钮，切换为多边形模式。在视图窗口中单击，按Ctrl+A快捷键全选“球体”对象中的面，如图6-39所示。在视图窗口中单击鼠标右键，在弹出的快捷菜单中选择“挤压”命令，在“属性”面板中设置“偏移”为-8cm，勾选“创建封顶”复选框，如图6-40所示。

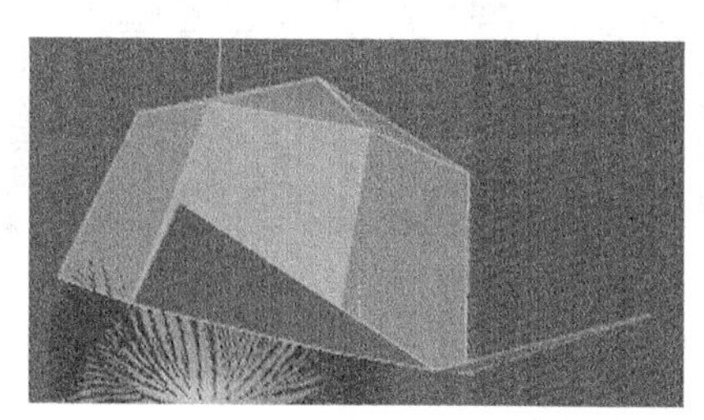

图6-39

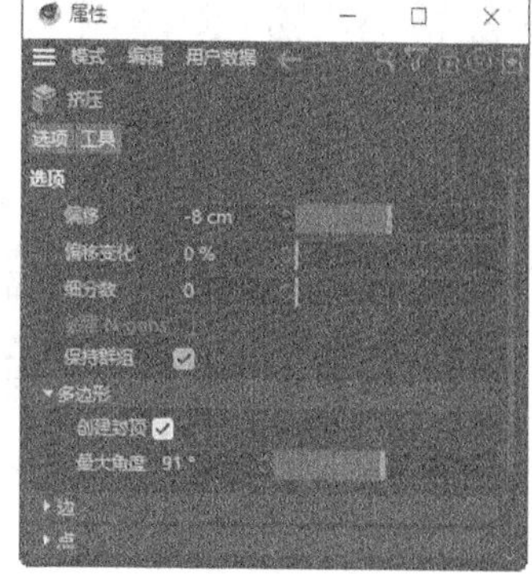

图6-40

19 单击“边”按钮，切换为边模式。选择“选择 > 循环选择”命令，选择需要的边线。选择“移动”工具，按住Shift键的同时在视图窗口中选中需要的边线，如图6-41所示。在视图窗口中单击鼠标右键，在弹出的快捷菜单中选择“倒角”命令，在“属性”面板“工具选项”选项卡中设置“偏移”为3cm、“细分”为2，如图6-42所示；在“拓扑”选项卡中，设置“斜角”为“均匀”，如图6-43所示。

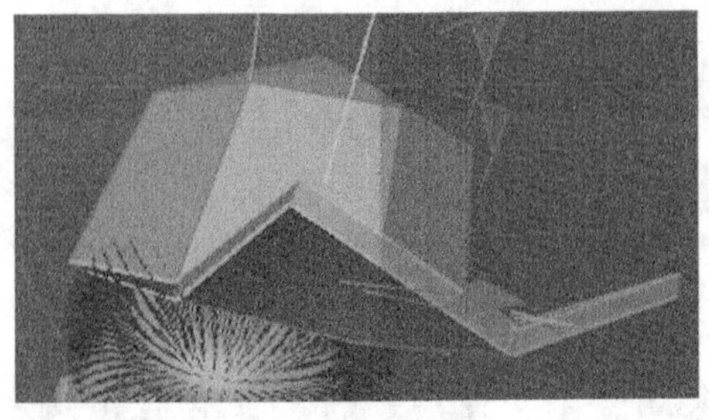

图6-41

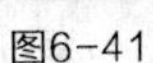

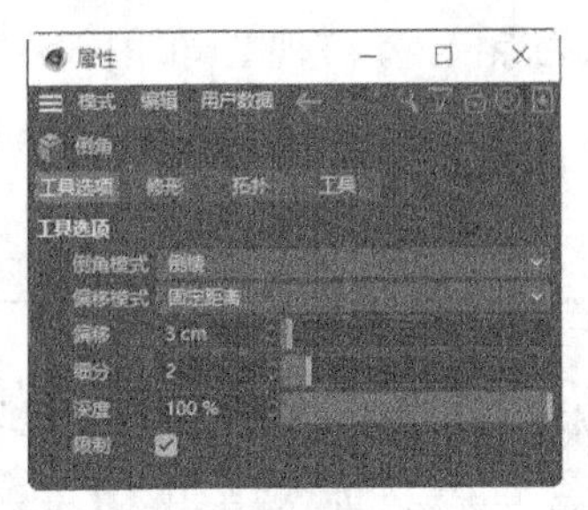

图6-42

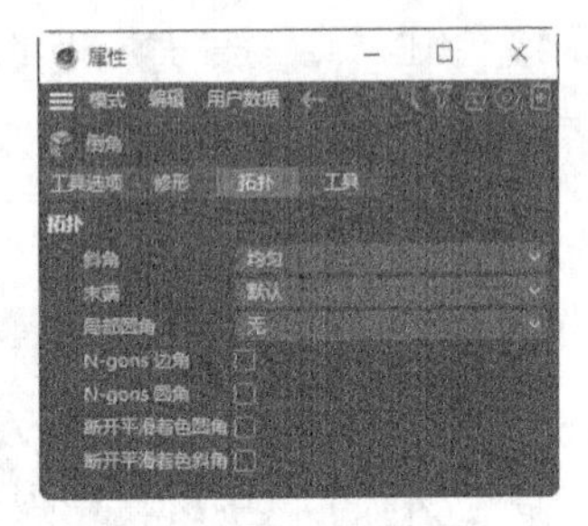

图6-43

20 按住Alt键的同时选择“细分曲面”工具，为“球体”对象生成一个父级“细分曲面”对象，并将其命名为“球体”，如图6-44所示。用鼠标右键单击“球体”对象组，在弹出的快捷菜单中选择“连接对象+删除”命令，将该对象组中的对象连接，如图6-45所示。

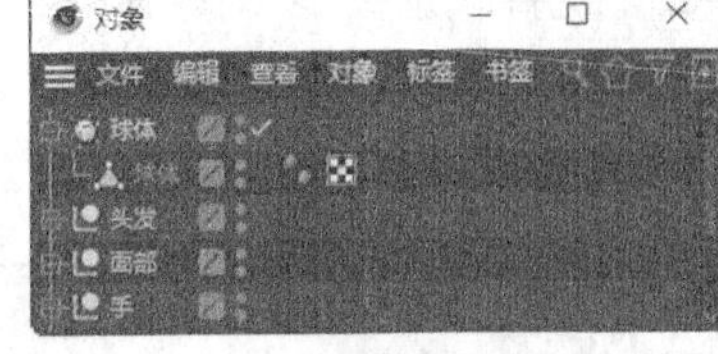

图6-44

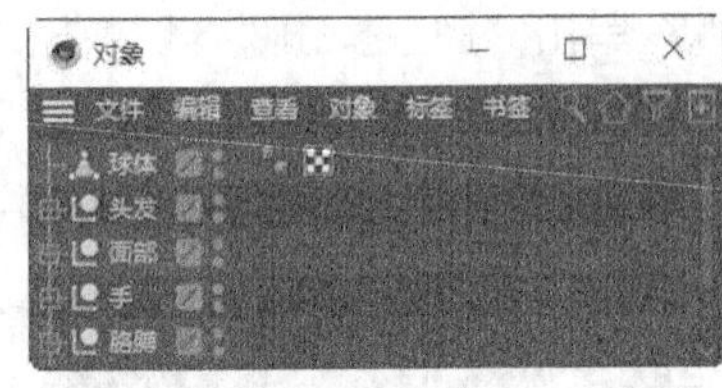

图6-45

21 单击“多边形”按钮，切换为多边形模式。选择“移动”工具，按住Shift键的同时在视图窗口中选中需要的面，如图6-46所示。在视图窗口中单击鼠标右键，在弹出的快捷菜单中选择“分裂”命令，在“对象”面板中生成一个“球体.1”对象，并将其重命名为“大装饰”，如图6-47所示。在视图窗口中单击鼠标右键，在弹出的菜单中选择“挤压”命令，在“属性”面板中设置“偏移”为-4cm，如图6-48所示。

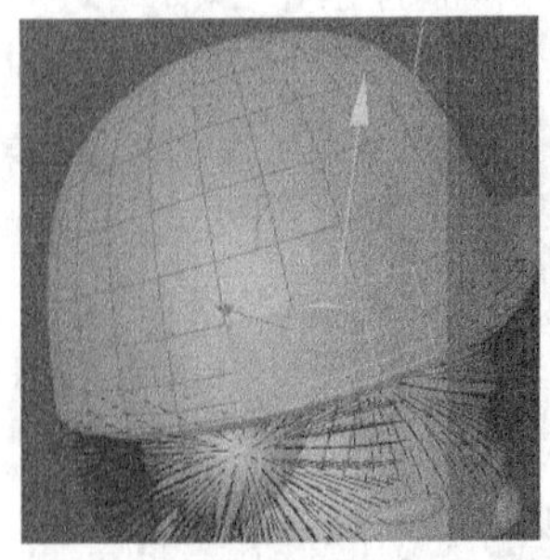

图6-46

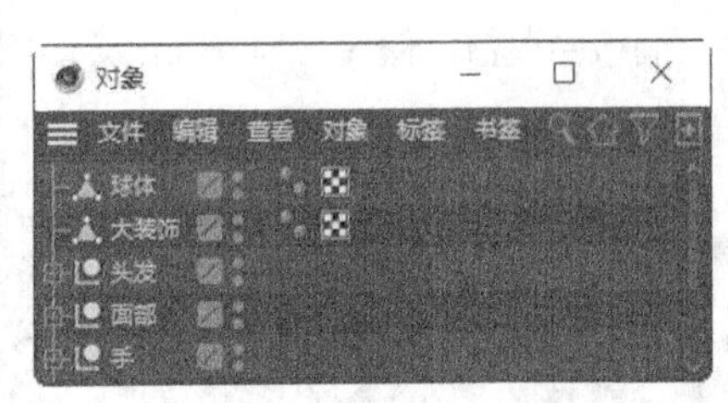

图6-47

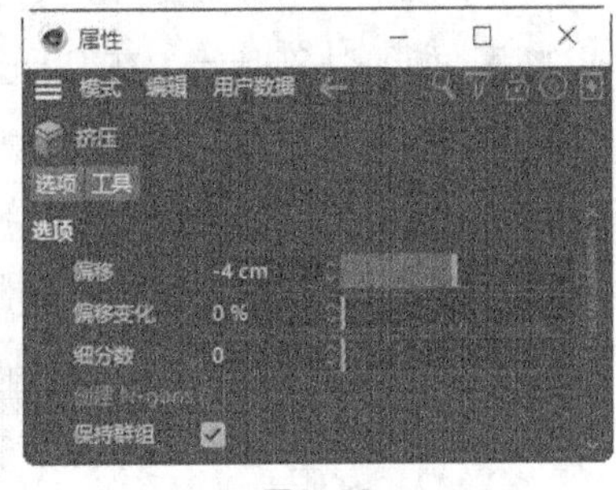

图6-48

22 在视图窗口中单击鼠标右键，在弹出的快捷菜单中选择“循环/路径切割”命令，在视图窗口中选择要切割的边，如图6-49所示。在“属性”面板中，设置“偏移”为50%，如图6-50所示。使用相同的方法切割另外两条需要的边，并设置“偏移”为50%，效果如图6-51和图6-52所示。

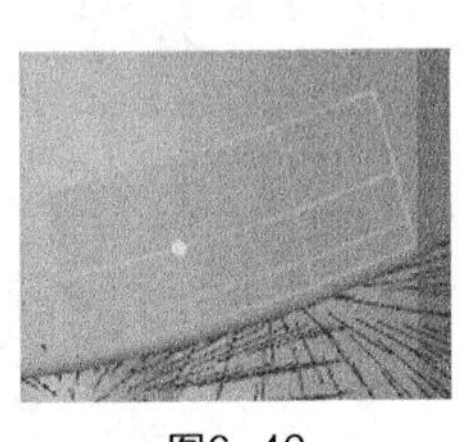

图6-49

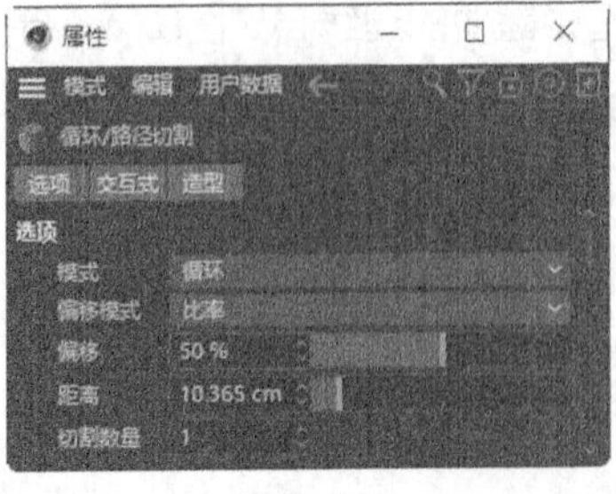

图6-50

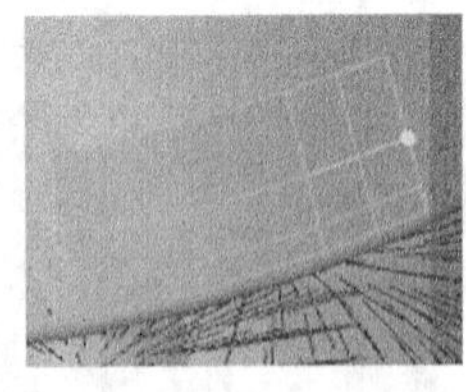

图6-51

图6-52

23 选择“移动”工具，按住Shift键的同时在视图窗口中选中需要的面，如图6-53所示。在视图窗口中单击鼠标右键，在弹出的快捷菜单中选择“分裂”命令，在“对象”面板中生成一个“大装饰.1”对象，并将其重命名为“小装饰”，如图6-54所示。在视图窗口中单击鼠标右键，在弹出的快捷菜单中选择“挤压”命令，在“属性”面板中设置“偏移”为-3cm，如图6-55所示。

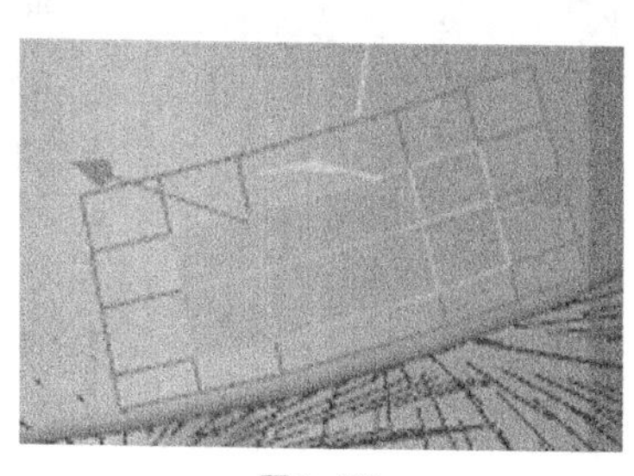

图6-53

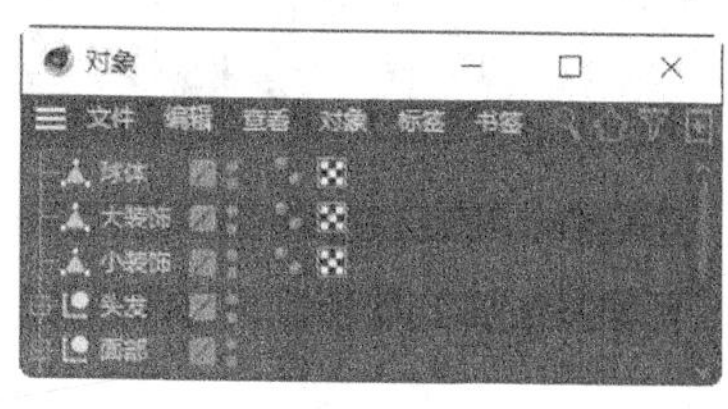

图6-54

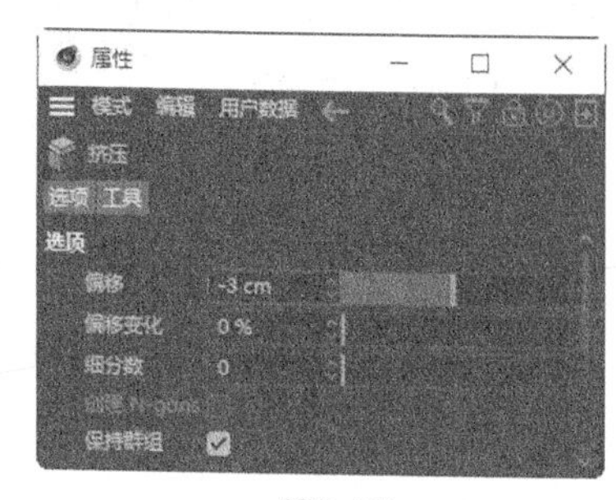

图6-55

24 选择“空白”工具，在“对象”面板中生成一个“空白”对象，并将其重命名为“组合”。选中需要的对象，将选中的对象拖入“组合”对象的下层，如图6-56所示。折叠“组合”对象组。

25 按住Alt键的同时选择“细分曲面”工具，为“组合”对象组生成一个父级“细分曲面”对象，并将其命名为“帽子装饰”，如图6-57所示。折叠“帽子装饰”对象组。

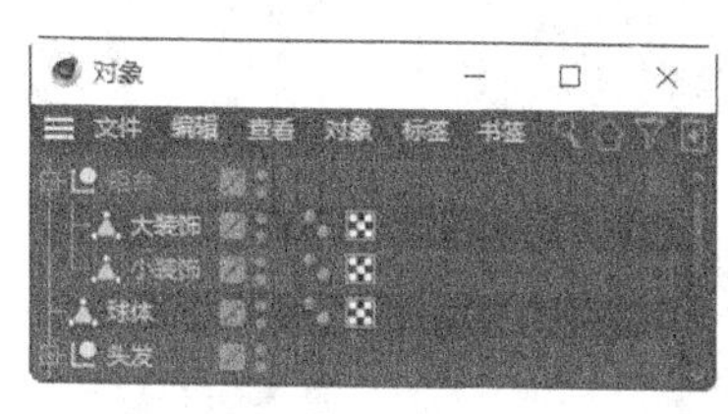

图6-56

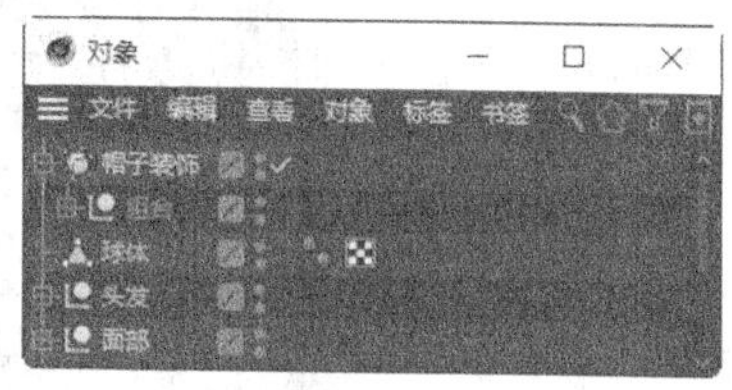

图6-57

26 选择“空白”工具，在“对象”面板中生成一个“空白”对象，并将其重命名为“帽子”。选中需要的对象，将选中的对象拖入“帽子”对象的下层，如图6-58所示。折叠“帽子”对象组。选择“空白”工具，在“对象”面板中生成一个“空白”对象，并将其重命名为“人物”。选中需要的对象，将选中的对象拖入“人物”对象的下层，如图6-59所示。折叠“人物”对象组。人物头发制作完成。

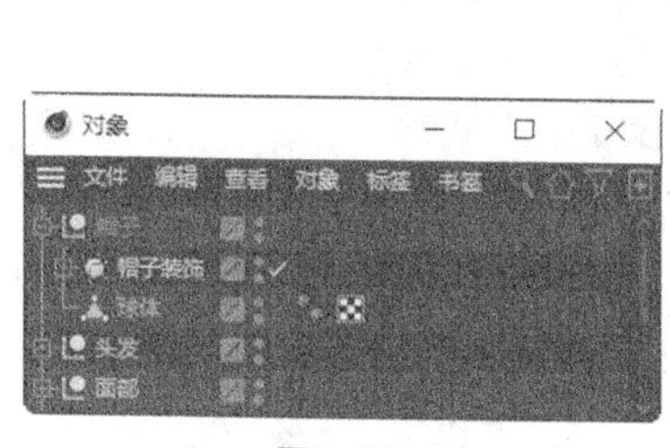

图6-58

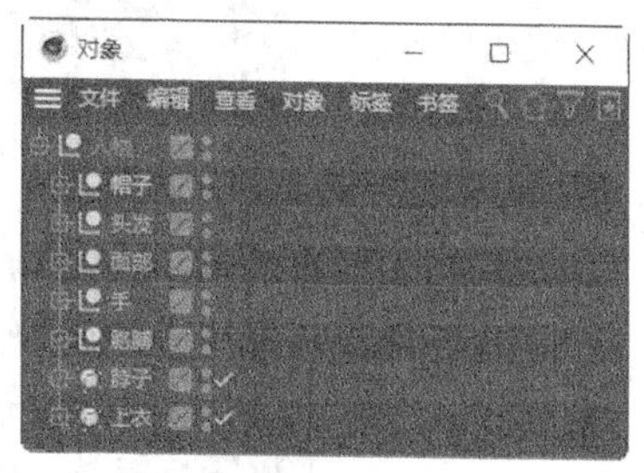

图6-59

6.1.2 添加毛发

在视图窗口中选中需要添加毛发的对象。选择“模拟 > 毛发对象 > 添加毛发”命令，如图6-60所示，即可为对象添加毛发效果，如图6-61所示。添加的毛发默认以引导线的方式呈现。

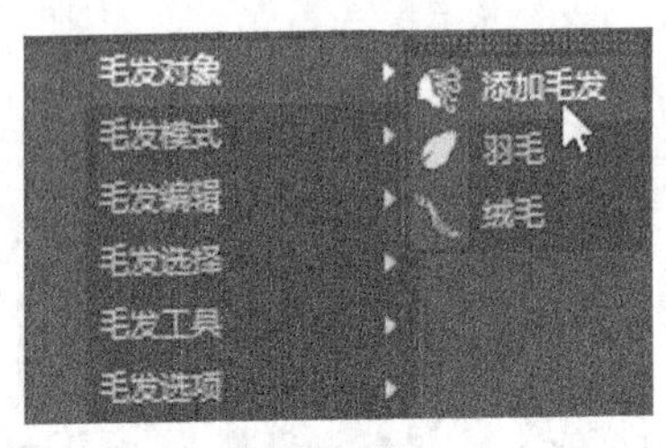

图6-60

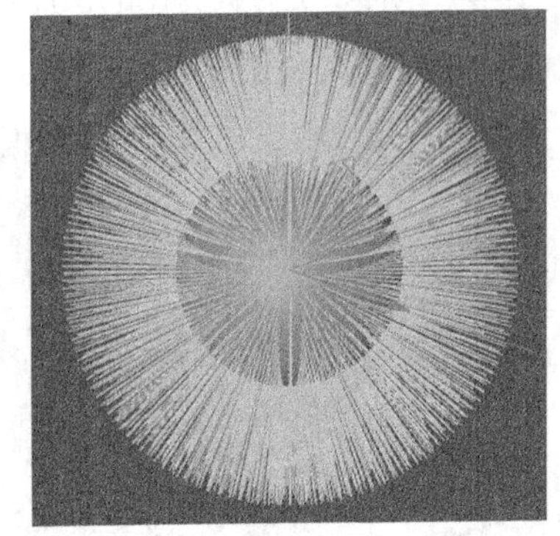

图6-61

6.2 毛发模式

在为对象添加毛发后，可以选择多种毛发模式。选择“模拟 > 毛发模式 > 点”命令，如图6-62所示，即可为对象添加点模式的毛发效果，如图6-63所示。

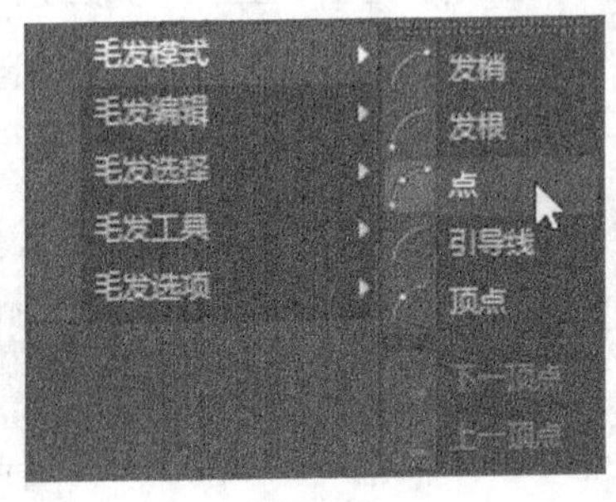

图6-62

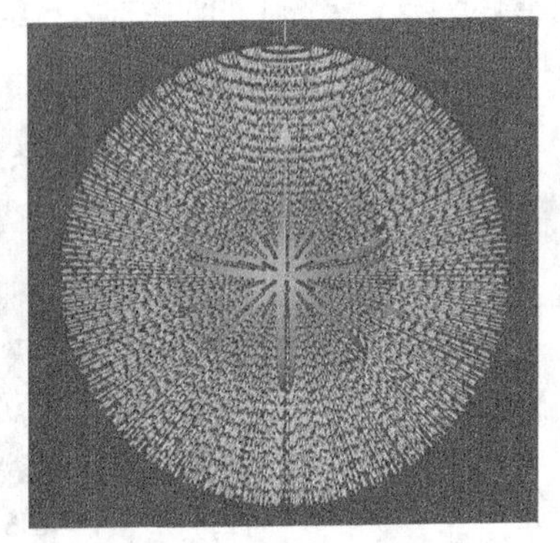

图6-63

6.3 毛发编辑

在为对象添加毛发后，可以对毛发进行转换、剪切和复制等操作。选择“模拟 > 毛发编辑 > 毛发转为引导线”命令，如图6-64所示，即可将对象上的毛发转为引导线，如图6-65所示。

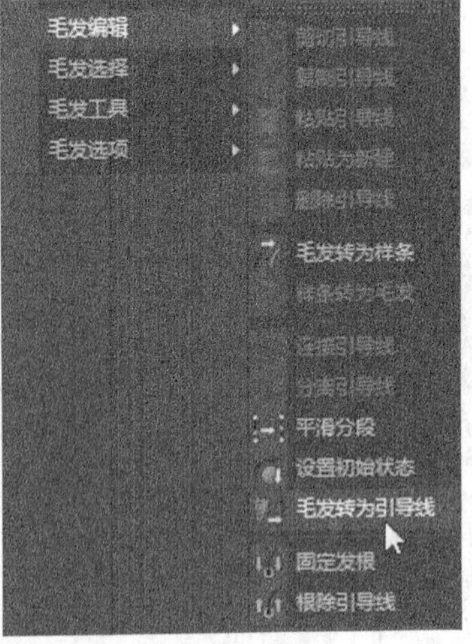

图6-64

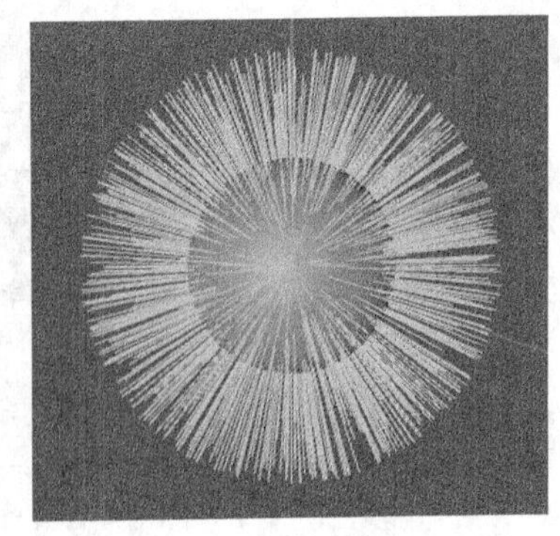

图6-65

图6-66

6.4 毛发选择

在为对象添加毛发后，可以对毛发进行选择并编辑，还可以设置选择的元素的选集。选择“模拟 > 毛发选择 > 实时选择”命令，如图6-66所示；在适当的位置拖曳鼠标，即可选择需要的毛发，如图6-67所示。

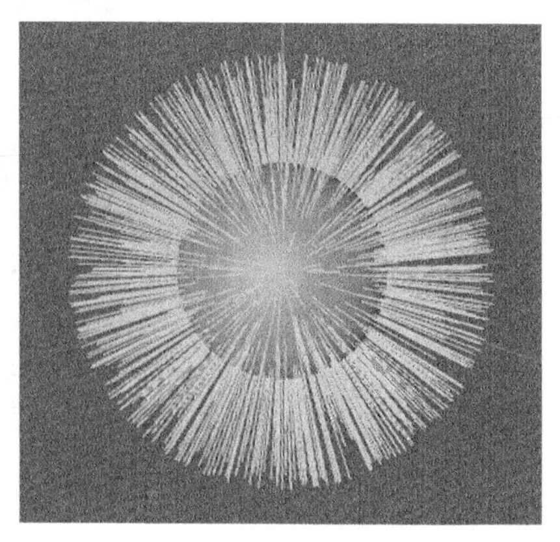

图6-67

6.5 毛发工具

在为对象添加毛发后，可以对毛发进行移动、梳理、修剪等操作。选择“模拟 > 毛发工具 > 毛刷”命令，如图6-68所示；在适当的位置拖曳鼠标，即可刷动毛发，达到需要的造型效果，如图6-69所示。

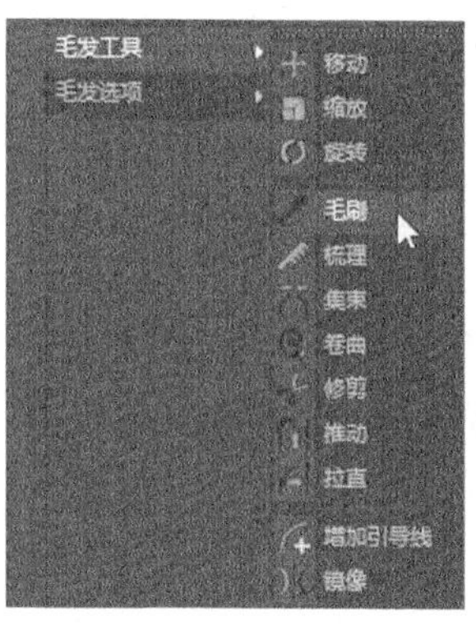

图6-68

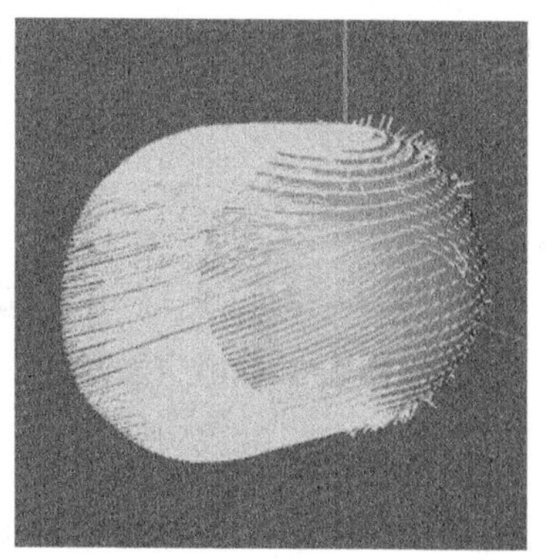

图6-69

6.6 毛发选项

使用毛发工具对毛发进行编辑时，可以使用对称方式。选择“模拟 > 毛发选项 > 对称”命令，如图6-70所示，可以找到该方式。

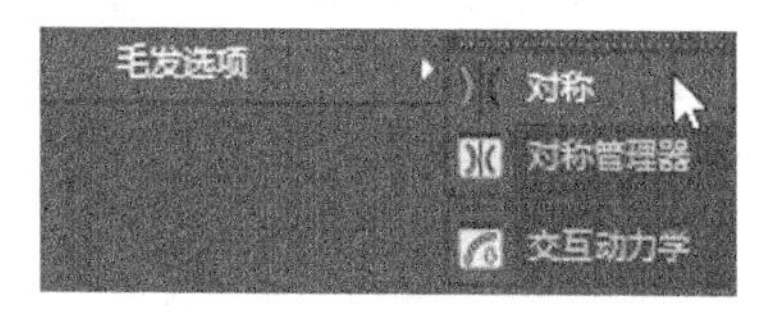

图6-70

6.7 毛发材质

在添加了毛发对象后，“材质”面板中会自动生成对应的“毛发材质”。双击毛发材质即可打开“材质编辑器”面板，如图6-71所示。与普通材质的属性相比，毛发材质的属性更多。

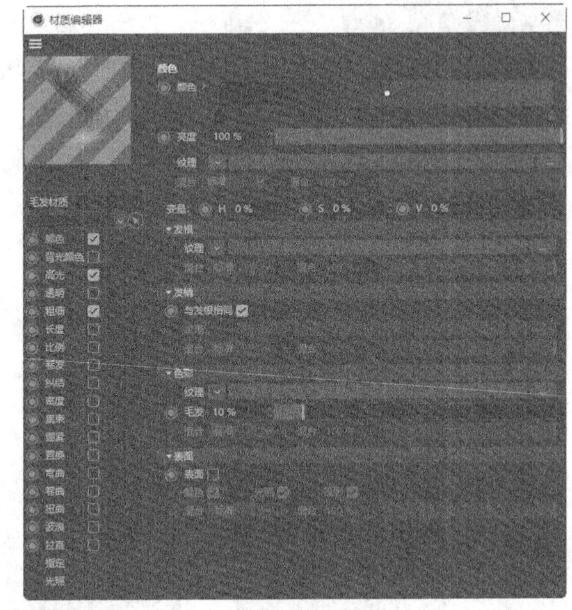

图6-71

6.7.1 课堂案例——添加人物头发材质

案例学习目标 能够使用“材质”面板调节头发材质。

案例知识要点 使用“属性”面板调整材质属性，使用“物理天空”工具创建物理天空。最终效果如图6-72所示。

效果所在位置 学习资源\Ch06\添加人物头发材质\工程文件.c4d。

图6-72

01 启动Cinema 4D。单击“编辑渲染设置”按钮，弹出“渲染设置”面板。在“输出”设置区域中设置“宽度”为750像素、“高度”为1624像素，单击“关闭”按钮，关闭面板。

02 选择“文件 > 合并项目”命令，在弹出的“打开文件”对话框中选择学习资源中的“Ch06 > 制作人物头发 > 素材 > 01.c4d”文件，单击“打开”按钮，将选中的文件导入，“对象”面板如图6-73所示。视图窗口中的效果如图6-74所示。

03 在“材质”面板中双击“毛发材质”材质球，弹出“材质编辑器”面板。在左侧列表中选择“颜色”选项，切换到相应的设置区域。双击“颜色”左侧的“色标.1”按钮，弹出“渐变色标设置”对话框，设置“H”为225°、“S”为87%、“V”为70%，如图6-75所示。单击“确定”按钮，返回“材质编辑器”面板。

04 双击“颜色”右侧的“色标.2”按钮，弹出“渐变色标设置”对话框，设置“H”为184°、“S”为78%、“V”为52%，如图6-76所示。单击“确定”按钮，返回“材质编辑器”面板。

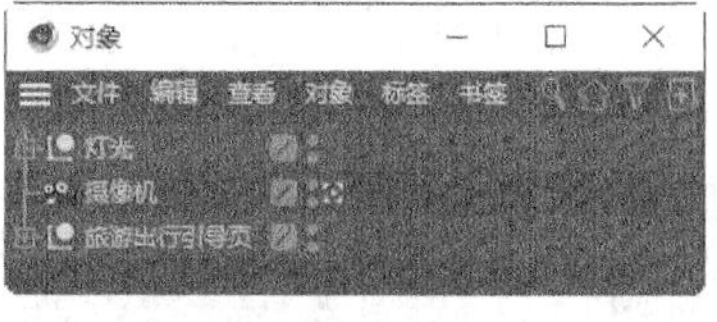

图6-73

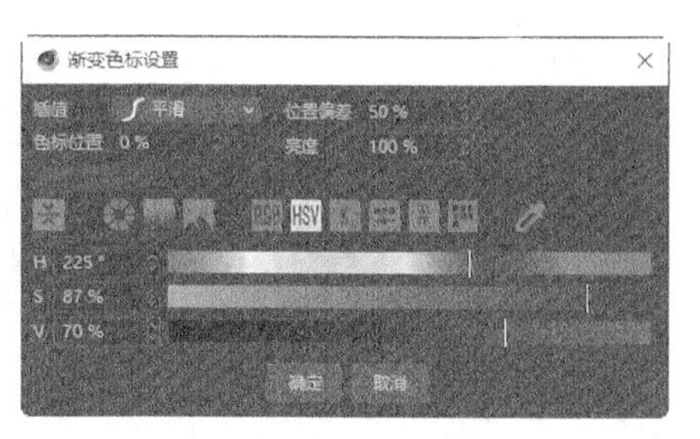

图6-75

图6-74

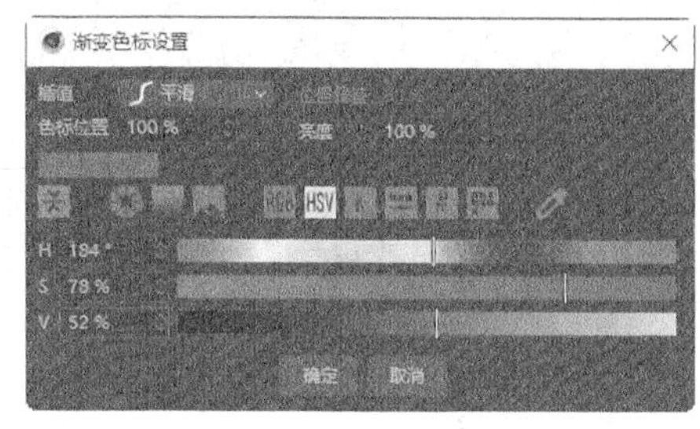

图6-76

05 在左侧列表中选择“高光”选项，切换到相应的设置区域，在“主要”选项组下，设置“强度”为19%、“锐利”为50；在“次要”选项组下，设置“强度”为80%、“锐利”为30，其他选项的设置如图6-77所示。在左侧列表中选择“粗细”选项，切换到相应的设置区域，设置“发根”为1cm、“发梢”为0.1cm，其他选项的设置如图6-78所示。

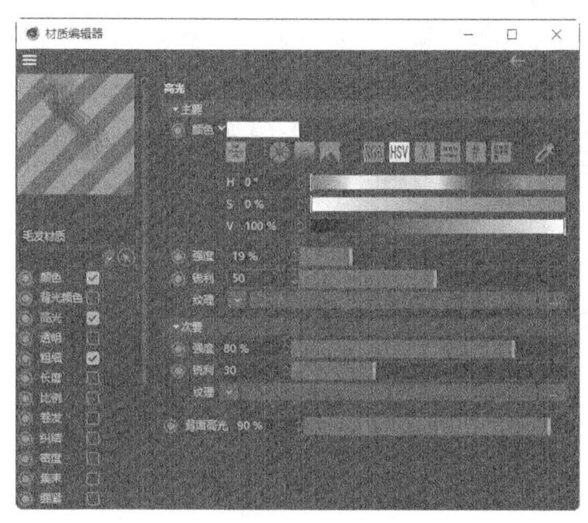

图6-77

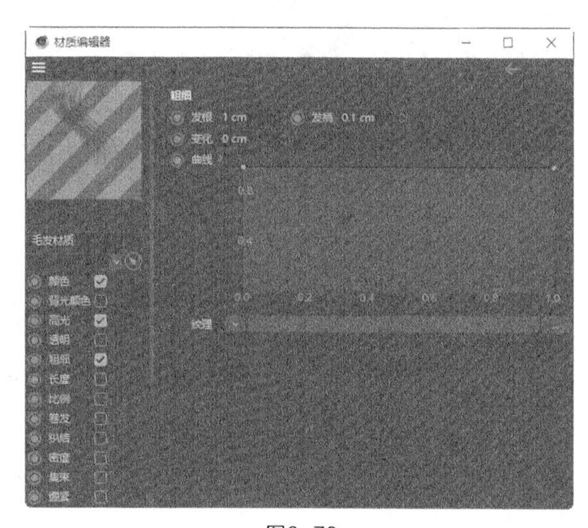

图6-78

06 在左侧列表中选择“卷发”选项，切换到相应的设置区域，勾选“卷发”复选框，设置“卷发”为10%、“变化”为10%，其他选项的设置如图6-79所示。在左侧列表中选择“纠结”选项，切换到相应的设置区域，勾选“纠结”复选框，设置“纠结”为102%，其他选项的设置如图6-80所示。单击“关闭”按钮，关闭面板。折叠“旅游出行引导页”对象组。完成添加人物头发材质。

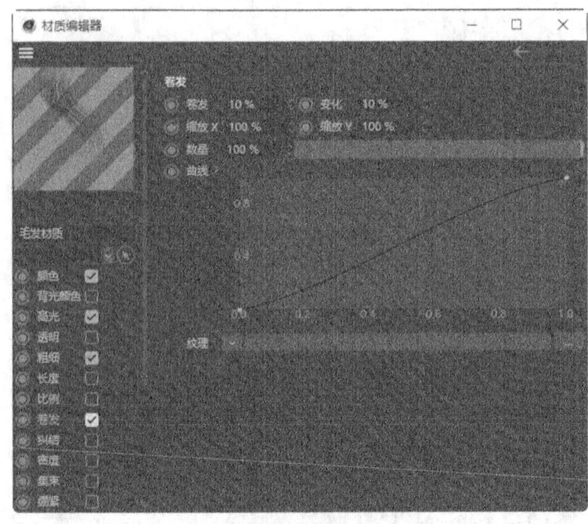

图6-79

图6-80

07 选择“物理天空”工具，在“对象”面板中生成一个“物理天空”对象。在“属性”面板“太阳”选项卡中，设置“强度”为50%；展开“投影”选项组，设置“类型”为无，如图6-81所示。视图窗口中的效果如图6-82所示。（注：“物理天空”对象会根据不同的地理位置和时间，使环境显示出不同的效果，用户可根据实际需要在“时间与区域”选项卡中进行调整。如果没有对“物理天空”对象进行特别设置，Cinema 4D则会自动根据制作时的时间和位置进行设置。）

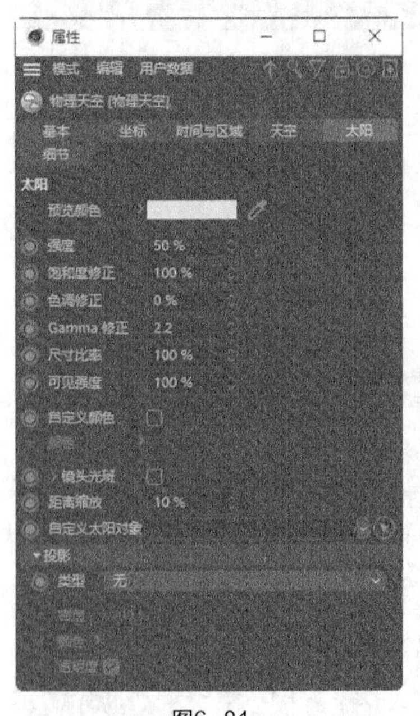

图6-81

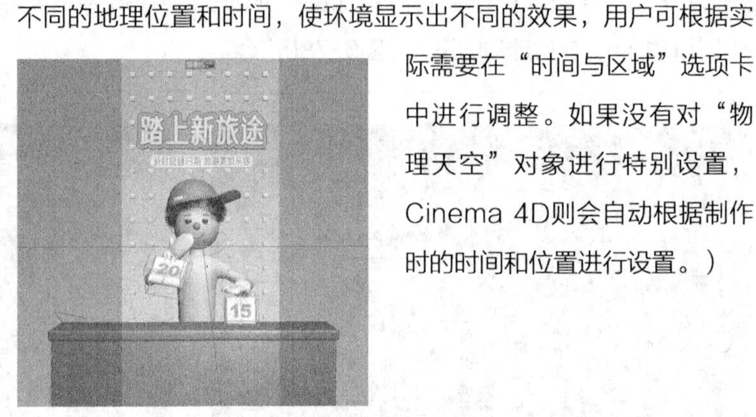

图6-82

6.7.2 颜色

在“材质编辑器”面板的左侧列表中选择“颜色”选项，如图6-83所示。相应的设置区域主要用于设置毛发的发根、发梢、色彩和表面，还可以添加贴图纹理或设置不同的混合方式。

6.7.3 高光

在“材质编辑器”面板的左侧列表中选择“高光”选项，如图6-84所示。相应的设置区域分为主要高光、次要高光和背面高光，可用于设置高光的颜色、强度和添加贴图纹理。

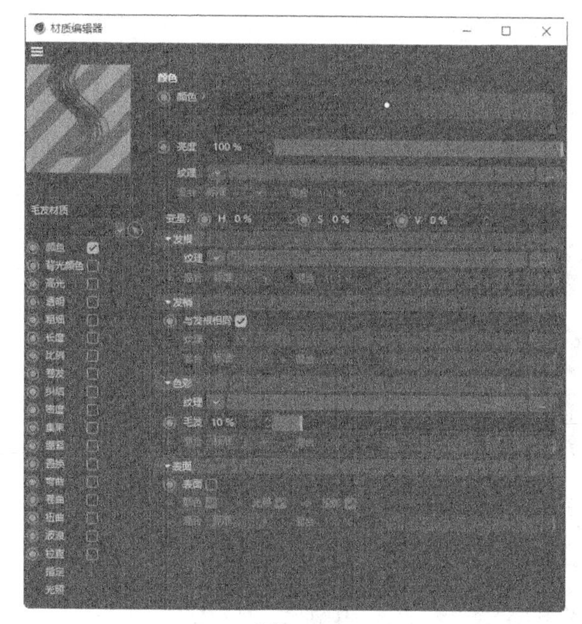

图6-83

6.7.4 粗细

在“材质编辑器”面板的左侧列表中选择“粗细”选项，如图6-85所示。相应的设置区域主要用于设置毛发发根和发梢的粗细，还可以设置“曲线”选项来调整发根到发梢的粗细渐变。

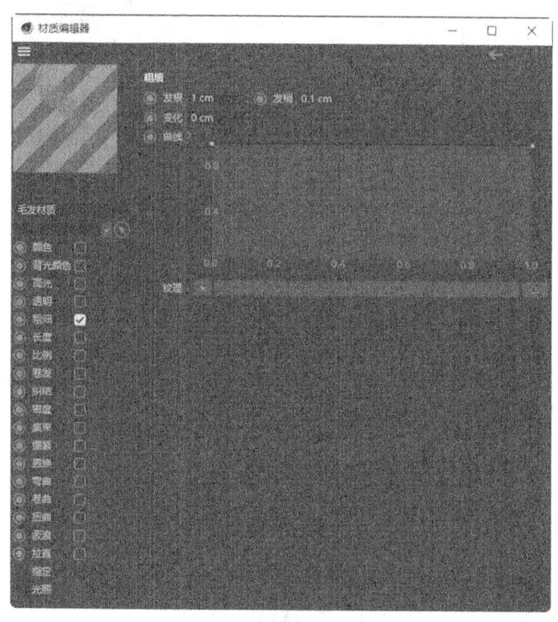

图6-85

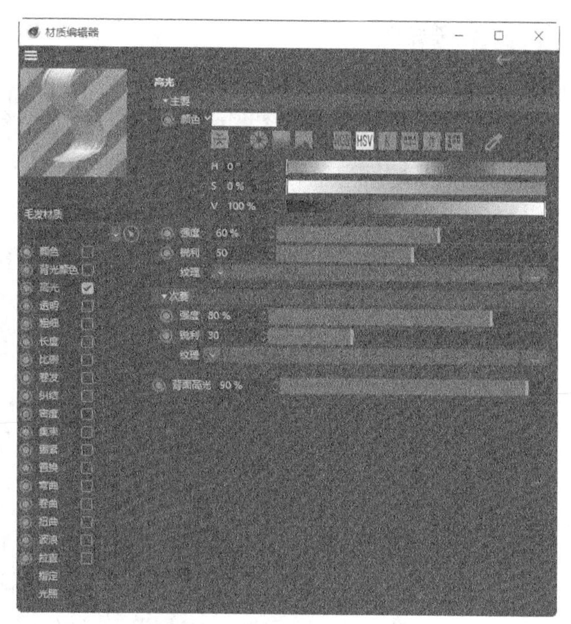

图6-84

6.7.5 长度

在“材质编辑器”面板的左侧列表中选择“长度”选项，如图6-86所示。相应的设置区域主要用于设置毛发的长短及随机长短，还可以添加贴图纹理。

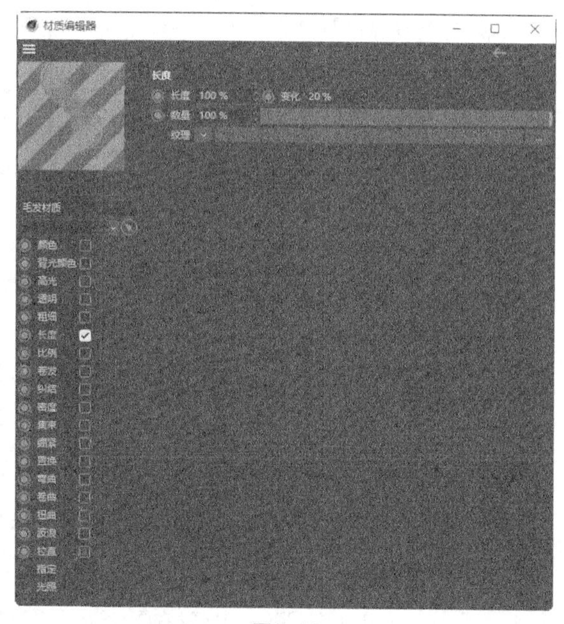

图6-86

6.7.6 卷发

在“材质编辑器”面板的左侧列表中选择“卷发”选项，如图6-87所示。相应的设置区域主要用于设置毛发的卷曲状态。

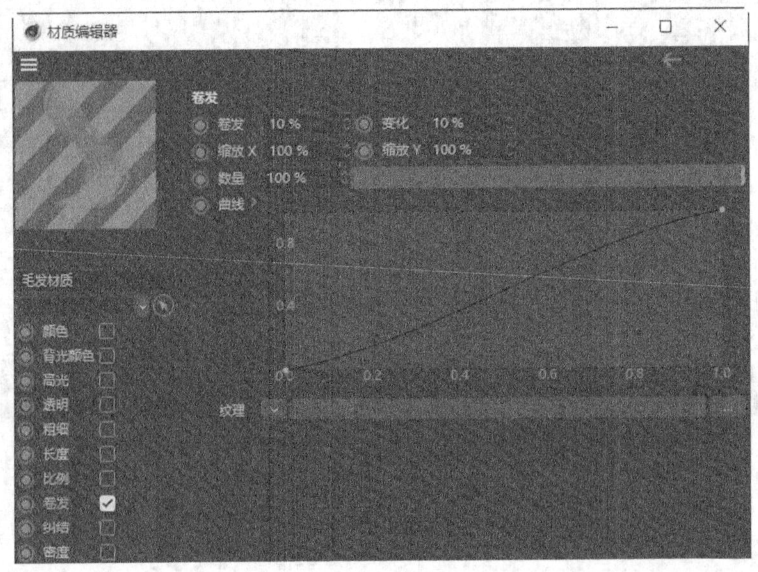

图6-87

6.8 毛发标签

在“对象”面板中用鼠标右键单击创建的“毛发”对象，在弹出的快捷菜单中选择“标签 > 毛发标签”命令，弹出图6-88所示的子菜单，可根据需要选择子菜单中的命令，以为对象添加合适的毛发标签。

图6-88

课堂练习——制作绿植绒球

练习知识要点 使用“圆柱体”工具、“挤压”命令和“内部挤压”命令制作花盆，使用“球体”工具制作绿植，使用“添加毛发”命令制作绒球效果，使用“属性”面板和“材质”面板调整材质属性。最终效果如图6-89所示。

效果所在位置 学习资源\Ch06\制作绿植绒球\工程文件.c4d。

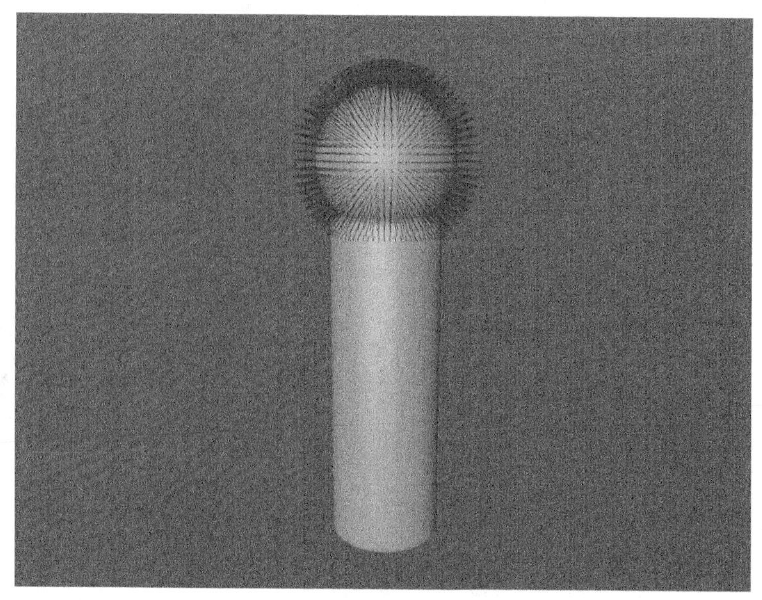

图6-89

课后习题——制作牙刷

习题知识要点 使用“添加毛发”命令制作牙刷毛，使用“属性”面板和“材质”面板调整材质属性。最终效果如图6-90所示。

效果所在位置 学习资源\Ch06\制作牙刷刷头\工程文件.c4d。

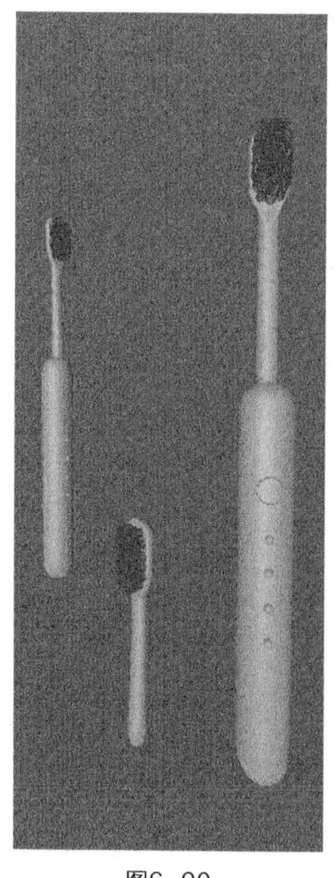

图6-90

第 7 章

Cinema 4D渲染技术

本章介绍

Cinema 4D中的渲染是为创建好的模型生成图像的过程，是三维设计的重要环节，需要考虑环境、渲染器及渲染设置等因素。本章将对Cinema 4D的环境、常用的渲染器、渲染工具组及编辑渲染设置等进行系统讲解。通过本章的学习，读者可以对Cinema 4D渲染技术有一个全面的认识，并能快速掌握常用模型的渲染技术与技巧。

学习目标

- 掌握常用的场景工具。
- 熟悉常用的渲染器。
- 掌握渲染工具组中的工具。
- 掌握编辑渲染设置的常用选项。

技能目标

- 掌握吹风机环境的制作方法。
- 掌握渲染吹风机的方法。

7.1 环境

在项目设计过程中，如果需要模拟真实的生活场景，除主体元素之外，还需要添加地板、天空等自然场景。在Cinema 4D中可以直接创建预置的多种类型的自然场景，并通过在“属性”面板中调整参数来改变场景的属性。

按住工具栏中的“地板”按钮，弹出场景的列表，如图7-1所示。或者选择“创建 > 场景”命令和“创建 > 物理天空”命令，弹出场景的列表，如图7-2和图7-3所示。在列表中选择需要的工具，即可创建相应场景。

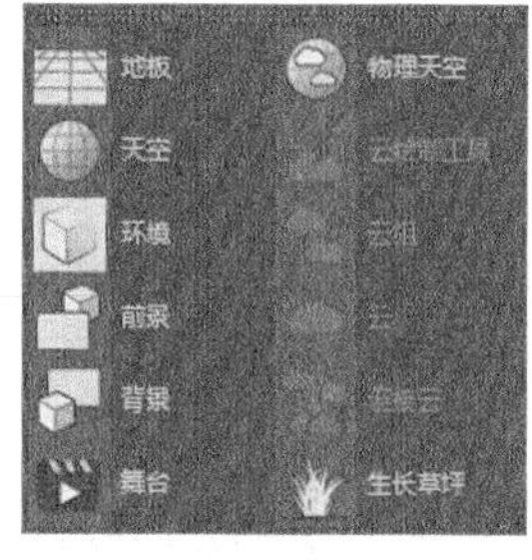

图7-1

图7-2

图7-3

7.1.1 课堂案例——制作吹风机环境

案例学习目标 能够使用场景工具模拟环境。

案例知识要点 使用“物理天空”工具制作吹风机环境。最终效果如图7-4所示。

效果所在位置 学习资源\Ch07\制作吹风机环境\工程文件.c4d。

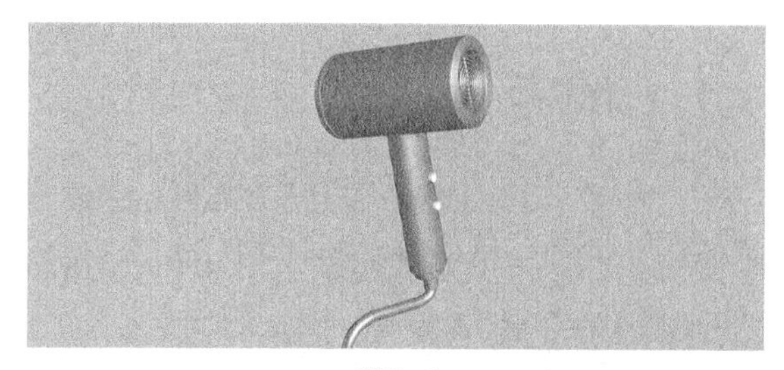
图7-4

01 启动Cinema 4D。单击“编辑渲染设置”按钮，弹出“渲染设置”面板。在“输出”设置区域中设置“宽度”为1920像素、“高度”为900像素，如图7-5所示，单击“关闭”按钮，关闭面板。

02 选择“文件 > 合并项目”命令，在弹出的“打开文件”对话框中选择学习资源中的“Ch07 > 制作吹风机环境 > 素材 > 01.c4d”文件，单击“打开”按钮，打开文件。在“对象”面板中，单击“摄像机”对象右侧的按钮，如图7-6所示，进入摄像机视图。视图窗口中的效果如图7-7所示。

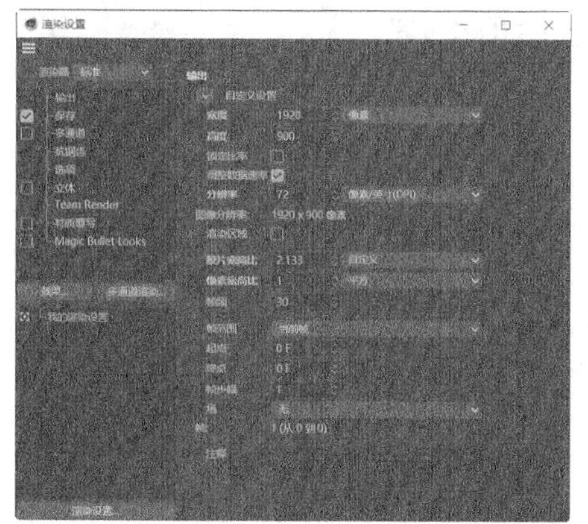
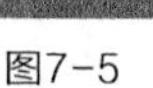
图7-5

图7-6

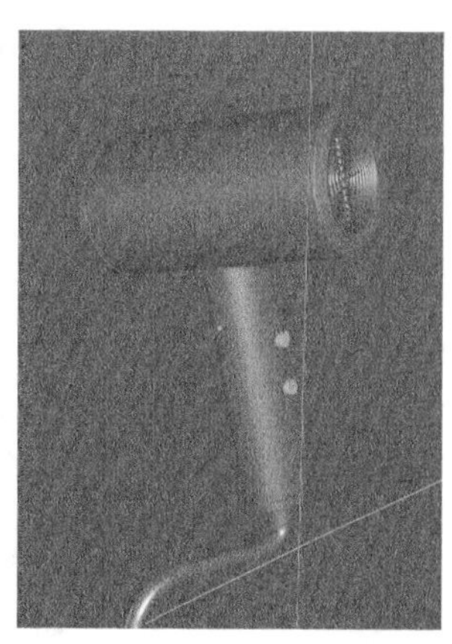
图7-7

03 选择“物理天空”工具，在“对象”面板中生成一个“物理天空”对象，如图7-8所示。在“属性”面板“天空”选项卡中，设置“强度”为20%，如图7-9所示；在“太阳”选项卡中，勾选“自定义颜色”复选框，设置“H”为66°、“S”为10%、“V”为98%，展开“投影”选项组，设置“类型”为“无”，如图7-10所示。吹风机环境制作完成。

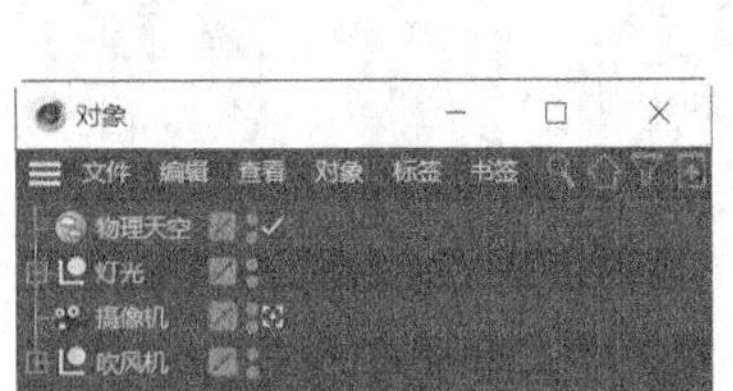

图7-8

图7-9

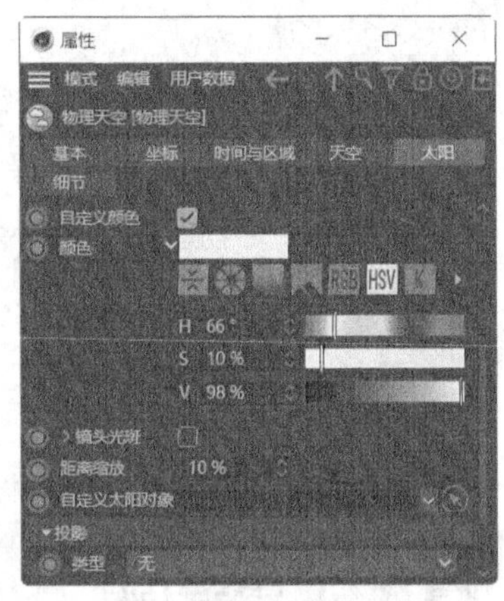

图7-10

7.1.2 地板

“地板”工具通常用于在场景中创建一个没有边界的平面区域，如图7-11所示；根据需要调整角度后，渲染的效果如图7-12所示。

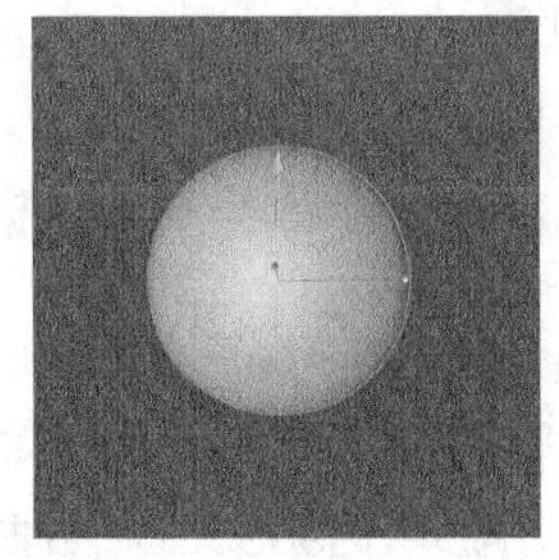

图7-11

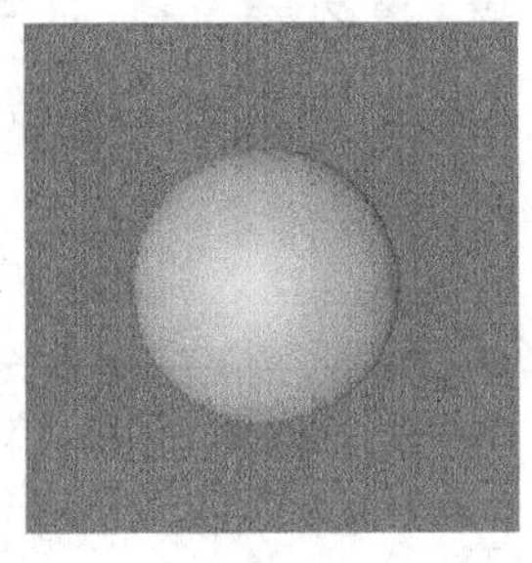

图7-12

7.1.3 天空

“天空”工具通常用于模拟生活中的天空。使用该工具可以建立一个无限大的球体包裹场景，如图7-13所示，渲染后的效果如图7-14所示。

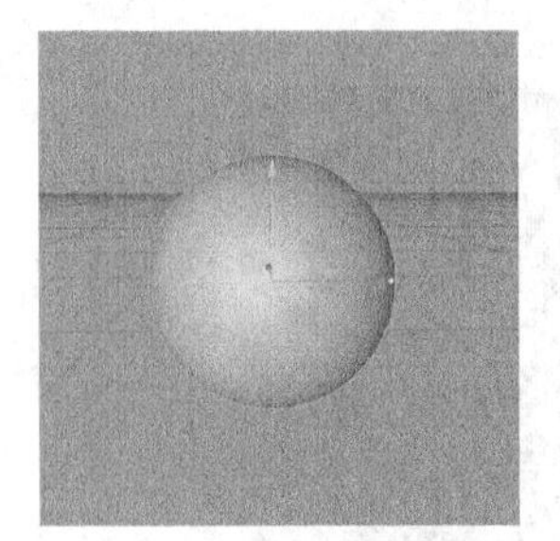

图7-13

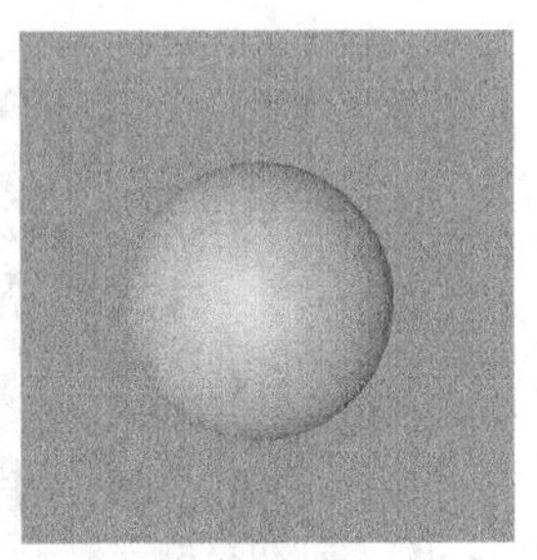

图7-14

7.1.4 物理天空

“物理天空”工具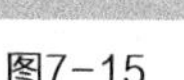的功能与“天空”工具类似，同样可以建立一个无限大的球体包裹场景，如图7-15所示；添加区域光后，渲染的效果如图7-16所示。这两者的区别在于，前者在“属性”面板中增加了“时间与区域”“天空”“太阳”“细节”选项卡，可以通过设置不同的地理位置和时间，使环境显示出不同的效果。

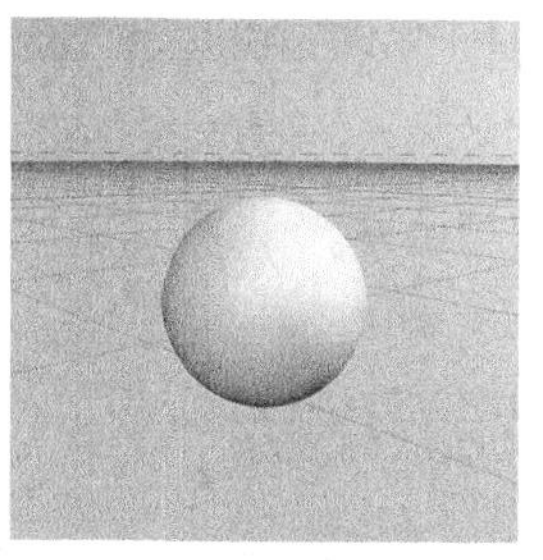

图7-15

图7-16

7.2 常用的渲染器

渲染是三维设计中的重要环节，将直接影响最终的效果，因此选择合适的渲染器是非常重要的。Cinema 4D的常用渲染器包括标准/物理渲染器、ProRender渲染器、Octane Render渲染器、Arnold渲染器、RedShift渲染器。下面分别对这些常用渲染器进行讲解。

7.2.1 标准/物理渲染器

在“渲染设置”面板中，单击“渲染器”右侧的 标准 按钮，在弹出的下拉列表中可以选择预置的渲染器，如图7-17所示，其中“标准”渲染器和“物理”渲染器较为常用。

图7-17

“标准”渲染器是Cinema 4D默认的渲染器，但不能渲染景深和模糊效果。

“物理”渲染器是基于物理学的一种渲染器，能够模拟真实的物理环境，但渲染速度较慢。

7.2.2 ProRender渲染器

ProRender渲染器是一款GPU渲染器，依靠显卡进行渲染。该渲染器与Cinema 4D预置的渲染器相比，渲染速度更快，但对计算机显卡的要求较高。

7.2.3 Octane Render渲染器

Octane Render渲染器同样是一款GPU渲染器，也是Cinema 4D中常用的一款插件渲染器。该渲染器在自发光和SSS材质表现上有着非常显著的效果，并具有渲染速度快、光线效果柔和、渲染效果图真实自然的特点。

7.2.4 Arnold渲染器

Arnold渲染器是一款基于物理光线追踪引擎的渲染器，支持CPU和GPU两种渲染模式。该渲染器的渲染效果具有稳定和真实的特点，但对CPU配置的要求较高。如果CPU配置达不到要求，该渲染器在渲染玻璃或透明类材质时速度较慢。

7.2.5 RedShift渲染器

RedShift渲染器也是一款GPU渲染器。该渲染器拥有强大的节点系统，且渲染速度较快，适合进行艺术创作和制作动画时使用。

7.3 渲染工具组

Cinema 4D提供了两种渲染工具，分别为“渲染活动视图”工具和“渲染到图像查看器”工具，下面分别进行讲解。

7.3.1 渲染活动视图

单击工具栏中的“渲染活动视图”按钮，可以在视图窗口中直接预览渲染效果，但不能导出图像，如图7-18所示。在视图窗口中任意位置单击或调整参数，将取消渲染效果，切换成普通场景状态，如图7-19所示。

图7-18

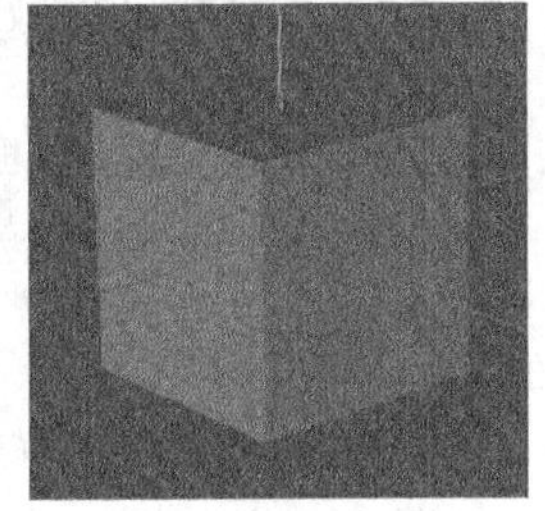

图7-19

7.3.2 渲染到图像查看器

单击工具栏中的“渲染到图像查看器”按钮，弹出“图像查看器”面板，如图7-20所示，该面板能够显示渲染效果并导出图像。

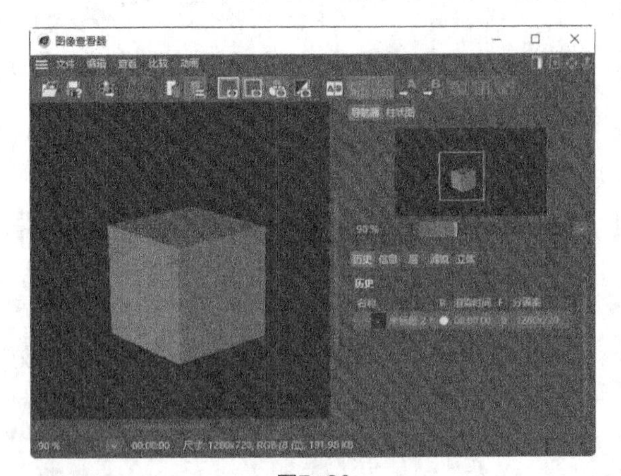

图7-20

7.4 编辑渲染设置

当场景动画制作完成后，需要设置渲染的各项参数，并进行渲染输出。单击工具栏中的“编辑渲染设置”按钮，弹出“渲染设置”面板，如图7-21所示。

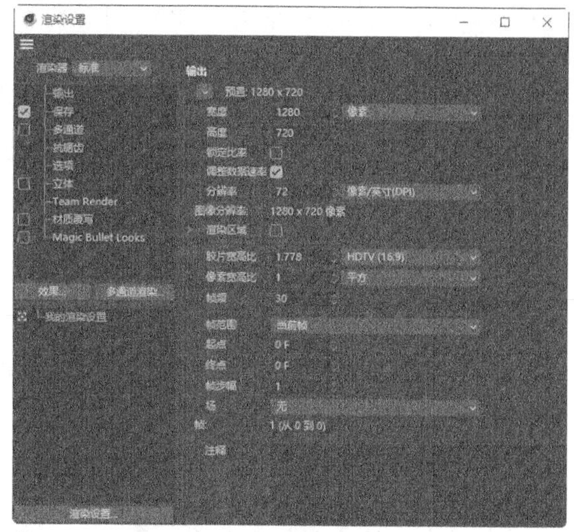

图7-21

7.4.1 课堂案例——渲染吹风机

案例学习目标 能够使用“渲染设置”面板渲染效果图。

案例知识要点 使用“渲染设置”面板渲染效果图。最终效果如图7-22所示。

效果所在位置 学习资源\Ch07\渲染吹风机\工程文件.c4d。

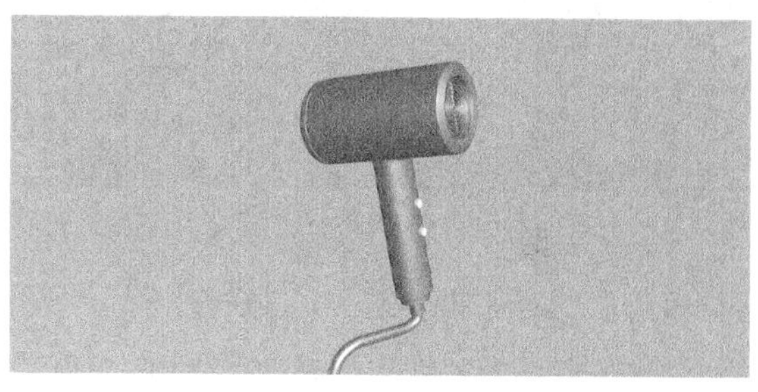

图7-22

01 启动Cinema 4D。单击“编辑渲染设置”按钮，弹出“渲染设置”面板。在“输出”设置区域中设置“宽度”为1920像素、“高度”为900像素，如图7-23所示，单击“关闭”按钮，关闭面板。

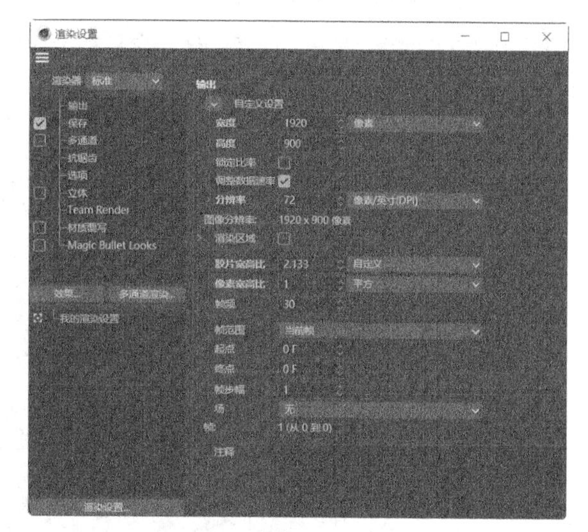

图7-23

02 选择“文件 > 合并项目”命令，在弹出的“打开文件”对话框中选择学习资源中的“Ch07 > 制作吹风机环境 > 素材 > 01.c4d”文件，单击“打开”按钮，打开文件。在“对象”面板中，单击“摄像机”对象右侧的■按钮，如图7-24所示，进入摄像机视图。视图窗口中的效果如图7-25所示。

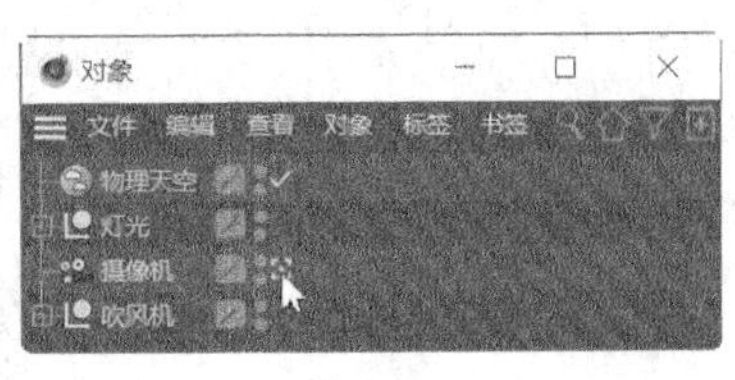

图7-24

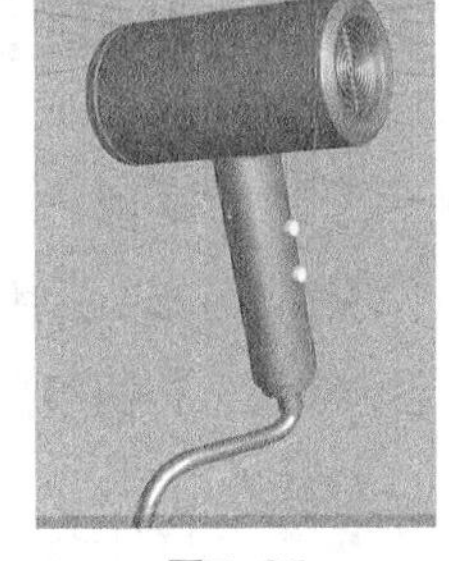

图7-25

03 单击“编辑渲染设置”按钮■，弹出“渲染设置”面板，设置“渲染器”为“物理”，在左侧列表中选择“保存”选项，切换到相应的设置区域，设置“格式”为“PNG”，如图7-26所示。单击“效果”按钮，在弹出的菜单中分别选择“环境吸收”和“全局光照”命令，在“输出”列表中添加“环境吸收”和“全局光照”。设置“预设”为“内部-高（小光源）”，如图7-27所示。单击“关闭”按钮，关闭面板。

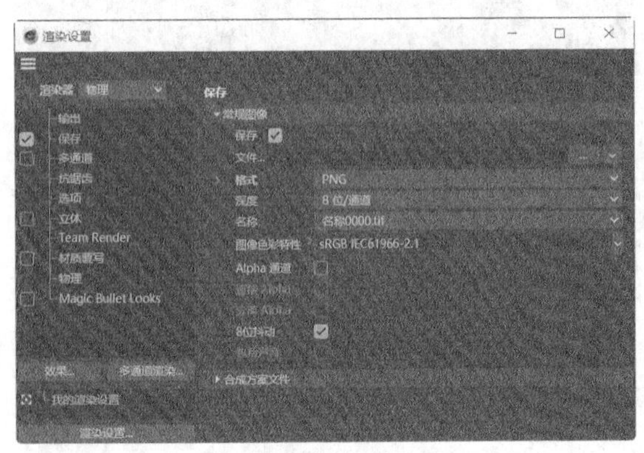

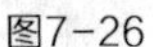

图7-26

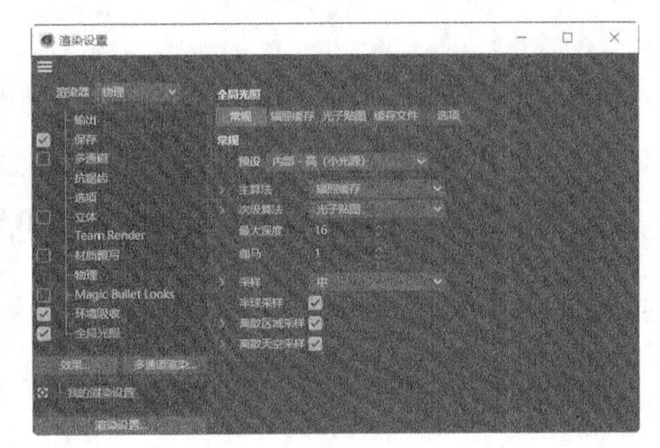

图7-27

04 单击“渲染到图像查看器”按钮■，弹出“图像查看器”面板，如图7-28所示。渲染完成后，单击面板中的“将图像另存为”按钮■，弹出“保存”对话框，如图7-29所示。单击“确定”按钮，弹出“保存对话”对话框，在对话框中选择要保存文件的位置，并在“文件名”文本框中输入名称，设置完成后，单击“保存”按钮，保存图像。吹风机渲染完成。

图7-28

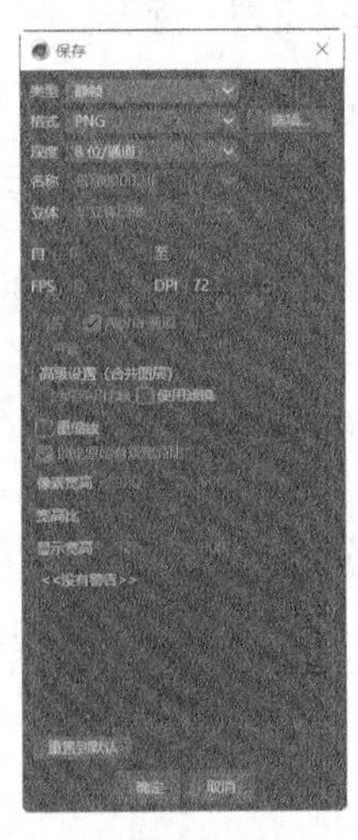

图7-29

7.4.2 输出

在“渲染设置”面板的左侧列表中选择“输出”选项，如图7-30所示。相应的设置区域主要用于设置渲染图像的尺寸、分辨率、宽高比及帧范围。

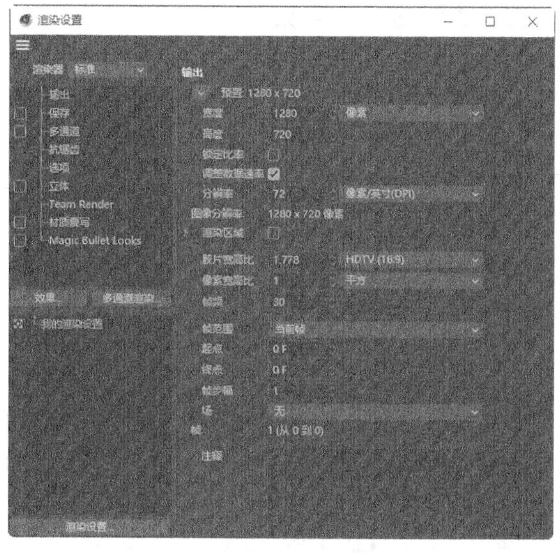

图7-30

7.4.3 保存

在“渲染设置”面板的左侧列表中选择“保存”选项，如图7-31所示。相应的设置区域主要用于设置场景动画的保存路径和保存格式等。

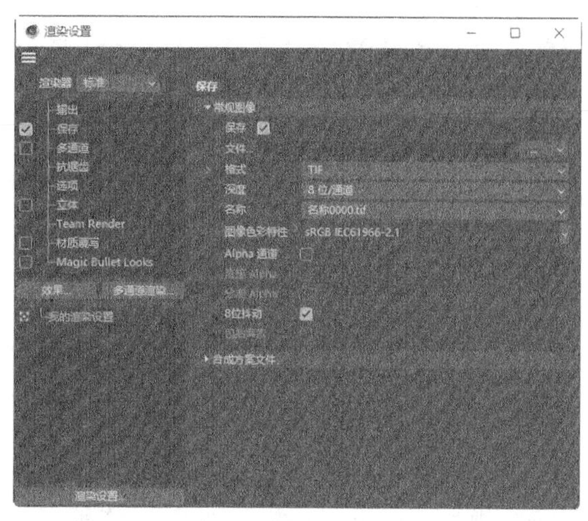

图7-31

7.4.4 多通道

在“渲染设置”面板的左侧列表中选择“多通道”选项，如图7-32所示。可以通过设置“分离灯光”选项和“模式”选项，将场景中的通道单独渲染出来，以便在后期制作软件中进行调整，这就是通常所说的“分层渲染”。

图7-32

7.4.5 抗锯齿

在“渲染设置”面板的左侧列表中选择“抗锯齿”选项，如图7-33所示。相应的设置区域只能在“标准”渲染器中使用，主要用于消除渲染图像边缘的锯齿，使边缘更加平滑。

图7-33

7.4.6 选项

在“渲染设置”面板的左侧列表中选择“选项”，如图7-34所示。相应的设置区域主要用于设置渲染的整体效果，通常保持默认状态。

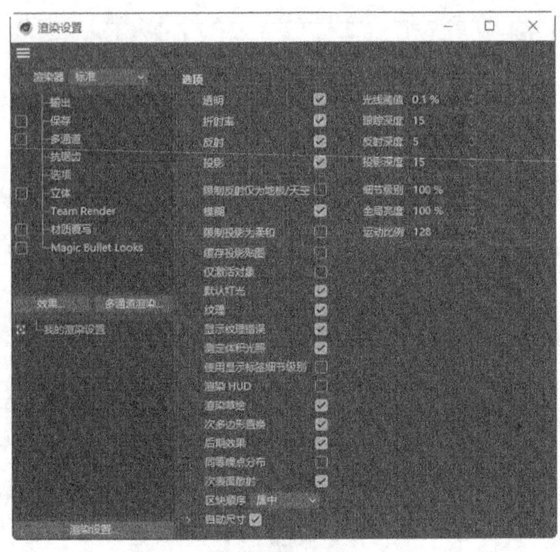

图7-34

7.4.7 物理

在“渲染器”类型为“物理”的情况下，会自动添加“物理”选项，如图7-35所示。相应的设置区域可以设置景深或运动模糊的效果，还可以设置抗锯齿的类型和等级。

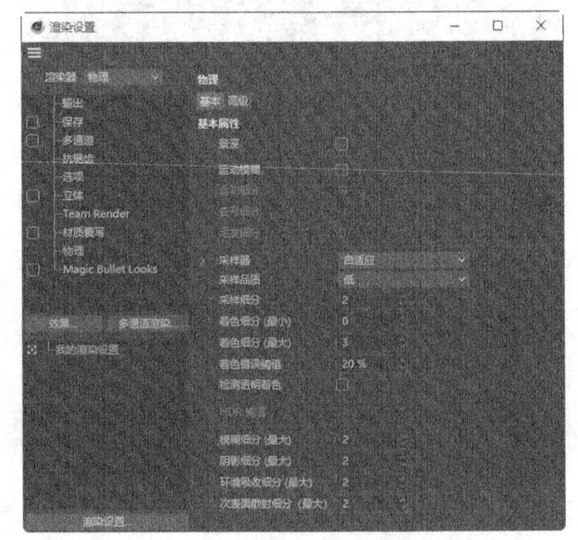

图7-35

7.4.8 全局光照

“全局光照”选项是常用的渲染设置之一，具有可以计算出场景的全局光照效果，以及能使需要渲染的图像中的光影关系更加真实的特点。

在“渲染设置”面板中单击“效果”按钮，在弹出的菜单中选择“全局光照”命令，如图7-36所示，即可在渲染器中生成“全局光照”选项，如图7-37所示。

中值滤镜
全局光照
外部效果
对象辉光
方位通道
景深
柔和滤镜
柱面镜头
次帧运动模糊
毛发渲染
水印
法线通道
焦散
环境吸收
矢量运动模糊
素描卡通
线描渲染器
色彩映射
色差校正
色调映射
辉光
锐化滤镜
镜头光斑
镜头失真
降噪器
高亮

图7-36

图7-37

7.4.9 对象辉光

只有添加了“对象辉光”选项，才能够渲染出场景中的辉光效果。“对象辉光”设置区域没有参数，具体的参数需要在“材质编辑器”面板中设置。

在“渲染设置”面板中单击“效果”按钮，在弹出的菜单中选择“对象辉光”命令，如图7-38所示，即可在渲染器中生成“对象辉光”选项，如图7-39所示。

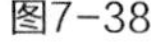
图7-38

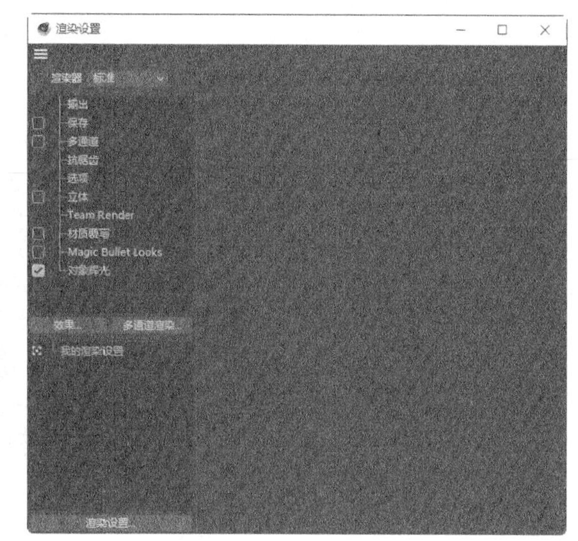

图7-39

7.4.10 环境吸收

“环境吸收”选项同样是常用的渲染设置之一，具有增强场景中模型整体的阴影效果，使其更加立体的特点。“环境吸收”设置区域中的参数设置通常保持默认即可。

在“渲染设置”面板中单击“效果”按钮，在弹出的菜单中选择“环境吸收”命令，如图7-40所示，即可在渲染器中生成“环境吸收”选项，如图7-41所示。

图7-40

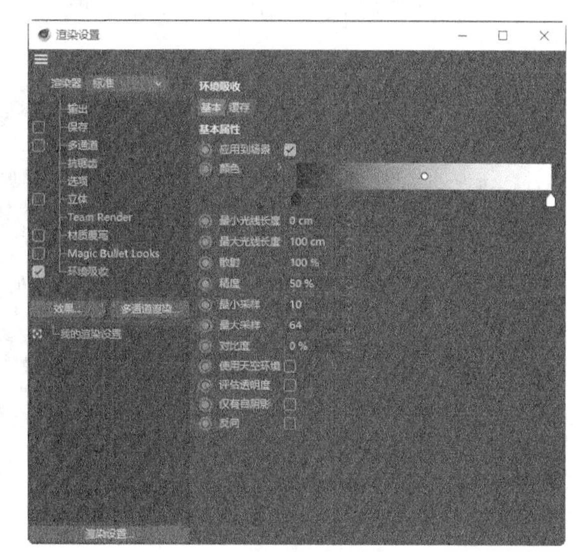

图7-41

课堂练习——渲染耳机

练习知识要点 使用“物理天空”工具制作耳机的环境，使用“渲染设置”面板渲染效果图。最终效果如图7-42所示。

效果所在位置 学习资源\Ch07\渲染耳机\工程文件.c4d。

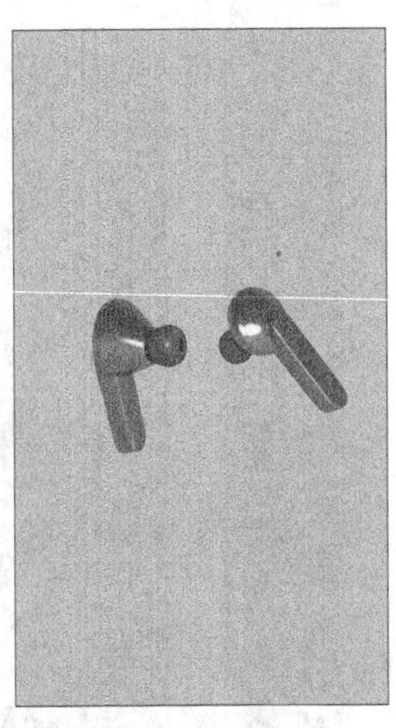

图7-42

课后习题——渲染饮料瓶

习题知识要点 使用“样条画笔”工具、“倒角”命令、“矩形”工具和“扫描”工具制作背景板，使用“材质”面板创建材质并设置材质参数，使用“天空”工具制作环境，使用“渲染设置”面板渲染效果图。最终效果如图7-43所示。

效果所在位置 学习资源\Ch07\渲染饮料瓶\工程文件.c4d。

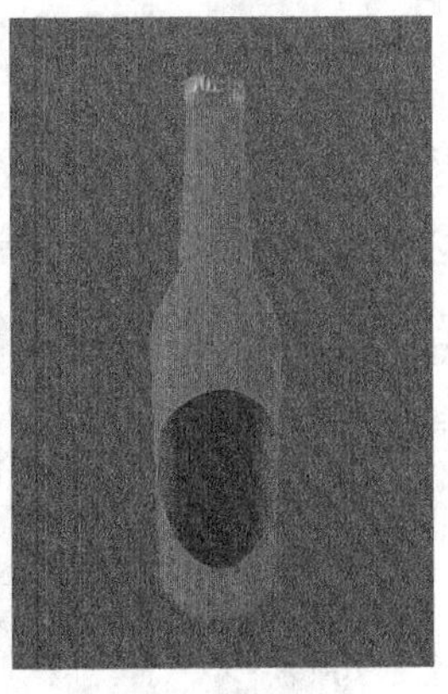

图7-43

第 8 章

Cinema 4D运动图形

本章介绍

Cinema 4D中的运动图形不仅提供了一套全新的、高效的建模方法，而且能够用来制作各种奇妙的动画，堪称Cinema 4D的“利器”。本章将对Cinema 4D的运动图形工具、效果器及域等进行系统讲解。通过本章的学习，读者可以对Cinema 4D中的运动图形有一个全面的认识，并能快速掌握常用运动图形的制作技术与技巧。

学习目标

●掌握常用的运动图形工具。

●掌握常用的效果器。

●掌握常用的域。

技能目标

●掌握丰富背景的制作方法。

●掌握背景动画的制作方法。

●掌握标题动画的制作方法。

8.1 运动图形工具

在菜单栏中打开“运动图形”菜单，如图8-1所示。在该菜单中选择需要的工具，即可创建运动图形。使用运动图形可以快速制作出复杂的模型或具有创意的动画效果，有效降低模型制作的难度。

图8-1

图8-2

8.1.1 课堂案例——制作丰富背景

案例学习目标 能够使用运动图形工具制作丰富背景。

案例知识要点 使用“克隆”工具制作背景。最终效果如图8-2所示。

效果所在位置 学习资源\Ch08\制作丰富背景\工程文件.c4d。

01 启动Cinema 4D。单击“编辑渲染设置”按钮，弹出“渲染设置”面板。在“输出”设置区域中设置“宽度”为750像素、“高度”为1624像素，如图8-3所示，单击“关闭”按钮，关闭面板。

02 选择“文件 > 合并项目”命令，在弹出的“打开文件”对话框中选择学习资源中的“Ch08 > 制作丰富背景 > 素材 > 01.c4d”文件，单击“打开”按钮，打开文件。视图窗口中的效果如图8-4所示。

03 选择“立方体”工具，在“对象”面板中生成一个“立方体”对象，并将其重命名为“背景装饰”，如图8-5所示。

图8-3

图8-4

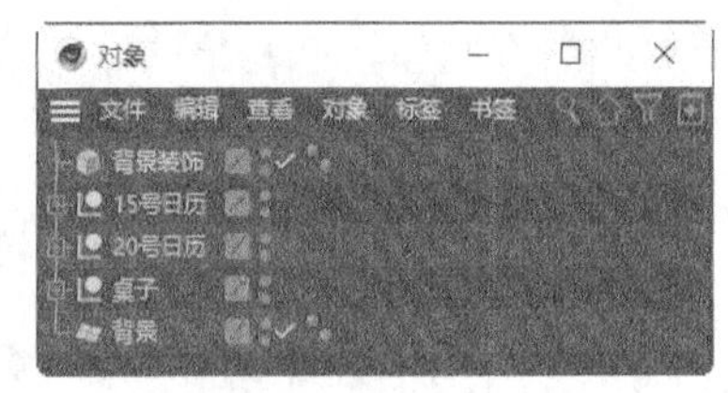

图8-5

04 在“属性”面板“对象”选项卡中，设置“尺寸.X”为20cm、“尺寸.Y”为20cm、“尺寸.Z”为20cm，如图8-6所示。在“坐标”面板“位置”选项组中，设置“X”为-12cm、“Y”为156cm、“Z”为184cm，如图8-7所示。视图窗口中的效果如图8-8所示。

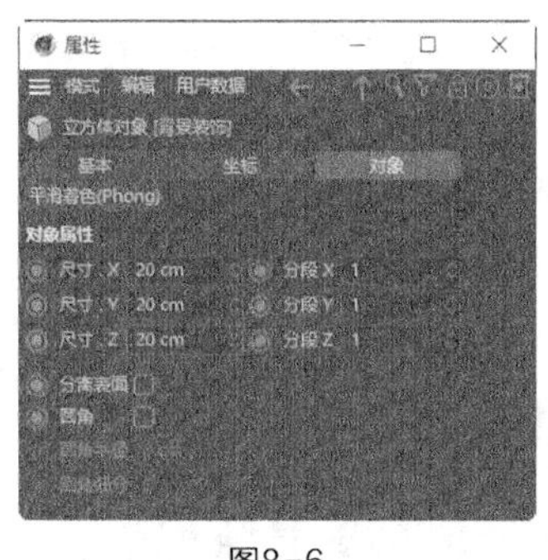

图8-6

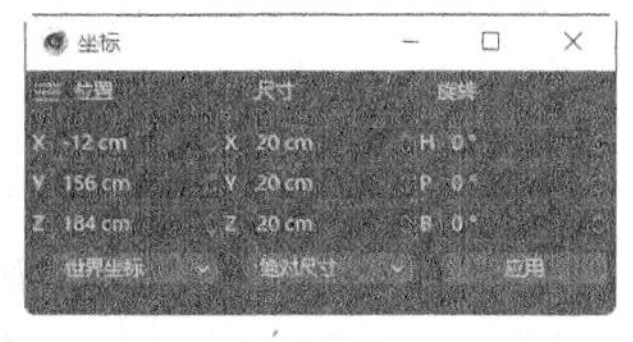

图8-7

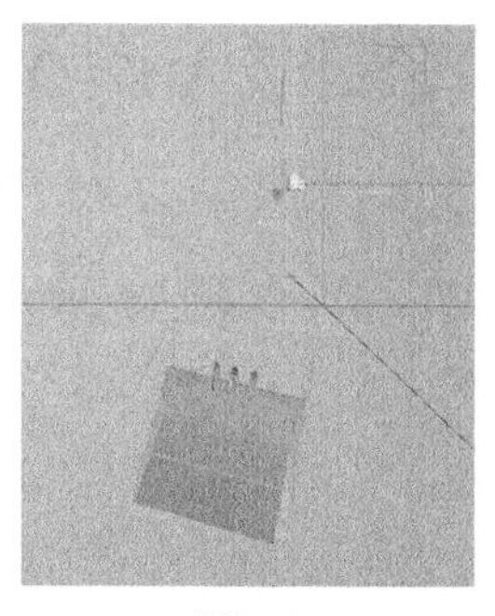

图8-8

05 选中“背景装饰”对象，按住Alt键的同时选择“克隆”工具，为“背景装饰”对象生成一个父级“克隆”对象。在“属性”面板“对象”选项卡中，设置“数量”为8、16、1，“尺寸”为80cm、100cm、200cm，如图8-9所示。视图窗口中的效果如图8-10所示。

06 选择“空白”工具，在“对象”面板中生成一个“空白”对象，并将其重命名为“场景”。选中需要的对象，将选中的对象拖入“场景”对象的下层，如图8-11所示。折叠“场景”对象组。丰富背景制作完成。

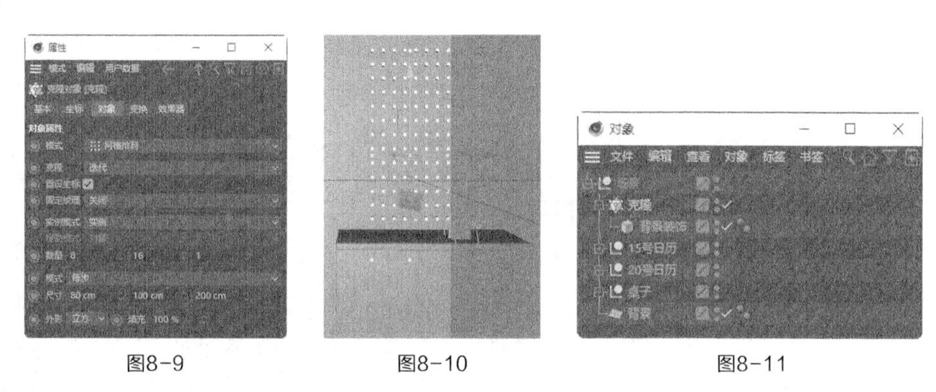

图8-9 图8-10 图8-11

8.1.2 克隆

“克隆”工具是常用的运动图形工具之一，使用它可以将绘制的参数化对象按照设定的方式进行复制，如图8-12所示，可以根据需要搭配效果器使用。“属性”面板中会显示克隆对象的参数设置，常用的参数设置由“对象”“变换”“效果器”这3个选项卡组成。在“对象”面板中，需要把要复制的对象作为“克隆”对象的子对象，对参数进行设置后，对象就会被克隆。

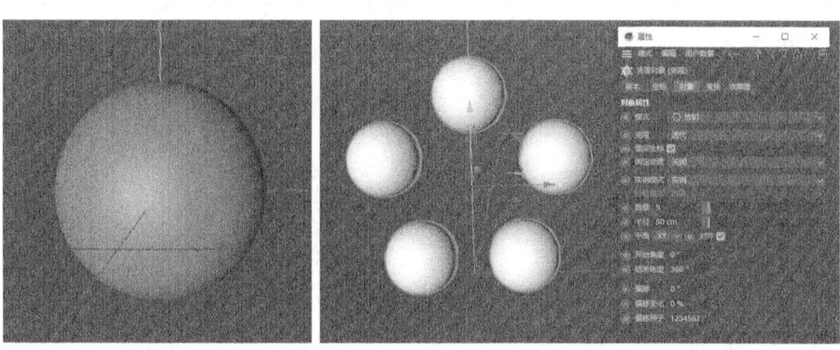

图8-12

8.1.3 破碎（Voronoi）

使用“破碎（Voronoi）”工具能够将一个完整的对象分裂为多个碎片，并且每个碎片都是运动图形对象，如图8-13所示，也可以根据需要搭配效果器使用。“属性”面板中会显示破碎（Voronoi）对象的参数设置，常用的参数设置由“对象”“来源”“排序”“细节”“连接器”“几何粘连”“变换”“效果器”“选集”这9个选项卡组成。在“对象”面板中，需要把要破碎的对象作为“破碎（Voronoi）”对象的子对象，对参数进行设置后，对象就会出现破碎效果。

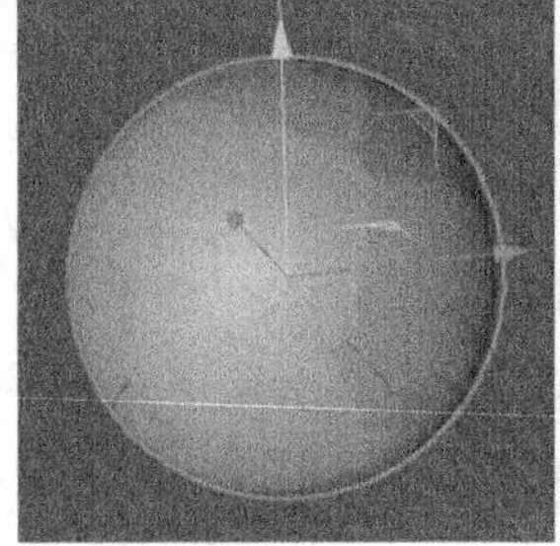
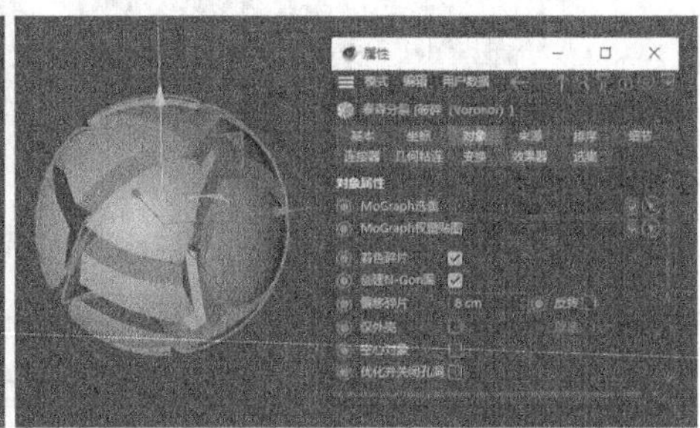

图8-13

8.1.4 追踪对象

使用“追踪对象”工具能够追踪运动对象的顶点位置，并产生路径。将“对象”面板中的运动对象拖曳到追踪对象“属性”面板下方的“追踪链接”右侧框内，为其添加动画效果后，单击“向前播放”按钮，会以动画的路径生成样条，如图8-14所示，追踪对象同样可以搭配效果器使用。“属性”面板中会显示追踪对象的参数设置，常用的参数设置由“坐标”“对象”两个选项卡组成。

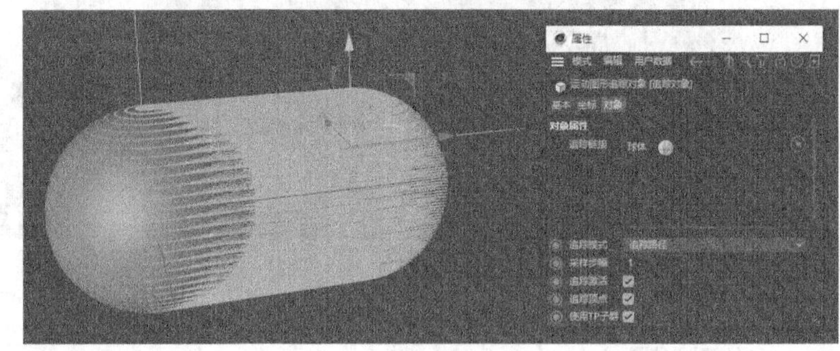

图8-14

8.2 效果器

效果器通常用于为运动图形添加丰富的效果，也可以用于将对象直接变形。效果器的使用非常灵活，可以单独使用，也可以组合使用。在菜单栏中选择“运动图形 > 效果器”命令，弹出的子菜单如图8-15所示。在子菜单中选择需要的工具，即可创建相应效果器。

图8-15

8.2.1 课堂案例——制作背景动画

案例学习目标 能够使用效果器和关键帧制作背景动画。

案例知识要点 使用“简易”工具制作动画效果，使用“记录活动对象”按钮记录关键帧，使用“坐标”面板调整图形位置，使用“编辑渲染设置”按钮和“渲染到图像查看器”按钮渲染动画效果。最终效果如图8-16所示。

效果所在位置 学习资源\Ch08\制作背景动画\工程文件.c4d。

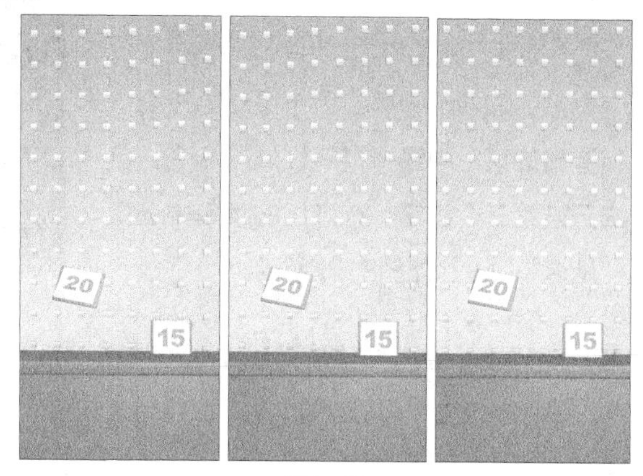

图8-16

01 启动Cinema 4D。单击“编辑渲染设置”按钮，弹出“渲染设置”面板。在“输出”设置区域中设置“宽度”为750像素、“高度”为1624像素，如图8-17所示，单击“关闭”按钮，关闭面板。

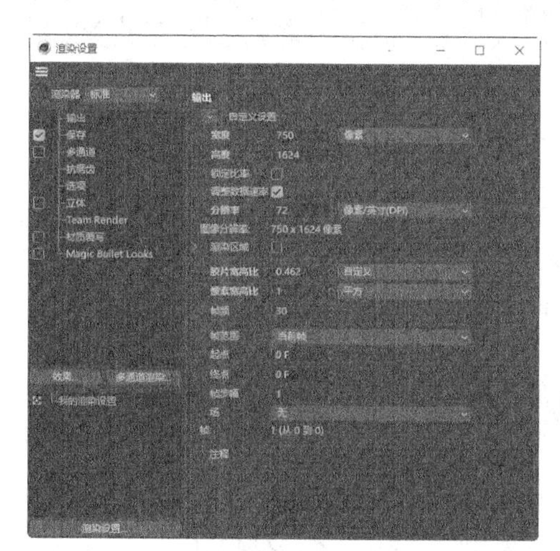

图8-17

02 选择“文件 > 合并项目”命令，在弹出的“打开文件”对话框中选择学习资源中的“Ch08 > 制作背景动画 > 素材 > 01.c4d”文件，单击“打开”按钮，打开文件。在“对象”面板中单击“摄像机”对象右侧的按钮，如图8-18所示，进入摄像机视图。

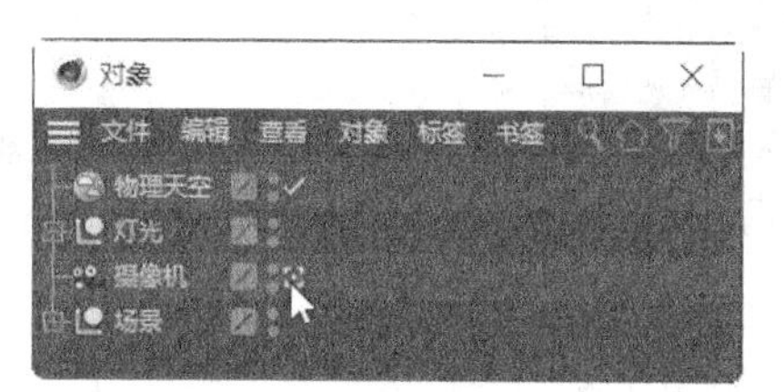

图8-18

03 在“对象”面板中展开“场景”对象组，选中“克隆”对象，如图8-19所示。选择“运动图形 > 效果器 > 简易”命令，在“对象”面板中生成一个“简易”对象，如图8-20所示。

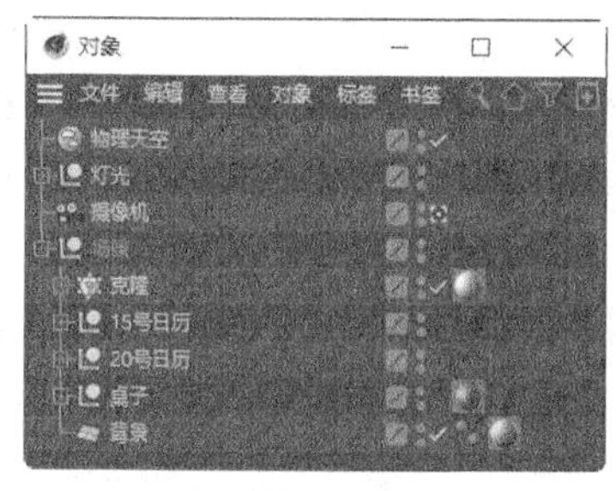

图8-19

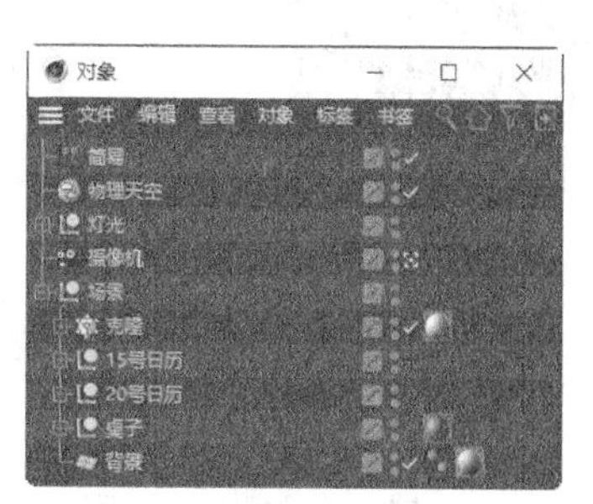

图8-20

04 在“属性”面板“参数”选项卡中，设置“P.X”为0cm、“P.Y”为0cm、“P.Z”为-100cm，如图8-21所示；在“衰减”选项卡中单击下方第一个按钮，在弹出的菜单中选择“线性域”命令，单击下方第三个按钮，在弹出的菜单中选择“延迟”命令，如图8-22所示。

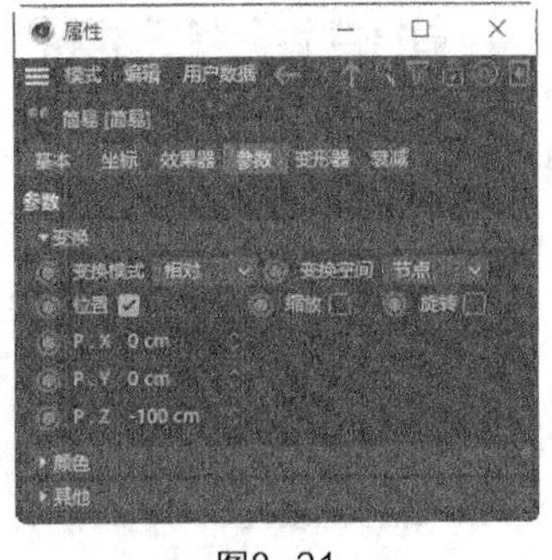

图8-21

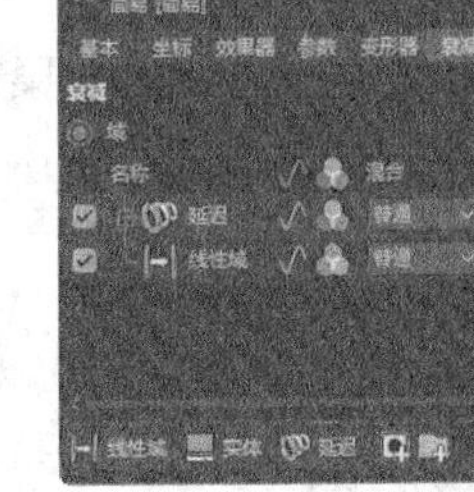

图8-22

05 在“对象”面板中选中“线性域”对象，将时间滑块放置在0F处。在“坐标”面板“位置”选项组中，设置坐标为“世界坐标”，“X”为525cm，如图8-23所示。在“时间线”面板中单击“记录活动对象”按钮，在0F处记录关键帧，如图8-24所示。

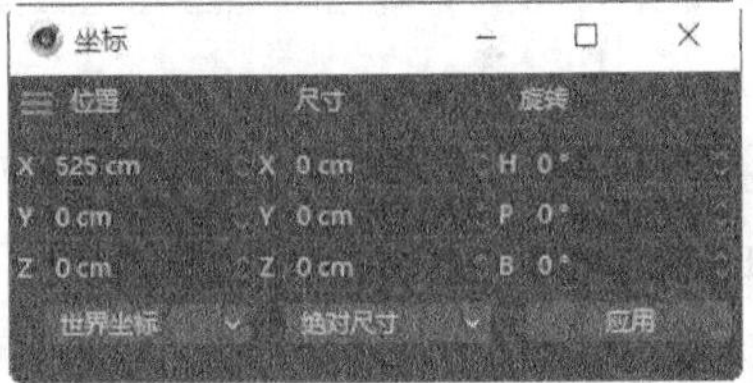

图8-23

图8-24

06 在“时间线”面板中将“场景结束帧”设为150F，按Enter键确定操作。将时间滑块放置在70F处。在“坐标”面板“位置”选项组中，设置“X”为-702cm、“Y”为0cm、“Z”为0cm，如图8-25所示。在“时间线”面板中单击“记录活动对象”按钮，在70F处记录关键帧，如图8-26所示。

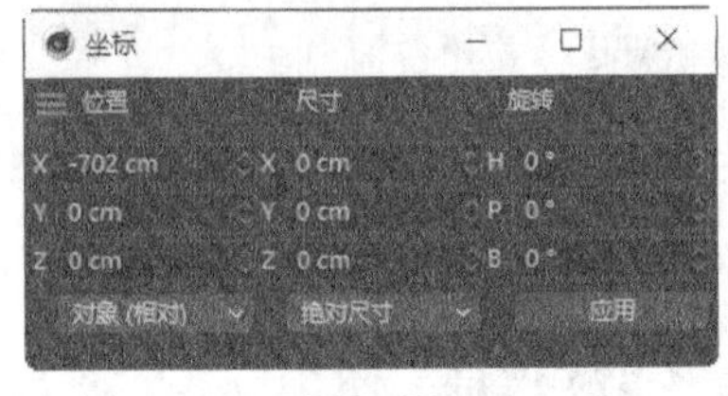

图8-25

图8-26

07 将时间滑块放置在140F处。在“坐标”面板“位置”选项组中，设置“X”为577cm、“Y”为0cm、“Z”为0cm，如图8-27所示。在“时间线”面板中单击“记录活动对象”按钮，在140F处记录关键帧，如图8-28所示。

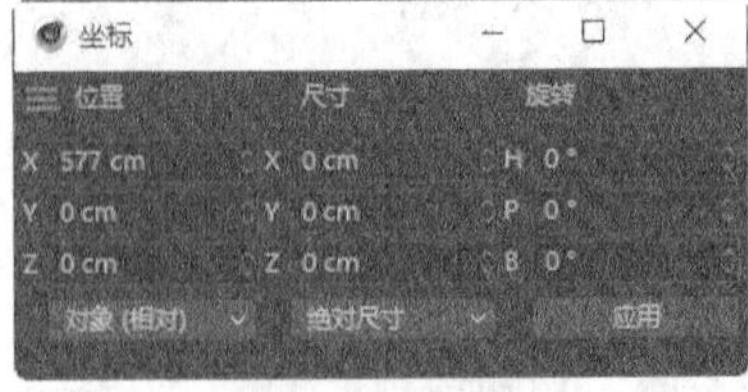

图8-27

图8-28

08 单击“编辑渲染设置”按钮，弹出“渲染设置”面板，设置“渲染器”为“物理”、“帧频”为25、“帧范围”为“全部帧”，如图8-29所示。在左侧列表中选择“保存”选项，切换到相应的设置区域，设置“格式”为“MP4”，如图8-30所示。

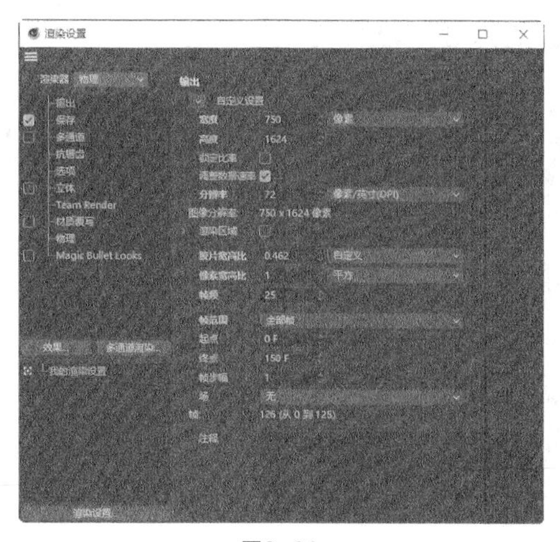
图8-29

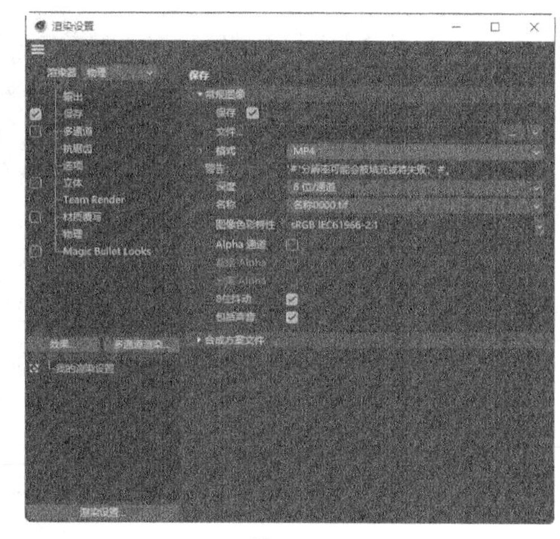
图8-30

09 单击“效果”按钮，在弹出的菜单中选择“全局光照”命令，在“输出”列表中添加“全局光照”。单击“效果”按钮，在弹出的菜单中选择“环境吸收”命令，在“输出”列表中添加“环境吸收”。单击“效果”按钮，在弹出的菜单中选择“对象辉光”命令，在“输出”列表中添加“对象辉光”。

10 在左侧列表中选择“全局光照”选项，切换到相应的设置区域，设置“预设”为“内部-高（小光源）”，如图8-31所示。在左侧列表中选择“环境吸收”选项，切换到相应的设置区域，设置“最大光线长度”为10cm，勾选“评估透明度”复选框和“仅有自阴影”复选框，如图8-32所示。单击“关闭”按钮，关闭面板。

图8-31

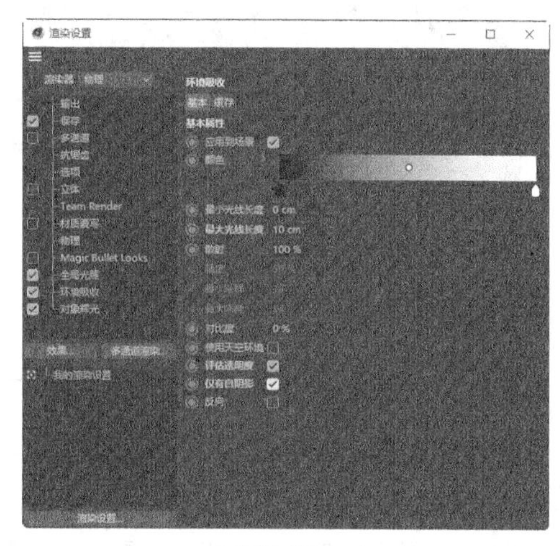
图8-32

11 单击“渲染到图像查看器”按钮，弹出“图像查看器”面板，如图8-33所示。渲染完成后，单击对话框中的“将图像另存为”按钮，弹出“保存”对话框，如图8-34所示。单击“确定”按钮，弹出“保存对话”对话框，在对话框中选择要保存文件的位置，并在“文件名”文本框中输入名称，设置完成后，单击“保存”按钮，保存动画。背景动画制作完成。

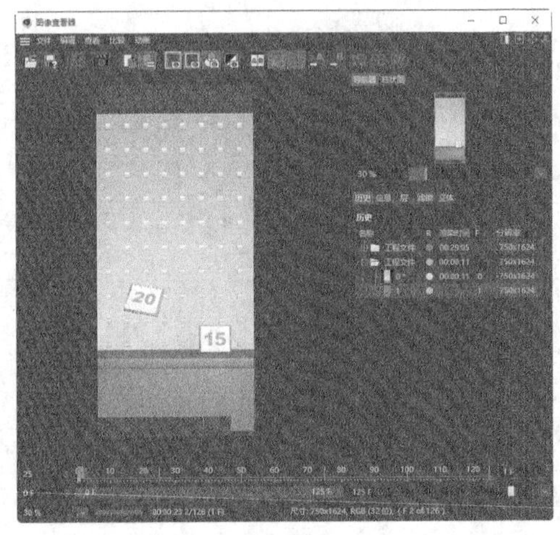

图8-33

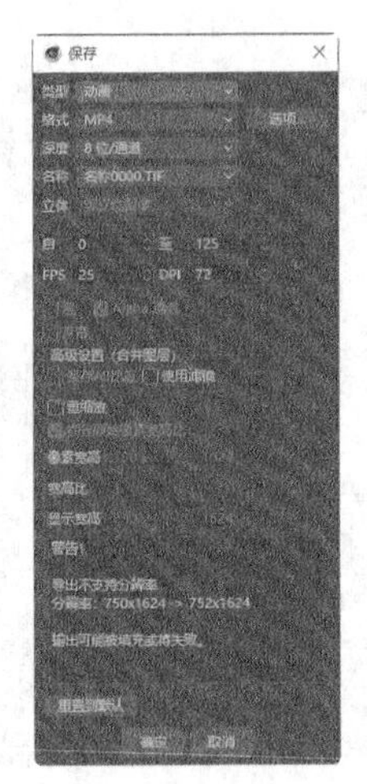

图8-34

8.2.2 简易

"简易"效果器 简易 不同于其他效果器，它的用法非常简单，只需要调节其"属性"面板下的各项参数，即可对对象产生影响。"属性"面板中会显示简易效果器的参数设置，常用的参数设置由"效果器""参数""变形器""衰减"这4个选项卡组成。为克隆对象添加"简易"效果器并调节参数，如图8-35所示。

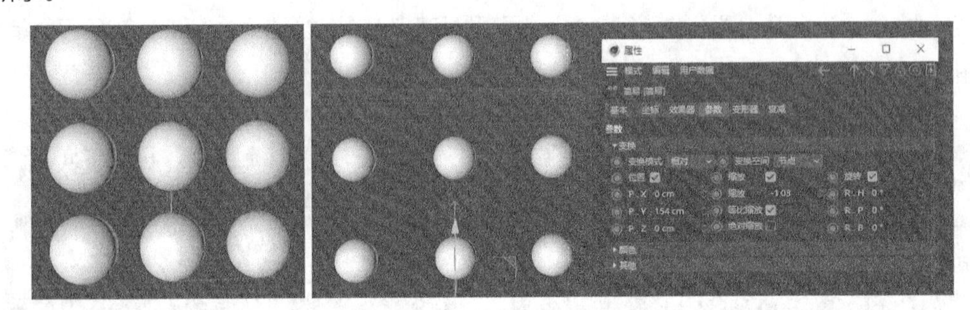

图8-35

8.2.3 随机

"随机"效果器 随机 是常用的效果器之一，可以使运动图形对象形成不同的随机效果。"属性"面板中会显示随机效果器的参数设置，常用的参数设置同样由"效果器""参数""变形器""衰减"这4个选项卡组成。为克隆对象添加"随机"效果器并调节参数，如图8-36所示。

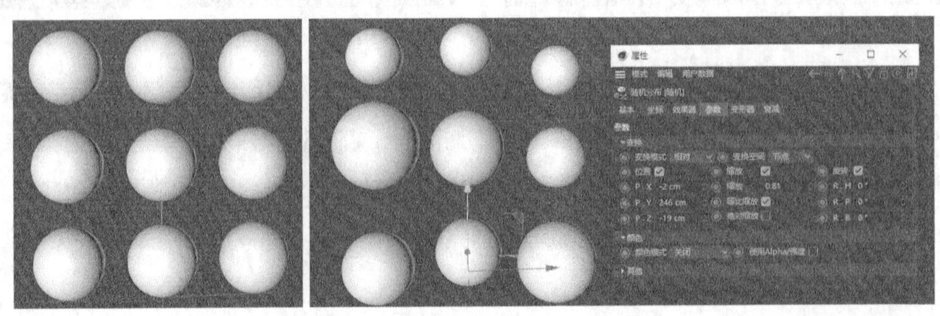

图8-36

8.2.4 着色

添加“着色”效果器后，会默认放大运动图形对象，需要在“属性”面板的“参数”选项卡中进行调节。与其他效果器相比，此效果器常用的参数设置增加了“着色”选项卡，可以为对象添加贴图效果。为克隆对象添加“着色”效果器并添加噪波贴图，如图8-37所示。

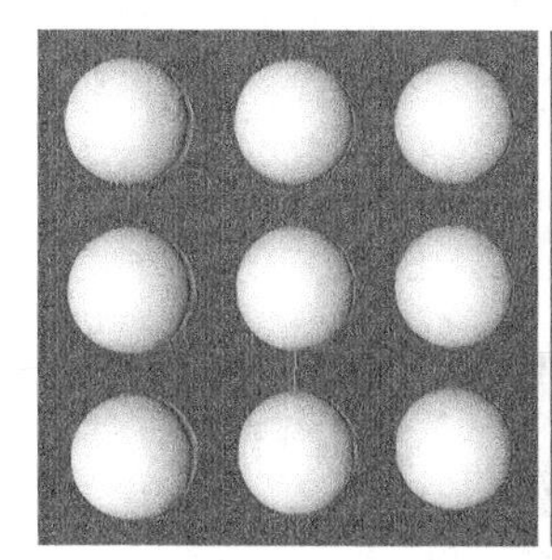
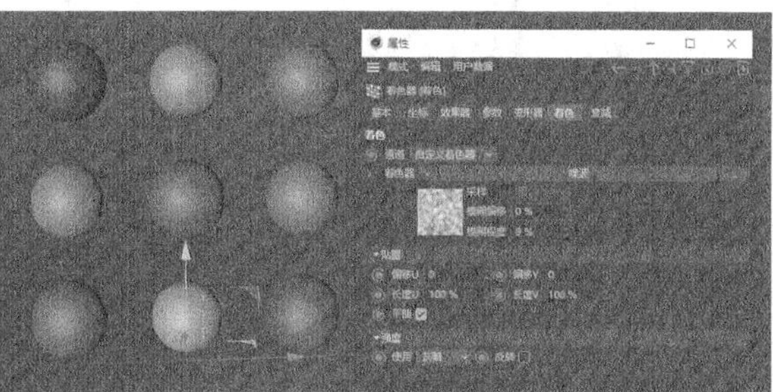

图8-37

8.3 域

在低于R20版本的Cinema 4D中，衰减效果内置于其他工具中。Cinema 4D R20及之后版本的Cinema 4D则将衰减效果集合为“域”，以便用户使用。“域”对象可以改变效果器衰减的形态，在效果器“属性”面板的“衰减”选项卡中，长按“线性域”按钮，会弹出相应菜单，如图8-38所示。

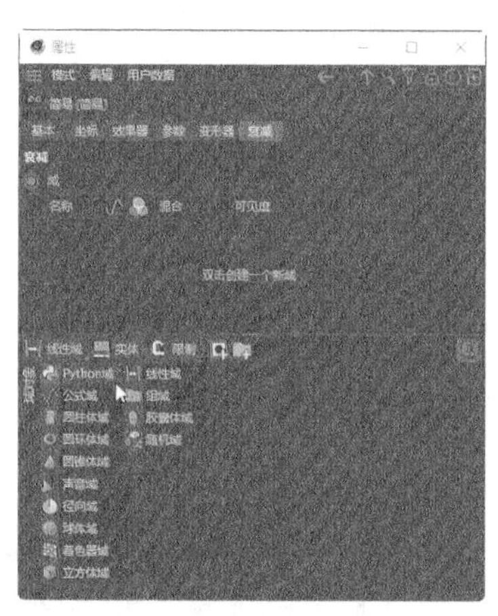

图8-38

8.3.1 课堂案例——制作标题动画

案例学习目标 能够使用效果器和关键帧制作标题动画。

案例知识要点 使用“破碎（Voronoi）”工具和“简易”工具制作动画效果，使用“记录活动对象”按钮记录关键帧，使用“坐标”面板调整图形位置，使用“编辑渲染设置”按钮和“渲染到图像查看器”按钮渲染动画效果。最终效果如图8-39所示。

效果所在位置 学习资源\Ch08\制作标题动画\工程文件.c4d。

图8-39

01 启动Cinema 4D。单击“编辑渲染设置”按钮，弹出“渲染设置”面板。在“输出”设置区域中设置“宽度”为750像素、“高度”为1624像素，如图8-40所示，单击“关闭”按钮，关闭面板。

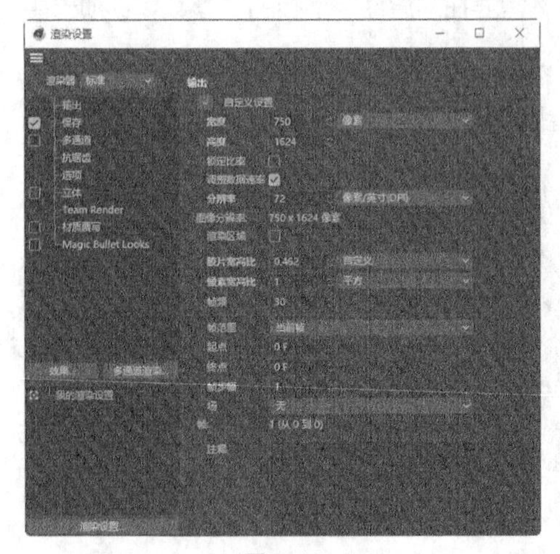

图8-40

02 选择“文件 > 合并项目”命令，在弹出的“打开文件”对话框中选择学习资源中的“Ch08 > 制作标题动画 > 素材 > 01.c4d”文件，单击“打开”按钮，打开文件。在“对象”面板中单击“摄像机”对象右侧的按钮，如图8-41所示，进入摄像机视图。

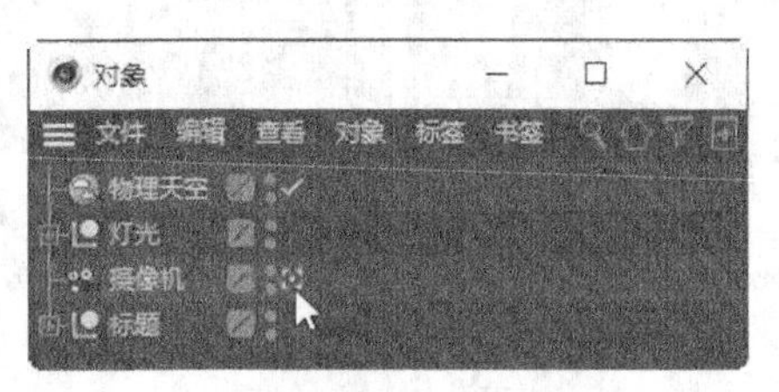

图8-41

03 在“对象”面板中展开“标题”对象组，选中“小标题”对象组，如图8-42所示。按住Alt键的同时选择“运动图形 > 破碎”命令，为“小标题”对象组生成一个父级“破碎（Voronoi）”对象，如图8-43所示。

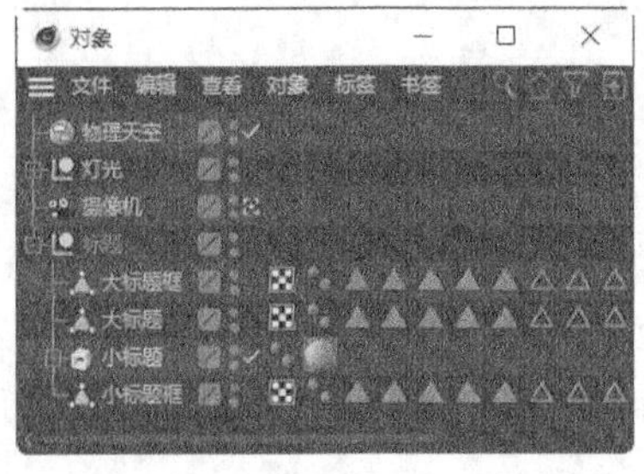

图8-42

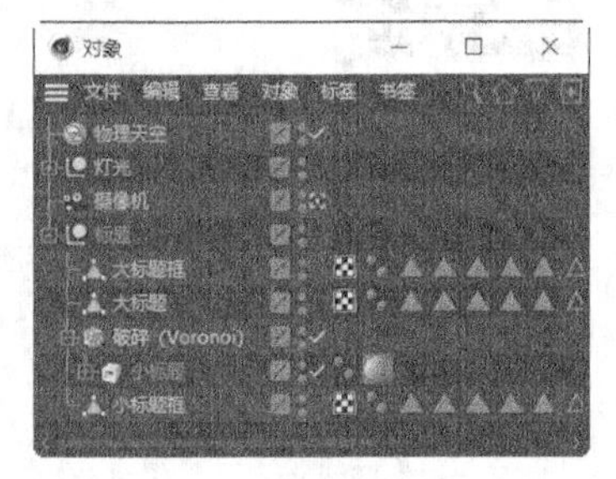

图8-43

04 在“属性”面板“来源”选项卡中，单击“√”图标，如图8-44所示，使其变为“X”图标，如图8-45所示；在“对象”选项卡中，取消勾选“着色碎片”复选框，如图8-46所示。

图8-44

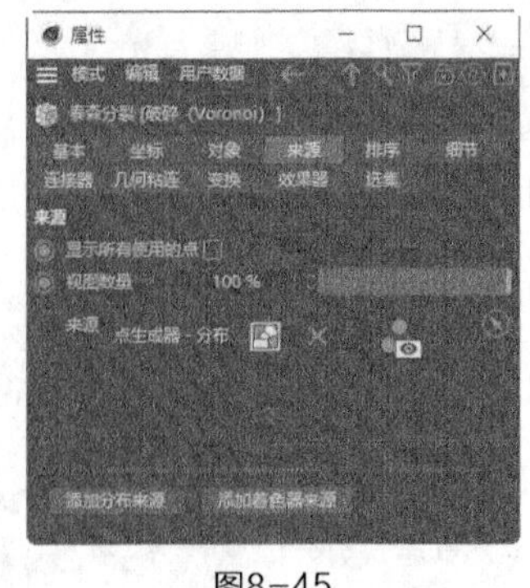

图8-45

图8-46

05 在“对象”面板中选中“破碎（Voronoi）”对象组，选择“运动图形 > 效果器 > 简易”命令，在“对象”面板中生成一个“简易”对象，如图8-47所示。在“属性”面板“参数”选项卡中，设置“P.X”为0cm、“P.Y”为450cm、“P.Z”为0cm；勾选“缩放”“等比缩放”“绝对缩放”复选框，设置“缩放”为-0.6；勾选“旋转”复选框，设置“R.H”为0°、“R.P”为150°、“R.B”为0°，如图8-48所示。在“属性”面板“衰减”选项卡中单击下方第一个按钮，在弹出的菜单中选择“线性域”命令，如图8-49所示。

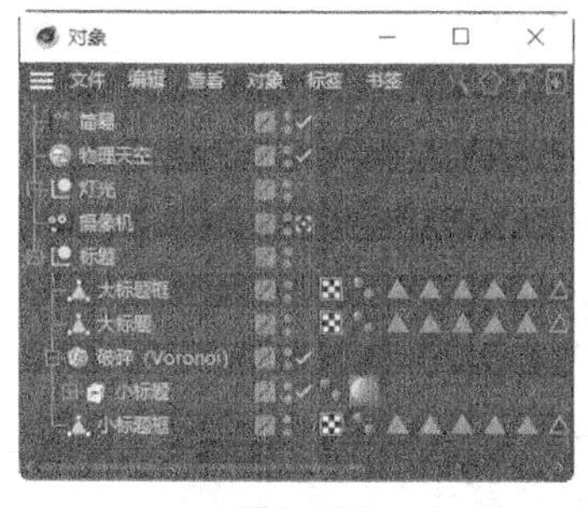

图8-47

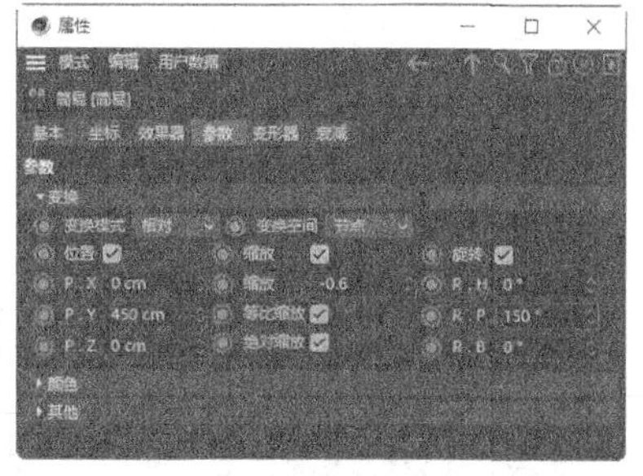

图8-48

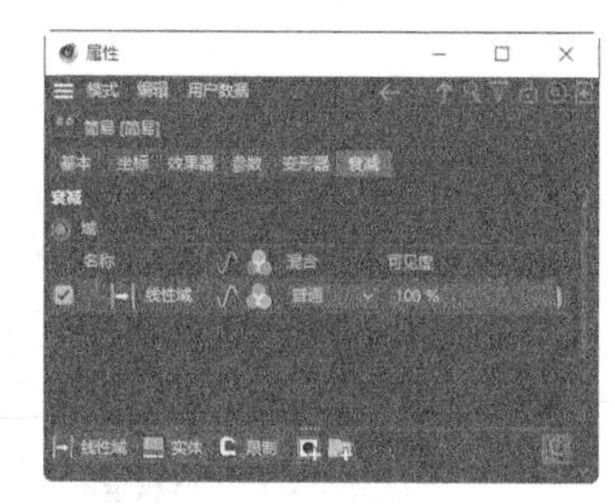

图8-49

06 在“对象”面板中选中“线性域”对象，在“属性”面板“域”选项卡中设置“长度”为40cm，其他选项的设置如图8-50所示。

07 将时间滑块放置在0F处。在“坐标”面板“位置”选项组中，设置坐标为“世界坐标”，“X”为-365cm、“Y”为364cm、“Z”为-4cm，如图8-51所示。在“时间线”面板中单击“记录活动对象”按钮，在0F处记录关键帧，如图8-52所示。

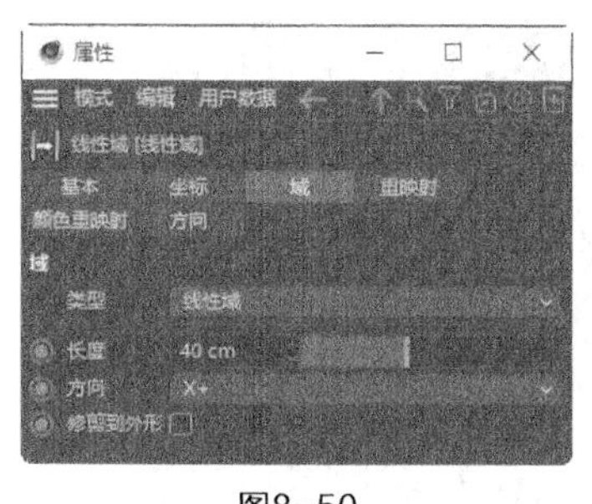

图8-50

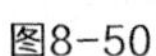

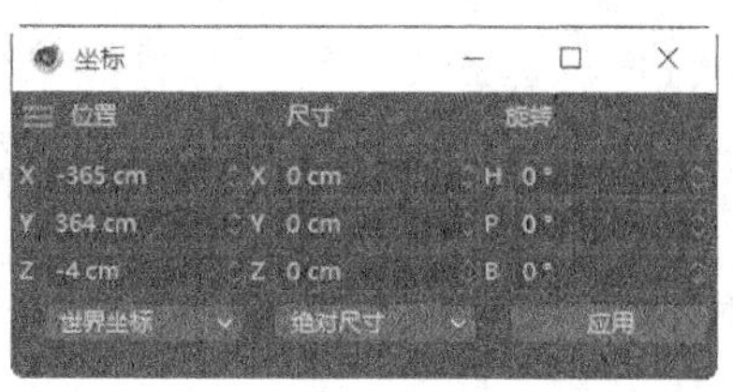

图8-51

图8-52

08 在“时间线”面板中将“场景结束帧”设为150F，按Enter键确定操作。将时间滑块放置在150F处。在“坐标”面板“位置”选项组中，设置“X”为319cm、“Y”为364cm、“Z”为-4cm，如图8-53所示。在“时间线”面板中单击“记录活动对象”按钮，在150F处记录关键帧，如图8-54所示。

09 在“对象”面板中选中“大标题”对象，如图8-55所示。按住Alt键的同时选择“运动图形 > 破碎”命令，为“大标题”对象生成一个父级“破碎（Voronoi）”对象，如图8-56所示。

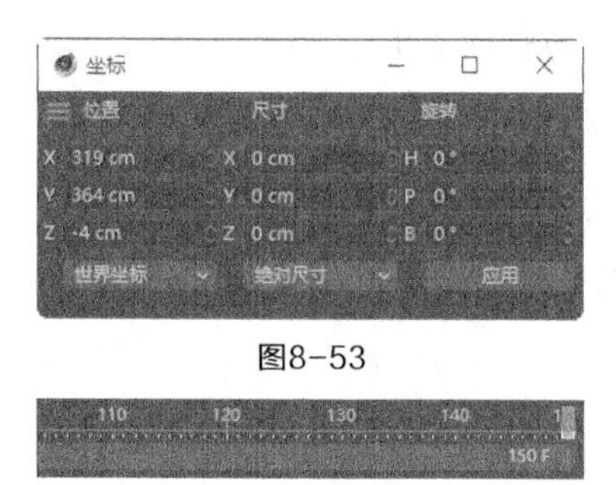

图8-53

图8-54

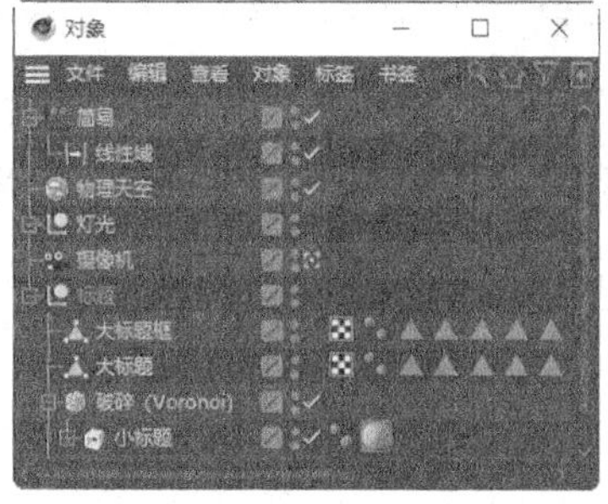

图8-55

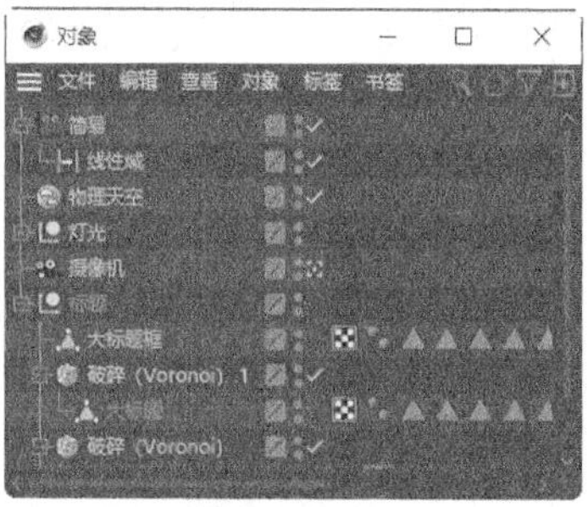

图8-56

10 在“属性”面板“来源”选项卡中，单击“√”图标，使其变为“X”图标，如图8-57所示。在“对象”选项卡中，取消勾选“着色碎片”复选框，如图8-58所示。选中“对象”面板中的“简易”对象组，将其拖曳到“属性”面板“效果器”选项卡中，如图8-59所示。折叠“标题”对象组和“简易”对象组。

图8-57

图8-58

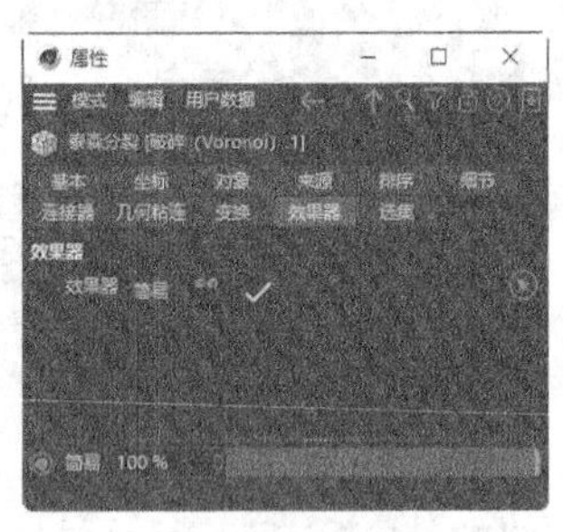

图8-59

11 单击“编辑渲染设置”按钮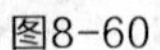，弹出“渲染设置”面板，设置“渲染器”为“物理”、“帧频”为25、“帧范围”为“全部帧”，如图8-60所示。在左侧列表中选择“保存”选项，切换到相应的设置区域，设置“格式”为“MP4”，如图8-61所示。

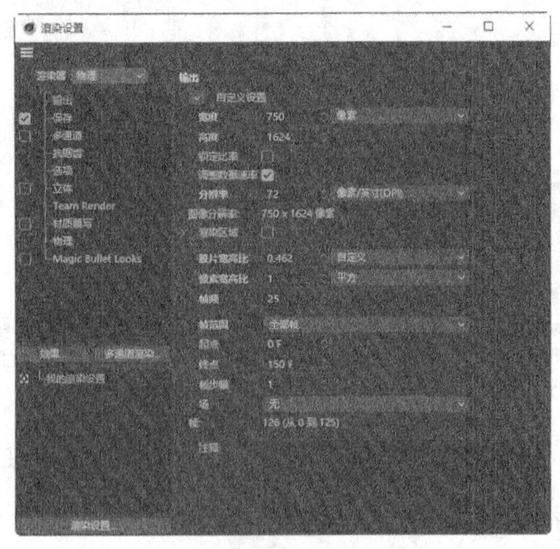

图8-60

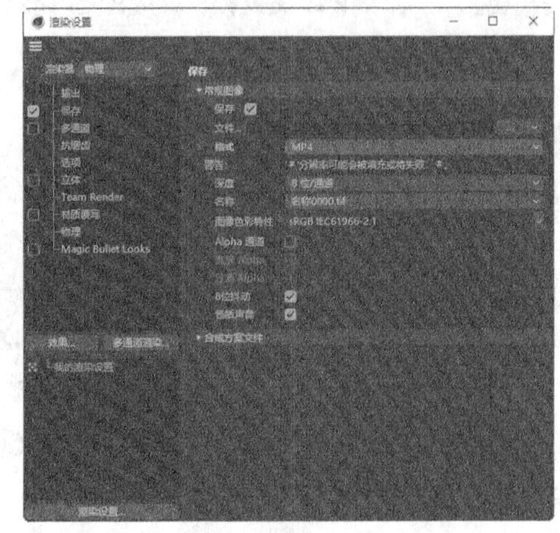

图8-61

12 单击“效果”按钮，在弹出的菜单中选择“全局光照”命令，在“输出”列表中添加“全局光照”。单击“效果”按钮，在弹出的菜单中选择“环境吸收”命令，在“输出”列表中添加“环境吸收”。单击“效果”按钮，在弹出的菜单中选择“对象辉光”命令，在“输出”列表中添加“对象辉光”。

13 在左侧列表中选择“全局光照”选项，切换到相应的设置区域，设置“预设”为“内部-高（小光源）”，如图8-62所示。在左侧列表中选择“环境吸收”选项，切换到相应的设置区域，设置“最大光线长度”为10cm，勾选“评估透明度”复选框和“仅有自阴影”复选框，如图8-63所示。单击“关闭”按钮，关闭面板。

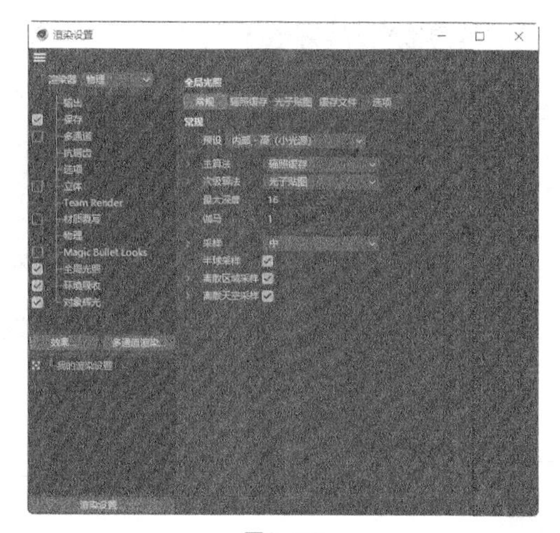

图8-62

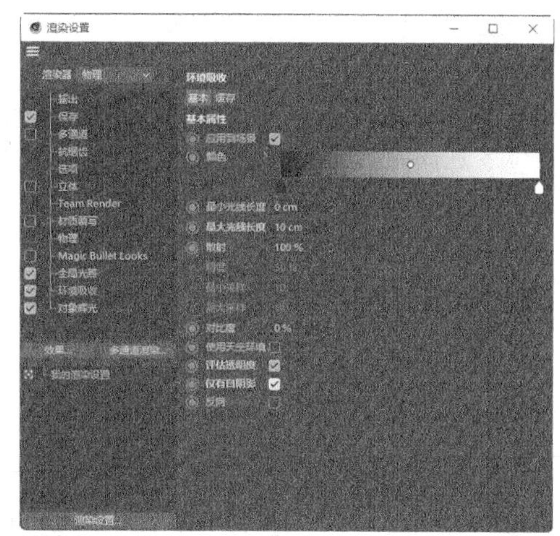

图8-63

14 单击“渲染到图像查看器”按钮，弹出“图像查看器”面板，如图8-64所示。渲染完成后，单击面板中的“将图像另存为”按钮，弹出“保存”对话框，如图8-65所示。单击“确定”按钮，弹出“保存对话”对话框，在对话框中选择要保存文件的位置，并在“文件名”文本框中输入名称，设置完成后，单击“保存”按钮，保存动画。标题动画制作完成。

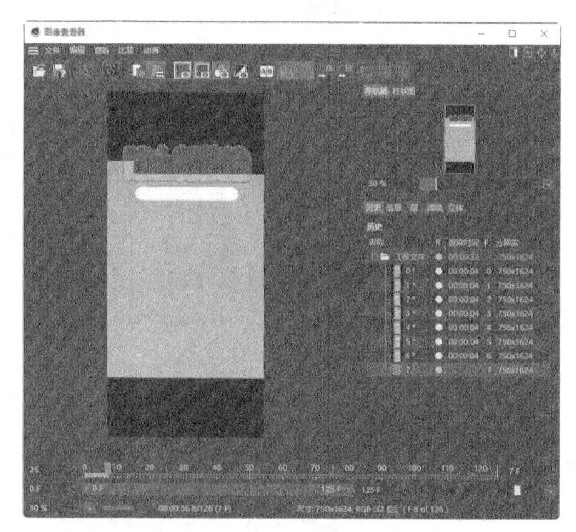

图8-64

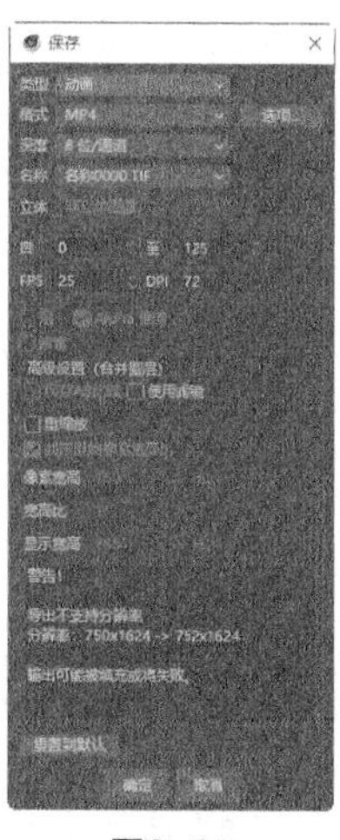

图8-65

8.3.2 线性域

所有域对象的“属性”面板中选项卡都是一致的。为效果器添加“线性域”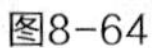后，会在场景中生成一个线性的衰减区域，如图8-66所示。

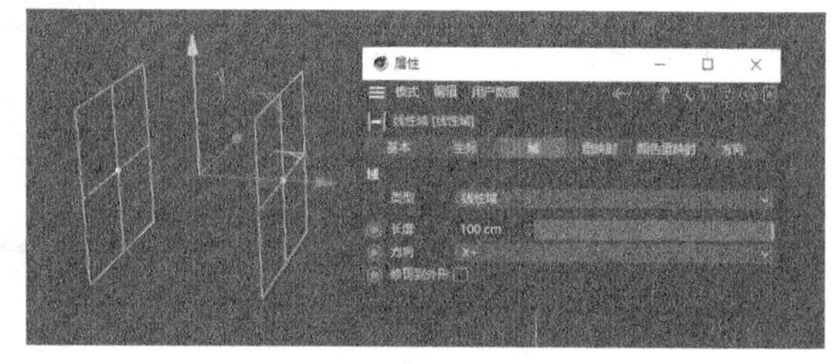

图8-66

8.3.3 随机域

为效果器添加“随机域” 后，会在场景中生成一个立方体的衰减区域，如图8-67所示。

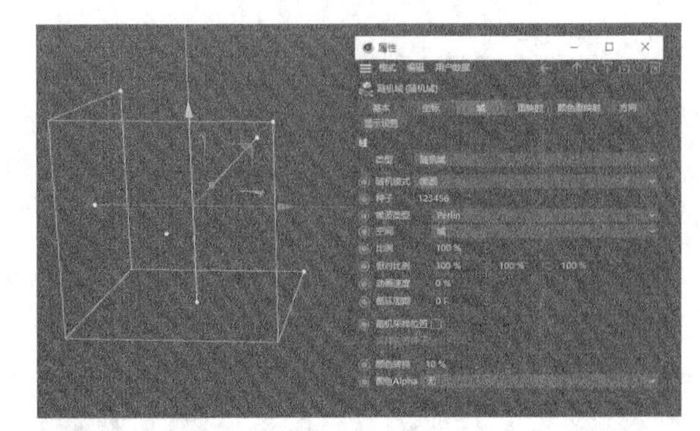

图8-67

课堂练习——制作地面动画

练习知识要点 使用“破碎（Voronoi）”工具和“简易”工具制作动画效果，使用“线性域”命令添加关键帧，使用“时间线”面板调节动画效果，使用“编辑渲染设置”按钮和“渲染到图像查看器”按钮渲染动画效果。最终效果如图8-68所示。

效果所在位置 学习资源\Ch08\制作地面动画\工程文件.c4d。

图8-68

课后习题——制作文字动画

习题知识要点 使用“破碎（Voronoi）”工具和“简易”工具制作动画效果，使用“线性域”命令添加关键帧，使用“时间线”面板调节动画效果，使用“编辑渲染设置”按钮和“渲染到图像查看器”按钮渲染动画效果。最终效果如图8-69所示。

效果所在位置 学习资源\Ch08\制作文字动画\工程文件.c4d。

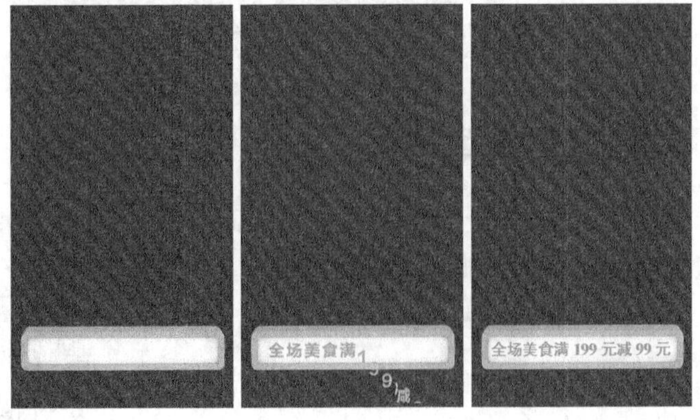

图8-69

第9章

Cinema 4D动力学技术

本章介绍

Cinema 4D动力学技术可以快速地模拟出真实世界中物体与物体之间的物理作用效果，如不同物体发生的碰撞等，它是制作动画的一项重要技术。本章将对Cinema 4D的模拟标签及动力学辅助器等进行系统讲解。通过本章的学习，读者可以对Cinema 4D动力学技术有一个全面的认识，并能快速掌握常用动力学效果的制作技术与技巧。

学习目标

●掌握常用的模拟标签。

●掌握常用的动力学辅助器。

技能目标

●掌握小球弹跳动画的制作方法。

●掌握窗帘飘动动画的制作方法。

9.1 模拟标签

模拟标签用于为对象添加动力学属性，可以模拟刚体、柔体和布料3种类型的动力学效果。在“对象”面板中，用鼠标右键单击需要添加模拟标签的对象，在弹出的快捷菜单中选择“模拟标签”命令，然后选择需要的模拟标签即可，如图9-1所示。

图9-1

9.1.1 课堂案例——制作小球弹跳动画

案例学习目标 能够使用模拟标签制作小球弹跳动画。

案例知识要点 使用柔体和碰撞体制作动画效果，使用“坐标”面板调整小球位置，使用“编辑渲染设置”按钮和“渲染到图像查看器”按钮渲染动画效果。最终效果如图9-2所示。

效果所在位置 学习资源\Ch09\制作小球弹跳动画\工程文件.c4d。

图9-2

01 启动Cinema 4D。单击“编辑渲染设置”按钮，弹出“渲染设置”面板。在“输出”设置区域中设置“宽度”为750像素、“高度”为1624像素，如图9-3所示，单击“关闭”按钮，关闭面板。

02 选择“文件 > 合并项目”命令，在弹出的“打开文件”对话框中选择学习资源中的“Ch09 > 制作小球弹跳动画 > 素材 > 01.c4d”文件，单击“打开”按钮，打开文件。在“对象”面板中单击“摄像机”对象右侧的按钮，如图9-4所示，进入摄像机视图。视图窗口中的效果如图9-5所示。

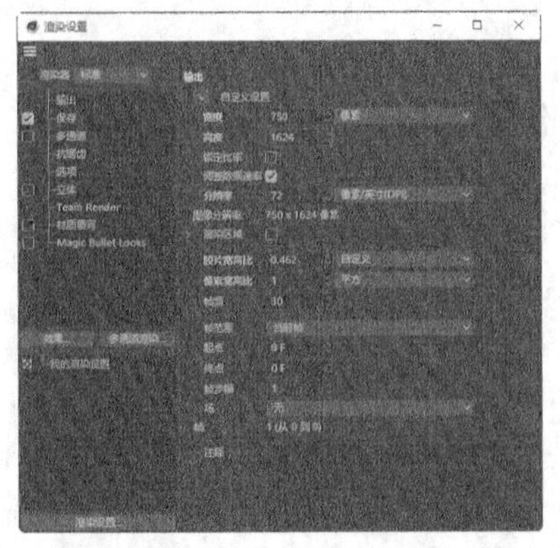

图9-3

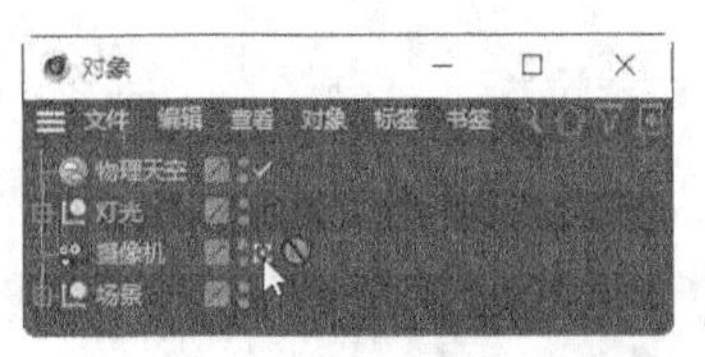

图9-4

图9-5

03 在“对象”面板中展开“场景”对象组，选中“装饰球”对象组，如图9-6所示。按住Alt键的同时选择“细分曲面”工具，在“对象”面板中为“装饰球”对象组生成一个父级“细分曲面”对象，如图9-7所示。

04 用鼠标右键单击“装饰球”对象，在弹出的快捷菜单中选择“模拟标签 > 柔体”命令，为对象添加模拟标签，如图9-8所示。

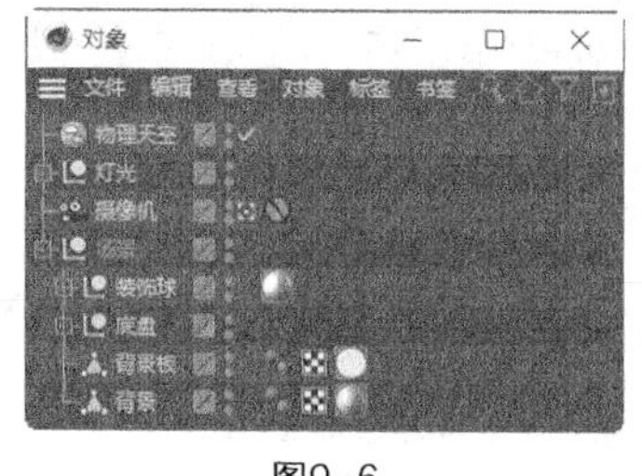

图9-6

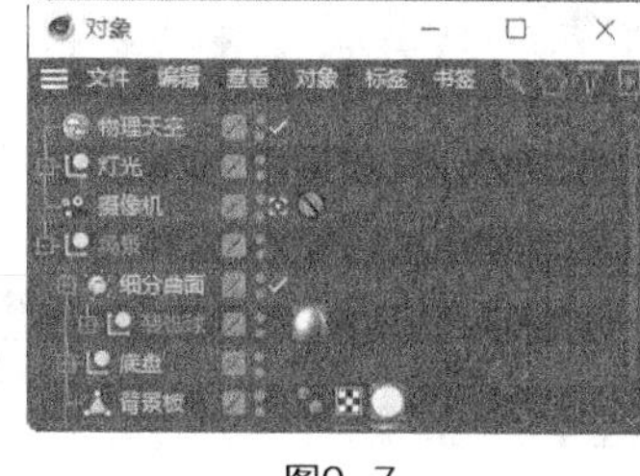

图9-7

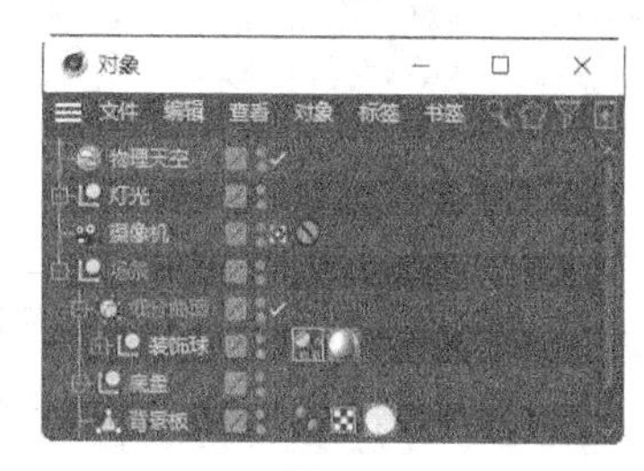

图9-8

05 在“属性”面板“碰撞”选项卡中，设置“反弹”为20%，如图9-9所示；在“力”选项卡中，设置“跟随旋转”为10，如图9-10所示；在“柔体”选项卡中，设置“构造”为600，“斜切”为600、“阻尼”为0%，“弯曲”为500、“阻尼”为100%，“硬度”为400，“压力”为10、“阻尼”为0%，如图9-11所示。

06 分别用鼠标右键单击“底盘”对象组和“背景”对象，在弹出的快捷菜单中选择“模拟标签 > 碰撞体”命令，分别添加模拟标签，如图9-12所示。

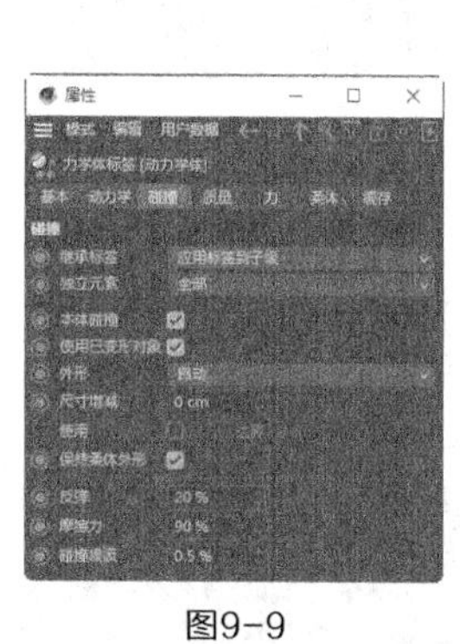
图9-9

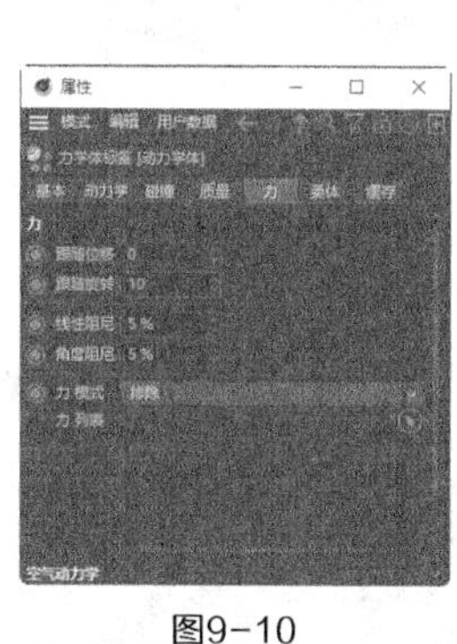
图9-10

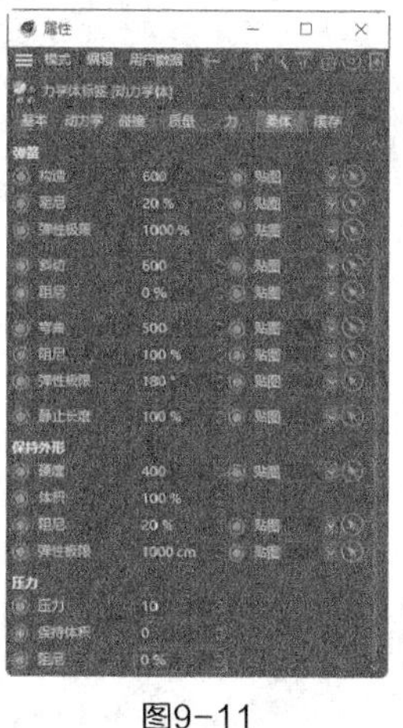
图9-11

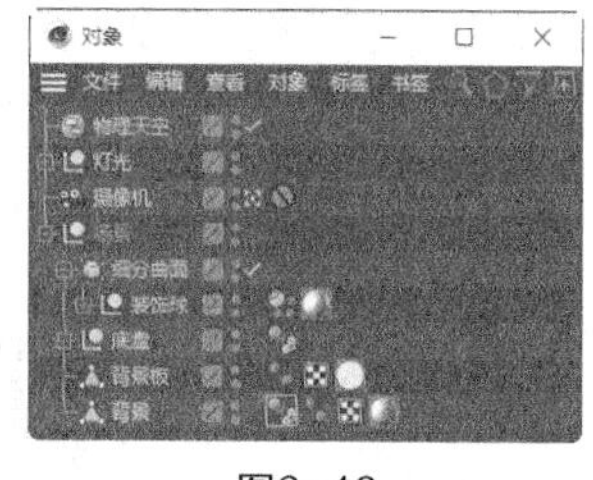
图9-12

07 在“属性”面板中选择“模式 > 工程”命令，切换到“工程”模式，在“动力学”选项卡中选择“常规”选项，设置“重力”为800cm，如图9-13所示；选择“高级”选项，设置“碰撞边界”为0.1cm、“缩放”为100cm、“步每帧”为15、“每步最大解析器迭代”为12、“错误阈值”为5%，如图9-14所示。

08 在“对象”面板中选中“装饰球”对象。在“坐标”面板“位置”选项组中，设置坐标为“世界坐标”，“X”为0cm、“Y”为30cm、“Z”为0cm，如图9-15所示。

图9-13

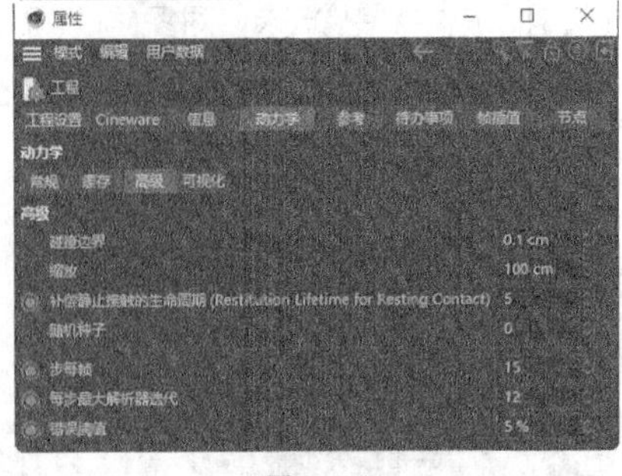

图9-14

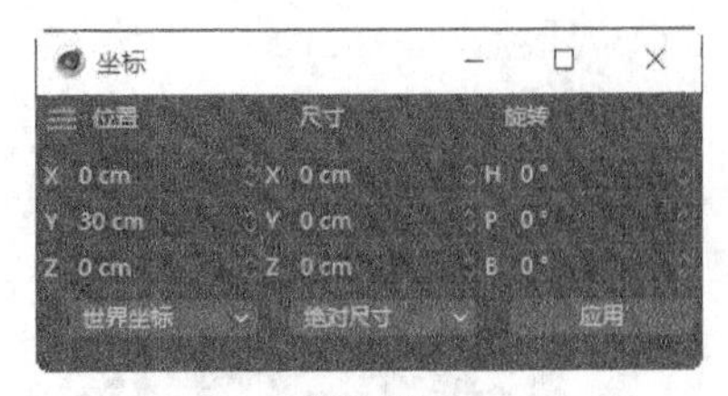

图9-15

09 在“时间线”面板中将“场景结束帧”设为50F，按Enter键确定操作，如图9-16所示。

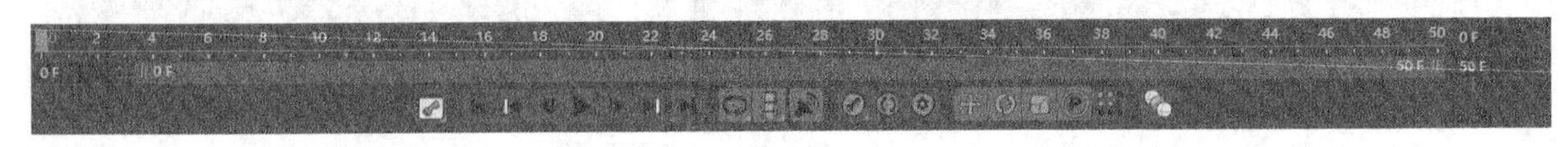

图9-16

10 单击“编辑渲染设置”按钮，弹出“渲染设置”面板，设置“渲染器”为“物理”、“帧频”为25、“帧范围”为“全部帧”，如图9-17所示。在左侧列表中选择“保存”选项，切换到相应的设置区域，设置“格式”为“MP4”，如图9-18所示。

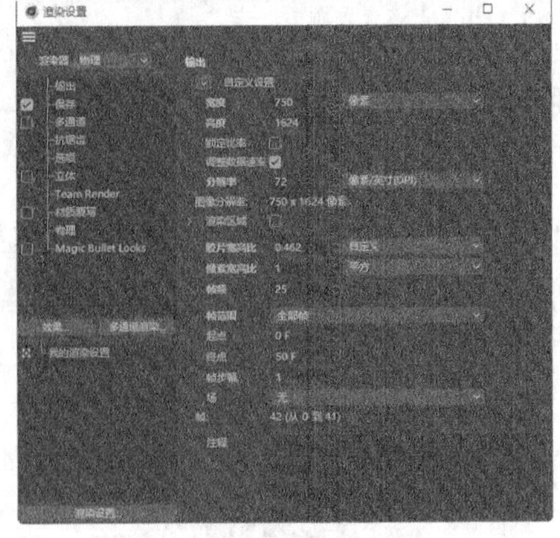

图9-17

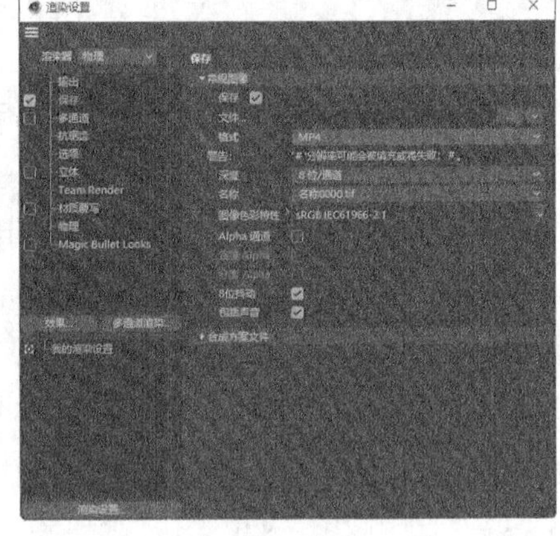

图9-18

11 单击“效果”按钮，在弹出的菜单中选择“全局光照”命令，在“输出”列表中添加“全局光照”。单击“效果”按钮，在弹出的菜单中选择“环境吸收”命令，在“输出”列表中添加“环境吸收”。单击“效果”按钮，在弹出的菜单中选择“对象辉光”命令，在“输出”列表中添加“对象辉光”，如图9-19所示。在左侧列表中选择“全局光照”选项，切换到相应的设置区域，设置“预设”为“内部-高（小光源）”，如图9-20所示。单击“关闭”按钮，关闭面板。

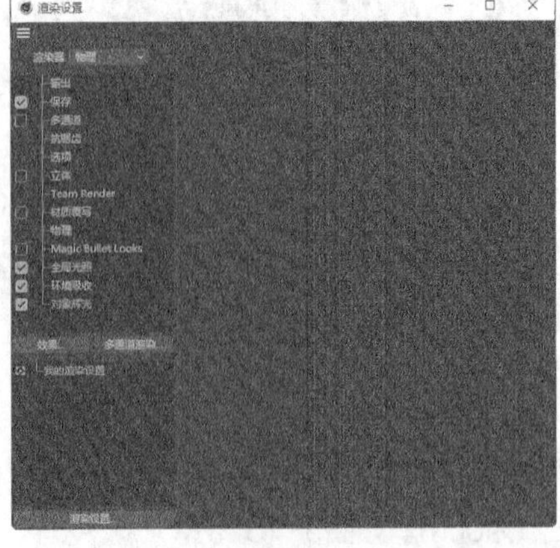

图9-19

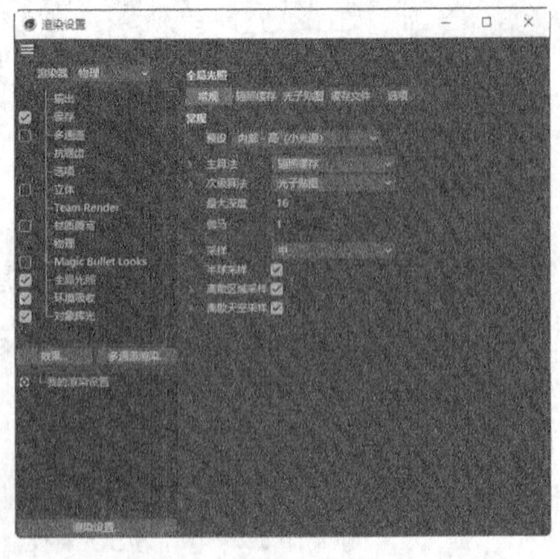

图9-20

12 单击“渲染到图像查看器”按钮，弹出“图像查看器”面板，如图9-21所示。渲染完成后，单击面板中的“将图像另存为”按钮，弹出“保存”对话框，如图9-22所示。单击“确定”按钮，弹出“保存对话”对话框，在对话框中选择要保存文件的位置，并在“文件名”文本框中输入名称，设置完成后，单击“保存”按钮，保存动画。小球弹跳动画制作完成。

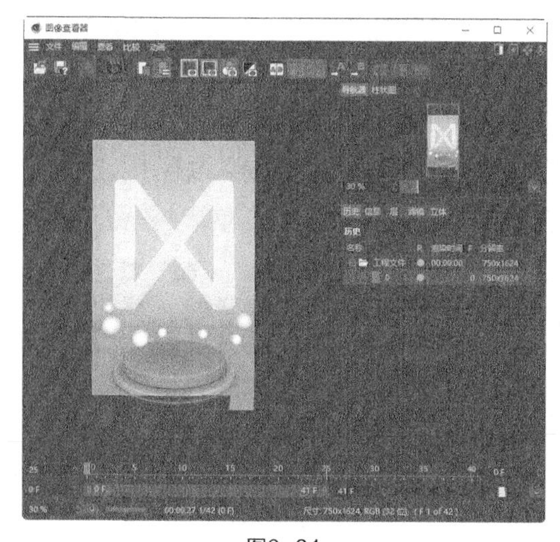

图9-21

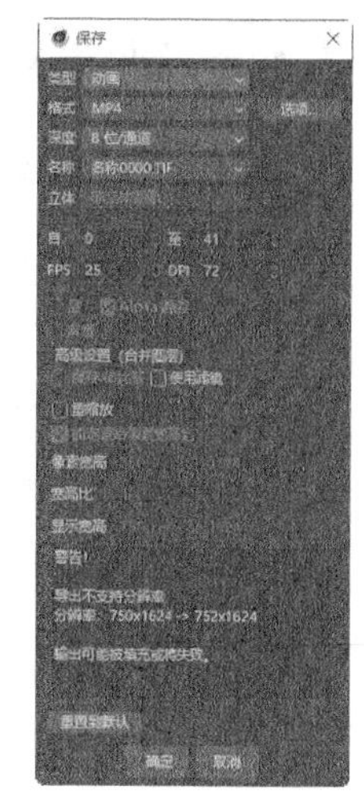

图9-22

9.1.2 刚体

为对象添加“刚体”标签后，在模拟动力学动画时，对象将不会因碰撞而变形。在“对象”面板中，用鼠标右键单击需要成为刚体的对象，在弹出的快捷菜单中选择“模拟标签 > 刚体”命令，即可为对象添加“刚体”标签，如图9-23所示。选中“刚体”标签，在“属性”面板中可以对其进行设置，如图9-24所示。

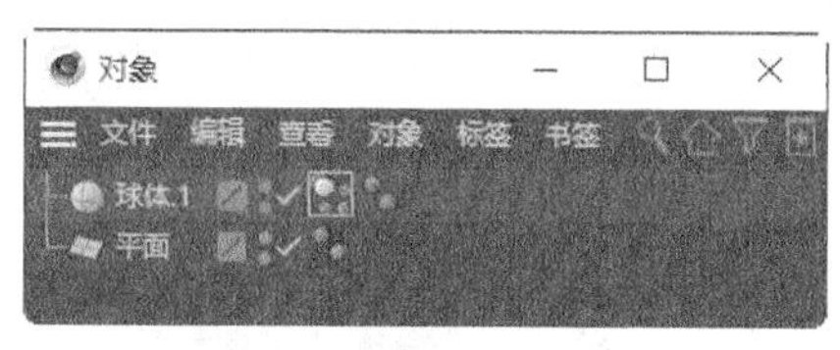

图9-23

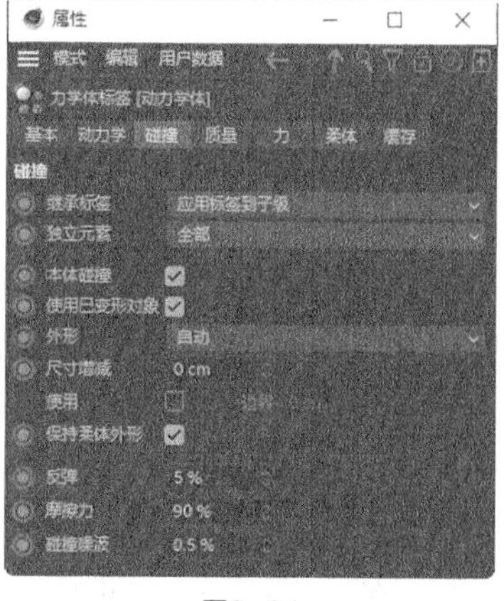

图9-24

9.1.3 柔体

为对象添加“柔体”标签后，在模拟动力学动画时，对象将会因碰撞而变形。在“对象”面板中，用鼠标右键单击需要成为柔体的对象，在弹出的快捷菜单中选择“模拟标签 > 柔体”命令，即可为对象添加“柔体”标签，如图9-25所示。选中“柔体”标签，在“属性”面板中可以对其进行设置，如图9-26所示。

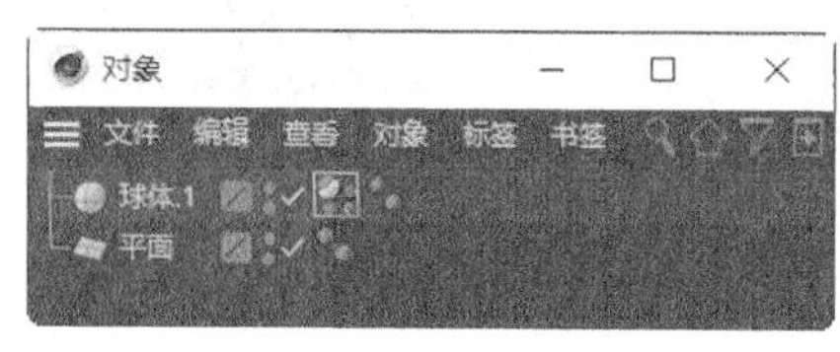

图9-25

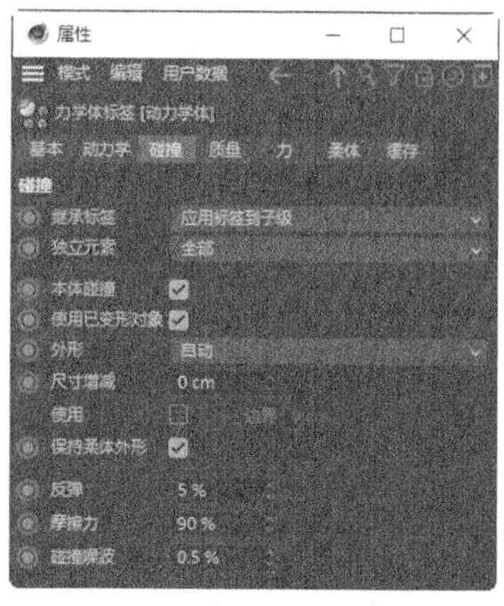

图9-26

9.1.4 碰撞体

在模拟动力学动画时，添加了“碰撞体”标签的对象，就是与刚体对象或柔体对象产生碰撞的对象。在“对象”面板中，用鼠标右键单击需要成为碰撞体的对象，在弹出的快捷菜单中选择“模拟标签 > 碰撞体”命令，即可为对象添加“碰撞体”标签，如图9-27所示。选中“碰撞体”标签，在“属性”面板中可以对其进行设置，如图9-28所示。

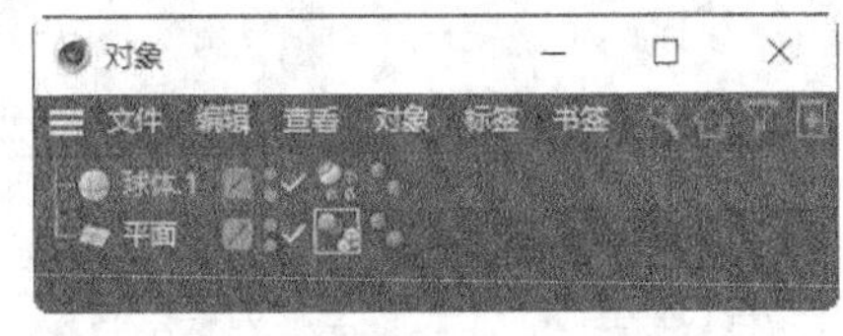

图9-27

图9-28

9.1.5 课堂案例——制作窗帘飘动动画

案例学习目标 能够使用模拟标签制作窗帘飘动动画。

案例知识要点 使用布料和风力制作动画效果，使用“属性”面板调整具体参数，使用“编辑渲染设置”按钮和“渲染到图像查看器”按钮渲染动画效果。最终效果如图9-29所示。

效果所在位置 学习资源\Ch09\制作窗帘飘动动画\工程文件.c4d。

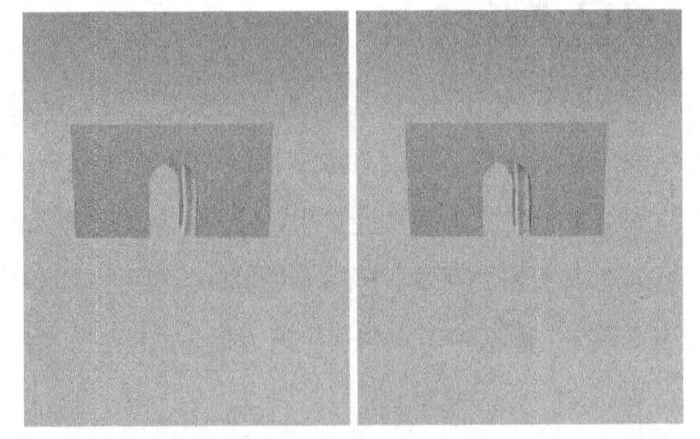
图9-29

01 启动Cinema 4D。单击“编辑渲染设置”按钮，弹出“渲染设置”面板。在“输出”设置区域中设置“宽度”为1138像素、“高度”为1400像素，如图9-30所示，单击“关闭”按钮，关闭面板。

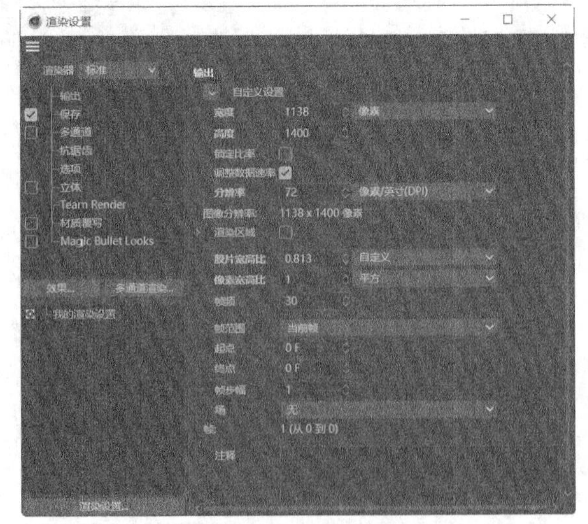

图9-30

02 选择“文件 > 合并项目”命令，在弹出的“打开文件”对话框中选择学习资源中的“Ch09 > 制作窗帘飘动动画 > 素材 > 01.c4d”文件，单击“打开”按钮，打开文件。在“对象”面板中，单击“摄像机”对象右侧的■按钮，如图9-31所示，进入摄像机视图。视图窗口中的效果如图9-32所示。

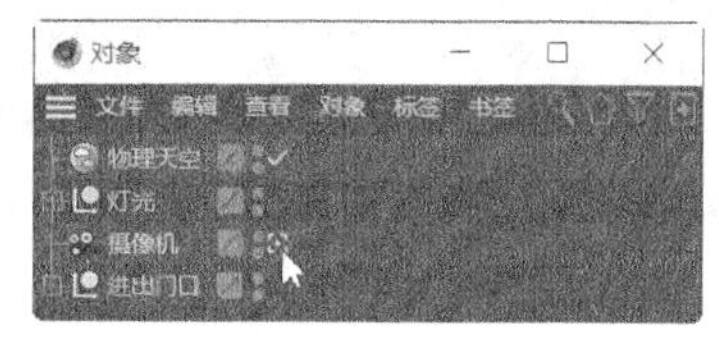

图9-31

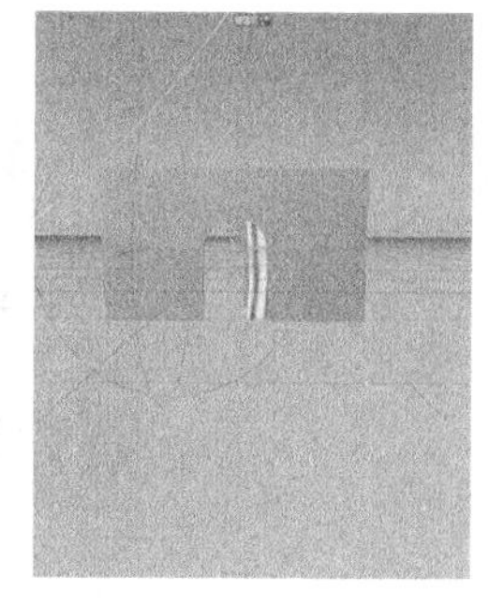

图9-32

03 在“对象”面板中展开“进出门口”对象组，选中“窗帘”对象，如图9-33所示。按住Alt键的同时选择“细分曲面”工具■，在“对象”面板中为“窗帘”对象生成一个父级“细分曲面”对象，如图9-34所示。用鼠标右键单击“窗帘”对象，在弹出的快捷菜单中选择“模拟标签 > 布料”命令，为对象添加模拟标签，如图9-35所示。

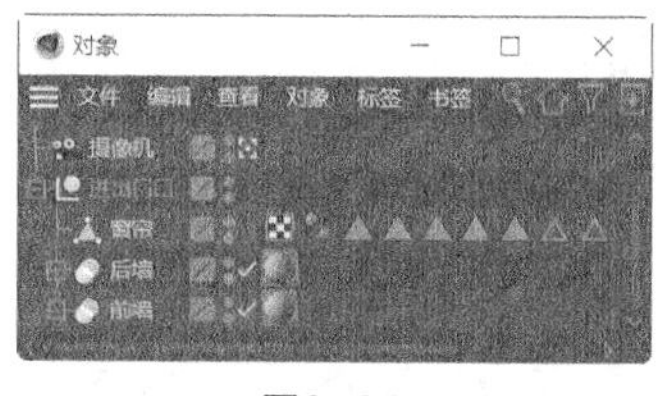

图9-33

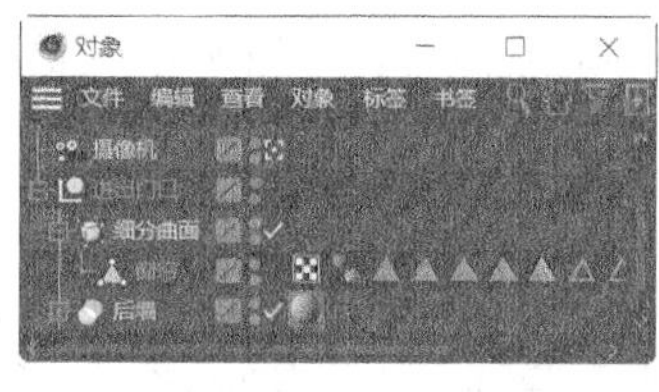

图9-34

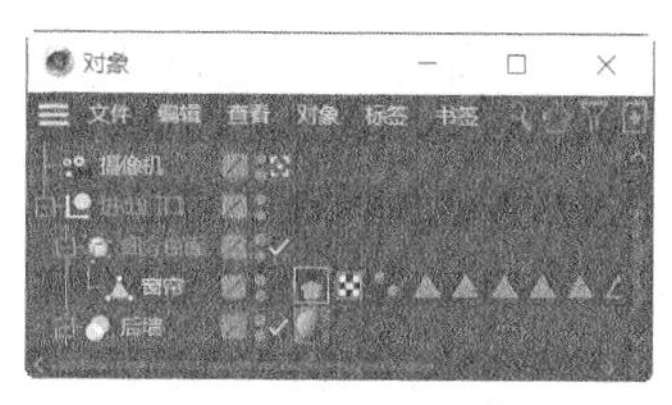

图9-35

04 在“属性”面板“影响”选项卡中，设置“重力”为-5、“黏滞”为10%，如图9-36所示。单击“点”按钮■，切换为点模式。按F4键切换到“正视图”窗口，选择“框选”工具■，选中需要的点，如图9-37所示。

05 在“对象”面板中选中“窗帘”对象的布料标签，在“属性”面板“修整”选项卡中单击“固定点”选项右侧的“设置”按钮，如图9-38所示，固定选中的点。按F1键，切换到“透视视图”窗口。

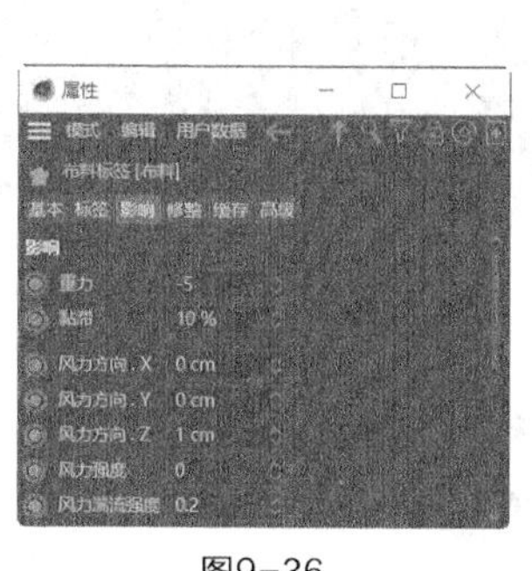

图9-36

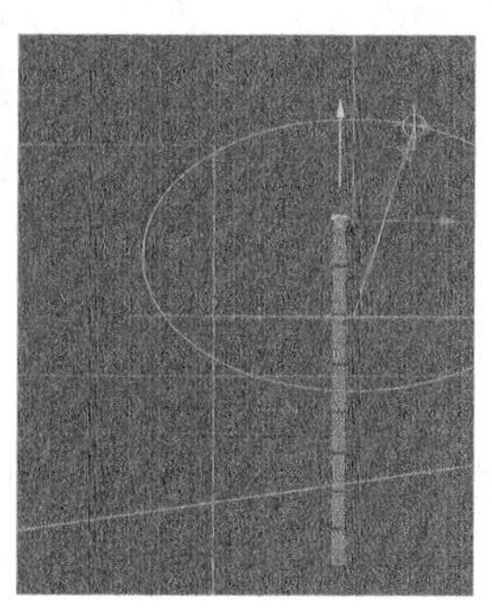

图9-37

图9-38

06 选择“模拟 > 力场 > 风力”命令，在“对象”面板中生成一个“风力”对象，如图9-39所示。单击“模型”按钮■，切换为模型模式。在“坐标”面板“位置”选项组中，设置“X”为400cm；在“旋转”选项组中，设置“H”为90°，如图9-40所示。

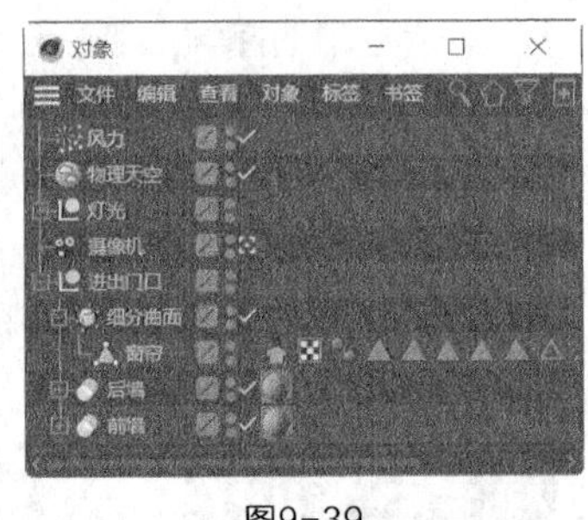

图9-39

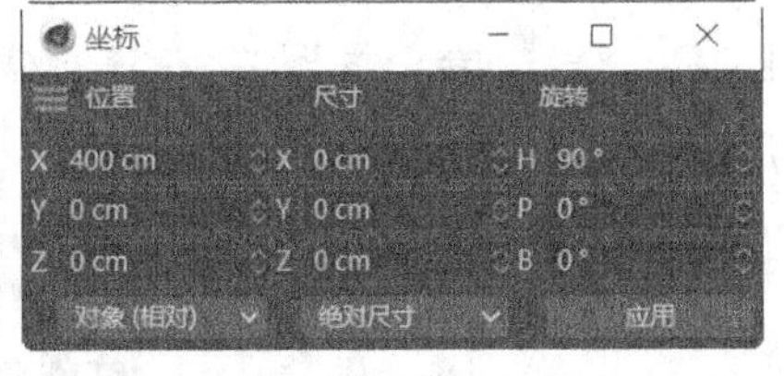

图9-40

07 在“时间线”面板中将“场景结束帧”设为100F，按Enter键确定操作，如图9-41所示。

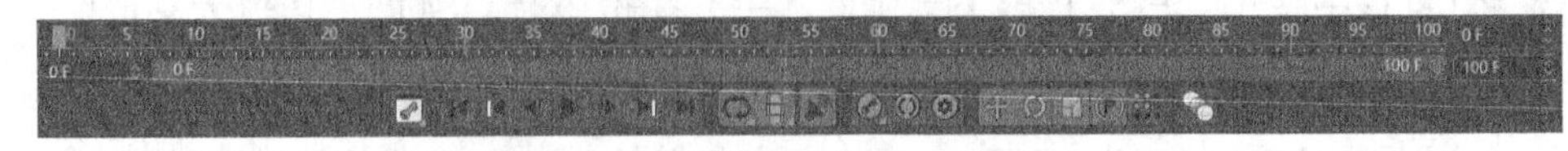

图9-41

08 单击“编辑渲染设置”按钮，弹出“渲染设置”面板，设置“渲染器”为“物理”、“帧频”为25、“帧范围”为“全部帧”，如图9-42所示。在左侧列表中选择“保存”选项，切换到相应的设置区域，设置“格式”为“MP4”，如图9-43所示。

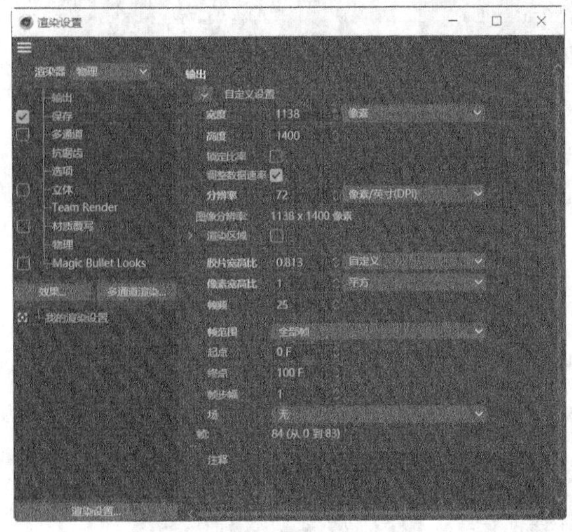

图9-42

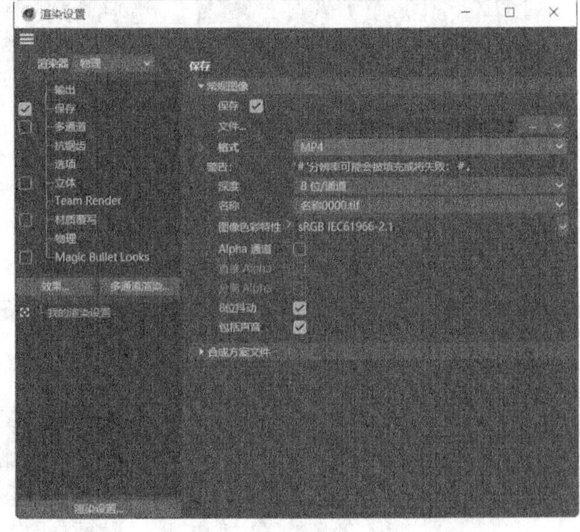

图9-43

09 单击“效果”按钮，在弹出的菜单中分别选择“环境吸收”和“全局光照”命令，在“输出”列表中添加“环境吸收”和“全局光照”。选择“全局光照”选项，切换到相应的设置区域，设置“预设”为“内部-高（小光源）”，如图9-44所示。单击“关闭”按钮，关闭面板。

10 单击“渲染到图像查看器”按钮，弹出“图像查看器”面板，如图9-45所示。渲染完成后，单击面板中的“将图像另存为”按钮，弹出“保存”对话框，如图9-46所示。单击“确定”按钮，弹出“保存对话”对话框，在对话框中选择要保存文件的位置，并在“文件名”文本框中输入名称，设置完成后，单击“保存”按钮，保存动画。窗帘飘动动画制作完成。

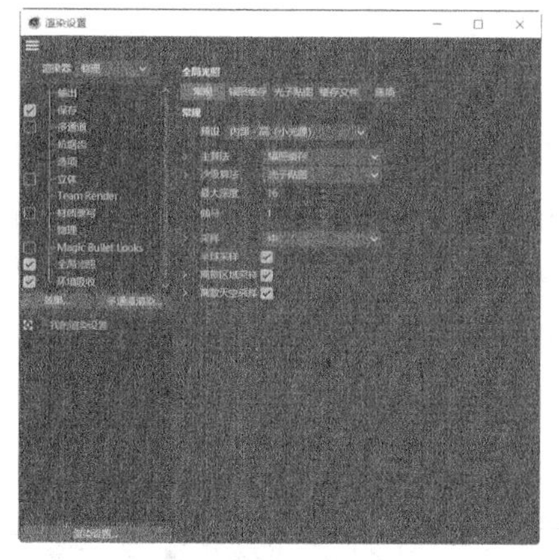
图9-44

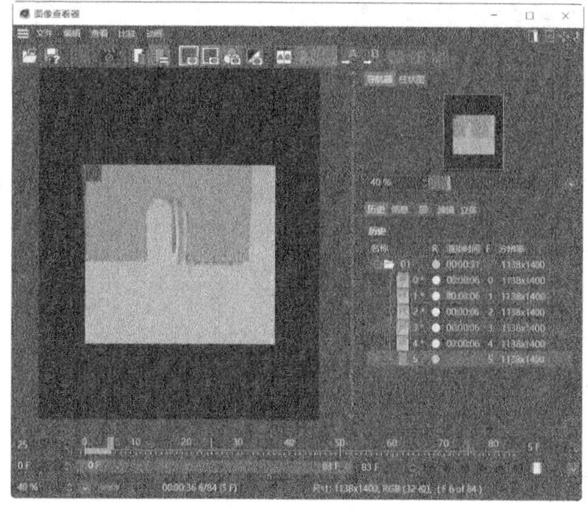
图9-45

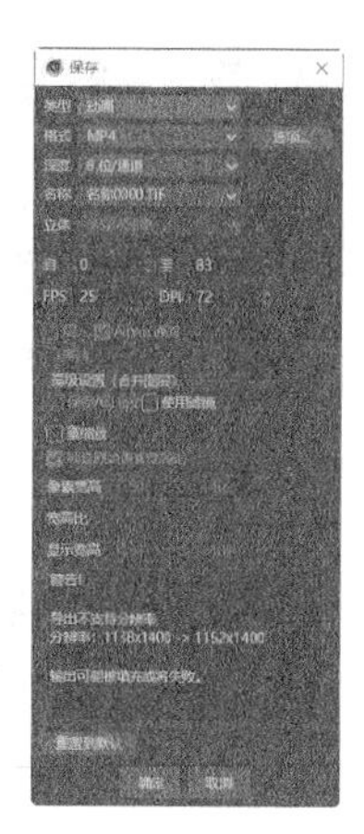
图9-46

9.1.6 布料

为对象添加“布料”标签后，在模拟动力学动画时，对象会模拟布料碰撞的效果。在“对象”面板中，用鼠标右键单击需要成为布料的对象，在弹出的快捷菜单中选择“模拟标签 > 布料”命令，即可为对象添加“布料”标签，如图9-47所示。选中“布料”标签，在“属性”面板中可以对其进行设置，如图9-48所示。

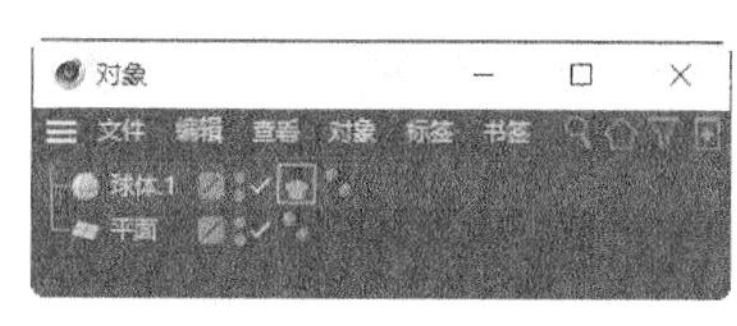
图9-47

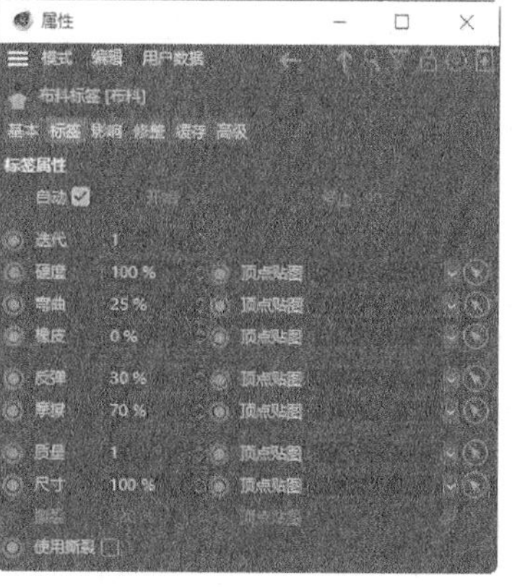
图9-48

9.1.7 布料碰撞器

“布料碰撞器”标签的作用与“碰撞体”标签类似，可以制作模拟布料碰撞的对象。在“对象”面板中，用鼠标右键单击需要成为布料碰撞器的对象，在弹出的快捷菜单中选择“模拟标签 > 布料碰撞器”命令，即可为对象添加“布料碰撞器”标签，如图9-49所示。选中“布料碰撞器”标签，在“属性”面板中可以对其进行设置，如图9-50所示。

图9-49

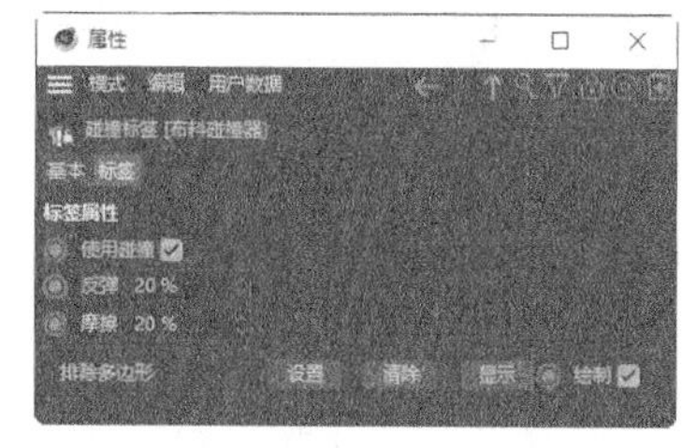
图9-50

9.2 动力学辅助器

动力学辅助器可以辅助单个或多个动力学对象之间产生动画效果。在菜单栏中选择“模拟 > 动力学”命令，弹出的子菜单如图9-51所示。在该子菜单中选择需要的工具，即可创建动力学辅助器。

图9-51

9.2.1 连结器

使用“连结器”工具可以在动力学系统中建立两个或两个以上对象之间的联系，控制对象的运动方式和运动距离，模拟出真实的效果。将“对象”面板中需要关联的对象分别拖曳到“连结器”的“属性”面板中，并进行设置，如图9-52所示。单击时间轴中的“向前播放”按钮，即可预览动画效果。

图9-52

9.2.2 弹簧

使用“弹簧”工具可以让两个刚体对象之间产生拉力或推力，从而拉长或压短对象，模拟出弹簧的动力学效果。将“对象”面板中需要关联的对象分别拖曳到“弹簧”的“属性”面板中，并进行设置，如图9-53所示。单击时间轴中的“向前播放”按钮，即可预览动画效果。

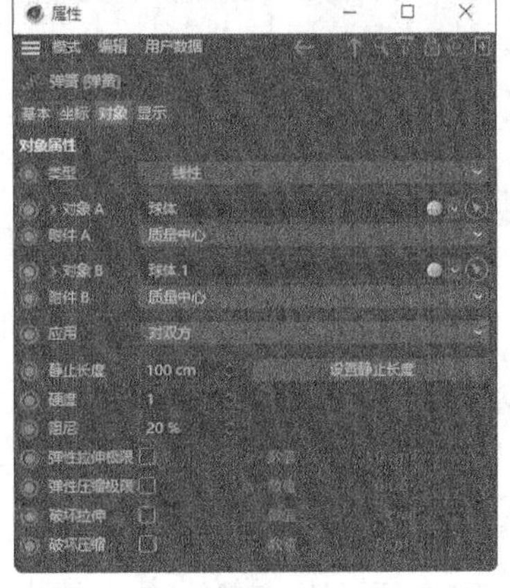

图9-53

9.2.3 力

使用“力”工具可以让两个刚体对象之间产生引力或斥力，模拟出万有引力的动力学效果，在“属性”面板中可以对参数进行设置，如图9-54所示。单击时间轴中的“向前播放”按钮，即可预览动画效果。

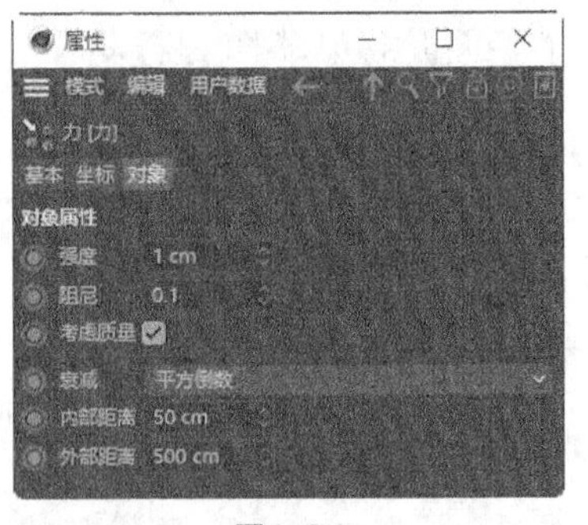

图9-54

9.2.4 驱动器

使用“驱动器”工具可以对刚体对象沿指定角度施加线性力，使刚体对象在碰到其他刚体对象或碰撞体对象前持续地旋转或移动。将“对象”面板中需要关联的对象分别拖曳到“驱动器”的“属性”面板中，并进行设置，如图9-55所示。单击时间轴中的“向前播放”按钮，即可预览动画效果。

图9-55

课堂练习——制作小球坠落动画

练习知识要点 使用刚体和碰撞体制作动画效果；使用“坐标”面板调整小球位置；使用“编辑渲染设置”按钮和“渲染到图像查看器”按钮渲染动画效果。最终效果如图9-56所示。

效果所在位置 学习资源\Ch09\制作小球坠落动画\工程文件.c4d。

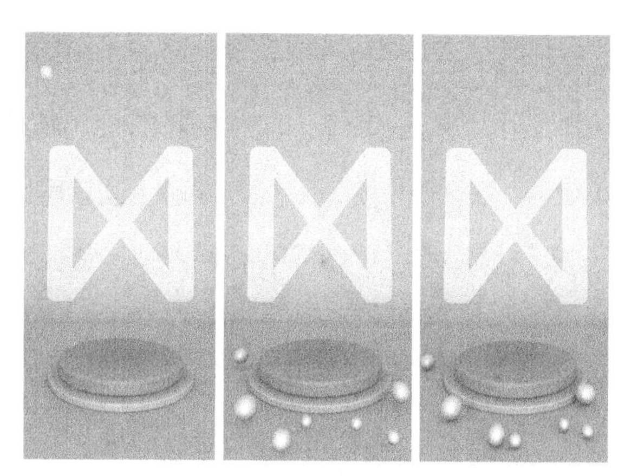

图9-56

课后习题——制作抱枕膨胀动画

习题知识要点 使用布料、“时间线”面板和吸引场制作动画效果；使用“属性”面板调整具体参数；使用“编辑渲染设置”按钮和“渲染到图像查看器”按钮渲染动画效果。最终效果如图9-57所示。

效果所在位置 学习资源\Ch09\制作抱枕膨胀动画\工程文件.c4d。

图9-57

第 10 章

Cinema 4D粒子技术

本章介绍

Cinema 4D粒子技术是指通过设置软件中粒子的相关参数，模拟密集对象群的运动，从而制作出丰富的动画效果。本章将对Cinema 4D的粒子和力场等进行系统讲解。通过本章的学习，读者可以对Cinema 4D粒子技术有一个全面的认识，并能快速掌握常用粒子的制作技术与技巧。

学习目标

●掌握粒子的生成。

●掌握常用的力场。

技能目标

●掌握线条流动动画的制作方法。

10.1 粒子

粒子是通过“发射器”生成的，通过在“属性”面板中进行设置，可以模拟粒子的生成状态。

10.1.1 发射器

使用“发射器”工具可以发射粒子。在菜单栏中选择“模拟 > 粒子 > 发射器”命令，会在“对象”面板中生成一个“发射器”对象，视图窗口中的效果如图10-1所示。在“属性”面板中可以对参数进行设置，如图10-2所示。单击时间轴中的“向前播放”按钮，发射器便会发射粒子。

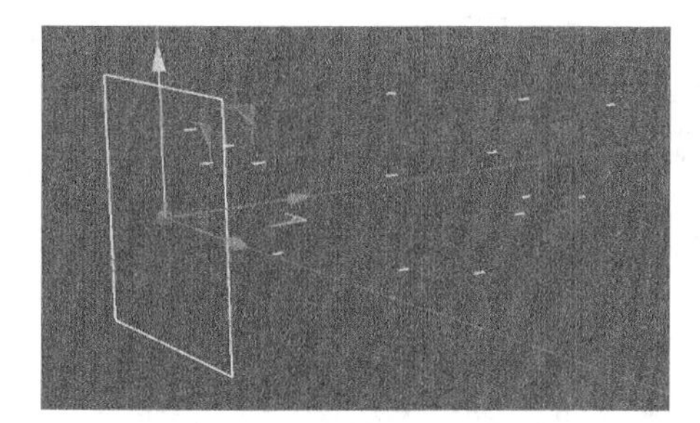
图10-1

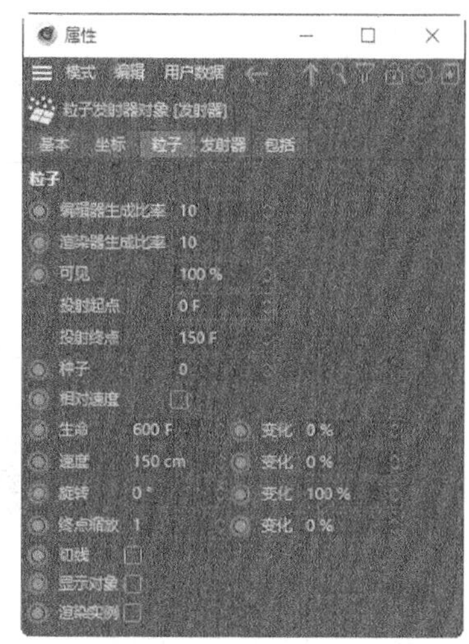

图10-2

10.1.2 烘焙粒子

使用“烘焙粒子”工具可以记录发射器将粒子发射后，粒子的运动轨迹，从而生成关键帧动画。在菜单栏中选择“模拟 > 粒子 > 烘焙粒子”命令，会弹出“烘焙粒子”对话框，如图10-3所示。

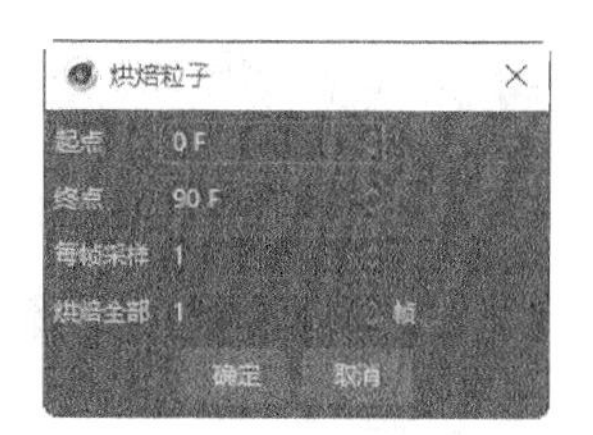

图10-3

10.2 力场

通过为粒子添加“力场”并进行设置，可以使粒子之间产生不同的动画效果。在菜单栏中选择“模拟 > 力场”命令，弹出的子菜单如图10-4所示。在该子菜单中选择需要的工具，即可创建相应的力场。

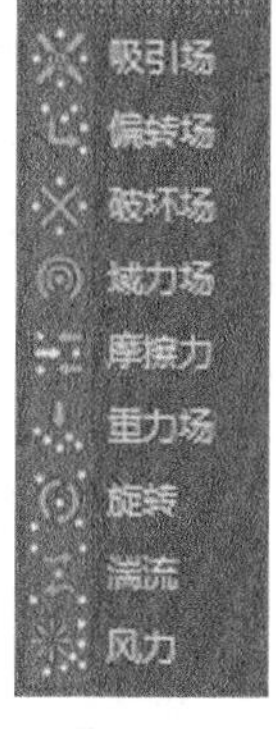

图10-4

10.2.1 课堂案例——制作线条流动动画

案例学习目标 能够使用“随机节奏”对象和“样条”对象制作线条流动动画。

案例知识要点 使用“属性”面板调整“样条”对象和“随机节奏”对象的具体参数，使用“编辑渲染设置”按钮和“渲染到图像查看器”按钮渲染动画效果。最终效果如图10-5所示。

效果所在位置 学习资源\Ch10\制作线条流动动画\工程文件.c4d。

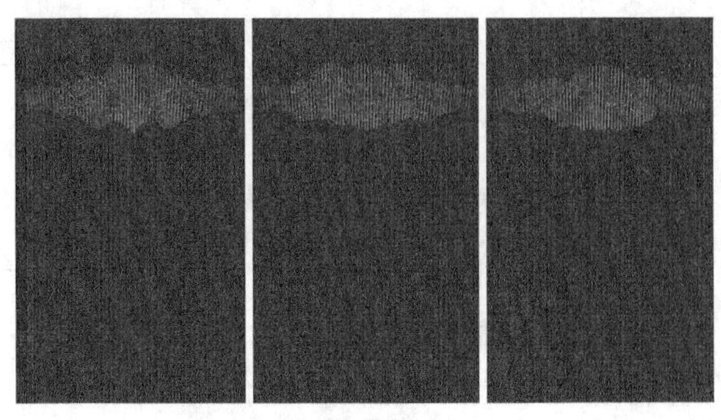

图10-5

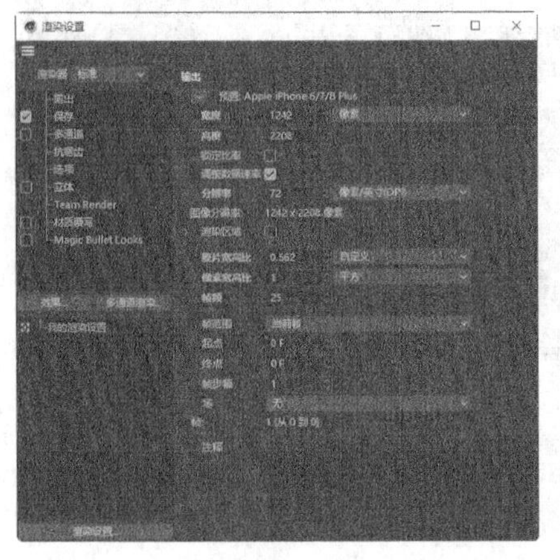

图10-6

01 启动Cinema 4D。单击“编辑渲染设置”按钮，弹出“渲染设置”面板。在“输出”设置区域中设置“宽度”为1242像素、“高度”为2208像素、“帧频”为25，如图10-6所示，单击“关闭”按钮，关闭面板。在“属性”面板“工程设置”选项卡中，设置“帧率”为25，如图10-7所示。

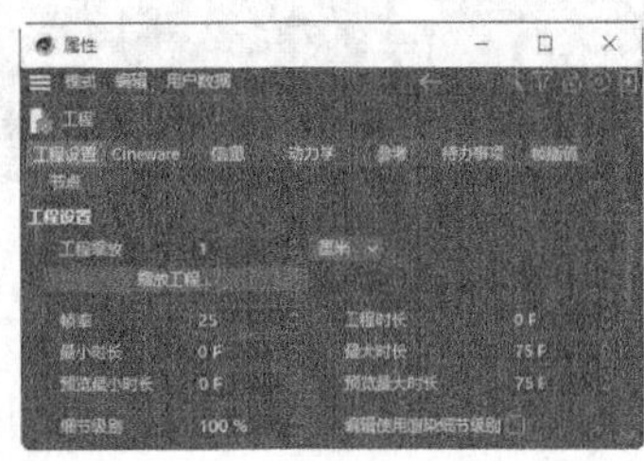

图10-7

02 在“时间线”面板中将“场景结束帧”设为300F，按Enter键确定操作，如图10-8所示。

图10-8

03 选择“文件 > 合并项目”命令，在弹出的“打开文件”对话框中选择学习资源中的“Ch010 > 制作线条流动动画 > 素材 > 01.c4d”文件，单击“打开”按钮，打开文件。在“对象”面板中单击“摄像机”对象右侧的按钮，如图10-9所示，进入摄像机视图。视图窗口中的效果如图10-10所示。

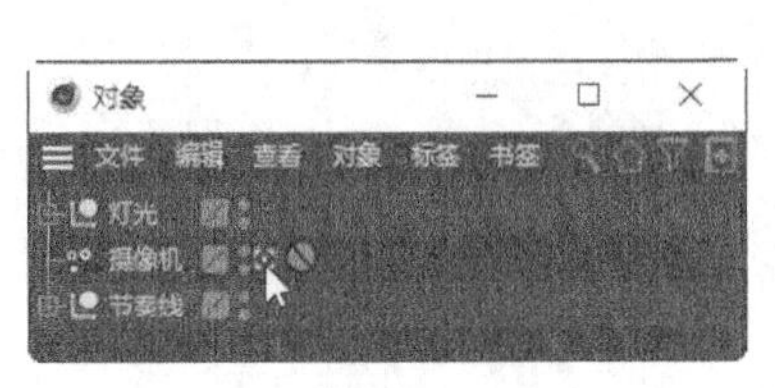

图10-9

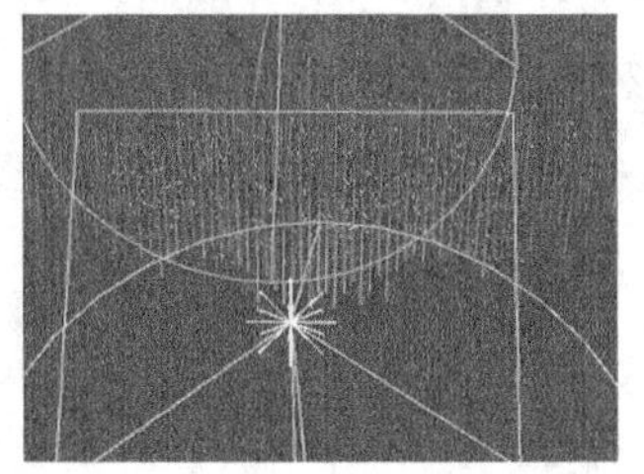

图10-10

04 在“对象”面板中展开“节奏线”对象组，选中“样条”对象，如图10-11所示。在“属性”面板“效果器”选项卡中，设置“偏移”为0%，单击该选项左侧的按钮，如图10-12所示，在0F处记录关键帧。将时间滑块放置在290F处。在“属性”面板“效果器”选项卡中，设置“偏移”为100%，单击该选项左侧的按钮，如图10-13所示，在290F处记录关键帧。

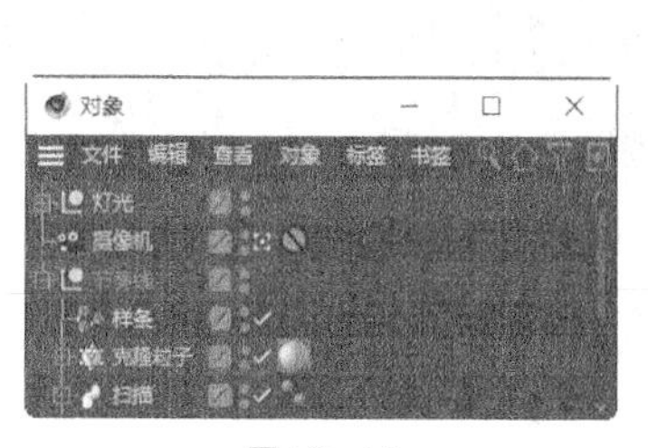

图10-11

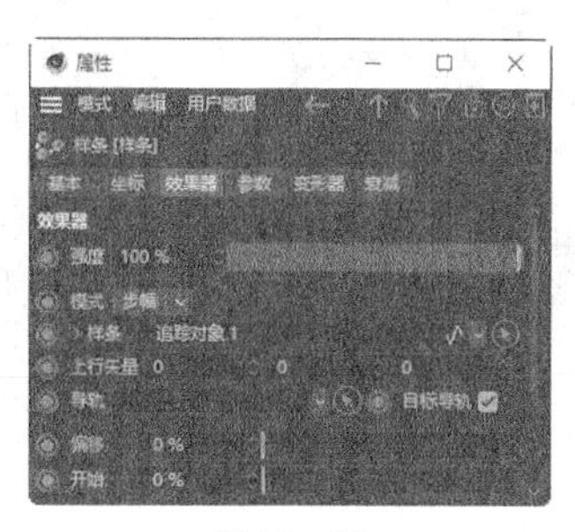

图10-12

图10-13

05 在“对象”面板中选中“随机节奏”对象，如图10-14所示。在“属性”面板“效果器”选项卡中，设置“随机模式”为“湍流”、“动画速率”为25%，如图10-15所示。

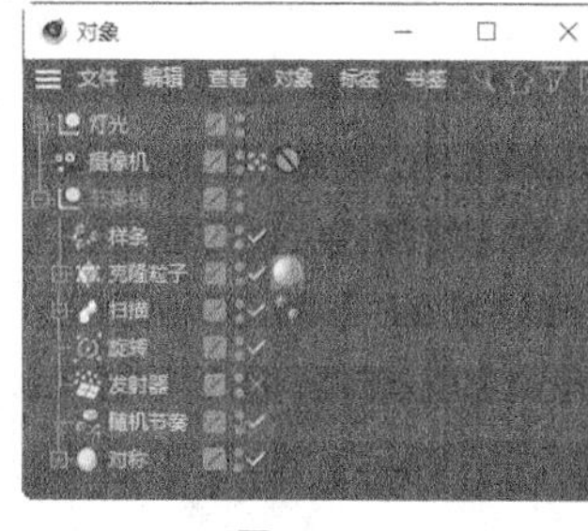

图10-14

图10-15

06 单击“编辑渲染设置”按钮，弹出“渲染设置”面板，设置“渲染器”为“物理”、“帧范围”为“全部帧”，如图10-16所示。在左侧列表中选择“保存”选项，切换到相应的设置区域，设置“格式”为“MP4”，如图10-17所示。

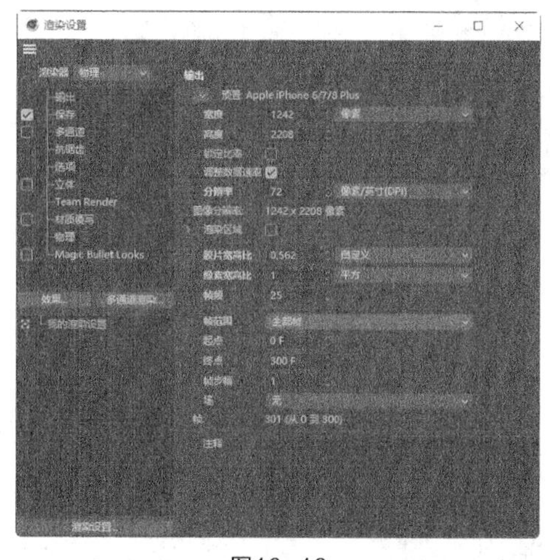

图10-16

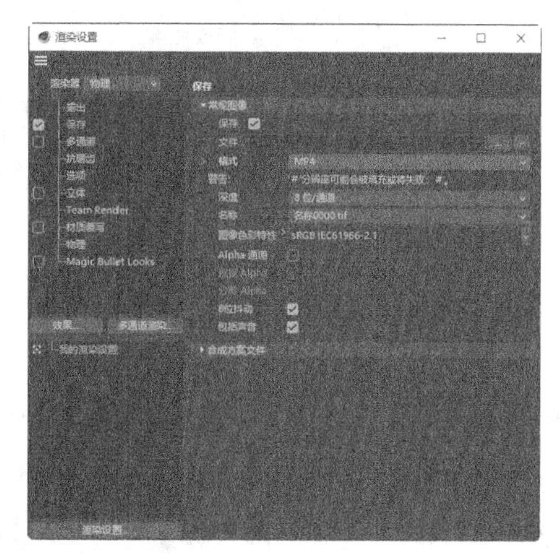

图10-17

07 单击“效果”按钮，在弹出的菜单中选择“全局光照”命令，在“输出”列表中添加“全局光照”，设置“预设”为“内部-高（小光源）”，如图10-18所示。单击“效果”按钮，在弹出的菜单中选择“环境吸收”命令，在“输出”列表中添加“环境吸收”，如图10-19所示。单击“关闭”按钮，关闭面板。

图10-18

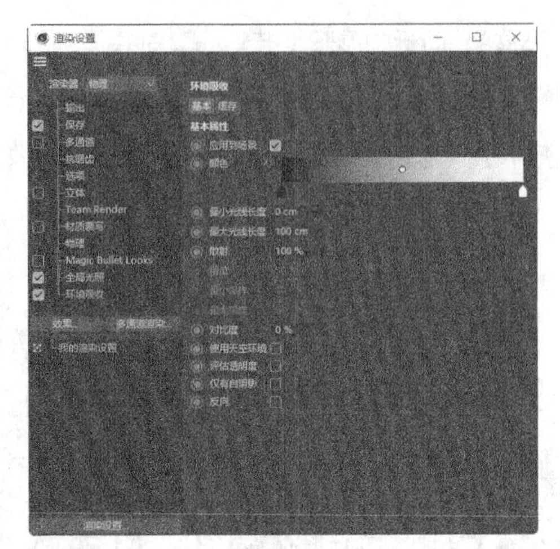

图10-19

08 单击“渲染到图像查看器”按钮，弹出“图像查看器”面板，如图10-20所示。渲染完成后，单击面板中的“将图像另存为”按钮，弹出“保存”对话框，如图10-21所示。单击“确定”按钮，弹出“保存对话”对话框，在对话框中选择要保存文件的位置，并在“文件名”文本框中输入名称，设置完成后，单击“保存”按钮，保存动画。线条流动动画制作完成。

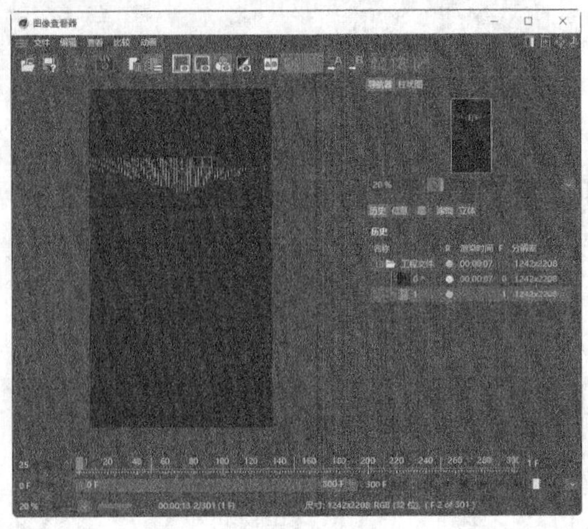

图10-20

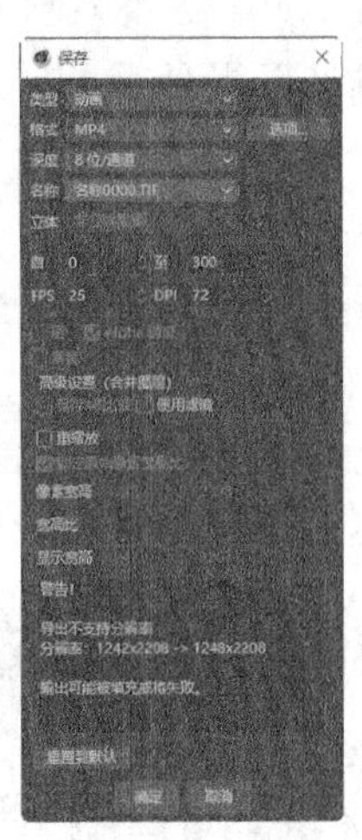

图10-21

10.2.2 吸引场

“吸引场”工具用于对粒子形成吸引或排斥的效果。“属性”面板中会显示吸引场的参数设置，如图10-22所示，常用的参数设置由“对象”“衰减”两个选项卡组成。单击时间轴中的“向前播放”按钮，即可预览动画效果，如图10-23所示。

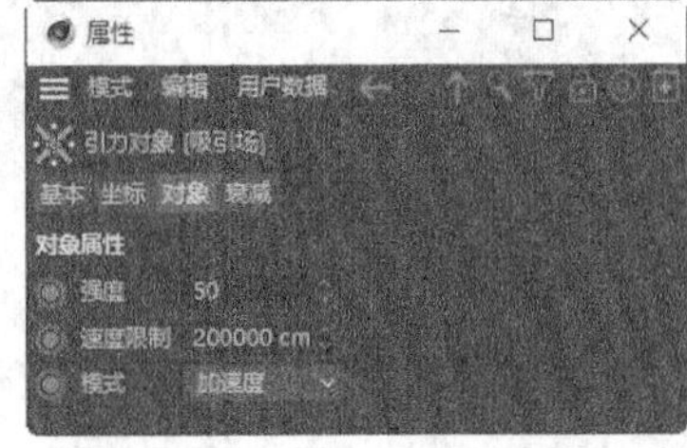

图10-22

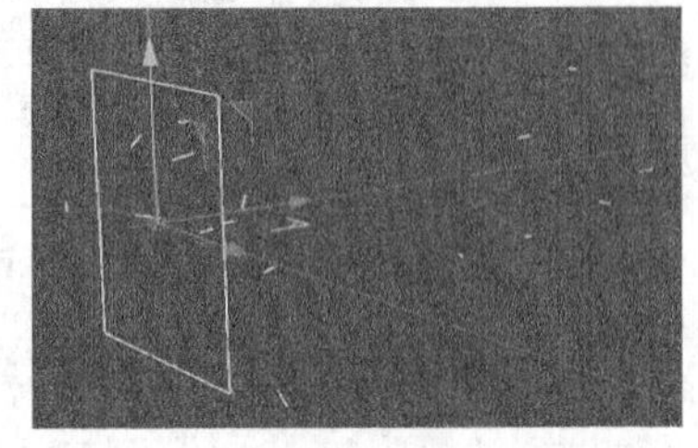

图10-23

10.2.3 重力场

“重力场”工具用于使粒子在运动过程中产生下落的效果。“属性”面板中会显示重力场的参数设置，如图10-24所示，常用的参数设置由“对象”“衰减”两个选项卡组成。单击时间轴中的“向前播放”按钮，即可预览动画效果，如图10-25所示。

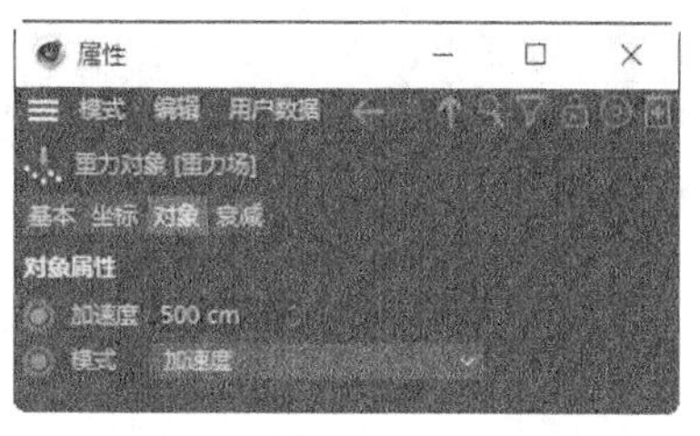

图10-24

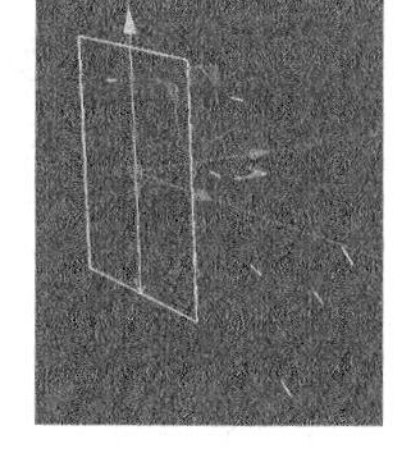
图10-25

10.2.4 湍流

“湍流”工具用于使粒子在运动过程中产生随机抖动的效果。“属性”面板中会显示湍流的参数设置，如图10-26所示，常用的参数设置由“对象”“衰减”两个选项卡组成。单击时间轴中的“向前播放”按钮， 即可预览动画效果，如图10-27所示。

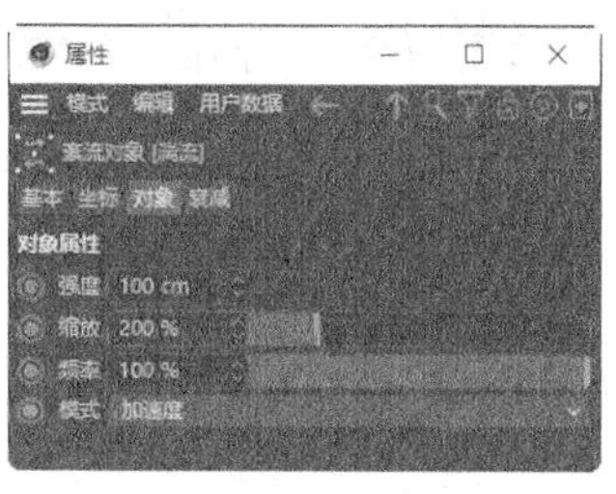

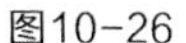
图10-26

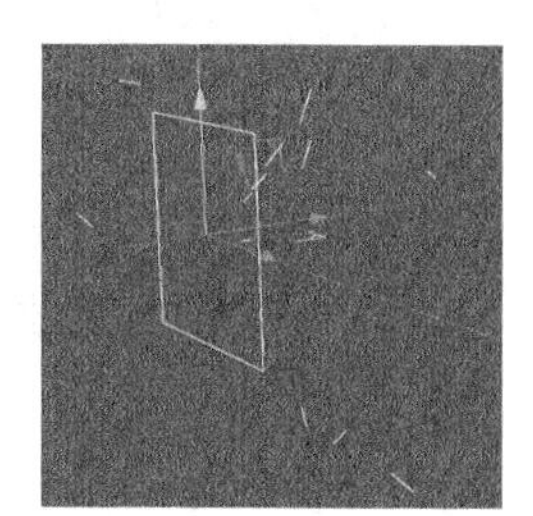
图10-27

10.2.5 风力

“风力”工具用于设置粒子在风力作用下的运动效果。“属性”面板中会显示风力的参数设置，如图10-28所示，常用的参数设置由“对象”“衰减”两个选项卡组成。单击时间轴中的“向前播放”按钮， 即可预览动画效果，如图10-29所示。

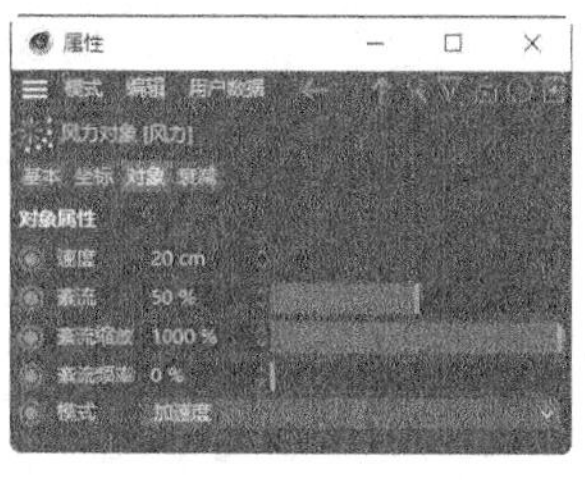

图10-28

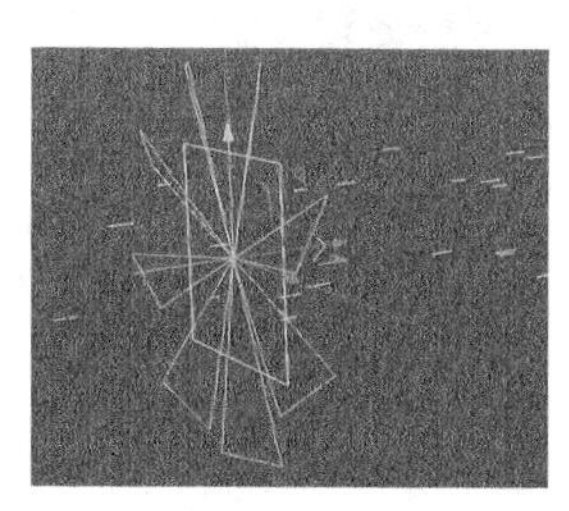
图10-29

课堂练习——制作气球飞起动画

练习知识要点 使用刚体和风力制作动画效果，使用“编辑渲染设置”按钮和“渲染到图像查看器”按钮渲染动画效果。最终效果如图10-30所示。

效果所在位置 学习资源\Ch10\制作气球飞起动画\工程文件.c4d。

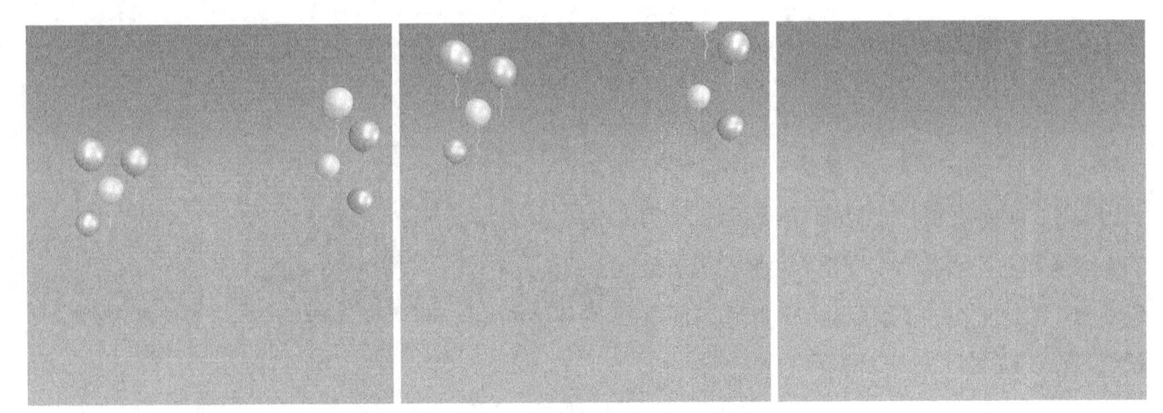

图10-30

课后习题——制作花瓣掉落动画

习题知识要点 使用刚体、碰撞体和重力场制作动画效果，使用“编辑渲染设置”按钮和“渲染到图像查看器”按钮渲染动画效果。最终效果如图10-31所示。

效果所在位置 学习资源\Ch10\制作花瓣掉落动画\工程文件.c4d。

图10-31

第 11 章

Cinema 4D动画技术

本章介绍

Cinema 4D中的动画即根据项目需求为已经创建好的三维模型添加的动态效果。Cinema 4D拥有一套强大的动画系统，可使渲染出的模型动画逼真、生动。本章将对Cinema 4D的基础动画和摄像机等进行系统讲解。通过本章的学习，读者可以对Cinema 4D动画技术有一个全面的认识，并能快速掌握常用动画的制作技术与技巧。

学习目标

- 掌握制作基础动画的常用工具。
- 熟悉常用的摄像机类型。
- 掌握摄像机的常用属性。

技能目标

- 掌握美食飘移动画的制作方法。
- 掌握泡泡形变动画的制作方法。
- 掌握蚂蚁搬运动画的制作方法。
- 掌握卡通环绕动画的制作方法。

11.1 基础动画

在Cinema 4D中，可以使用关键帧和时间线窗口来制作基础的动画效果。

11.1.1 课堂案例——制作美食飘移动画

案例学习目标 能够使用“时间线”面板中的工具制作美食飘移动画。

案例知识要点 使用“时间线”面板设置动画时长，使用“记录活动对象”按钮记录关键帧，使用“坐标”面板调整食物位置，使用“时间线窗口（函数曲线）”命令和“时间线窗口（摄影表）”命令制作动画效果，使用“编辑渲染设置”按钮和“渲染到图像查看器”按钮渲染动画效果。最终效果如图11-1所示。

效果所在位置 学习资源\Ch11\制作美食飘移动画\工程文件.c4d。

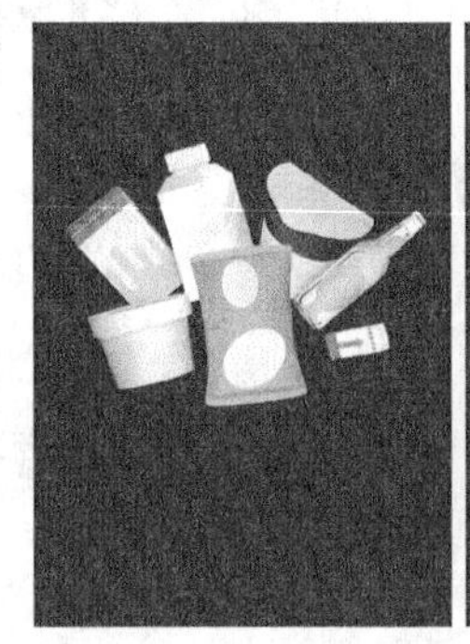
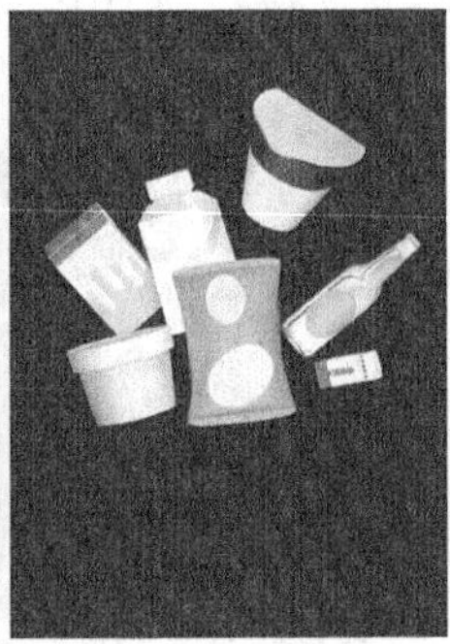

图11-1

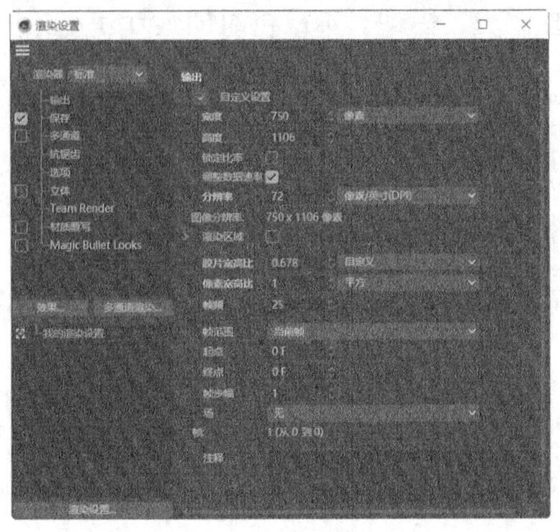

图11-2

01 启动Cinema 4D。单击“编辑渲染设置”按钮，弹出“渲染设置”面板。在“输出”设置区域中设置“宽度”为750像素、“高度”为1106像素、“帧频”为25，如图11-2所示，单击“关闭”按钮，关闭面板。在“属性”面板“工程设置”选项卡中，设置“帧率”为25，如图11-3所示。

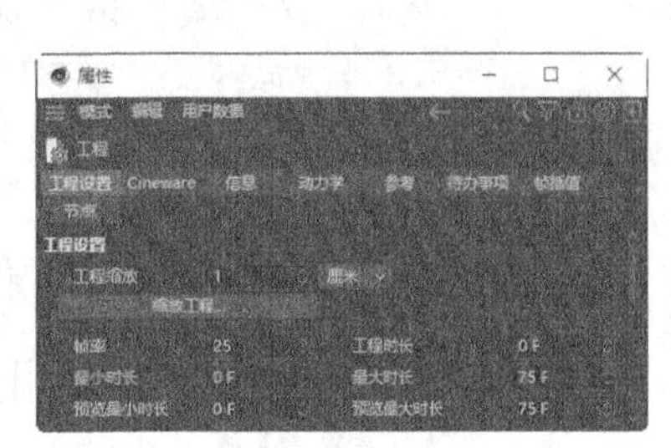

图11-3

02 选择“文件 > 合并项目”命令，在弹出的“打开文件”对话框中选择学习资源中的“Ch11 > 制作美食飘移动画 > 素材 > 01.c4d”文件，单击“打开”按钮，打开文件。在“对象”面板中单击“摄像机”对象右侧的按钮，如图11-4所示，进入摄像机视图。视图窗口中的效果如图11-5所示。

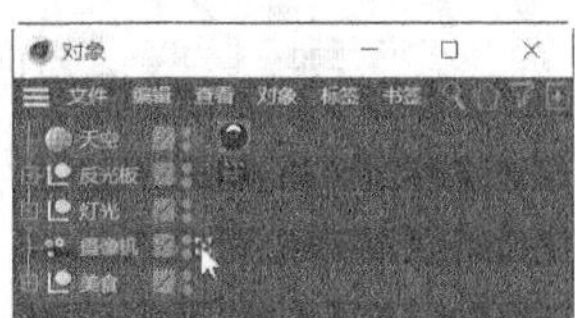

图11-4

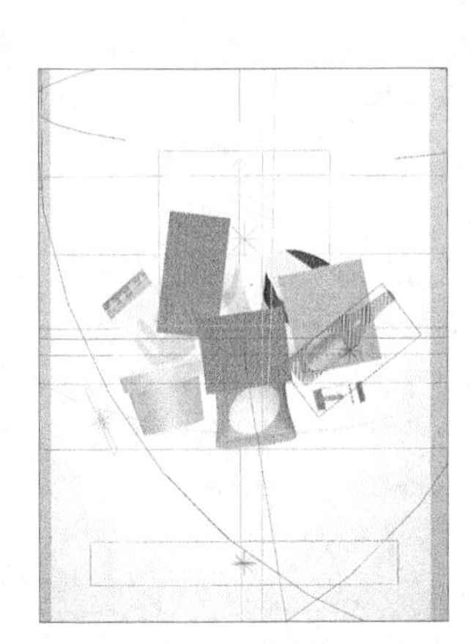

图11-5

03 在“时间线”面板中将“场景结束帧”设为140F，按Enter键确定操作，如图11-6所示。

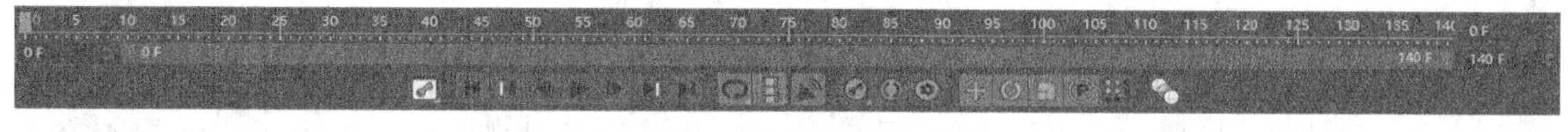

图11-6

04 在“对象”面板中展开“美食”对象组，选中“纯牛奶”对象，如图11-7所示。将时间滑块放置在0F处。在“坐标”面板“位置”选项组中，设置“X”为115.7cm、“Y”为11.5cm、“Z”为-50.5cm，如图11-8所示，单击“应用”按钮。在“时间线”面板中单击“记录活动对象”按钮，在0F处记录关键帧。将时间滑块放置在30F处。在“坐标”面板“位置”选项组中，设置“Y”为-23.5cm，如图11-9所示，单击“应用”按钮。在“时间线”面板中单击“记录活动对象”按钮，在30F处记录关键帧。

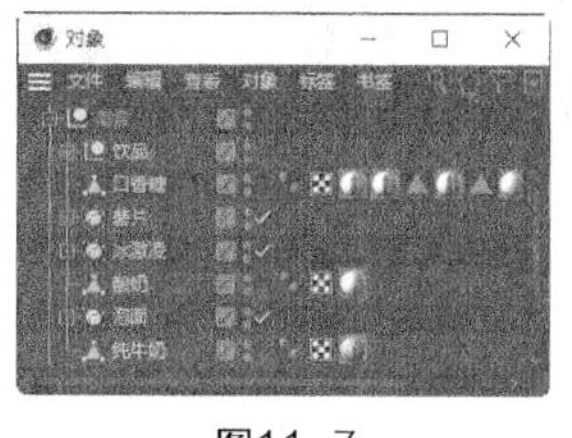

图11-7

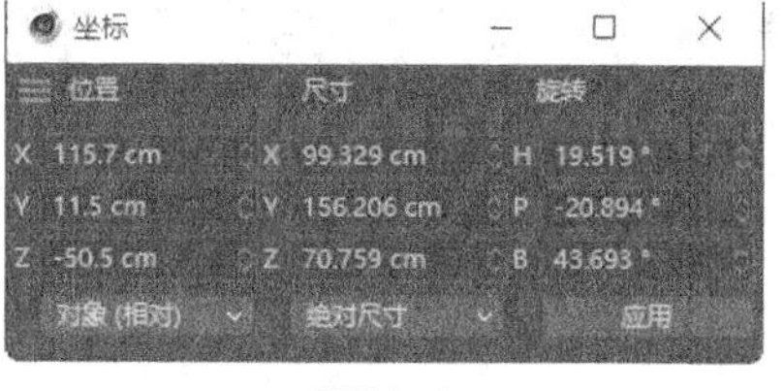

图11-8

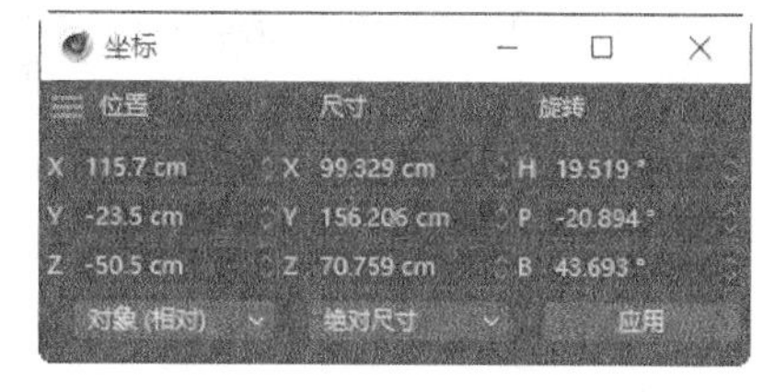

图11-9

05 将时间滑块放置在60F处。在“坐标”面板“位置”选项组中，设置“Y”为11.5cm，如图11-10所示，单击“应用”按钮。在“时间线”面板中单击“记录活动对象”按钮，在60F处记录关键帧。

06 在“对象”面板中选中“泡面”对象组，如图11-11所示。将时间滑块放置在0F处。在“坐标”面板“位置”选项组中，设置“X”为-351.5cm、“Y”为-30cm、“Z”为-57cm，如图11-12所示，单击“应用”按钮。在“时间线”面板中单击“记录活动对象”按钮，在0F处记录关键帧。

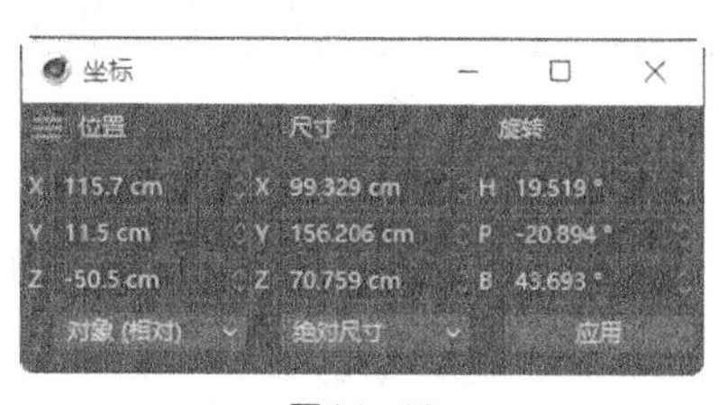

图11-10

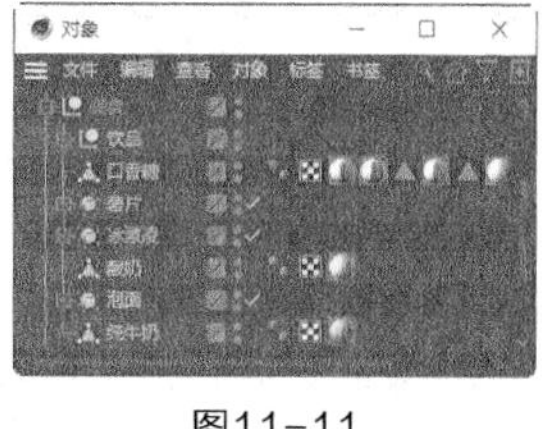

图11-11

图11-12

07 将时间滑块放置在40F处。在“坐标”面板“位置”选项组中，设置“Y”为69.7cm，如图11-13所示，单击“应用”按钮。在“时间线”面板中单击“记录活动对象”按钮，在40F处记录关键帧。将时间滑块放置在60F处。在“坐标”面板“位置”选项组中，设置“Y”为-29.7cm，如图11-14所示，单击“应用”按钮。在“时间线”面板中单击“记录活动对象”按钮，在60F处记录关键帧。在“对象”面板中选中“酸奶”对象，如图11-15所示。

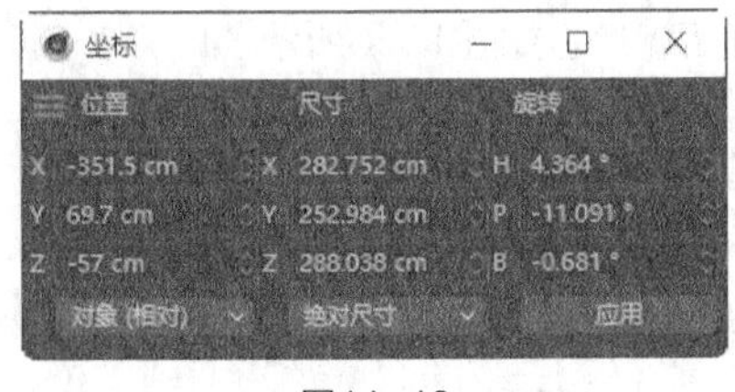

图11-13

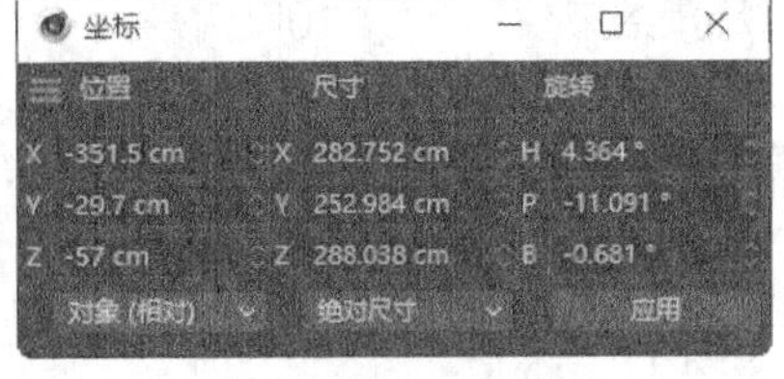

图11-14

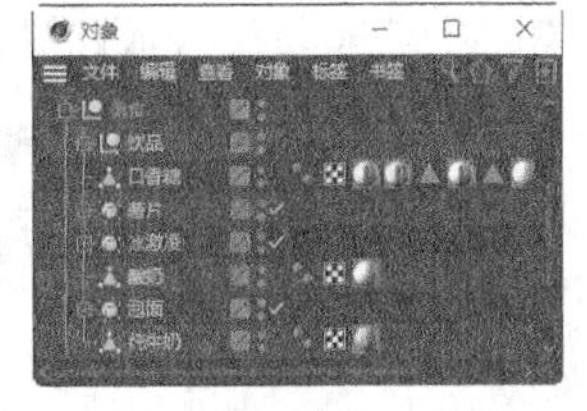

图11-15

08 将时间滑块放置在0F处。在“坐标”面板“位置”选项组中，设置“X”为-7.5cm、“Y”为84.7cm、“Z”为-81.4cm，如图11-16所示，单击“应用”按钮。在“时间线”面板中单击“记录活动对象”按钮，在0F处记录关键帧。将时间滑块放置在30F处。在“坐标”面板“位置”选项组中，设置“Y”为49.7cm，如图11-17所示，单击“应用”按钮。在“时间线”面板中单击“记录活动对象”按钮，在30F处记录关键帧。

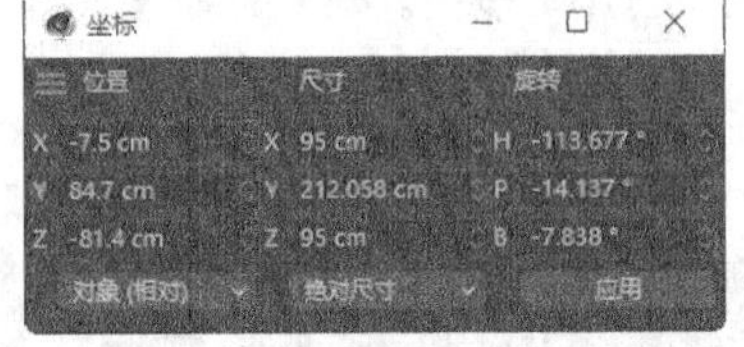

图11-16

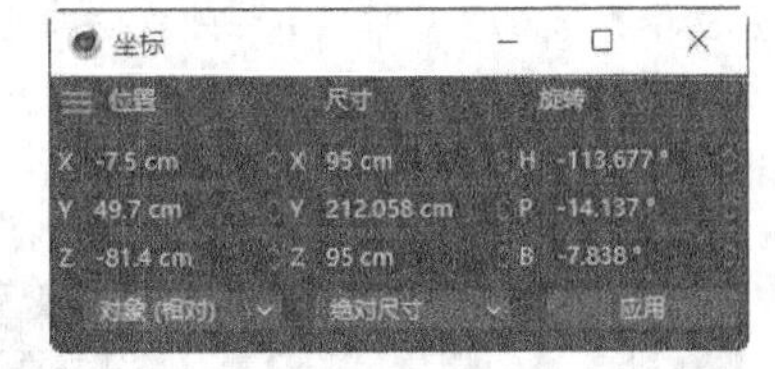

图11-17

09 将时间滑块放置在40F处。在“坐标”面板“位置”选项组中，设置“Y”为29.7cm，如图11-18所示，单击“应用”按钮。在“时间线”面板中单击“记录活动对象”按钮，在40F处记录关键帧。将时间滑块放置在60F处。在“坐标”面板“位置”选项组中，设置“Y”为84.7cm，如图11-19所示，单击“应用”按钮。在“时间线”面板中单击“记录活动对象”按钮，在60F处记录关键帧。

图11-18

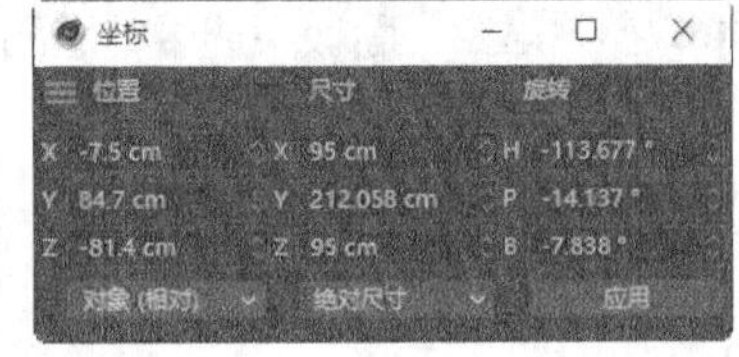

图11-19

10 在“对象”面板中选中“冰激凌”对象组，如图11-20所示。将时间滑块放置在0F处。在“坐标”面板“位置”选项组中，设置“X”为-51.6cm、“Y”为14.8cm、“Z”为1cm，如图11-21所示，单击“应用”按钮。在“时间线”面板中单击“记录活动对象”按钮，在0F处记录关键帧。将时间滑块放置在30F处。在“坐标”面板“位置”选项组中，设置“Y”为-35.2cm，如图11-22所示，单击“应用”按钮。在“时间线”面板中单击“记录活动对象”按钮，在30F处记录关键帧。

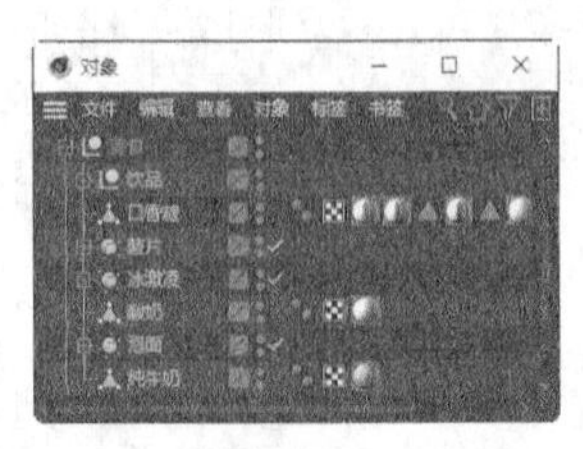

图11-20

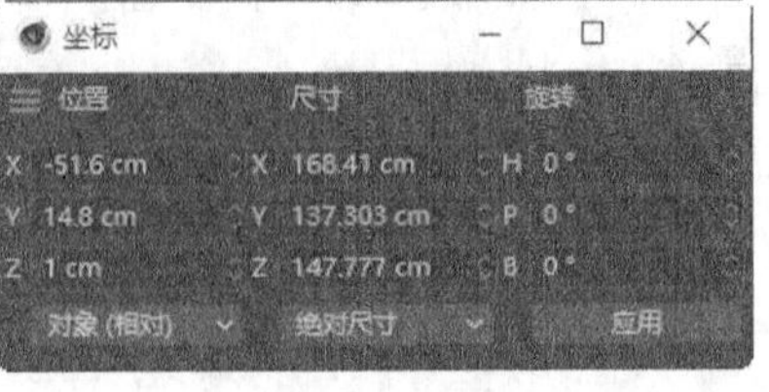

图11-21

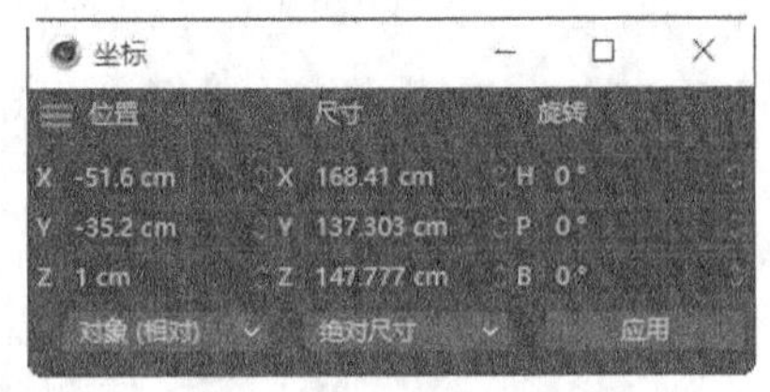

图11-22

11 将时间滑块放置在60F处。在“坐标”面板“位置”选项组中，设置“Y”为14.8cm，如图11-23所示，单击“应用”按钮。在“时间线”面板中单击“记录活动对象”按钮，在60F处记录关键帧。

12 在“对象”面板中选中“薯片”对象组，如图11-24所示。将时间滑块放置在0F处。在“坐标”面板“位置”选项组中，设置“X”为753.5cm、“Y”为-138.7cm、“Z”为1cm，如图11-25所示，单击“应用”按钮。在“时间线”面板中单击“记录活动对象”按钮，在0F处记录关键帧。

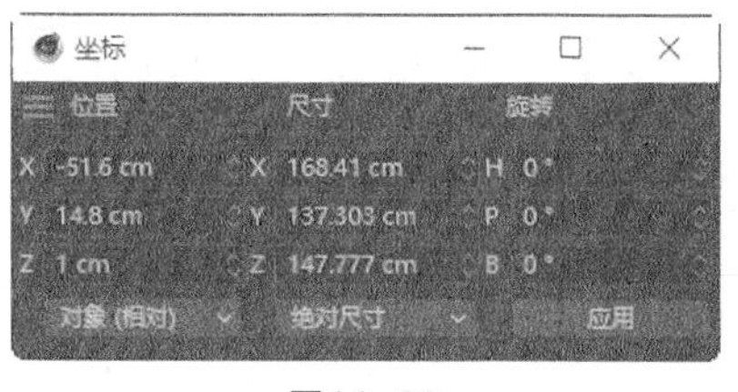

图11-23

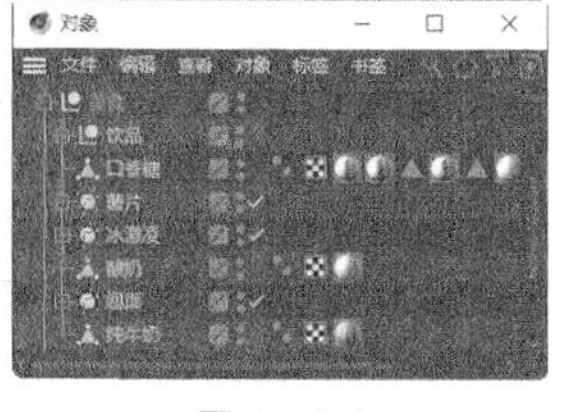

图11-24

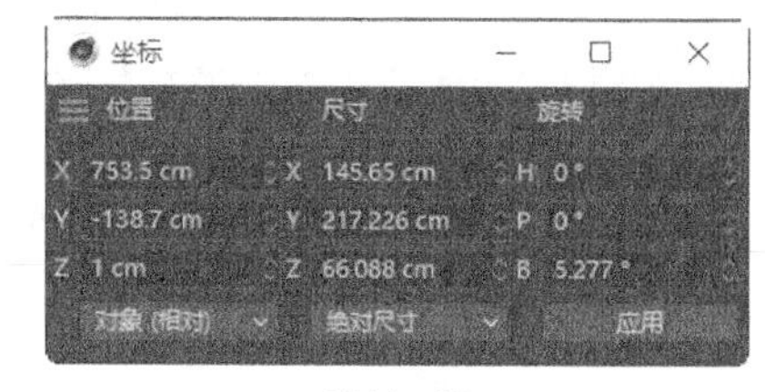

图11-25

13 将时间滑块放置在25F处。在“坐标”面板“位置”选项组中，设置“Y”为-168.7cm，如图11-26所示，单击“应用”按钮。在“时间线”面板中单击“记录活动对象”按钮，在25F处记录关键帧。将时间滑块放置在60F处。在“坐标”面板“位置”选项组中，设置“Y”为-138.7cm，如图11-27所示，单击“应用”按钮。在“时间线”面板中单击“记录活动对象”按钮，在60F处记录关键帧。在“对象”面板中选中“口香糖”对象，如图11-28所示。

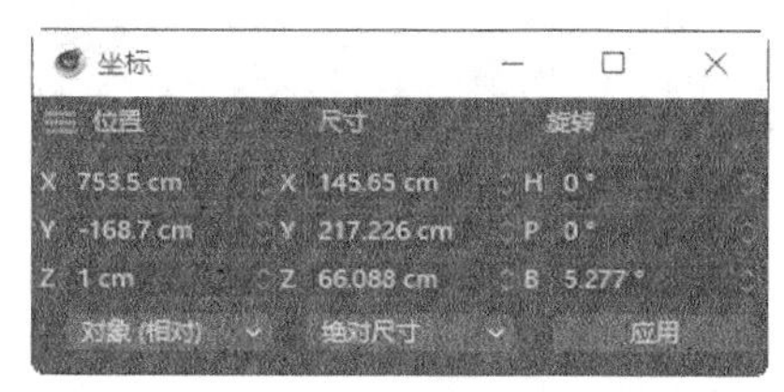

图11-26

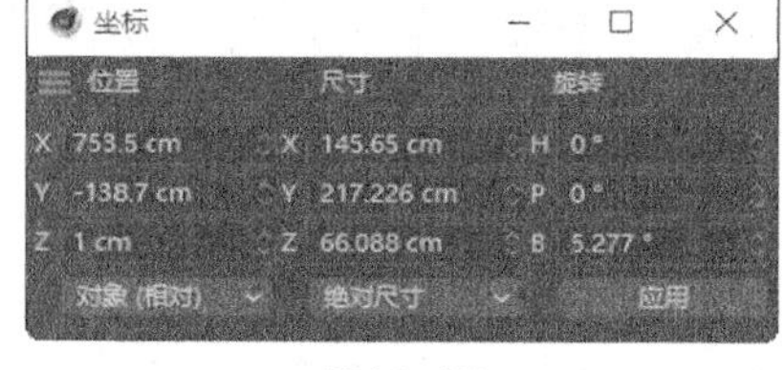

图11-27

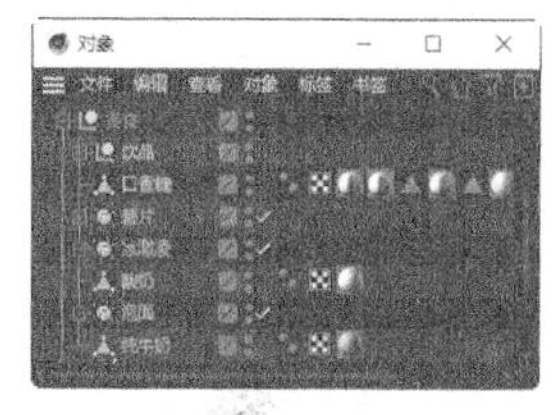

图11-28

14 将时间滑块放置在0F处。在“坐标”面板“位置”选项组中，设置“X”为-218cm、“Y”为-115cm、“Z”为105.5cm，如图11-29所示，单击“应用”按钮。在“时间线”面板中单击“记录活动对象”按钮，在0F处记录关键帧。将时间滑块放置在25F处。在“坐标”面板“位置”选项组中，设置“Y”为-150cm，如图11-30所示，单击“应用”按钮。在“时间线”面板中单击“记录活动对象”按钮，在25F处记录关键帧。

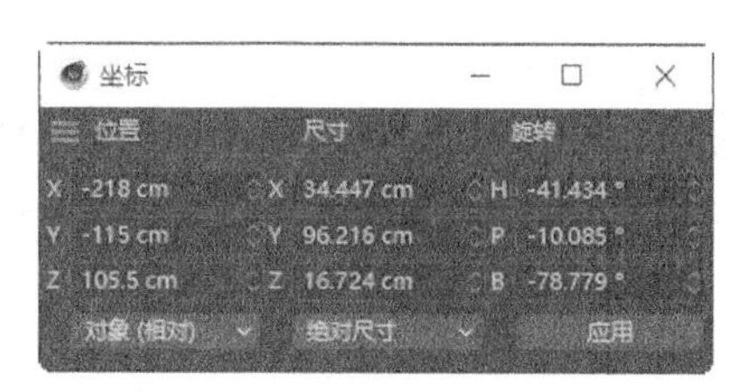

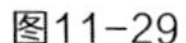

图11-29

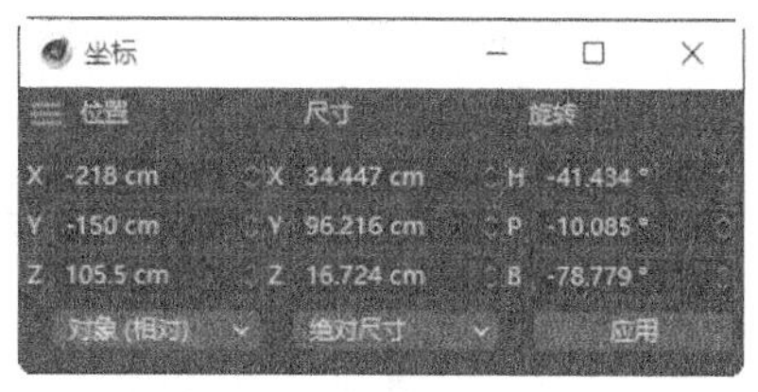

图11-30

15 将时间滑块放置在30F处。在“坐标”面板“位置”选项组中，设置“Y”为-160cm，如图11-31所示，单击“应用”按钮。在“时间线”面板中单击“记录活动对象”按钮，在30F处记录关键帧。将时间滑块放置在60F处。在“坐标”面板“位置”选项组中，设置“Y”为-115cm，如图11-32所示，单击“应用”按钮。在“时间线”面板中单击“记录活动对象”按钮，在60F处记录关键帧。在“对象”面板中选中“饮品”对象组，如图11-33所示。

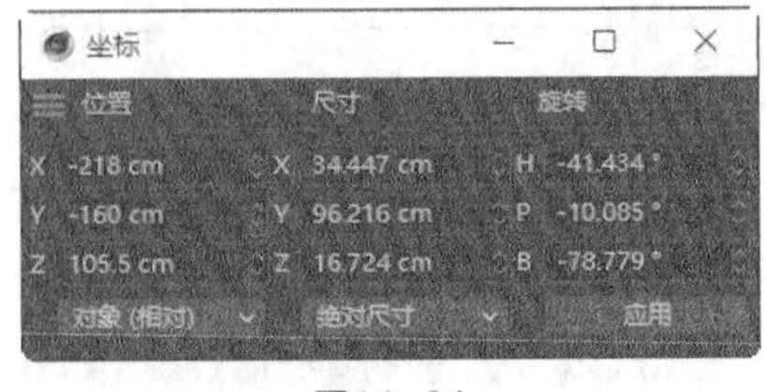

图11-31

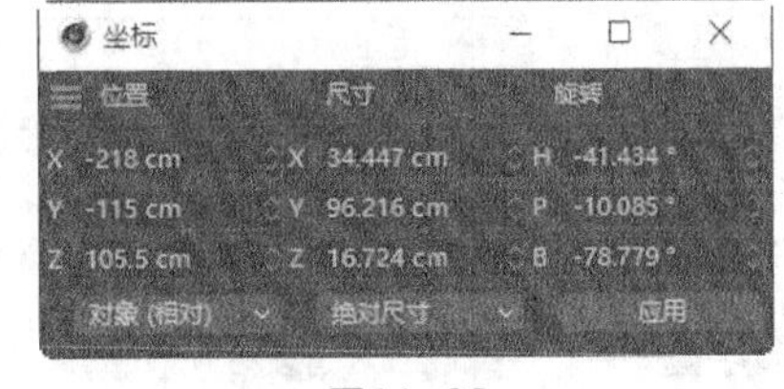

图11-32

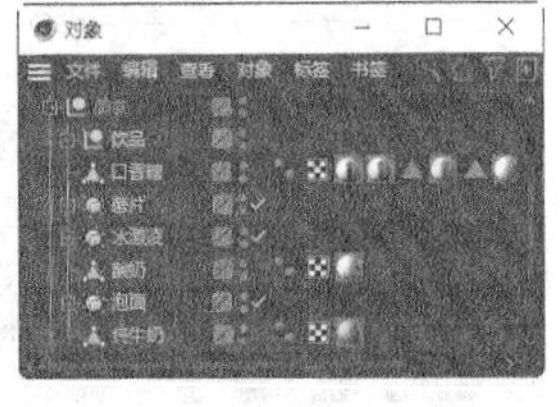

图11-33

16 将时间滑块放置在0F处。在“坐标”面板“位置”选项组中，设置“X”为-206.3cm、“Y”为-27.7cm、“Z”为111.7cm，如图11-34所示，单击“应用”按钮。在“时间线”面板中单击“记录活动对象”按钮，在0F处记录关键帧。将时间滑块放置在25F处。在“坐标”面板“位置”选项组中，设置“Y”为-67.7cm，如图11-35所示，单击“应用”按钮。在“时间线”面板中单击“记录活动对象”按钮，在25F处记录关键帧。

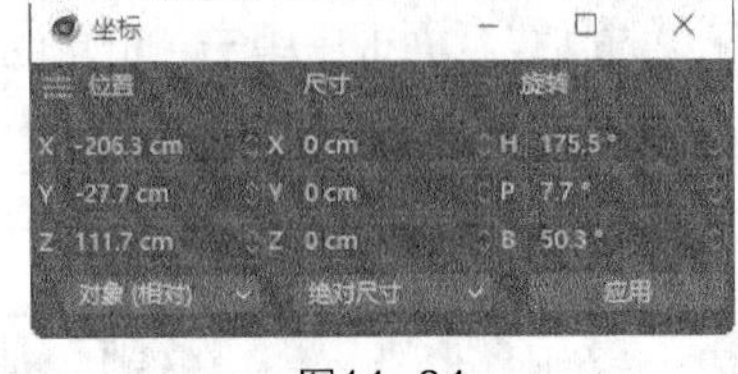

图11-34

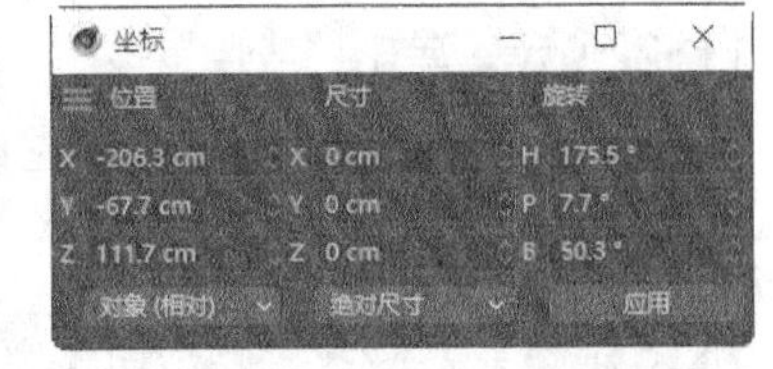

图11-35

17 将时间滑块放置在30F处。在“坐标”面板“位置”选项组中，设置“Y”为-72.7cm，如图11-36所示，单击“应用”按钮。在“时间线”面板中单击“记录活动对象”按钮，在30F处记录关键帧。将时间滑块放置在60F处。在“坐标”面板“位置”选项组中，设置“Y”为-12.7cm，如图11-37所示，单击“应用”按钮。在“时间线”面板中单击“记录活动对象”按钮，在60F处记录关键帧。

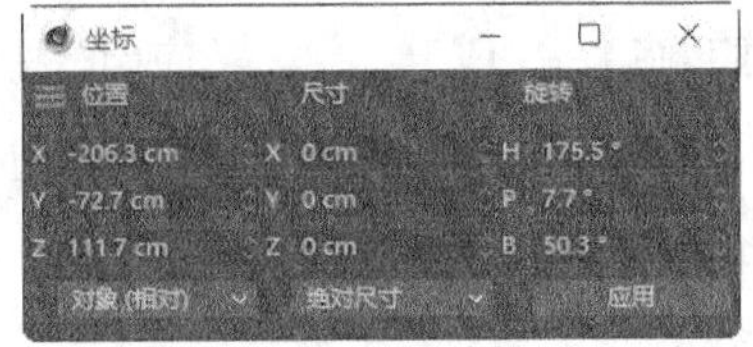

图11-36

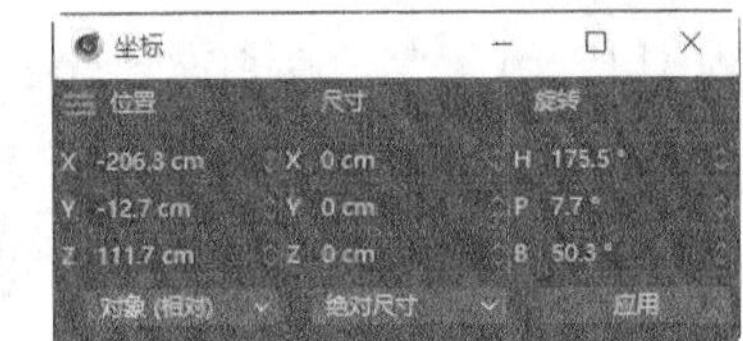

图11-37

18 选择“窗口 > 时间线窗口（函数曲线）”命令，弹出“时间线窗口（函数曲线）”面板，按Ctrl+A快捷键全选控制点，如图11-38所示。单击“零长度（相切）”按钮，效果如图11-39所示。单击“关闭”按钮，关闭面板，并查看动画播放效果。

19 选择“窗口 > 时间线窗口（摄影表）”命令，弹出“时间线窗口（摄影表）”面板，选中需要的对象，如图11-40所示。选择“关键帧 > 循环选取”命令，弹出“循环”对话框，设置“副本”为10，如图11-41所示。单击“确定”按钮，返回“时间线窗口（摄影表）”面板。单击“关闭”按钮，关闭面板。

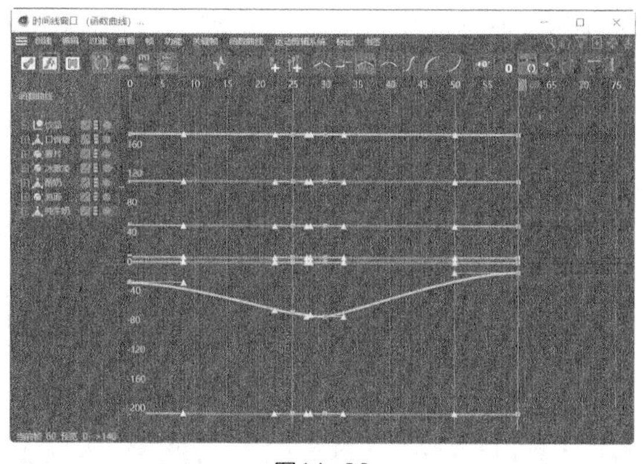

图11-38

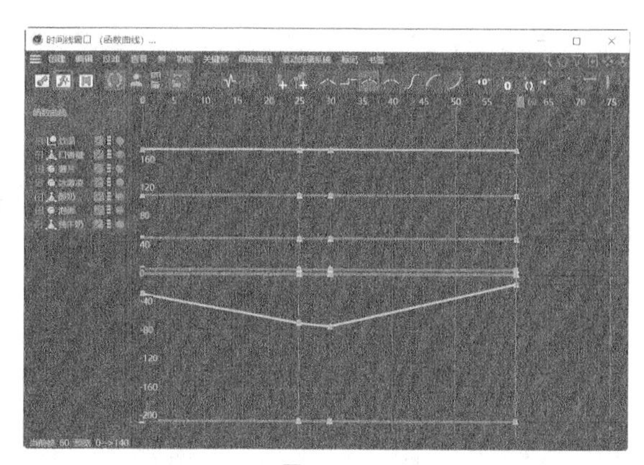

图11-39

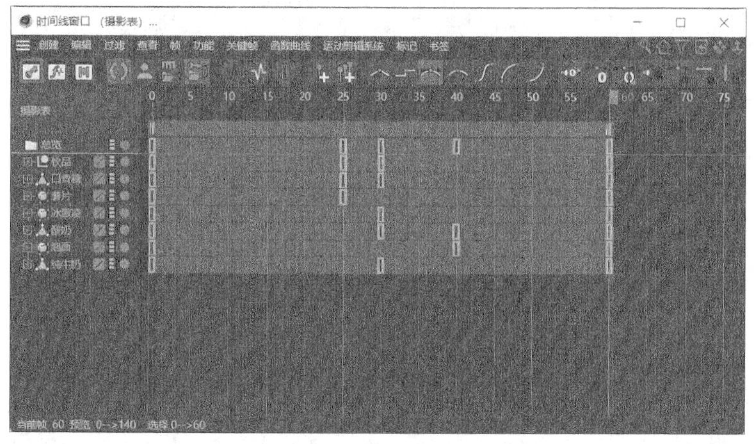

图11-40

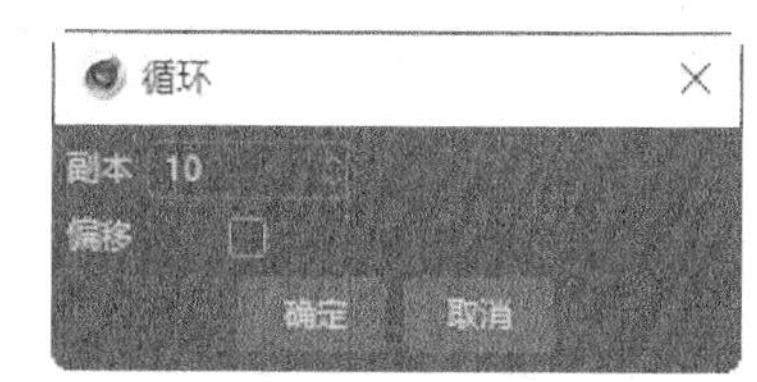

图11-41

20 单击“编辑渲染设置”按钮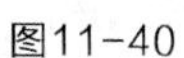，弹出“渲染设置”面板，设置“渲染器”为“物理”、“帧范围”为“全部帧”，如图11-42所示。在左侧列表中选择“物理”选项，切换到相应的设置区域，勾选“运动模糊”复选框，如图11-43所示。

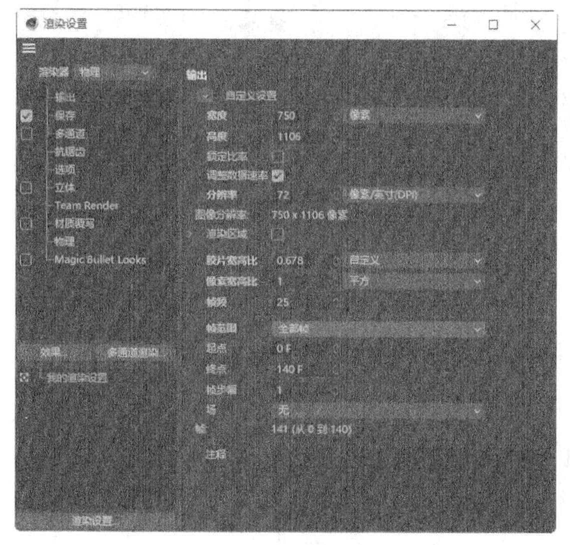

图11-42

图11-43

21 在左侧列表中选择“保存”选项，切换到相应的设置区域，设置“格式”为“MP4”，如图11-44所示。单击“效果”按钮，在弹出的菜单中选择“环境吸收”命令，在“输出”列表中添加“环境吸收”。单击“效果”按钮，在弹出的菜单中选择“全局光照”命令，在“输出”列表中添加“全局光照”，设置“预设”为“内部-高（小光源）”，如图11-45所示。单击“关闭”按钮，关闭面板。

图11-44

图11-45

22 单击“渲染到图像查看器”按钮，弹出“图像查看器”面板，如图11-46所示。渲染完成后，单击面板中的“将图像另存为”按钮，弹出“保存”对话框，如图11-47所示。单击“确定”按钮，弹出“保存对话”对话框，在对话框中选择要保存文件的位置，并在“文件名”文本框中输入名称，设置完成后，单击“保存”按钮，保存动画。美食飘移动画制作完成。

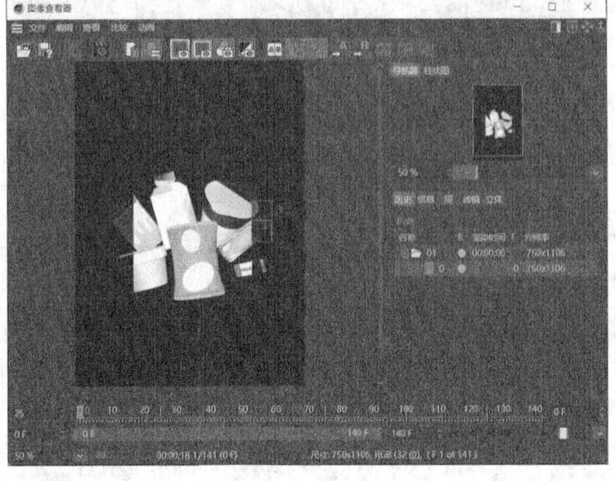

图11-46

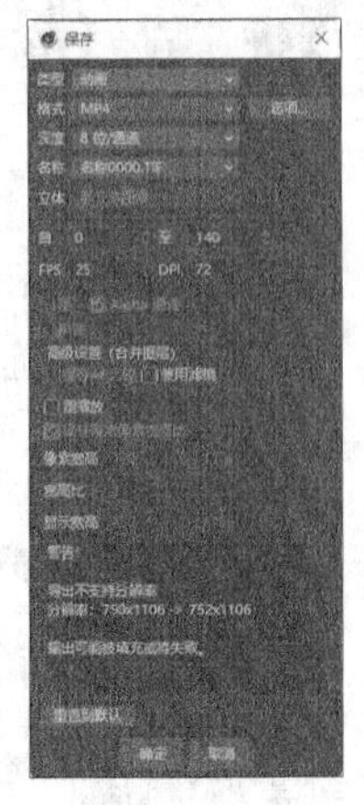

图11-47

11.1.2 “时间线”面板中的工具

“时间线”面板包含多个工具按钮，它们是播放和编辑动画的主要工具，如图11-48所示。

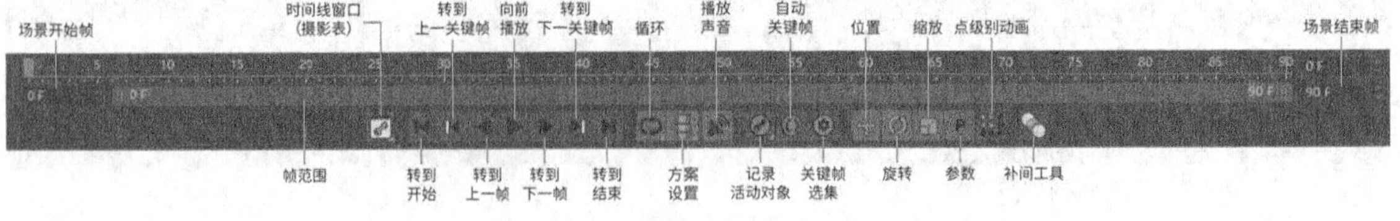

图11-48

转到开始：将时间滑块移动到动画起点。

转到上一关键帧：将时间滑块移动到上一关键帧。

转到上一帧：将时间滑块移动到上一帧。

向前播放：向前播放动画。

转到下一帧：将时间滑块移动到下一帧。

转到下一关键帧：将时间滑块移动到下一关键帧。

转到结束：将时间滑块移动到动画终点。

循环：将动画效果循环播放。

方案设置：设置播放速率。

播放声音：设置播放声音。

记录活动对象：记录位置、缩放、旋转及活动对象的点级别动画。

自动关键帧：自动记录关键帧。

关键帧选集：设置关键帧选集对象。

位置：用于记录位置的开/关。

旋转：用于记录旋转的开/关。

缩放：用于记录缩放的开/关。

参数：用于记录参数级别动画的开/关。

点级别动画：用于记录点级别动画的开/关。

补间工具：辅助调整关键帧。

11.1.3 时间线窗口

在Cinema 4D中制作动画时，通常使用时间线窗口进行编辑。单击“时间线”面板中的“时间线窗口（摄影表）”按钮，在弹出的菜单中选择需要的命令，如图11-49所示，即可打开相应的面板，如图11-50所示。

图11-49

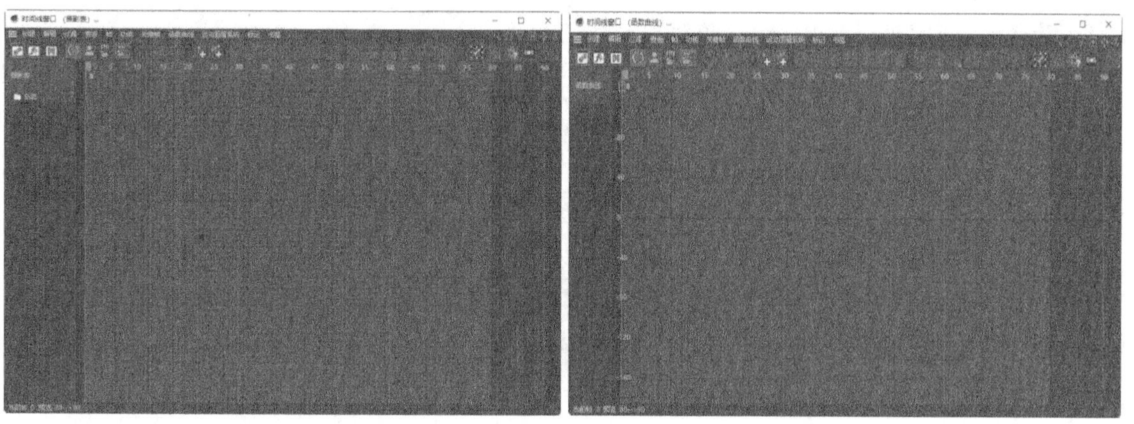

图11-50

11.1.4 关键帧动画

关键帧是指角色或对象运动或变化过程中的关键动作位于的一帧。关键帧的参数可以影响画面中的图像，因此在动画制作中应用十分广泛。

在“时间线窗口”面板中记录需要的关键帧，有关键帧的位置便会出现方块标记，起始位置有时间滑块标记，如图11-51所示。单击“时间线”面板中的“向前播放”按钮▶，即可在场景中看到关键帧动画效果。

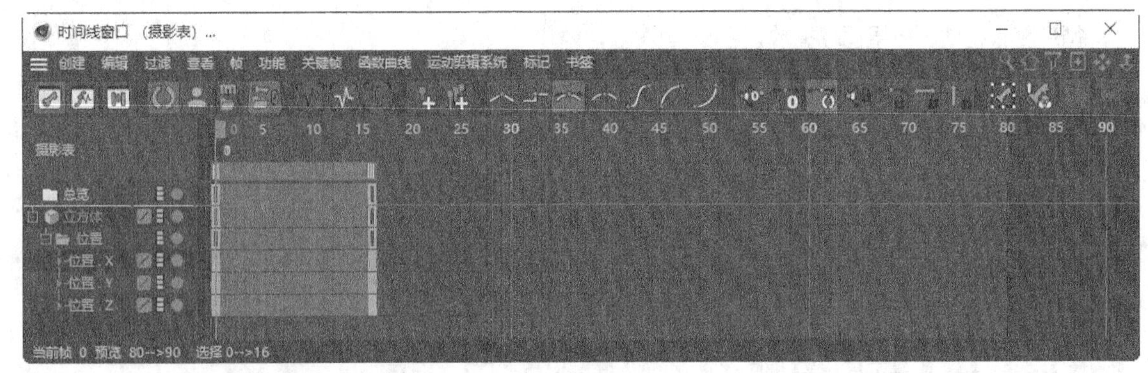

图11-51

11.1.5 课堂案例——制作泡泡形变动画

案例学习目标 能够使用“时间线”面板中的工具制作泡泡形变动画。

案例知识要点 使用“时间线”面板设置动画时长，使用“自动关键帧”按钮、“点级别动画”按钮和“记录活动对象”按钮记录关键帧，并制作动画效果，使用“坐标”面板调整水泡大小，使用“属性”面板调整水泡旋转角度，使用“编辑渲染设置”按钮和“渲染到图像查看器”按钮渲染动画效果。最终效果如图11-52所示。

效果所在位置 学习资源\Ch11\制作泡泡形变动画\工程文件.c4d。

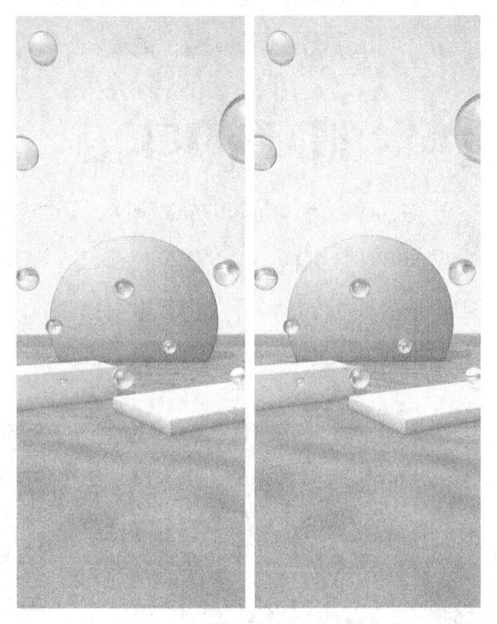

图11-52

01 启动Cinema 4D。单击“编辑渲染设置”按钮，弹出“渲染设置”面板。在“输出”设置区域中设置“宽度”为790像素、“高度”为2000像素、“帧频”为25，如图11-53所示，单击“关闭”按钮，关闭面板。在“属性”面板“工程设置”选项卡中，设置“帧率”为25，如图11-54所示。

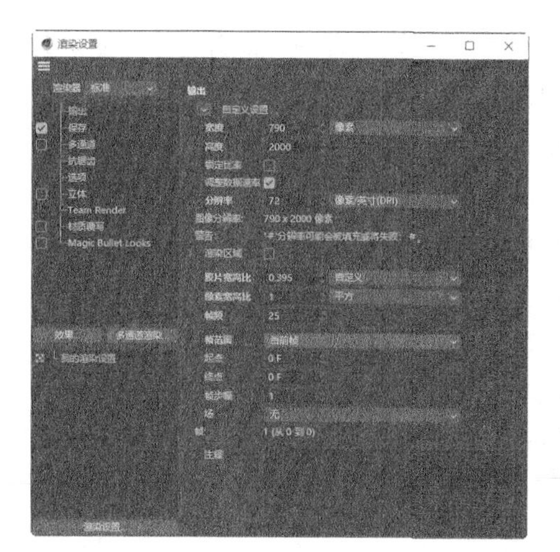

图11-53

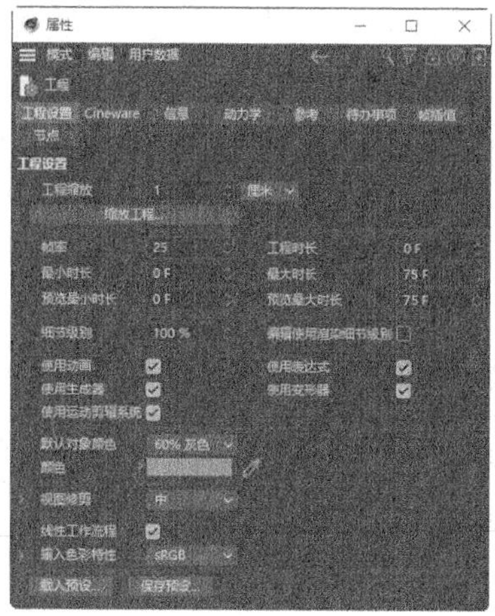

图11-54

图11-55

02 选择“文件 > 合并项目”命令，在弹出的“打开文件”对话框中选择学习资源中的“Ch11 > 制作泡泡形变动画 > 素材 > 01.c4d”文件，单击“打开”按钮，打开文件。视图窗口中的效果如图11-55所示。在“对象”面板中单击“摄像机”对象右侧的按钮，如图11-56所示，进入摄像机视图。

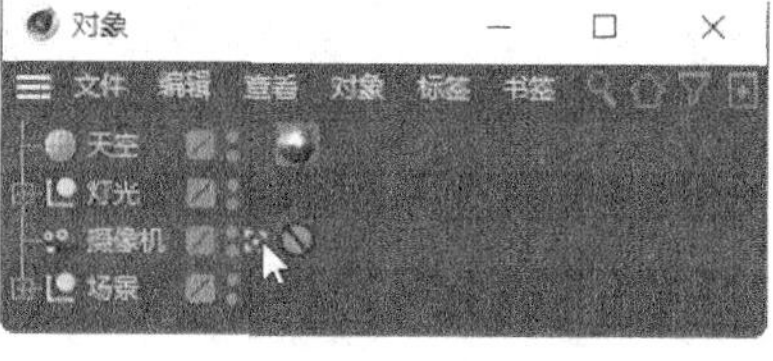

图11-56

03 在“时间线”面板中将“场景结束帧”设为50F，按Enter键确定操作。单击“自动关键帧”按钮和“点级别动画”按钮，使两个按钮处于选中状态，记录动画，如图11-57所示。

图11-57

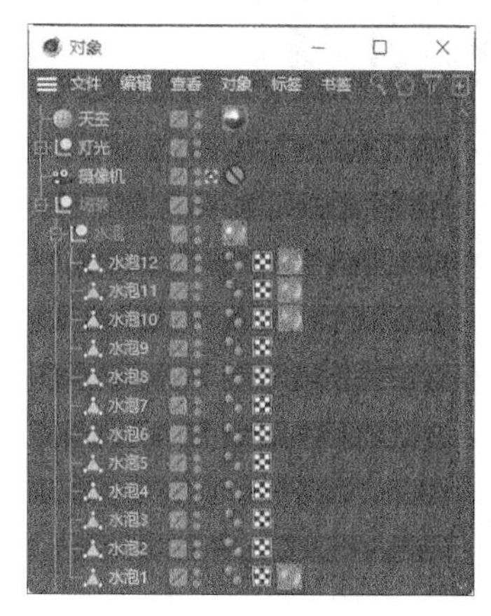

图11-58

04 在“对象”面板中展开 “场景 > 水泡”对象组，选中“水泡1”对象，如图11-58所示。单击“点”按钮，切换为点模式。在视图窗口中的“水泡1” 对象上单击，如图11-59所示。按Ctrl+A快捷键全选对象，如图11-60所示。在“时间线”面板中单击“记录活动对象”按钮，在0F处记录关键帧。

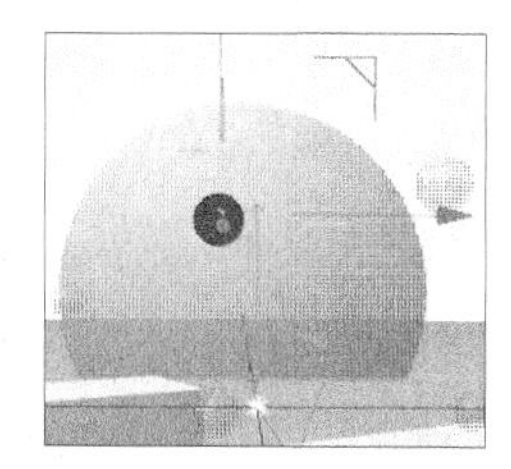

图11-59

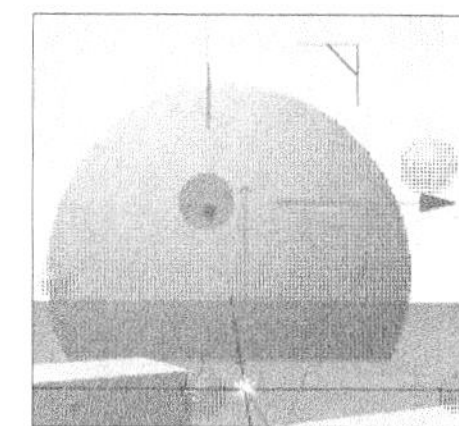

图11-60

05 将时间滑块放置在10F处。在“坐标”面板“尺寸”选项组中，设置“X”为85cm、“Y”为85cm、“Z”为85cm，如图11-61所示。在“属性”面板“坐标”选项卡中，设置“R.H”为0°、“R.P”为0°、“R.B”为-20°，如图11-62所示。视图窗口中的效果如图11-63所示。

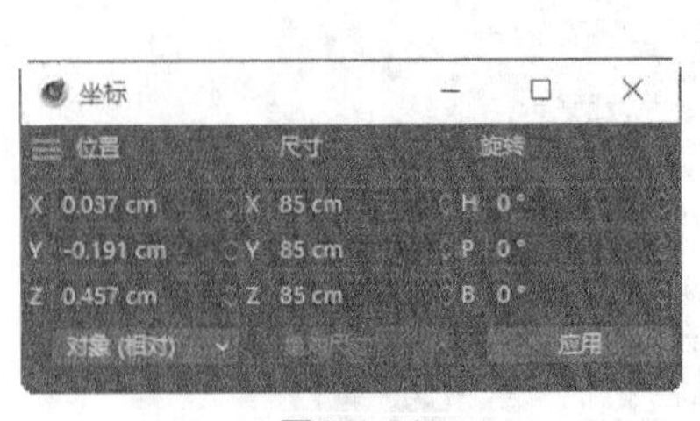

图11-61

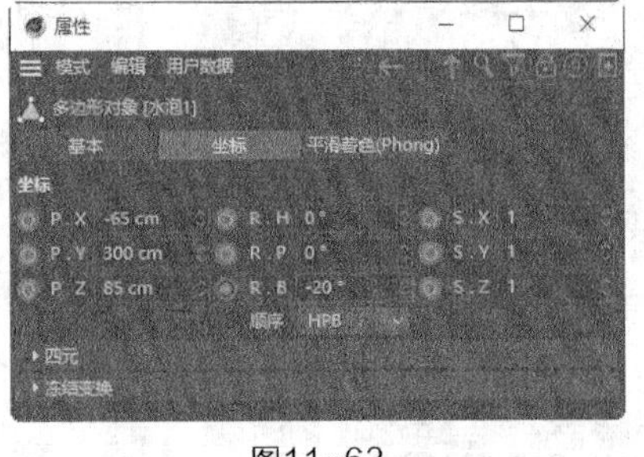

图11-62

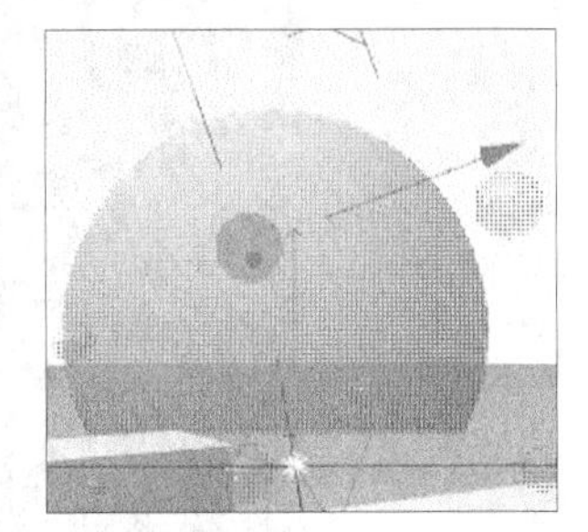

图11-63

06 将时间滑块放置在17F处。在“坐标”面板“尺寸”选项组中，设置“X”为80cm、“Y”为80cm、“Z”为80cm，如图11-64所示。在“属性”面板“坐标”选项卡中，设置“R.H”为10°、“R.P”为0°、“R.B”为0°，如图11-65所示。

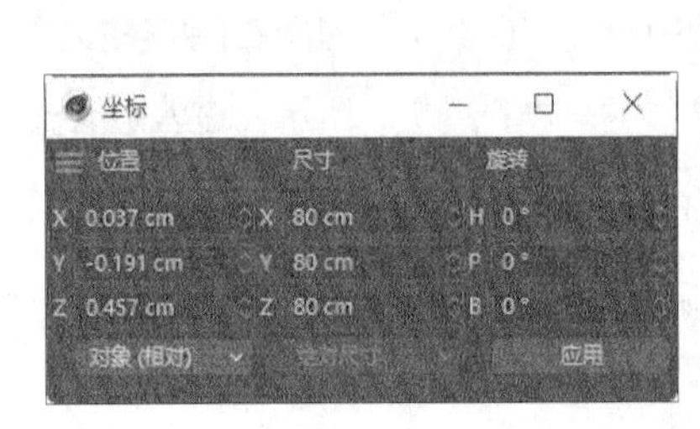

图11-64

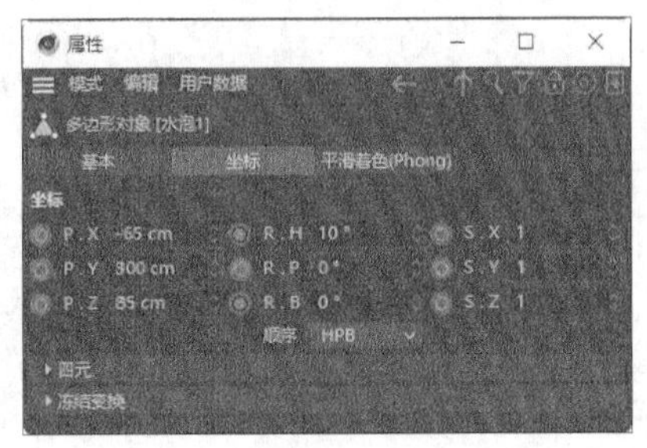

图11-65

07 将时间滑块放置在22F处。在“坐标”面板“尺寸”选项组中，设置“X”为83cm、“Y”为83cm、“Z”为83cm，如图11-66所示。在“属性”面板“坐标”选项卡中，设置“R.H”为0°、“R.P”为0°、“R.B”为-15°，如图11-67所示。

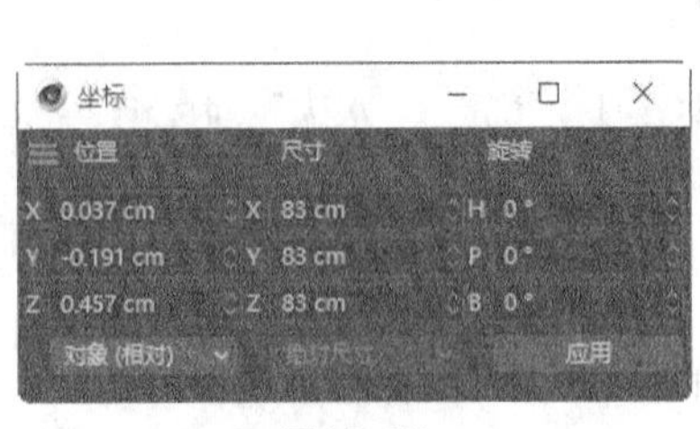

图11-66

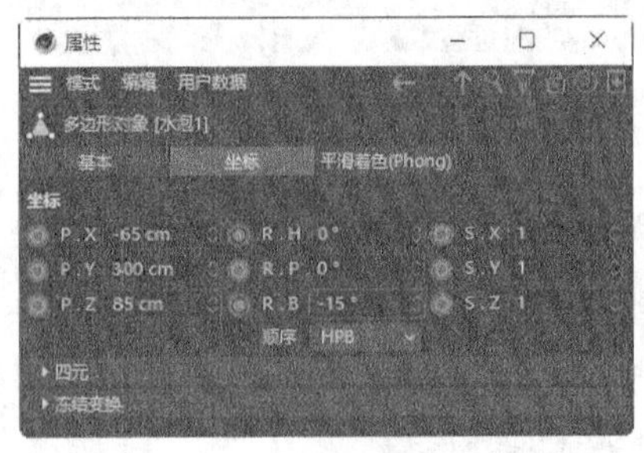

图11-67

08 将时间滑块放置在29F处。在“属性”面板“坐标”选项卡中，设置“R.H”为-10°、“R.P”为15°、“R.B”为0°，如图11-68所示。将时间滑块放置在33F处。在“坐标”面板“尺寸”选项组中，设置“X”为80cm、“Y”为80cm、“Z”为80cm，如图11-69所示。在“属性”面板“坐标”选项卡中，设置“R.H”为0°、“R.P”为0°、“R.B”为10°，如图11-70所示。

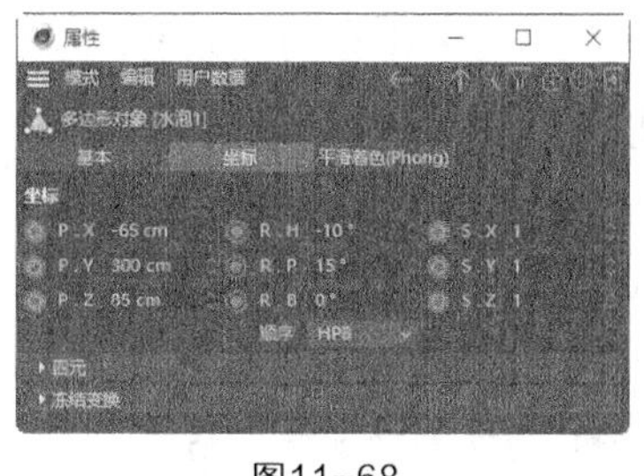

图11-68

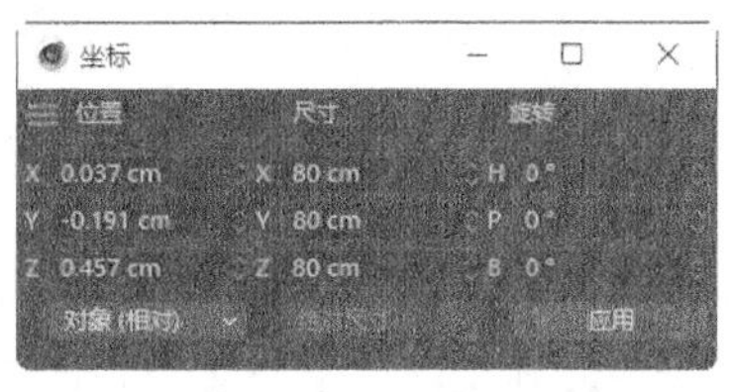

图11-69

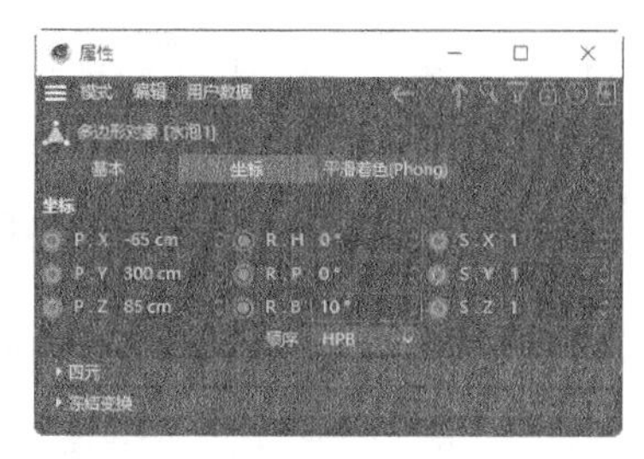

图11-70

09 将时间滑块放置在40F处。在“属性”面板“坐标”选项卡中，设置“R.H”为-5°、“R.P”为5°、“R.B”为-10°，如图11-71所示。将时间滑块放置在44F处。在“坐标”面板“尺寸”选项组中，设置“X”为78cm、“Y”为78cm、“Z”为78cm，如图11-72所示。将时间滑块放置在48F处。在“属性”面板“坐标”选项卡中，设置“R.H”为0°、“R.P”为0°、“R.B”为0°，如图11-73所示。

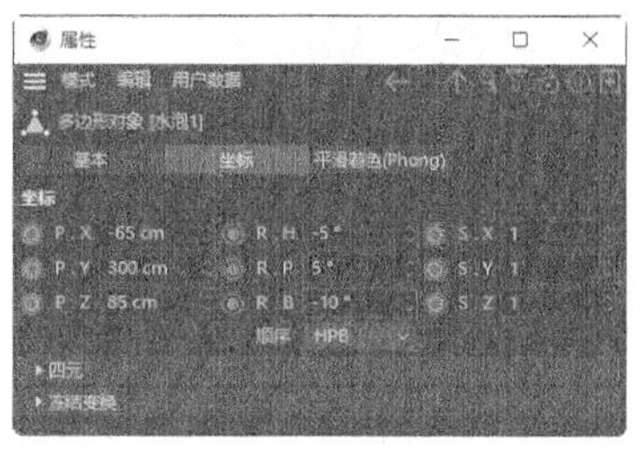

图11-71

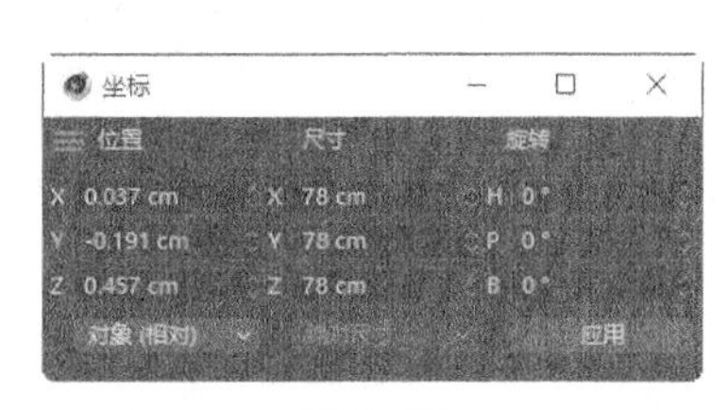

图11-72

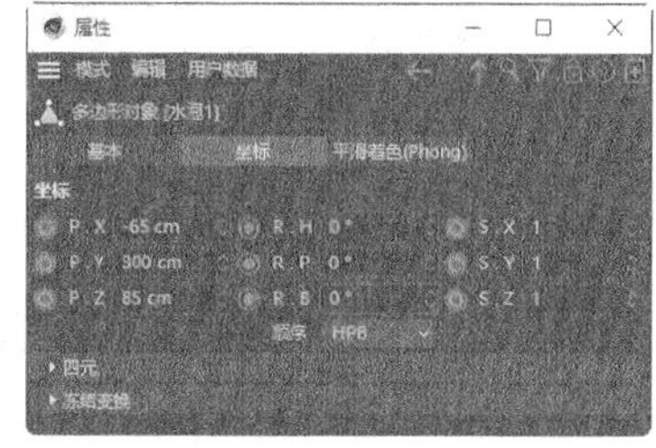

图11-73

10 使用上述方法分别为“水泡2”~“水泡12”对象制作点级别动画。

11 单击“编辑渲染设置”按钮，弹出“渲染设置”面板，设置“渲染器”为“物理”、“帧范围”为“全部帧”，如图11-74所示。在左侧列表中选择“保存”选项，切换到相应的设置区域，设置“格式”为“MP4”，如图11-75所示。

图11-74

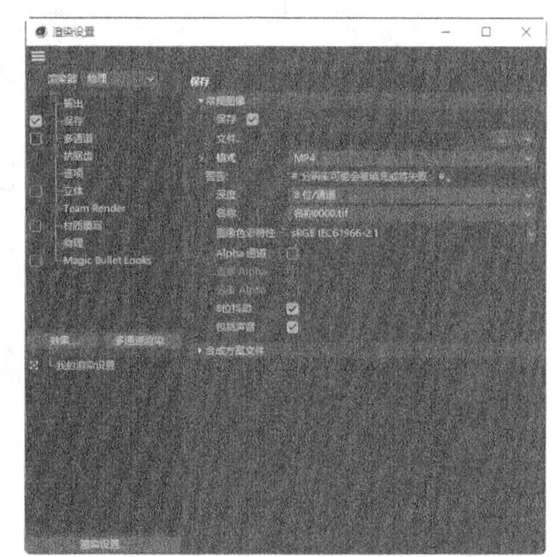

图11-75

12 单击“效果”按钮，在弹出的菜单中选择“全局光照”命令，在“输出”列表中添加“全局光照”，设置“预设”为“内部-高（小光源）”，如图11-76所示。单击“效果”按钮，在弹出的菜单中选择“环境吸收”命令，在“输出”列表中添加“环境吸收”，如图11-77所示。单击“关闭”按钮，关闭对话框。

图11-76

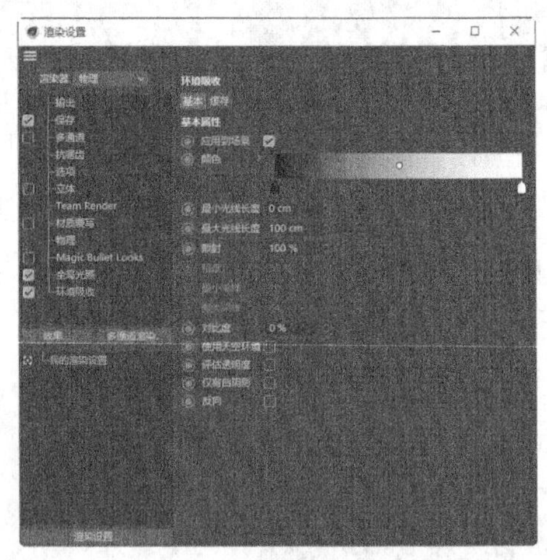

图11-77

13 单击“渲染到图像查看器”按钮，弹出“图像查看器”面板，如图11-78所示。渲染完成后，单击面板中的“将图像另存为”按钮，弹出“保存”对话框，如图11-79所示。单击“确定”按钮，弹出“保存对话”对话框，在对话框中选择要保存文件的位置，并在“文件名”文本框中输入名称，设置完成后，单击“保存”按钮，保存动画。泡泡形变动画制作完成。

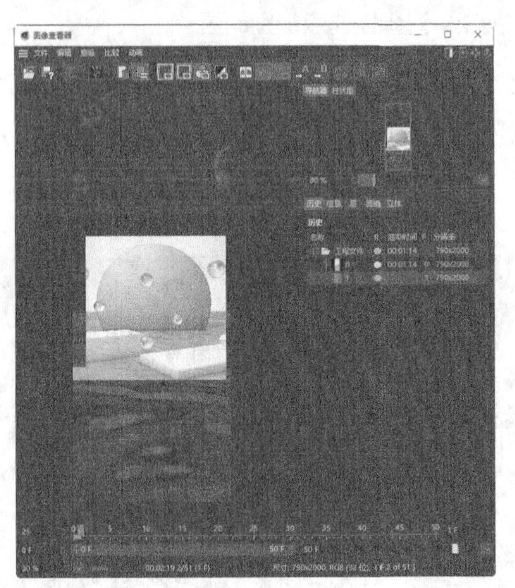

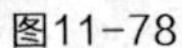

图11-78

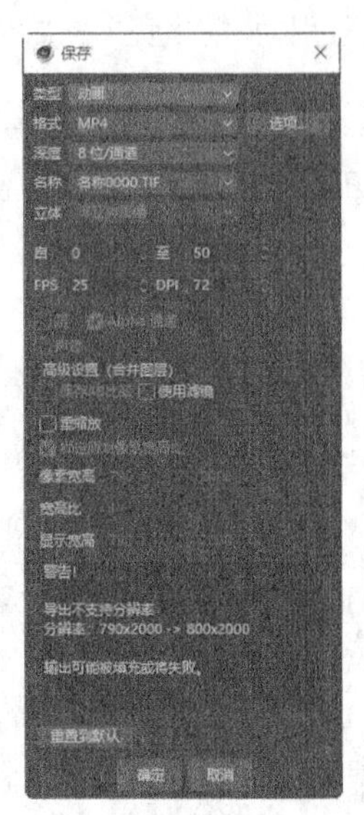

图11-79

11.1.6 点级别动画

点级别动画通常用于制作场景中对象的变形效果。在场景中创建对象后，单击“点级别动画”按钮，可以在可编辑多边形对象的点模式、边模式及多边形模式下制作关键帧动画。

在“时间线”面板中适当的位置根据需要添加多个关键帧，并分别在“坐标”面板和“属性”面板中设置每个关键帧中对象的位置、大小及旋转角度，即可完成点级别动画的制作。

单击“渲染到图像查看器”按钮 右下角的三角形图标，在弹出的菜单中选择“创建动画预览”命令，如图11-80所示。在弹出的“创建动画预览”对话框中进行设置，如图11-81所示，单击“确定”按钮。弹出“图像查看器”面板，单击“向前播放”按钮，即可预览动画效果，如图11-82所示。

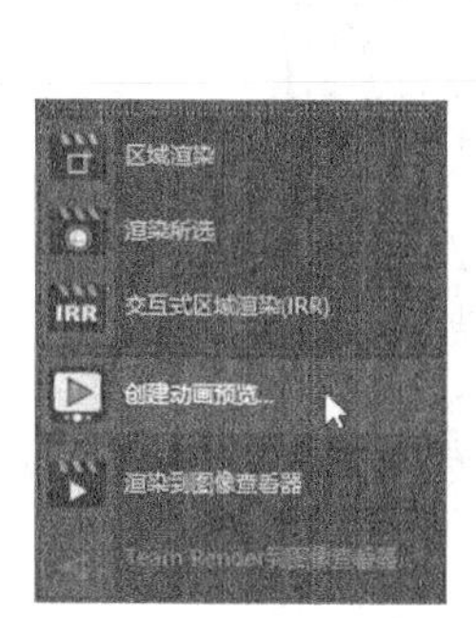

图11-80

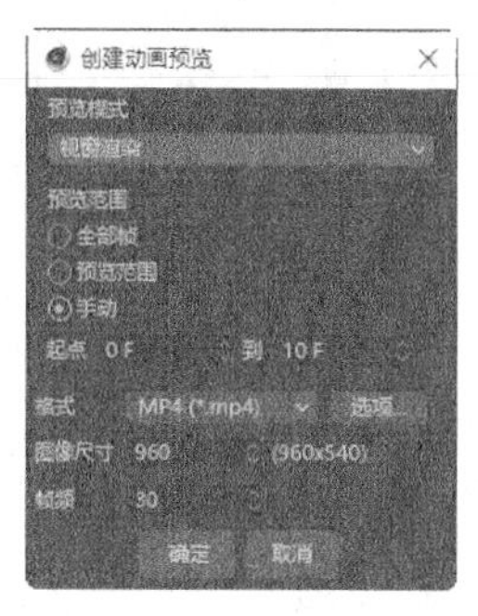

图11-81

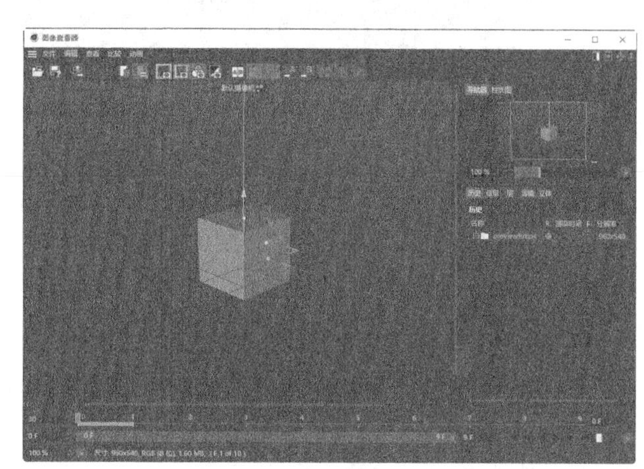

图11-82

11.2 摄像机

摄像机是Cinema 4D中的基本元素之一，用于定义二维视图场景在空间里的显示方式。

11.2.1 课堂案例——制作蚂蚁搬运动画

案例学习目标 能够使用“目标摄像机”工具制作蚂蚁搬运动画。

案例知识要点 使用“目标摄像机”工具调整动画效果，使用“渲染到图像查看器”按钮渲染动画效果。最终效果如图11-83所示。

效果所在位置 学习资源\Ch11\制作蚂蚁搬运动画\工程文件.c4d。

图11-83

01 启动Cinema 4D。单击“编辑渲染设置”按钮，弹出“渲染设置”面板。在“输出”设置区域中设置“宽度”为750像素、“高度”为1624像素、“帧频”为25，如图11-84所示，单击“关闭”按钮，关闭面板。在“属性”面板“工程设置”选项卡中，设置“帧率”为25，如图11-85所示。

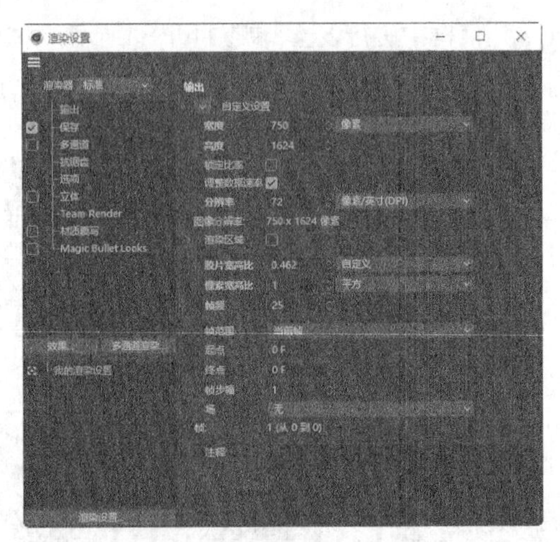

图11-84

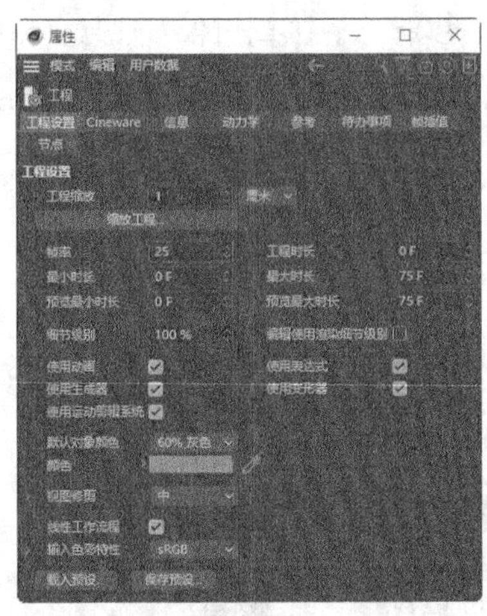

图11-85

02 在“时间线”面板中将“场景结束帧”设为160F，按Enter键确定操作，如图11-86所示。

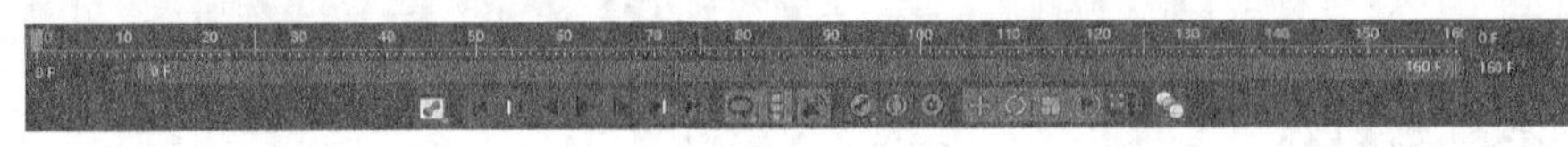

图11-86

03 选择“文件 > 合并项目”命令，在弹出的“打开文件”对话框中选择学习资源中的“Ch11 > 制作蚂蚁搬运动画 > 素材 > 01.c4d”文件，单击“打开”按钮，打开文件。视图窗口中的效果如图11-87所示。

04 选择“目标摄像机”工具，在“对象”面板中生成一个“摄像机”对象，单击“摄像机”对象右侧的按钮，如图11-88所示，进入摄像机视图。在“属性”面板“对象”选项卡中，设置“焦距”为135，如图11-89所示。

图11-87

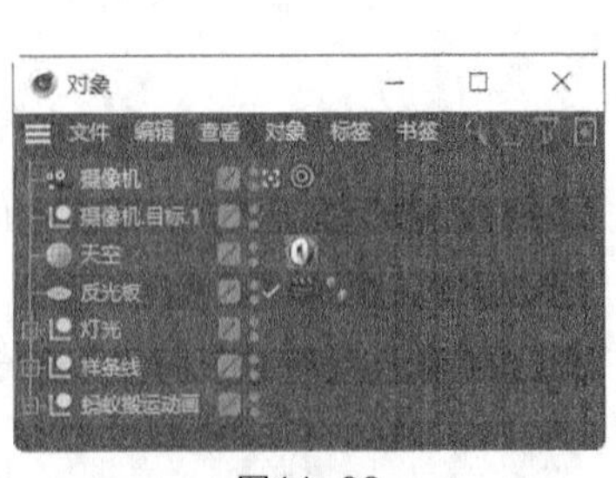

图11-88

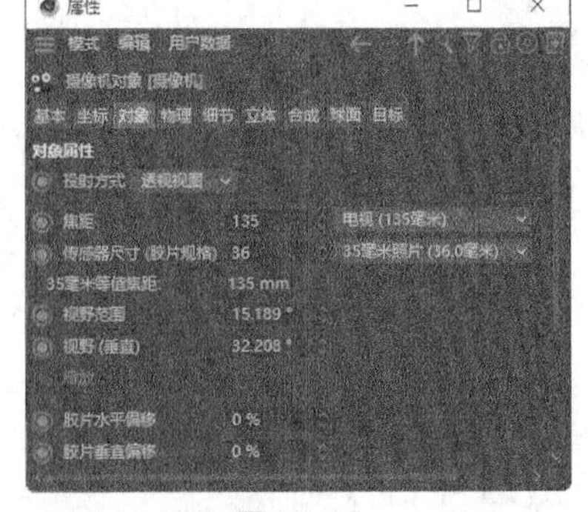

图11-89

05 在“坐标”选项卡中，设置“P.X”为9079cm、“P.Y”为8590cm、“P.Z”为-4543cm，如图11-90所示。在“对象”面板中选中摄像机的“目标”标签，展开“蚂蚁搬运动画”对象组。将“蚂蚁”对象组拖曳到“属性”面板“标签”选项卡的“目标对象”选项中，如图11-91所示。

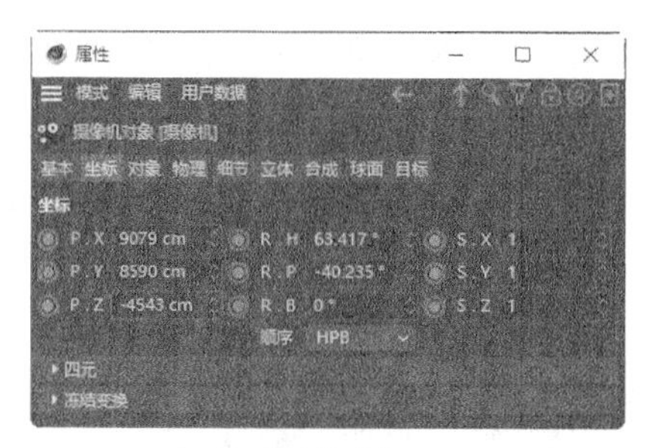

图11-90

图11-91

06 单击“编辑渲染设置”按钮，弹出“渲染设置”面板，设置“渲染器”为“物理”、“帧范围”为“全部帧”，如图11-92所示。在左侧列表中选择“保存”选项，切换到相应的设置区域，设置“格式”为“MP4”，如图11-93所示。

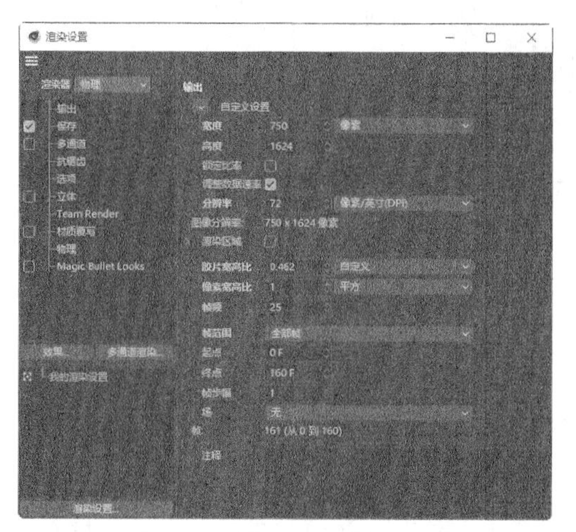

图11-92

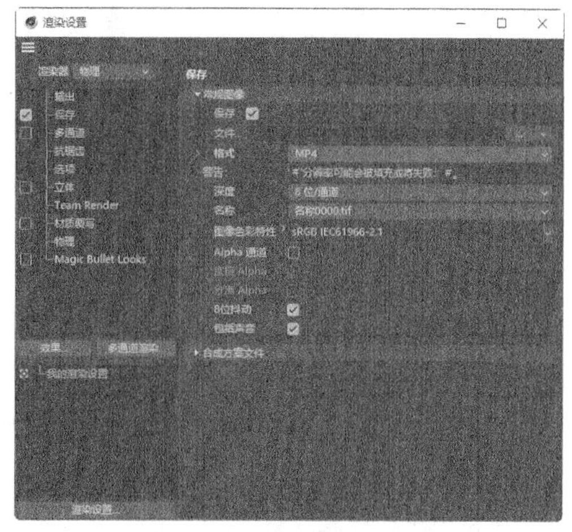

图11-93

07 单击“效果”按钮，在弹出的菜单中选择“全局光照”命令，在“输出”列表中添加“全局光照”，设置“预设”为“内部-高（小光源）”，如图11-94所示。单击“效果”按钮，在弹出的菜单中选择“环境吸收”命令，在“输出”列表中添加“环境吸收”，如图11-95所示。单击“关闭”按钮，关闭面板。

图11-94

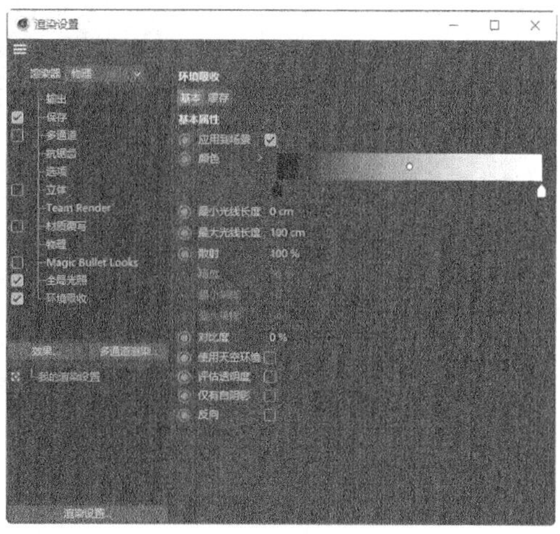

图11-95

08 单击“渲染到图像查看器”按钮，弹出“图像查看器”面板，如图11-96所示。渲染完成后，单击面板中的“将图像另存为”按钮，弹出“保存”对话框，如图11-97所示。单击“确定”按钮，弹出“保存对话”对话框，在对话框中选择要保存文件的位置，并在“文件名”文本框中输入名称，设置完成后，单击“保存”按钮，保存动画。蚂蚁搬运动画制作完成。

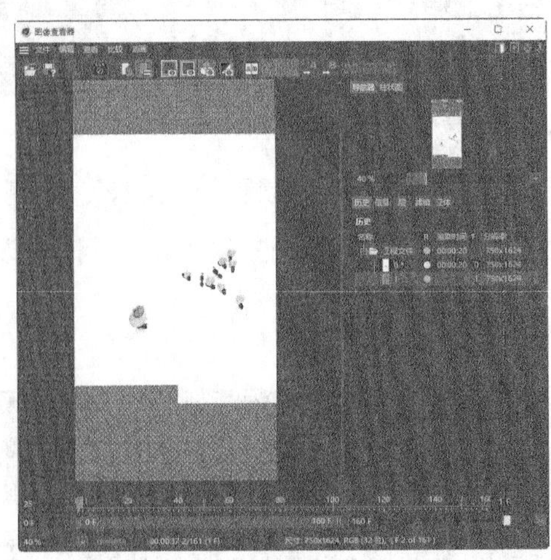

图11-96

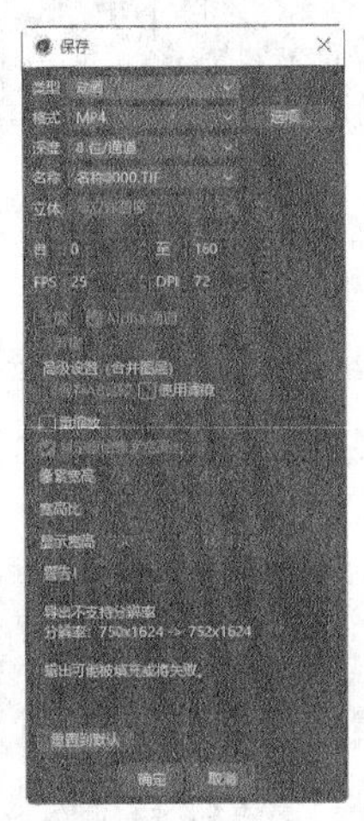

图11-97

11.2.2 摄像机类型

Cinema 4D中预置了6种类型的摄像机，分别是摄像机、目标摄像机、立体摄像机、运动摄像机、摄像机变换及摇臂摄像机。

按住工具栏中的“摄像机”按钮，弹出摄像机的列表，如图11-98所示。在列表中选择需要创建的摄像机，即可在视图窗口中创建相应摄像机。在“对象”面板中单击按钮，即可进入摄像机视图，如图11-99所示。

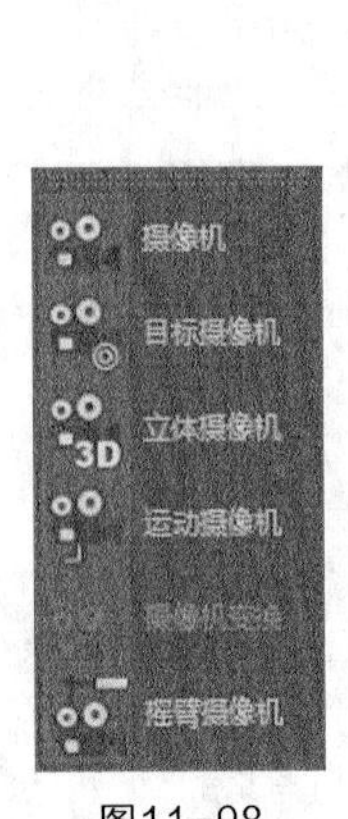

图11-98

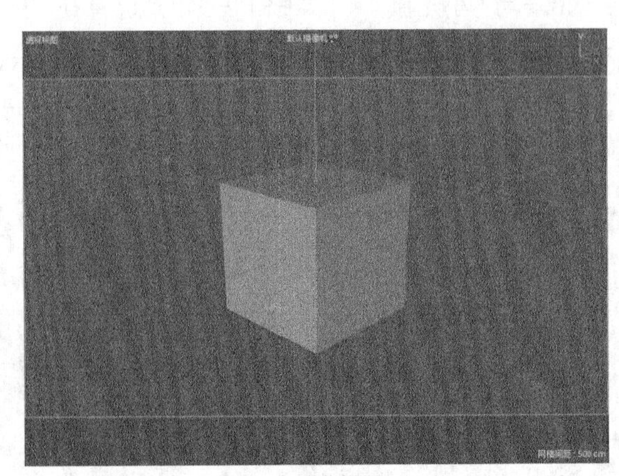

图11-99

1. 摄像机

“摄像机”工具是常用的摄像机工具之一。在Cinema 4D中，只需要在场景中调整到合适的视角，单击工具栏中的“摄像机”按钮，即可完成摄像机的创建。在场景中创建摄像机后，“属性”面板中会显示该摄像机对象的参数设置，如图11-100所示。

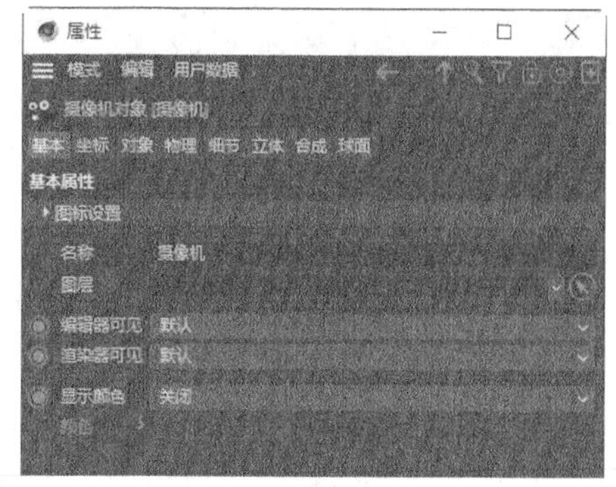

图11-100

2. 目标摄像机

“目标摄像机”工具同样是常用的摄像机工具之一，目标摄像机的创建方法与摄像机相同。与“摄像机”工具相比，“目标摄像机”工具在“属性”面板中增加了“目标”选项卡，如图11-101所示。其主要功能为连接目标对象，即移动目标对象，摄像机也同样移动。

在Cinema 4D中，选中目标对象，在“属性”面板中选择“对象”选项卡，勾选“使用目标对象”复选框，如图11-102所示，即可将目标对象与目标摄像机连接。

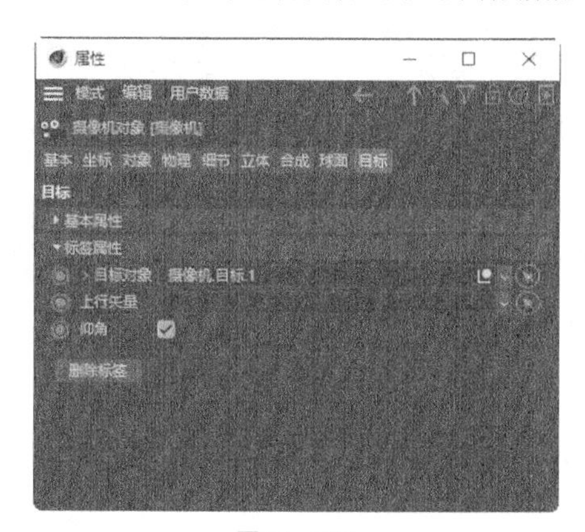

图11-101

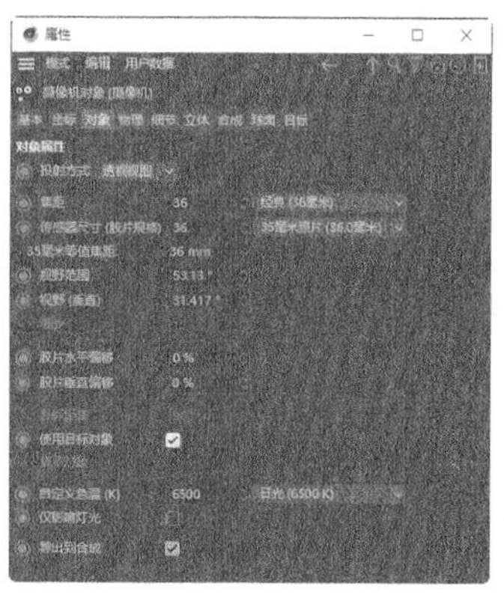

图11-102

3. 立体摄像机

“立体摄像机”工具通常用于制作立体效果，其“属性”面板如图11-103所示。

4. 运动摄像机

“运动摄像机”工具通常用于模拟手持摄像机，能够表现出镜头晃动的效果，非常逼真，其“属性”面板如图11-104所示。

5. 摇臂摄像机

“摇臂摄像机”工具通常用于模拟现实生活中摇臂式摄像机的平移运动，可以在拍摄时从场景的上方进行垂直和水平方向的设置，其“属性”面板如图11-105所示。

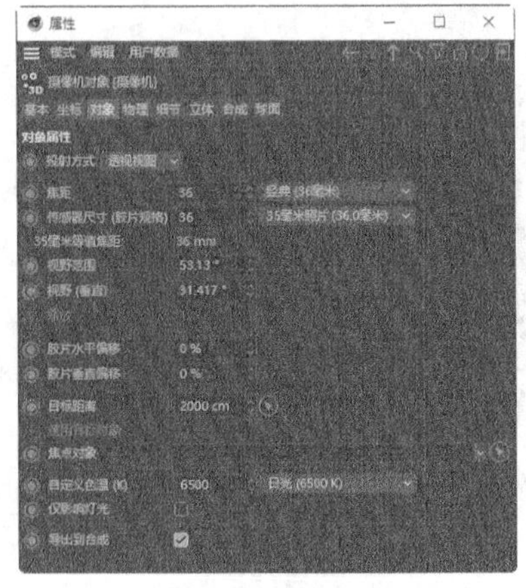

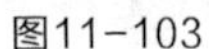

图11-103

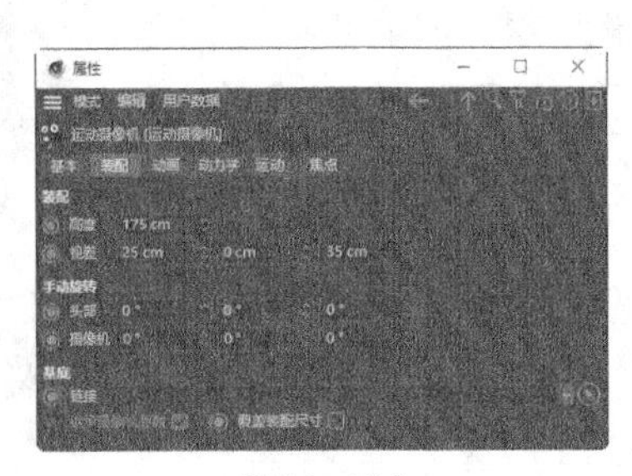

图11-104

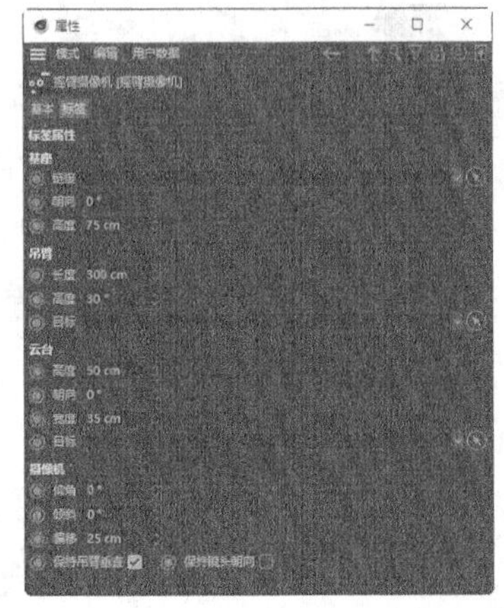

图11-105

11.2.3 课堂案例——制作卡通环绕动画

案例学习目标 能够使用摄像机工具制作卡通环绕动画。

案例知识要点 使用“圆环”工具记录动画运动轨迹，使用“摄像机”工具、“对齐曲线”命令和“目标”命令制作动画效果，使用“位置”选项记录关键帧，使用“时间线窗口（函数曲线）”命令调整动画效果，使用“编辑渲染设置”按钮和“渲染到图像查看器”按钮渲染动画效果。最终效果如图11-106所示。

图11-106

效果所在位置 学习资源\Ch11\制作卡通环绕动画\工程文件.c4d。

01 启动Cinema 4D。单击 “编辑渲染设置”按钮，弹出“渲染设置”面板。在“输出”设置区域中设置“宽度”为750像素、“高度”为1624像素、“帧频”为25，如图11-107所示，单击“关闭”按钮，关闭面板。在“属性”面板“工程设置”选项卡中，设置“帧率”为25，如图11-108所示。

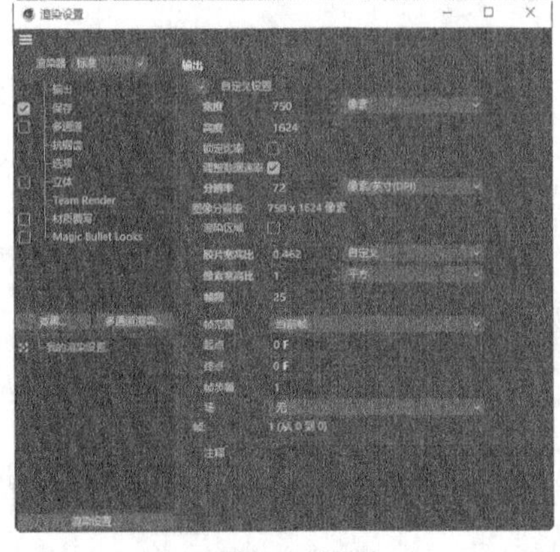

图11-107

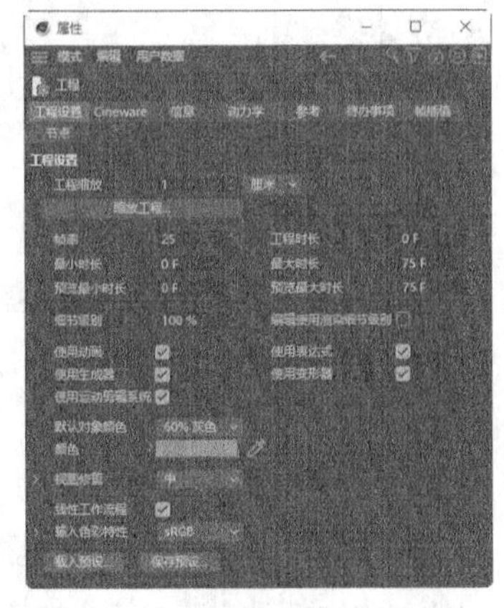

图11-108

02 在“时间线”面板中将“场景结束帧”设为50F，按Enter键确定操作，如图11-109所示。

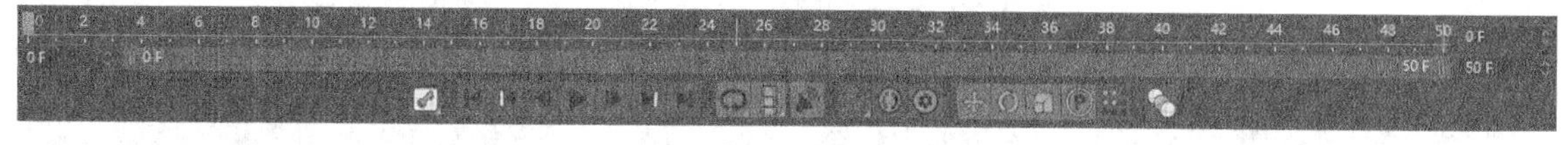

图11-109

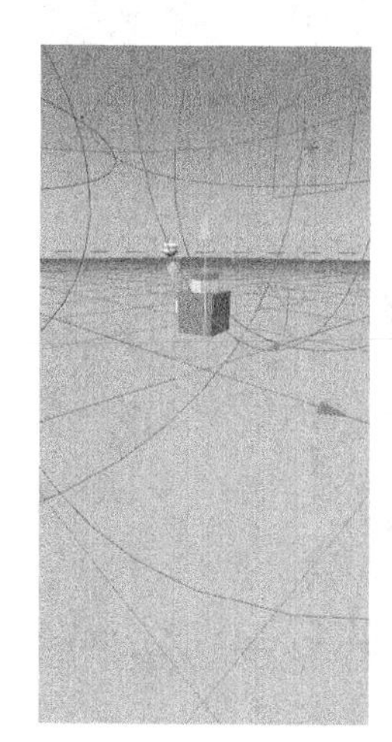

图11-110

03 选择“文件 > 合并项目”命令，在弹出的“打开文件”对话框中选择学习资源中的“Ch11 > 制作卡通环绕动画 > 素材 > 01.c4d”文件，单击“打开”按钮，打开文件。视图窗口中的效果如图11-110所示。选择“摄像机”工具，在“对象”面板中生成一个“摄像机”对象，单击“摄像机”对象右侧的按钮，如图11-111所示，进入摄像机视图。

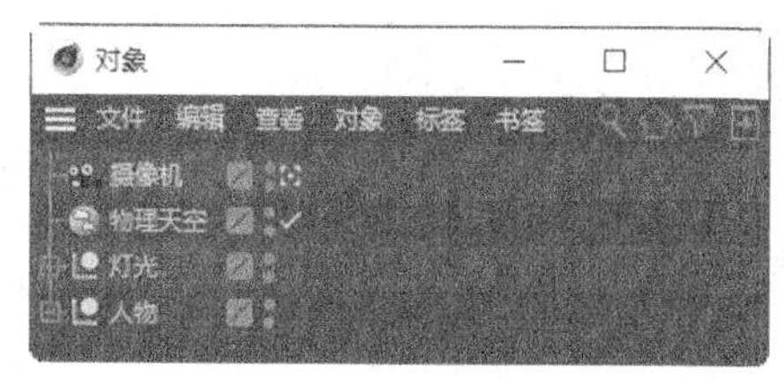

图11-111

04 在“属性”面板“对象”选项卡中，设置“焦距”为36、“目标距离”为617cm，如图11-112所示；在“坐标”选项卡中，设置“P.X”为320cm、“P.Y”为350cm、“P.Z”为0cm，“R.H”为92.445°、“R.P”为-24.945°、“R.B”为0°，如图11-113所示。

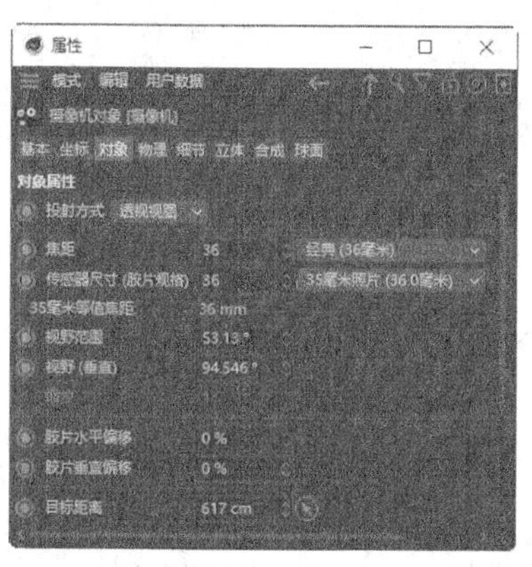

图11-112

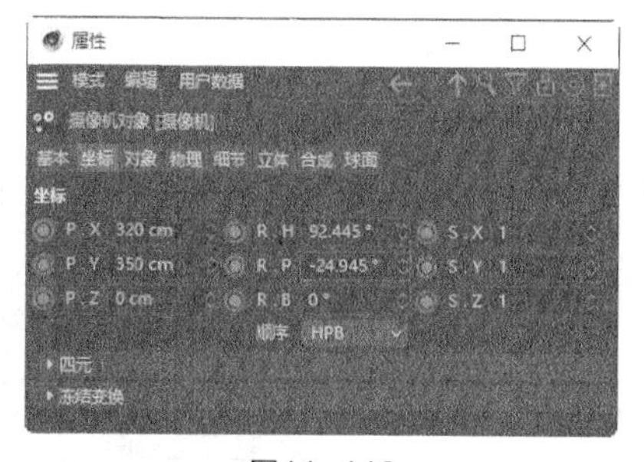

图11-113

05 选择“圆环”工具，在“对象”面板中生成一个“圆环”对象，如图11-114所示。在“属性”面板“对象”选项卡中，设置“半径”为320cm，如图11-115所示；在“坐标”选项卡中，设置“P.Y”为350cm，“R.P”为90°，如图11-116所示。

06 在“对象”面板中选中“人物”对象组，在该对象组上单击鼠标右键，在弹出的快捷菜单中选择“连接对象+删除”命令，将该对象组中的对象连接，如图11-117所示。用鼠标右键单击“摄像机”对象，在弹出的快捷菜单中选择“动画标签 > 对齐曲线”命令，为对象添加动画标签，如图11-118所示。将“对象”面板中的“圆环”对象拖曳到“属性”面板“标签”选项卡的“曲线路径”选项中，如图11-119所示。

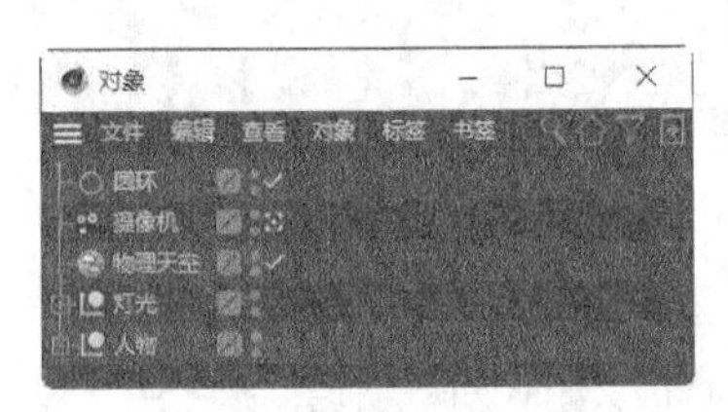

图11-114

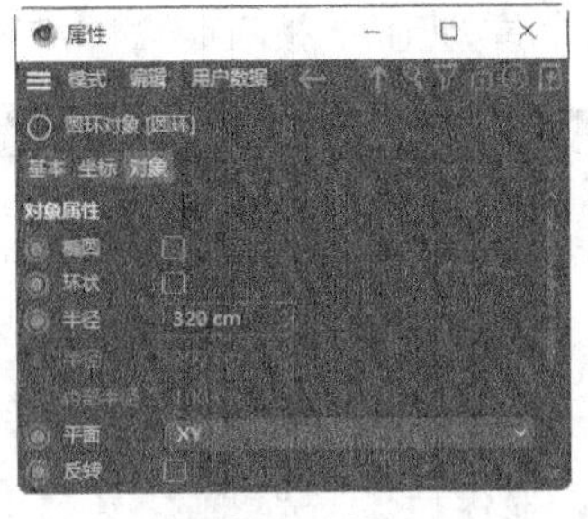

图11-115

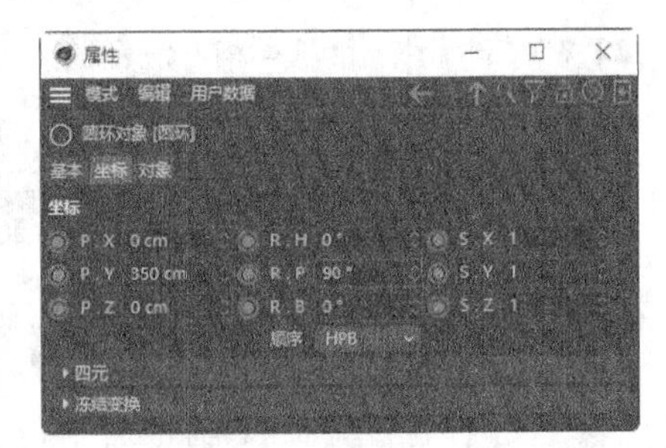

图11-116

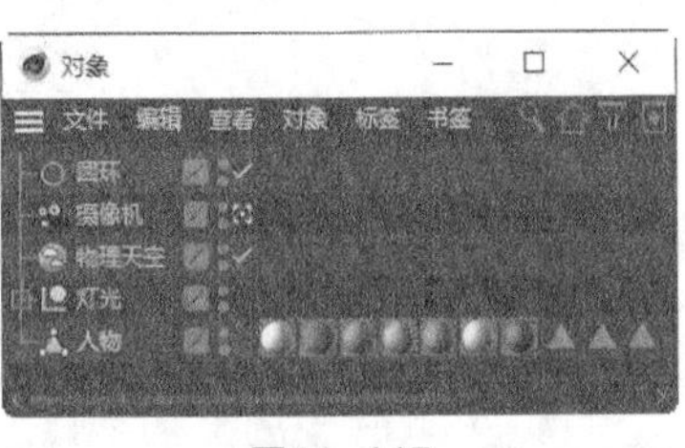

图11-117

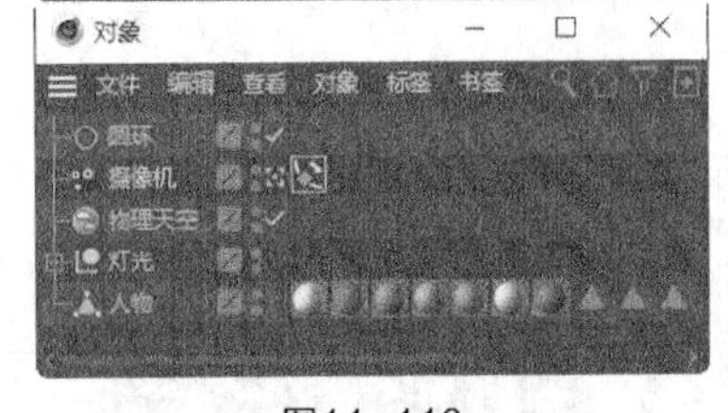

图11-118

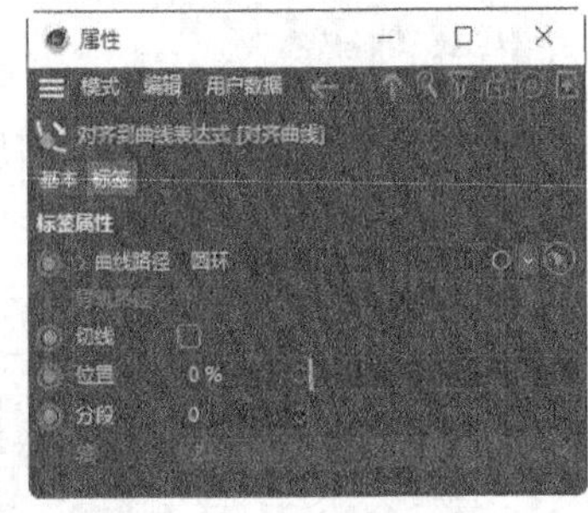

图11-119

07 用鼠标右键单击“摄像机”对象，在弹出的快捷菜单中选择“动画标签 > 目标”命令，为对象添加动画标签，如图11-120所示。将“对象”面板中的“人物”对象拖曳到“属性”面板“标签”选项卡的“目标对象”选项中，如图11-121所示。

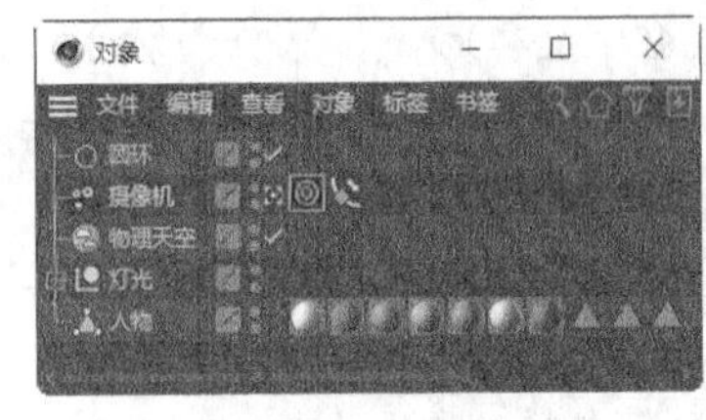

图11-120

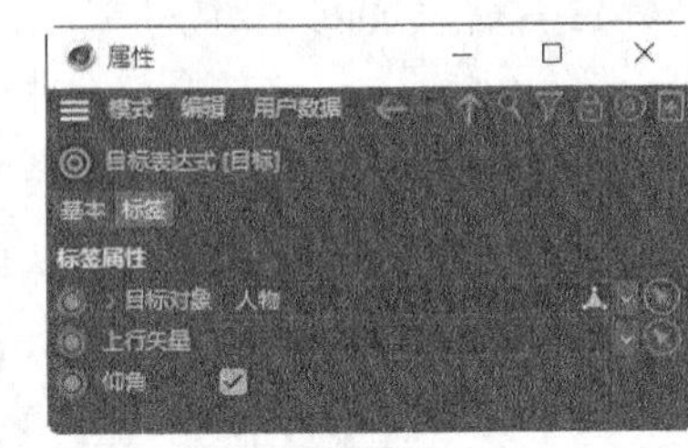

图11-121

08 在“对象”面板中选中“对齐曲线”动画标签，将时间滑块放置在0F处。在“属性”面板“标签”选项卡中，设置“位置”为0%，单击该选项左侧的按钮，如图11-122所示，在0F处记录关键帧。将时间滑块放置在50F处。在“属性”面板“标签”选项卡中，设置“位置”为100%，单击该选项左侧的按钮，如图11-123所示，在50F处记录关键帧。

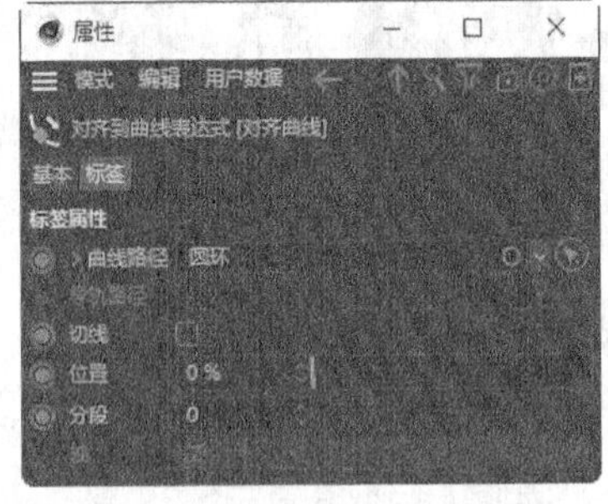

图11-122

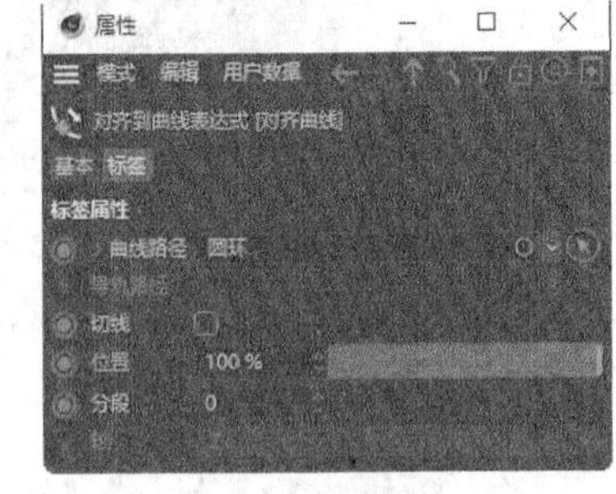

图11-123

09 选择“窗口 > 时间线窗口（函数曲线）”命令，弹出“时间线窗口（函数曲线）”面板，按Ctrl+A快捷键全选控制点，如图11-124所示。单击“零长度（相切）”按钮，效果如图11-125所示。单击“关闭”按钮，关闭面板。

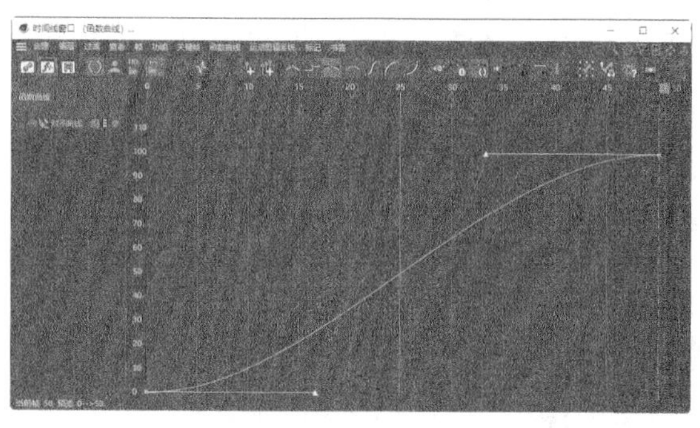
图11-124

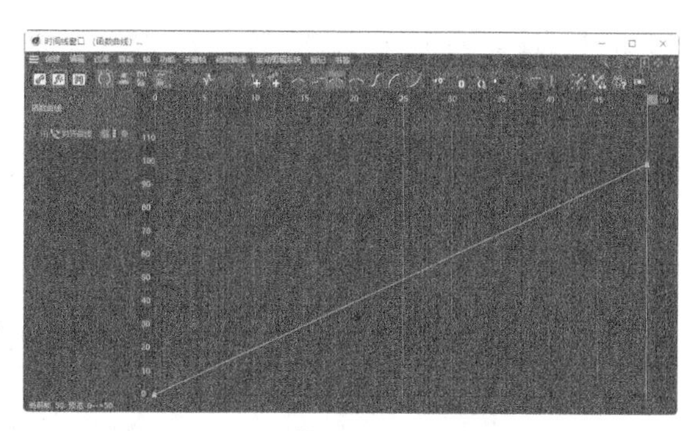
图11-125

10 单击“编辑渲染设置”按钮，弹出“渲染设置”面板，设置“渲染器”为“物理”、“帧范围”为“全部帧”，如图11-126所示。在左侧列表中选择“保存”选项，切换到相应的设置区域，设置“格式”为“MP4”，如图11-127所示。

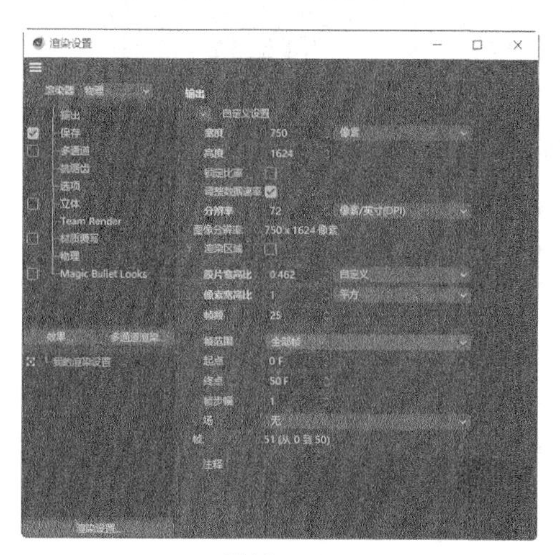
图11-126

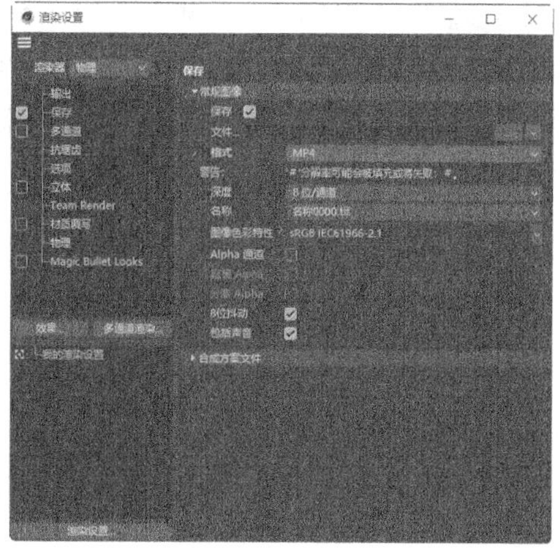
图11-127

11 单击“效果”按钮，在弹出的菜单中选择“全局光照”命令，在“输出”列表中添加“全局光照”，设置“预设”为“内部-高（小光源）”，如图11-128所示。单击“效果”按钮，在弹出的菜单中选择“环境吸收”命令，在“输出”列表中添加“环境吸收”，如图11-129所示。单击“关闭”按钮，关闭面板。

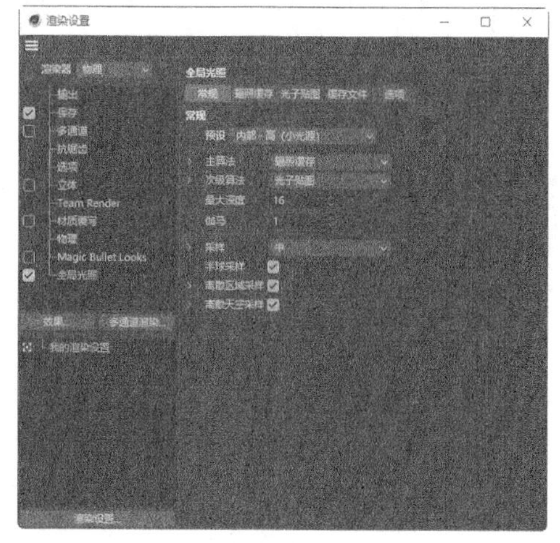
图11-128

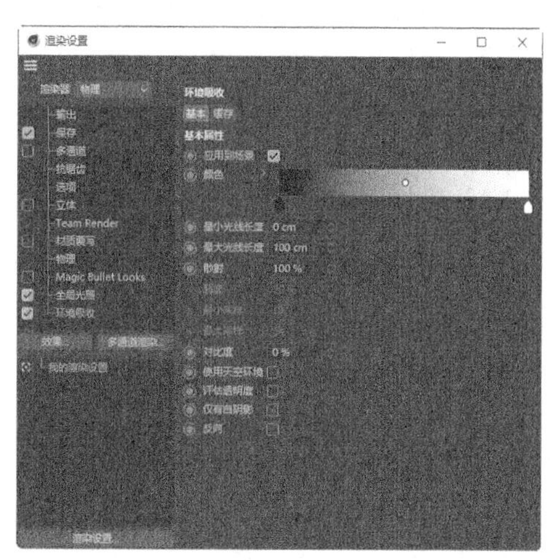
图11-129

12 单击“渲染到图像查看器”按钮，弹出“图像查看器”面板，如图11-130所示。渲染完成后，单击面板中的“将图像另存为”按钮，弹出“保存”对话框，如图11-131所示。单击“确定”按钮，弹出“保存对话”对话框，在对话框中选择要保存文件的位置，并在“文件名”文本框中输入名称，设置完成后，单击“保存”按钮，保存图像。卡通环绕动画制作完成。

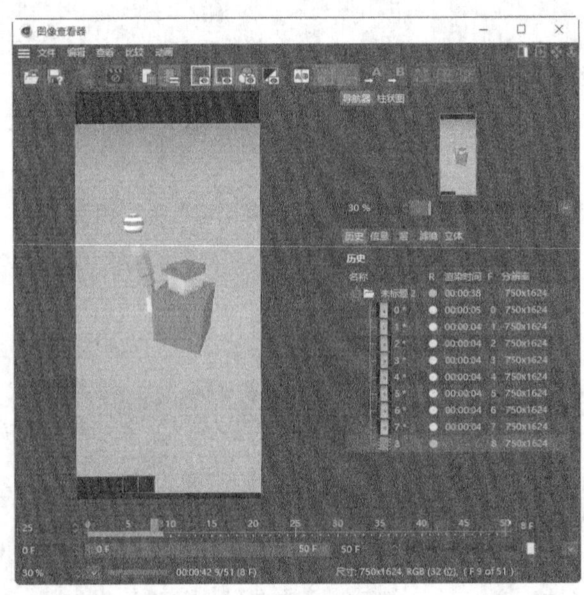

图11-130

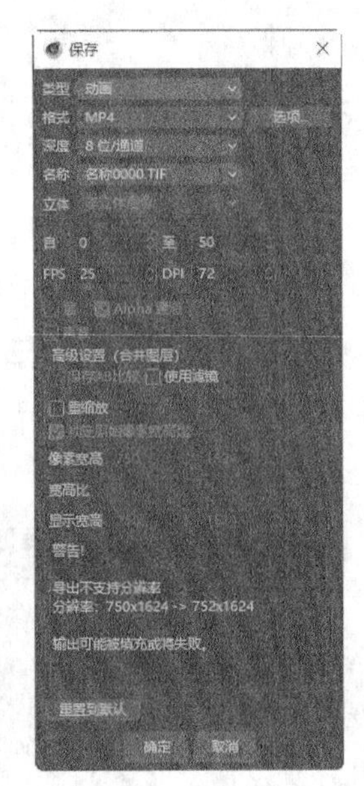

图11-131

11.2.4 摄像机的属性

1.基本

在场景中创建摄像机后，在“属性”面板中选择“基本”选项卡，如图11-132所示。该选项卡主要用于更改摄像机名称，设置摄像机在编辑器和渲染器中是否可见，修改摄像机显示颜色等。

2.坐标

在场景中创建摄像机后，在“属性”面板中选择“坐标”选项卡，如图11-133所示。该选项卡主要用于设置和查看摄像机位置（P）、缩放（S）和旋转（R）在*x*轴、*y*轴和*z*轴上的参数。

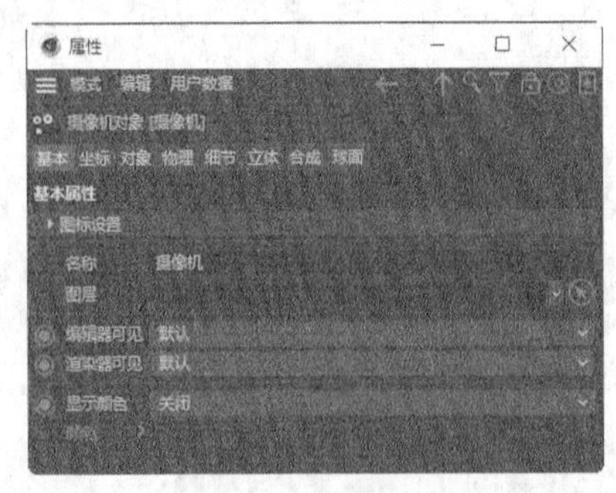

图11-132

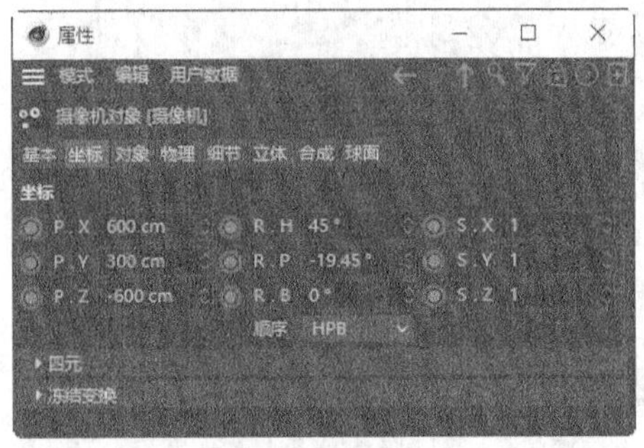

图11-133

3. 对象

在场景中创建摄像机后，在“属性”面板中选择“对象”选项卡，如图11-134所示。该选项卡主要用于设置摄像机的投射方式、焦距、传感器尺寸（胶片规格）及视野范围等参数。

4. 物理

在场景中创建摄像机后，在“属性”面板中选择“物理”选项卡，如图11-135所示。该选项卡主要用于设置摄像机的光圈、曝光、快门速度及快门效率等参数。

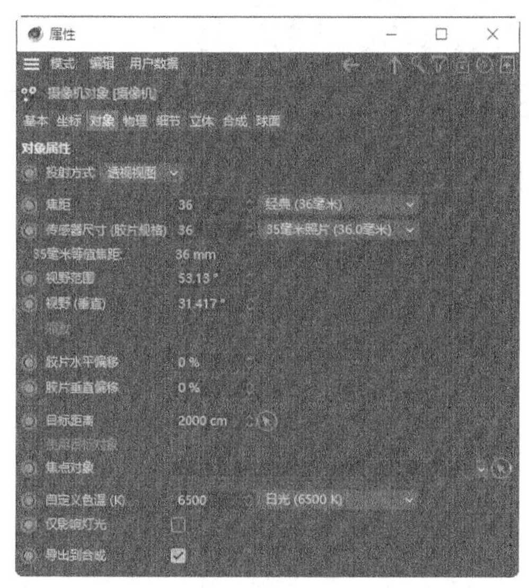

图11-134

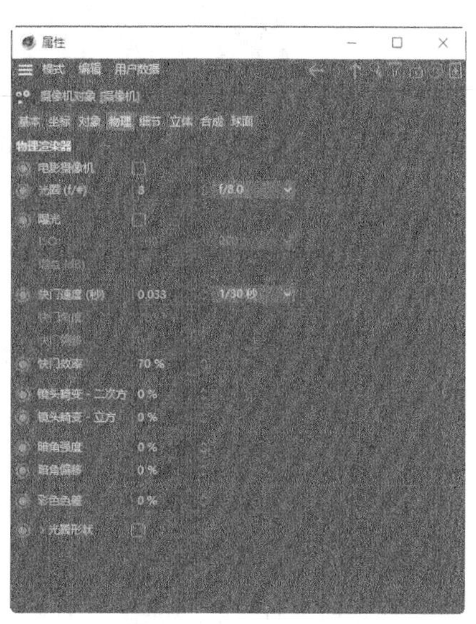

图11-135

5. 细节

在场景中创建摄像机后，在“属性”面板中选择“细节”选项卡，如图11-136所示。该选项卡主要用于设置摄像机的近端剪辑、显示视锥及景深映射等参数。

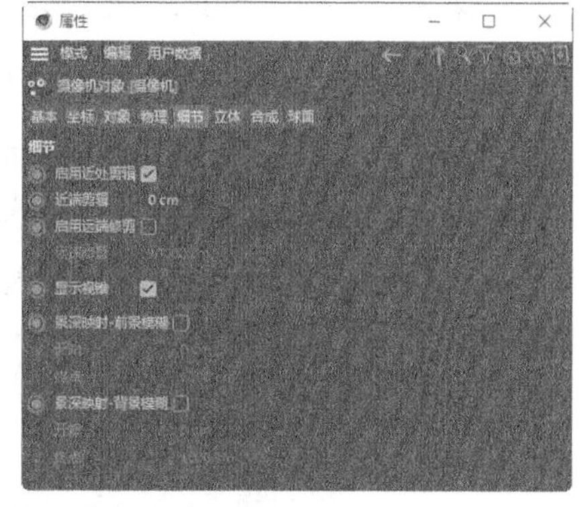

图11-136

课堂练习——制作云彩飘移动画

练习知识要点 使用“时间线”面板设置动画时长，使用“记录活动对象”按钮记录关键帧，使用“坐标”面板调整云彩位置，使用“时间线窗口（函数曲线）”命令和“时间线窗口（摄影表）”命令制作动画效果，使用“编辑渲染设置”按钮和“渲染到图像查看器”按钮渲染动画效果。最终效果如图11-137所示。

效果所在位置 学习资源\Ch11\制作云彩飘移动画\工程文件.c4d。

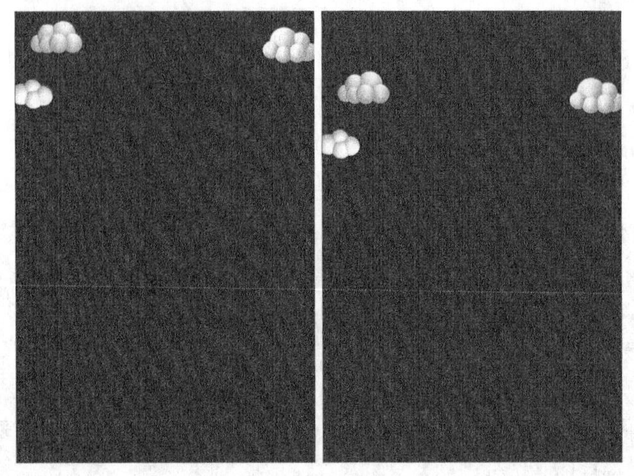

图11-137

课后习题——制作饮料瓶运动模糊效果

习题知识要点 使用“时间线”面板设置动画时长，使用“摄像机”工具控制视图的显示效果，使用“记录活动对象”按钮记录关键帧，使用“坐标”面板调整饮料瓶位置，使用“时间线窗口（函数曲线）”命令和“时间线窗口（摄影表）”命令制作动画效果，使用“编辑渲染设置”按钮设置运动模糊效果，使用“渲染到图像查看器”按钮渲染动画效果。最终效果如图11-138所示。

效果所在位置 学习资源\Ch11\制作饮料瓶运动模糊效果\工程文件.c4d。

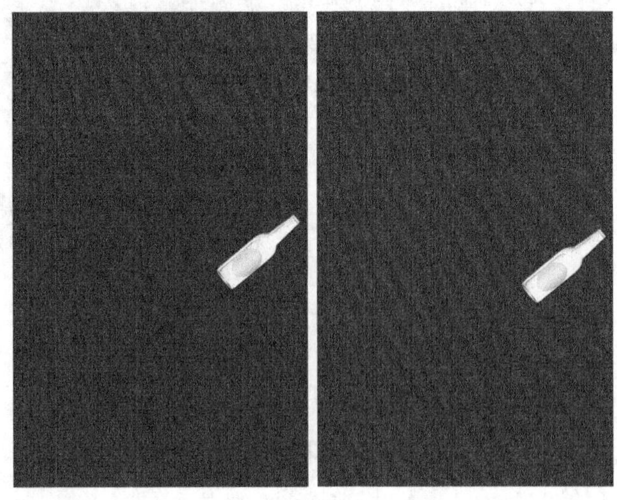

图11-138

第 12 章

商业案例实训

本章介绍

本章结合多个不同应用领域商业案例的实际应用，讲解Cinema 4D强大的功能和项目制作技巧。通过本章的学习，读者可以快速掌握商业案例的设计理念和Cinema 4D的技术要点，从而设计出具有专业水准的作品。

学习目标

●理解商业案例的项目背景及设计要点。

●掌握商业案例的制作要点。

技能目标

●掌握艺术交流展海报的制作方法。

●掌握美妆护肤电商主图的制作方法。

●掌握儿童节闪屏页的制作方法。

●掌握美妆护肤电商主图动画的制作方法。

12.1 制作艺术交流展海报

12.1.1 项目背景及设计要点

1. 客户名称

XJG文化创意有限公司。

2. 客户需求

XJG文化创意有限公司是一家集营销、创意策划、创意设计、活动执行于一体的综合性公司。第十四届国际艺术交流展举行在即，需要为其设计一款宣传海报，要求画面美观大方，充分体现活动主题。

3. 设计要点

（1）设计风格要求生动活泼，具有艺术性。

（2）以线条和几何形状为装饰元素，合理搭配。

（3）画面排版丰富饱满，符合展览特性。

（4）使用直观醒目的文字突出活动主题及活动信息。

（5）设计规格为50厘米（宽）×35厘米（高），分辨率为300ppi。

12.1.2 项目素材及制作要点

1. 项目素材

模型素材所在位置：学习资源\Ch12\制作艺术交流展海报\素材\01.c4d。

2. 参考效果

参考效果所在位置：学习资源\Ch12\制作艺术交流展海报\工程文件.c4d。效果如图12-1所示。

3. 制作要点

使用多种参数化工具、生成器建模工具以及多边形建模工具建立模型；使用“摄像机”工具控制视图的显示效果；使用“区域光”工具制作灯光效果；使用“材质”面板创建材质并设置材质参数；使用“物理天空”工具创建环境效果；使用“编辑渲染设置”按钮和“渲染到图像查看器”按钮渲染图像。

图12-1

12.1.3 案例制作及操作步骤

1. 建模

01 启动Cinema 4D。单击“编辑渲染设置”按钮，在弹出的“渲染设置”面板中，进行设置，如图12-2所示，单击“关闭”按钮，关闭面板。

02 选择“样条画笔”工具，在视图窗口中适当的位置分别单击，创建7个节点，如图12-3所示。将样条的节点全部选中，单击鼠标右键，在弹出的快捷菜单中选择“断开点连接”命令，在“对象”面板中生成一个“样条”对象。

03 选择“实时选择”工具，在视图窗口中分别选中需要的节点，在“坐标”面板中分别调整节点的位置。将样条的节点全部选中，在视图窗口中单击鼠标右键，在弹出的快捷菜单中选择“柔性差值”命令，效果如图12-4所示。

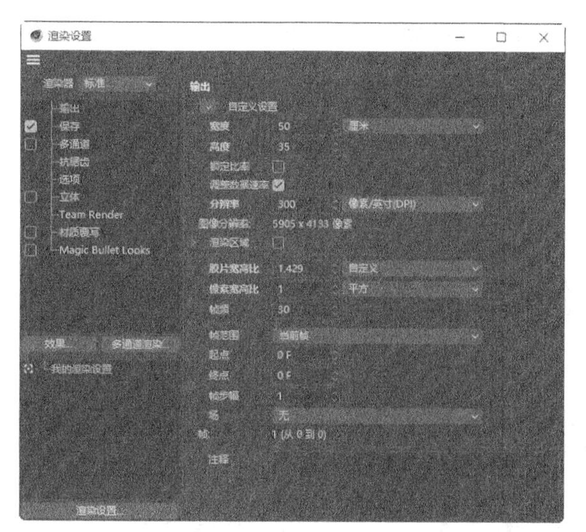

图12-2

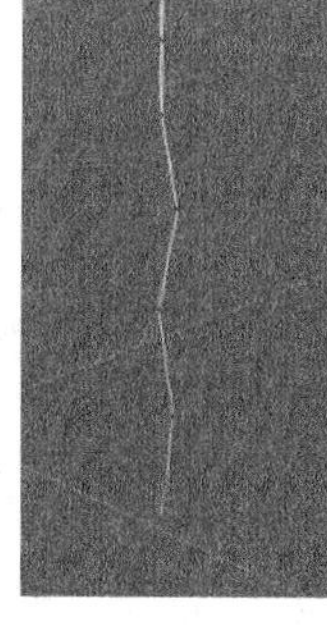

图12-3

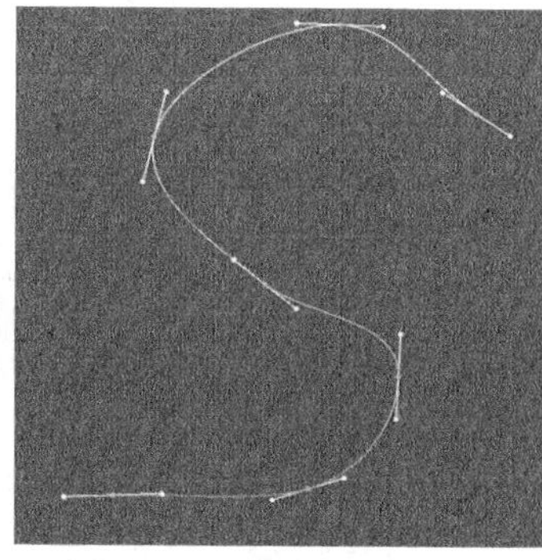

图12-4

04 选择“地形”工具，在“对象”面板中生成一个“地形”对象。在“属性”面板中进行设置，视图窗口中的效果如图12-5所示。

05 选择“样条约束”工具，在“对象”面板中生成一个“样条约束”对象，将“样条约束”对象拖入“地形”对象的下层，如图12-6所示。在“属性”面板中进行设置。

06 选择“细分曲面”工具，在“对象”面板中生成一个“细分曲面”对象。将“地形”对象组拖入“细分曲面”对象的下层。视图窗口中的效果如图12-7所示。在“对象”面板中选中所有的对象及对象组，按Alt+G快捷键将选中的对象编组，并命名为“S”。在“坐标”面板中调整模型位置。S模型制作完成，将其保存。

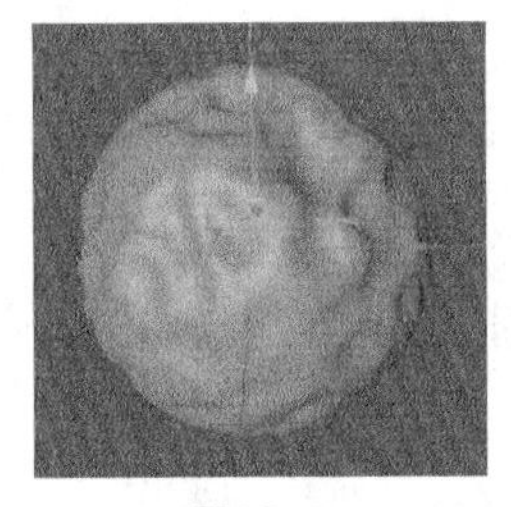

图12-5

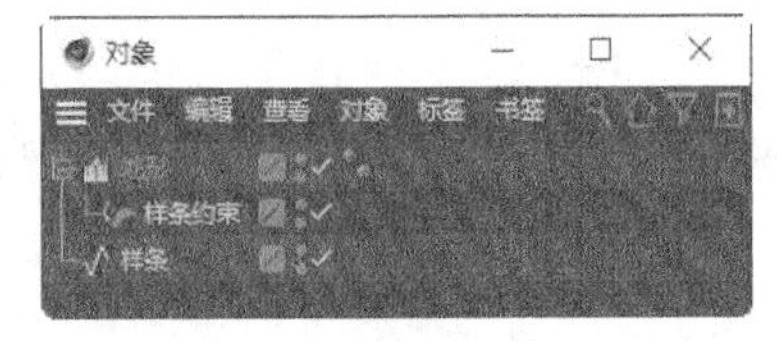

图12-6

图12-7

07 新建一个与步骤01中大小相同的文件。选择“样条画笔”工具，在视图窗口中适当的位置分别单击，创建6个节点，如图12-8所示，在“对象”面板中生成一个“样条”对象。在“坐标”面板中分别调整节点的位置，制作出图12-9所示的效果。

08 选择“胶囊”工具，“对象”面板中会自动生成一个“胶囊”对象，在“属性”面板中进行设置。选择“样条约束”工具，在“对象”面板中生成一个“样条约束”对象，将“样条约束”对象拖入“胶囊”对象的下层，在“属性”面板中进行设置，视图窗口中的效果如图12-10所示。

09 在“对象”面板中选中所有的对象及对象组，按Alt+G快捷键将选中的对象编组，并命名为“线条1”。使用上述方法分别制作其他线条，在“对象”面板中生成其他对象组，视图窗口中的效果如图12-11所示。在“对象”面板中选中所有的对象组，按Alt+G快捷键将选中的对象组编组，并命名为“线条”。线条模型制作完成，将其保存。

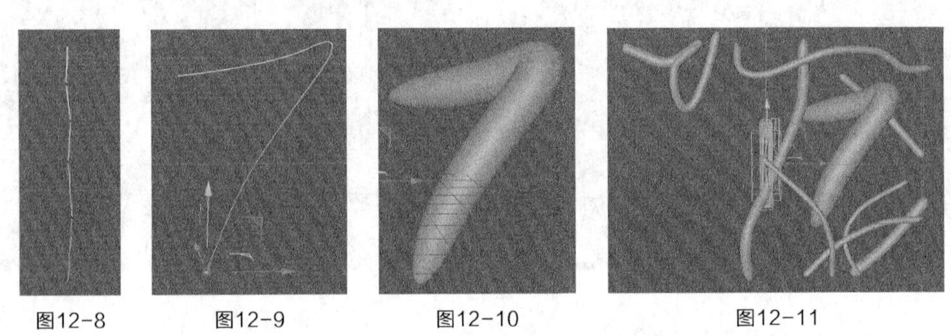

图12-8　　图12-9　　图12-10　　图12-11

10 新建一个与步骤01中大小相同的文件。选择“球体”工具，在“对象”面板中生成一个“球体”对象，在“属性”面板中进行设置，并将“球体”对象转换为可编辑对象，视图窗口中的效果如图12-12所示。选中“缩放”工具，按住Shift键的同时拖曳鼠标沿*y*轴缩放对象。在“坐标”面板中进行设置，视图窗口中的效果如图12-13所示。

11 切换为多边形模式。选择“实时选择”工具，在视图窗口中多次调整角度，选中需要的面，在视图窗口中单击鼠标右键，在弹出的快捷菜单中选择“挤压”命令，在“属性”面板中进行设置，视图窗口中的效果如图12-14所示。使用相同的方法挤压其他面，制作出图12-15所示的效果。

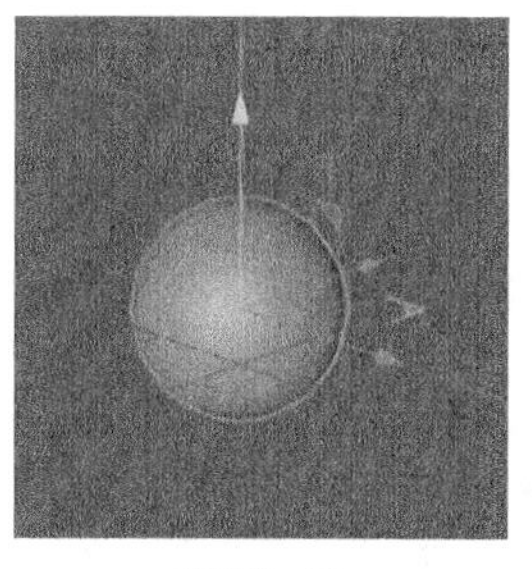

图12-12

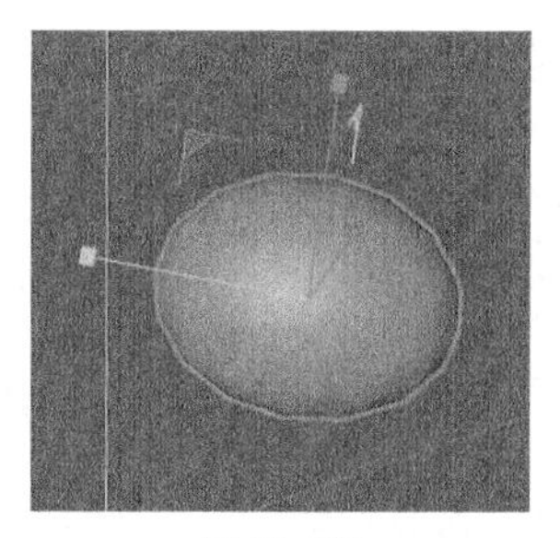

图12-13

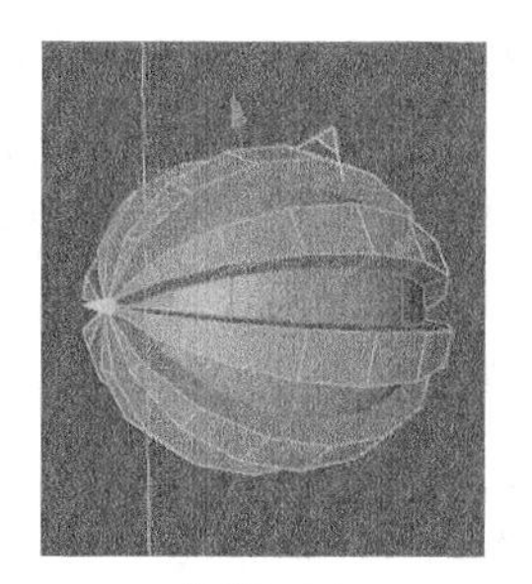

图12-14

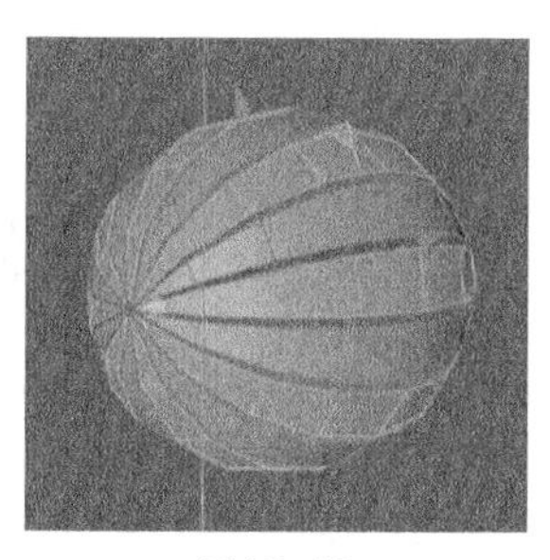

图12-15

12 选择“细分曲面”工具，在“对象”面板中生成一个“细分曲面”对象，并将其命名为“椭圆1”。将“球体”对象拖入“椭圆1”对象的下层，视图窗口中的效果如图12-16所示。

13 在“对象”面板中复制“球体”对象，切换为模型模式。在“坐标”面板中进行设置，并为对象添加“细分曲面”，视图窗口中的效果如图12-17所示。使用上述方法分别复制并调整其他椭圆，在“对象”面板中生成其他对象组，视图窗口中的效果如图12-18所示。在“对象”面板中选中所有的对象组，按Alt+G快捷键将选中的对象组编组，并命名为“椭圆”。椭圆模型制作完成，将其保存。

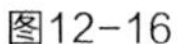

图12-16

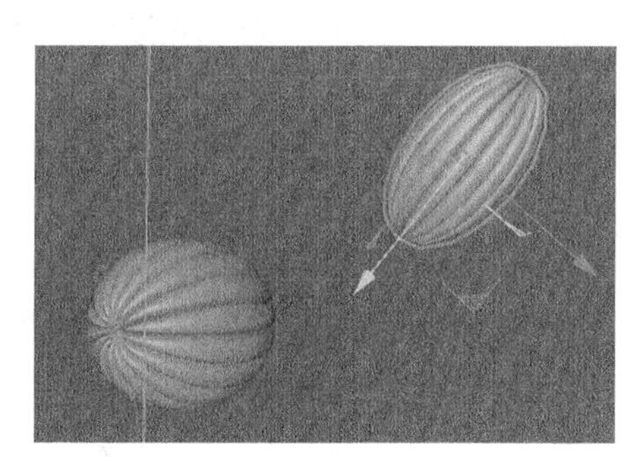

图12-17

图12-18

14 新建一个与步骤01中大小相同的文件。选择“平面”工具，在“对象”面板中生成一个“平面”对象，并将其重命名为“背景”。在“属性”面板中进行设置，视图窗口中的效果如图12-19所示。

15 选择“文件 > 合并项目”命令，在弹出的“打开文件”对话框中选择保存的线条模型文件，单击“打开”按钮，打开文件。使用相同的方法合并S模型文件、椭圆模型文件和学习资源中的“Ch12 > 制作艺术交流展海报 > 素材 > 01.c4d”文件，视图窗口中的效果如图12-20所示。

16 选择“摄像机”工具，在“对象”面板中生成一个“摄像机”对象。在“属性”面板中进行设置。单击“摄像机”对象右侧的按钮，进入摄像机视图，在“坐标”面板中进行设置。

17 在“对象”面板中选中需要的对象及对象组，按Alt+G快捷键将选中的对象及对象组编组，并命名为“文化传媒海报”，如图12-21所示。

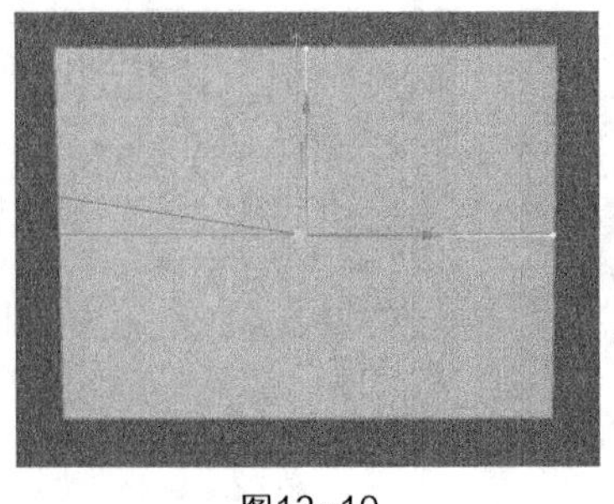
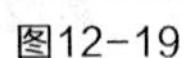

图12-19

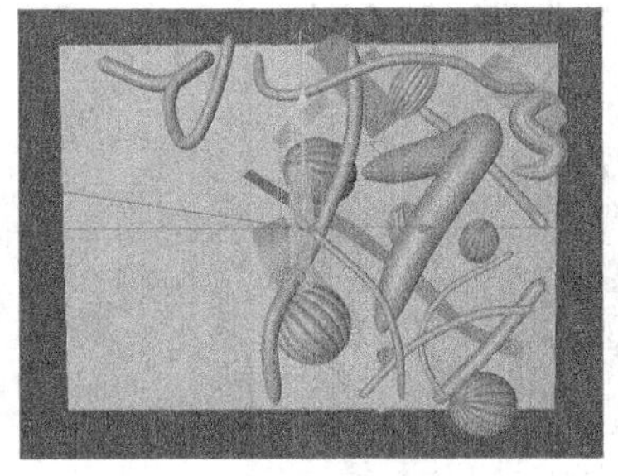

图12-20

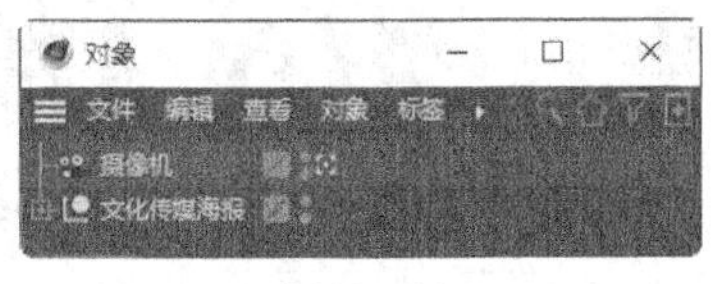

图12-21

2. 创建灯光

01 选择“区域光”工具，在“对象”面板中生成一个“灯光”对象，将“灯光”对象重命名为“主光源”，在“属性”面板中设置参数。使用相同的方法再创建两个灯光对象并设置参数，如图12-22所示。

02 选择“空白”工具，在“对象”面板中生成一个“空白”对象，并将其重命名为“灯光”。选中需要的对象，将选中的对象拖入“灯光”对象的下层，如图12-23所示。折叠“灯光”对象组。

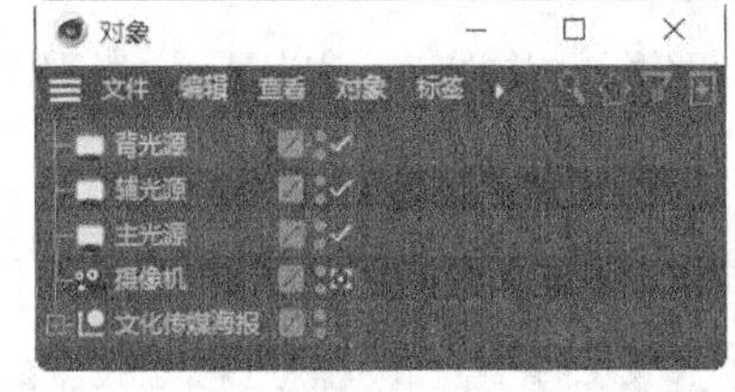

图12-22

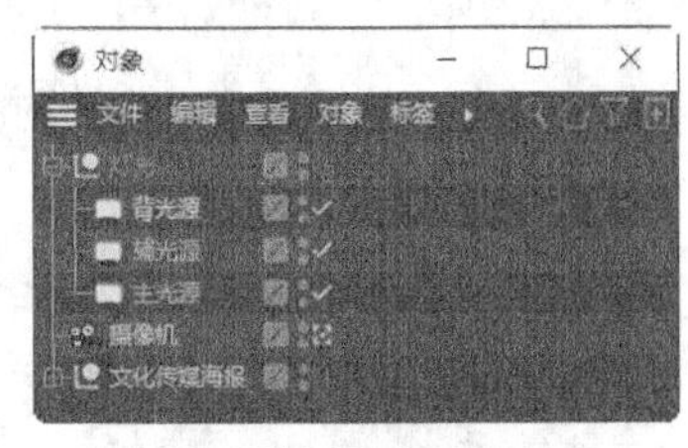

图12-23

3. 添加材质

01 在“材质”面板中双击，添加一个材质球。在添加的材质球上双击，弹出“材质编辑器”面板。在“名称”文本框中输入“背景”，在左侧列表中选择“颜色”选项，切换到相应的设置区域，设置“纹理”为“渐变”，单击“渐变预览框”按钮，切换到相应的设置区域。

02 双击“渐变”左侧的“色标.1”按钮，在弹出的“渐变色标设置”对话框中进行设置，如图12-24所示，单击“确定”按钮，返回“材质编辑器”面板。双击“渐变”右侧的“色标.2”按钮，在弹出的“渐变色标设置”对话框中进行设置，如图12-25所示，单击“确定”按钮，返回“材质编辑器”面板。设置“类型”为“二维-U”，如图12-26所示。单击“关闭”按钮，关闭面板。

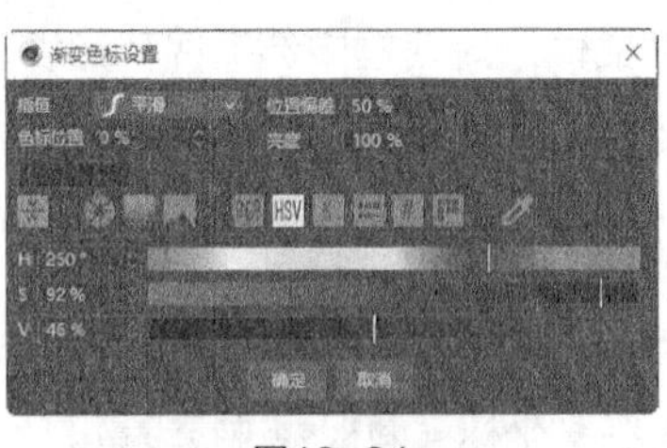

图12-24

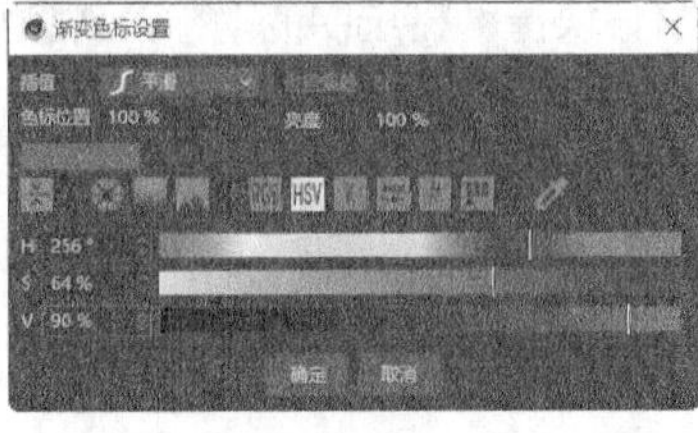

图12-25

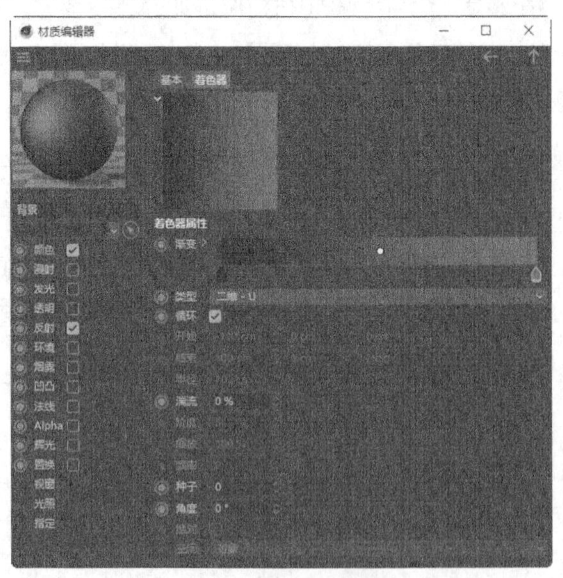

图12-26

03 在“对象”面板中展开“文化传媒海报”对象组，将“材质”面板中的“背景”材质拖曳到“对象”面板中的“平面”对象上，如图12-27所示。

04 在“材质”面板中双击，添加一个材质球，并将其命名为“线条1”，如图12-28所示。在“对象”面板中展开“线条”对象组，将“材质”面板中的“线条1”材质拖曳到“对象”面板中的“S”对象组和“线条1”对象上，如图12-29所示。

图12-27

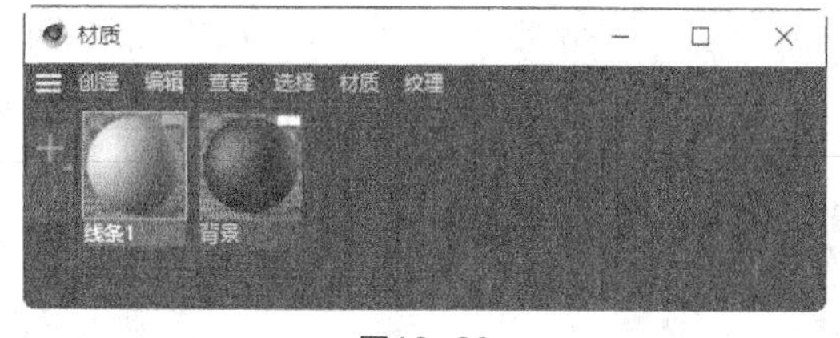

图12-28

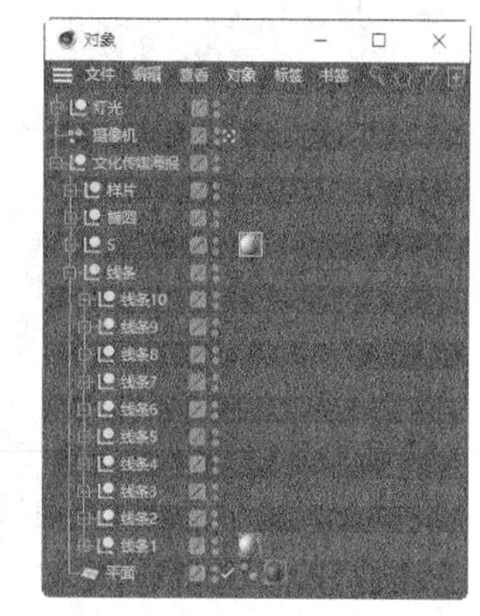

图12-29

05 在添加的“线条1”材质球上双击，弹出“材质编辑器”面板。在左侧列表中选择“颜色”选项，切换到相应的设置区域，设置“纹理”为“渐变”，单击“渐变预览框”按钮，切换到相应的设置区域，如图12-30所示。

06 双击“渐变”左侧的“色标.1”按钮，在弹出的“渐变色标设置”对话框中进行设置，如图12-31所示，单击“确定”按钮，返回“材质编辑器”面板。双击“渐变”右侧的“色标.2”按钮，在弹出的“渐变色标设置”对话框中进行设置，如图12-32所示，单击“确定”按钮，返回“材质编辑器”面板。

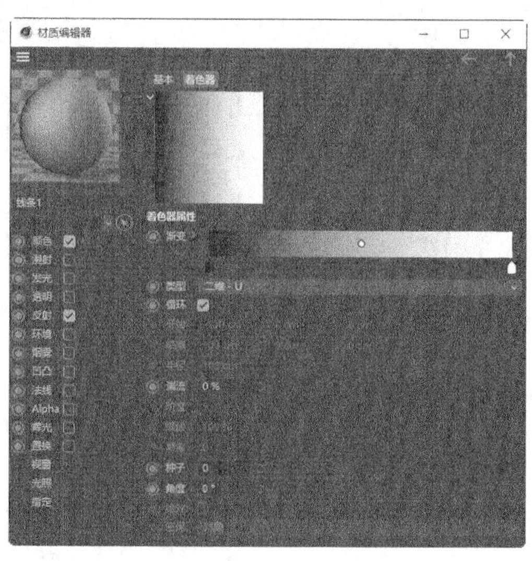

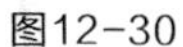

图12-30

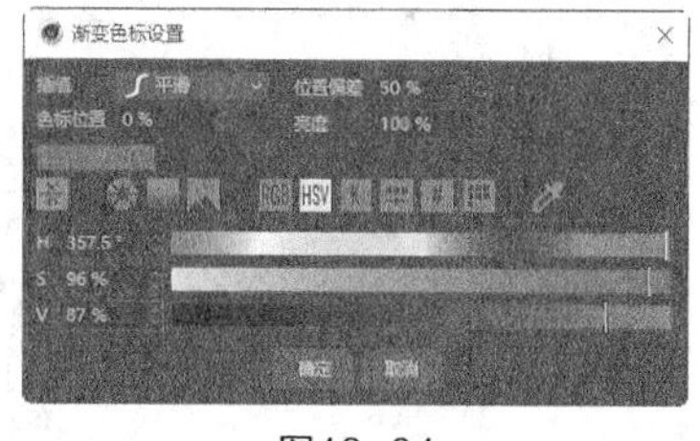

图12-31

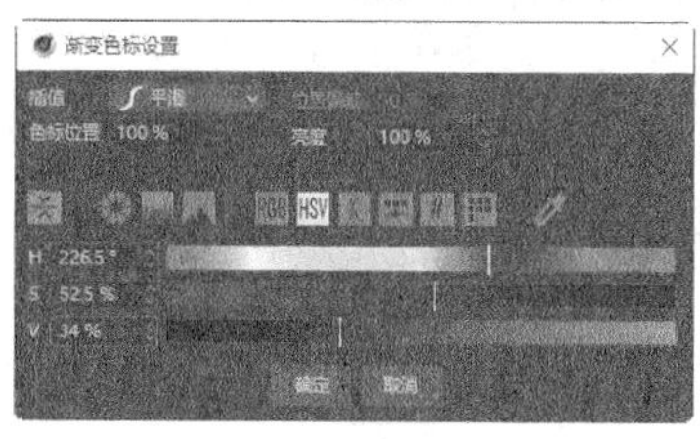

图12-32

07 拖曳“色标.2”按钮到适当的位置，如图12-33所示。按住Ctrl键的同时拖曳“色标.1”按钮到适当的位置，复制色标，如图12-34所示。

08 使用相同的方法再复制13个色标，如图12-35所示。在“渐变”色条上单击鼠标右键，在弹出的快捷菜单中选择“双色标”命令，设置“类型”为“二维-斜向”，如图12-36所示。单击“关闭”按钮，关闭面板。

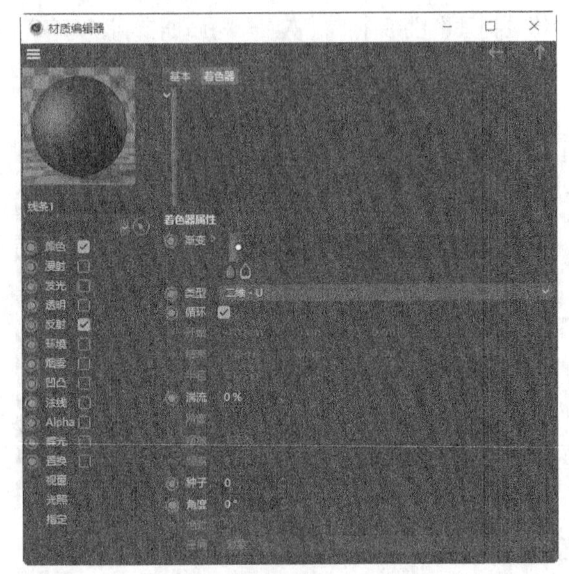

图12-33

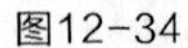

图12-34

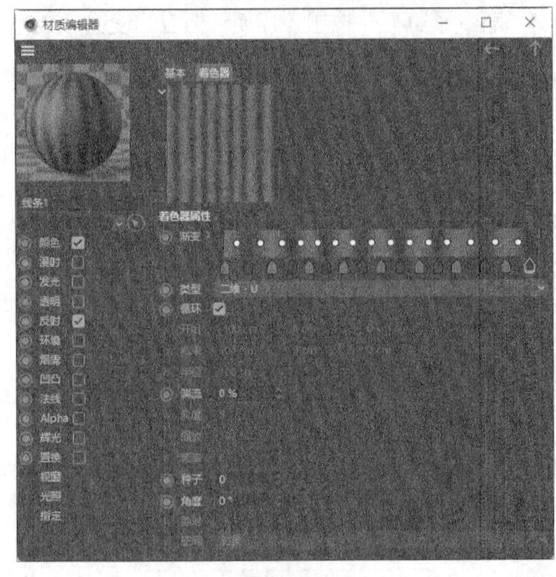

图12-35

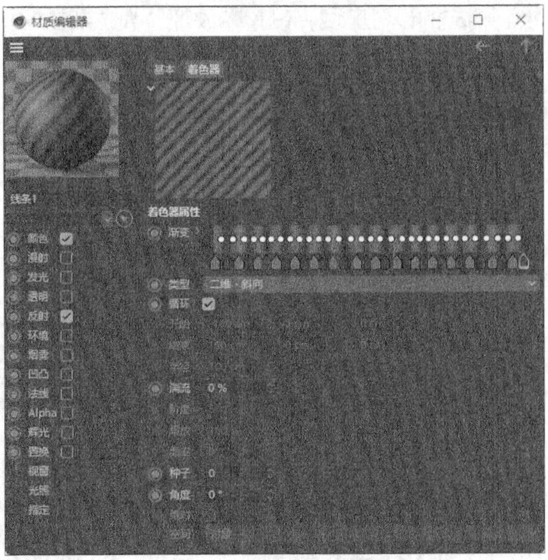

图12-36

09 使用相同的方法分别创建其他材质球，如图12-37所示，为模型添加相应的材质，如图12-38所示。

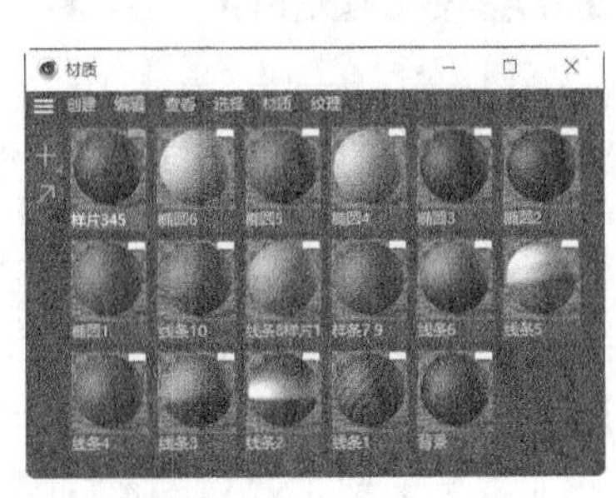

图12-37

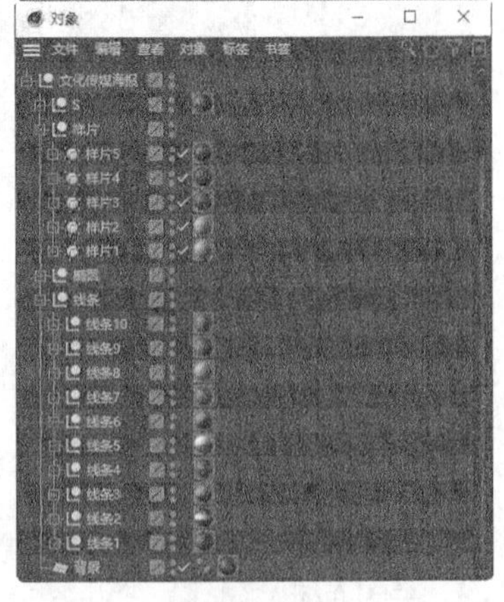

图12-38

10 在“对象”面板中展开“椭圆 > 椭圆1”对象组，双击“椭圆”对象右侧的“多边形选集 标签[多边形选集.1]”图标，如图12-39所示。将“材质”面板中的“椭圆1”材质拖曳到在视图窗口中选中的面上，如图12-40所示。双击“椭圆”对象右侧的“多边形选集 标签[多边形选集.2]”图标，将“材质”面板中的“椭圆2”材质拖曳到在视图窗口中选中的面上，如图12-41所示。

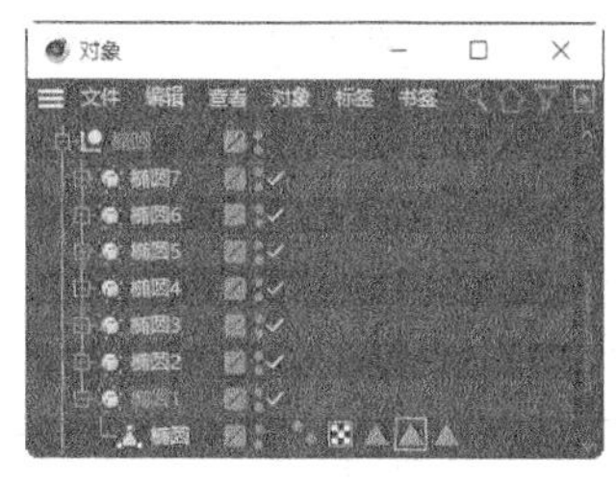

图12-39

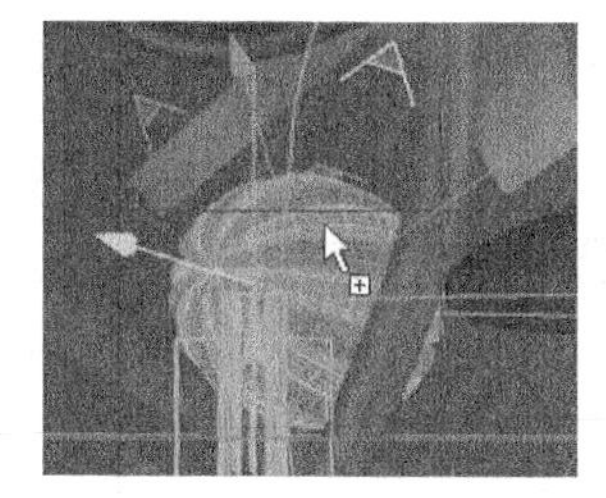

图12-40

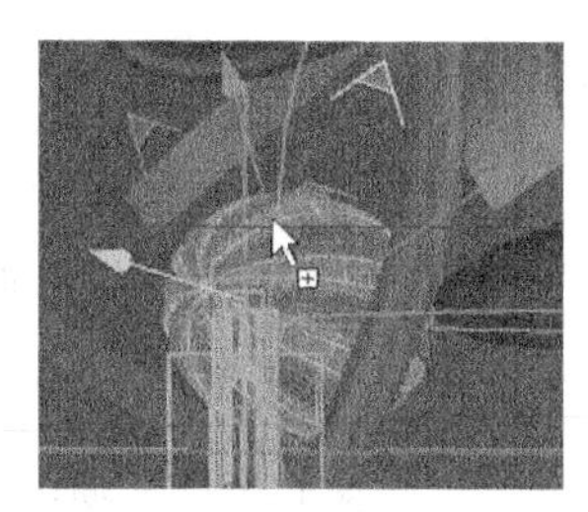

图12-41

11 使用上述方法分别为其他椭圆添加材质，如图12-42所示。视图窗口中的效果如图12-43所示。

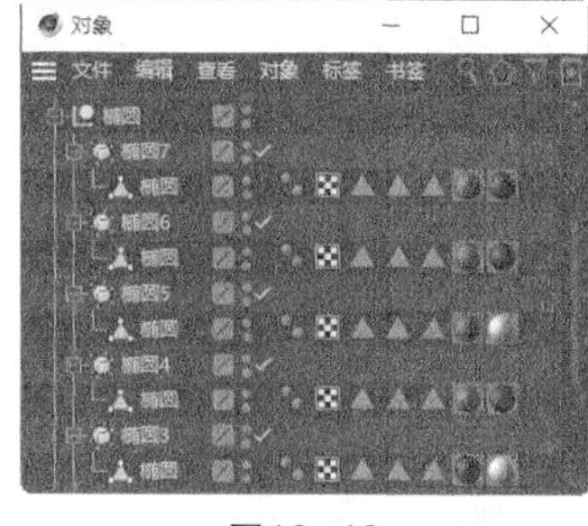

图12-42

图12-43

4. 渲染

01 选择“平面”工具，在“对象”面板中生成一个“平面”对象，并将其重命名为“反光板1”，在“属性”面板中进行设置。使用相同的方法再创建两个反光板。选择“空白”工具，在“对象”面板中生成一个“空白”对象，并将其重命名为“反光板”。选中需要的对象，将选中的对象拖入“反光板”对象的下层，如图12-44所示。折叠“反光板”对象组。

02 选择“物理天空”工具，在“对象”面板中生成一个“物理天空”对象。在“属性”面板“太阳”选项卡中，展开“投影”选项组，设置“密度”为5%，如图12-45所示。

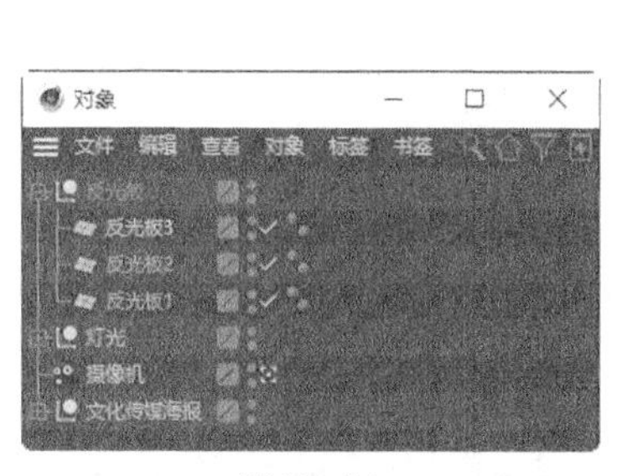

图12-44

图12-45

03 单击“编辑渲染设置”按钮，弹出“渲染设置”面板，在左侧列表中选择“保存”选项，切换到相应的设置区域，设置“格式”为“PNG”。在左侧列表中选择“抗锯齿”选项，切换到相应的设置区域，设置“抗锯齿”为“最佳”。

04 单击“效果”按钮，在弹出的菜单中选择“全局光照”命令，在“输出”列表中添加“全局光照”。单击“效果”按钮，在弹出的菜单中选择“环境吸收”命令，在“输出”列表中添加“环境吸收”。单击“关闭”按钮，关闭面板。

05 单击“渲染到图像查看器”按钮，弹出“图像查看器”面板，如图12-46所示。渲染完成后，单击面板中的“将图像另存为”按钮，弹出“保存”对话框，如图12-47所示。

06 单击“保存”对话框中的“确定”按钮，弹出“保存对话”对话框，在对话框中选择要保存文件的位置，并在“文件名”文本框中输入名称，设置完成后，单击“保存”按钮，保存图像。

07 在Photoshop中，根据需要调整图像色调，添加文字与图标相结合的宣传信息，丰富整体画面，效果如图12-48所示。艺术交流展海报制作完成。

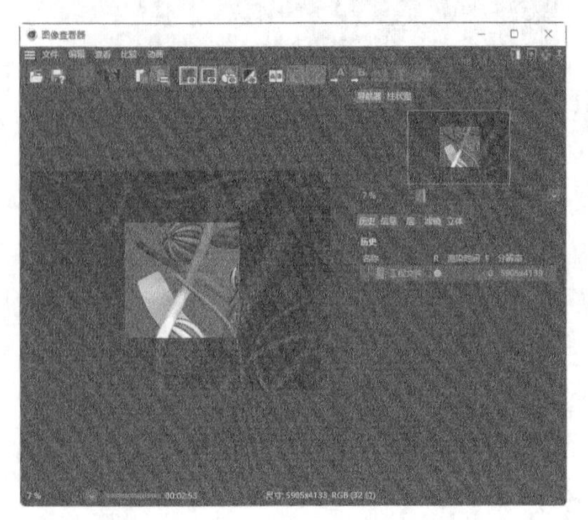

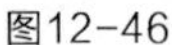

图12-46

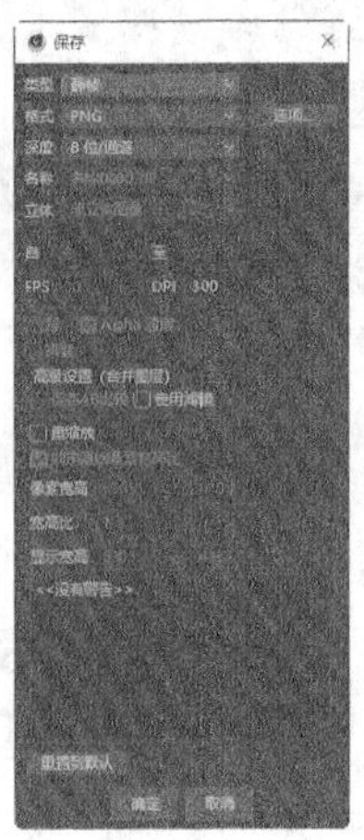

图12-47

图12-48

课堂练习——制作蓝牙耳机海报

项目背景及设计要点

1. 客户名称

摩卡智能耳机旗舰店。

2. 客户需求

摩卡智能耳机旗舰店是一家主营智能耳机的网店，销售有线耳机、无线耳机、头戴式耳机等多种耳机。公司近期将推出新款无线蓝牙耳机，需要为其制作一款全新的宣传海报，要求起到宣传公司新产品的作用，并凸显产品特性。

3. 设计要点

（1）设计风格要求简洁大方，给人高端、大气的感觉。

（2）以产品图片为主体，给客户带来直观感受，突出宣传主体。

（3）画面色彩动感时尚，符合年轻人的喜好。

（4）装饰元素与产品有机结合，相互呼应。

（5）设计规格为1242像素（宽）×2208像素（高），分辨率为72ppi。

项目素材及制作要点

1. 项目素材

模型素材所在位置：学习资源\Ch12\制作蓝牙耳机海报\素材\01.c4d。

贴图素材所在位置：学习资源\Ch12\制作蓝牙耳机海报\tex\01~06。

2. 制作要点

首先制作场景模型、耳机模型、节奏线模型，制作好后合并模型，然后添加灯光，再添加材质，最后渲染输出，参考效果如图12-49所示。

使用多种参数化工具、生成器建模工具以及多边形建模工具建立模型；使用“摄像机”工具控制视图的显示效果；使用“区域光”工具和“聚光灯”工具制作灯光效果；使用“材质”面板创建材质并设置材质参数；使用“天空”工具创建环境效果；使用“编辑渲染设置”按钮和“渲染到图像查看器”按钮渲染图像。

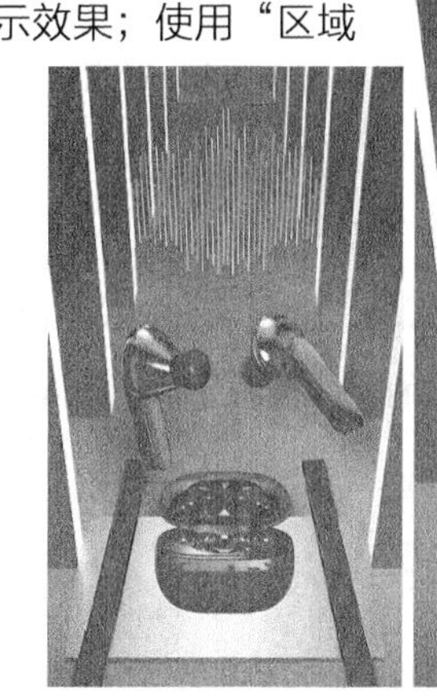

图12-49

课后习题——制作家居宣传海报

项目背景及设计要点

1. 客户名称

Easy Life家居有限公司。

2. 客户需求

Easy Life家居有限公司主要经营实木家具、整体橱柜和卫浴等系列产品，除此之外，还提供家具定制服务，产品远销多个国家。公司需要在即将到来的中秋节和国庆节举办促销活动，因此需要设计一款海报，要求以卡通形象为主体，生动活泼地展现节日氛围。

3. 设计要点

（1）背景使用室内场景，营造真实自然的氛围。

（2）主体卡通形象可爱生动，让人印象深刻。

（3）标题文字及活动信息简洁明了，搭配合理。

（4）色彩简洁亮丽，增强画面活泼的氛围。

（5）设计规格为1242像素（宽）×2208像素（高），分辨率为72ppi。

项目素材及制作要点

1. 项目素材

模型素材所在位置：学习资源\Ch12\制作家居装修海报\素材\01.c4d和02.c4d。

贴图素材所在位置：学习资源\Ch12\制作家居装修海报\tex\01~03。

2. 制作要点

首先制作场景模型、小熊模型，制作好后合并模型，然后添加灯光，再添加材质，最后渲染输出，参考效果如图12-50所示。

使用多种参数化工具、生成器建模工具以及多边形建模工具建立模型；使用“摄像机”工具控制视图的显示效果；使用“区域光”工具制作灯光效果；使用“材质”面板创建材质并设置材质参数；使用“天空”工具创建环境效果；使用“编辑渲染设置”按钮和“渲染到图像查看器”按钮渲染图像。

图12-50

12.2 制作美妆护肤电商主图

12.2.1 项目背景及设计要点

1. 客户名称

美加宝美妆有限公司。

2. 客户需求

美加宝美妆有限公司主要销售保湿水、乳液、精华、洗面奶、口红等多种护肤和美妆产品，是一个历史悠久的国货品牌，深受消费者喜爱。公司需要为即将到来的节日促销活动设计一款主图，要求以多个产品为主体，生动活泼地表现节日氛围。

3. 设计要点

（1）背景使用暖色调，营造出节日的氛围。

（2）色彩和谐，突出主体产品。

（3）标题文字及活动信息简洁明了，搭配合理。

（4）装饰物均匀分布，画面协调自然。

（5）设计规格为800像素（宽）×800像素（高），分辨率为72ppi。

12.2.2 项目素材及制作要点

1. 项目素材

模型素材所在位置：学习资源\Ch12\制作美妆护肤电商主图\素材。

2. 参考效果

参考效果所在位置：学习资源\Ch12\制作美妆护肤电商主图\工程文件.c4d。效果如图12-51所示。

3. 制作要点

使用“摄像机”工具控制视图的显示效果，使用“区域光”工具制作灯光效果，使用“材质”面板创建材质并设置材质参数，使用“物理天空”工具创建环境效果，使用“编辑渲染设置”按钮和“渲染到图像查看器”按钮渲染图像。

图12-51

12.2.3 案例制作及操作步骤

1. 合并模型

01 启动Cinema 4D。参照数字视频完成基础建模，效果如图12-52（左）所示。

02 选择“文件 > 合并项目”命令，在弹出的“打开文件”对话框中选择学习资源中的“Ch12 > 制作美妆护肤电商主图 > 素材 > 01.c4d”文件，单击“打开”按钮，将选中的文件导入。使用相同的方法分别导入“02~05”文件，视图窗口中的效果如图12-52（右）所示。

03 选择“空白”工具，在“对象”面板中生成一个“空白”对象，并将其重命名为“美妆电商主图”。选中需要的对象组，将选中的对象组拖入“美妆电商主图”对象的下层，如图12-53所示。折叠“美妆电商主图”对象组。

04 选择“摄像机”工具，在“对象”面板中生成一个“摄像机”对象。单击“摄像机”对象右侧的按钮，进入摄像机视图。在“坐标”面板“位置”选项组中，设置“X”为1cm、“Y”为223cm、“Z”为-780cm；在“旋转”选项组中，设置“H”为0°、“P”为0°、“B”为0°。视图窗口中的效果如图12-54所示。

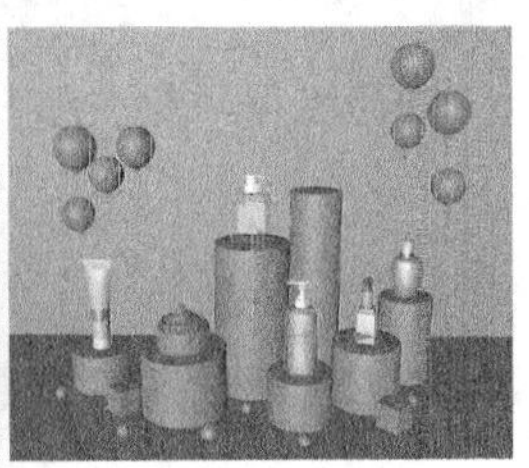

图12-52

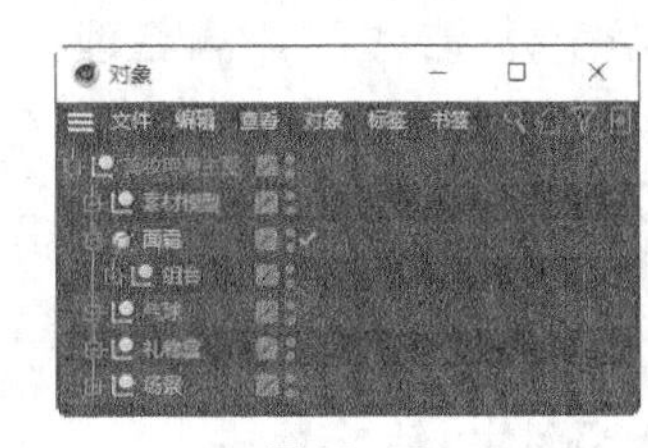

图12-53

图12-54

2. 创建灯光

01 选择“区域光”工具，在“对象”面板中生成一个“灯光”对象，将其重命名为“主光源”。在“属性”面板“常规”选项卡中，设置“强度”为50%、“投影”为“阴影贴图（软阴影）”。选中“主光源”对象，在“坐标”面板“位置”选项组中，设置“X”为155cm、“Y”为1580cm、“Z”为-2055cm；在“旋转”选项组中，设置“P”为-30°。

02 选择“区域光”工具，在“对象”面板中生成一个“灯光”对象，将其重命名为“辅光源1”。在“属性”面板“常规”选项卡中，设置“强度”为70%。选中“辅光源1”对象，在“坐标”面板“位置”选项组中，设置“X”为0cm、“Y”为0cm、“Z”为-3940cm。

03 选择“区域光”工具，在“对象”面板中生成一个“灯光”对象，将其重命名为“辅光源2”。在“属性”面板“常规”选项卡中，设置“强度”为70%。选中“辅光源2”对象，在“坐标”面板“位置”选项组中，设置“X”为2680cm、“Y”为0cm、“Z”为-780cm；在“旋转”选项组中，设置“H”为90°。

04 选择“空白”工具，在“对象”面板中生成一个“空白”对象，并将其重命名为“灯光”。选中需要的对象，如图12-55所示。将选中的对象拖入“灯光”对象的下层，如图12-56所示。折叠“灯光”对象组。

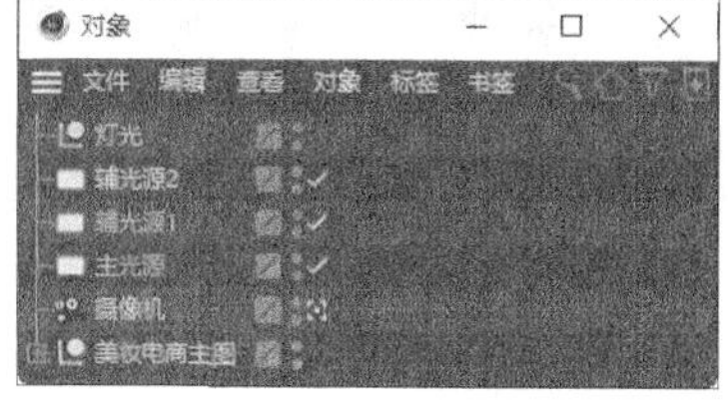

图12-55

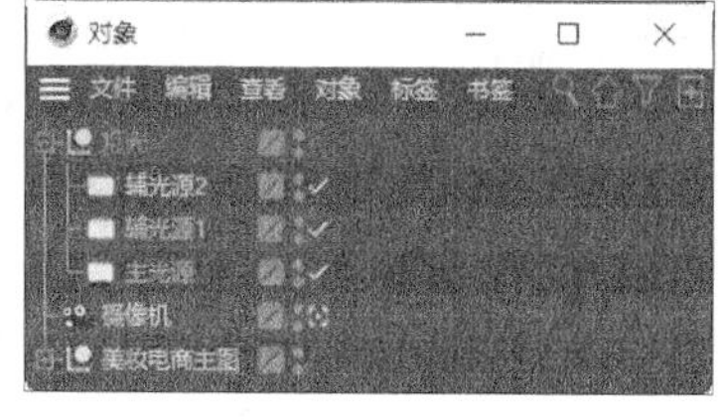

图12-56

3. 添加材质

01 在“材质”面板中双击，添加一个材质球。在添加的材质球上双击，弹出“材质编辑器”面板。在“名称”文本框中输入“背景”，在左侧列表中选择“颜色”选项，切换到相应的设置区域，设置“H”为5°、“S”为56%、“V”为92%。在左侧列表中取消勾选“反射”复选框，如图12-57所示，单击“关闭”按钮，关闭面板。

02 在“对象”面板中展开“美妆电商主图 > 场景”对象组，将“材质”面板中的“背景”材质拖曳到“对象”面板中的“地面背景”对象组上。

03 在“材质”面板中双击，添加一个材质球。在添加的材质球上双击，弹出“材质编辑器”面板。在“名称”文本框中输入“底座1”，在左侧列表中选择“颜色”选项，切换到相应的设置区域，设置“H”为355°、“S”为44%、“V”为88%。在左侧列表中选择“反射”选项，切换到相应的设置区域，设置“类型”为“GGX”、“粗糙度”为62%、“高光强度”为13%，其他选项的设置如图12-58所示，单击“关闭”按钮，关闭面板。

04 在“对象”面板中展开“美妆电商主图 > 场景 > 底座”对象组，将“材质”面板中的“底座1”材质拖曳到“对象”面板中的“圆柱体”“圆柱体.2”“圆柱体.3”对象上。

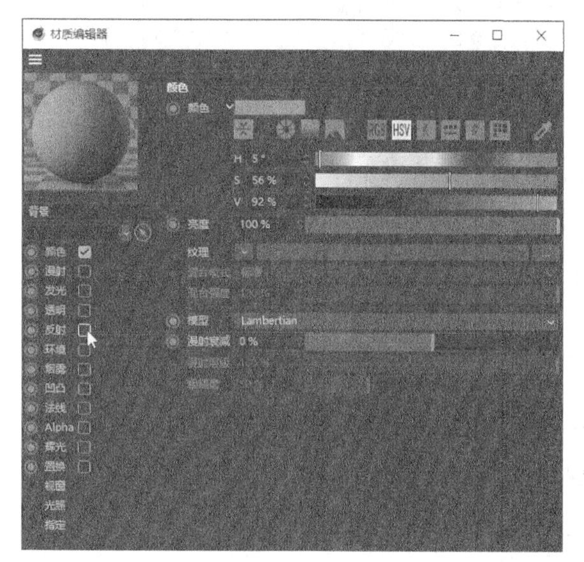

图12-57

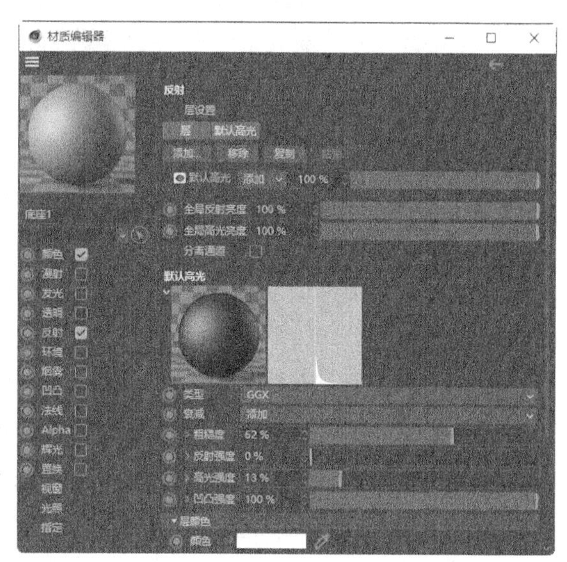

图12-58

05 在“材质”面板中双击，添加一个材质球。在添加的材质球上双击，弹出“材质编辑器”面板。在“名称”文本框中输入“底座2”，在左侧列表中选择“颜色”选项，切换到相应的设置区域，设置“H”为7°、“S”为59%、“V”为80%，其他选项的设置如图12-59所示，单击“关闭”按钮，关闭面板。

06 将“材质”面板中的“底座2”材质拖曳到“对象”面板中的“圆柱体.1”“圆柱体.4”“圆柱体.5”“圆柱体.6”对象上。

07 在“材质”面板中双击，添加一个材质球。在添加的材质球上双击，弹出“材质编辑器”面板。在“名称”文本框中输入“装饰球”，在左侧列表中选择“颜色”选项，切换到相应的设置区域，设置“纹理”为“渐变”，单击“渐变预览框”按钮，切换到相应的设置区域，如图12-60所示。双击“渐变”左侧的“色标.1”按钮，弹出“渐变色标设置”对话框，设置“H”为44°、“S”为56%、“V”为97%，单击“确定”按钮，返回“材质编辑器”面板。双击“渐变”右侧的“色标.2”按钮，弹出“渐变色标设置”对话框，设置“H”为343°、“S”为28%、“V”为95%，单击“确定”按钮，返回“材质编辑器”面板。

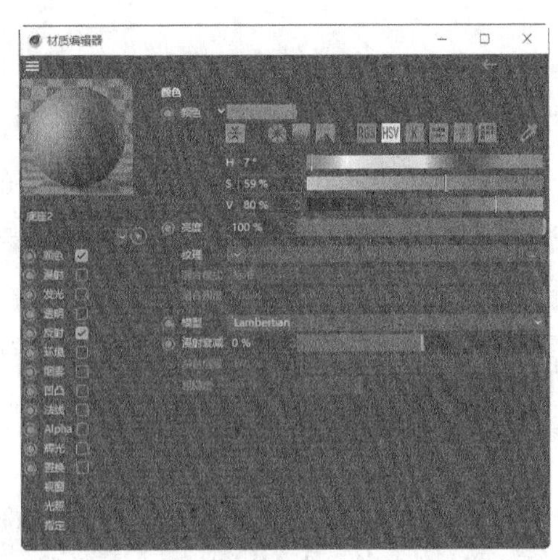

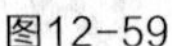

图12-59

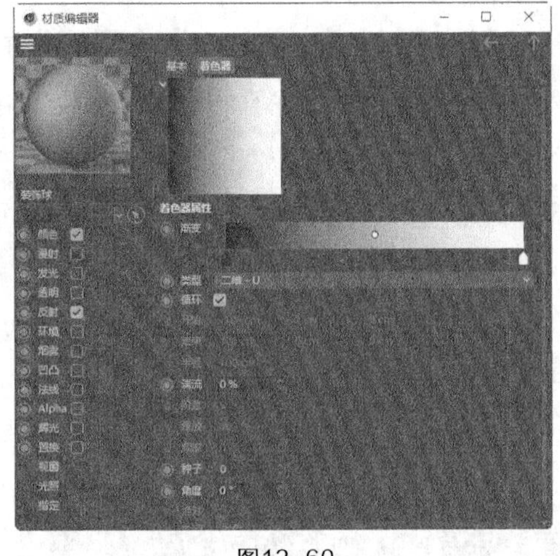

图12-60

08 在左侧列表中选择“反射”选项，切换到相应的设置区域，设置“类型”为“GGX”、“粗糙度”为50%、“高光强度”为12%，其他选项的设置如图12-61所示，单击“关闭”按钮，关闭面板。将“材质”面板中的“装饰球”材质拖曳到“对象”面板中的“装饰球”对象组上。折叠“底座”对象组和“场景”对象组。

09 展开“礼物盒 > 左礼物盒”对象组和“礼物盒 > 右礼物盒”对象组。在“材质”面板中双击，添加一个材质球。在添加的材质球上双击，弹出“材质编辑器”面板。在“名称”文本框中输入“盒子”，在左侧列表中选择“颜色”选项，切换到相应的设置区域，设置“H”为10°、“S”为80%、“V”为85%，其他选项的设置如图12-62所示，单击“关闭”按钮，关闭面板。

10 将“材质”面板中的“盒子”材质拖曳到“对象”面板“右礼物盒”对象组中的“立方体”和“立方体.1”对象上，用相同的方法为“左礼物盒”对象组中的“立方体”对象和“立方体.1”对象添加“盒子”材质。

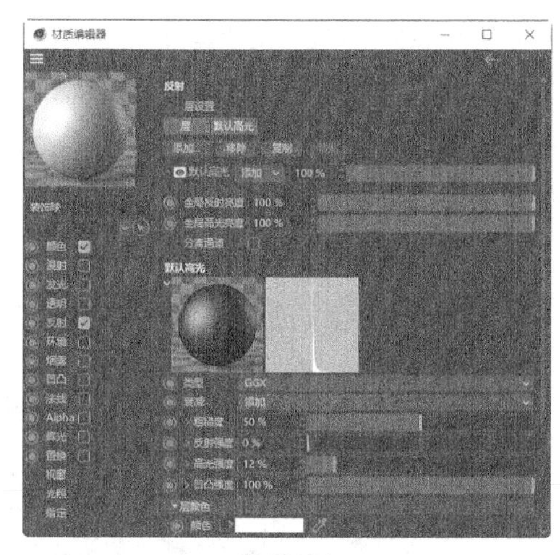

图12-61

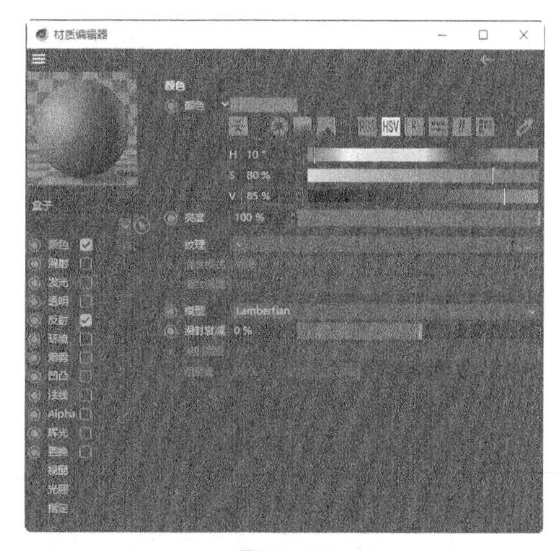

图12-62

11 在“材质”面板中双击，添加一个材质球。在添加的材质球上双击，弹出“材质编辑器”面板。在“名称”文本框中输入“带子”，在左侧列表中选择“颜色”选项，切换到相应的设置区域，设置“H”为33°、“S”为51%、“V”为97%，其他选项的设置如图12-63所示，单击“关闭”按钮，关闭面板。

12 将“材质”面板中的“带子”材质拖曳到“对象”面板“右礼物盒”对象组中的“带子1”对象上，使用相同的方法为其他对象添加“带子”材质。折叠“左礼物盒”对象组、“右礼物盒”对象组和“礼物盒”对象组。

13 在“材质”面板中双击，添加一个材质球。在添加的材质球上双击，弹出“材质编辑器”面板。在“名称”文本框中输入“气球1”，在左侧列表中选择“颜色”选项，切换到相应的设置区域，设置“H”为27°、“S”为36%、“V”为96%。在左侧列表中选择“反射”选项，切换到相应的设置区域，设置“类型”为“GGX”、“粗糙度”为50%、“高光强度”为10%，其他选项的设置如图12-64所示。

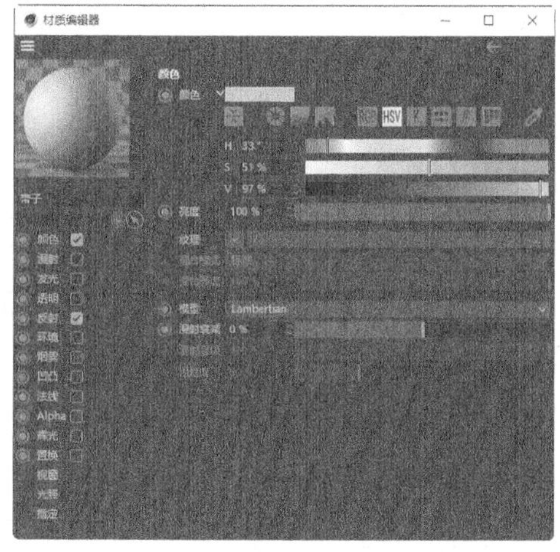

图12-63

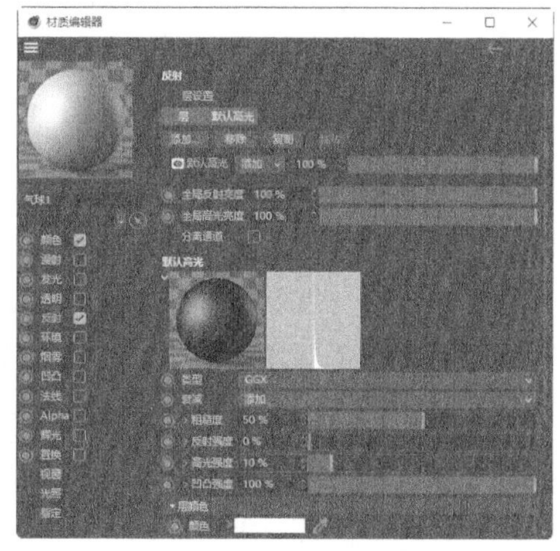

图12-64

14 在对话框中单击“层”按钮，切换为层设置，单击“添加”按钮，在弹出的菜单中选择“Phong”命令，添加一个层。单击“层1”按钮，设置“粗糙度”为10%、“反射强度”为56%、“高光强度”为9%，如图12-65所示。单击“层”按钮，设置“层1”为12%，如图12-66所示，单击“关闭”按钮，关闭面板。

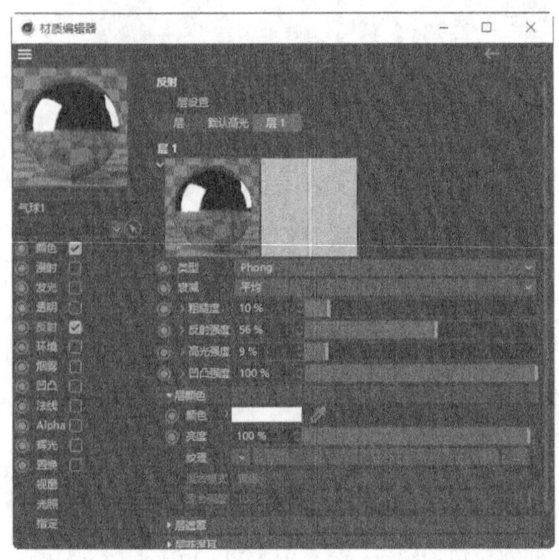

图12-65

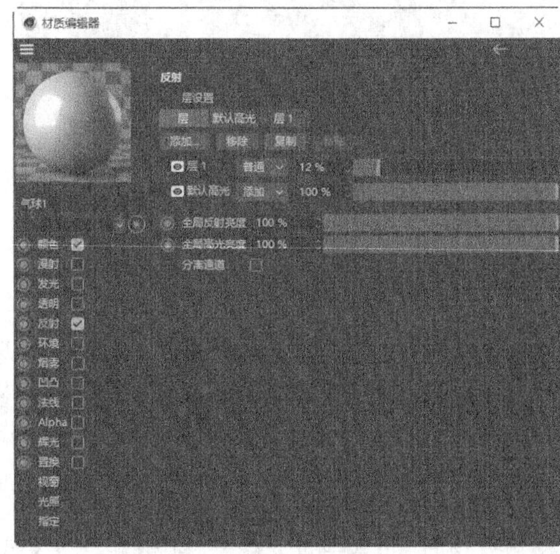

图12-66

15 在“对象”面板中展开“气球”对象组，将“材质”面板中的“气球1”材质拖曳到“对象”面板“气球”对象组中的“气球2”对象上。用相同的方法为其他对象添加“气球1”材质。

16 在“材质”面板中双击，添加一个材质球。在添加的材质球上双击，弹出“材质编辑器”面板。在“名称”文本框中输入“气球2”，在左侧列表中选择“颜色”选项，切换到相应的设置区域，设置“H”为50°、“S”为47%、“V”为67%。在左侧列表中选择“反射”选项，切换到相应的设置区域，设置“类型”为“GGX”、“粗糙度”为50%、“高光强度”为20%，其他选项的设置如图12-67所示，单击“关闭”按钮，关闭面板。

17 将“材质”面板中的“气球2”材质拖曳到“对象”面板“气球”对象组中的“气球”对象上。用相同的方法为其他对象添加“气球1”材质，折叠“气球”对象组。

18 在“材质”面板中双击，添加一个材质球。在添加的材质球上双击，弹出“材质编辑器”面板。在“名称”文本框中输入“内饰”，在左侧列表中选择“颜色”选项，切换到相应的设置区域，设置“H”为210°、“S”为98%、“V”为80%。在左侧列表中选择“发光”选项，切换到相应的设置区域，勾选“发光”复选框，设置“亮度”为20%，如图12-68所示，单击“关闭”按钮，关闭面板。

19 在“对象”面板中展开“面霜 > 组合”对象组。将“材质”面板中的“内饰”材质拖曳到“对象”面板“组合”对象组中的“内饰”对象上。

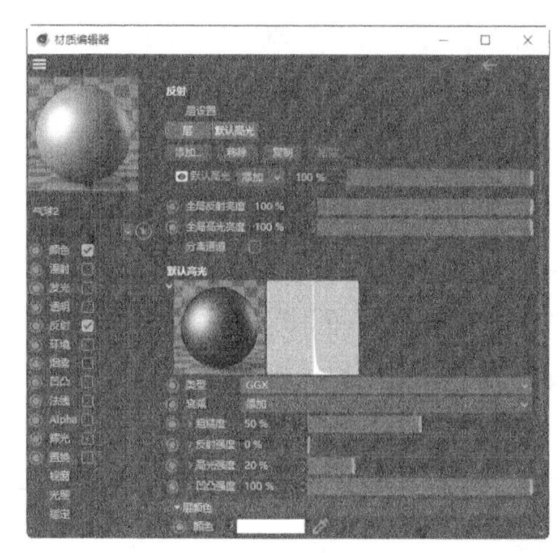
图12-67

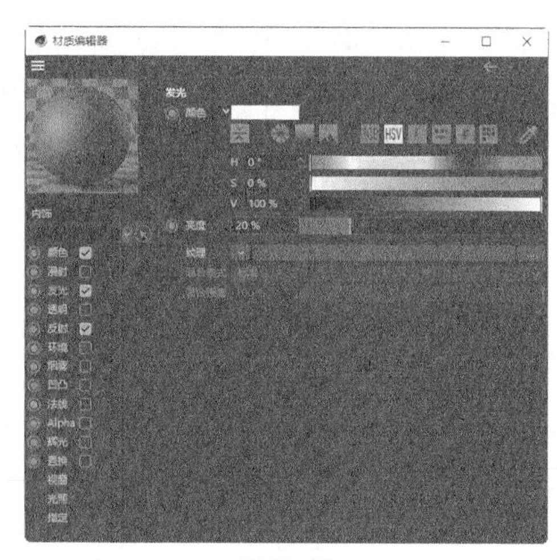
图12-68

20 在“材质”面板中双击，添加一个材质球。在添加的材质球上双击，弹出“材质编辑器”面板。在“名称”文本框中输入“瓶身”，在左侧列表中选择“颜色”选项，切换到相应的设置区域，设置“纹理”为“菲涅耳（Fresnel）”，单击“渐变预览框”按钮，切换到相应的设置区域，如图12-69所示。

21 双击“渐变”左侧的“色标.1”按钮，弹出“渐变色标设置”对话框，设置“H”为182°、“S”为48%、“V”为97%，单击“确定”按钮，返回“材质编辑器”面板。双击“渐变”右侧的“色标.2”按钮，弹出“渐变色标设置”对话框，设置“H”为208°、“S”为77%、“V”为76%，单击“确定”按钮，返回“材质编辑器”面板。在面板中拖曳“渐变”的中点到适当的位置，如图12-70所示。

22 在左侧列表中选择“发光”选项，切换到相应的设置区域，勾选“发光”复选框，设置“亮度”为29%。在左侧列表中选择“透明”选项，切换到相应的设置区域，勾选“透明”复选框，设置“亮度”为68%，单击“关闭”按钮，关闭面板。将“材质”面板中的“瓶身”材质拖曳到“对象”面板“组合”对象组中的“瓶身”对象上。

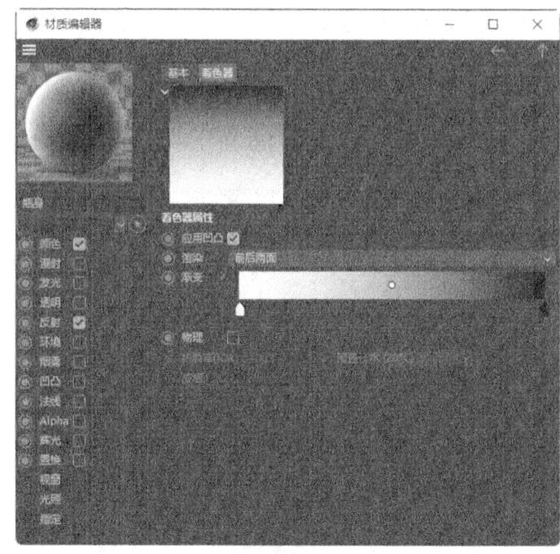
图12-69

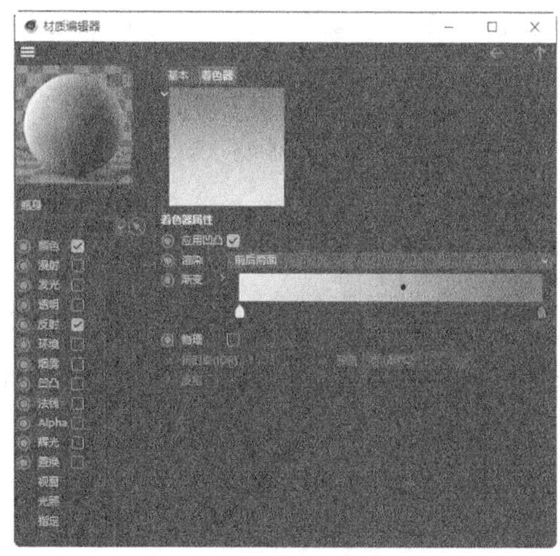
图12-70

23 在“材质”面板中双击，添加一个材质球。在添加的材质球上双击，弹出“材质编辑器”对话框。在“名称”文本框中输入“瓶身2”，在左侧列表中选择“颜色”选项，切换到相应的设置区域，设置“纹理”为“菲涅耳（Fresnel）”，单击“渐变预览框”按钮，切换到相应的设置区域，如图12-71所示。

24 双击“渐变”左侧的“色标.1”按钮，弹出“渐变色标设置”对话框，设置“H”为199°、“S”为65%、“V”为99%，单击“确定”按钮，返回“材质编辑器”面板。双击“渐变”右侧的“色标.2”按钮，弹出“渐变色标设置”对话框，设置“H”为198°、“S”为100%、“V”为94%，单击“确定”按钮，返回“材质编辑器”面板。在面板中拖曳“渐变”的中点到适当的位置，如图12-72所示。

25 在左侧列表中选择“反射”选项，切换到相应的设置区域，设置“类型”为“GGX”、“粗糙度”为53%、“反射强度”为8%、“高光强度”为12%，单击“关闭”按钮，关闭面板。将“材质”面板中的“瓶身2”材质拖曳到“对象”面板“组合”对象组中的“瓶身”对象上。

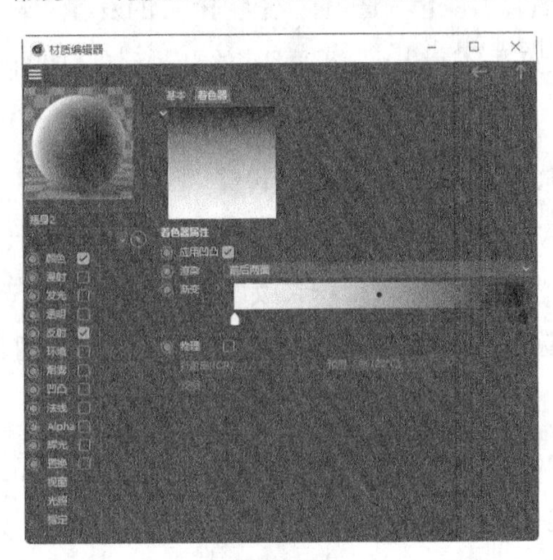

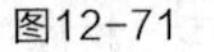

图12-71

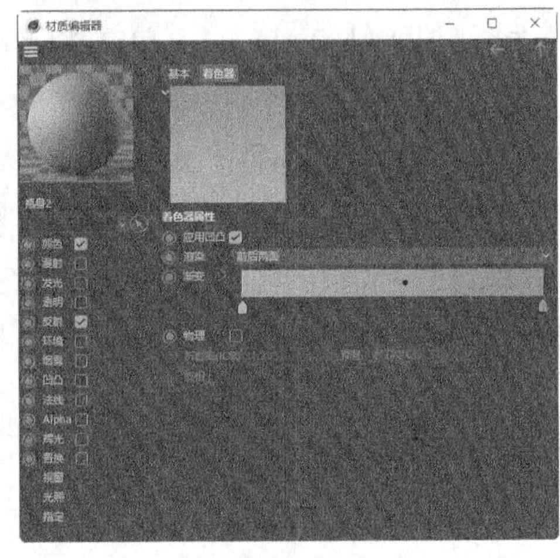

图12-72

26 选中“瓶身”对象右侧的“材质标签‘瓶身2’”，如图12-73所示。将“瓶身”对象右侧的“多边形选集 标签”拖曳至“属性”面板的“选集”选项中，如图12-74所示。

27 在“材质”面板中双击，添加一个材质球。在添加的材质球上双击，弹出“材质编辑器”面板。在“名称”文本框中输入“螺旋”，在左侧列表中选择“颜色”选项，切换到相应的设置区域，设置“H”为200°、“S”为63%、“V”为100%。在左侧列表中选择“反射”选项，切换到相应的设置区域，设置“类型”为“GGX”、“粗糙度”为58%、“反射强度”为11%、“高光强度”为16%，其他选项的设置如图12-75所示，单击“关闭”按钮，关闭面板。将“材质”面板中的“螺旋”材质拖曳到“对象”面板“组合”对象组中的“螺旋”对象组上。

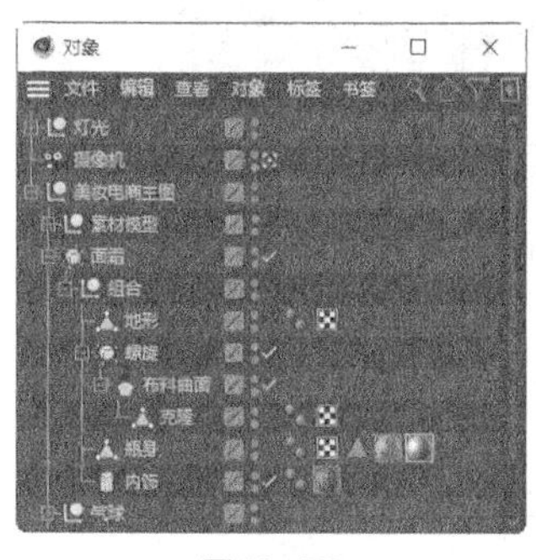

图12-73

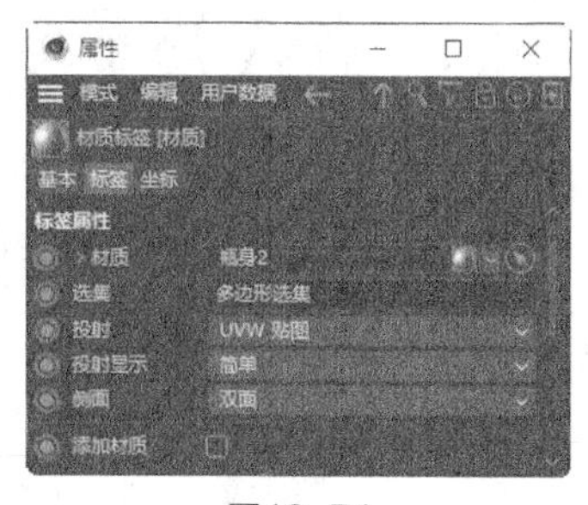

图12-74

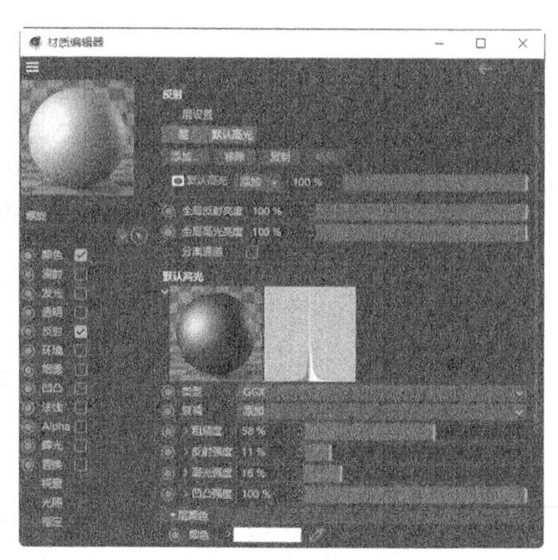

图12-75

28 在“材质”面板中双击，添加一个材质球。在添加的材质球上双击，弹出“材质编辑器”面板。在“名称”文本框中输入“霜”，在左侧列表中选择“颜色”选项，切换到相应的设置区域，设置“H”为171°、“S”为6%、“V”为100%。在左侧列表中选择“发光”选项，切换到相应的设置区域，勾选“发光”复选框，设置“亮度”为24%，如图12-76所示。

29 在左侧列表中选择“反射”选项，切换到相应的设置区域，设置“类型”为“GGX”、“粗糙度”为59%。在面板中单击“层”按钮，切换为层设置，单击“添加”按钮，在弹出的菜单中选择“Phong”命令，添加一个层，如图12-77所示。

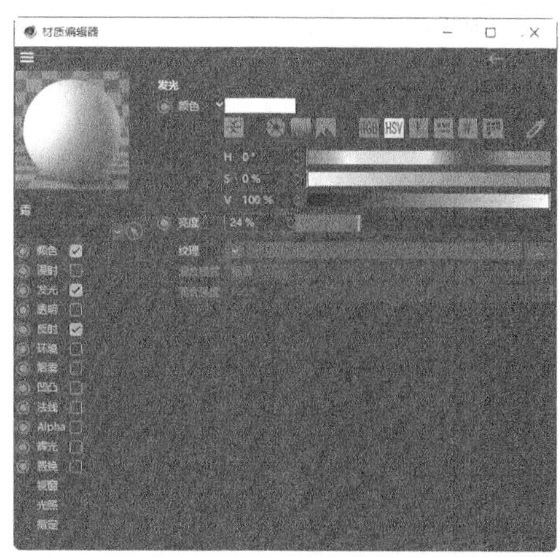

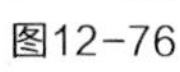

图12-76

图12-77

30 单击“层1”按钮，设置“粗糙度”为16%、“反射强度”为67%、“高光强度”为20%，如图12-78所示。单击“层”按钮，设置“层1”为10%，如图12-79所示，单击“关闭”按钮，关闭面板。将“材质”面板中的“霜”材质拖曳到“对象”面板“组合”对象组中的“地形”对象上。折叠所有对象组。

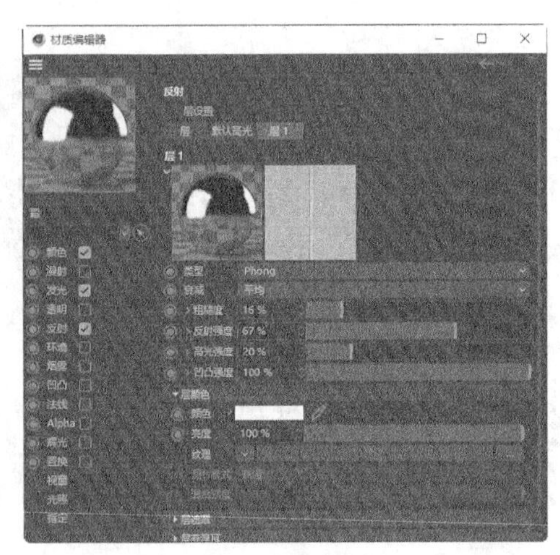

图12-78

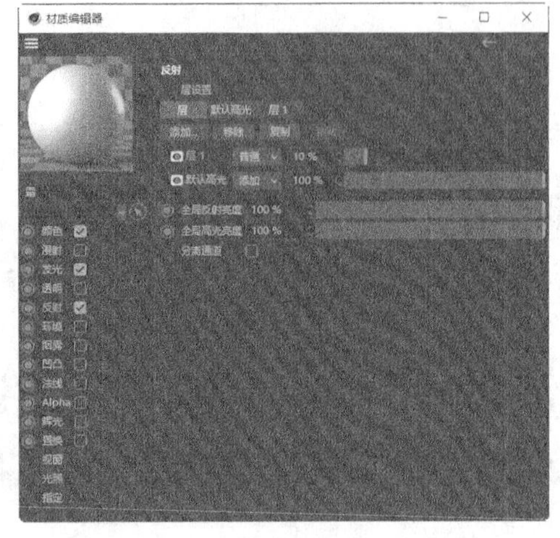

图12-79

4. 渲染

01 选择“物理天空”工具，在“对象”面板中生成一个“物理天空”对象。在“属性”面板“太阳”选项卡中，设置“强度”为50%、“类型”为“无”，如图12-80所示。视图窗口中的效果如图12-81所示。

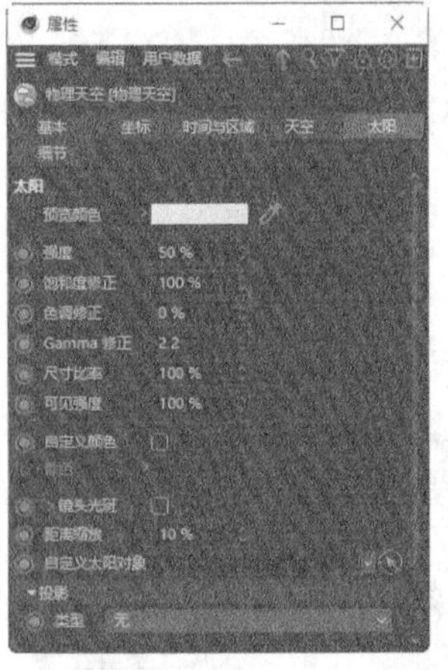

图12-80

图12-81

02 单击“编辑渲染设置”按钮，弹出“渲染设置”面板，设置“渲染器”为“物理”，在左侧列表中选择“保存”选项，切换到相应的设置区域，设置“格式”为“PNG”。单击“效果”按钮，在弹出的菜单中选择“全局光照”命令，在“输出”列表中添加“全局光照”。单击“效果”按钮，在弹出的菜单中选择“环境吸收”命令，在“输出”列表中添加“环境吸收”。单击“效果”按钮，在弹出的菜单中选择“降噪器”命令，在“输出”列表中添加“降噪器”。

03 在左侧列表中选择“全局光照”选项，切换到相应的设置区域，设置“主算法”为“准蒙特卡罗（QMC）”、“次级算法”为“准蒙特卡罗（QMC）”。在左侧列表中选择“环境吸收”选项，切换到相应的设置区域，设置“最大光线长度”为50cm，勾选“评估透明度”复选框，单击“关闭”按钮，关闭面板。

04 单击“渲染到图像查看器”按钮，弹出“图像查看器”面板，如图12-82所示。渲染完成后，单击面板中的“将图像另存为”按钮，弹出“保存”对话框，如图12-83所示。

05 单击“保存”对话框中的“确定”按钮，弹出“保存对话”对话框，在对话框中选择要保存文件的位置，并在“文件名”文本框中输入名称，设置完成后，单击“保存”按钮，保存图像。

06 在Photoshop中，根据需要添加文字与图标相结合的宣传信息，丰富整体画面，效果如图12-84所示。美妆护肤电商主图制作完成。

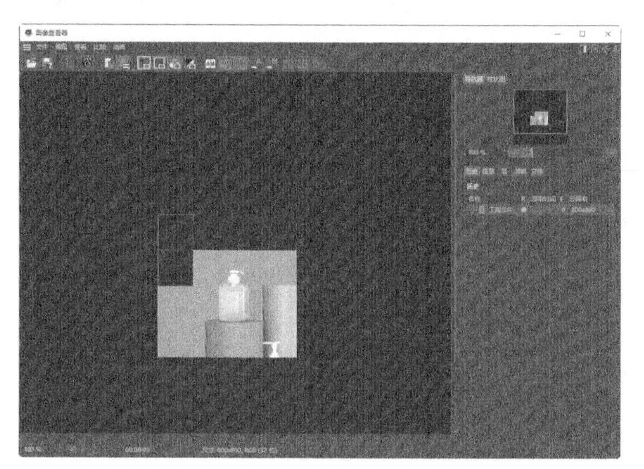

图12-82

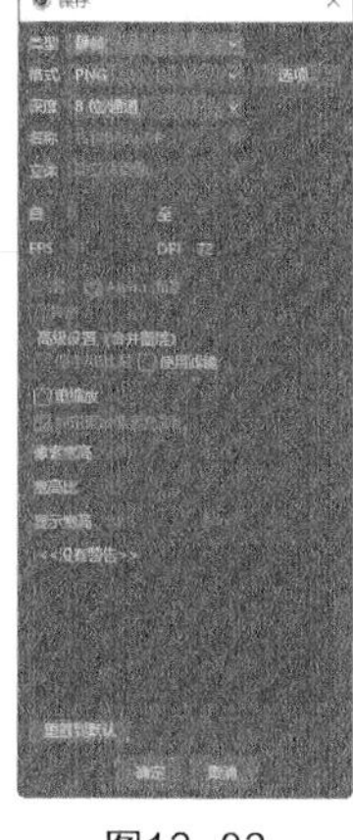

图12-83

图12-84

课堂练习——制作吹风机电商Banner

项目背景及设计要点

1. 客户名称

海森家电专卖店。

2. 客户需求

海森家电专卖店是一家主营智能家居的网店，销售各类中小家电。该网店近期要推出新款吹风机，需要为其制作一个全新的网店首页Banner，要求起到宣传新款吹风机的作用，向客户传递安全和舒适的感受。

3. 设计要点

（1）设计风格要求简洁大方，给人高端、时尚的感觉。

（2）以产品图片为主体，给客户带来直观感受，突出宣传主题。

（3）画面色彩清新干净，与宣传的产品相呼应。

（4）使用直观醒目的文字来诠释产品特性。

（5）设计规格为1920像素（宽）×900像素（高），分辨率为72ppi。

制作要点

首先制作场景模型、吹风机模型，制作好后合并模型，然后添加灯光，再添加材质，最后渲染输出，参考效果如图12-85所示。

使用多种参数化工具、生成器建模工具以及多边形建模工具建立模型；使用“摄像机”工具控制视图的显示效果；使用“区域光”工具制作灯光效果；使用“材质”面板创建材质并设置材质参数；使用“物理天空”工具创建环境效果；使用“编辑渲染设置”按钮和“渲染到图像查看器”按钮渲染图像。

图12-85

课后习题——制作电动牙刷电商详情页

项目背景及设计要点

1. 客户名称

保丽洁官方旗舰店。

2. 客户需求

保丽洁官方旗舰店是一家集智能家居研发、制作及销售为一体的网店。该网店要推出新品电动牙刷，需要为其设计制作详情页，要求画面清新舒适，充分体现产品特点。

3. 设计要点

（1）主体色调为蓝色，干净清爽。

（2）产品位于版面中心位置，凸显主体。

（3）搭配水泡元素装饰，营造氛围感。

（4）主标题与产品特点进行呼应，和谐统一。

（5）设计规格为790像素（宽）×2000像素（高），分辨率为72ppi。

项目素材及制作要点

1. 项目素材

模型素材所在位置：学习资源\Ch12\制作电动牙刷电商详情页\素材\01.c4d。

贴图素材所在位置：学习资源\Ch12\制作电动牙刷电商详情页\tex\01~02。

2. 制作要点

首先制作场景模型、牙刷模型，制作好后合并模型，然后添加灯光，再添加材质，最后渲染输出，参考效果如图12-86所示。

使用多种参数化工具、生成器建模工具以及多边形建模工具建立模型，使用毛发对象添加牙刷毛，使用“摄像机”工具控制视图的显示效果，使用“无限光”工具和“区域光”工具制作灯光效果，使用“材质”面板创建材质并设置材质参数，使用“天空”工具创建环境效果，使用“编辑渲染设置”按钮和“渲染到图像查看器”按钮渲染图像。

图12-86

12.3 制作儿童节闪屏页

12.3.1 项目背景及设计要点

1. 客户名称

中悦云互联网科技有限公司。

2. 客户需求

中悦云互联网科技有限公司是一家经营软件设计与开发、游戏开发、网站设计与开发、网页制作及电子商务等业务的互联网公司。儿童节即将到来，需要为现有的一款App设计与节日有关的闪屏页，要求画面活泼可爱，具有节日氛围。

3. 设计要点

（1）使用简洁的纯色背景，突出主题。

（2）以卡通形象为主体，使画面生动、有活力。

（3）画面美观大方，符合节日特征。

（4）使用直观醒目的标题文字。

（5）设计规格为750像素（宽）×1624像素（高），分辨率为72ppi。

12.3.2 项目素材及制作要点

1. 参考效果

参考效果所在位置：学习资源\Ch12\制作儿童节闪屏页\工程文件.c4d。效果如图12-87所示。

2. 制作要点

使用多种参数化工具、生成器建模工具以及多边形建模工具建立模型，使用“摄像机”工具控制视图的显示效果，使用“区域光”工具制作灯光效果，使用“材质”面板创建材质并设置材质参数，使用“物理天空”工具创建环境效果，使用“编辑渲染设置”按钮和“渲染到图像查看器”按钮渲染图像。

图12-87

12.3.3 案例制作及操作步骤

1. 建模

01 启动Cinema 4D。单击“编辑渲染设置”按钮，弹出“渲染设置”面板，在其中进行设置，如图12-88所示，单击“关闭”按钮，关闭面板。

02 选择“平面”工具，在“对象”面板中生成一个“平面”对象，将其重命名为“背景”，在“坐标”面板中进行设置，并将其转为可编辑对象。切换为边模式。按住Shift键的同时在视图窗口中选中需要的边，如图12-89所示。在视图窗口中单击鼠标右键，在弹出的快捷菜单中选择“挤压”命令，在“属性”面板中进行设置。

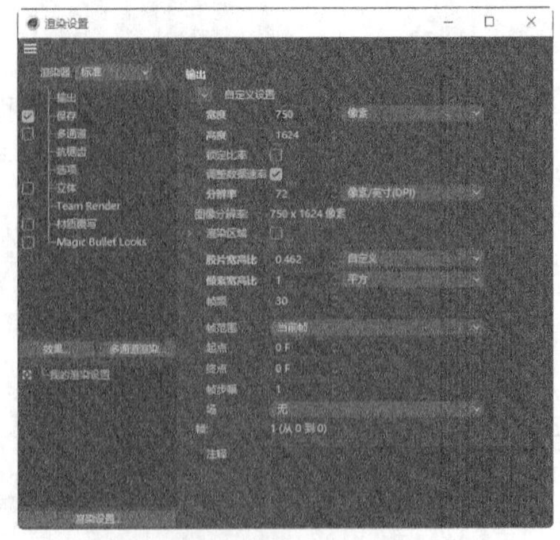

图12-88

图12-89

03 按住Shift键的同时在视图窗口中选中需要的边，如图12-90所示。在视图窗口中单击鼠标右键，在弹出的快捷菜单中选择“倒角”命令，在“属性”面板中进行设置，效果如图12-91所示。切换为点模式。按Ctrl+A快捷键将点全部选中。在视图窗口中单击鼠标右键，在弹出的快捷菜单中选择“优化”命令，对选中的点进行优化处理。

04 切换为模型模式。按住Alt键的同时旋转对象的显示角度，如图12-92所示。选择“平面”工具，在“对象”面板中生成一个“平面”对象，在“属性”面板中进行设置，在“坐标”面板“位置”选项组中进行设置。

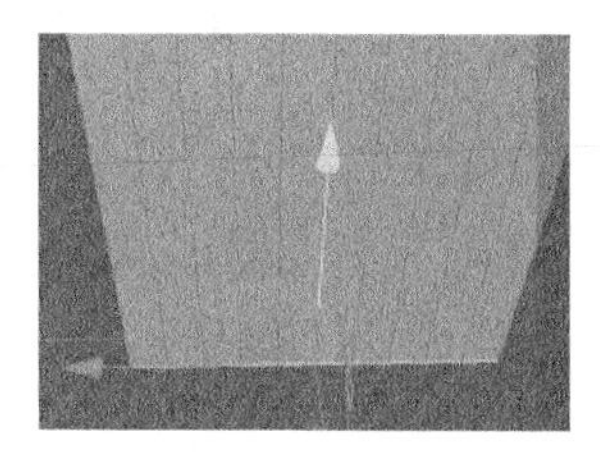
图12-90

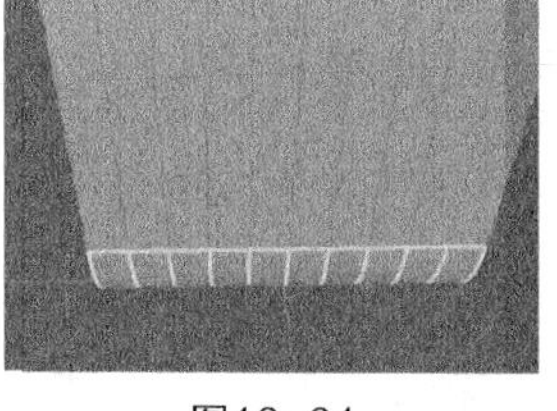
图12-91

图12-92

05 选择“对称”工具，在“对象”面板中生成一个“对称”对象，将“平面”对象拖入“对称”对象的下层，折叠“对称”对象组。用鼠标右键单击“对称”对象组，在弹出的快捷菜单中选择“连接对象+删除”命令，将该对象组中的对象连接。

06 切换为边模式。选择“移动”工具，按住Shift键的同时在视图窗口中选中需要的边，如图12-93所示。在视图窗口中单击鼠标右键，在弹出的快捷菜单中选择“缝合”命令，当鼠标指针变为时，按住Shift键的同时拖曳左侧选中的边到右侧，如图12-94所示，效果如图12-95所示。使用相同的方法缝合其他边，效果如图12-96所示。

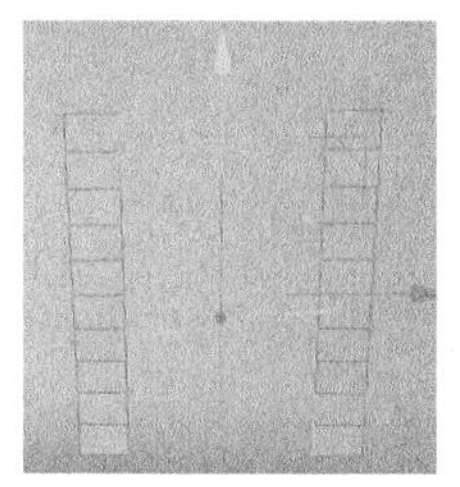
图12-93

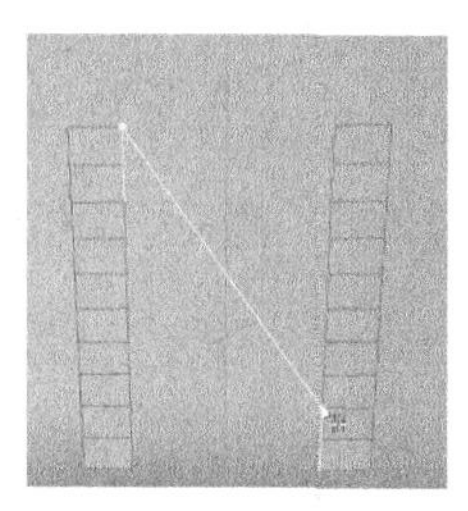
图12-94

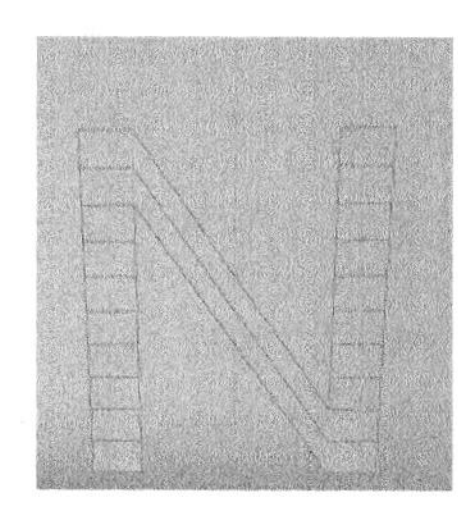
图12-95

图12-96

07 切换为点模式。选择“移动”工具，按住Shift键的同时在视图窗口中选中需要的点，如图12-97所示。在视图窗口中单击鼠标右键，在弹出的快捷菜单中选择“倒角”命令，在“属性”面板中进行设置，效果如图12-98所示。将“对象”面板中的“平面”对象重命名为“背景板”。

08 选择“圆柱体”工具，在“对象”面板中生成一个“圆柱体”对象，并将其重命名为“下底盘”，在“属性”面板中进行设置。切换为模型模式。在“坐标”面板中进行设置，视图窗口中的效果如图12-99所示。

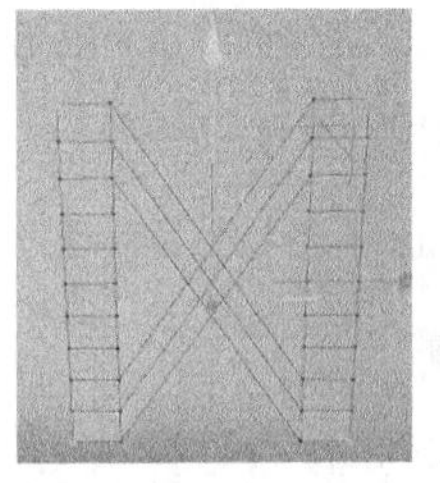

图12-97

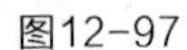

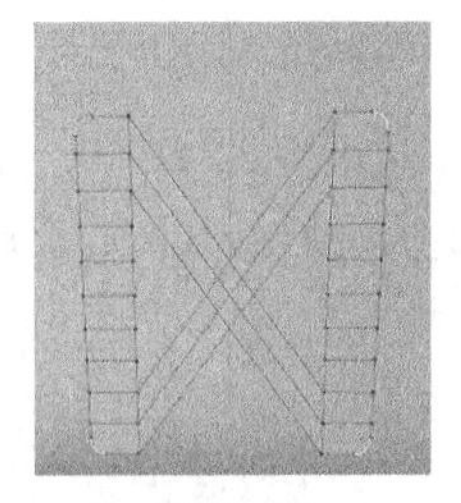

图12-98

图12-99

09 选择“圆柱体”工具，在“对象”面板中生成一个“圆柱体”对象，并将其重命名为“上底盘”，在“属性”面板中进行设置，在“坐标”面板中进行设置，视图窗口中的效果如图12-100所示。将“上底盘”对象和“下底盘”对象编组，并命名为“底盘”。

10 选择“球体”工具，在“对象”面板中生成一个“球体”对象。在“属性”面板中进行设置，在“坐标”面板中进行设置。使用相同的方法再新建6个“球体”对象，并进行设置，视图窗口中的效果如图12-101所示。将所有“球体”对象编组，并命名为“装饰球”。

11 在“对象”面板中选中所有对象和对象组，将其编组并命名，如图12-102所示。场景建模完成，将其保存。

图12-100

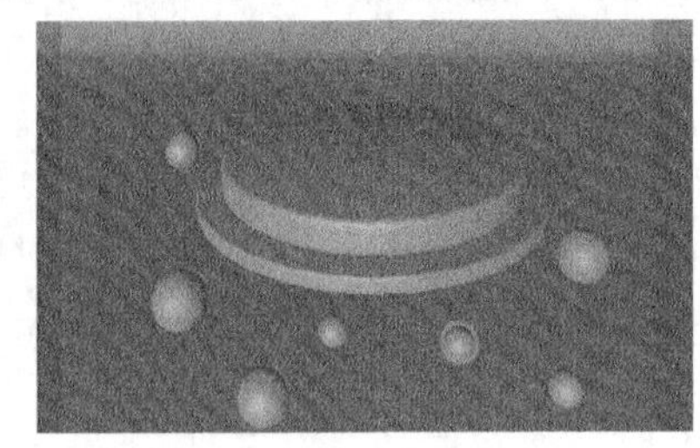

图12-101

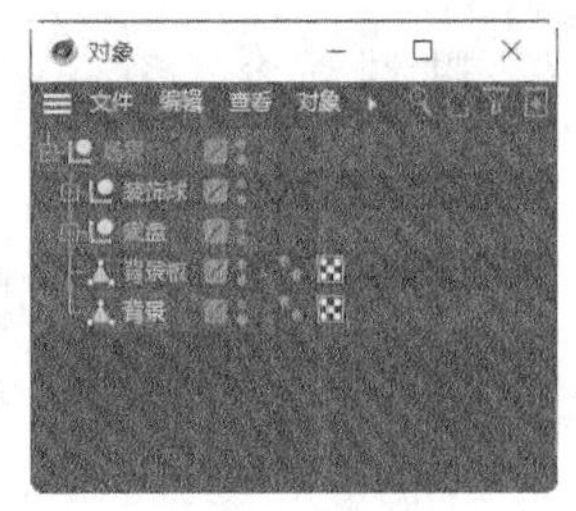

图12-102

12 新建一个与步骤01中大小相同的文件。选择“胶囊”工具，“对象”面板中会自动生成一个“胶囊”对象，将其重命名为“身体”，并转为可编辑对象，在“坐标”面板中进行设置。

13 按F3键，切换为“右视图”窗口。切换为点模式。选择“框选”工具，在视图窗口中选中需要的点，如图12-103所示。在“坐标”面板中进行设置，视图窗口中的效果如图12-104所示。使用相同的方法调整其他点的位置，制作出图12-105所示的效果。

14 按F1键，切换为“透视视图”窗口。切换为模型模式。选择“网格 > 轴心 > 轴居中到对象”命令，将轴与对象居中对齐。在“坐标”面板中进行设置，视图窗口中的效果如图12-106所示。

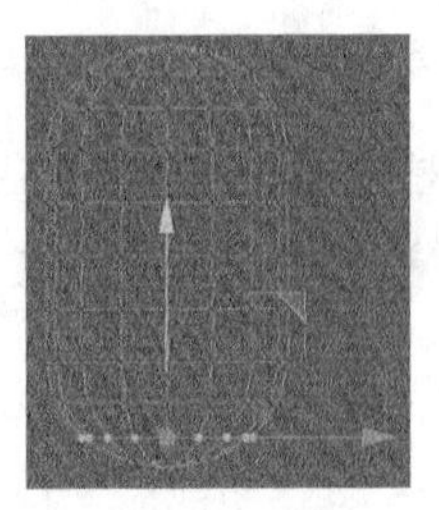

图12-103

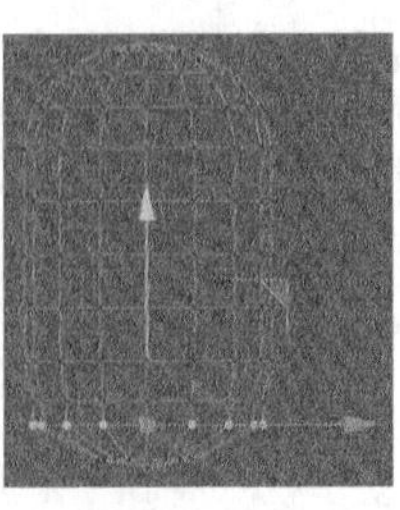

图12-104

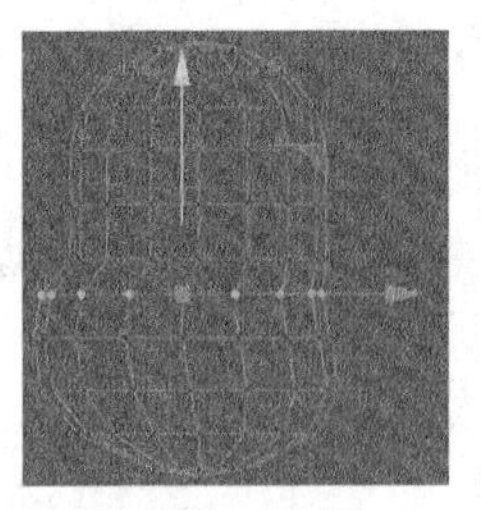

图12-105

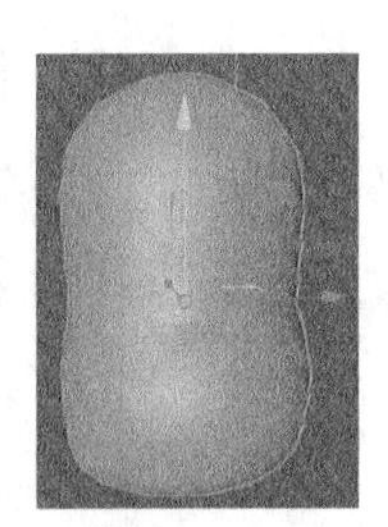

图12-106

15 选择“圆柱体”工具，在“对象”面板中生成一个“圆柱体”对象，并将其重命名为“腿”。在“属性”面板中进行设置，在“坐标”面板中进行设置，将“腿”对象转为可编辑对象。切换为边模式。在视图窗口中单击鼠标右键，在弹出的快捷菜单中选择“循环/路径切割”命令，在视图窗口中选择要切割的边，如图12-107所示。在“属性”面板中进行设置，效果如图12-108所示。

16 切换为多边形模式。选择“选择 > 循环选择”命令，在视图窗口中选中需要的面，如图12-109所示。在视图窗口中单击鼠标右键，在弹出的快捷菜单中选择“挤压”命令，在“属性”面板中进行设置，效果如图12-110所示。

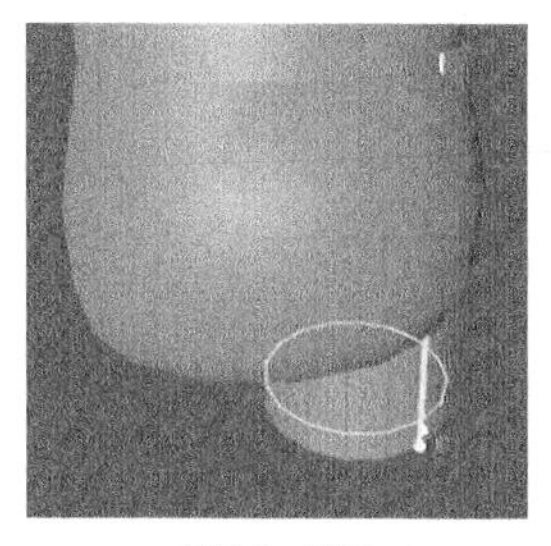

图12-107

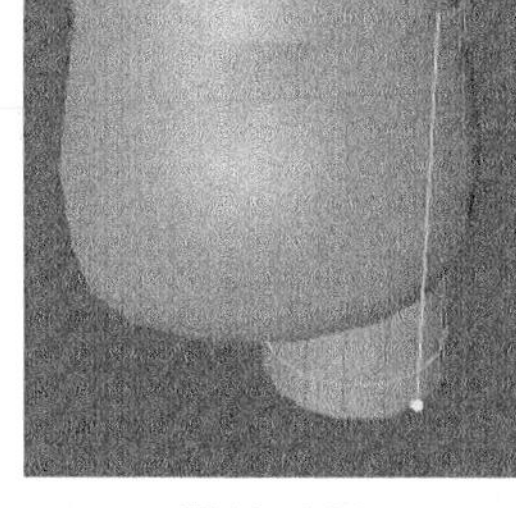

图12-108

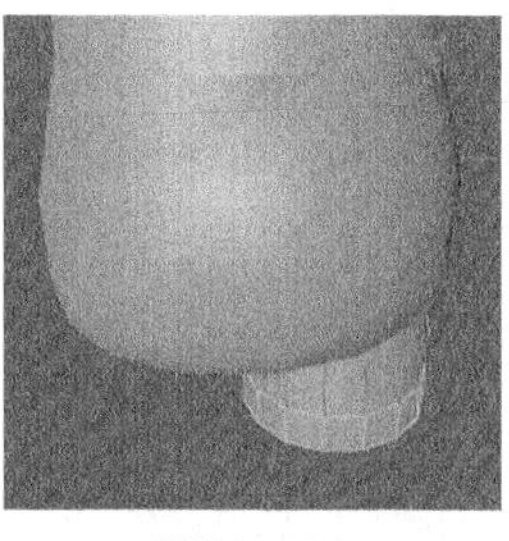

图12-109

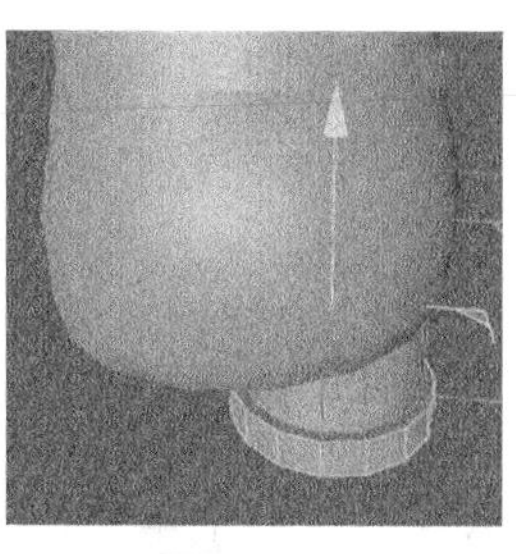

图12-110

17 选中“腿”对象，按住Shift键的同时选择“锥化”工具，在“对象”面板“腿”对象的下层生成一个“锥化”对象，在“属性”面板中进行设置。选择“对称”工具，在“对象”面板中生成一个“对称”对象，并将其重命名为“腿”。将“腿”对象组拖入“腿”对象的下层，如图12-111所示。折叠“腿”对象组。

18 用鼠标右键单击“腿”对象组，在弹出的快捷菜单中选择“连接对象+删除”命令，将该对象组中的对象连接。选择“移动”工具，在需要的面上双击，将其选中，如图12-112所示。在视图窗口中单击鼠标右键，在弹出的快捷菜单中选择“分裂”命令，将选中的面分割为单独的对象，将“腿.1”对象重命名为“右腿”。切换为模型模式。选择“网格 > 轴心 > 轴居中到对象”命令，将轴与对象居中对齐，在“坐标”面板中进行设置。

19 选中“腿”对象，切换为多边形模式。视图窗口中的效果如图12-113所示。按Delete键将选中的面删除。将“腿”对象重命名为“左腿”。切换为模型模式。选择“网格 > 轴心 > 轴居中到对象”命令，在“坐标”面板中进行设置。

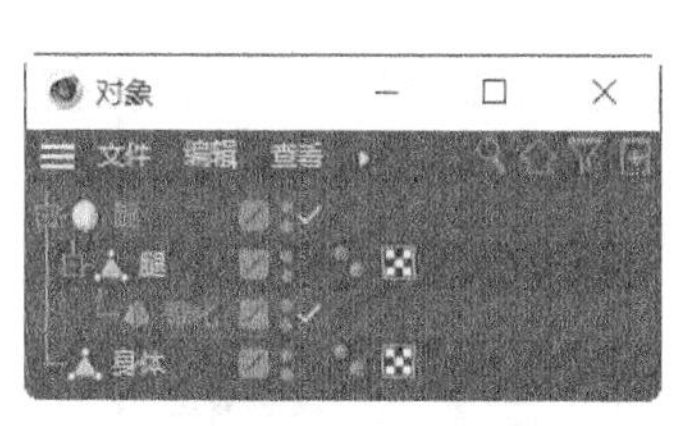

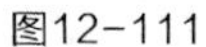

图12-111

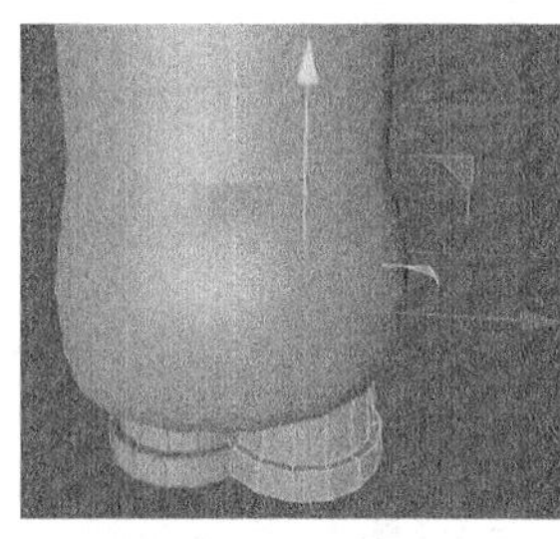

图12-112

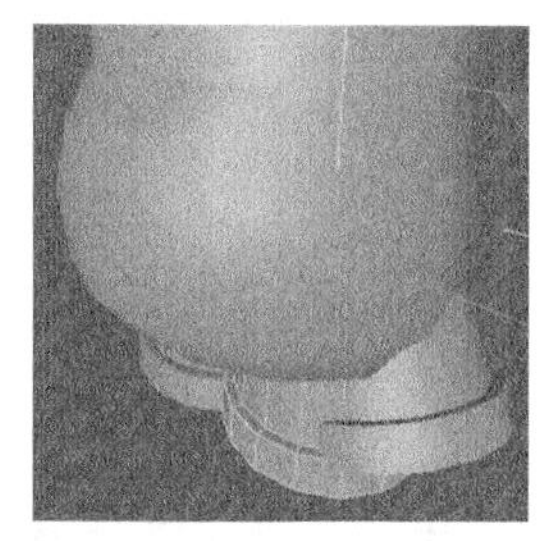

图12-113

20 选择“胶囊”工具，“对象”面板中会自动生成一个“胶囊”对象，将其重命名为“左手臂”，并转为可编辑对象，在“坐标”面板中进行设置。使用相同的方法制作“右手臂”，视图窗口中的效果如图12-114所示。

21 选择“球体”工具，在“对象”面板中生成一个“球体”对象，将其重命名为“头”，并转为可编辑对象。在“坐标”面板中进行设置，视图窗口中的效果如图12-115所示。选择“圆环面”工具，在“对象”面板中生成一个“圆环面”对象，并将其重命名为“围巾”。在“属性”面板中进行设置，在“坐标”面板中进行设置。

22 选中“围巾”对象，按住Shift键的同时选择“FFD”工具，在“对象”面板“围巾”对象的下层生成一个“FFD”对象，在“属性”面板中进行设置。切换为点模式。选择“移动”工具，在视图窗口中选中需要的点，如图12-116所示。在“坐标”面板中进行设置，视图窗口中的效果如图12-117所示。

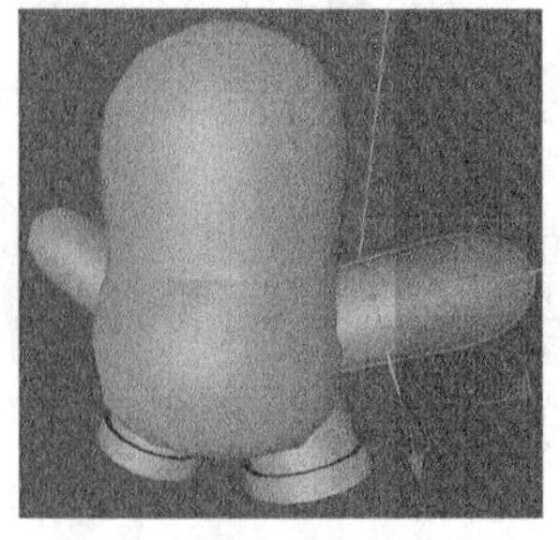

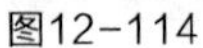

图12-114

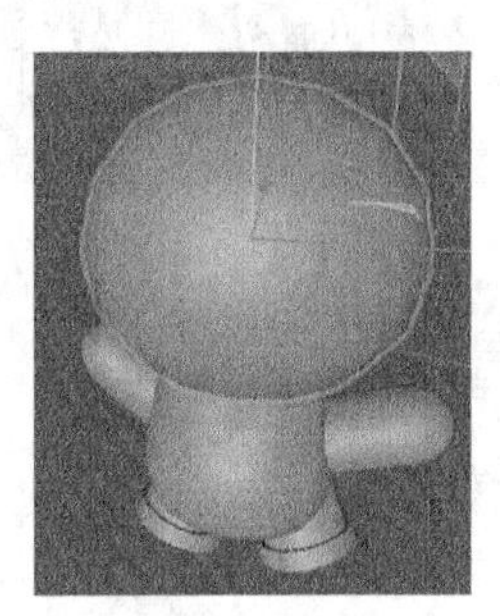

图12-115

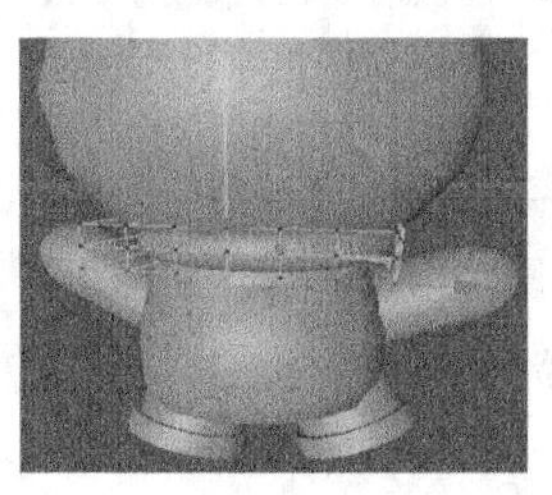

图12-116

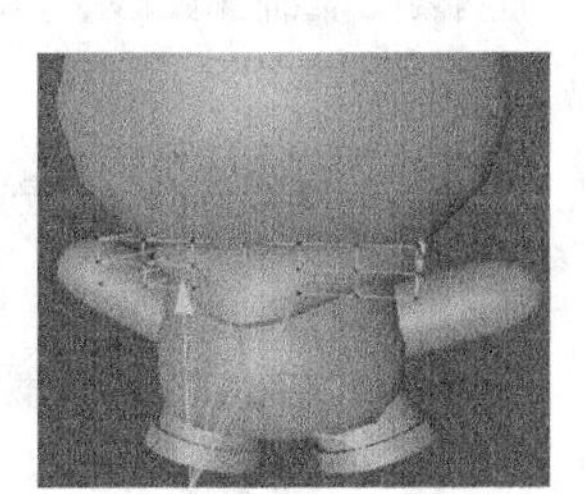

图12-117

23 切换为模型模式。选中“围巾”对象，在“坐标”面板中进行设置。选择“圆盘”工具，在“对象”面板中生成一个“圆盘”对象，并将其重命名为“嘴巴”。在“属性”面板中进行设置，将“嘴巴”对象转为可编辑对象，在“坐标”面板中进行设置。

24 选择“球体”工具，在“对象”面板中生成一个“球体”对象，将其重命名为“大鼻子1”，并转为可编辑对象。在“坐标”面板中进行设置。使用相同的方法再新建两个“球体”对象，并进行设置，视图窗口中的效果如图12-118所示。

25 选择“圆盘”工具，在“对象”面板中生成一个“圆盘”对象，将其重命名为“腮红”，并转为可编辑对象。在“坐标”面板中进行设置。选择“对称”工具，在“对象”面板中生成一个“对称”对象，并将其重命名为“腮红”。在“坐标”面板中进行设置。将“腮红”对象拖入“腮红”对称对象的下层，如图12-119所示。视图窗口中的效果如图12-120所示。折叠“腮红”对称对象组。

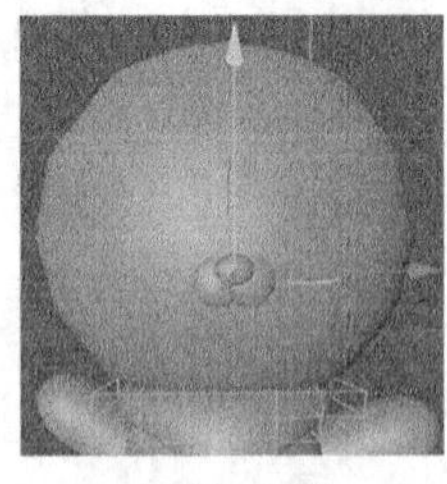

图12-118

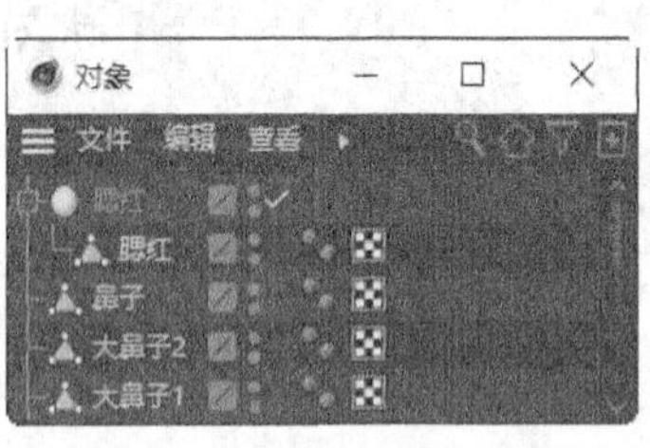

图12-119

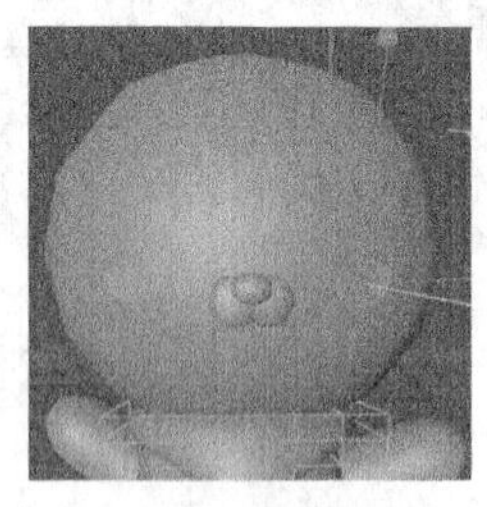

图12-120

26 选择“圆盘”工具，在“对象”面板中生成一个“圆盘”对象，将其重命名为“左眼睛”，并转为可编辑对象。在“坐标”面板中进行设置，视图窗口中的效果如图12-121所示。选择“胶囊”工具，在“对象”面板中自动生成一个“胶囊”对象，将其重命名为“右眼睛”，并转为可编辑对象，在“坐标”面板中进行设置。

27 选中“右眼睛”对象，按住Shift键的同时选择“弯曲”工具，在“右眼睛”对象的下层生成一个“弯曲”对象，在“属性”面板中进行设置。选择“胶囊”工具，“对象”面板中会自动生成一个“胶囊”对象，将其重命名为“眉毛”，并转为可编辑对象，在“坐标”面板中进行设置。

28 选中“眉毛”对象，按住Shift键的同时选择“弯曲”工具，在“眉毛”对象的下层生成一个“弯曲”对象。在“属性”面板中进行设置，视图窗口中的效果如图12-122所示。选择“对称”工具，在“对象”面板中生成一个“对称”对象，并将其重命名为“眉毛”。在“坐标”面板中进行设置。将“眉毛”对象组拖入“眉毛”对象的下层，如图12-123所示。折叠“眉毛”对象组。

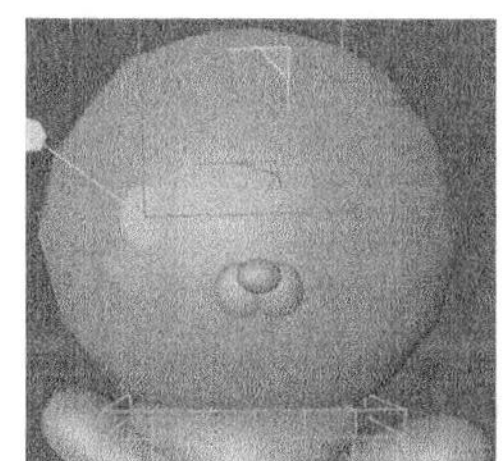
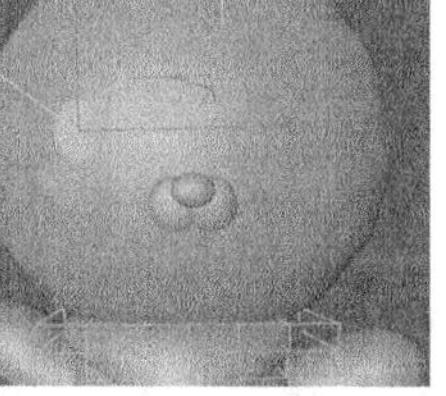

图12-121

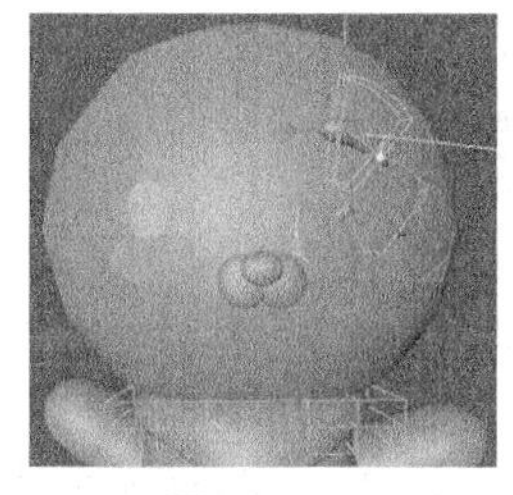

图12-122

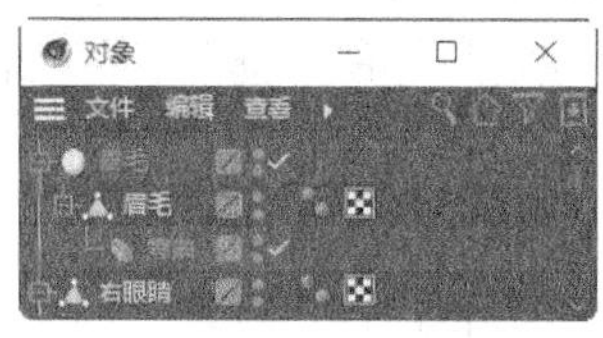

图12-123

29 选择“圆柱体”工具，在“对象”面板中生成一个“圆柱体”对象，并将其重命名为“耳朵”。在“属性”面板中进行设置，在“坐标”面板中进行设置。将“耳朵”对象转为可编辑对象。切换为多边形模式。选择“实时选择”工具，在视图窗口中选中需要的面，如图12-124所示。

30 在视图窗口中单击鼠标右键，在弹出的快捷菜单中选择“内部挤压”命令，在“属性”面板中进行设置，效果如图12-125所示。在视图窗口中单击鼠标右键，在弹出的快捷菜单中选择“挤压”命令，在“属性”面板中进行设置，效果如图12-126所示。

31 切换为边模式。选择“选择 > 循环选择”命令，按住Shift键的同时在视图窗口中选中需要的边。在视图窗口中单击鼠标右键，在弹出的快捷菜单中选择“倒角”命令，在“属性”面板中进行设置，效果如图12-127所示。

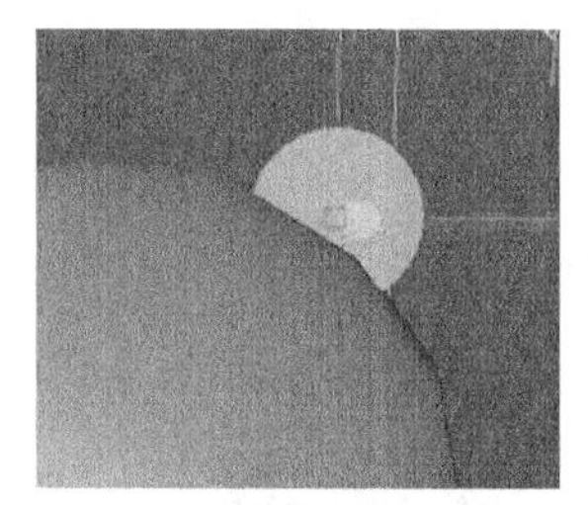

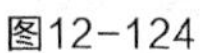

图12-124

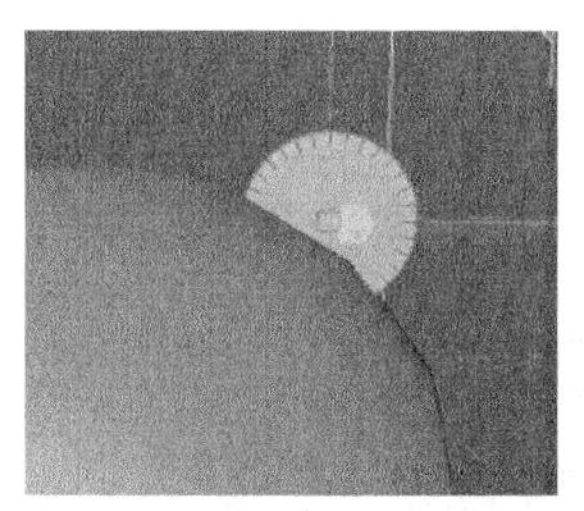

图12-125

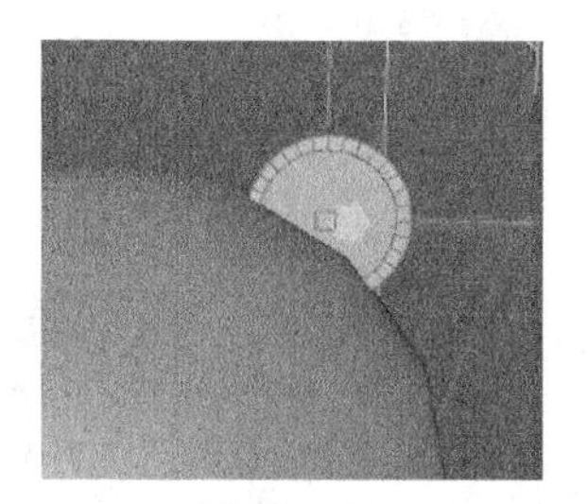

图12-126

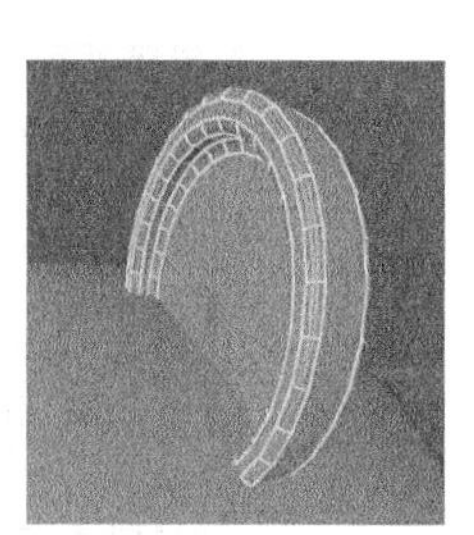

图12-127

32 选择“对称”工具，在“对象”面板中生成一个“对称”对象，并将其重命名为“耳朵”。切换为模型模式。在“坐标”面板中进行设置。将“耳朵”对象拖入“耳朵”对称对象的下层，效果如图12-128所示。折叠“耳朵”对称对象组。

33 选择“圆锥体”工具，在“对象”面板中生成一个“圆锥体”对象，并将其重命名为“帽子”。在“属性”面板中进行设置，在“坐标”面板中进行设置。选择“球体”工具，在“对象”面板中生成一个“球体”对象，并将其重命名为“帽子球”。在“属性”面板中进行设置，在“坐标”面板中进行设置。视图窗口中的效果如图12-129所示。框选所有的对象和对象组，将其编组并重命名为“熊组合”。

34 选中“熊组合”对象组，按住Alt键的同时选择“细分曲面”工具，在“对象”面板中生成一个“细分曲面”对象，将其重命名为“熊”，并折叠“熊”对象组，如图12-130所示，视图窗口中的效果如图12-131所示。熊模型制作完成，将其保存。

图12-128

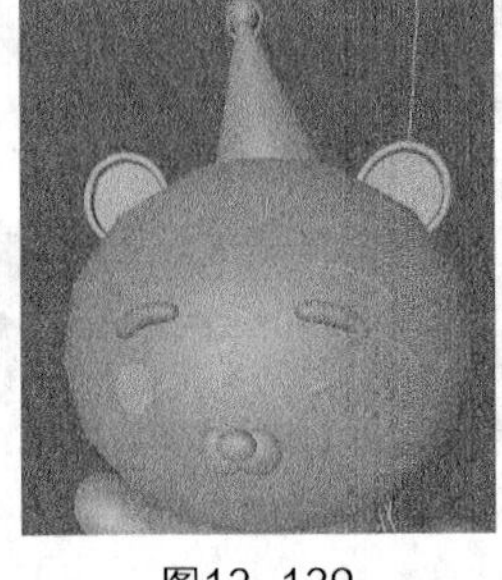

图12-129

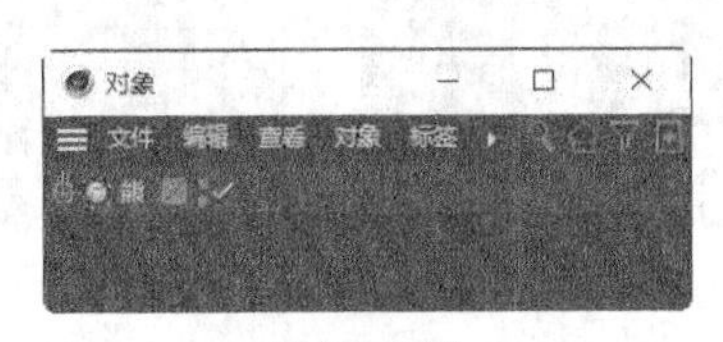

图12-130

图12-131

35 选择“文件 > 打开项目”命令，在弹出的“打开文件”对话框中选择保存的场景模型文件，单击“打开”按钮，打开文件。选择“文件 > 合并项目”命令，在弹出的“打开文件”对话框中选择保存的熊模型文件，单击“打开”按钮，打开文件，如图12-132所示。

36 选择“空白”工具，在“对象”面板中生成一个“空白”对象，并将其重命名为“互联网闪屏页”，将“熊”对象组和“场景”对象组拖入“互联网闪屏页”对象的下层，将“互联网闪屏页”对象组折叠。选择“摄像机”工具，在“对象”面板中生成一个“摄像机”对象，单击“摄像机”对象右侧的按钮，如图12-133所示，进入摄像机视图。在“属性”面板中进行设置，在“坐标”面板中进行设置，视图窗口中的效果如图12-134所示。

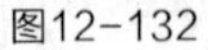

图12-132

图12-133

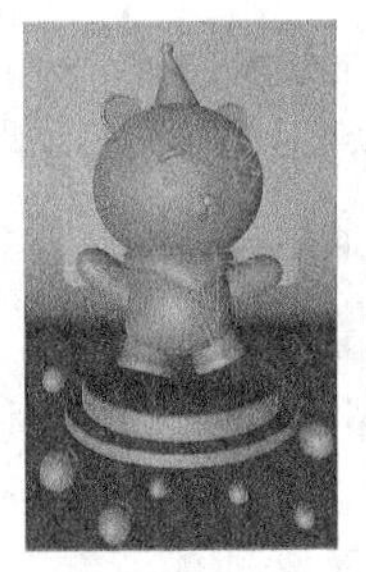

图12-134

2. 创建灯光

01 选择“区域光”工具，在“对象”面板中生成一个“灯光”对象，并将其重命名为“主光源”。在“属性”面板和“坐标”面板中设置参数。使用相同的方法再创建一个灯光对象并设置参数，视图窗口中的效果如图12-135所示。

02 选择“空白”工具，在“对象”面板中生成一个“空白”对象，并将其重命名为“灯光”。框选需要的对象，将选中的对象拖入“灯光”对象的下层，如图12-136所示。折叠“灯光”对象组。

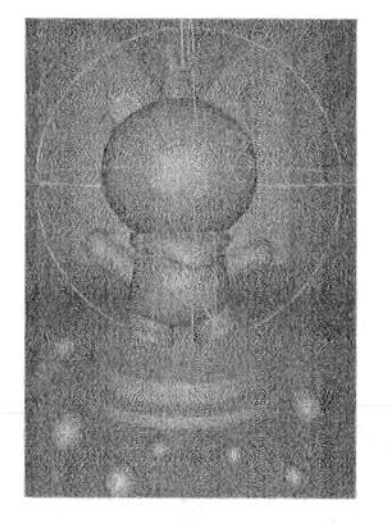

图12-135

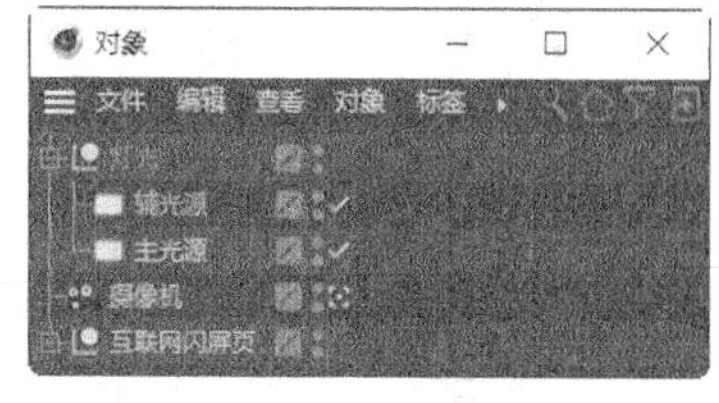

图12-136

3. 添加材质

01 在“材质”面板中双击，添加一个材质球。在添加的材质球上双击，弹出“材质编辑器”面板。在“名称”文本框中输入“背景”，在左侧列表中选择“颜色”选项，切换到相应的设置区域，设置“H”为199°、“S”为41%、“V”为97%。在左侧列表中选择“反射”选项，切换到相应的设置区域，设置“类型”为“GGX”、“粗糙度”为68%、“反射强度”为10%、“高光强度”为11%，其他选项的设置如图12-137所示，单击“关闭”按钮，关闭面板。

02 在“对象”面板中展开“互联网闪屏页 > 场景”对象组，将“材质”面板中的“背景”材质拖曳到“对象”面板中的“背景”对象上，如图12-138所示。视图窗口中的效果如图12-139所示。

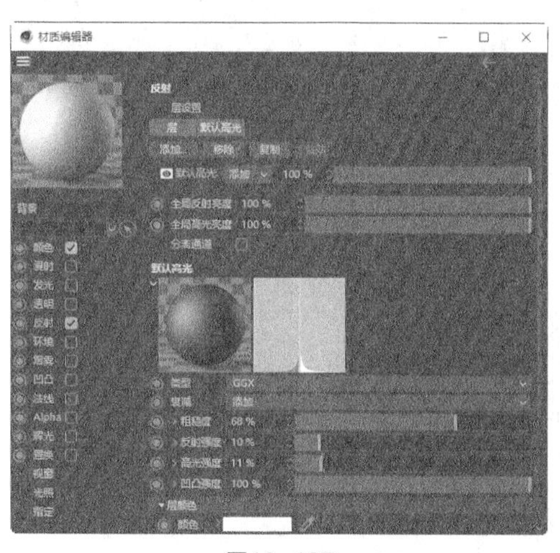

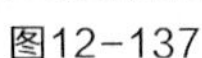

图12-137

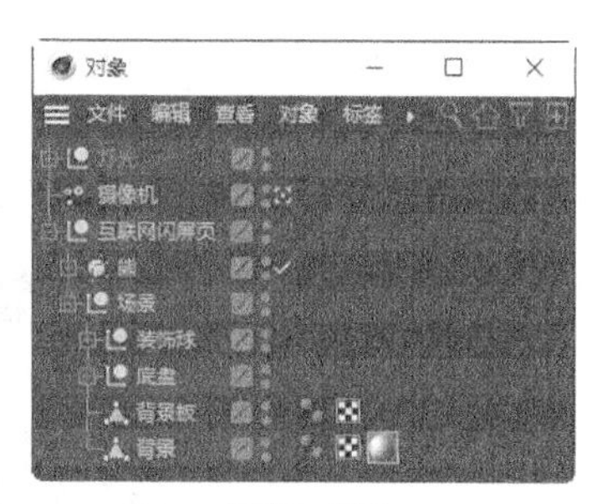

图12-138

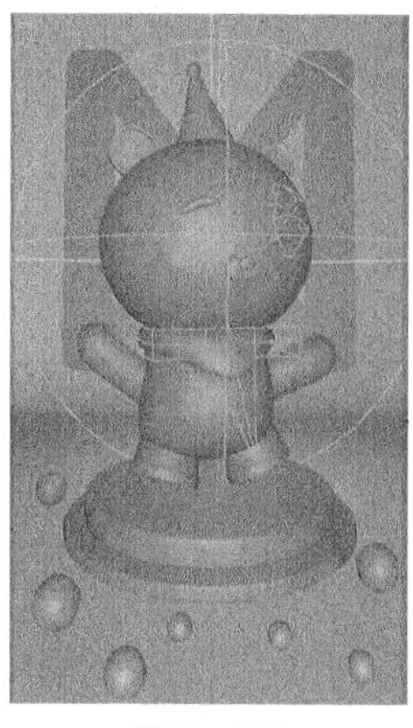

图12-139

03 在“材质”面板中双击，添加一个材质球。在添加的材质球上双击，弹出“材质编辑器”面板。在“名称”文本框中输入“背景板”，在左侧列表中分别取消勾选“颜色”复选框和“漫射”复选框。选择“发光”选项，切换到相应的设置区域，设置“H”为187°、“S”为9%、“V”为95%，其他选项的设置如图12-140所示，单击“关闭”按钮，关闭面板。

04 将“材质”面板中的“背景板”材质拖曳到“对象”面板中的“背景板”对象上，如图12-141所示。视图窗口中的效果如图12-142所示。

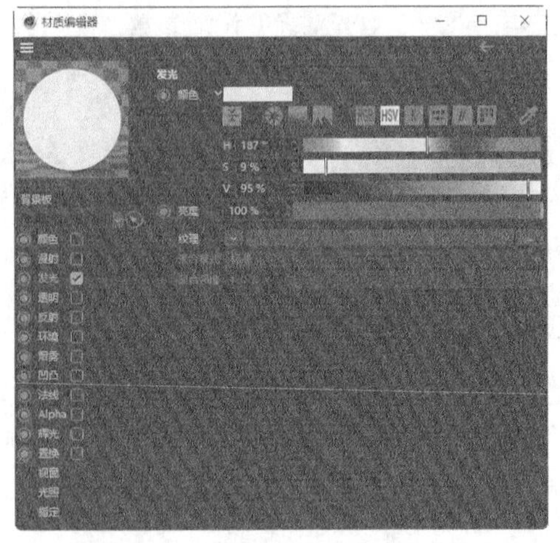

图12-140

图12-141

图12-142

05 使用相同的方法分别创建其他材质球，如图12-143所示，为模型添加相应的材质，视图窗口中的效果如图12-144所示。

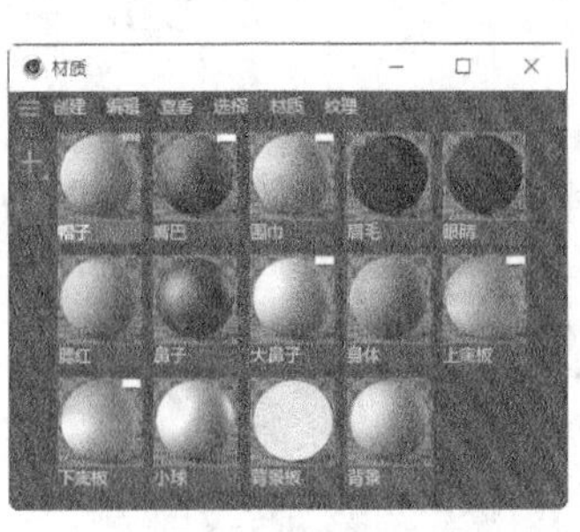

图12-143

图12-144

4. 渲染

01 选择“物理天空”工具，在“对象”面板中生成一个“物理天空”对象。在“属性”面板“太阳”选项卡中，设置“强度”为5%，展开“投影”选项组，设置“类型”为“无”，如图12-145所示。视图窗口中的效果如图12-146所示。

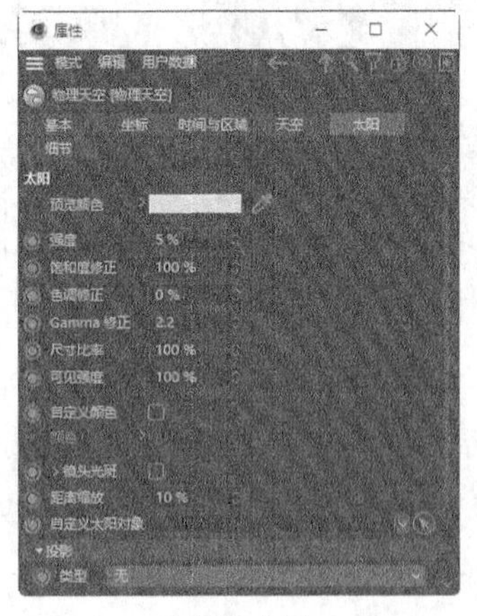

图12-145

图12-146

02 单击“编辑渲染设置”按钮，弹出“渲染设置”面板，设置“渲染器”为“物理”，在左侧列表中选择“保存”选项，切换到相应的设置区域，设置“格式”为“PNG”。单击“效果”按钮，在弹出的菜单中分别选择“全局光照”“对象辉光”“环境吸收”命令，在“输出”列表中添加“全局光照”“对象辉光”“环境吸收”。在左侧列表中选择“全局光照”选项，切换到相应的设置区域，设置“预设”为“内部-高（小光源）”，单击“关闭”按钮，关闭面板。

03 单击“渲染到图像查看器”按钮，弹出“图像查看器”面板，如图12-147所示。渲染完成后，单击面板中的“将图像另存为”按钮，弹出“保存”对话框，如图12-148所示。

04 单击“保存”对话框中的“确定”按钮，弹出“保存对话”对话框，在对话框中选择要保存文件的位置，并在“文件名”文本框中输入名称，设置完成后，单击“保存”按钮，保存图像。

05 在Photoshop中，根据需要添加文字与图标相结合的宣传信息，丰富整体画面，效果如图12-149所示。儿童节闪屏页制作完成。

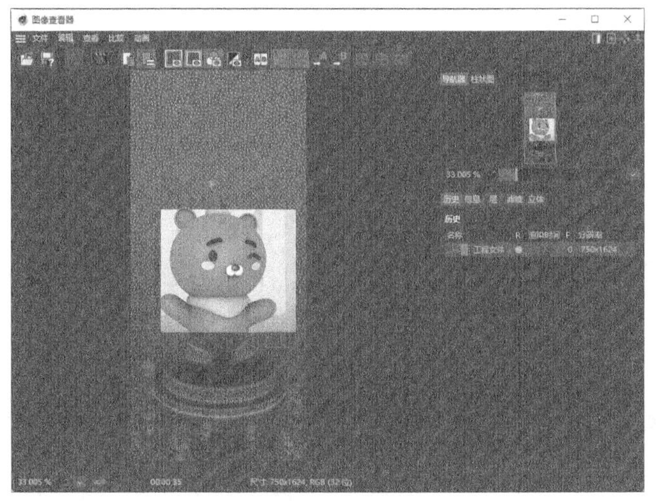

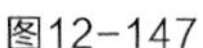
图12-147

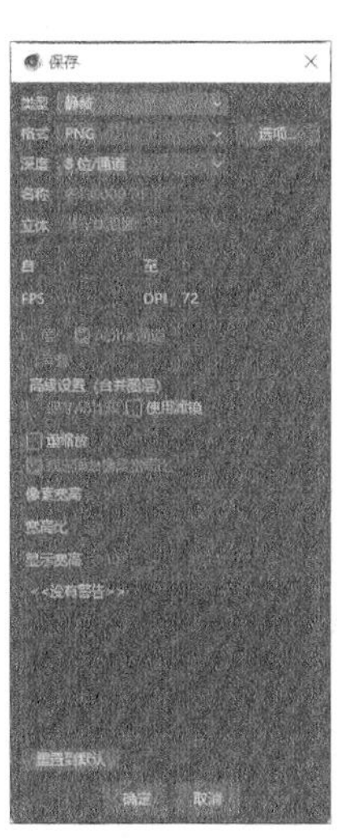

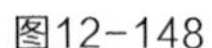
图12-148

图12-149

课堂练习——制作旅游出行引导页

项目背景及设计要点

1. 客户名称

飞鸟旅行社。

2. 客户需求

飞鸟旅行社是一家主营城市周边农家乐的休闲旅游公司。近日，该公司在App中新增了出行日历提醒的功能，需要为其设计引导页，促进用户对新功能的了解，要求画面生动形象，充分体现新功能的特点。

3. 设计要点

（1）设计风格要求轻松明快，符合行业特征。

（2）凸显人物形象和新增功能。

（3）背景简洁明了，使用渐变色调搭配几何形状进行点缀。

（4）标题文字概括、直接，清晰易读。

（5）设计规格为750像素（宽）×1624像素（高），分辨率为72ppi。

项目素材及制作要点

1.项目素材

模型素材所在位置：学习资源\Ch12\制作旅游出行引导页\素材\01.c4d。

2.制作要点

首先制作场景模型、标题模型、人物模型，制作好后合并模型，然后添加灯光，再添加材质，最后渲染输出，参考效果如图12-150所示。

使用多种参数化工具、生成器建模工具以及多边形建模工具建立模型；使用毛发对象添加人物头发；使用“摄像机”工具控制视图的显示效果；使用“区域光”工具制作灯光效果；使用“材质”面板创建材质并设置材质参数；使用“物理天空”工具创建环境效果；使用“编辑渲染设置”按钮和“渲染到图像查看器”按钮渲染图像。

图12-150

课后习题——制作美食满减活动页

项目背景及设计要点

1. 客户名称

多多特卖零食商城。

2. 客户需求

多多特卖零食商城是一家销售多种饼干、糖、膨化食品及乳饮料的零食网店。近期该网店为回馈客户，将举行一场“美食狂欢节”活动，现需要制作满减活动页面，要求整体画面起到宣传活动内容，体现活动力度的作用。

3. 设计要点

（1）设计风格要求丰富活泼，具有吸引力。

（2）将主营产品卡通化，给客户带来直观感受，突出活动主题。

（3）标题及促销文字醒目突出，体现出活动力度。

（4）装饰元素与产品有机结合，相互呼应。

（5）设计规格为750像素（宽）×1106像素（高），分辨率为72ppi。

项目素材及制作要点

1. 项目素材

模型素材所在位置：学习资源\Ch12\制作美食满减活动页\素材\01.c4d。

贴图素材所在位置：学习资源\Ch12\制作美食满减活动页\tex\01~06。

2. 制作要点

首先制作场景模型、卡通模型、云彩模型、标题模型、饮品模型，制作好后合并模型，然后添加灯光和材质，最后渲染输出，参考效果如图12-151所示。

图12-151

使用多种参数化工具、生成器建模工具以及多边形建模工具建立模型；使用“摄像机”工具控制视图的显示效果；使用“区域光”工具制作灯光效果；使用“材质”面板创建材质并设置材质参数；使用“天空”工具创建环境效果；使用“编辑渲染设置”按钮和“渲染到图像查看器”按钮渲染图像。

12.4 制作美妆护肤电商主图动画

12.4.1 项目背景及设计要点

1. 客户名称

美加宝美妆有限公司。

2. 客户需求

美加宝美妆有限公司主要销售保湿水、乳液、精华、洗面奶、口红等多种护肤和美妆产品，是一个历史悠久的国货品牌，深受消费者喜爱。现需要在原有美妆护肤电商主图的基础上制作动画效果。

3. 设计要点

（1）气球飞起动画效果流畅自然。

（2）设计规格为800像素（宽）×800像素（高），分辨率为72ppi。

12.4.2 项目素材及制作要点

1. 项目素材

模型素材所在位置：学习资源\Ch12\制作美妆护肤电商主图动画\素材\01.c4d。

2. 参考效果

参考效果所在位置：学习资源\Ch12\制作美妆护肤电商主图动画\工程文件.c4d。效果如图12-152所示。

图12-152

3. 制作要点

使用模拟标签和力场制作动画效果，使用“编辑渲染设置”按钮和“渲染到图像查看器”按钮渲染动画效果。

12.4.3 案例制作及操作步骤

01 启动Cinema 4D。单击“编辑渲染设置”按钮，弹出“渲染设置”面板。在“输出”设置区域中设置“宽度”为800像素、“高度”为800像素，单击“关闭”按钮，关闭面板。

02 选择“文件 > 合并项目”命令，在弹出的“打开文件”对话框中选择学习资源中的“Ch12 > 制作美妆护肤电商主图动画 > 素材 > 01.c4d”文件，单击“打开”按钮，将选中的文件导入。

03 在“对象”面板中展开“美妆电商主图”对象组，选中“气球”对象组，如图12-153所示。单击鼠标右键，在弹出的快捷菜单中选择“模拟标签 > 刚体”命令。在“属性”面板“碰撞”选项卡中，设置“继承标签”为“复合碰撞外形”、“独立元素”为“全部”、“外形”为“方盒”，如图12-154所示。折叠“美妆电商主图”对象组。

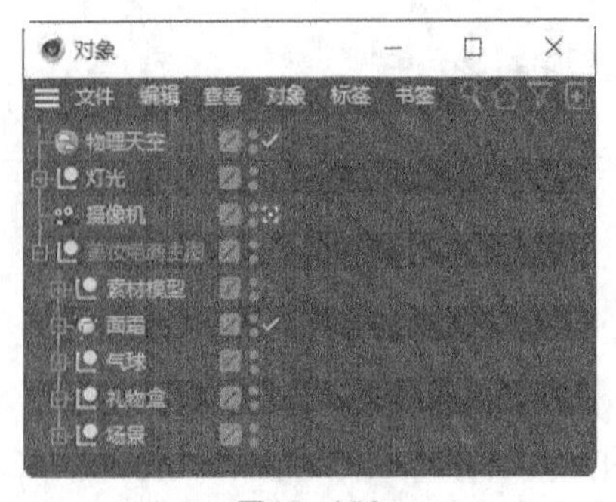

图12-153

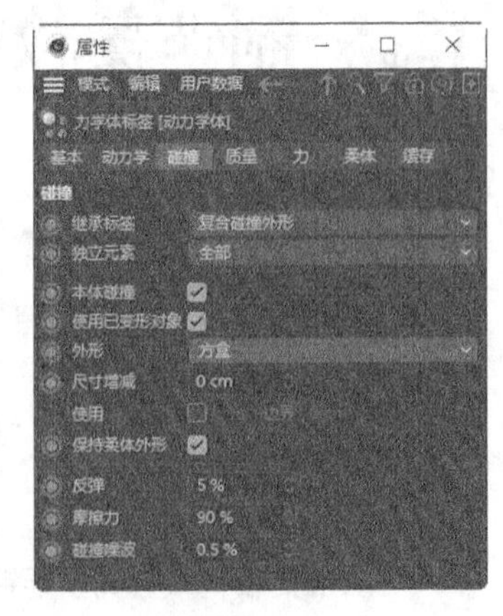

图12-154

图12-155

04 在“属性”面板中，选择“模式 > 工程”命令，切换到相应的面板。在“动力学”选项卡中，设置“重力”为-50cm，如图12-155所示。在“时间线”面板中将“场景结束帧”设为120F，按Enter键确定操作，如图12-156所示。

图12-156

05 选择“模拟 > 力场 > 风力”命令，在“对象”面板中生成一个“风力”对象，如图12-157所示。在“属性”面板“对象”选项卡中，设置“速度”为4cm、“紊流”为5%、“紊流缩放”为10%，如图12-158所示；在“衰减”选项卡中单击下方第一个按钮，在弹出的菜单中选择“随机域”命令，如图12-159所示。

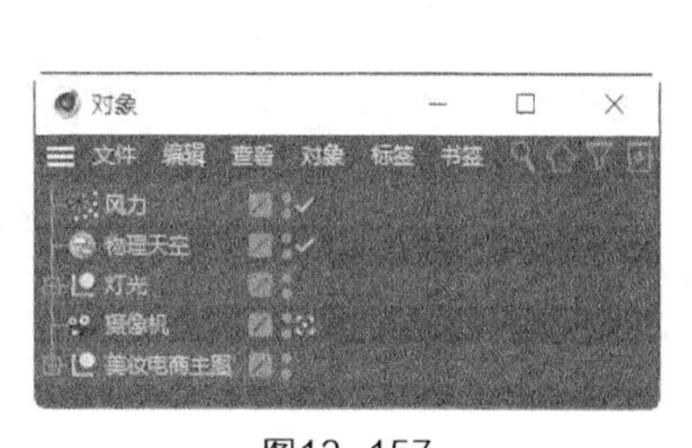

图12-157

图12-158

图12-159

06 在“对象”面板中选中“风力”对象。在“坐标”面板“位置”选项组中，设置“X”为-440cm、“Y”为16cm、“Z”为-78cm；在“旋转”选项组中，设置“H”为-62°、“P”为52°、“B”为7°，如图12-160所示。

07 选择“模拟 > 力场 > 风力”命令，在“对象”面板中生成一个“风力.1”对象，如图12-161所示。

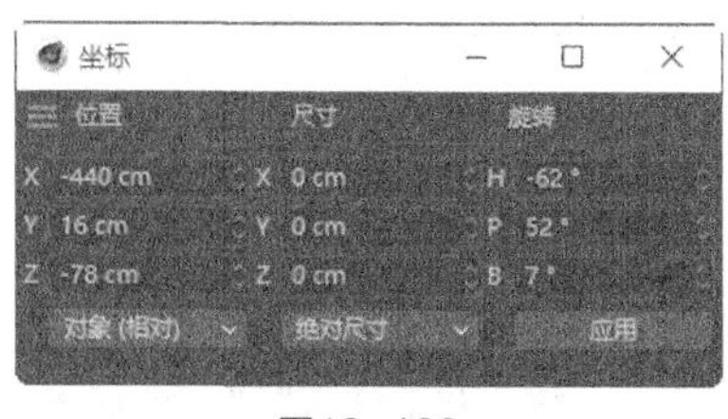

图12-160

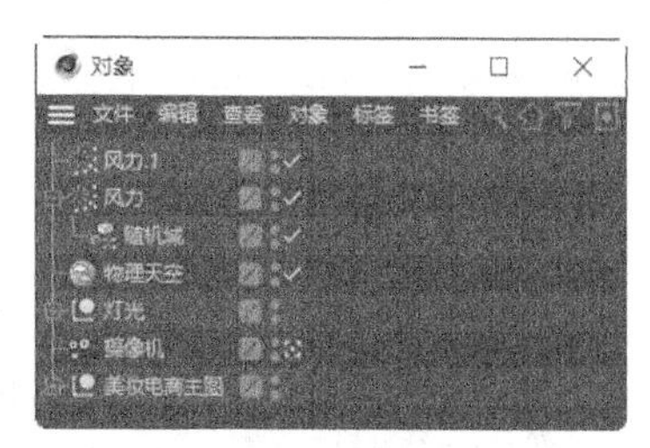

图12-161

08 在“属性”面板“对象”选项卡中，设置“速度”为4cm、“紊流”为5%、“紊流缩放”为10%，如图12-162所示；在“衰减”选项卡中单击下方第一个按钮，在弹出的菜单中选择“随机域”命令，如图12-163所示。

09 在“对象”面板中选中“风力.1”对象。在“坐标”面板“位置”选项组中，设置“X”为430cm、

"Y"为16cm、"Z"为-78cm；在"旋转"选项组中，设置"H"为70°、"P"为32°、"B"为-40°，如图12-164所示。

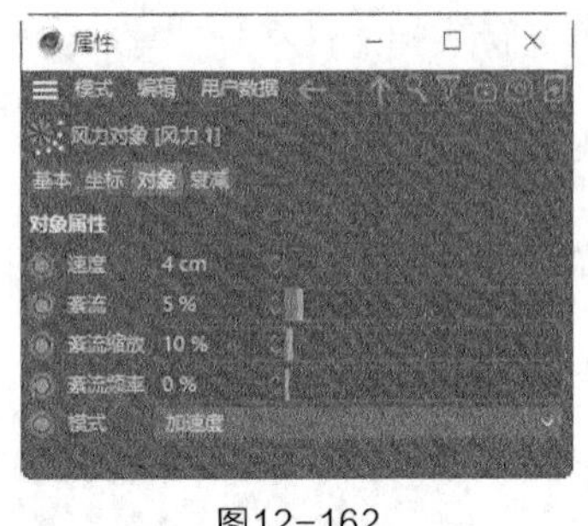
图12-162

图12-163

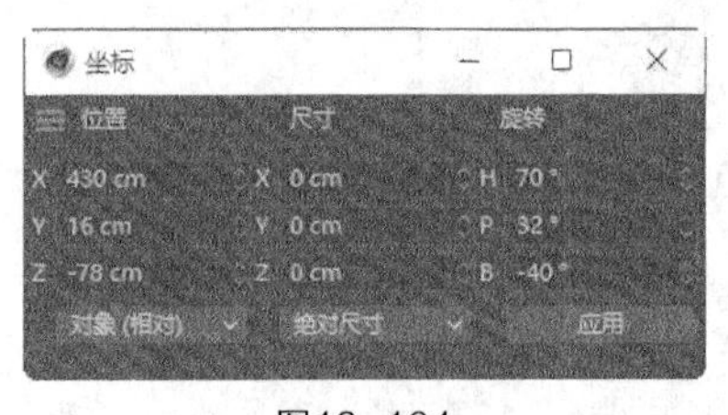

图12-164

10 选择"模拟 > 力场 > 风力"命令，在"对象"面板中生成一个"风力.2"对象，如图12-165所示。

11 在"属性"面板"对象"选项卡中，设置"速度"为4cm、"紊流"为5%、"紊流缩放"为10%，如图12-166所示；在"衰减"选项卡中单击下方第一个按钮，在弹出的菜单中选择"随机域"命令，如图12-167所示。

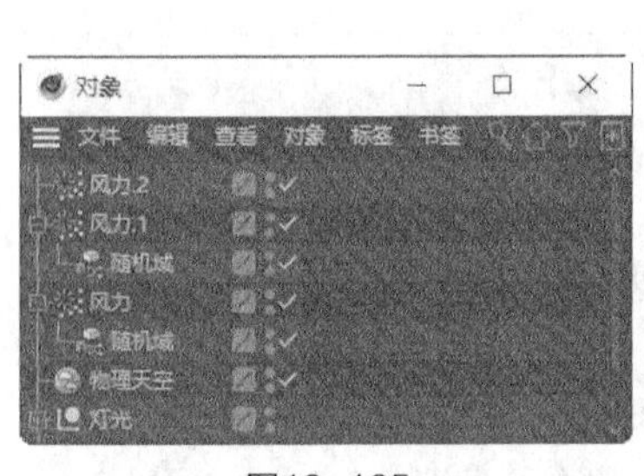
图12-165

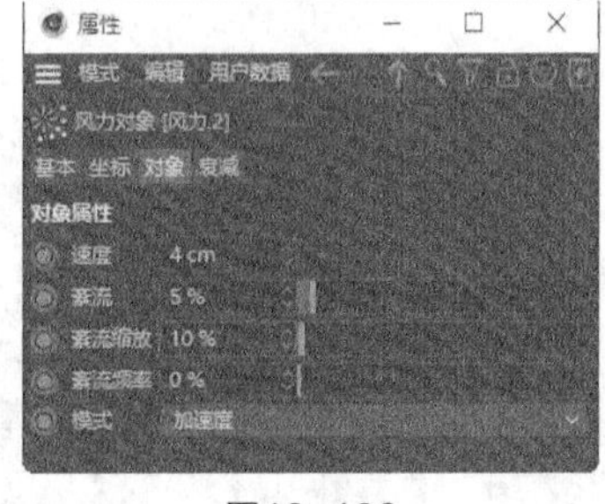
图12-166

图12-167

12 在"对象"面板中选中"风力.2"对象。在"坐标"面板"位置"选项组中，设置"X"为-110cm、"Y"为16cm、"Z"为174cm；在"旋转"选项组中，设置"H"为-182°、"P"为52°、"B"为7°，如图12-168所示。

13 选择"空白"工具，在"对象"面板中生成一个"空白"对象，并将其重命名为"风力"。选中需要的对象，如图12-169所示；将选中的对象拖入"风力"对象的下层，如图12-170所示。折叠"风力"对象组。

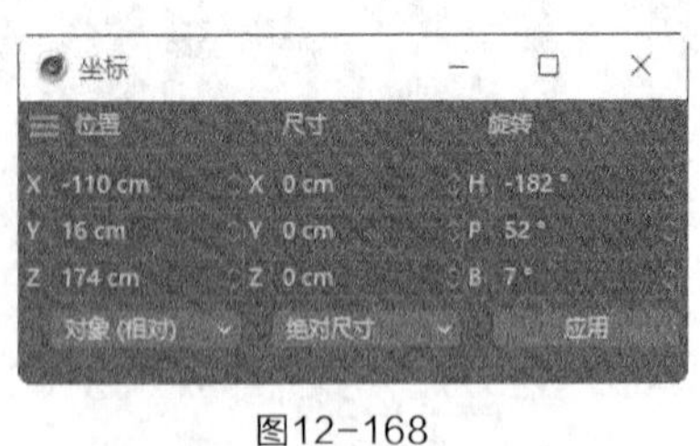

图12-168

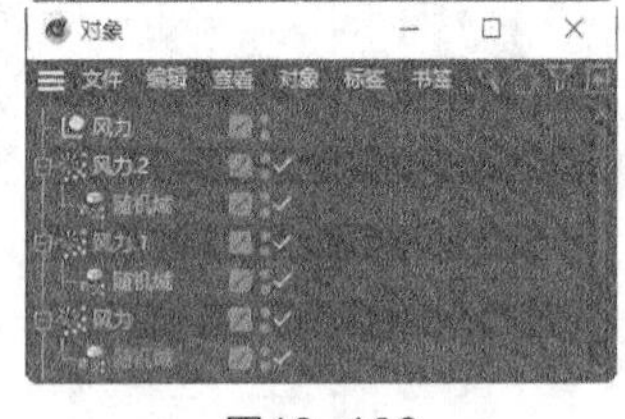
图12-169

图12-170

14 单击"编辑渲染设置"按钮，弹出"渲染设置"面板，设置"渲染器"为"物理"、"帧频"为25、"帧范围"为"全部帧"，如图12-171所示。在左侧列表中选择"保存"选项，切换到相应的设置区域，设置"格式"为"MP4"，如图12-172所示。

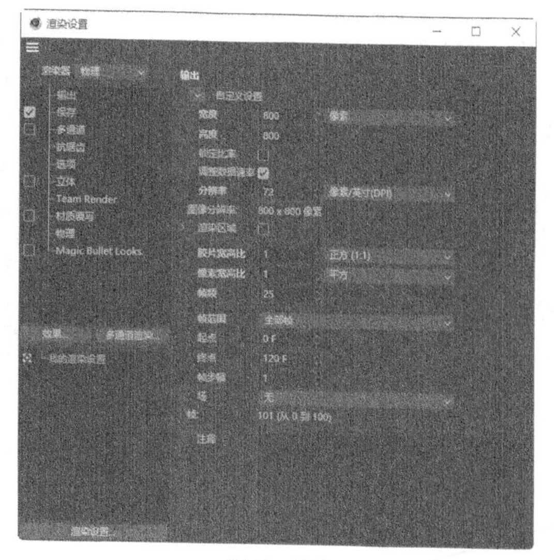

图12-171

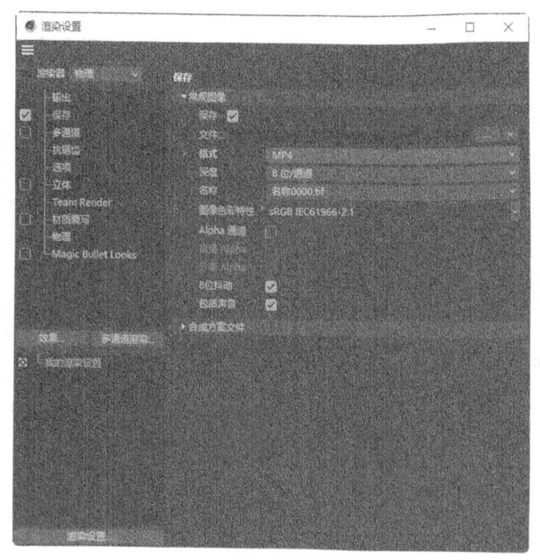

图12-172

15 单击“效果”按钮，在弹出的菜单中选择“全局光照”命令，在“输出”列表中添加“全局光照”，设置“主算法”为“准蒙特卡罗（QMC）”、“次级算法”为“准蒙特卡罗（QMC）”，如图12-173所示。单击“效果”按钮，在弹出的菜单中选择“环境吸收”命令，在“输出”列表中添加“环境吸收”，设置“最大光线长度”为50cm，勾选“评估透明度”复选框，如图12-174所示。

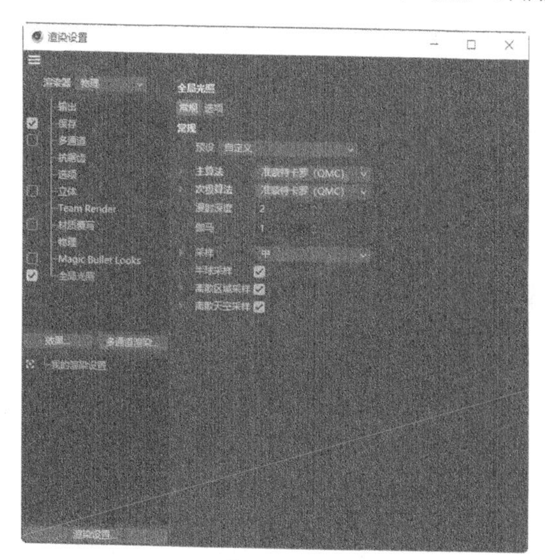

图12-173

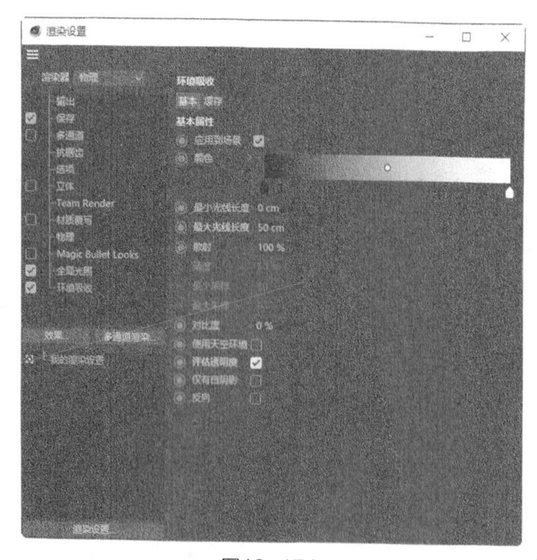

图12-174

16 单击“效果”按钮，在弹出的菜单中选择“降噪器”命令，在“输出”列表中添加“降噪器”，12-175所示。单击“关闭”按钮，关闭面板。

17 单击“渲染到图像查看器”按钮，弹出“图像查看器”面板，如图12-176所示。渲染完击面板中的“将图像另存为”按钮，弹出“保存”对话框，如图12-177所示。单击“确定”出“保存对话”对话框，在对话框中选择要保存文件的位置，并在“文件名”文本框中输入完成后，单击“保存”按钮，保存动画。美妆电商主图动画效果制作完成。

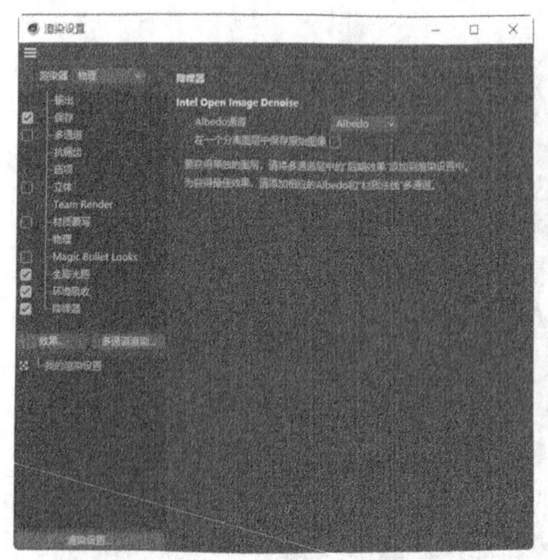

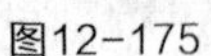

图12-175

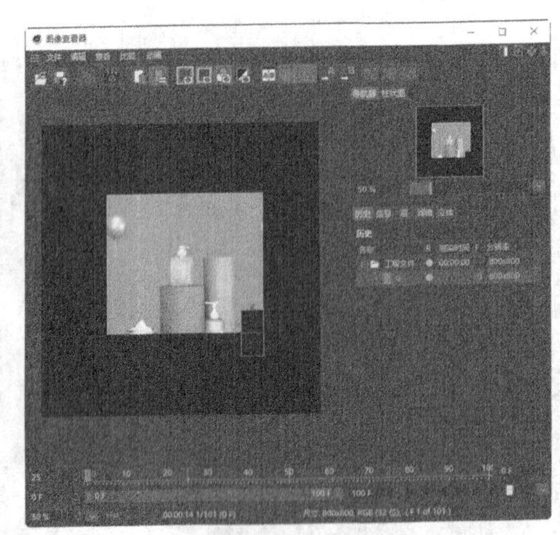

图12-176

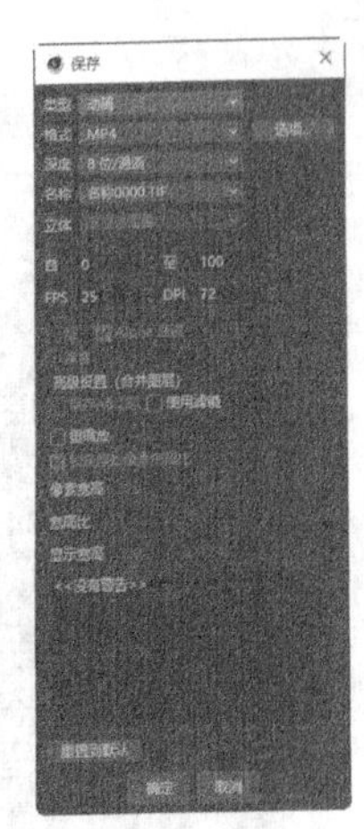

图12-177

课堂练习——制作儿童节闪屏页动画

项目背景及设计要点

1. 客户名称

中悦云互联网科技有限公司。

2. 客户需求

中悦云互联网科技有限公司是一家经营软件设计与开发、游戏开发、网站设计与开发、网页制作及电子商务等业务的互联网公司。儿童节即将到来，需要为现有的一款App设计与节日有关的闪屏页动画，要求画面活泼可爱，具有节日氛围。

设计要点

（1）使用简洁的纯色背景，突出主题。

（2）以卡通形象为主体，使画面生动、有活力。

）画面美观大方，符合节日特征。

设计规格为750像素（宽）×1624像素（高），分辨率为72ppi。

材及制作要点

1.

2.制作位置：学习资源\Ch12\制作儿童节闪屏页动画\素材\01.c4d。

制作

页中的小球坠落效果，参考效果如图12-178所示。

使用柔体和碰撞体制作动画效果；使用“坐标”面板调整小球位置；使用“编辑渲染设置”按钮和“渲染到图像查看器”按钮渲染动画效果。

图12-178

课后习题——制作美食满减活动页动画

项目背景及设计要点

1. 客户名称

多多特卖零食商城。

2. 客户需求

多多特卖零食商城是一家销售多种饼干、糖、膨化食品及乳饮料的零食网店。近期该网店为回馈客户，将举行一场“美食狂欢节”活动，现需要在原有美食满减活动页的基础上制作动画效果。

3. 设计要点

（1）制作主体产品的动画效果。

（2）制作零食机的动画效果。

（3）制作云彩的动画效果。

（4）设计规格为750像素（宽）×1106像素（高），分辨率为72ppi。

项目素材及制作要点

1.项目素材

模型素材所在位置：学习资源\Ch12\制作美食满减活动页动画\素材\01.c4d。

贴图素材所在位置：学习资源\Ch12\制作美食满减活动页动画\tex\01~06。

2.制作要点

分别制作零食机闭眼的动画效果、云彩动画效果、标题动画效果和主体产品动画效果，参考效果如图12-179所示。

使用“记录活动对象”按钮制作零食机闭眼动画效果、云彩动画效果和主体产品动画效果；使用“破碎（Voronoi）”工具和“简易”工具制作标题动画效果；使用“编辑渲染设置”按钮和“渲染到图像查看器”按钮渲染动画效果。

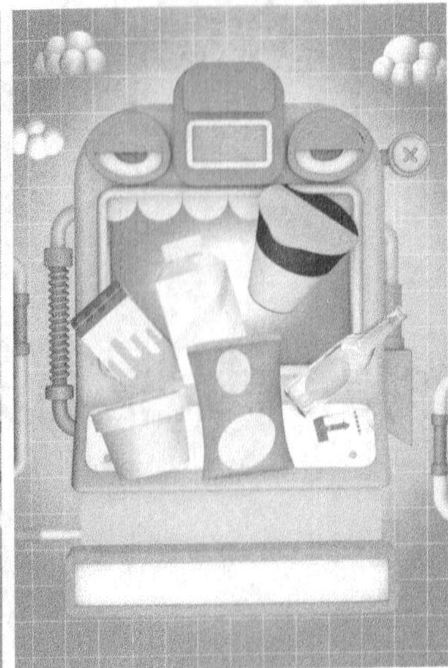
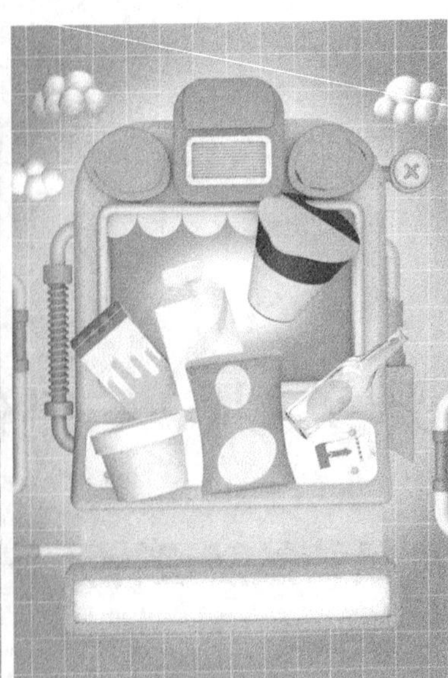

图12-179